基本からしっかり学べる

InDesign スーパーリファレンス

CC 2017/2015/2014/CC/CS6 対応　**Mac & Windows**

井村克也 著

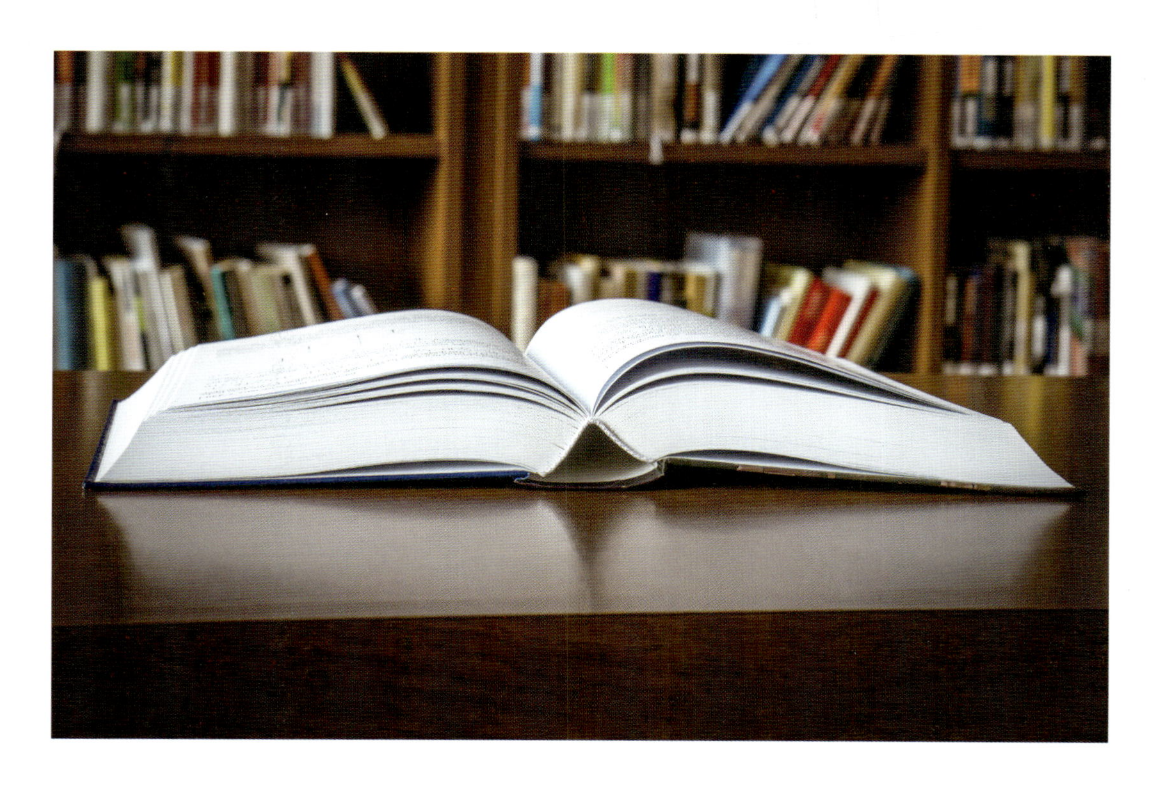

まえがき

「InDesign」がCreative Cloudによる製品提供となり、CCになってからCC 2017となりました。通算バージョンでも12です。

数多くのクリエイティブ製品が揃っているAdobeのCreative Cloudデスクトップアプリの中で、InDesignはDTP＝ページレイアウト用のソフトウェアとして位置づけられます。主に印刷物の制作に使われるアプリですが、もちろん電子書籍の制作にも対応しています。

今回、改訂作業をしながら素直に思ったのは、「InDesignってよくできてるアプリだな」ということでした。

Illustrator、PhotoshopといったAdobeの主力アプリに比べるとInDesignの歴史はあまり長くありません。それだけに、使い手のことを考えられて作られていると感じます。InDesignでは、文字書式以外にも多くの設定をスタイル登録でき、編集作業や修正作業が効率的に行えます。機能を理解すれば、多くの作業が飛躍的にスピードアップします。ページ数の多い書籍や雑誌の制作には、これほど心強いものはありません。

未だに、ページ物の制作にIllustratorやPhotoshopを使っているユーザーが多いようです。しかし、餅は餅屋です。レイアウトソフトには、単純でも時間を要する作業を効率化するためのツールが備わっています。

「ページの下部にノンブルを入れる」「ヘッダー部分に章タイトルを入れる」「タイトルの囲みのデザインを一気に変更する」「目次を見出しタイトルから作成する」「索引を作成する」…。手作業でできる単純な作業も、数が多くなればミスも増えます。漏れも多くなります。

InDesignであれば、多くの作業を自動または半自動でできます。InDesignの便利さをちゃんと知るべきです。

本書は、InDesign CCのほとんどの主要な機能を図を使ってわかりやすく、詳細に説明しています。

InDesign CCのユーザーが困ったとき、真っ先に、本書を開いてもらえるように作成しました。読者のほんの少しでもお手伝いができたら幸いです。

謝辞
本書を執筆するのに、多くの方に助けられました。
坂野公一さん、堤享子さん、広田正康さん、レイアウトサンプルありがとうございました。
竹田良子さん、写真提供ありがとうございました。また、関係者の方々に深く感謝いたします。
また、本書を活用していただける読者の方に、この場を借りてお礼と感謝の意を表わしたいと思います。

2017年　晩夏

井村克也

本書の読み方・使い方

スーパーリファレンス・シリーズは、主に初心者から中級者を対象に、カラー図版を豊富に盛り込んで、アプリケーションの使い方を解説したリファレンスブックです。

本書は、「Adobe InDesign 日本語版」を初めて使う人から、プロユースとして DTP や紙面デザインなどに使う人までを対象にしています。InDesign をこれから覚えて、DTP や各種デザインに活用していきたい方には、この 1 冊ですべての機能を覚えることができます。

●初心者の方は

初心者の方は、CHAPTER 1、CHAPTER 2 で DTP の基礎知識や InDesign のインターフェイスやパネル、マスターページの作成などドキュメント作成の基本的なことを覚えてから、CHAPTER 3 以降の書式や組版の設定、画像の配置、図形、表作成、保存、印刷などをマスターしていきましょう。

●より進んだ内容やショートカットは TIPS に

知って得するワザありのテクニックや便利なキーボードショートカットを TIPS で掲載しています。はじめて InDesign を学ぶ方は読み飛ばしてもかまいません。

●注意事項は POINT に

操作に関連する内容として、特に注意すべき事項は POINT で解説しています。

●学校、セミナリングでの活用

本書は、各 CHAPTER ごとのカリキュラムとしても使えるように構成されています。Illustrator の授業や講習、セミナーでもご活用ください。

●本書の制作環境

本書は macOS 環境で制作していますが、Windows を使用している方も、ほぼ同じ操作で学ぶことができます。Windows ユーザーの方は、ショートカットキーを次のように読み替えてください。

⌘キー → Ctrlキー　　option キー → Altキー

本書の構成

本書は、次のような項目でページを構成しています。CHAPTERは機能や操作ごとにSECTIONで構成されているので、すぐに目的の操作の解説を探すことができます。操作の流れは、番号を付けた解説とともに表示しているので、初心者でも簡単に操作方法をマスターすることができます。

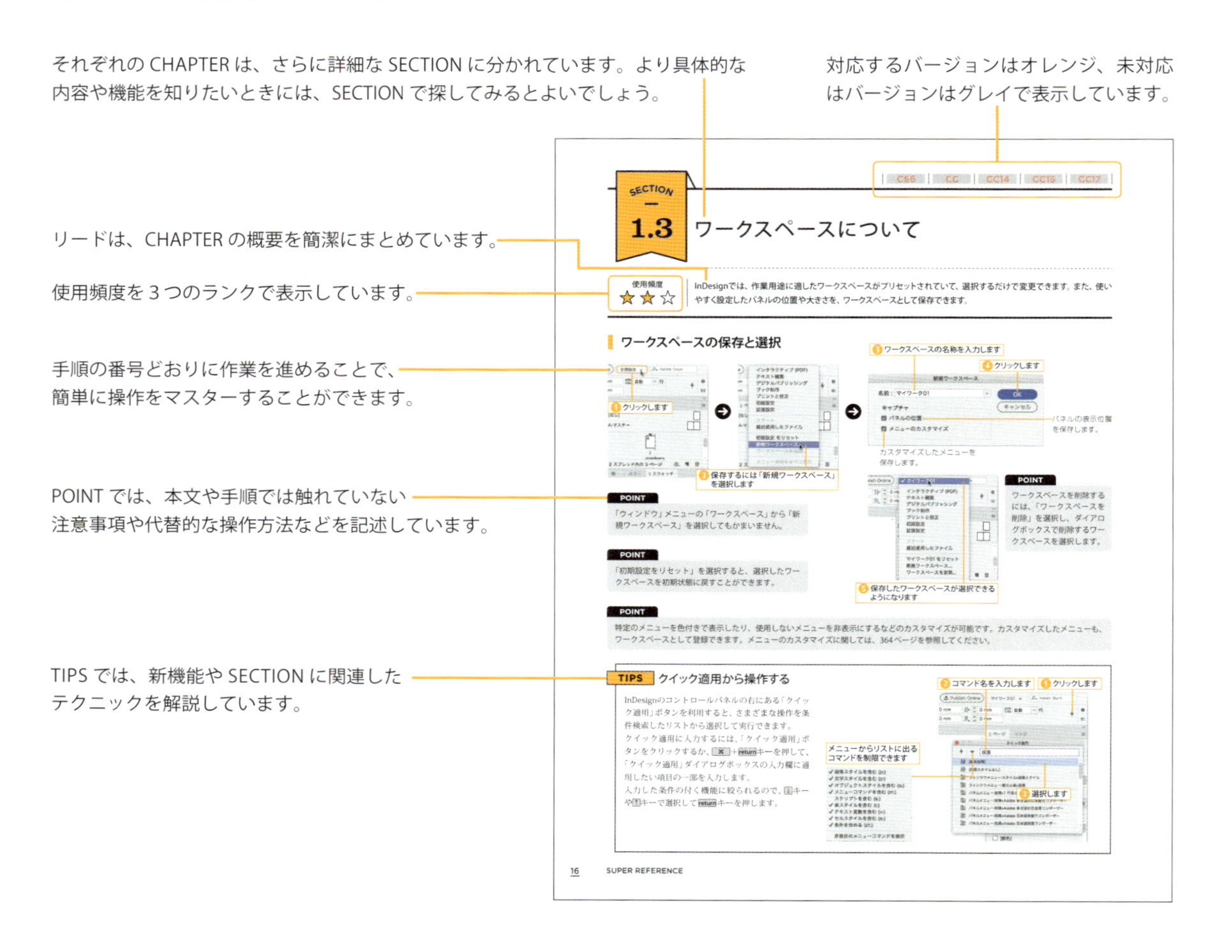

それぞれのCHAPTERは、さらに詳細なSECTIONに分かれています。より具体的な内容や機能を知りたいときには、SECTIONで探してみるとよいでしょう。
対応するバージョンはオレンジ、未対応はバージョンはグレイで表示しています。
リードは、CHAPTERの概要を簡潔にまとめています。
使用頻度を3つのランクで表示しています。
手順の番号どおりに作業を進めることで、簡単に操作をマスターすることができます。
POINTでは、本文や手順では触れていない注意事項や代替的な操作方法などを記述しています。
TIPSでは、新機能やSECTIONに関連したテクニックを解説しています。
CS6
CC
CC14
CC15
CC17
SECTION
1.3
ワークスペースについて
使用頻度
InDesignでは、作業用途に適したワークスペースがプリセットされていて、選択するだけで変更できます。また、使いやすく設定したパネルの位置や大きさを、ワークスペースとして保存できます。
ワークスペースの保存と選択
クリックします
保存するには「新規ワークスペース」を選択します
ワークスペースの名称を入力します
クリックします
保存したワークスペースが選択できるようになります
POINT
「ウィンドウ」メニューの「ワークスペース」から「新規ワークスペース」を選択してもかまいません。
POINT
「初期設定をリセット」を選択すると、選択したワークスペースを初期状態に戻すことができます。
POINT
ワークスペースを削除するには、「ワークスペースを削除」を選択し、ダイアログボックスで削除するワークスペースを選択します。
POINT
特定のメニューを色付きで表示したり、使用しないメニューを非表示にするなどのカスタマイズが可能です。カスタマイズしたメニューも、ワークスペースとして登録できます。メニューのカスタマイズに関しては、364ページを参照してください。
TIPS
クイック適用から操作する
コマンド名を入力します
クリックします
メニューからリストに出るコマンドを制限できます
選択します
16
SUPER REFERENCE

本書で使用したファイルのダウンロードについて

本書の解説で使用しているファイルは、以下のサポートページからダウンロードすることができます。なお、権利関係上、配付できないファイルがある場合がございます。あらかじめ、ご了承ください。

詳細は、弊社Webページから本書のサポートページをご参照ください。

本書のサポートページ

http://www.sotechsha.co.jp/sp/1180/

解凍のパスワード

ind2017dtp

CHAPTER

1

InDesignとDTPの基礎

InDesignで書籍等の制作物を作成する第一歩として、新規ドキュメントの作成があります。Illustratorのように、すぐにレイアウト作業を始められるわけではありません。各種設定が必要となります。ここがInDesignのわかりにくい部分ではありますが、効率よく制作作業を行うために必要なものです。
CHAPTER 1では、ドキュメントの新規作成や保存を含めた操作環境について説明します。

CS6 | CC | CC14 | CC15 | CC17

SECTION 1.1

InDesignのインターフェイス

使用頻度 ★★★

InDesignのインターフェイスは、PhotoshopやIllustratorなどのAdobe社の他の製品と共通になっているため、これらのソフトのユーザーは戸惑うことなく作業できるでしょう。

InDesignのウィンドウ

InDesignのウィンドウ環境（macOS）は、次のように構成されています。

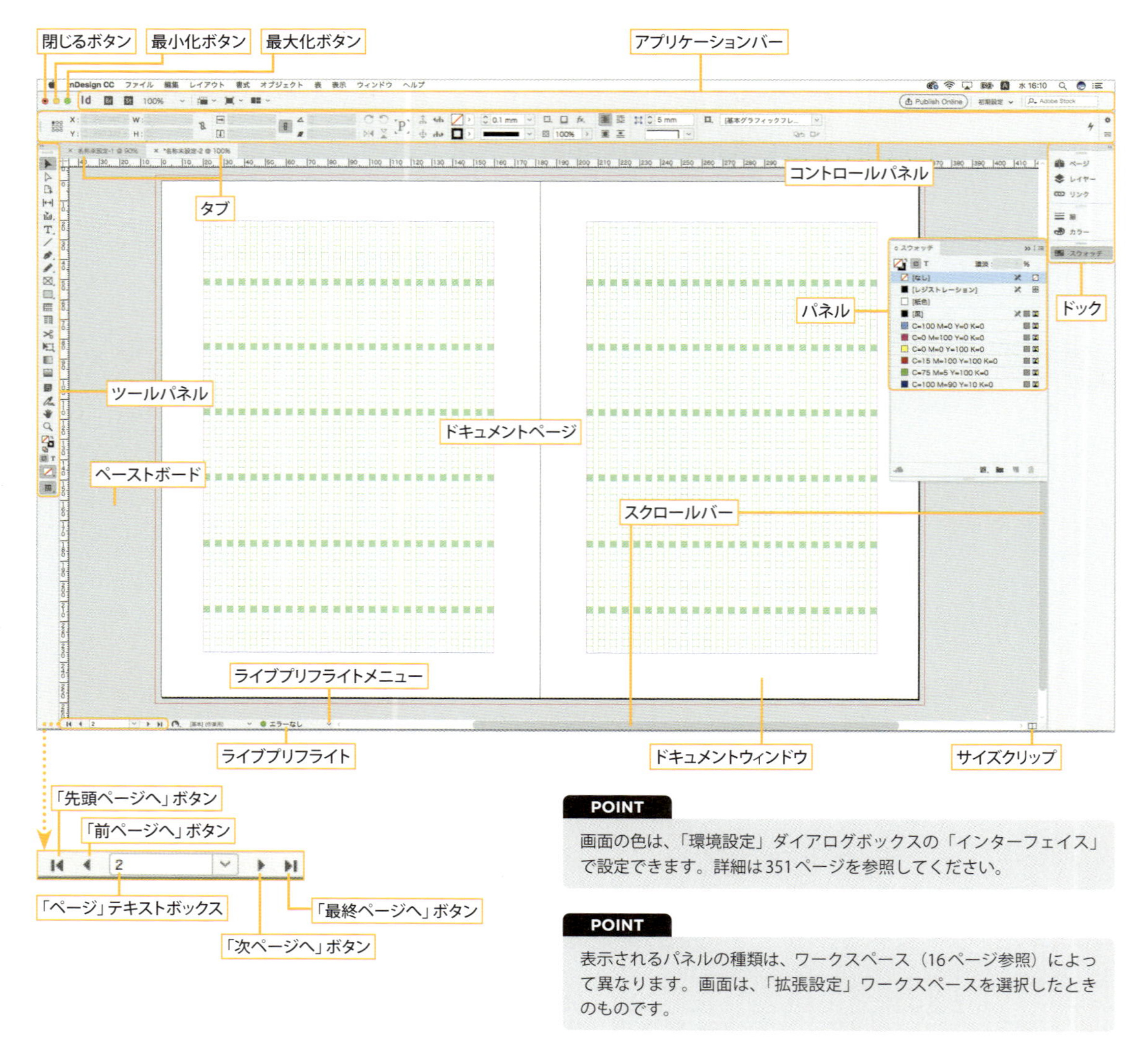

POINT

画面の色は、「環境設定」ダイアログボックスの「インターフェイス」で設定できます。詳細は351ページを参照してください。

POINT

表示されるパネルの種類は、ワークスペース（16ページ参照）によって異なります。画面は、「拡張設定」ワークスペースを選択したときのものです。

「スタート」ワークスペース（CC 2015以降）

CC 2015から起動時に「スタート」ワークスペースが表示され、直近で開いたドキュメントを開いたり、新規ドキュメントを作成したりできます。

リスト表示に切り替えます。
サムネール表示に切り替えます。
直近に開いたドキュメントが表示され、クリックして開けます。
新規ドキュメントを作成します。
「開く」ダイアログボックスで、既存ドキュメントを開きます。
InDesign
最近使用したもの
CC ファイル
プリセット
新規...
開く...
Part1.indd
旅行パンフ.indd
sample01.indd
東京散歩.indd
すべてを表示

> **TIPS 「スタート」ワークスペースを表示しない**
>
> 「InDesign」メニュー（Windowsは「編集」メニュー）の「環境設定」の「一般」で「開いているドキュメントがない場合、「スタート」ワークスペースを表示」のチェックをオフにすると、「スタート」ワークスペースは表示されなくなります（350ページ参照）。

CS6 | CC | CC14 | CC15 | CC17

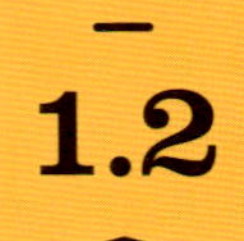

パネルとドック

使用頻度

ツールパネルは、InDesignでオブジェクトを作成したり、大きさやカラーを変えたりするためのツールを選択するパネルです。また、InDesignの各パネルは画面右側のドックに収納されています。

ツールパネル

ツールアイコンの右下に三角マークがついているツールは、サブツールが隠れています。アイコンをマウスで押し続けると、サブツールが表示されます。

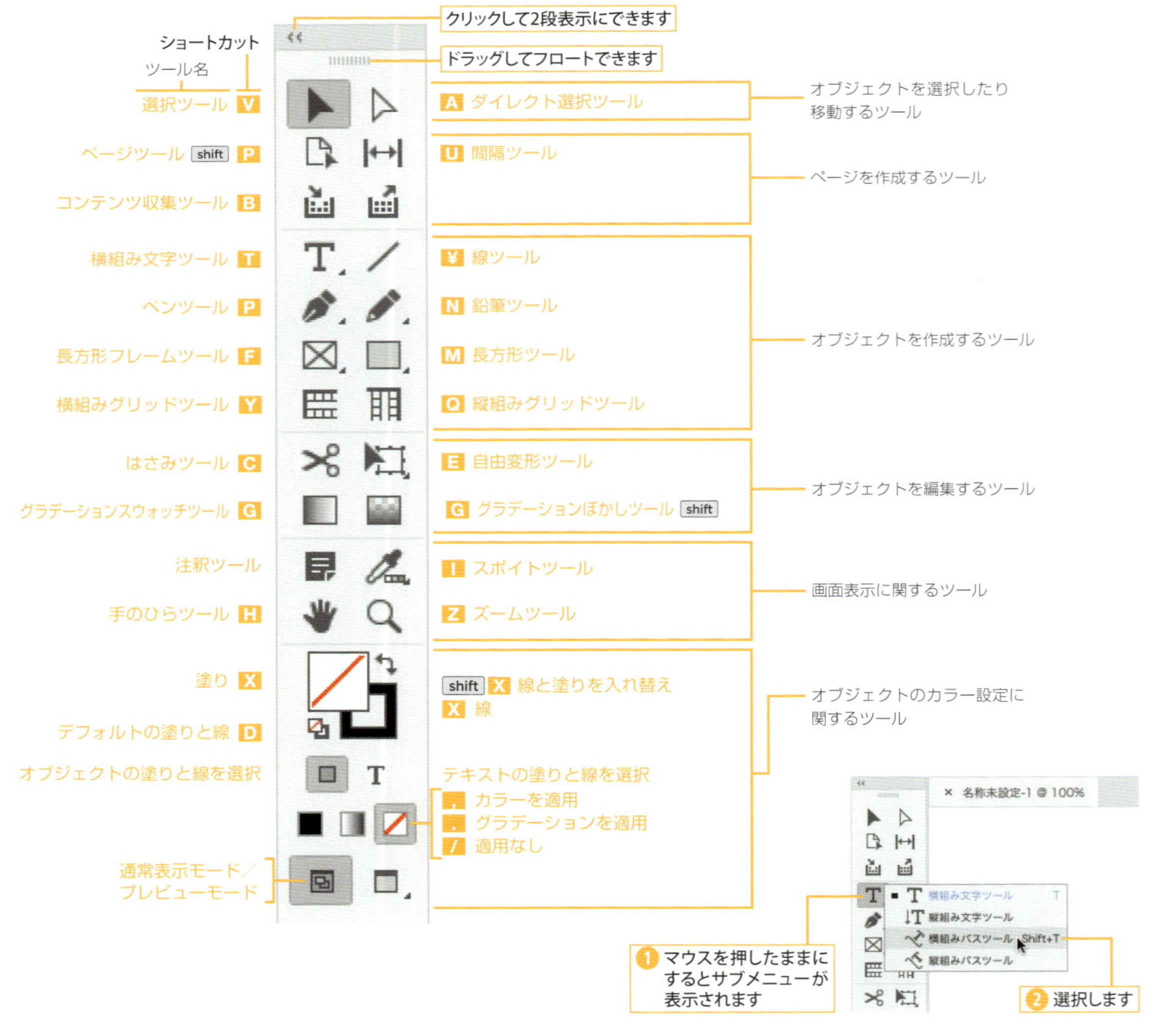

ドックの操作

InDesignの各種設定を行うパネルは、ドックに収納されています。

▶パネルの展開とアイコンパネル

初期状態ではパネルはドック内にアイコン表示されています（アイコンパネルの状態）。

パネルの内容を表示するには、ドックの上部にある「パネルを展開」アイコン »をクリックしてドックを展開します。

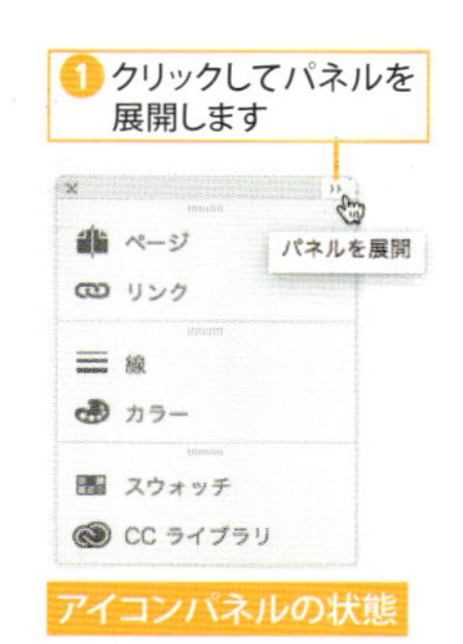

アイコンパネルの状態

パネルを展開した状態

▶ドック内のパネルを表示する

アイコンパネルをクリックすると、そのパネルだけが展開表示されます。

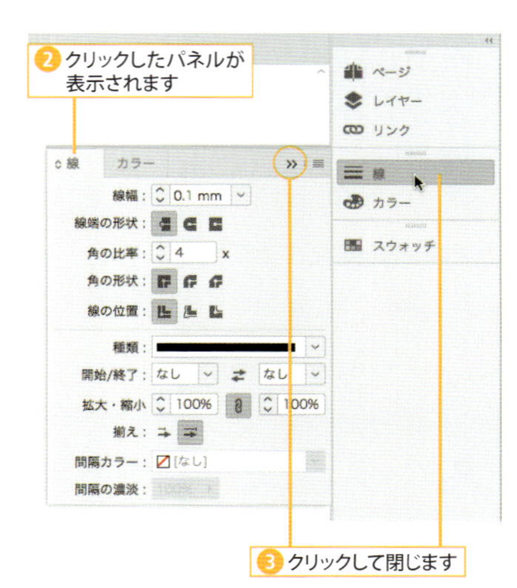

TIPS アイコンパネルの大きさを変える

ドック左上を左右にドラッグして、アイコンパネルの大きさを変更できます。初期状態では、アイコンパネルにはパネル名称が表示されていますが、小さくするとアイコンだけになります。アイコンだけの表示状態にすると、作業画面を大きく使うことができます。

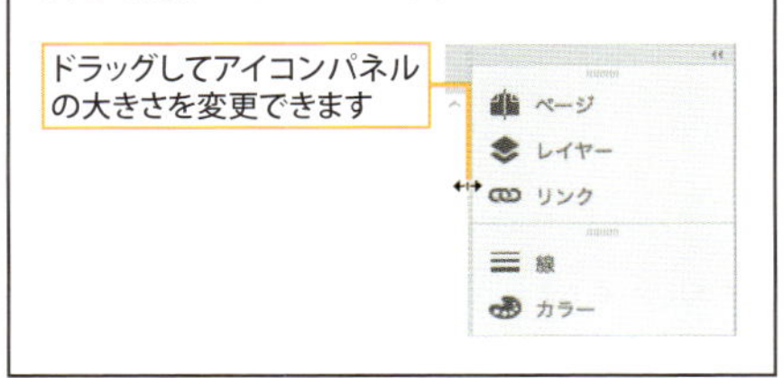

POINT

他のパネルを表示すると、それまで表示されていたパネルは元に戻ります。「InDesign」メニュー（Windowsは「編集」メニュー）の「環境設定」の「インターフェイス」（351ページ参照）で「自動的にアイコンパネル化」にチェックしておくと、InDesignの作業画面をクリックするか、他のアプリケーションに切り替えると、表示したパネルが自動的にアイコンパネルに戻るようになります。

▶ドックからの取り出しと格納

パネルは、ドックから取り出して、好きな位置に配置できます。

POINT

この操作と反対にパネル上部をドックまでドラッグすると、ドックに格納できます。その際、水色で表示された部分にパネルが格納されます。

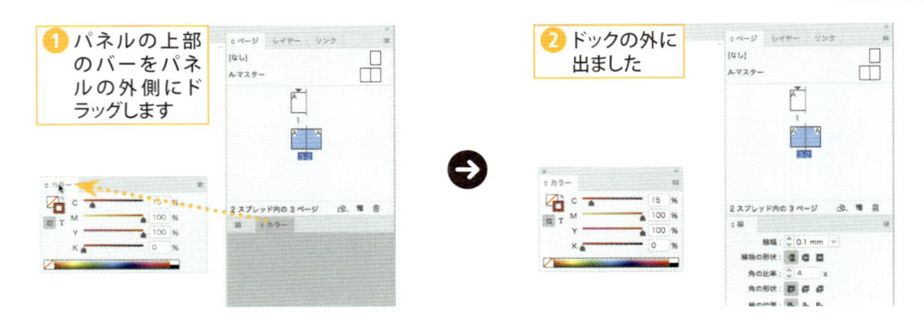

パネルの操作

▶パネルを結合する

タブを他のパネルにドラッグして重ねると、パネルを結合させることができます。

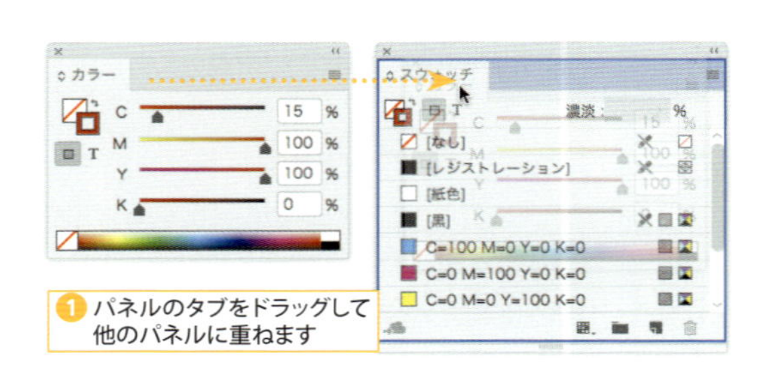

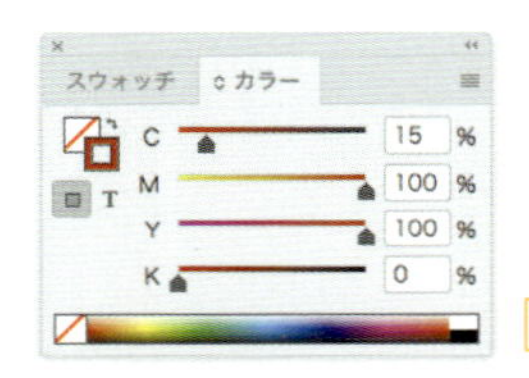

POINT

画面横に格納されているパネルでも同様に、タブ部分のドラッグによって独立と結合が可能です。

▶パネルを独立させる

各パネルのタブ部分をドラッグすると、パネルを分離して独立させることができます。

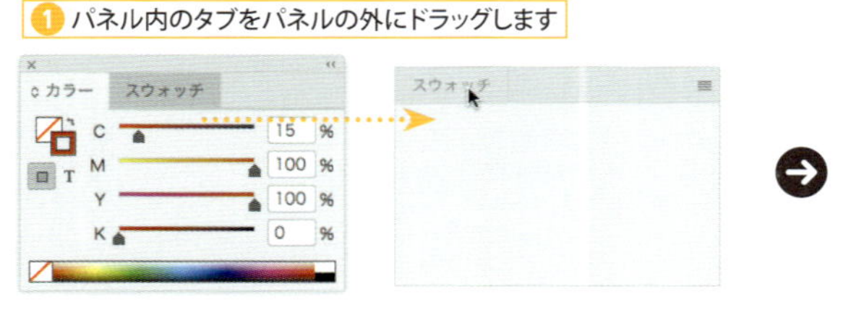

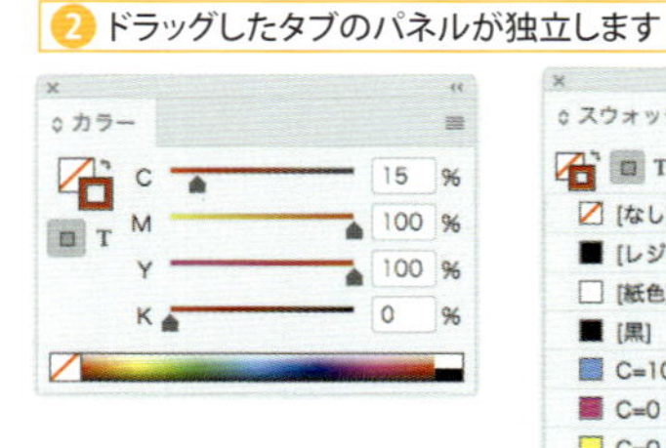

TIPS macOSでのパネル表示ショートカットキー

Macでは、パネル表示のショートカットキー（F9、F10、F11、F12、shift+F10、shift+F11、shift+F12）がmacOSのMission Controlと同じなので、初期状態ではInDesignのアプリケーションキーが効かないため、Mac側かAdobe側のショートカットキーを変更する必要があります。
InDesignのショートカットキーの変更については、363ページを参照してください、

▶パネルオプションの表示／非表示

パネルオプションのあるパネルには ◇ が表示されており、クリックしてオプションの表示／非表示を切り替えられます。

1 クリックします
2 クリックします
3 クリックすると1の状態に戻ります
カラー
C
M
Y
K
15
100
100
0
%

POINT
タブ名部分をダブルクリックしてもかまいません。

コントロールパネル

初期状態では、画面上部にコントロールパネルが表示されます。

コントロールパネルは、他のパネルやコマンドで設定する項目から頻度の高いものが表示されるため、大変便利なパネルです。

文字形式コントロールパネル

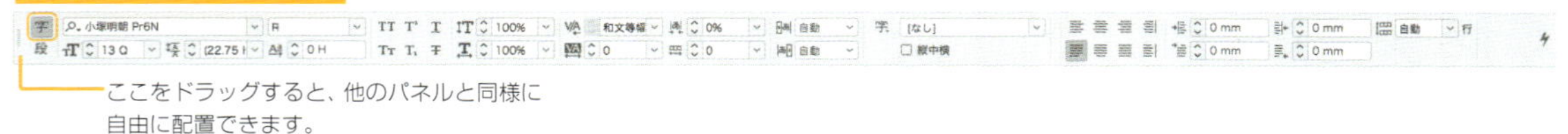

ここをドラッグすると、他のパネルと同様に
自由に配置できます。

フロートにしたコントロールパネル

ここをドラッグして移動できます。画面上部
または下部にドラッグして結合できます。

POINT
コントロールパネルの表示内容は選択したワークスペース（16ページ参照）によって異なります。使いやすいワークスペースを選択してください。また、コントロールパネルメニューの「カスタマイズ」で表示する項目をカスタマイズできます。

CS6 | CC | CC14 | CC15 | CC17

SECTION 1.3

ワークスペースについて

使用頻度

InDesignでは、作業用途に適したワークスペースがプリセットされていて、選択するだけで変更できます。また、使いやすく設定したパネルの位置や大きさを、ワークスペースとして保存できます。

ワークスペースの保存と選択

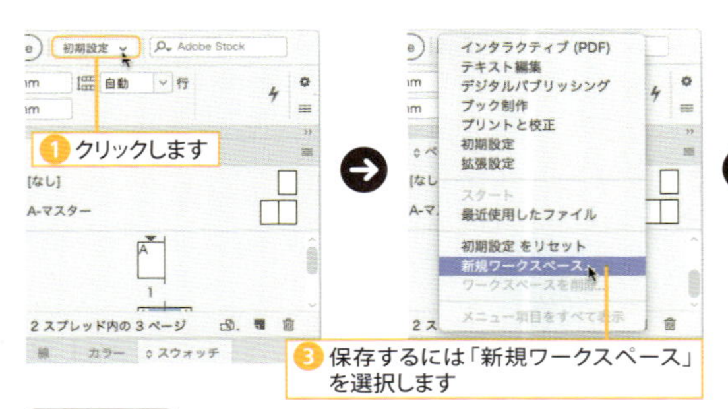

3 ワークスペースの名称を入力します

4 クリックします

新規ワークスペース

名前：マイワーク01

OK

キャンセル

キャプチャ

パネルの位置

メニューのカスタマイズ

パネルの表示位置を保存します。

カスタマイズしたメニューを保存します。

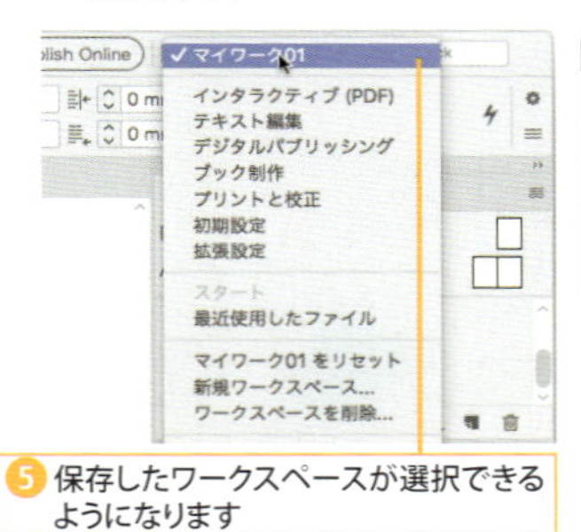

5 保存したワークスペースが選択できるようになります

POINT

ワークスペースを削除するには、「ワークスペースを削除」を選択し、ダイアログボックスで削除するワークスペースを選択します。

POINT

「ウィンドウ」メニューの「ワークスペース」から「新規ワークスペース」を選択してもかまいません。

POINT

「初期設定をリセット」を選択すると、選択したワークスペースを初期状態に戻すことができます。

POINT

特定のメニューを色付きで表示したり、使用しないメニューを非表示にするなどのカスタマイズが可能です。カスタマイズしたメニューも、ワークスペースとして登録できます。メニューのカスタマイズに関しては、364ページを参照してください。

TIPS クイック適用から操作する

InDesignのコントロールパネルの右にある「クイック適用」ボタンを利用すると、さまざまな操作を条件検索したリストから選択して実行できます。

クイック適用に入力するには、「クイック適用」ボタンをクリックするか、⌘+returnキーを押して、「クイック適用」ダイアログボックスの入力欄に適用したい項目の一部を入力します。

入力した条件の付く機能に絞られるので、↓キーや↑キーで選択してreturnキーを押します。

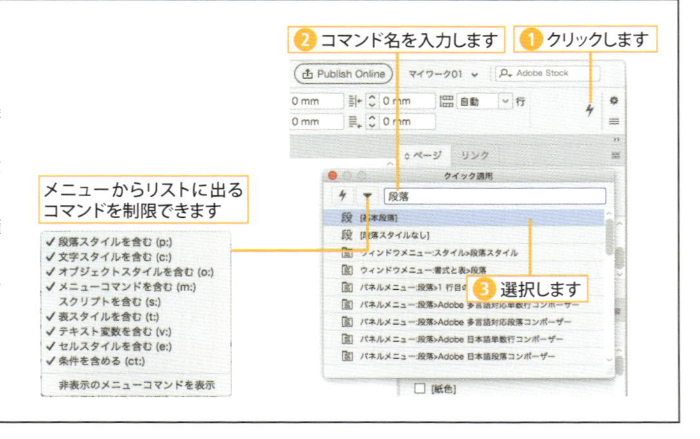

SECTION 1.4 新規のドキュメントを作成する

使用頻度 ★★★

InDesignでは、新規ドキュメントを作成する際に、「レイアウトグリッド」か「マージン・段組」のどちらのドキュメント作成方法を使うかを決めて選択する必要があります。適切な設定ができるように、あらかじめページを設計しておくことが重要になります。

新規ドキュメントを作成する

「ファイル」メニューの「新規」から「ドキュメント」(⌘+N、WindowsはCtrl+N)を選択すると、新しいドキュメントを作成できます。

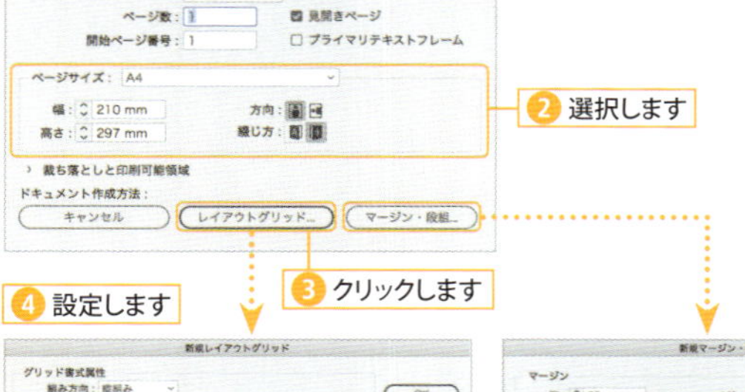

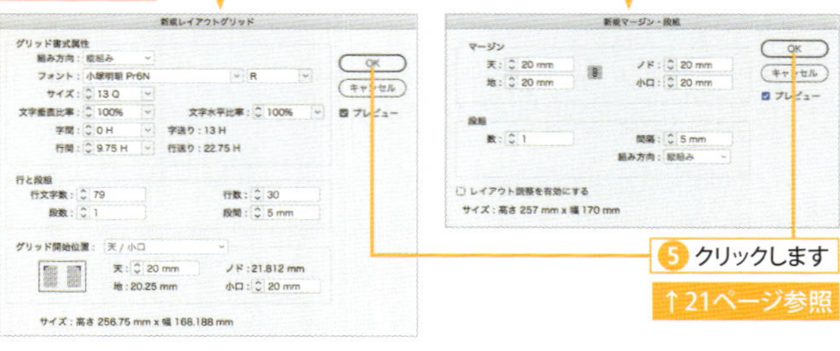

POINT

「スタート」ワークスペース(11ページ参照)の「新規」ボタンをクリックしてもかまいません。

レイアウトグリッド

マージン・段組

TIPS 主な判型(ページサイズ)

判型	サイズ
A4	210×297mm
A5	148×210mm
B4	257×364mm
B5	182×257mm
B6	128×182mm
AB判	210×257mm
四六判	127×188mm
菊判	150×220mm
新書判	103×182mm

「新規ドキュメント」ダイアログボックスの設定

新規ドキュメントを作成する際に表示される「新規ドキュメント」ダイアログボックスで、文書のサイズや用紙方向、綴じ方など、作成する文書の基本的な設定を行います。

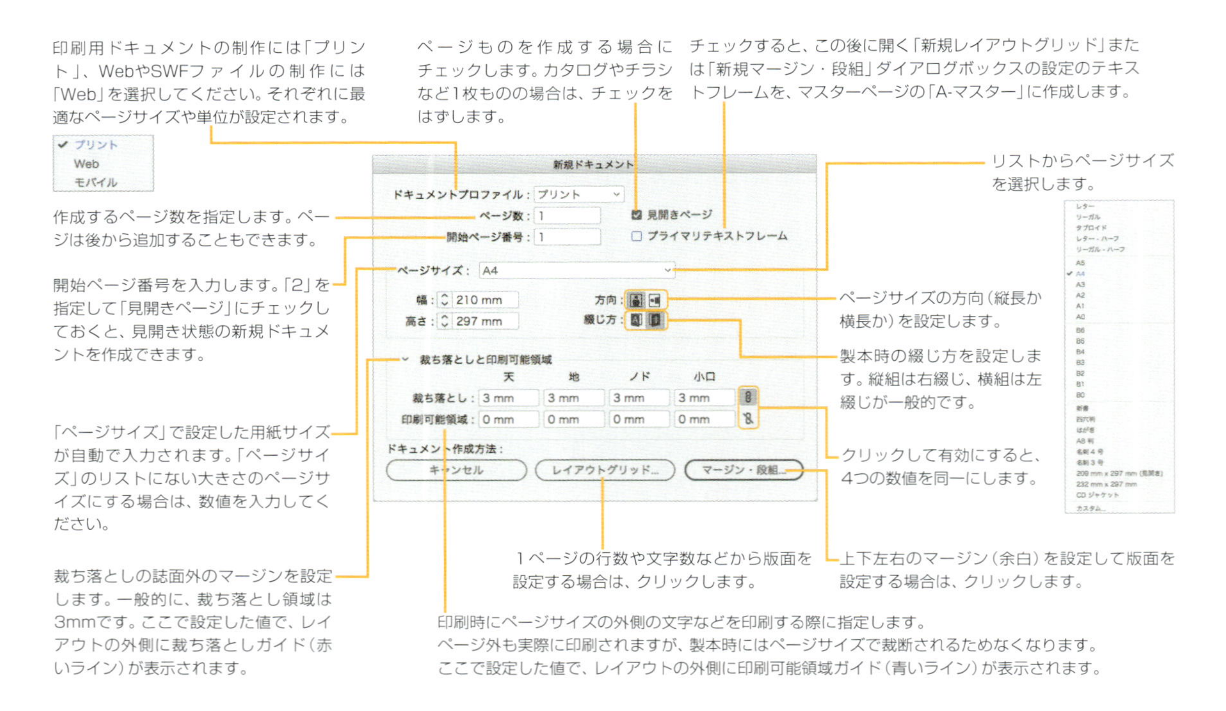

印刷用ドキュメントの制作には「プリント」、WebやSWFファイルの制作には「Web」を選択してください。それぞれに最適なページサイズや単位が設定されます。
プリント
Web
モバイル
ページものを作成する場合にチェックします。カタログやチラシなど1枚ものの場合は、チェックをはずします。
チェックすると、この後に開く「新規レイアウトグリッド」または「新規マージン・段組」ダイアログボックスの設定のテキストフレームを、マスターページの「A-マスター」に作成します。
新規ドキュメント
ドキュメントプロファイル：プリント
ページ数：1
開始ページ番号：1
見開きページ
プライマリテキストフレーム
ページサイズ：A4
幅：210 mm
高さ：297 mm
方向：
綴じ方：
裁ち落としと印刷可能領域
天
地
ノド
小口
裁ち落とし：3 mm 3 mm 3 mm 3 mm
印刷可能領域：0 mm 0 mm 0 mm 0 mm
ドキュメント作成方法：
キャンセル
レイアウトグリッド...
マージン・段組...
リストからページサイズを選択します。
作成するページ数を指定します。ページは後から追加することもできます。
開始ページ番号を入力します。「2」を指定して「見開きページ」にチェックしておくと、見開き状態の新規ドキュメントを作成できます。
ページサイズの方向（縦長か横長か）を設定します。
製本時の綴じ方を設定します。縦組は右綴じ、横組は左綴じが一般的です。
「ページサイズ」で設定した用紙サイズが自動で入力されます。「ページサイズ」のリストにない大きさのページサイズにする場合は、数値を入力してください。
クリックして有効にすると、4つの数値を同一にします。
裁ち落としの誌面外のマージンを設定します。一般的に、裁ち落とし領域は3mmです。ここで設定した値で、レイアウトの外側に裁ち落としガイド（赤いライン）が表示されます。
1ページの行数や文字数などから版面を設定する場合は、クリックします。
上下左右のマージン（余白）を設定して版面を設定する場合は、クリックします。
印刷時にページサイズの外側の文字などを印刷する際に指定します。ページ外も実際に印刷されますが、製本時にはページサイズで裁断されるためなくなります。ここで設定した値で、レイアウトの外側に印刷可能領域ガイド（青いライン）が表示されます。

TIPS 文字の組み方と綴じ方

日本語の組版では、文字の組み方向によって「横組み」と「縦組み」に分かれます。組み方向によって綴じ位置が異なり、「横組み」の場合は左側、「縦組み」の場合は右側となります。

TIPS ページサイズなどの体裁は変更可能

「新規ドキュメント」で設定したページサイズなどの文書の体裁は、「新規ドキュメント」ダイアログボックスを閉じてドキュメント画面が開いた後でも、「ファイル」メニューの「ドキュメント設定」で変更できます。

「新規レイアウトグリッド」ダイアログボックスの設定

「レイアウトグリッド」は、ページ内の文字数や行数、段数などが決まっている場合に利用します。

作成されたページには、このダイアログボックスで設定した文字のサイズや字間、行間、段数で組まれたレイアウト用のグリッド（原稿用紙のマス目のようなもの）が表示されます。このグリッドをレイアウトの基準として、テキストや図版をレイアウトします。

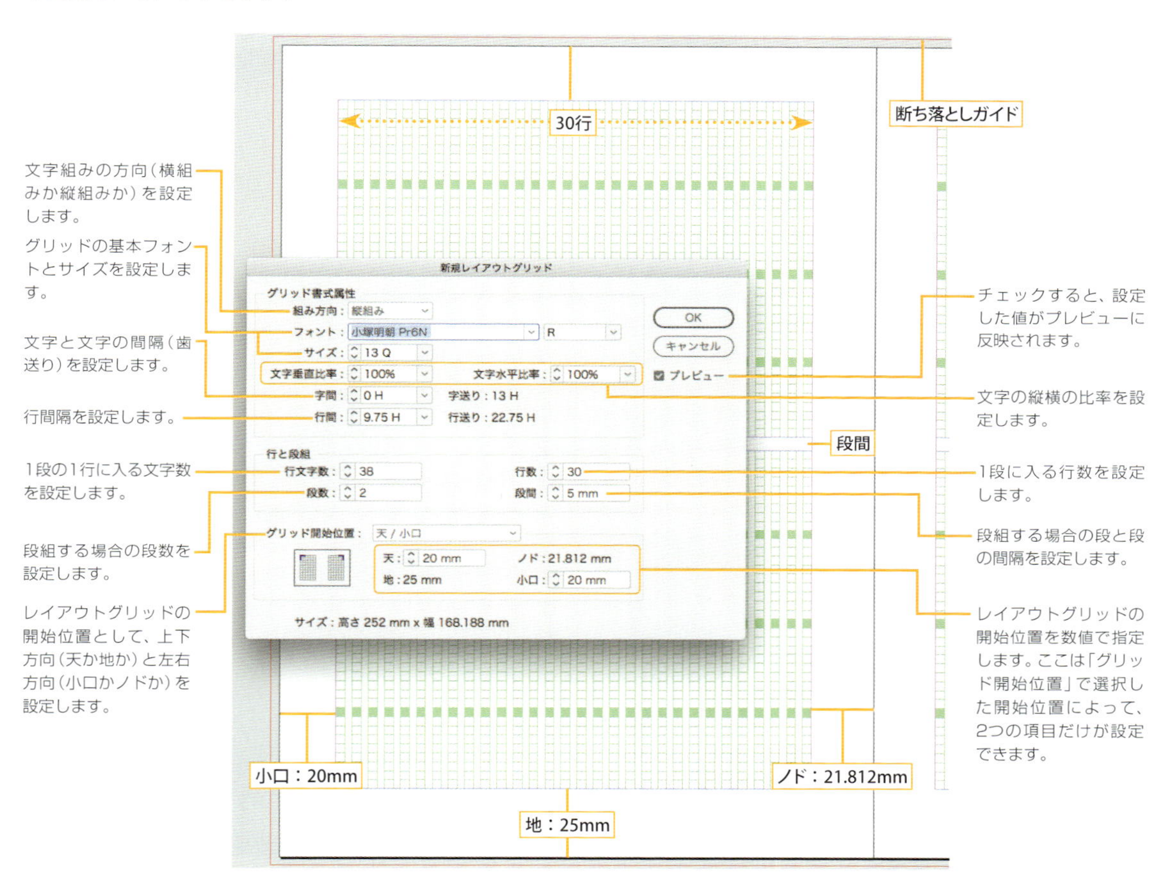

TIPS 仮想ボディと字面

和文フォントは、正方形の中に収まるようにデザインされています。この正方形を**仮想ボディ**と呼びます。サイズが12Qの文字の仮想ボディは、縦横が12Qの正方形になります。実際のフォントは、仮想ボディよりも若干小さくデザインされており、この大きさを**平均字面**と呼びます。

仮想ボディ（外側の青枠）

仮想ボディと平均字面

平均字面（内側のピンク枠）

POINT

文字サイズの単位、字間と字送り、行間と行送りについては、84ページ以降を参照してください。

TIPS 版面とマージン（余白）を決める

ページ内で本文をレイアウトする領域を**版面**(はんづら)、また版面から外側の余白部分を**マージン**と呼びます。
InDesignでは、グリッドのフォントサイズや行間・行数とグリッドの開始位置（天・地／ノド・小口）を設定してページを設計する方法（レイアウトグリッド）と、マージンと段数を決めて判面と段組みを決める方法（マージン・段組み）の2つからどちらかを選択します。

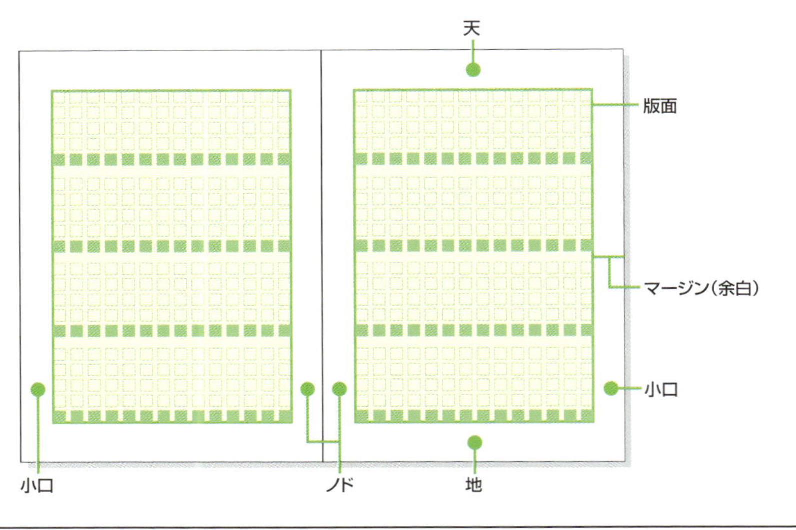

TIPS 文字サイズなどの単位

InDesignの初期設定では、文字サイズには**級（Q）**、字間や行間には**歯（H）**が使われます。
1級と1歯は同じ大きさで0.25mmです。

1級＝1歯＝0.25mm

級数ではなくポイントで指定する場合には、設定値の後に**pt**（半角文字）を付けてreturnキーを押すと、自動的に級（歯）に換算されます（1pt≒1.41Q）。
初期設定の単位をポイントに変更したい場合は、「InDesign」メニュー（Windows版は「編集」メニュー）の「環境設定」の「単位と増減値」で設定します（353ページ参照）。

TIPS 字送りと字間、行送りと行間

隣り合う文字の仮想ボディの中央までの距離を**字送り**、文字の仮想ボディ同士の間隔を**字間**といいます。
また、隣り合う行の仮想ボディの間隔を**行間**、文字の仮想ボディの中央から次の行の文字の中央までの距離を**行送り**といいます。

「新規マージン・段組」ダイアログボックスの設定

「マージン・段組」は、最初にマージン（ページの余白）を決めて版面を算出し、そこにテキストを流す場合に使用します。横組中心の図版が多いレイアウトや欧文組版で便利な方法です。

「新規マージン・段組」ダイアログボックスでは、天地、ノド、小口、段組、組み方向を設定します。

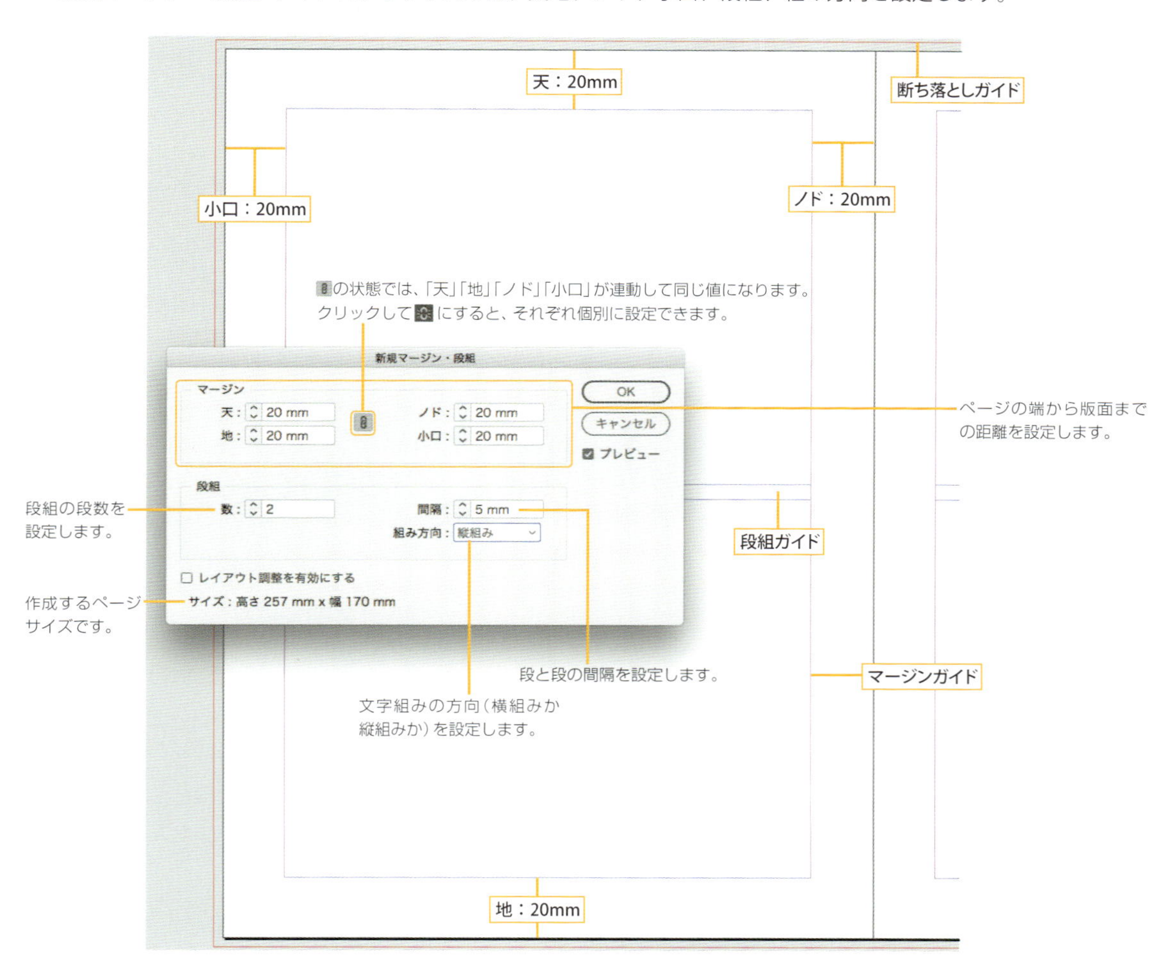

TIPS マージン・段組は変更可能

マージン・段組の設定は、「新規マージン・段組」ダイアログボックスを閉じてドキュメント画面が開いた後でも、「レイアウト」メニューから「マージン・段組」で変更できます。

TIPS 造本を構成する要素

書籍や雑誌の各部分には名称があります。DTPを行う上で必要となる知識なので、覚えておきましょう。

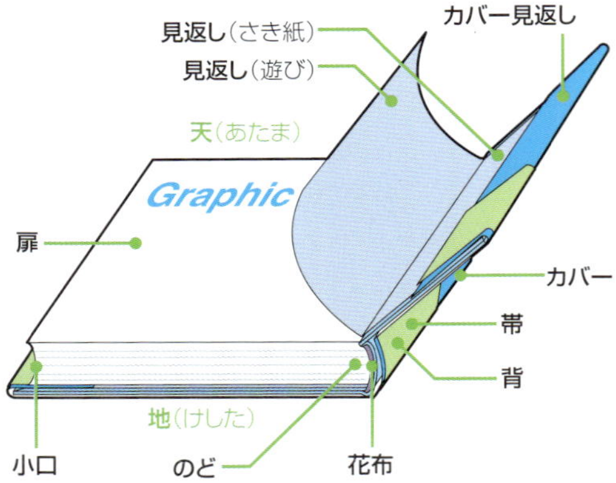

TIPS ページの構成

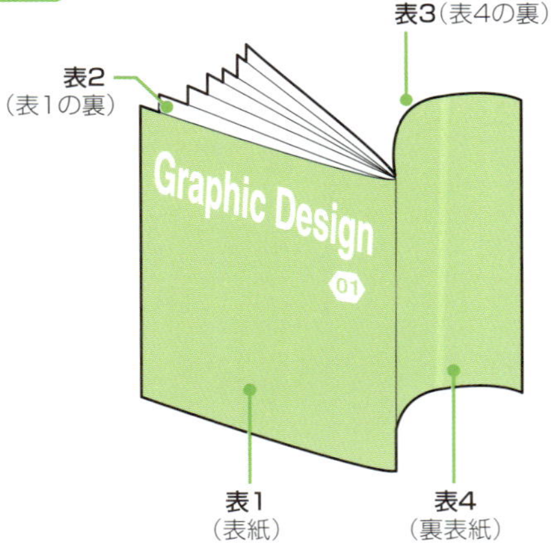

ページを構成する要素にも名称がついています。たとえば、各ページに欠かせないページ番号を「ノンブル」、ページの上や下に配置するタイトルなどは「ハシラ」といいます。これらの要素も覚えておきましょう。

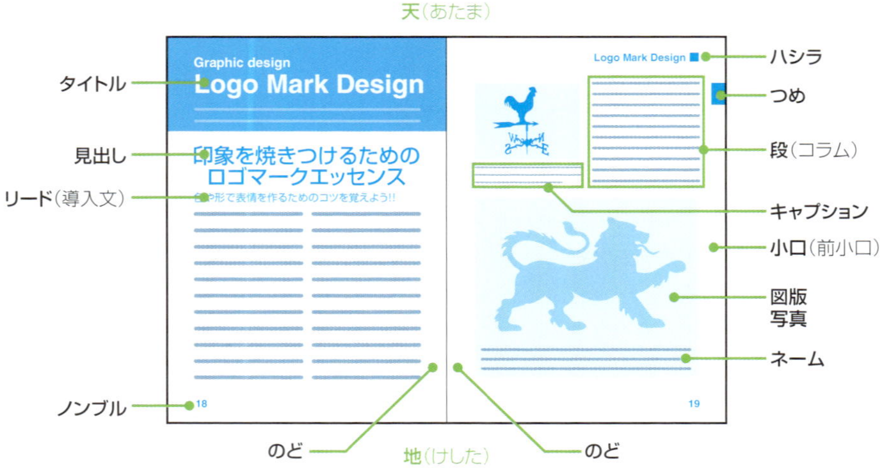

新規ドキュメントプリセット

InDesign CC以降、新規ドキュメント作成時の設定をプリセットとして登録できるようになりました。「ファイル」メニューの「ドキュメントプリセット」から登録します。

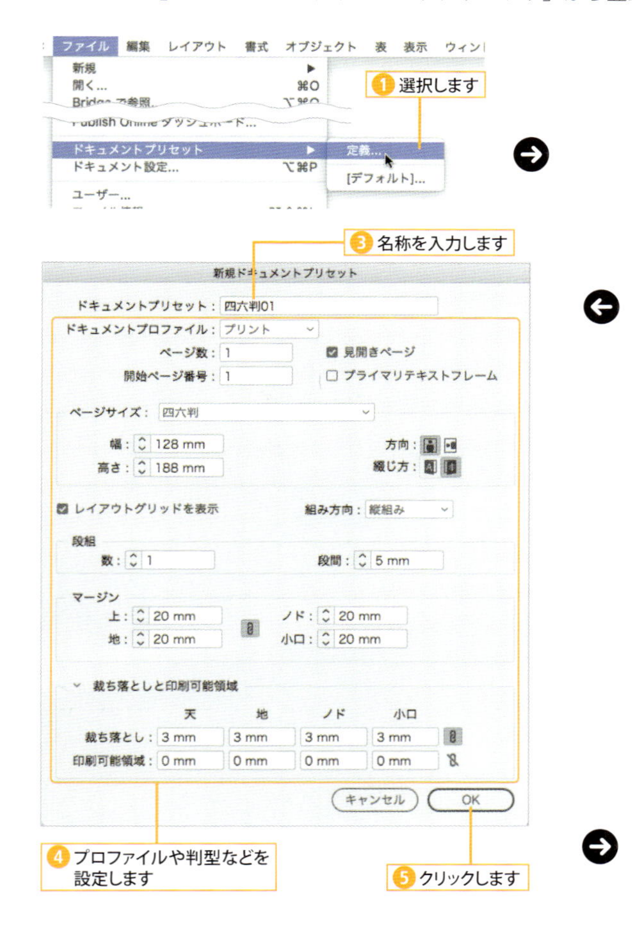

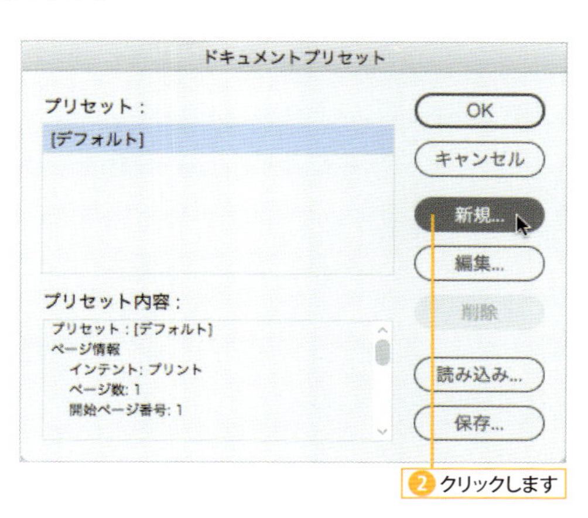

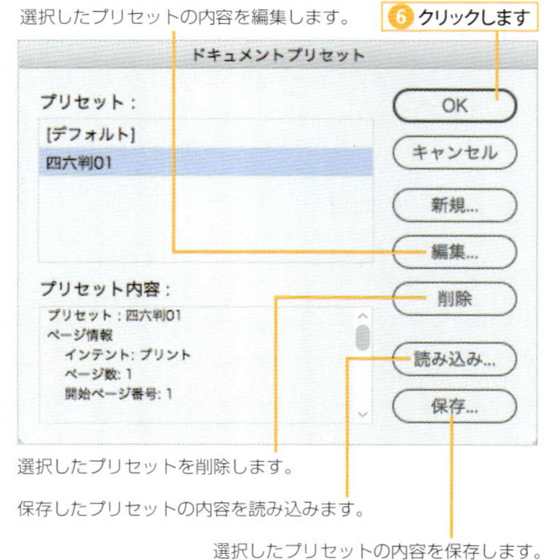

POINT

通常の新規ドキュメント作成の「レイアウトグリッド設定」のように、グリッドの書式を編集することはできません。また、行と段数からマージンを算出することはできません。
「レイアウトグリッドを表示」で表示されるレイアウトグリッドは、アプリケーションデフォルト（次ページ参照）となります。

登録したプリセットは、「ファイル」メニューの「ドキュメントプリセット」に表示され、選択すると設定内容を読み出して新規ドキュメントを作成できます。

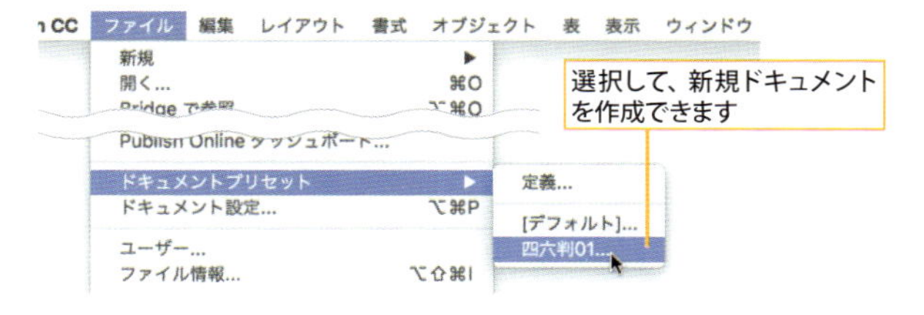

ドキュメントデフォルトとアプリケーションデフォルト

新規ドキュメントを作成する際に適用されるデフォルト設定を**アプリケーションデフォルト**、ドキュメントごとのデフォルト設定を**ドキュメントデフォルト**といいます。

たとえば、レイアウトグリッドで新規ドキュメントを作成する場合、「新規レイアウトグリッド」の設定値はアプリケーションデフォルトの値です。ここで設定値を変更してドキュメントを作成すると、変更した値がドキュメントデフォルトとしてドキュメント内に保存されます。

アプリケーションデフォルトの変更

アプリケーションデフォルトを変更するには、InDesignを起動して、ドキュメントを開いていない状態で設定を変更します。

たとえば、「レイアウト」メニューの「レイアウトグリッド設定」でレイアウトグリッドの設定を変更すると、次にレイアウトグリッドで作成する新規ドキュメントのデフォルト値は、変更した値になります。

ドキュメントデフォルトの変更

ドキュメントを作成した後にオブジェクトを未選択の状態で設定を変更すると、ドキュメントデフォルトを変更できます。

たとえば、「オブジェクト」メニューの「テキストフレーム設定」で設定を変更すると、次に作成するプレーンテキストフレームは、その設定で作成されます。

POINT

アプリケーションデフォルトの設定を初期化するには、InDesignを起動後に[⌘]+[option]+[control]+[shift]キー（Windowsでは、[Ctrl]+[Alt]+[Shift]キー）を押します。
「InDesign環境設定ファイルを削除しますか？」のダイアログボックスが表示されるので、「はい」ボタンをクリックします。

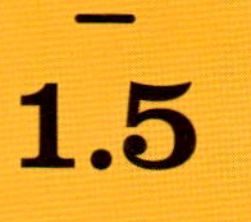

SECTION 1.5 ドキュメントを開く

使用頻度

すでに保存済みのInDesignドキュメントや旧バージョンで作成したInDesignドキュメントを開く際には、使用されているフォントやリンクしている画像の有無に注意する必要があります。

既存のドキュメントを開く

保存済みのドキュメントを開くには、「ファイル」メニューの「開く」（⌘＋O〔アルファベット；オー〕、WindowsはCtrl＋O）を選択します。

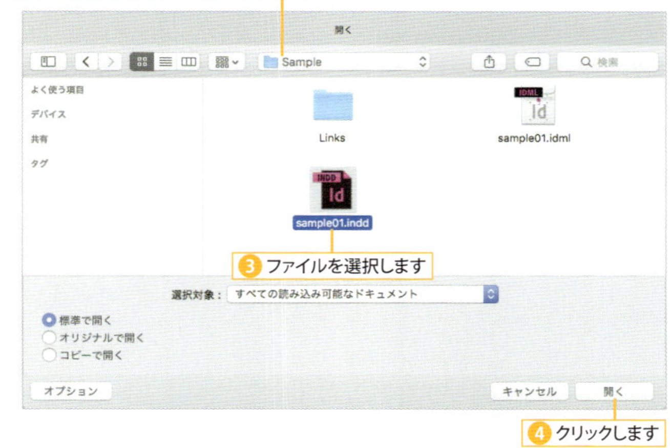

POINT

CS6ではQuarkXPress（3.3～4.1）やPageMaker（6.5、7.0）の書類を開くこともできます（PageMakerはCS6のみ）。ただし、レイアウトを完全に保持できるわけではありません（PageMakerはCS6のみ）。

POINT

「スタート」ワークスペース（11ページ参照）の「開く」ボタンをクリックしても「開く」ダイアログボックスが表示されます。
また、「スタート」ワークスペースの最近使用したファイルをクリックして開くこともできます。

▶ プロファイルの不一致が表示された場合

「カラー設定」の設定によっては、プロファイルが異なるドキュメントを開く場合にダイアログボックスが表示されます。カラー設定にしたがって、処理方法を選択してください。

プロファイルが異なるドキュメントで表示されるダイアログボックス

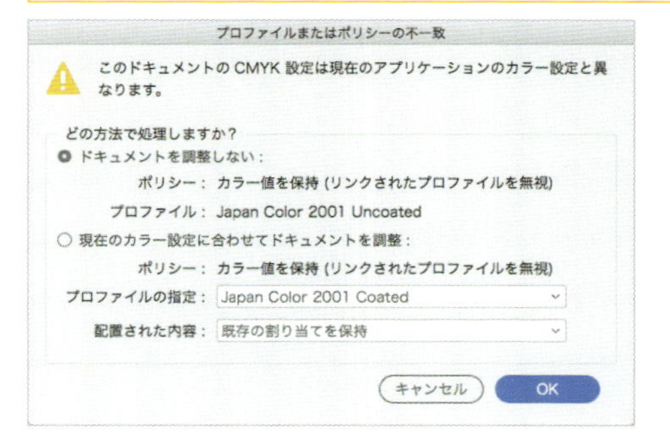

POINT

カラー設定についての詳細は、360ページを参照してください。

▶ フォントがパソコンに入っていない場合

ドキュメント内に使われているフォントが使用しているパソコンにない場合は、「環境に無いフォント」ダイアログボックスが表示され、パソコンに入っていないフォントのリストが表示されます。「フォント検索」ボタンをクリックすると、置換するフォントを指定できます。

「OK」ボタンをクリックすると、環境に無いフォントは代替フォントで表示され、その部分はピンク色でハイライト表示されます。正確なフォントで開くことはできませんが、このままレイアウトの修正や、代替フォントで表示されている部分の文字修正なども行えます。ただし、フォントが正しく表示されていないため、プリントアウトやフォントを埋め込むPDF書き出しなどはできません。

開いたドキュメントを修正した後に、他の共同作業者に渡す場合などは代替フォントのまま作業すべきですが、自分がそのドキュメントの最終的な制作者である場合は、他のフォントに置換してもいいでしょう。

ドキュメントの制作ワークフローによって、そのままにするか置換するかを判断してください。

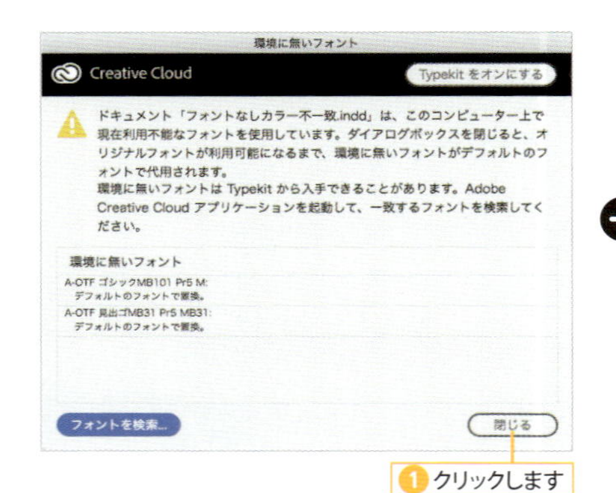

① クリックします

② 代替フォントで表示されピンクでハイライト表示されます

POINT

「フォント検索」をクリックすると、「フォント検索」ダイアログボックスでフォントを置換できます。

POINT

InDesign CC以降、パッケージ（332ページ参照）でコピーされたフォントは、ドキュメントを開く際にアクティブ化され、システムにインストールされていなくても使用できます。83ページも併せて参照ください。

▶リンク画像ファイルが見つからない場合

ドキュメントに配置されている画像ファイルなどが見つからない場合は、警告ダイアログボックスが表示されます。

「変更されたリンク」がある場合、リンクで配置した画像の内容が更新されています。「リンクを更新」ボタンをクリックすると、リンクを更新してドキュメントが開きます。

「リンクを更新しない」ボタンをクリックすると、そのままドキュメントが開きます。開いた後に「リンク」パネルで対応してください（「リンク」パネルについての詳細は、234ページを参照してください）。

また、リンク先が変わっていたり、見つからなかった場合は、「無効なリンク」に数が表示されるか、右の警告ダイアログボックスが表示されるので、ドキュメントを開いた後に「リンク」パネルで対応してください。

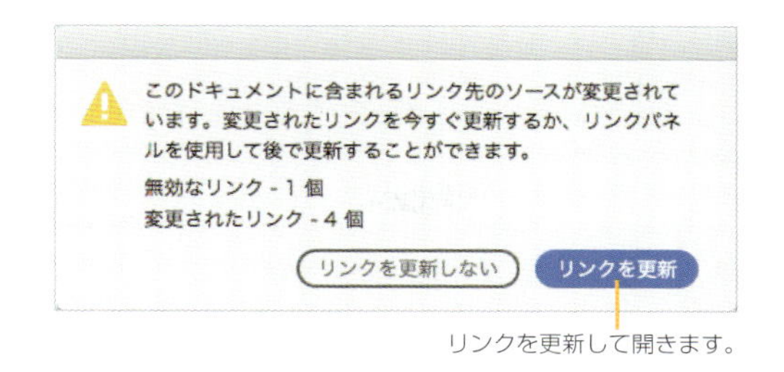

リンクを更新して開きます。

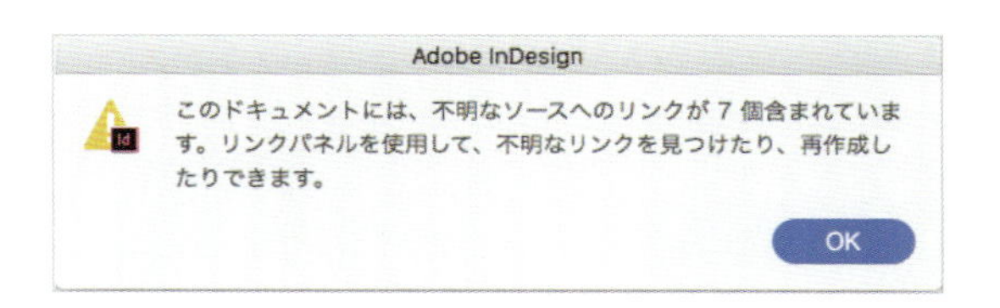

▶旧バージョンのデータを開いた場合

旧バージョンで作成したInDesignドキュメントを開くと、ドキュメントは使用しているInDesignのバージョンに変換されます。変換されたドキュメントは、ウィンドウ上部の名称の横に[変換]と表示されます。

この状態で保存すると、旧バージョンのドキュメントに上書き保存されずに、「別名で保存」ダイアログボックスが表示されます。元データのまま保存するか、別の名称にして保存してください。

旧バージョンで作成したドキュメントを開くと、ここに[変換]と表示されます

SECTION 1.6 ドキュメントを保存する

使用頻度 ☆☆☆

新しいドキュメントを初めて保存するには、「ファイル」メニューから「保存」を選択し、名称を付けて保存します。一度名称を付けて保存したドキュメントは、それ以降、「ファイル」メニューから「保存」を選択すると上書き保存となります。

1 「保存」を選択する

「ファイル」メニューから「保存」（⌘＋S）を選択します。

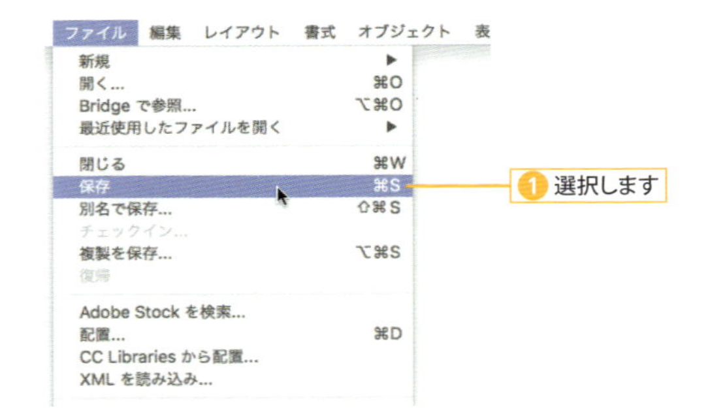

2 「保存」ボタンをクリックする

「別名で保存」ダイアログボックスの「名前」にファイル名を入力し、保存場所を選択して「保存」ボタンをクリックします。

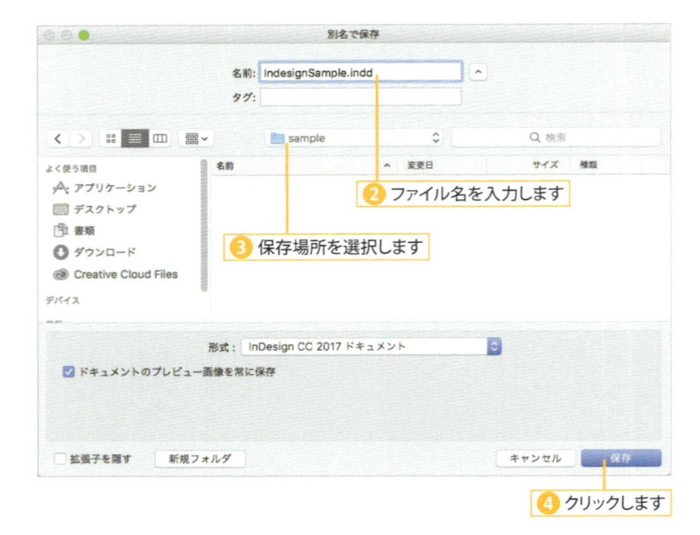

POINT

「別名で保存」ダイアログボックスの「形式（Windowsでは「ファイルの種類」）」で「InDesign CCテンプレート」を選択すると、テンプレートとして保存できます。
テンプレートとして保存したファイルを開くと、未保存のドキュメントとして開きます。「InDesign CS4以降（IDML）」を選択すると、InDesign CS4以降と互換性のあるIDMLファイルで保存できます（347ページ参照）。
また、CS3以前と互換性のあるファイルは保存できません。

▶ 保存済みのドキュメントを違う名称で保存する

保存済みのドキュメントを違う名称で保存するには、「ファイル」メニューの「別名で保存」（shift＋⌘＋S）か「複製を保存」（option＋⌘＋S）を選択します。

「別名で保存」は作業中のドキュメントを他の名称で保存し、作業中のドキュメントは新しい名称のドキュメントとなります。元のドキュメントは変更されません。「複製を保存」は作業中のドキュメントを他の名称で保存し、作業中のドキュメントは元のドキュメントのままとなります。

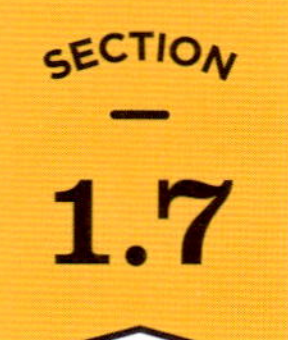

1.7 グリッドとガイド

使用頻度

グリッドとガイドは、レイアウト・組版を行うための補助線的な役割をします。ガイドは版面や段組などのレイアウトを行うための領域を示す補助線なのに対し、グリッドはガイドの領域内でさらに効率的なレイアウトを行うための補助線となります。

マージンガイドと段組ガイド

マージンガイドは版面と誌面の余白を示すガイドで、**段組ガイド**はドキュメントを段組で作成する際に段と段間を示すガイドです。両方ともドキュメントを作成すると自動的に作成されます。

マージンガイドと段組ガイドは、テキストの自動流し込みのときに、自動で流し込まれる領域となります。

誌面の外側の赤いラインは裁ち落としガイド、水色のラインは印刷可能領域です。

TIPS ガイドの色を変えるには

ガイドの色は、「InDesign」メニュー（Windowsは「編集」メニュー）の「環境設定」の「ガイドとペーストボード」（354ページ参照）で変更できます。

TIPS 不均等な段組ガイドを作成する

通常、段組ガイドは、マージン内を均等に分割するように作成されます。不均等な段組ガイドを作成する場合は、段組ガイドのロックを解除した後、選択ツール かダイレクト選択ツール で段組ガイドをドラッグして移動してください。

定規と定規ガイド

InDesignでは、初期設定でドキュメントウィンドウの上と左に定規が表示されています。

定規は、「表示」メニューの「定規を表示」「定規を隠す」（⌘+R）またはアプリケーションバーのから「定規」を選択すると、表示・非表示を切り替えられます。

▶ 定規ガイドを引く

水平定規・垂直定規の目盛りの上からドラッグすると、定規ガイドを作成できます。

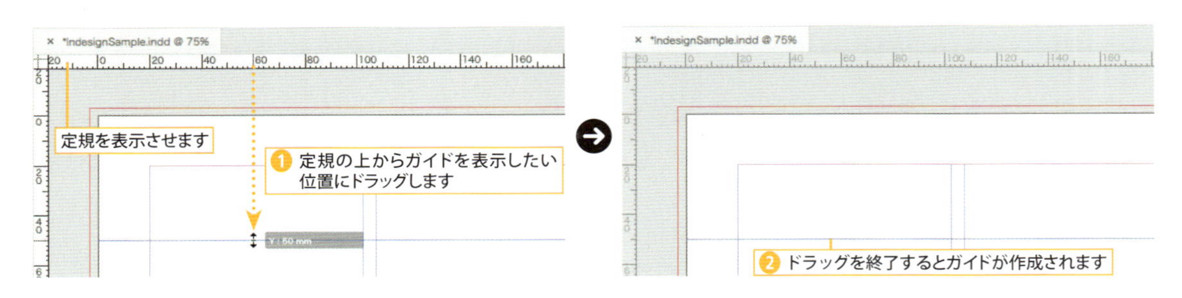

POINT

定規の上をダブルクリックすると、その位置のガイドを作成できます。

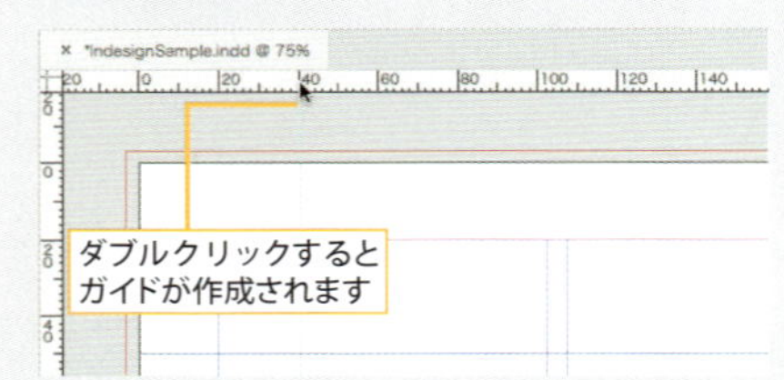

TIPS 見開きページに共通の定規ガイドを作成する

⌘キー（WindowsはCtrlキー）を押しながらドラッグすると、見開きの定規ガイドとなります。または、ペーストボード上（ドキュメントの外側）にドラッグすると見開きの定規ガイドとなります。

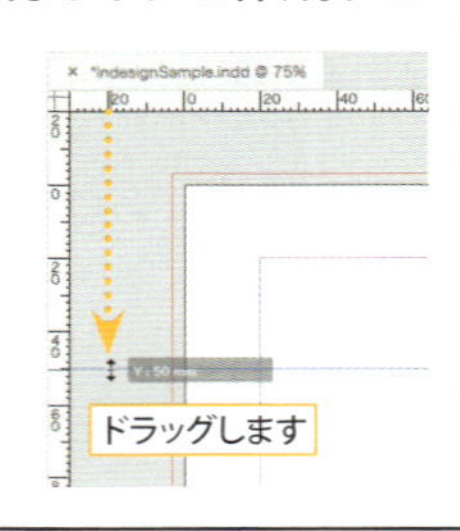

TIPS 定規ガイドの色を変える

「レイアウト」メニューの「定規ガイド」を選択すると、「定規ガイド」ダイアログボックスが開き、定規ガイドの色とガイドを表示する画面表示制限の拡大率を変更できます。

▶ 定規ガイドの移動と削除

作成した定規ガイドは、選択ツールかダイレクト選択ツールでドラッグして位置を移動できます。また、選択してdeleteキーを押すと削除できます。

移動できない場合は、ガイドがロックされています。「表示」メニューの「グリッドとガイド」から「ガイドのロック」（option+⌘+;〔セミコロン〕、WindowsはAlt+Ctrl+;）を選択してロックを解除してください。

TIPS 定規単位の変更

定規の上でcontrol+クリック、または右クリックしてショートカットメニューから定規の単位を選択できます。

TIPS 定規ガイドをすべて削除する

option+⌘+Gキーを押すと、すべてのガイドが選択できるので、deleteキーを押して削除してください。

TIPS 一時的にガイドを非表示にする

「表示」メニューの「グリッドとガイド」から「ガイドを隠す」(⌘+;〔セミコロン〕、Windowsは Ctrl+;)を選択すると、一時的にガイドを非表示にできます。
また、アプリケーションバーでも表示・非表示を設定できます。

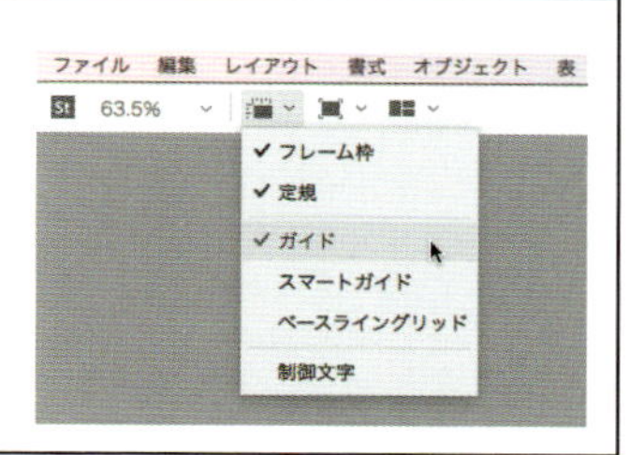

▶ 定規の原点を変更する

定規の原点は、初期設定ではページまたはスプレッドの左上となっています。

原点の位置は、定規の交差した部分から原点の位置にしたい場所までドラッグして変更できます。

原点の位置を元に戻す場合は、定規の交差した部分をダブルクリックします。

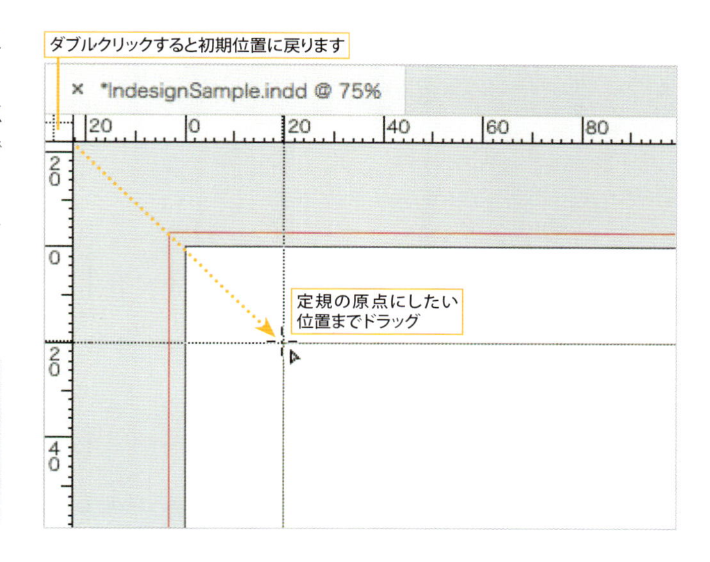

POINT

定規の開始位置は、「InDesign」メニュー（Windowsは「編集」メニュー）の「環境設定」の「単位と増減値」にある「定規の単位」の「開始位置」（353ページ参照）の設定によって、「スプレッド」「ページ」「ノド元」の３種類から選択できます。「ノド元」に設定した場合は、原点位置の変更はできません。

ガイドの作成で等間隔の定規ガイドを引く

「レイアウト」メニューの「ガイドを作成」を使うと、定規ガイドを使って簡単に段組やグリッドレイアウト用の等間隔のガイドを作成できます。

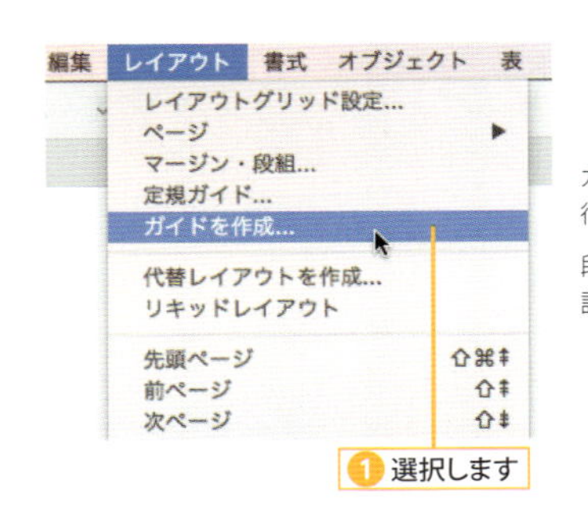

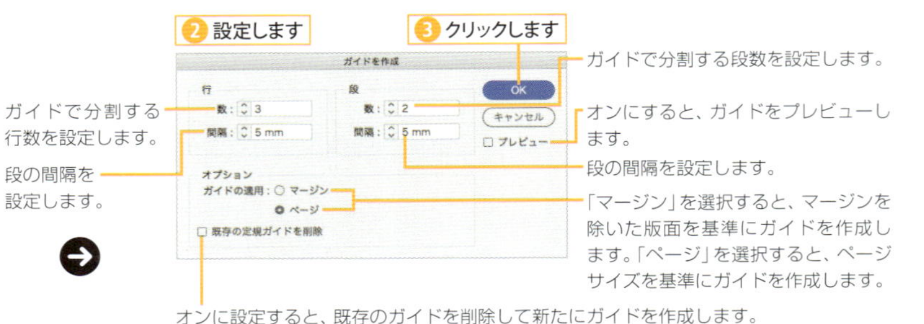

4 等間隔で定規ガイドが作成されました

TIPS 段落ガイドと定規ガイドの違い

「ガイドを作成」で作成したガイドは定規ガイドとなるため、段組ガイドとは異なり、テキストの自動流し込みをしてもテキストボックスは段組に沿って作成されません。

スマートガイドを使う

スマートガイドは、オブジェクトを描画したり移動や変形する際、別のオブジェクトとの相対関係でエッジ部分が揃ったり、同じサイズ・角度・間隔になったときに表示されるガイドです。

スマートガイドは、「表示」メニューの「グリッドとガイド」から「スマートガイド」(⌘+U)を選択して、表示・非表示を切り替えます。アプリケーションバーの から「スマートガイド」を選択してもかまいません。

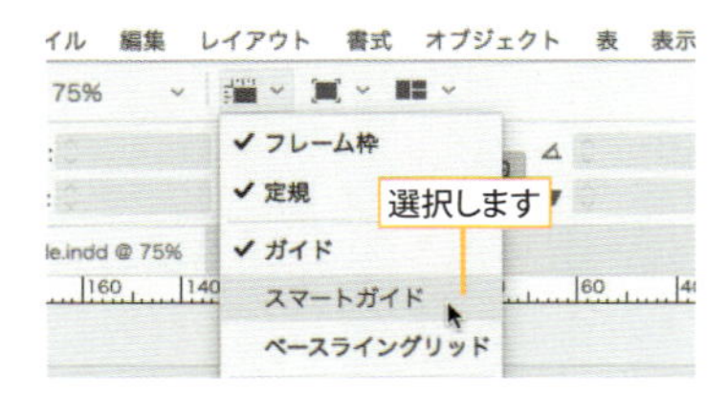

TIPS スマートガイドが表示されない場合

「表示」メニューの「グリッドとガイド」にある「レイアウトグリッドにスナップ」が有効の場合は、スマートガイドは機能しません。

フレームサイズの変更時に他のオブジェクトと同じサイズになったため、表示されたスマートガイド

POINT

スマートガイドで表示されるガイドの種類や色は、「InDesign」メニュー（Windowsは「編集」メニュー）の「環境設定」の「ガイドとペーストボード」で設定できます（354ページ参照）。

レイアウトグリッド

新規ドキュメントを作成した際に、「レイアウトグリッド」を選択するとグリーンのマス目のレイアウトグリッドがページ内に表示されます。レイアウトグリッドは、レイアウト用のガイドで、設定によって書体サイズや文字間、行間などを自由に設定できます。

ここに文字を入力するわけではありません。あくまでも、レイアウトのガイドです。

レイアウトグリッドは、「表示」メニューの「グリッドとガイド」から「レイアウトグリッドを隠す」（option＋⌘＋A、WindowsはAlt＋Ctrl＋A）を選択すると、非表示にできます。

レイアウトグリッドを表示した状態

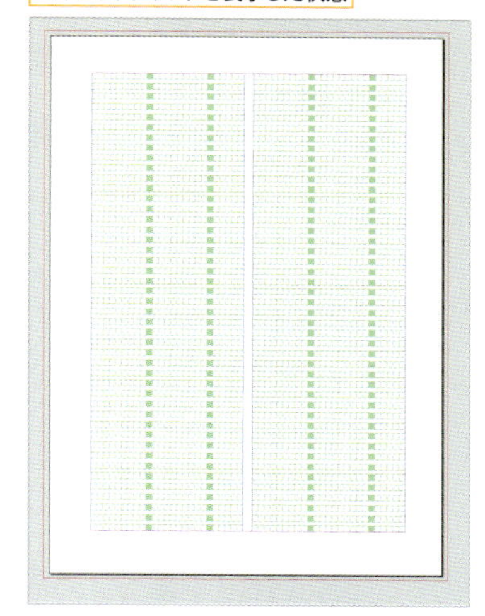

ベースライングリッドとドキュメントグリッド

▶ベースライングリッド

ベースライングリッドは、欧文テキストや段組の行送りを揃えるのに使用する補助線です。ベースライングリッドを使用する場合、「InDesign」メニュー（Windowsは「編集」メニュー）の「環境設定」の「グリッド」（354ページ参照）で正確なベースラインの位置を設定してから表示してください。

「表示」メニューの「グリッドとガイド」から「ベースライングリッドを表示」（option＋⌘＋'〔シングルコーテーション〕）で表示されます。非表示にする場合は、「表示」メニューの「グリッドとガイド」から「ベースライングリッドを隠す」（option＋⌘＋'）を選択します。

ベースライングリッドを表示した状態

POINT

ベースライングリッドは、アプリケーションバーでも表示・非表示を設定できます。

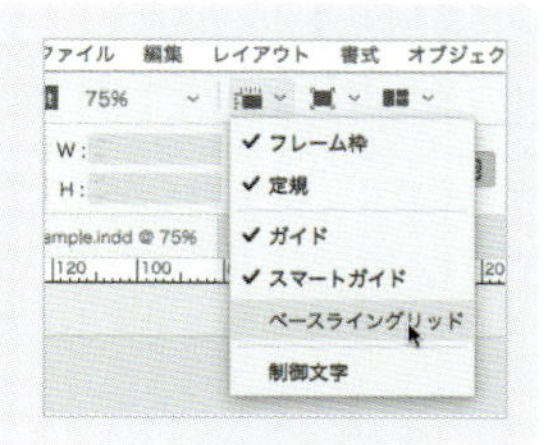

▶ドキュメントグリッド

ドキュメントグリッドは、方眼状の補助線です。ペーストボードいっぱいに表示されます。

「表示」メニューの「グリッドとガイド」から「ドキュメントグリッドを表示」（⌘＋'〔シングルコーテーション〕）で表示されます。

非表示にする場合は、「表示」メニューの「グリッドとガイド」から「ドキュメントグリッドを隠す」（⌘＋'）を選択します。

ドキュメントグリッドを表示した状態

グリッドやガイドへのスナップ

オブジェクトをレイアウトする際に、ガイドやグリッドは大変便利な機能です。スナップ機能を使うと、これらの補助線にオブジェクトをぴったり合わせることができます。

「表示」メニューの「グリッドとガイド」から「ガイドにスナップ」（shift＋⌘＋;〔セミコロン〕）をオンにすると、ガイド近くにオブジェクトを移動するとガイドに吸着するようになります。

「グリッドにスナップ」（shift＋⌘＋'〔シングルコーテーション〕）では、グリッドに吸着します。

「レイアウトグリッドにスナップ」（option＋shift＋⌘＋A）では、レイアウトグリッドに吸着します。

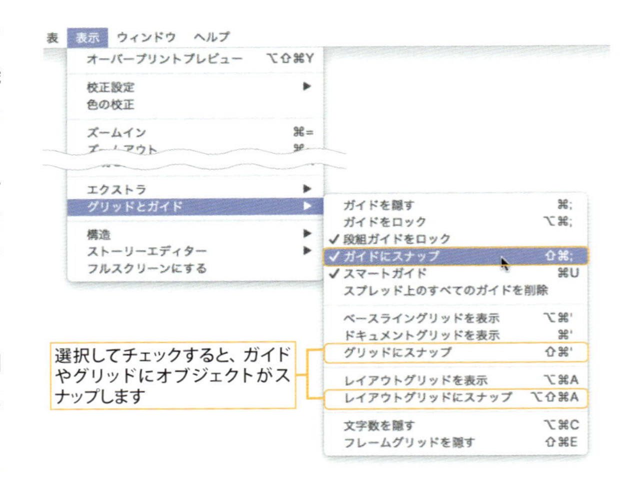

選択してチェックすると、ガイドやグリッドにオブジェクトがスナップします

POINT

グリッドが表示されていなくても、スナップ機能は有効です。

TIPS スナップ時のカーソルの形状について

オブジェクトの移動時など、スナップが有効になるとカーソルが ▷ になります。スナップされていない場合は ▶ のままです。

オブジェクトがスナップされると、カーソルが ▷ になります

SECTION 1.8 表示モード

使用頻度 ★★★

InDesignでドキュメントを作成・編集していく過程で、作業のしやすい表示モードや表示倍率を選択して効率的に作業を行うことを覚えましょう。

標準モードとプレビューモード

ガイドやグリッドはレイアウトに便利な機能ですが、多用すると仕上がり状態がわかりにくくなるデメリットもあります。

そういう場合は、ツールパネルの最下部やアプリケーションバーで「標準モード」と「プレビュー」の表示状態を使い分けるとよいでしょう。「裁ち落としモード」「印刷可能領域モード」を選択することもできます。

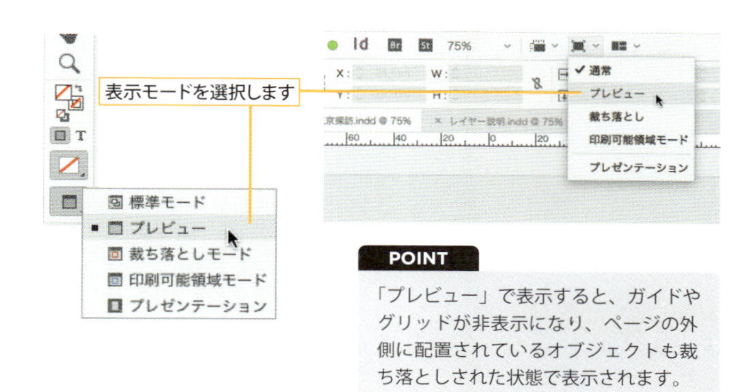

POINT

「プレビュー」で表示すると、ガイドやグリッドが非表示になり、ページの外側に配置されているオブジェクトも裁ち落としされた状態で表示されます。

標準モード

プレビュー

グリッドやガイドが非表示になり、仕上がり状態を確認できます。

TIPS プレゼンテーションモード

プレゼンテーションモードは、InDesignのドキュメントを全画面で表示するモードです。InDesignで作成したドキュメントを使ってそのままプレゼンテーションが可能です。また、長いページのドキュメントの制作時に、ページごとにプレビューして確認するのにも便利です。クリックで次ページ、shift＋クリックで前ページに移動できます（矢印キー↑↓←→でのページ移動も可能）。escキーで元に戻ります。

プレゼンテーションモードでは、InDesignドキュメントをページごとに全画面表示できます。

SECTION 1.9 表示倍率を変更する

使用頻度

InDesignでは、画面の一部を拡大したりページ全体を表示するなど、表示倍率を変更できます。表示倍率の変更にはいくつか方法があります。

「表示」メニューのコマンドを使う

「表示」メニューには、表示倍率を変更する「ズームイン」や「ズームアウト」のほかに、100%表示（実寸表示）や、ページ全体やスプレッド（見開き状態）を全体表示するコマンドが選択できます。

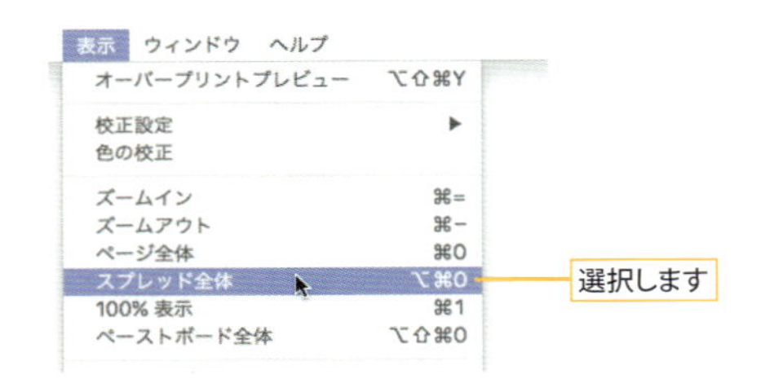

100%表示（実寸表示）

スプレッド全体

TIPS マウスホイールによる操作

option キーを押しながらマウスホイールを操作すると、表示サイズを変更できます。
また、⌘ キーを押しながらマウスホイールを操作すると、横方向にスクロールできます。

TIPS 表示サイズのショートカット（数字キーはテンキーでは無効）

ズームイン	⌘ ＋ + （テンキーも可）
ズームアウト	⌘ ＋ - （テンキーも可）
ページ全体	⌘ ＋ 0 （ゼロ）
スプレッド全体	⌘ ＋ option ＋ 0 （ゼロ）
ペーストボード全体	⌘ ＋ option ＋ shift ＋ 0 （ゼロ）
100%表示	⌘ ＋ 1
200%表示	⌘ ＋ 2
400%表示	⌘ ＋ 4
50%表示	⌘ ＋ 5
現在の倍率と直前の倍率を切り替え	⌘ ＋ option ＋ 2

ズームツールを使う

ズームツールを使うと、でクリックした箇所を中心に拡大表示されます。また、optionキーを押しながらクリックするとアイコンがとなり、縮小表示となります。

また、ズームツールで拡大表示したい部分をドラッグして囲むと、その箇所が拡大表示されます。

TIPS ズームツールのショートカット

ズームツール以外のツールを使用中に⌘＋spaceキーを押すと、一時的にズームツールになります。また、⌘＋option＋spaceキーを押すとズームアウトツールになります。

「表示倍率」メニューを使う

「表示倍率」のをクリックするとリストが表示され、表示倍率を選択できます。また、表示倍率の表示欄をクリックして、表示倍率を直接入力することも可能です。

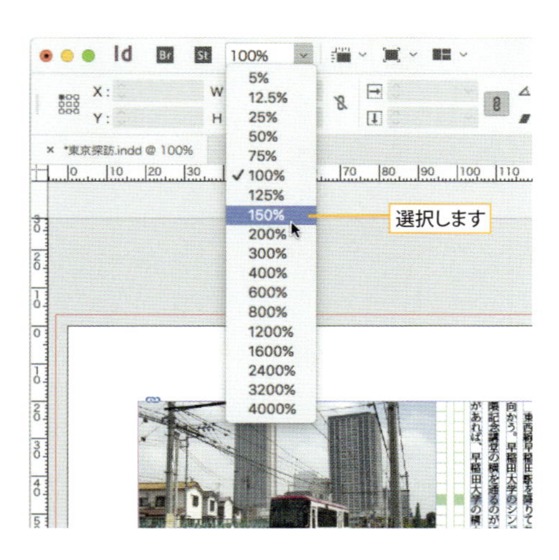

画面のスクロールで表示位置を変える

画面に見えない部分を表示させるには、ドキュメントウィンドウの右または下に表示されているスクロールバーを使って移動してください。

▶手のひらツール を使う

手のひらツール は、手のひらで紙を動かす要領で、編集画面をスクロールできます。

POINT

オブジェクト編集時はspaceキー、テキスト編集時は optionキーを押すと、一時的に手のひらツール になります。

▶手のひらツール のパワーズーム機能

手のひらツールを選択した状態でマウスボタンを押し続けると、画面がズームアウトして全体表示になります。現在の表示領域が赤い囲みで表示されるので、そのままドラッグして表示領域を変更できます。

手のひらツール で
マウスボタンを押し続けます

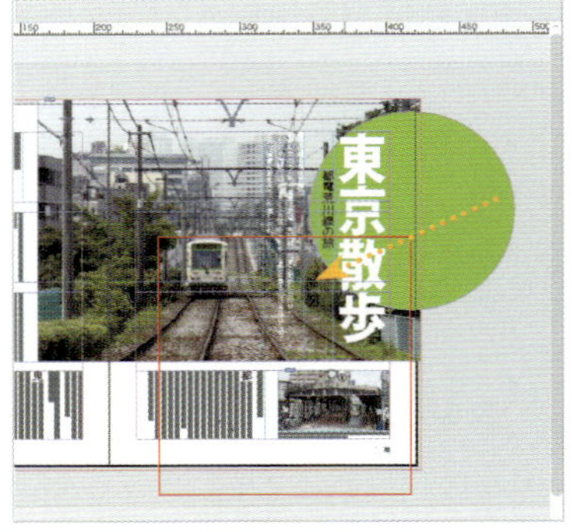

画面が全体表示になるので、
表示したい領域までドラッグします

マウスボタンを放すと、
選択した領域が表示されます

スプレッドの回転

「表示」メニューの「スプレッドを回転」、または「ページ」パネルメニューの「スプレッドビューを回転」を使うと、表示しているページまたはスプレッドを90度または180度回転して表示できます。

表示だけを回転させるため、ページ内に回転させてレイアウトしたオブジェクトを編集する際に便利です。

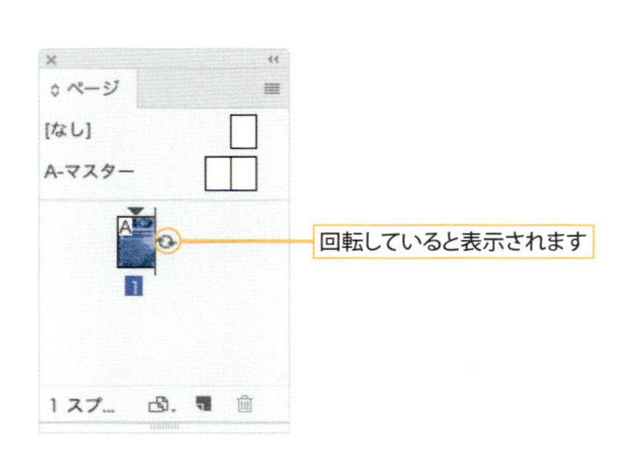

CS6 | CC | CC14 | CC15 | CC17

SECTION 1.10

表示ページを変更する

使用頻度

複数ページのドキュメントの場合、スクロールバーで表示するページを変更することもできます。また、「ページ」パネルやコマンドを使うと、目的のページを素早く表示させることができます。

「ページ」パネルで表示ページを指定する

「ページ」パネルを使うと、表示したいページのアイコンをダブルクリックするだけで、そのページを表示できます。

スプレッド（見開き状態）で表示したい場合には、ページ番号の部分をダブルクリックします。

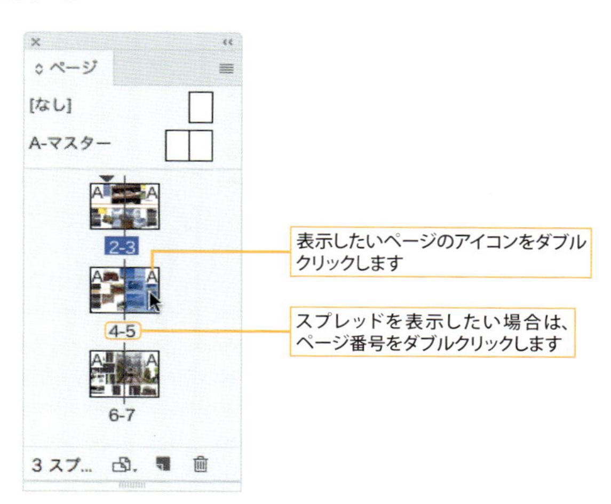
ページ
[なし]
A-マスター
2-3
4-5
6-7
3 スプ...
表示したいページのアイコンをダブルクリックします
スプレッドを表示したい場合は、ページ番号をダブルクリックします

ドキュメントウィンドウのページ番号メニューを使う

ドキュメントウィンドウ左下に表示されているページ移動ボタンで表示するページを変更できます。

TIPS 右綴じではボタンが逆

右綴じ（縦組）では、「次スプレッド」「前スプレッド」のボタンが逆になるので注意してください。

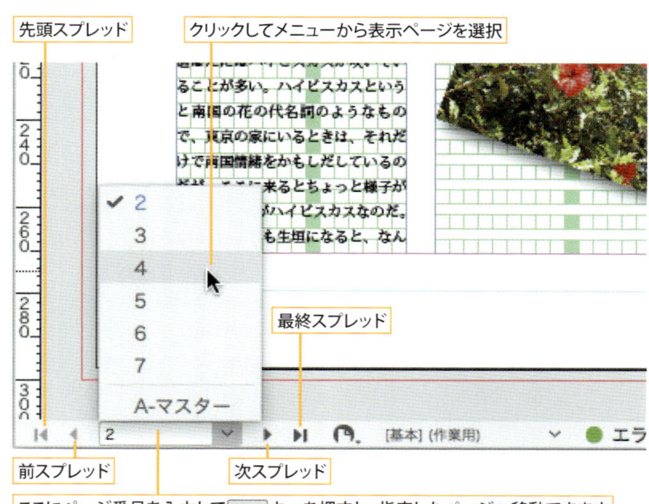
先頭スプレッド
クリックしてメニューから表示ページを選択
2
3
4
5
6
7
A-マスター
最終スプレッド
[基本]（作業用）
前スプレッド
次スプレッド
ここにページ番号を入力して return キーを押すと、指定したページへ移動できます

「レイアウト」メニューのコマンドを使う

「レイアウト」メニューのコマンドで表示するページを変更できます。

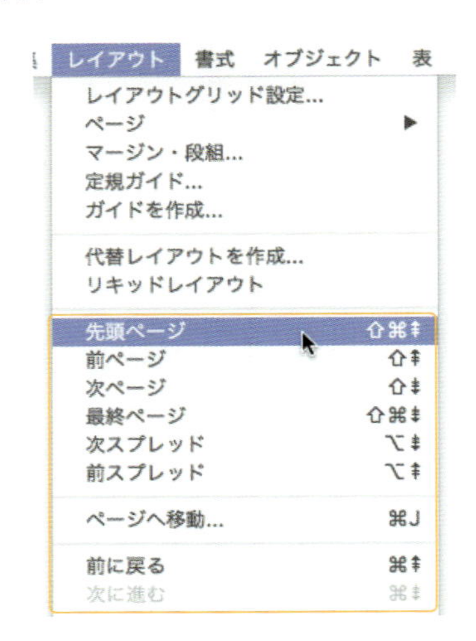

「ページへ移動」コマンドを使う

「レイアウト」メニューの「ページへ移動」（⌘＋J）を使うと、表示するページを指定できます。

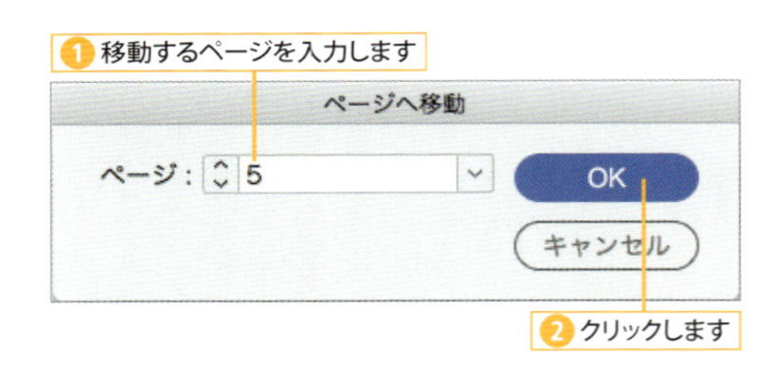

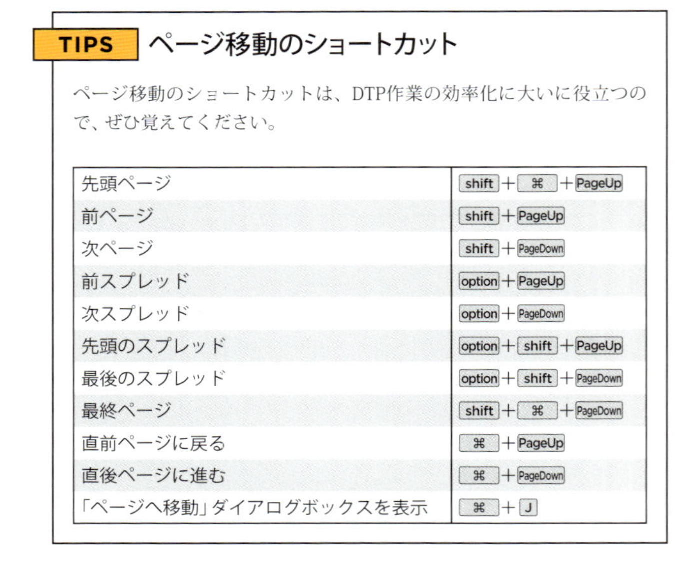

TIPS ページ移動のショートカット

ページ移動のショートカットは、DTP作業の効率化に大いに役立つので、ぜひ覚えてください。

先頭ページ	shift＋⌘＋PageUp
前ページ	shift＋PageUp
次ページ	shift＋PageDown
前スプレッド	option＋PageUp
次スプレッド	option＋PageDown
先頭のスプレッド	option＋shift＋PageUp
最後のスプレッド	option＋shift＋PageDown
最終ページ	shift＋⌘＋PageDown
直前ページに戻る	⌘＋PageUp
直後ページに進む	⌘＋PageDown
「ページへ移動」ダイアログボックスを表示	⌘＋J

SECTION 1.11

ファイルの表示方法

使用頻度 ★★★

複数のドキュメントを開くとタブ方式で表示されますが、独立して表示させることもできます。１つのドキュメントを分割したり複数ウィンドウで表示したりもできます。

ファイルのタブ表示

InDesignでは、複数ファイルを開いたときにタブで表示されます。タブを選択して、ファイル表示を切り替えることができます。

表示方法を変更する

アプリケーションフレーム（またはアプリケーションバー）の■をクリックすると、表示方法を変更できます。

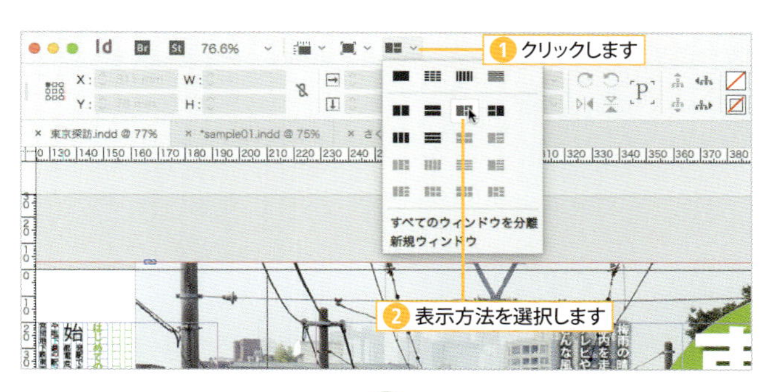

TIPS 独立したウィンドウで表示するには

ファイルごとに独立したウィンドウで表示するには、タブをドラッグして切り離します。■をクリックして表示されるメニューから「すべてのウィンドウを分離」を選択すると、すべてのウィンドウを分離して表示できます。

複数のウィンドウで表示する

「ウィンドウ」メニューの「アレンジ」から「〜の新規ウィンドウ」を選択すると、1つのドキュメントを複数のウィンドウで表示することができます。それぞれのウィンドウは、表示するドキュメントの内容は同じですが、倍率などの表示状態は自由に変更できます。

POINT

アプリケーションフレーム（またはアプリケーションバー）の[■]から「新規ウィンドウ」を選択してもかまいません。

POINT

新規ウィンドウを開くと、一方で全体を表示しながら、もう一方のウィンドウで細部を拡大して編集することができます。

新しいウィンドウが表示されます

ウィンドウの分割

1つのウィンドウを分割して表示できます。代替レイアウトを使って、縦レイアウトと横レイアウトを1つのドキュメントで作成する場合や、相互参照（172ページ参照）を設定する場合に便利です。

❶ クリックします

❷ ウィンドウが分割されました

クリックすると元に戻ります。

CHAPTER

2

ページの作成と操作

ページ数の多い制作物を作成するには、ページの増減や移動などのページ操作、ノンブル（ページ番号）のなど各ページに共通しているアイテムの設定が不可欠です。InDesignでは、ドキュメントの内容を共通部分に自動配置するなどの便利な機能が備わっています。
CHAPTER 2では、ページのハンドリング操作について説明します。

CS6 | CC | CC14 | CC15 | CC17

SECTION 2.1 「ページ」パネルとページの操作

使用頻度

ページを作成したり移動するには、「ページ」パネルを使います。「ページ」パネルは、InDesignでのページ操作（ページの追加・削除、マスターページの作成など）を行うための重要なパネルです。

「ページ」パネル

「ページ」パネルは、「ウィンドウ」メニューの「ページ」で表示します。

「ページ」パネルの上部には設定されている「**マスターページ**」、下部にはドキュメント内のページ構成が表示されます。見開きページのことを「**スプレッド**」と呼びます。

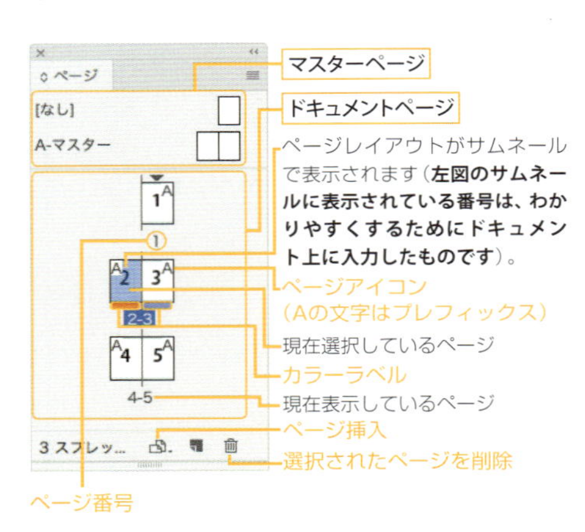

TIPS 「ページ」パネルの表示のショートカット

Mac	⌘ + F12
Windows	F12

TIPS 「ページ」パネルのレイアウト

「ページ」パネルのアイコンの大きさやレイアウトは、「ページ」パネルメニューの「パネルオプション」で設定できます。アイコンサイズは、「極小」「小」「中」「大」「特大」から選択できます。

TIPS ページごとのカラーラベル

ページごとにカラーラベルを設定できます。ページごとの作業進捗などを管理するのに便利です。

カラーラベルを設定するページを選択して「ページ」パネルメニューの「ページ属性」にある「カラーラベル」から色を選択してください。

ページを追加する

▶「ページ」パネルで追加する

ページを追加したい前のページをクリックして選択します。

「ページ」パネルの「ページを挿入」ボタンをクリックすると、選択したページの後ろに新規ページが挿入されます。挿入されるページは、選択したページと同じマスターページが適用されます。

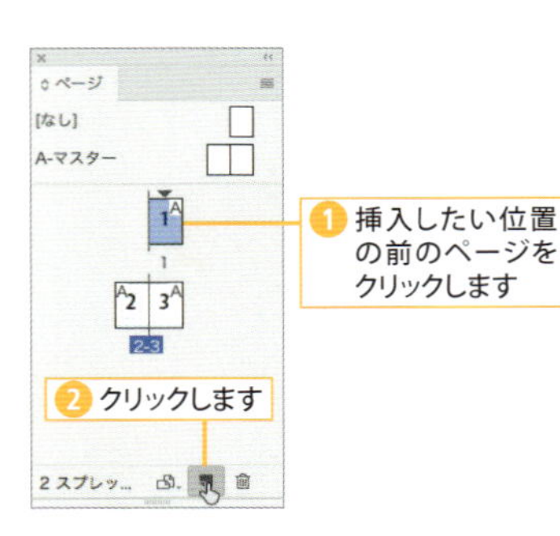

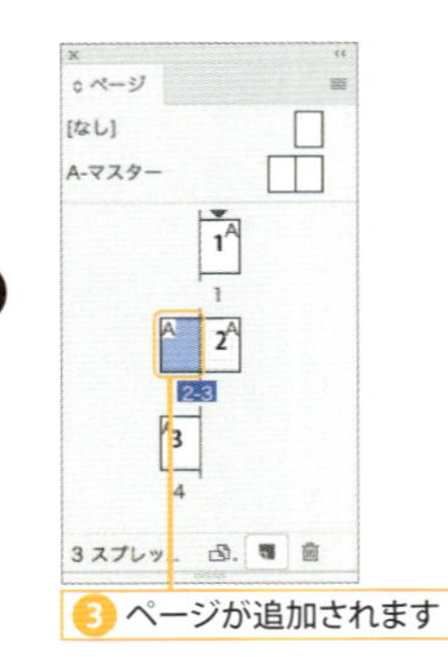

POINT

新しいページは、反転しているページの後ろに挿入されます。新規ページを挿入時するときには、必ず確認してください。

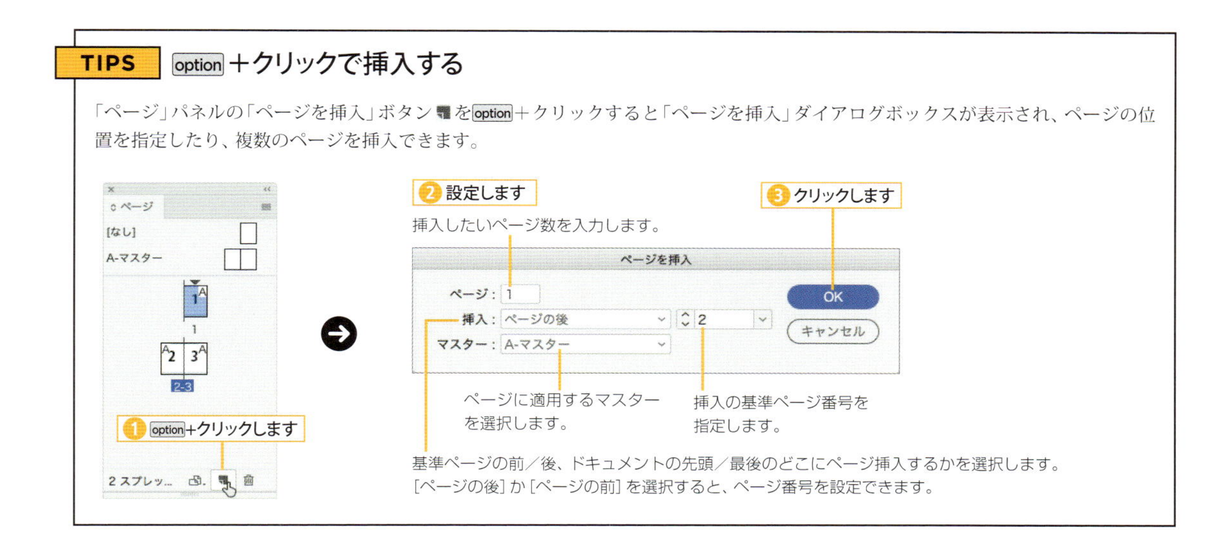
TIPS
option ＋クリックで挿入する
「ページ」パネルの「ページを挿入」ボタン を option ＋クリックすると「ページを挿入」ダイアログボックスが表示され、ページの位置を指定したり、複数のページを挿入できます。
2 設定します
挿入したいページ数を入力します。
3 クリックします
ページを挿入
ページ：1
挿入：ページの後
2
マスター：A-マスター
OK
キャンセル
ページに適用するマスターを選択します。
挿入の基準ページ番号を指定します。
1 option＋クリックします
基準ページの前／後、ドキュメントの先頭／最後のどこにページ挿入するかを選択します。
[ページの後] か [ページの前] を選択すると、ページ番号を設定できます。

マスターページアイコンをドラッグ＆ドロップして追加する

マスターページのアイコンをドラッグ＆ドロップして、ページを追加することもできます。新しいページには、ドラッグしたマスターが適用されます。

1ページだけ追加する場合は、マスターページアイコンのどちらかのページだけをクリックして、片方のページだけが反転した状態でドラッグします。

見開き2ページを追加する場合は、マスターページの名前部分をドラッグします（マスターページの名前部分をクリックして、両ページが反転したアイコンをドラッグしてもかまいません）。

ただし、マスター［なし］のアイコンをドラッグ＆ドロップすると、見開きページのドキュメントでは無条件で2ページ追加されます。

ページを挿入する場所も、ドロップする位置によって選択できます。

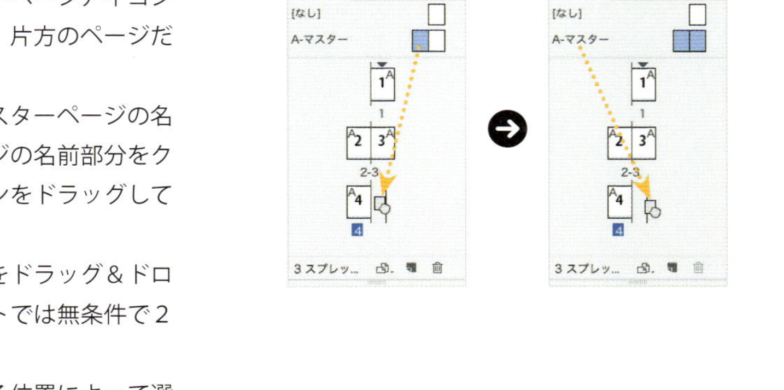
1ページ追加する場合はページをドラッグ
スプレッドを追加する場合は名前の部分をドラッグ

左：4ページ目の前に挿入

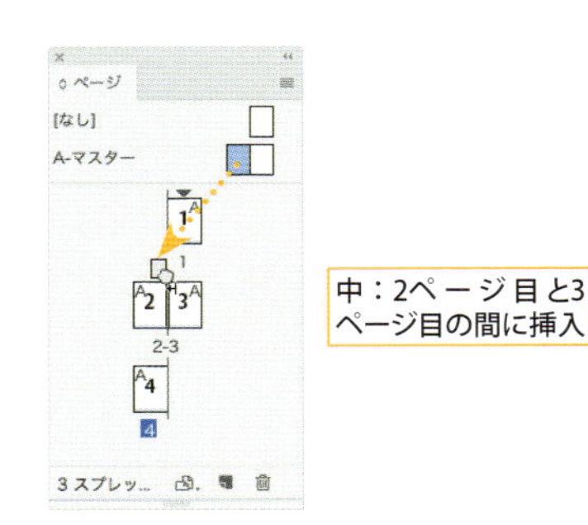
中：2ページ目と3ページ目の間に挿入

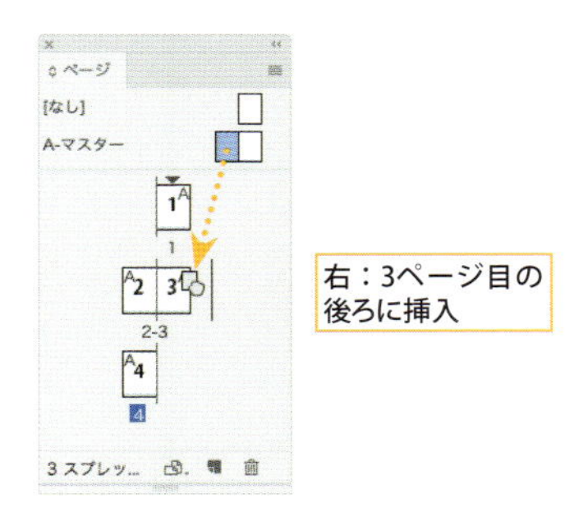
右：3ページ目の後ろに挿入

ページを削除する

ページやスプレッドを削除する場合は、「ページ」パネルで削除するページをクリックして選択し、パネル下部の「選択されたページを削除」ボタン🗑をクリックします。

TIPS 見開きを削除するには

ページ番号部分を🗑にドラッグすると、見開き単位で削除できます。

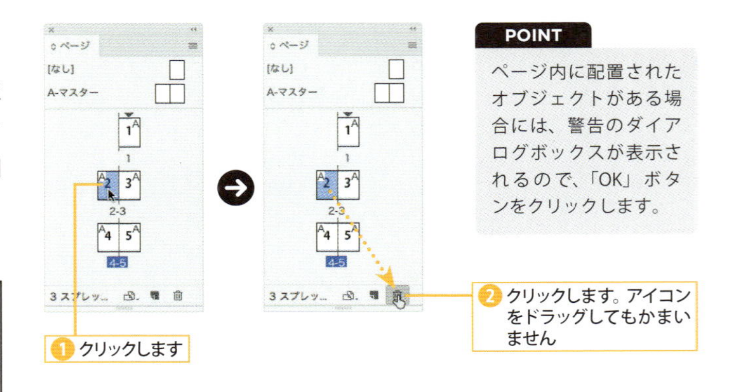

POINT

ページ内に配置されたオブジェクトがある場合には、警告のダイアログボックスが表示されるので、「OK」ボタンをクリックします。

ページ（またはスプレッド）を移動する

「ページ」パネルでページアイコンをドラッグして、ページを移動できます。

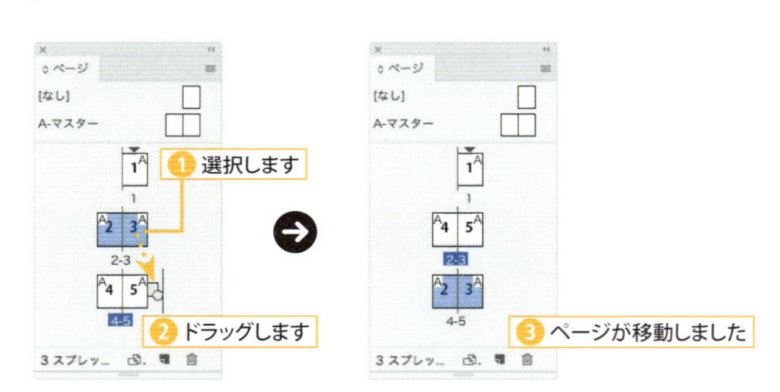

「ページ」パネルで移動したいページのアイコンをクリックして選択し、「ページ」パネルメニューの「ページを移動」を選択すると、選択したページを指定したページの前または後ろに移動できます。

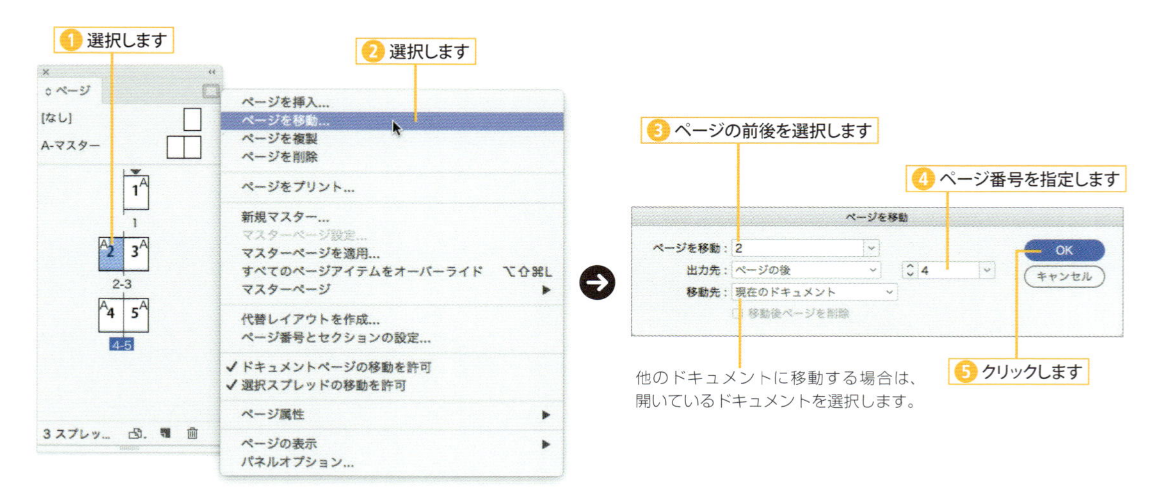

他のドキュメントに移動する場合は、開いているドキュメントを選択します。

ページ(またはスプレッド)の複製

ページ(またはスプレッド)を複製する場合は、ページ(またはスプレッド)を選択して「ページ」パネルメニューから「ページを複製」(または「スプレッドを複製」)を選択します。

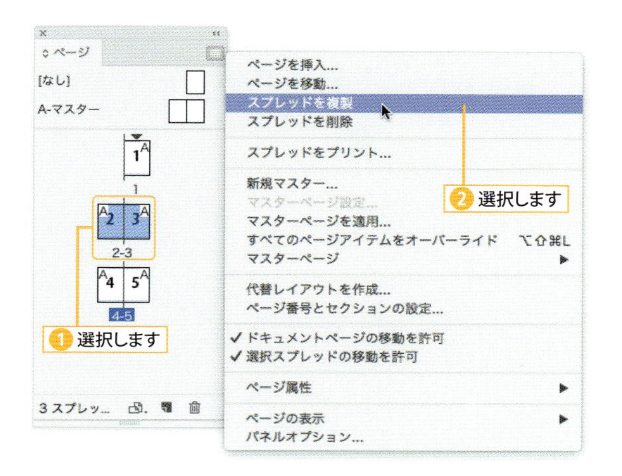

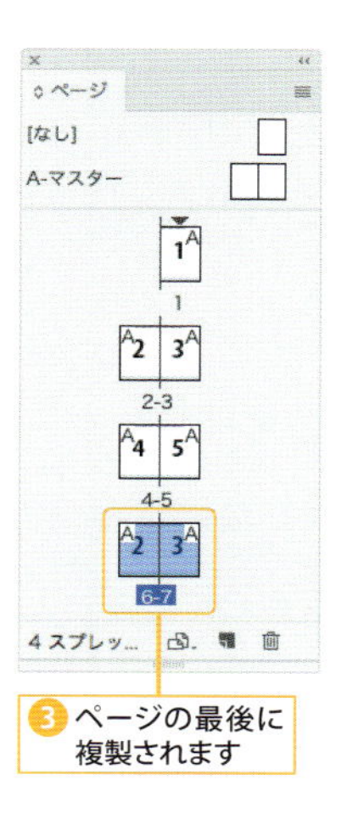

POINT

選択したページアイコンを「ページ」パネルの「ページ挿入」ボタンにドラッグ＆ドロップしても複製できます。

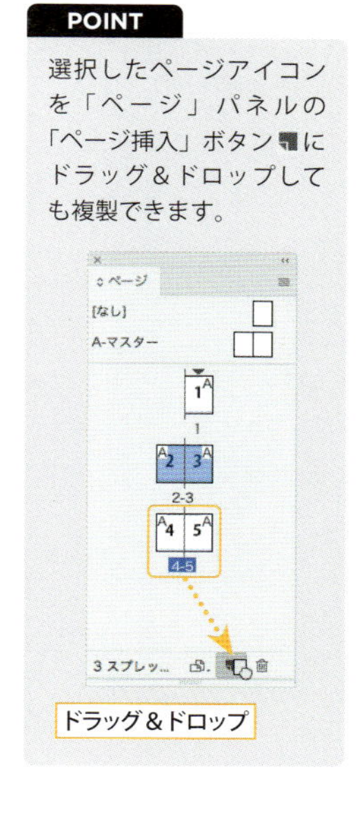

POINT

「移動先」に他のドキュメントを設定すると、選択したページを他のドキュメントの指定したページにコピーできます。「移動後ページを削除」をチェックすると、コピー後に元のページは削除されます。
ページの範囲指定については、321ページを参照してください。

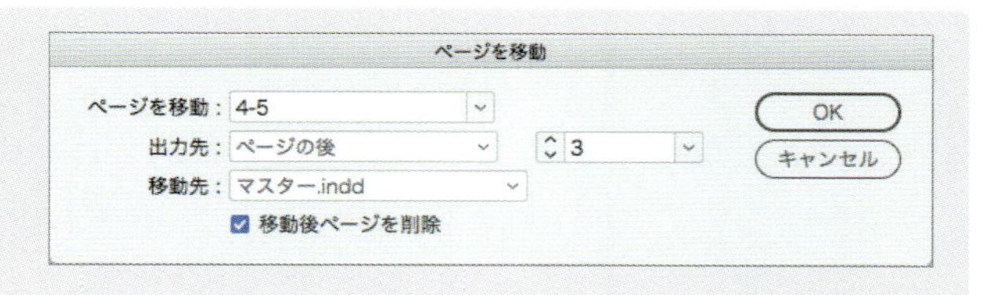

TIPS 「ドキュメントページの移動を許可」オプションを使う

「ページ」パネルメニューの「ドキュメントページの移動を許可」をオフにすると、ページの追加・移動・削除があっても、他のスプレッドは保持されたままとなります。

変則スプレッドの作成（「選択スプレッドの移動を許可」オプション）

▶観音開きのスプレッド作成

通常、スプレッドは2ページの見開きですが、「ページ」パネルメニューの「選択スプレッドの移動を許可」オプションをオフにすると、3ページ以上のスプレッドを作成できます。

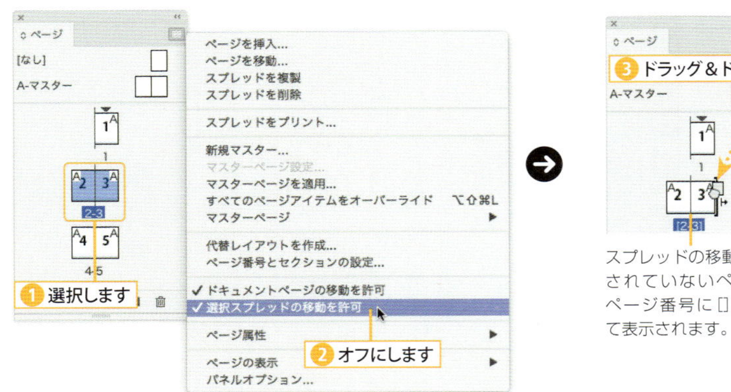

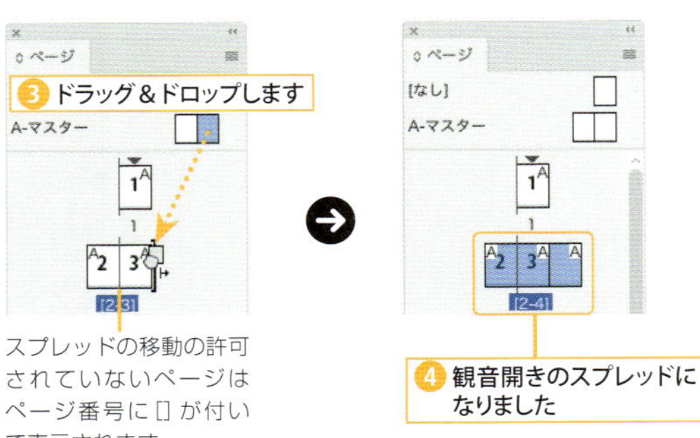

スプレッドの移動の許可されていないページはページ番号に [] が付いて表示されます。

POINT

観音開きのスプレッドを作成すると、ページが中途半端に追加されるため、それ以降のページのスプレッドがずれてしまうことがあります。スプレッドを保持したままにする場合は、後ろのスプレッドに対しても「選択スプレッドの移動を許可」をオフに設定してからページを追加してください。

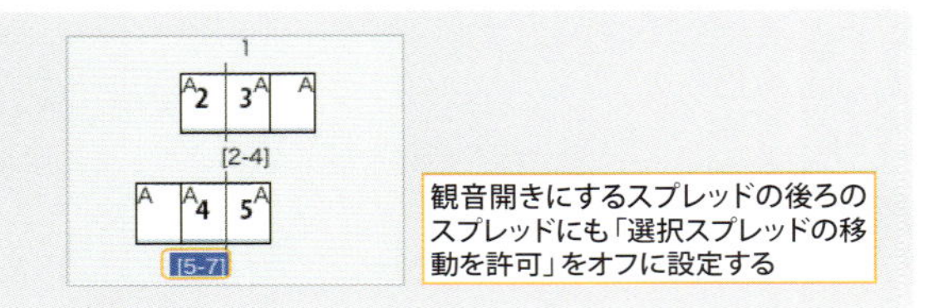

[2-4]
[5-7]
観音開きにするスプレッドの後ろのスプレッドにも「選択スプレッドの移動を許可」をオフに設定する

▶ページサイズを変更する

観音開きのページでは、通常のページサイズより小さくするのが一般的です。InDesignでは、ページツールを使って、ドキュメントの一部のページのページサイズを変更できます。

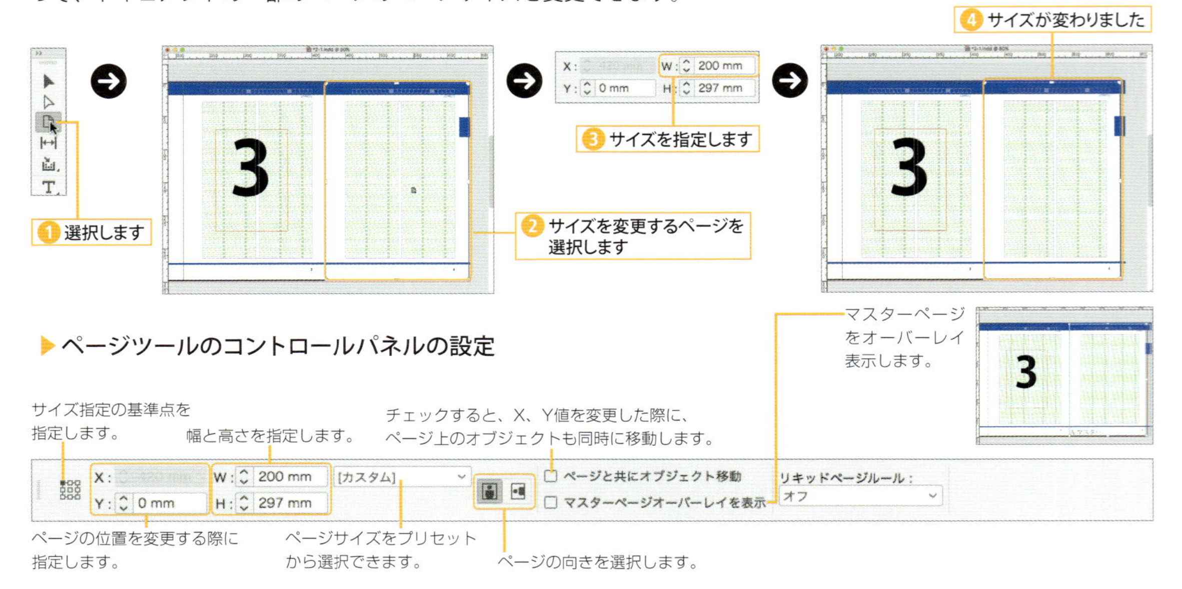

▶ページツールのコントロールパネルの設定

SECTION 2.2

マスターページを作成する

使用頻度 

ページ番号、ハシラ、ツメなど各ページに共通して配置されるオブジェクトは、マスターページに配置してレイアウトすることで、各ページへ自動的に配置されます。

マスターページとは

InDesignでは、ノンブル（ページ番号）や章の柱タイトル、ツメなど、ページに共通したアイテムを「**マスターページ**」という特別なページにアイテムをレイアウトしておき、各ドキュメントページにマスターページを適用することで、共通するアイテムをレイアウトできます。

マスターページのデザインを変更すると、そのマスターページを適用したドキュメントページも連動して変更されます。また、マスターページは１つのドキュメントに複数個作成できます。

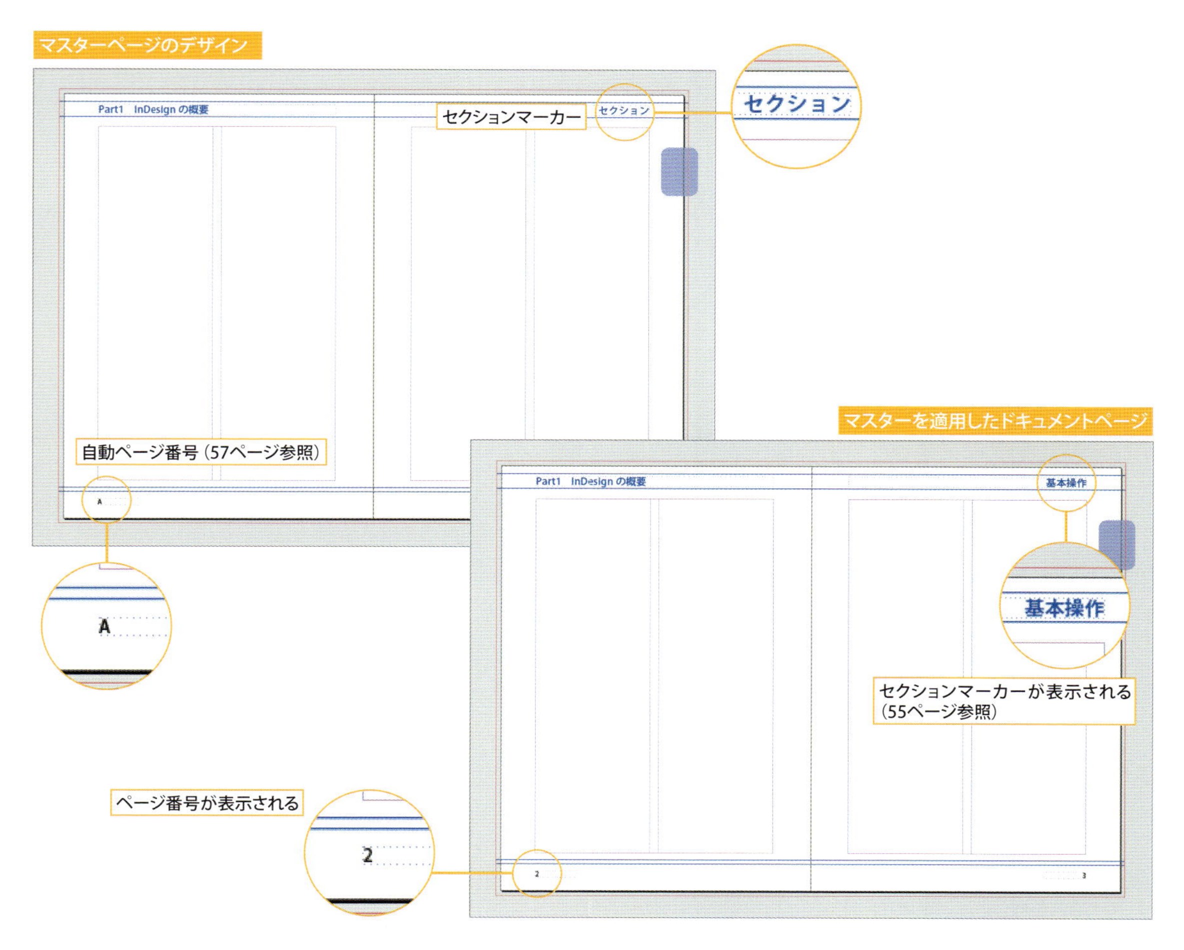

マスターページの表示とデザイン

新規ドキュメントを作成すると、作成時に設定したマージンや段組、レイアウトグリッドのマスターページが自動で作成されます。

「ページ」パネルの上部のマスターアイコン、またはマスターページの名前部分をダブルクリックすると、マスターページが表示されます。マスターページを表示して、各ページに共通のアイテムをレイアウトしてデザインします。

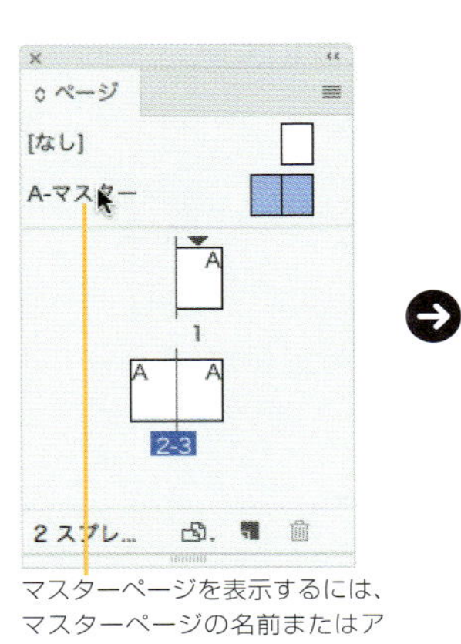

マスターページを表示するには、マスターページの名前またはアイコンをダブルクリックします。

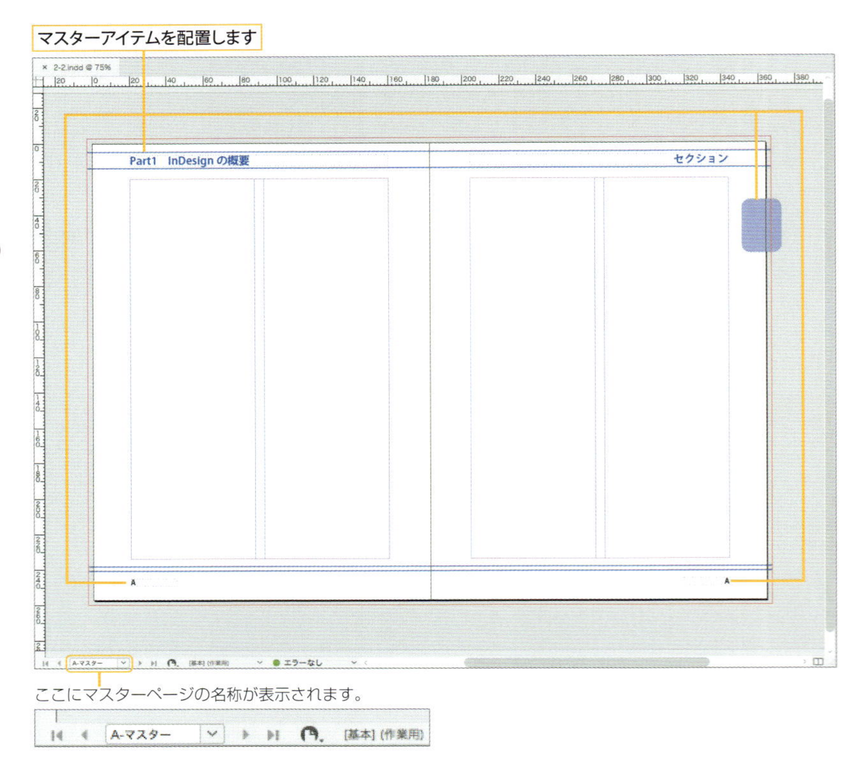

ここにマスターページの名称が表示されます。

TIPS マスターアイテムを非表示にする

「ページ」パネルメニューの「マスターアイテムを隠す」を選択すると、ページ上のマスターアイテムを非表示にできます。

POINT

「ページ」パネルの詳細については、44ページを参照してください。

POINT

マスターページの表示方法は、通常のページ表示と同じく、マスターページ名をダブルクリックで見開き表示、ページアイコンをダブルクリックでページ表示します。

新規マスターページの作成

ドキュメントには複数のマスターページを作成できます。「ページ」パネルメニューから「新規マスター」を選択して、「新規マスター」ダイアログボックスでマスターの名前などを設定します。「ページ」パネルのマスター表示欄にマスターページアイコンが追加されるので、マスターページを表示してマスターページをデザインします。

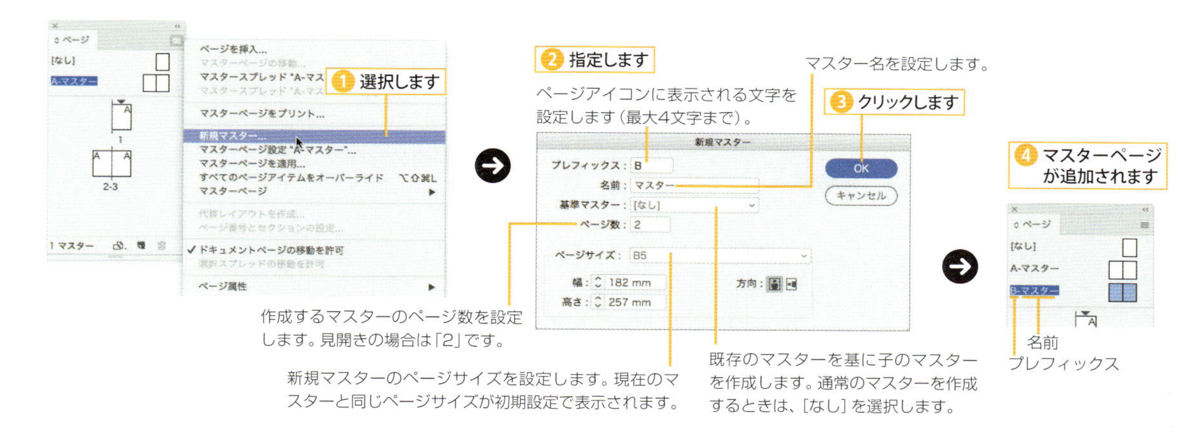

POINT

「新規マスター」ダイアログボックスの「基準マスター」に既存のマスターページを適用して、基準となる親マスターの派生である子マスターを作成できます。

POINT

統一したページデザインを親マスターに登録し、章ごとのヘッダーやフッターを子マスターとして作成すれば、ページデザインの編集は親マスターで行い、章ごとのヘッダーやフッターの編集は子マスターで行う、といった使い分けができます。

POINT

「基準マスター」を使ったマスターページでは、ドキュメントページと同様に、親マスターのデザインを変更すれば子マスターのデザインも連動して変わります。また、子マスターを適用したドキュメントページのデザインも変わります。

ドキュメントページのデザインをマスターページとして保存する

ドキュメントページに作成したデザインをマスターページとして登録できます。

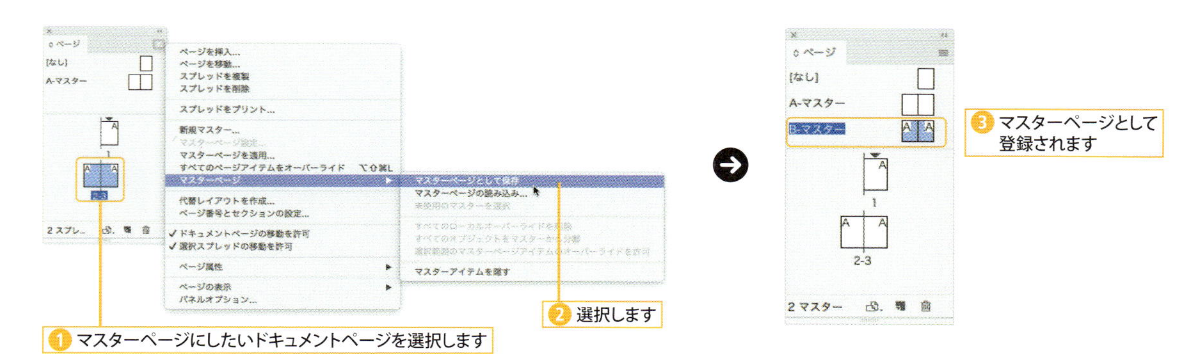

POINT

ドキュメントページをマスターセクションにドラッグ＆ドロップしてもマスターページとして登録できます。

POINT

すでにAマスターが適用されているページをマスターページとして登録すると、適用されていたAマスターの子マスターのBマスターとして登録されます。

TIPS マスターページの複製

マスターページを「ページを挿入」ボタンにドラッグ＆ドロップすると、複製できます。

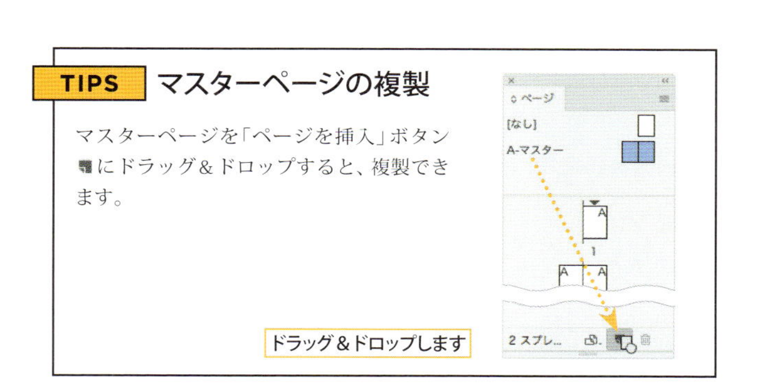

マスターページを適用する

新しく追加したドキュメントページやスプレッドには、作成時に選択したマスターページが適用されます。作成した後から異なったマスターページを適用することもできます。

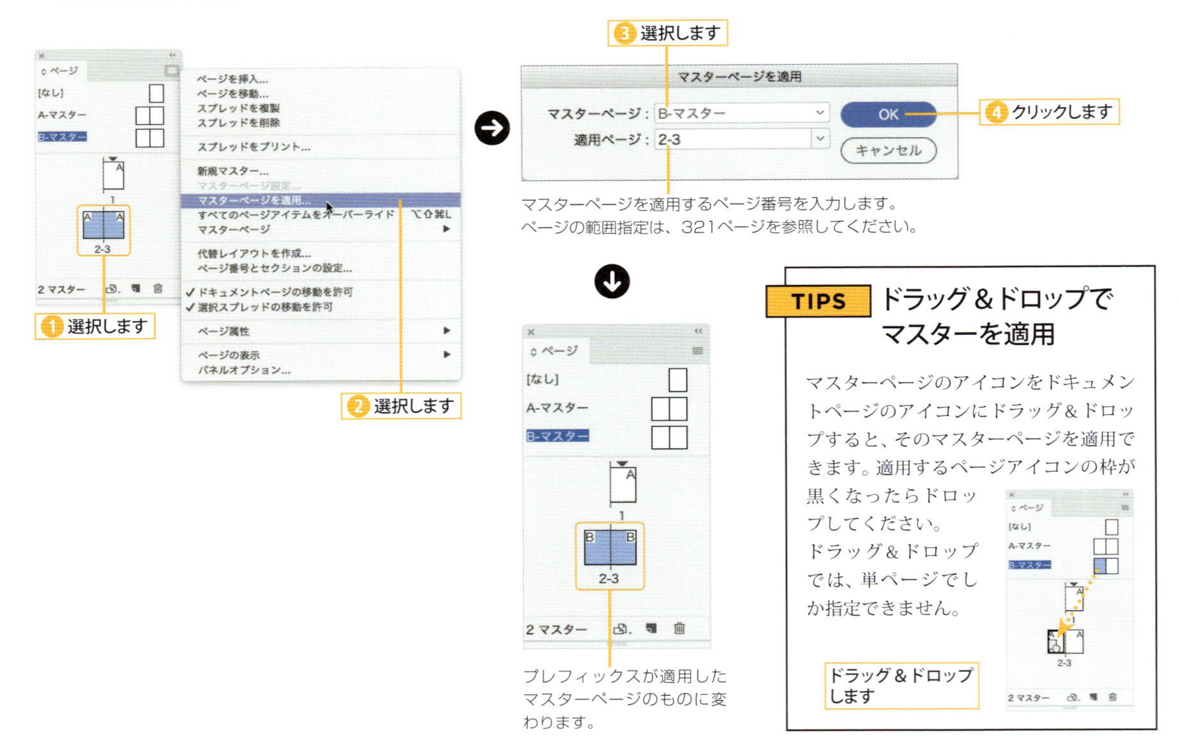

マスターページを適用するページ番号を入力します。ページの範囲指定は、321ページを参照してください。

プレフィックスが適用したマスターページのものに変わります。

TIPS ドラッグ＆ドロップでマスターを適用

マスターページのアイコンをドキュメントページのアイコンにドラッグ＆ドロップすると、そのマスターページを適用できます。適用するページアイコンの枠が黒くなったらドロップしてください。ドラッグ＆ドロップでは、単ページでしか指定できません。

ドラッグ＆ドロップします

マスターページの名前やプレフィックスの変更

「ページ」パネルに表示されるマスター名や、アイコンに表示されるプレフィックスは、後から変更できます。

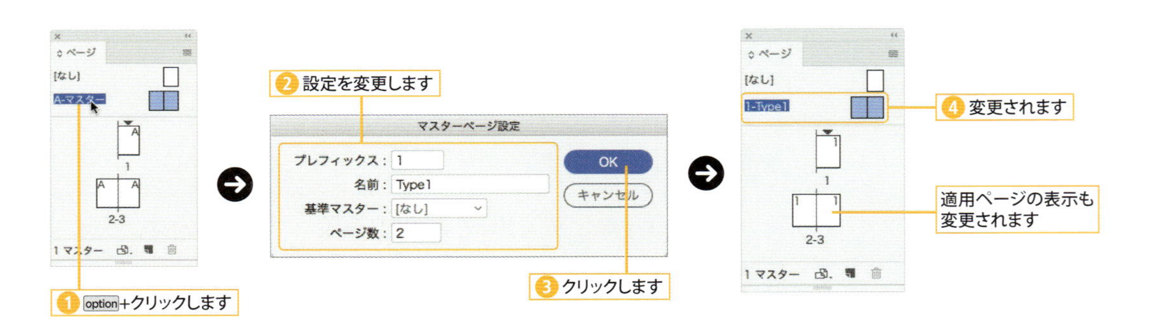

マスターページを削除する

「ページ」パネルでマスターページを選択し、「選択されたページを削除」ボタンをクリックすると選択したマスターページを削除できます。

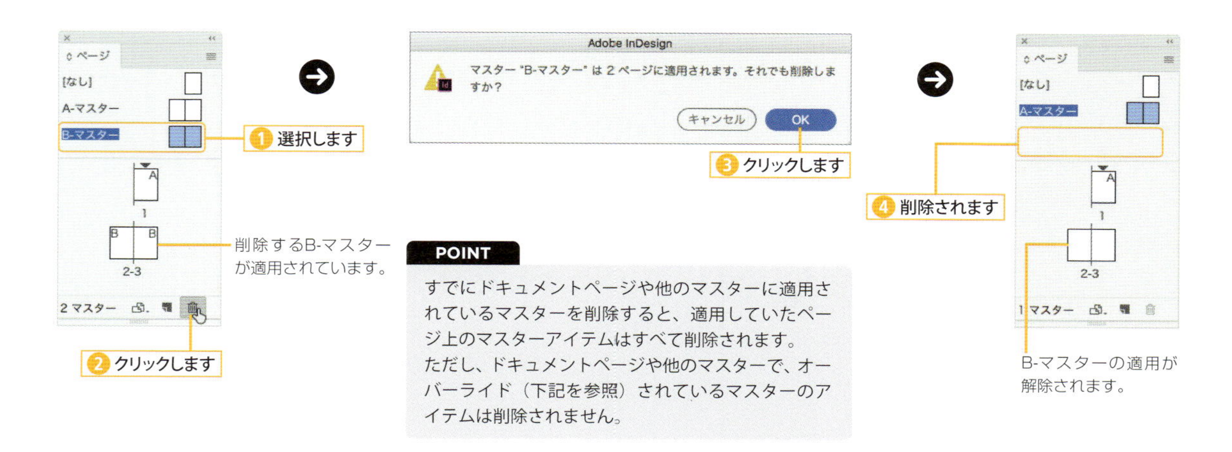

POINT

すでにドキュメントページや他のマスターに適用されているマスターを削除すると、適用していたページ上のマスターアイテムはすべて削除されます。
ただし、ドキュメントページや他のマスターで、オーバーライド（下記を参照）されているマスターのアイテムは削除されません。

マスターページアイテムをドキュメントページで変更（オーバーライド）

マスターページを適用したドキュメントページでは、マスターページに配置されたアイテムがコピーされますが、それらのアイテムは初期状態では選択や編集ができません。

マスターアイテムを編集可能な状態にすることを「**オーバーライド**」といいます。

マスターページのアイテムをオーバーライドするには、選択ツール や ダイレクト選択ツール で ⌘ キーと shift キーを押しながらマスターアイテムをクリックします。

POINT

マスターページに配置されたアイテムは、ドキュメントページでは、境界線ボックスが点線で表示されます。オーバーライドすると、実線で表示されます。

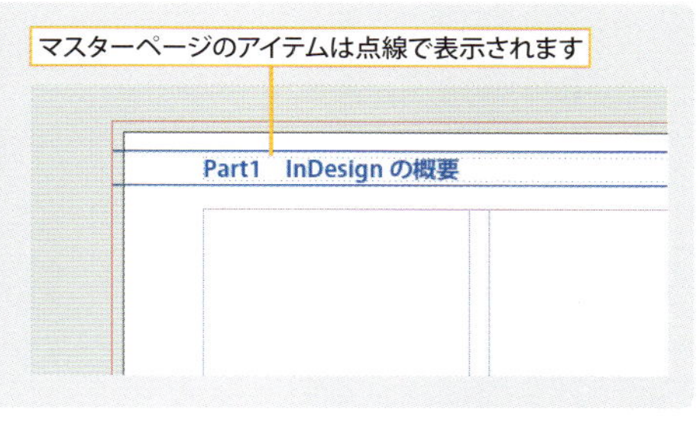

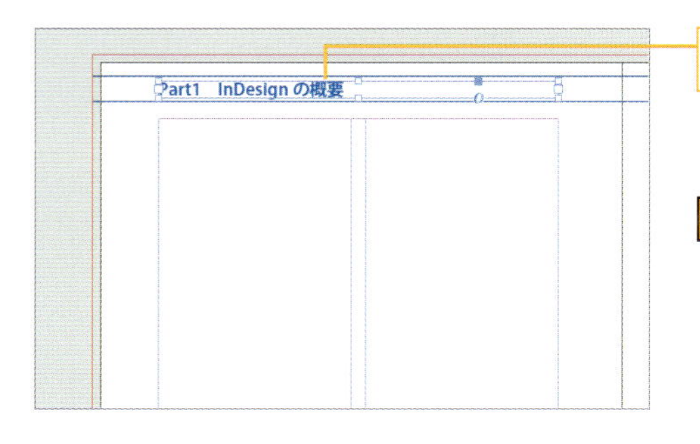

TIPS 親子関係のマスターでも同様

マスターが親子関係になっている場合、子マスターで親マスターのアイテムを編集するときも、⌘ + shift キーを押しながらクリックすると編集できる状態になります。

POINT

オーバーライドしたアイテムは、色の変更や大きさの変更など、ドキュメントページ内で自由に編集できますが、オーバーライドしたアイテムは、マスターアイテムとしての属性も引き続き持っています。
そのため、マスターページでアイテムに変更を加えると、オーバーライドしたアイテムも連動して変更されます。

TIPS すべてのアイテムをオーバーライドする

ページに適用されているすべてのマスターアイテムをオーバーライドするには、「ページ」パネルでページを選択し、パネルメニューから「すべてのページアイテムをオーバーライド」（option + shift + ⌘ + L）を選択します。

オーバーライドアイテムをマスターから分離する

オーバーライドアイテムをマスターアイテムと連動しないようにするには、パネルメニューの「マスターページ」から「すべてのオブジェクトをマスターから分離」を選択します。

オーバーライドした一部のアイテムだけを分離する場合は、アイテムを選択してパネルメニューの「マスターページ」から「選択部分をマスターから分離」を選択します。

オーバーライドしたオブジェクトを元に戻す

オーバーライドしたアイテムは、元のマスターアイテム属性の状態に戻すことができます。

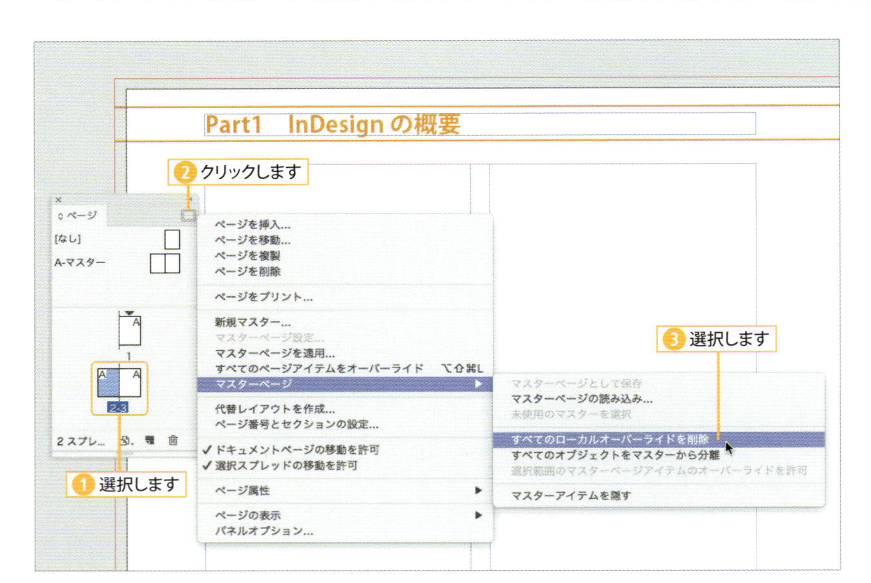

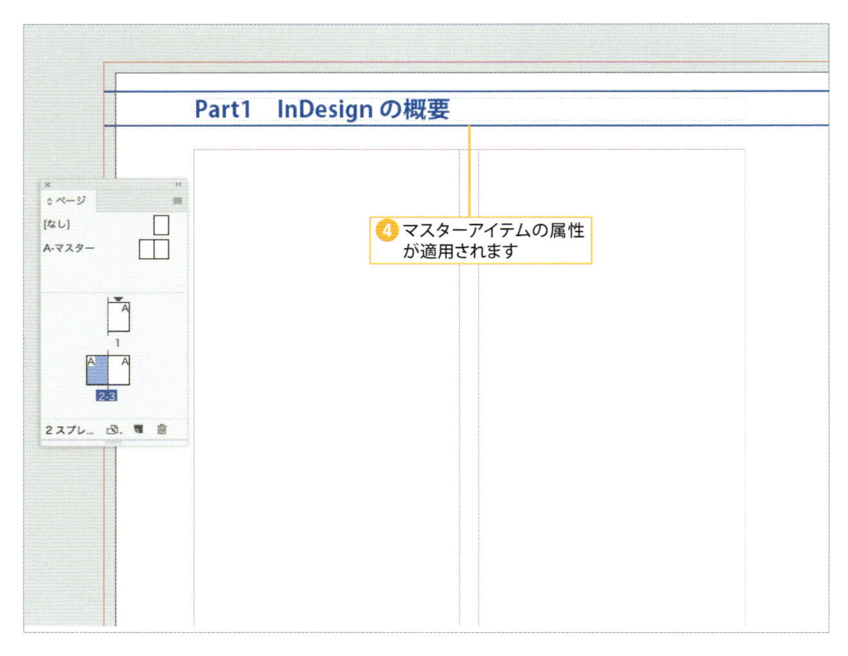

POINT

選択したオーバーライドアイテムだけを元のマスターアイテムに戻す場合には、「指定されたオーバーライドを削除」を選択します。

SECTION 2.3 自動ページ番号とセクションを設定する

使用頻度

マスターページに自動ページ番号を挿入しておくと、ドキュメントページに自動でページ番号（ノンブル）を入力できます。また、セクションの設定でページ番号の開始番号や接頭辞なども自動入力できます。

自動ページ番号の設定

ドキュメントページにページ番号を自動で入力するには、マスターページにテキストフレームを作成し、「書式」メニューの「特殊文字の挿入」にある「マーカー」から「現在のページ番号」（option＋shift＋⌘＋N）を選択します。

マスターページでは、入力した自動テキスト番号はマスターページのプレフィックス文字が表示されますが、ドキュメントページでページ番号となります。

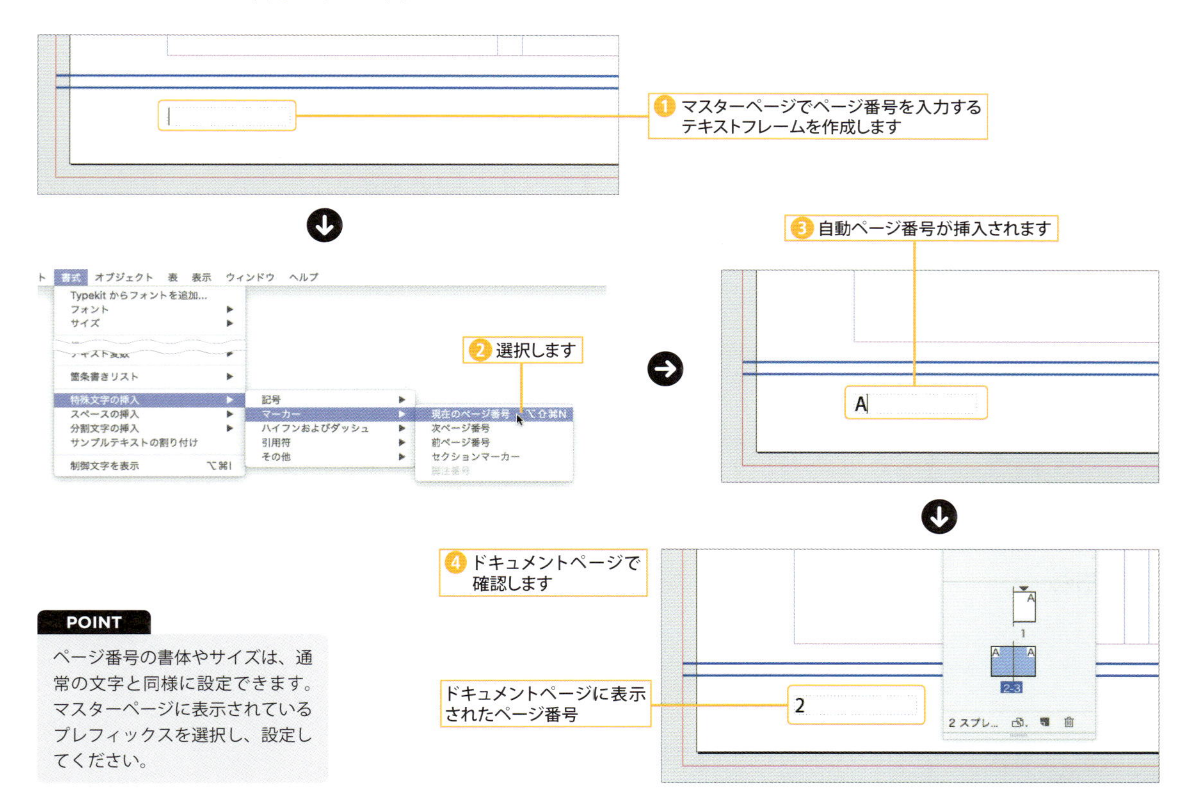

POINT

ページ番号の書体やサイズは、通常の文字と同様に設定できます。マスターページに表示されているプレフィックスを選択し、設定してください。

TIPS ページ番号に最終ページ番号を入れる場合

ページ番号に「2/96」のように「現在のページ番号/最終ページ番号」にしたい場合は、テキスト変数を使って最終ページ番号をマスターページに挿入してください。テキスト変数については、59ページを参照してください。

ページの開始番号を変更する

ページの開始番号を変更するには、「ページ」パネルメニューの「ページ番号とセクションの設定」で「新規セクション」ダイアログボックスを開いて設定します。

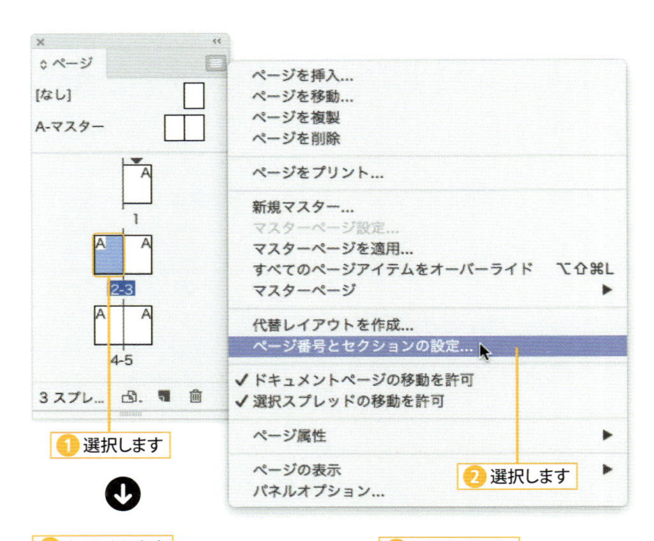

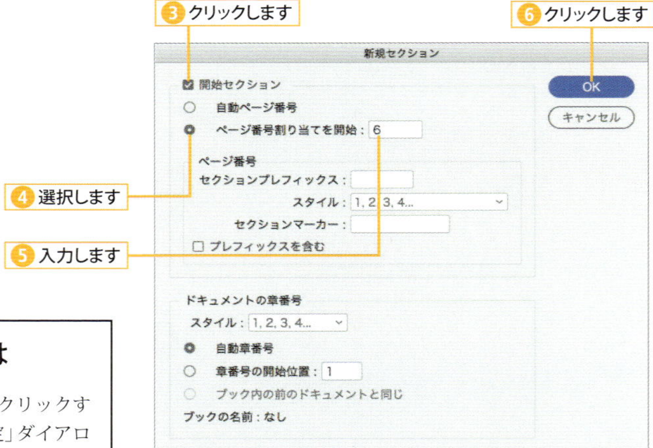

TIPS 設定を変更するには

セクションインジケータ▼をダブルクリックすると「ページ番号とセクションの設定」ダイアログボックスが表示され、設定を変更できます。

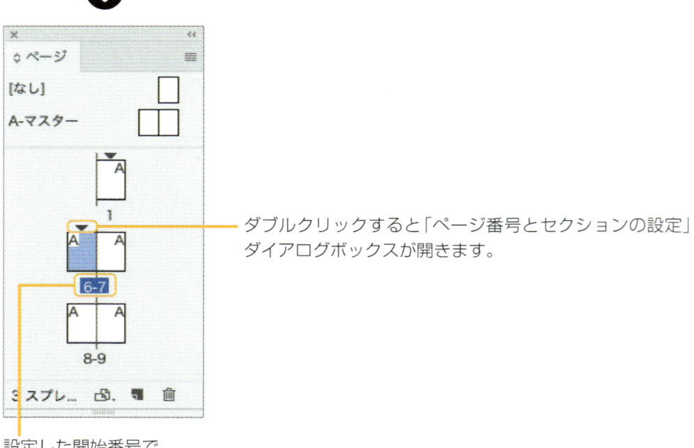

設定した開始番号でページ番号が振られます。

POINT

一度セクションを設定したページを選択してパネルメニューから「ページ番号とセクションの設定」を選択すると、「ページ番号とセクションの設定」ダイアログボックスが開き、設定を変更できます。

POINT

新規セクションで設定したページ番号は、それ以降のページで新しいセクションを設定するまで自動で番号が振られます。
「新規セクション」ダイアログボックスで「自動ページ番号」を選択すると、前のセクションから続く番号が振られます。

ページ番号スタイルの選択

「新規セクション」ダイアログボックスや「ページ番号とセクションの設定」ダイアログボックスで、ページ番号の文字スタイルや、ページ番号の頭に付ける文字を設定できます。

▶ページ番号スタイルの設定

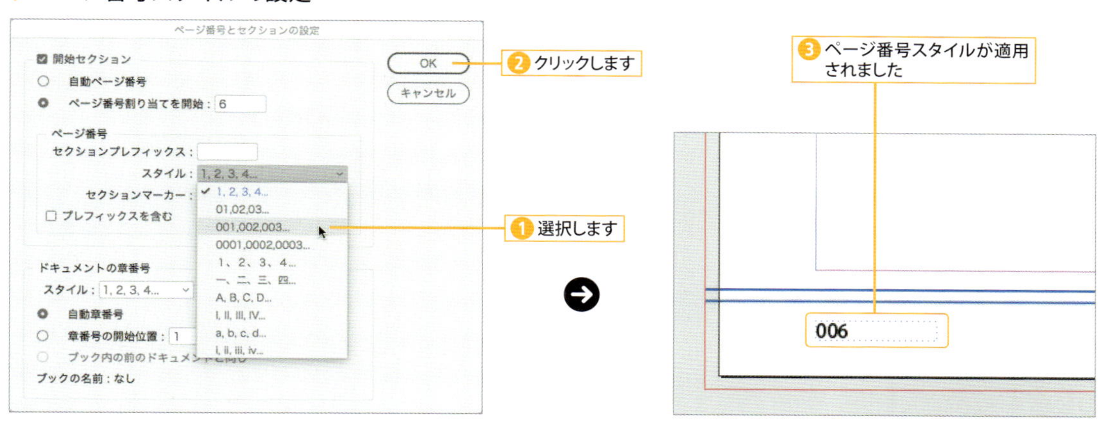

▶ページ番号の頭に他の文字を付ける

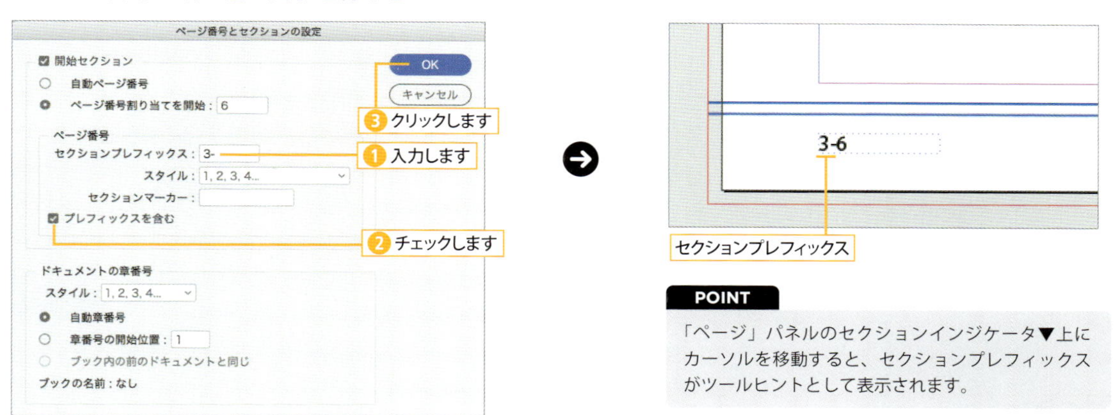

POINT

「ページ」パネルのセクションインジケータ▼上にカーソルを移動すると、セクションプレフィックスがツールヒントとして表示されます。

セクションマーカーを使う

セクションに共通するラベルとして使用する文字を指定できます。同じドキュメント内でセクションが変わる場合、セクションごとにセクションマーカーを指定します。

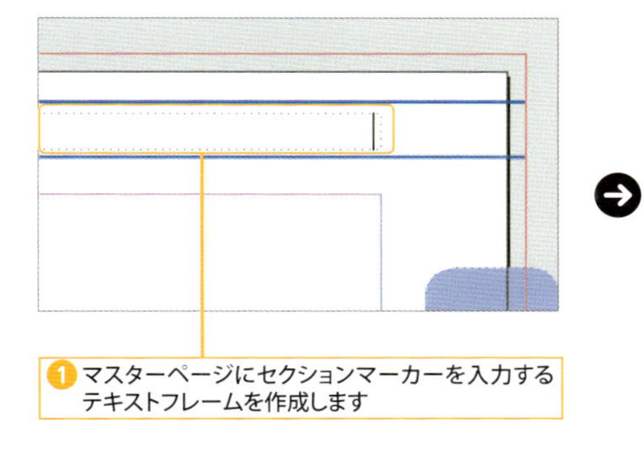

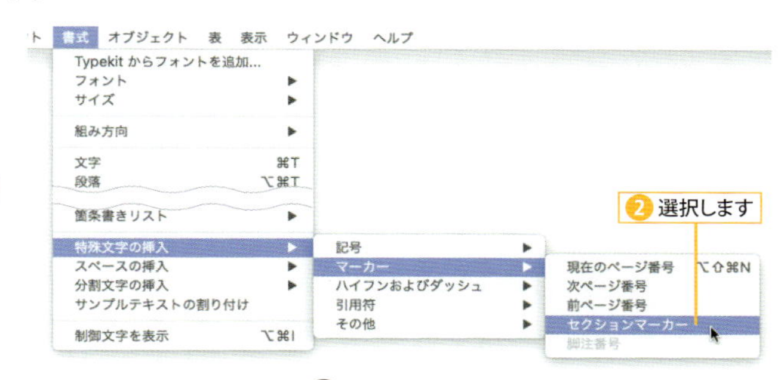

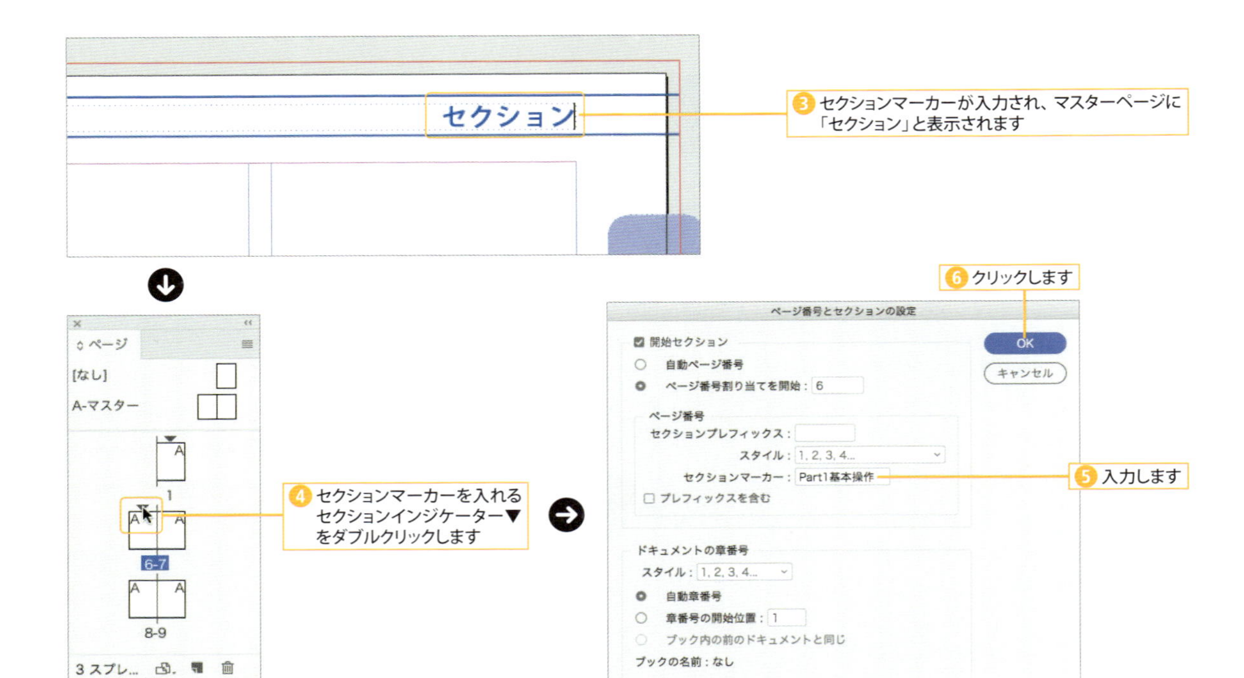

POINT

セクションマーカーは、次のセクションまで同じ文字が入力されます。
なお、マスターにセクションマーカーを入力しても、「新規セクション」ダイアログボックスでセクションマーカーを設定しないと、文字は入力されずに空のテキストフレームだけが表示されます。

POINT

「次ページ番号」「前ページ番号」は連結しているテキストボックスに重なるように配置してください。

TIPS 自動ページジャンプ番号を使う

ひと続きの文章が次ページではなく、離れたページに続く場合があります。これらの文章がページをまたいで連結しているテキストフレームに割り付けられている場合、続きの文章が割り付けられているページ番号を自動入力できます。
連結元のテキストフレームに重なるように、テキストフレームを作成し、「書式」メニューの「特殊文字の挿入」にある「マーカー」から「次ページ番号」を選択して挿入してください。
連結先のテキストフレームに重ねて作成したテキストフレームに、特殊文字の「前ページ番号」を入力すると、連結元のページ番号が自動で入力されます。

2.4 テキスト変数を使う

使用頻度 ★☆☆

テキスト変数は、自動ページ番号と同じように、ファイル名や日付などを自動で入力するための特殊文字です。テキスト変数を使うことで、「ファイル名」「作成日」「修正日」「出力日」「最終ページ番号」「章番号」「任意のテキスト」など、ドキュメント制作中に変更のある文字が自動的に入力できます。

テキスト変数を定義する

テキスト変数を使うには、はじめに変数の定義が必要です。InDesignでは、あらかじめ8種類のテキスト変数が作成されていますが、表示方法などを設定する必要があります。ここでは、ドキュメントのページ数を使ったテキスト変数を定義してみましょう。

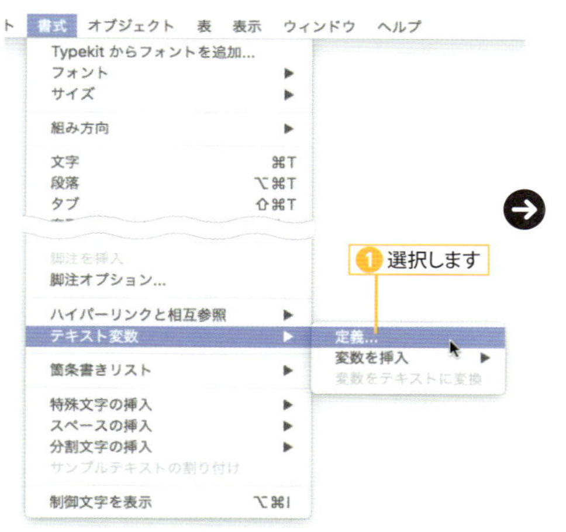

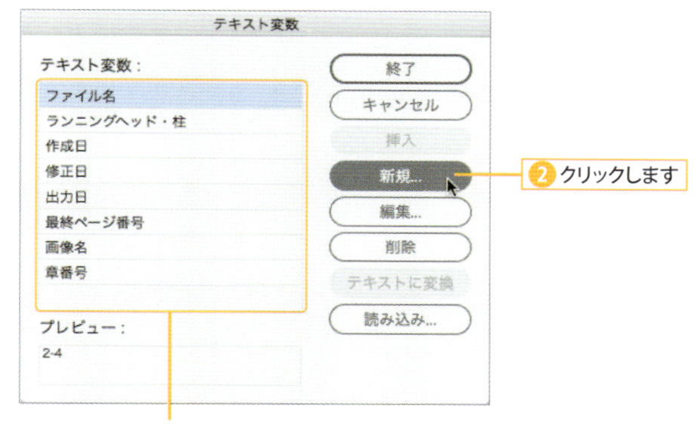

InDesignでの新規ドキュメントに最初から定義されているテキスト変数です。これを使う場合は、選択して「編集」ボタンをクリックします。

3 設定します

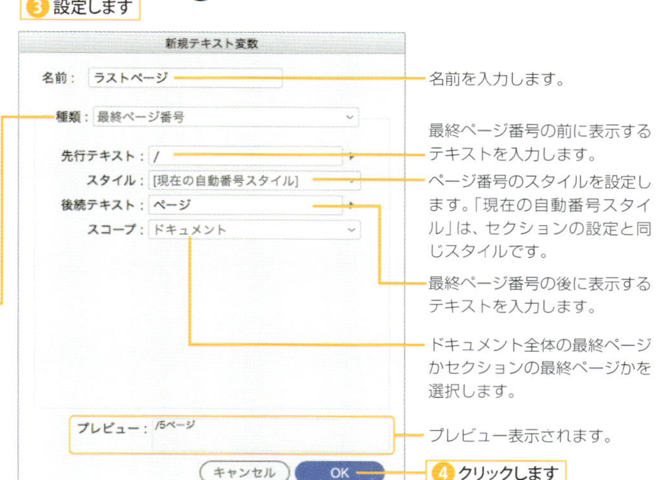

名前を入力します。

最終ページ番号の前に表示するテキストを入力します。

ページ番号のスタイルを設定します。「現在の自動番号スタイル」は、セクションの設定と同じスタイルです。

最終ページ番号の後に表示するテキストを入力します。

ドキュメント全体の最終ページかセクションの最終ページかを選択します。

プレビュー表示されます。

4 クリックします

変数の種類を選択します。

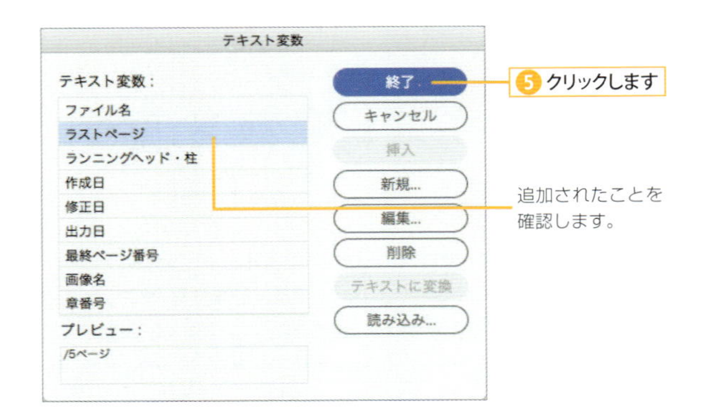

5 クリックします

追加されたことを確認します。

テキスト変数を挿入する

マスターページなどテキスト変数を挿入する箇所にカーソルを置き、「書式」メニューの「テキスト変数」にある「変数を挿入」から挿入するテキスト変数を選択します。

1 テキスト変数を入力する箇所にカーソルを置きます

ここでは、マスターページのページ番号のテキストフレームです。

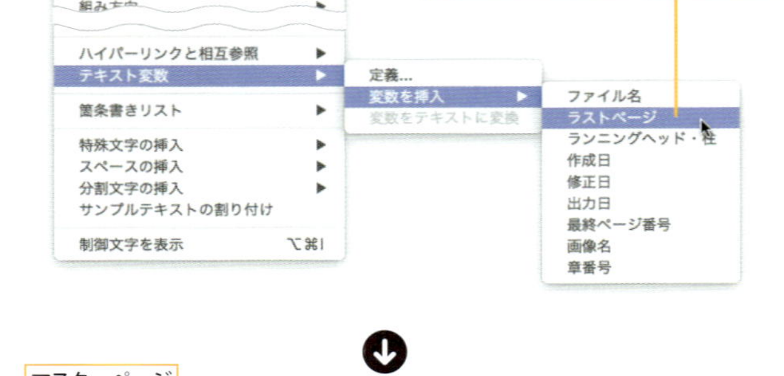

2 挿入するテキスト変数を選択します

マスターページ

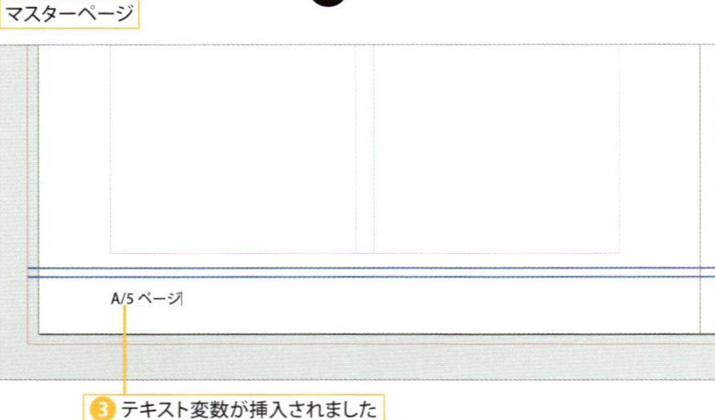

ドキュメントページでも確認します

4/5 ページ

3 テキスト変数が挿入されました

挿入できるテキスト変数

▶カスタムテキスト

指定した文字列を入力する変数です。製品の名称など、仮決定で後から変更される可能性のあるテキストなどに利用すると、決定したあとから簡単に全体を変更できます。

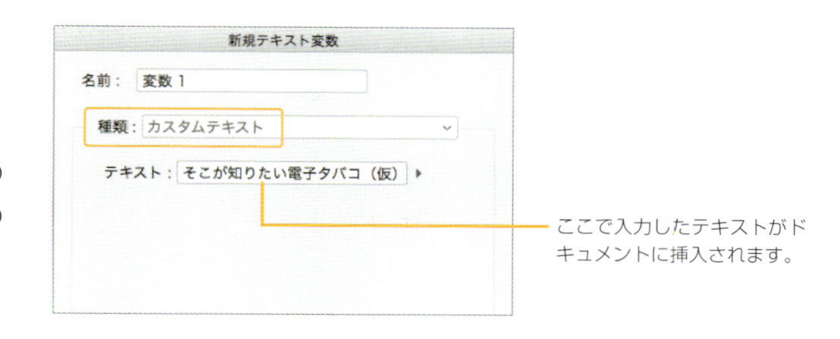

新規テキスト変数
名前：変数 1
種類：カスタムテキスト
テキスト：そこが知りたい電子タバコ（仮）
ここで入力したテキストがドキュメントに挿入されます。

▶ファイル名

ドキュメントのファイル名を入力する変数です。

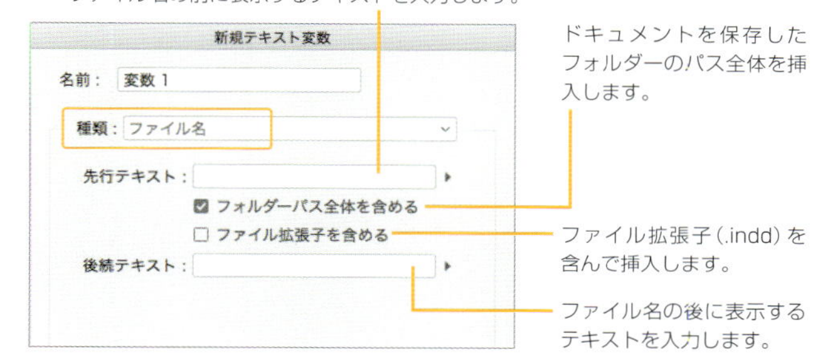

ファイル名の前に表示するテキストを入力します。
新規テキスト変数
名前：変数 1
種類：ファイル名
先行テキスト：
フォルダーパス全体を含める
ファイル拡張子を含める
後続テキスト：
ドキュメントを保存したフォルダーのパス全体を挿入します。
ファイル拡張子（.indd）を含んで挿入します。
ファイル名の後に表示するテキストを入力します。

TIPS メタデータキャプション

メタデータキャプションは、ライブキャプション機能（183ページ参照）で配置した画像のメタデータの項目を自動で挿入するためのテキスト変数です。ライブキャプションを挿入すると自動で作成される変数ですが、通常のテキスト変数として利用することもできます。
ただし、テキスト変数を入力するテキストフレームが、メタデータを参照する画像フレームと重なっている必要があります。

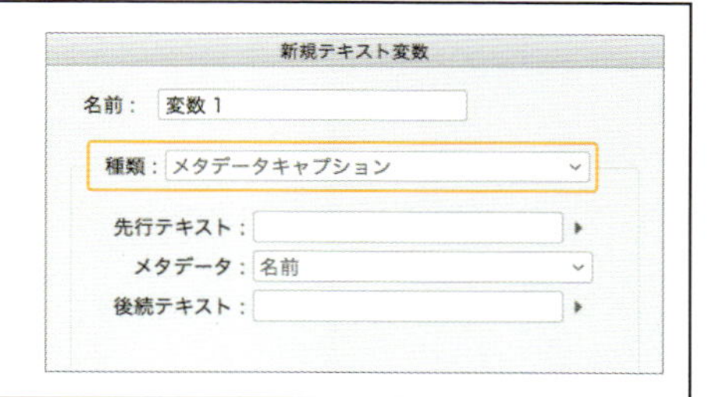

新規テキスト変数
名前：変数 1
種類：メタデータキャプション
先行テキスト：
メタデータ：名前
後続テキスト：

▶ランニングヘッド・柱（段落スタイル）／ランニングヘッド・柱（文字スタイル）

ページの先頭（または最後）に表示された段落スタイル（または文字スタイル）の適用されているテキストを挿入します。マスターページのヘッダー・フッターに挿入して、章タイトルなどを自動で入力するのに使用します。

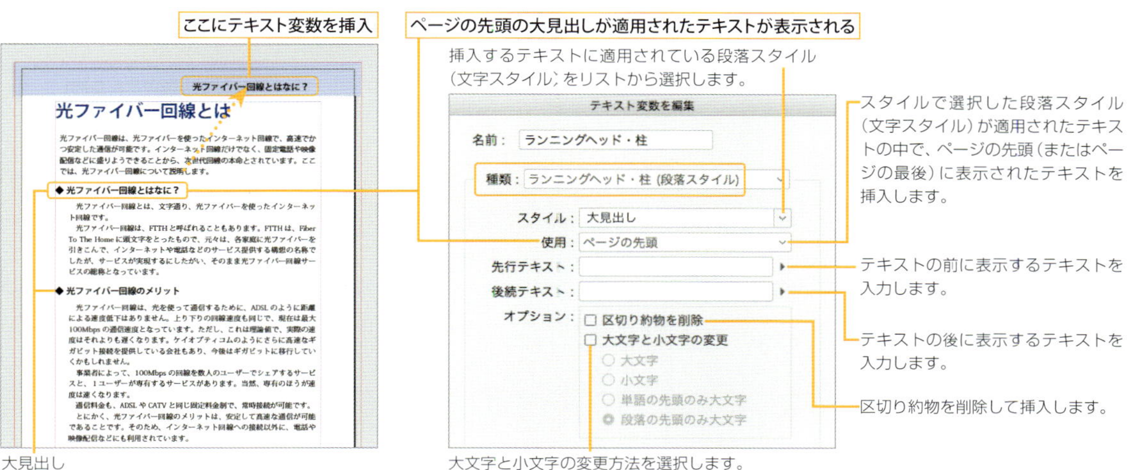

ここにテキスト変数を挿入
ページの先頭の大見出しが適用されたテキストが表示される
光ファイバー回線とはなに？
光ファイバー回線とは
◆光ファイバー回線とはなに？
◆光ファイバー回線のメリット
大見出し
挿入するテキストに適用されている段落スタイル（文字スタイル）をリストから選択します。
テキスト変数を編集
名前：ランニングヘッド・柱
種類：ランニングヘッド・柱（段落スタイル）
スタイル：大見出し
使用：ページの先頭
先行テキスト：
後続テキスト：
オプション：区切り約物を削除
大文字と小文字の変更
大文字
小文字
単語の先頭のみ大文字
段落の先頭のみ大文字
スタイルで選択した段落スタイル（文字スタイル）が適用されたテキストの中で、ページの先頭（またはページの最後）に表示されたテキストを挿入します。
テキストの前に表示するテキストを入力します。
テキストの後に表示するテキストを入力します。
区切り約物を削除して挿入します。
大文字と小文字の変更方法を選択します。

▶ 作成日／修正日／出力日

「作成日」はドキュメントを最初に保存した日時、「修正日」はドキュメントを最後に保存した日時、「出力日」はドキュメントを印刷、PDF書き出し、パッケージ化した日時を入力する変数です。

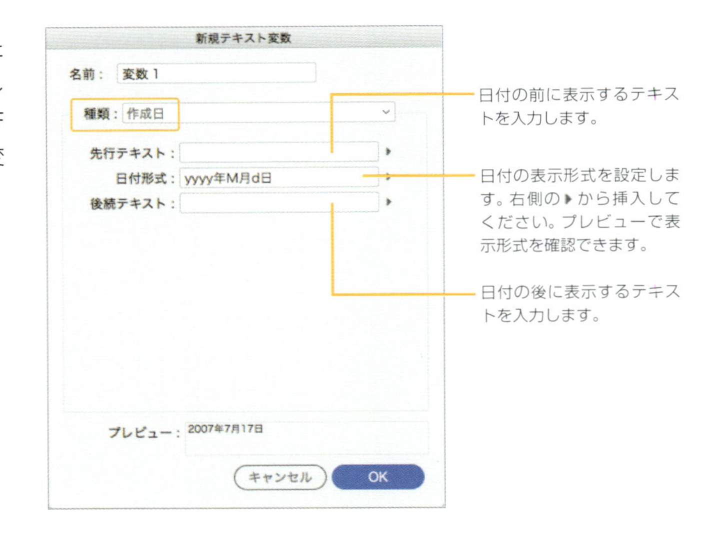

▶ 最終ページ番号

ドキュメント最終ページのページ番号を入力します。ドキュメント全体の最終ページかセクションの最終ページかを選択できます。60ページを参照してください。

▶ 章番号

セクションに設定された章番号を入力する変数です。

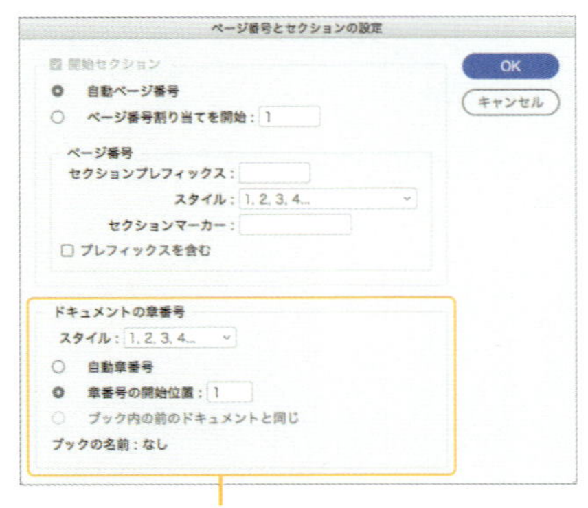

ここでの設定が、テキスト変数の章番号となります。

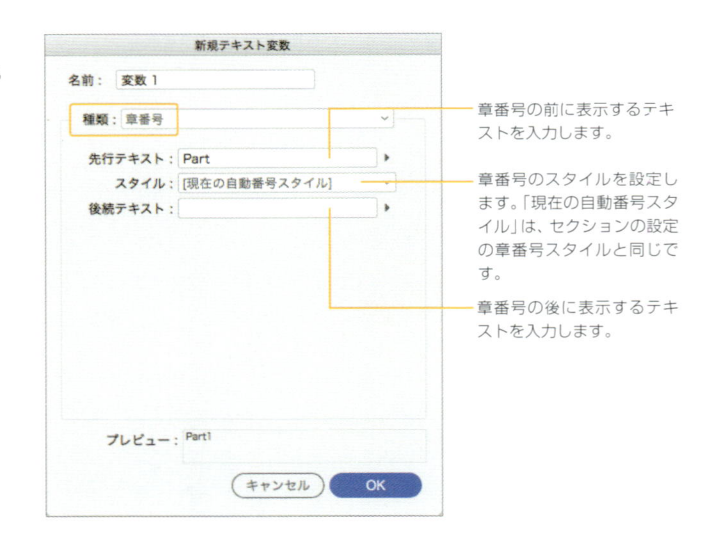

TIPS テキスト変数をテキストに変換

ドキュメント内に入力したテキスト変数は、通常のテキストに変換できます。挿入したテキスト変数を選択し、「書式」メニューの「テキスト変数」から「変数をテキストに変換」を選択します。
なお、マスターページに挿入したランニングヘッドのテキスト変数をテキストに変換すると、ドキュメントページのテキストが消えてしまうのでご注意ください。

SECTION 2.5 レイヤーを活用する

使用頻度 ★★☆

レイヤーとは、レイアウトするテキストや画像などのオブジェクトを、階層を使って管理する機能です。レイヤーごとに表示・非表示、ロック・ロック解除したり、階層ごとに重なり順を入れ替えることもできます。

レイヤーの構造

ページにレイアウトする画像やテキストが多い場合は、レイヤーを使うと便利です。

レイヤーを追加したり、レイヤーごとの表示・非表示、ロックなどの管理は、「レイヤー」パネルで行います。

ドキュメントは、「レイヤー」パネルに表示されるレイヤーの順番に重なって表示されます。オブジェクトは、「レイヤー」パネルで選択したレイヤーに配置されます。配置した後に、別のレイヤーに移動することも可能です。

レイヤーは「レイヤー」パネルで作成できます。「レイヤー」パネルで表示されている順番に重なって表示されます。

「レイヤー」パネルの基本操作

レイヤーの作成や削除などの管理は、「レイヤー」パネルで行います。各レイヤーに配置されているオブジェクトもすべて「レイヤー」パネルに表示されます。

「レイヤー」パネルでは、レイヤーやオブジェクトの選択、階層の移動、削除、表示・非表示、ロック・ロック解除が可能です。

一番左の列に表示される 👁 をクリックすると、レイヤーやオブジェクトの表示・非表示を切り替えられます。

左から２番目の列に表示される 🔒 をクリックすると、レイヤーやオブジェクトの編集ロック・ロック解除を切り替えられます。

「レイヤー」パネルに表示されている＞をクリックすると、レイヤー内のオブジェクトやグループを展開して表示できます。

「レイヤー」パネルに表示されるオブジェクトは、作業中のページ（またはスプレッド）にレイアウトされたものだけで、「レイヤー」パネル左下にページ数が表示されます。

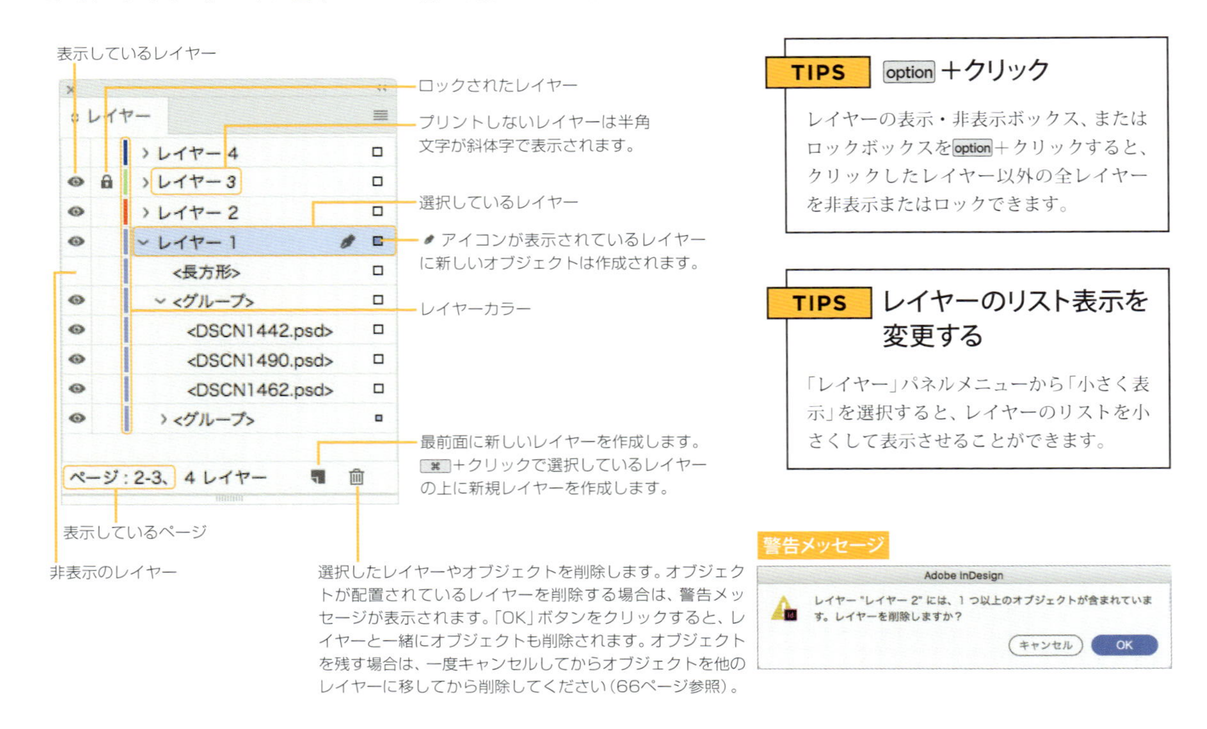

TIPS option ＋クリック

レイヤーの表示・非表示ボックス、またはロックボックスをoption＋クリックすると、クリックしたレイヤー以外の全レイヤーを非表示またはロックできます。

TIPS レイヤーのリスト表示を変更する

「レイヤー」パネルメニューから「小さく表示」を選択すると、レイヤーのリストを小さくして表示させることができます。

「レイヤー」パネルでオブジェクトを選択

「レイヤー」パネルを展開すると、オブジェクトが表示されます。各オブジェクトの右側に表示される ▫ をクリックすると、オブジェクトを選択できます。

選択したオブジェクトの ▫ は、レイヤーカラーで表示されます。

また、選択されているオブジェクトのあるレイヤーの右側の ▫ もレイヤーカラーで表示されます。

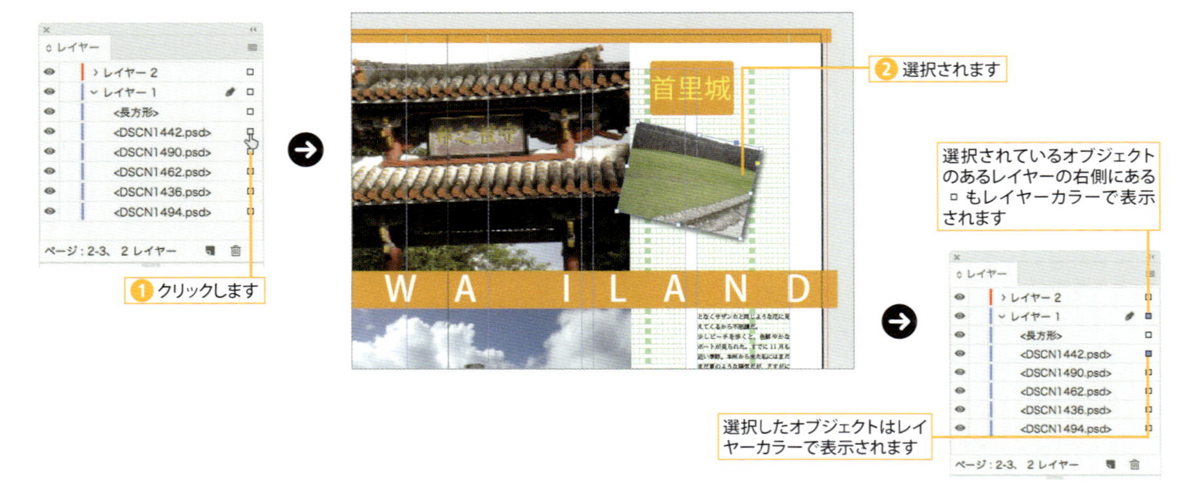

レイヤーオプションの設定

レイヤーの名前やカラーなどの設定を変更するには、「レイヤー」パネルでレイヤー名をダブルクリックし、「レイヤーオプション」ダイアログボックスを表示して行います。

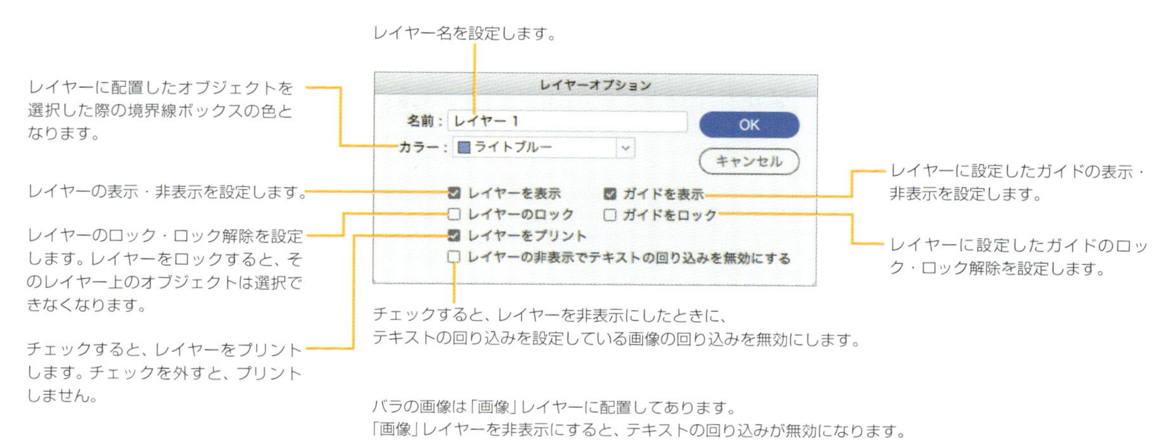

レイヤー名を設定します。
レイヤーオプション
名前：レイヤー 1
カラー：ライトブルー
OK
キャンセル
レイヤーを表示
ガイドを表示
レイヤーのロック
ガイドをロック
レイヤーをプリント
レイヤーの非表示でテキストの回り込みを無効にする
レイヤーに配置したオブジェクトを選択した際の境界線ボックスの色となります。
レイヤーの表示・非表示を設定します。
レイヤーのロック・ロック解除を設定します。レイヤーをロックすると、そのレイヤー上のオブジェクトは選択できなくなります。
チェックすると、レイヤーをプリントします。チェックを外すと、プリントしません。
レイヤーに設定したガイドの表示・非表示を設定します。
レイヤーに設定したガイドのロック・ロック解除を設定します。
チェックすると、レイヤーを非表示にしたときに、テキストの回り込みを設定している画像の回り込みを無効にします。

バラの画像は「画像」レイヤーに配置してあります。
「画像」レイヤーを非表示にすると、テキストの回り込みが無効になります。

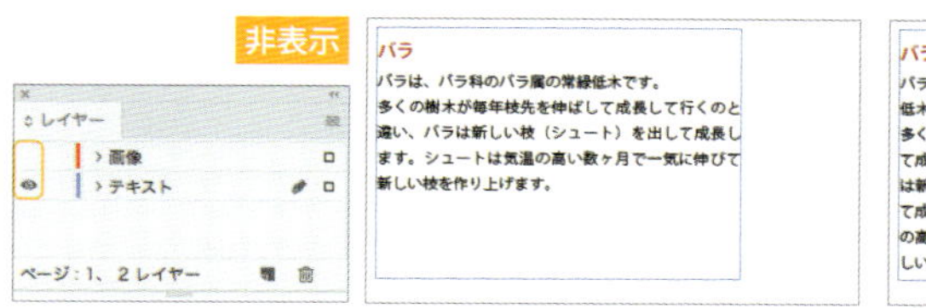

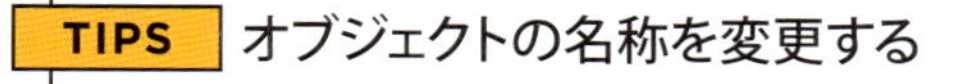

TIPS オブジェクトの名称を変更する

「レイヤー」パネルに表示されたオブジェクトは、初期状態では画像のファイル名やテキストの内容が表示されます。オブジェクトを選択してから名称部分をクリックすると、名称部分が編集状態になりわかりやすい名称に変更できます。

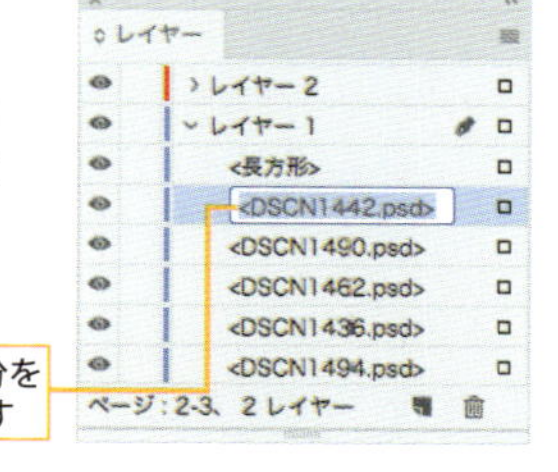

選択したオブジェクトの名称部分をクリックすると名称を変更できます

重なり順の変更

レイヤーの順番を変更するには、「レイヤー」パネルでレイヤーをドラッグ＆ドロップします。

▶ オブジェクトのレイヤー移動

オブジェクトを他のレイヤーに移動するには、レイヤーを展開して表示されるオブジェクトをドラッグ＆ドロップします。

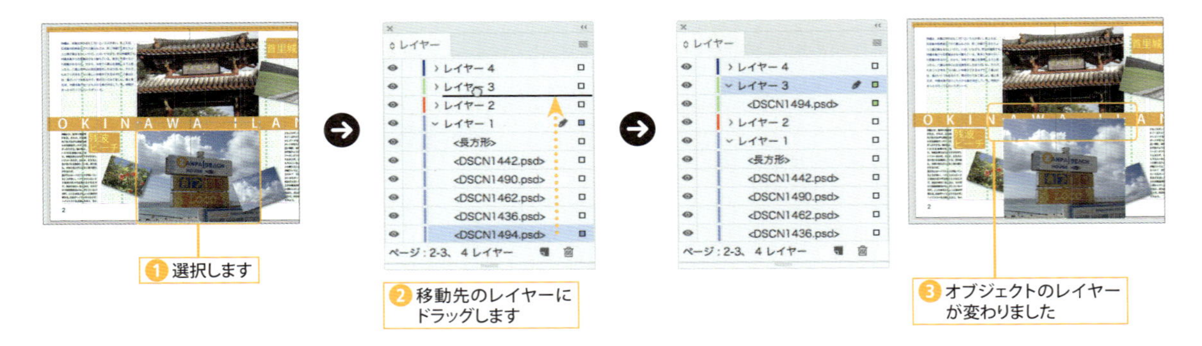

レイヤーやオブジェクトの複製

「レイヤー」パネルに表示されているレイヤーやオブジェクトをコピーするには、 にドラッグ＆ドロップします。レイヤーをコピーすると、そのレイヤーにレイアウトされているオブジェクトもコピーされます。

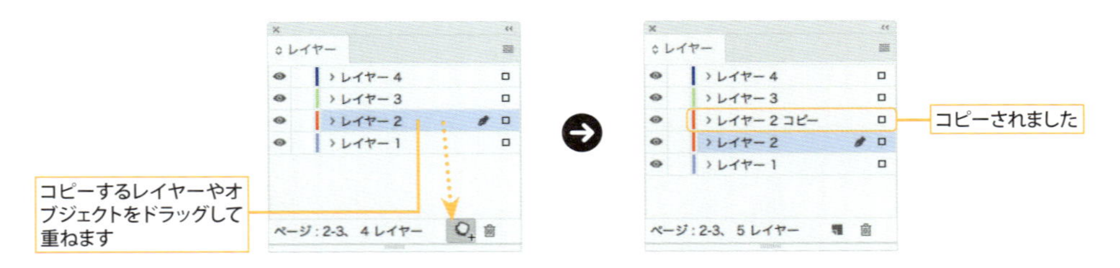

レイヤーの結合

複数のレイヤーを１つのレイヤーにまとめたい場合は、まとめたいレイヤーを選択して「レイヤー」パネルメニューから「レイヤーの結合」を選択します。

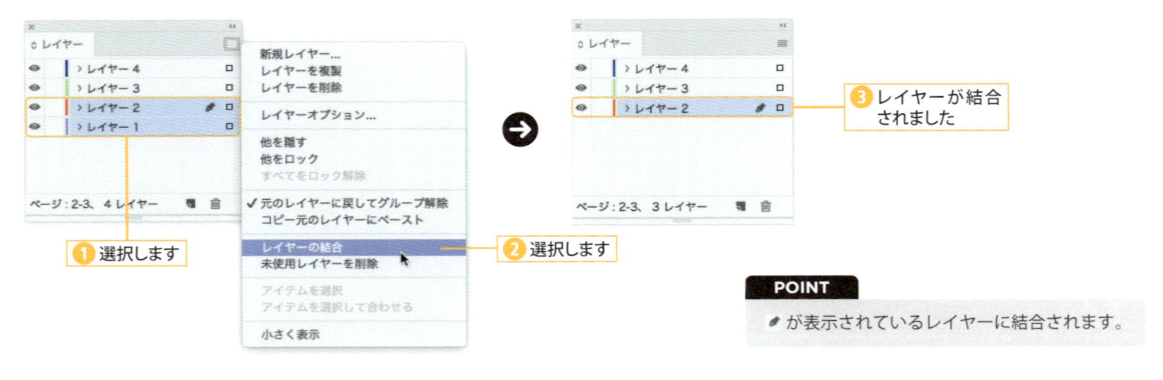

POINT

が表示されているレイヤーに結合されます。

CHAPTER

3

文字入力と書式設定

ドキュメントの制作にあたり、「文字」の入力は基本中の基本となります。しかし、ただ文字を入力して並べるだけでは、読みやすいものにはなりません。読みやすくするための文字書式の設定が不可欠です。また、ページボリュームが大ききければ、編集しやすさも考慮する必要があります。
CHAPTER 3では、文字の入力方法や書式設定について説明します。

CS6 | CC | CC14 | CC15 | CC17

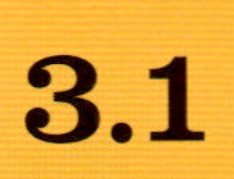
SECTION
3.1

文字の入力とテキストフレームの操作

使用頻度

テキスト（文字）を入力するには、テキストフレームを作成して、その中に入力します。すでに保存されているテキストファイルを取り込むことも可能です。

テキストフレームを作成して入力する

▶ プレーンテキストフレームの作成

プレーンテキストフレームは、横組み文字ツール T. または縦組み文字ツール ↓T. でドラッグして作成します。

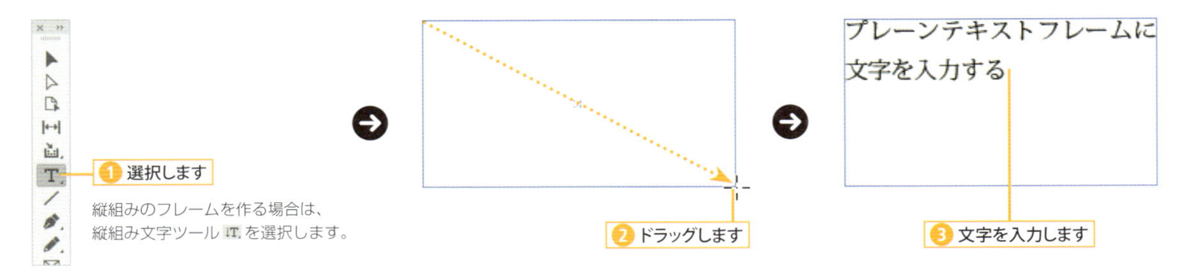
1 選択します
縦組みのフレームを作る場合は、
縦組み文字ツール ↓T. を選択します。
2 ドラッグします
プレーンテキストフレームに
文字を入力する
3 文字を入力します

▶ フレームグリッドの作成

フレームグリッドは、横組みグリッドツール または縦組みグリッドツール でドラッグして作成します。

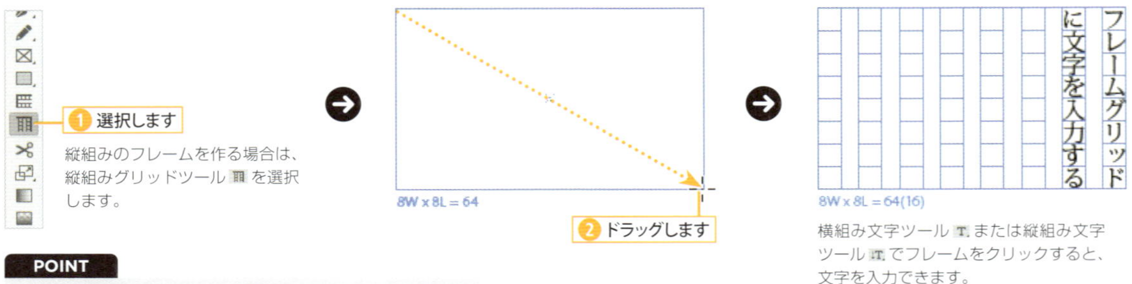
1 選択します
縦組みのフレームを作る場合は、
縦組みグリッドツール を選択
します。
8W x 8L = 64
2 ドラッグします
フレームグリッド
に文字を入力する
8W x 8L = 64(16)

横組み文字ツール T. または縦組み文字ツール ↓T. でフレームをクリックすると、文字を入力できます。

POINT

InDesignでは、図形内やパス上にも文字を入力できます。図形内の文字入力は95ページ、パス上の文字入力は79ページを参照ください。

プレーンテキストフレームとフレームグリッドの違い

プレーンテキストフレームとフレームグリッドは、マス目の有無が見た目の最大の特徴ですが、それ以外にもいくつかの違いがあります。この違いを把握しておかないと、フレームの種類を変更したり、入力した文字をコピー＆ペーストした際に、困惑することになります。

次ページの表が主な違いです。

	プレーンテキストフレーム	フレームグリッド
入力した文字のフォント（81ページ）、サイズなどの書式（84ページ）	段落スタイルの［基本段落］が適用	フレームグリッドの設定が適用（段落スタイルは無し）
グリッド揃え（124ページ）	なし	仮想ボディの中央
自動行送りの初期設定（86ページ）	175%	100%
「文字の比率を基準に行の高さを調整」オプション（88ページ）	オフ	オン
「グリッドの字間を基準に字送りを調整」オプション（89ページ）	オフ	オン
オブジェクトスタイル（デフォルトの設定）	基本テキストフレーム	基本グリッド

▶ 入力した文字の書式の違い

フレームグリッドは、原稿用紙のようにマス目が設定されています。このマス目の大きさなどは「フレームグリッド設定」で設定されており、「オブジェクト」メニューの「フレームグリッド設定」（⌘+B）で設定を確認・変更できます。

フレームグリッドに入力した文字は、「フレームグリッド設定」で設定されているフォント、サイズ、行送りなどが適用されます。段落スタイルは「なし」です。

なお、フレームグリッドの初期値はドキュメントを作成した際に「新規レイアウトグリッド」ダイアログボックスで設定したものとなります。これは「グリッドフォーマット」パネルの［レイアウトグリッド］の設定に反映されます。

TIPS フレーム作成時のオブジェクトスタイル

テキストフレームを作成した際の「塗り」や「線」の設定は、オブジェクトスタイルで選択したスタイルが適用されます。詳細は、220ページを参照してください。

TIPS テキストフレームの種類を変更する

テキストフレームは、「オブジェクト」メニューの「フレームの種類」で作成後でも種類を変更できます。

文字が入力されたテキストフレームの種類を変更した場合、テキストの書式は元のテキストフレームの属性をそのまま引き継ぎます。段落スタイルや「グリッド揃え」の設定、「行送り」の「自動」の値、「文字の比率を基準に行の高さを調整」オプションと「グリッドの字間を基準に字送りを調整」オプションの設定は、元のテキストフレームのままになるのでご注意ください。
なお、フレームグリッドからプレーンテキストフレームに変換する場合、フレームグリッドに初期設定の［レイアウトグリッド］が適用されているときは、「グリッド揃え」が「なし」、「行送り」の「自動」の値が175%に変更されます。

テキストデータをテキストフレームに読み込む

テキストフレームには、保存済みのテキストファイルを配置できます。

テキストフレームを選択し、「ファイル」メニューの「配置」（⌘＋D）を選択して、「配置」ダイアログボックスで配置するテキストファイルを選択してください。その際、「グリッドフォーマットの適用」オプションで配置するテキストにグリッドフォーマットを適用するかどうかを設定できます。

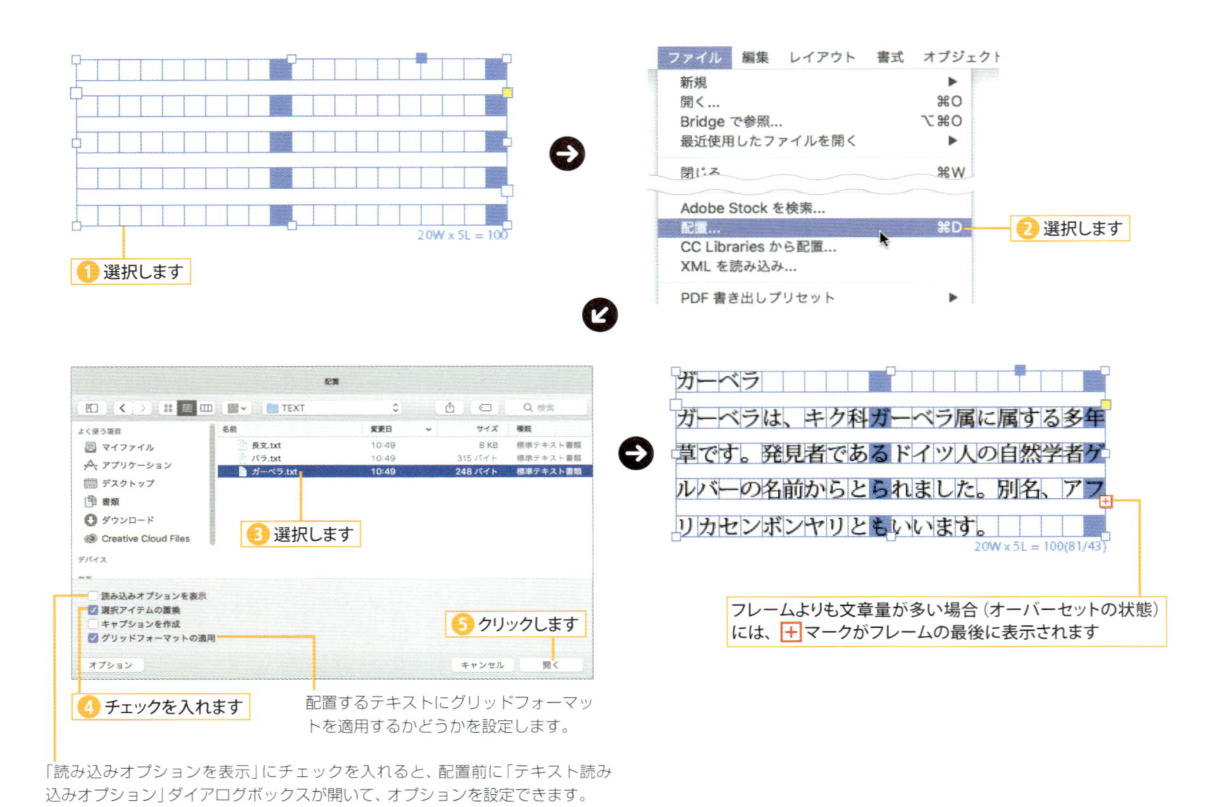

フレームよりも文章量が多い場合（オーバーセットの状態）には、＋マークがフレームの最後に表示されます

配置するテキストにグリッドフォーマットを適用するかどうかを設定します。

「読み込みオプションを表示」にチェックを入れると、配置前に「テキスト読み込みオプション」ダイアログボックスが開いて、オプションを設定できます。

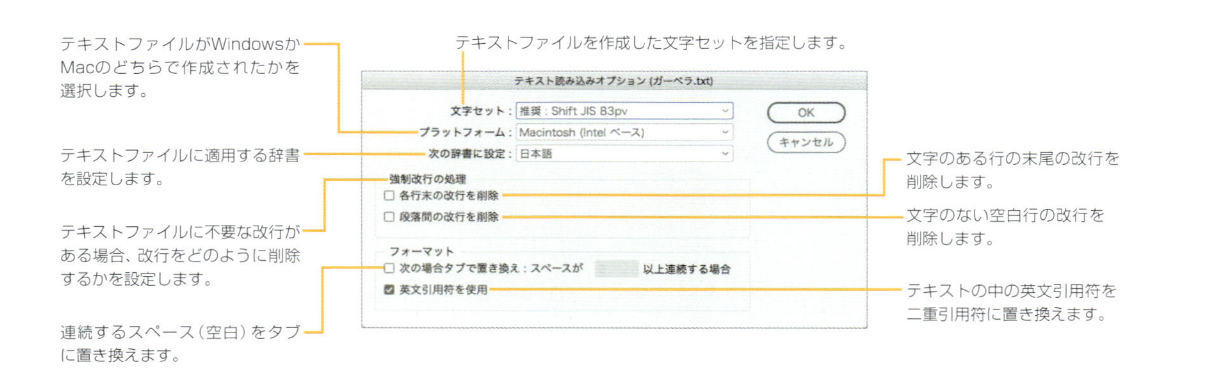

テキストファイルがWindowsかMacのどちらで作成されたかを選択します。

テキストファイルを作成した文字セットを指定します。

テキストファイルに適用する辞書を設定します。

テキストファイルに不要な改行がある場合、改行をどのように削除するかを設定します。

連続するスペース（空白）をタブに置き換えます。

文字のある行の末尾の改行を削除します。

文字のない空白行の改行を削除します。

テキストの中の英文引用符を二重引用符に置き換えます。

POINT

「配置」ダイアログボックスの「グリッドフォーマットの適用」オプションの設定によって、配置されるテキストの書式は以下のように適用されます。

	グリッドフォーマットの適用「あり」	グリッドフォーマットの適用「なし」
フレームグリッドに配置	「グリッドフォーマット」パネルで選択したグリッドフォーマットの書式が適用される。段落スタイルは適用されない。	［基本段落］のフォントやサイズが適用される。段落スタイルは適用されない。
テキストフレームに配置	「グリッドフォーマット」パネルの［レイアウトグリッド］の書式が適用される。段落スタイルは適用されない。	直前に選択した段落スタイルが適用される。

TIPS 配置テキストのリンク

InDesignでは、配置したテキストは初期設定ではリンクされません。配置したテキストをリンクする場合は、「InDesign」メニュー（Windowsは「編集」メニュー）の「環境設定」の「ファイル管理」（358ページ参照）にある「テキストおよびスプレッドシートファイルを配置するときにリンクを作成」にチェックを入れてから配置します。

TIPS 複数ファイルの配置

配置時に複数のテキストファイルを選択すると、個別のテキストフレームに流し込むことができます。
矢印キーを押すと、配置するテキストを変更できます。

縦書きと横書きの変更

テキストの組み方向は、「書式」メニューの「組み方向」または「ストーリー」パネルで設定します。テキストファイルを配置する前に、設定を変更しておきましょう。

なお、InDesignでは、新規ドキュメント作成時に設定した組み方向と「書式」メニューの「組み方向」は連動しません。

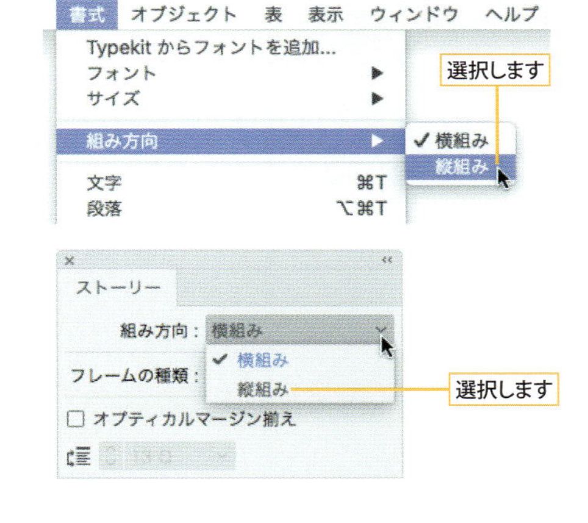

▶ 入力済みのテキストフレームで「組み方向」を変更する

「組み方向」は、テキスト入力済みのテキストフレームでも変更できます。

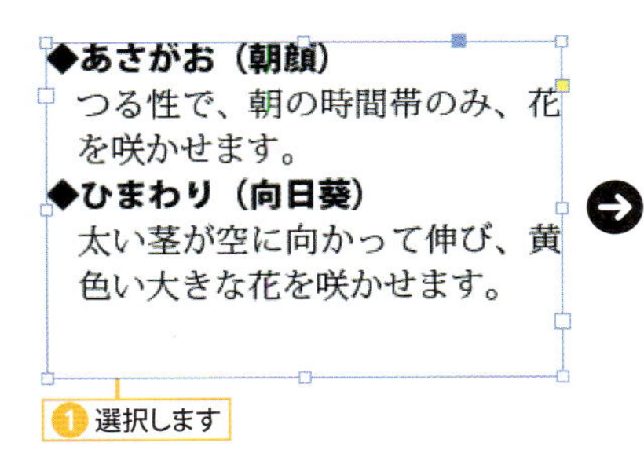

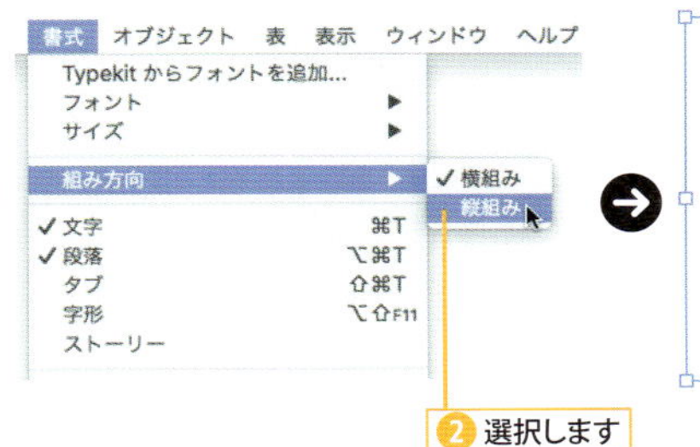

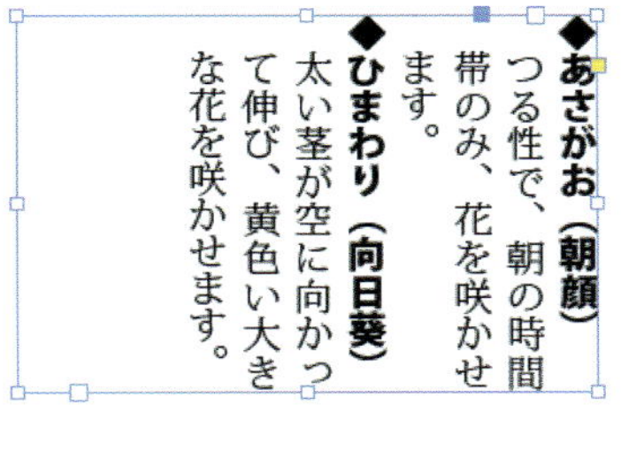

テキストデータの流し込み

テキストデータを配置する際、テキストフレームを選択していない場合は、クリックした位置からテキストフレームが自動作成されます。

通常の流し込みの場合、作成されるテキストフレームは版面または段組に沿った１つだけになります。

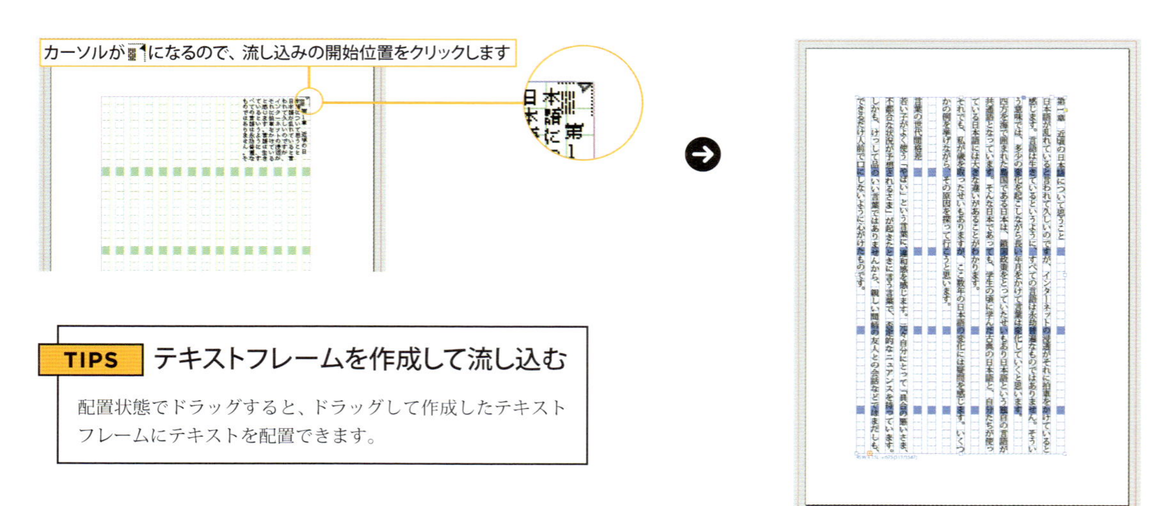

TIPS テキストフレームを作成して流し込む

配置状態でドラッグすると、ドラッグして作成したテキストフレームにテキストを配置できます。

▶自動流し込み

流し込みの開始位置を指定する際に、shiftキーを押しながらクリックすると、テキストファイルのすべてのテキストが、連結したテキストフレームで新しいページに自動作成されて配置されます。

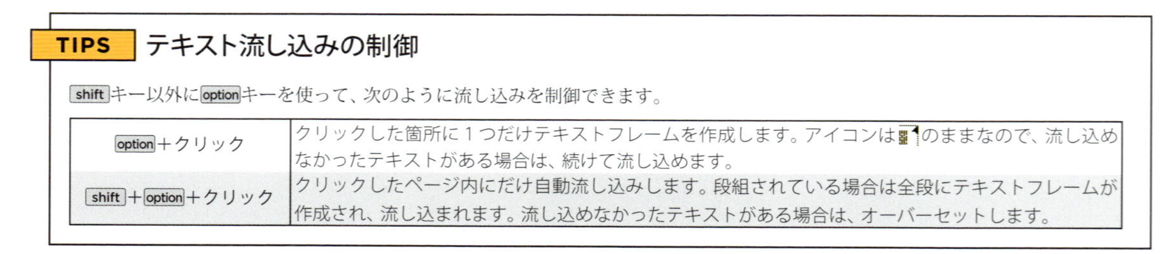

TIPS テキスト流し込みの制御

shiftキー以外にoptionキーを使って、次のように流し込みを制御できます。

操作	内容
option＋クリック	クリックした箇所に１つだけテキストフレームを作成します。アイコンは のままなので、流し込めなかったテキストがある場合は、続けて流し込めます。
shift＋option＋クリック	クリックしたページ内にだけ自動流し込みします。段組されている場合は全段にテキストフレームが作成され、流し込まれます。流し込めなかったテキストがある場合は、オーバーセットします。

▶作成するテキストフレームの種類

テキストを流し込みする際に、プレーンテキストフレームと、フレームグリッドのどちらのテキストフレームを作成するかは、テキスト読み込み時のダイアログボックスの「グリッドフォーマットの適用」オプションで設定します。

「グリッドフォーマットの適用」オプションにチェックを付けて配置すると、フレームグリッドに配置されます。チェックを外すと、プレーンテキストフレームに配置されます。

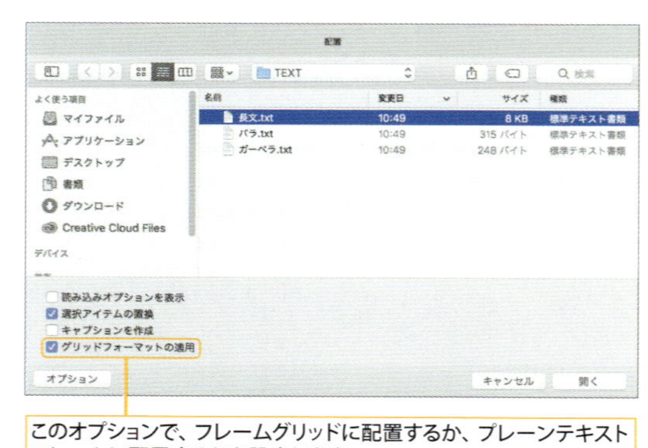

このオプションで、フレームグリッドに配置するか、プレーンテキストフレームに配置するかを設定します

TIPS プライマリテキストフレームに流し込む

ドキュメント作成時に「プライマリテキストフレーム」を作成してあると、ドキュメントページには連結されたテキストフレームが作成されます。プライマリテキストフレームは、マスターページに作成されたテキストフレームですが、オーバーライドした状態なので、すぐにテキストを入力できます。1ページ以上のテキストを配置すると、新しいページにテキストフレームが作成され、すべてのテキストが配置されます。

チェックして新規ドキュメントを作成します

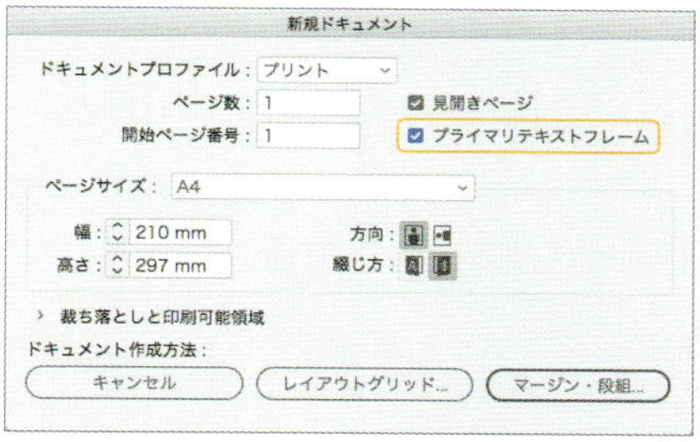

マスターページに作成したテキストフレームです。

テキストをコピーする

テキストをコピー＆ペーストする際、ペースト先のフレームの種類などによってペースト結果が異なります。

▶プレーンテキストフレーム→プレーンテキストフレーム

コピーしたテキストの書式属性を保持したままペーストされます。書式のないテキストだけをペーストするには、「編集」メニューの「フォーマットなしでペースト」（shift＋⌘＋V）を使います。

▶プレーンテキストフレーム→フレームグリッド

ペースト先のフレームグリッドの書式でペーストされますが、フレームグリッド設定にない書式属性（文字色）などはそのまま保持されます。また、段落スタイルもそのまま保持されますが、フレームグリッドの書式でオーバーライドされた状態になります。

「編集」メニューの「フォーマットなしでペースト」を使うと、書式のないテキストだけがペーストされます。

「編集」メニューの「グリッドフォーマットを適用せずにペースト」（option＋shift＋⌘＋V）を使うと、コピーした書式属性を保持したままペーストされます。

▶フレームグリッド→フレームグリッド

ペースト先のフレームグリッドの書式でペーストされますが、フレームグリッド設定にない書式属性（文字色）などはそのまま保持されます。

「編集」メニューの「フォーマットなしでペースト」（shift＋⌘＋V）を使うと、書式のないテキストだけがペーストされます。

「編集」メニューの「グリッドフォーマットを適用せずにペースト」を使うと、コピー元の書式属性を保持したままペーストされます。

▶フレームグリッド→プレーンテキストフレーム

コピーしたテキストの書式属性を保持したままペーストされます。ただし、「グリッド揃え」はペーストする位置などによって、フレームグリッドの設定を保持している場合とプレーンテキストフレームのなしになる場合があります。

書式のないテキストだけをペーストするには、「編集」メニューの「フォーマットなしでペースト」（shift＋⌘＋V）を使います。

パス図形内に文字を入力する

ペンツールなどで描画したパスにも、テキストフレームとして文字入力できます。変わった形状のテキストフレームを作成する場合に便利です。テキストファイルを「配置」することも可能です。

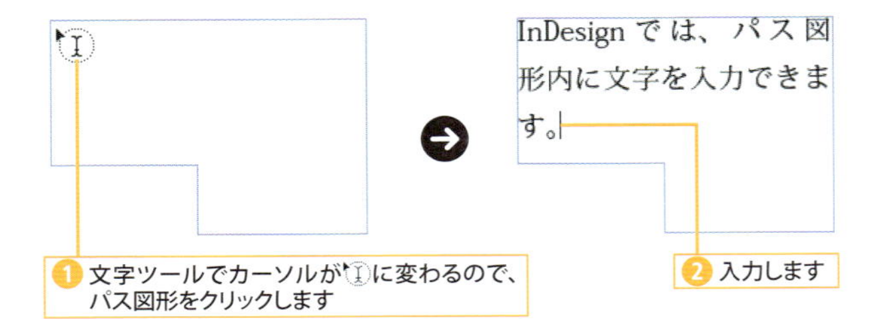

テキストのオーバーセット（オーバーフロー）

テキストデータを配置したときなど、テキストフレームに文字が入りきらなかった状態を**オーバーセット**といい、テキストフレームにが表示されます。また、フレームグリッドで文字数を表示している場合は、オーバーセットしている文字数が（）内に表示されます。

オーバーセットした場合は、テキストフレームを大きくするか、他のテキストフレームに連結してください。

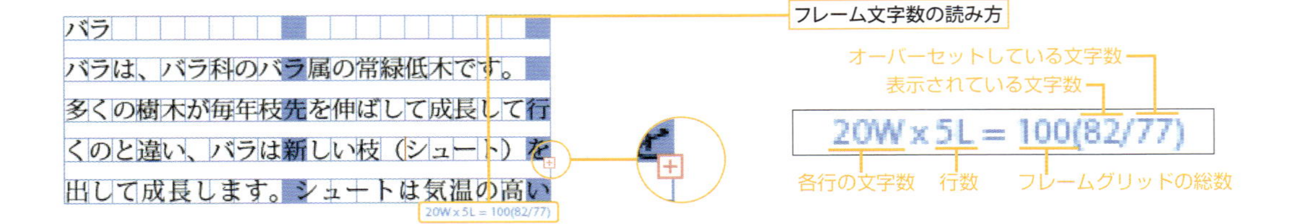

テキストフレームの大きさを変える

テキストフレームの大きさは、選択ツールで選択した際に表示される境界線ボックスのハンドルをドラッグして変更します。テキストフレームの大きさが変わると、中の文字も連動して流れ込むので、文字がオーバーセットしている場合は、テキストフレームを大きくすることで解決できます。境界線ボックスでの拡大・縮小は、テキストフレーム以外にパステキスト（79ページ参照）でも有効です。

POINT

ツール選択時に⌘キーを押しながらハンドルをドラッグした場合や自由変形ツール、拡大・縮小ツールでもテキストフレームを拡大・縮小できますが、その場合、文字も一緒に連動して拡大・縮小してしまうのでご注意ください。

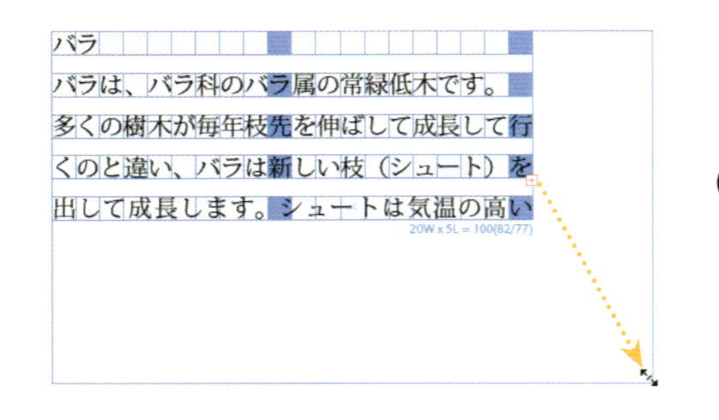

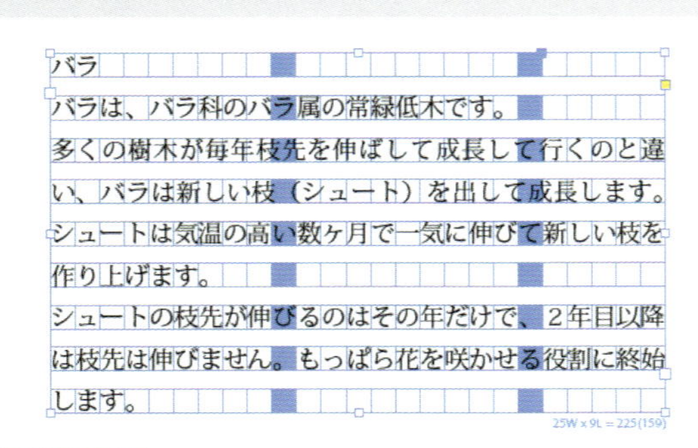

POINT

境界線ボックスをドラッグする際に、ゆっくりドラッグを始めると、フレームの内容の流し込みを確認しながらサイズを変更できます。

テキストフレームを連結する

複数のテキストフレームを連結して、長いテキストをフレームからフレームへと流し込むことができます。

▶ 次のテキストエリアを作成する

オーバーセットしているテキストフレームから、次のテキストフレームを作成できます。

POINT

shift＋クリックによる自動流し込みでテキストを配置すると、連結したテキストフレームが自動作成されます。

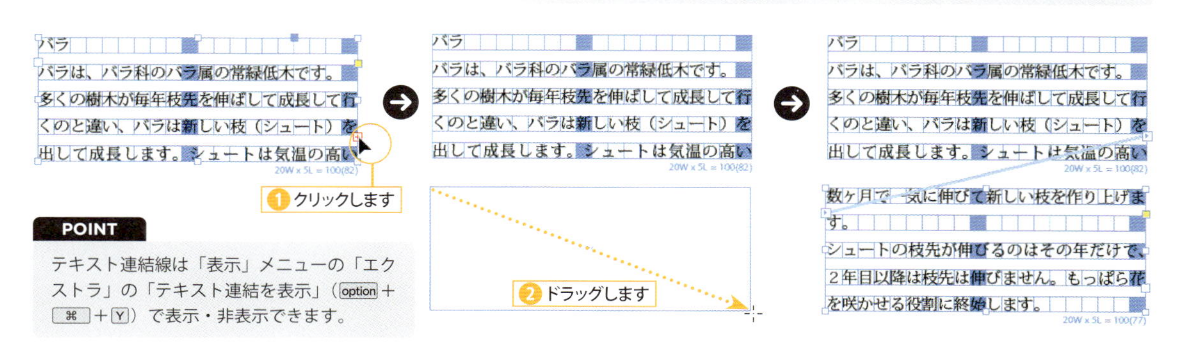

POINT

テキスト連結線は「表示」メニューの「エクストラ」の「テキスト連結を表示」（option＋⌘＋Y）で表示・非表示できます。

▶ フレームを指定して流し込む

あらかじめ作成してあるテキストフレームを指定して文字を流し込むこともできます。

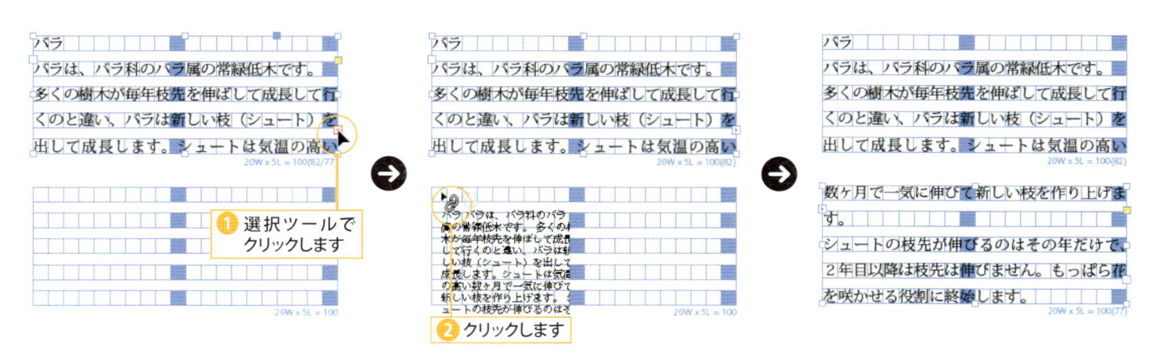

▶ 連結を解除するには

連結しているテキストフレームの▶をクリックし、テキストフレーム上でカーソルが🔗の状態でクリックすると、連結が解除されます。

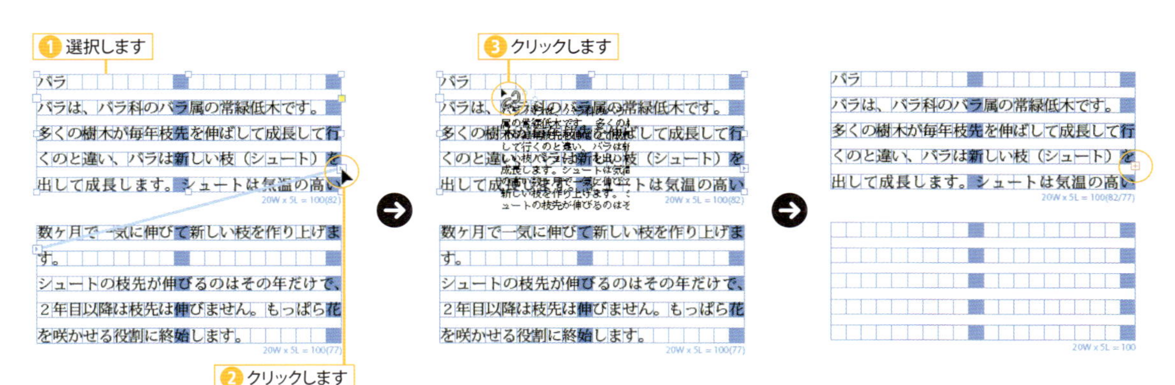

TIPS 連結したテキストフレームを削除する

連結されたテキストフレームを削除すると、残ったテキストフレームに文字が自動で流れ込みます。削除したテキストフレームの中の文字もそのまま残ります。

テキストフレームオプションの設定

テキストフレームには、フレーム内のマージンや段組、縦位置の揃えなどをテキストフレームオプションとして設定できます。テキストフレームオプションは、テキストフレームを選択して、「オブジェクト」メニューから「テキストフレーム設定」を選択するか、選択ツール で option キー（Windowsは Alt キー）を押しながらテキストフレームをダブルクリックして、「テキストフレーム設定」ダイアログボックスで設定します。

固定値：段数、幅、間隔で指定したサイズのテキストフレームになります。ドラッグしてフレームサイズを変更すると、段数と間隔を固定して幅が変わります。

固定幅：幅を固定します。段数や間隔を変更するとテキストフレームのサイズが変わります。ドラッグしてフレームサイズを変更すると、指定した幅を確保するように段数が増減します。

可変幅：最大値の設定が段の最大幅となります。ドラッグしてフレームサイズを変更すると、サイズに応じて段数と段の幅が決まります。

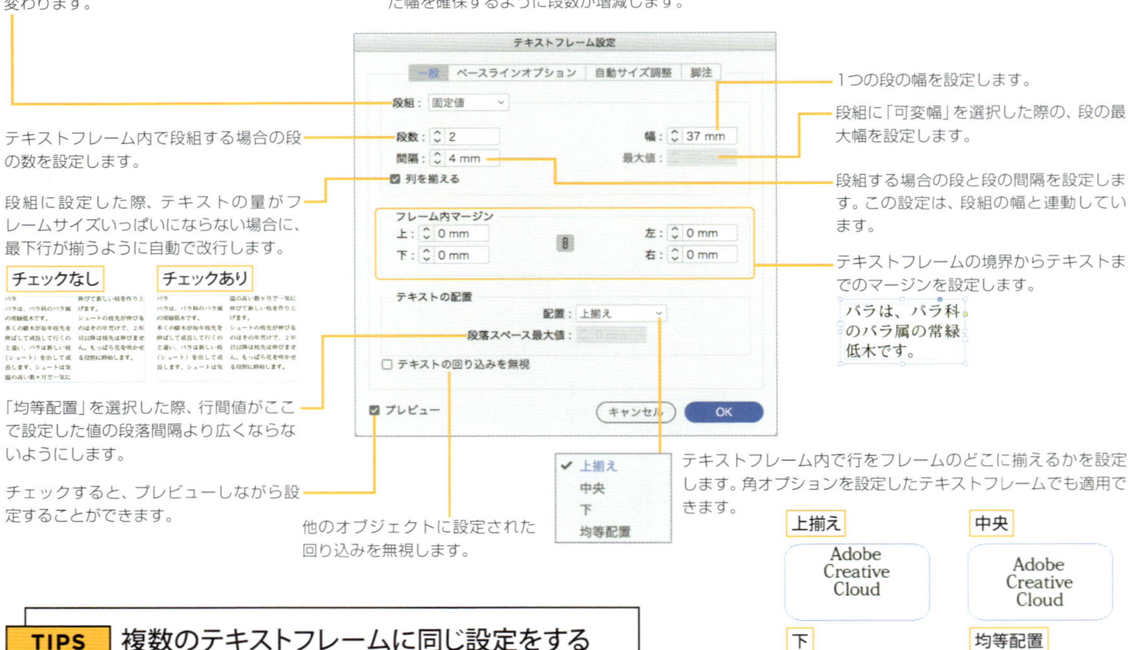

1つの段の幅を設定します。

段組に「可変幅」を選択した際の、段の最大幅を設定します。

テキストフレーム内で段組する場合の段の数を設定します。

段組する場合の段と段の間隔を設定します。この設定は、段組の幅と連動しています。

段組に設定した際、テキストの量がフレームサイズいっぱいにならない場合に、最下行が揃うように自動で改行します。

テキストフレームの境界からテキストまでのマージンを設定します。

「均等配置」を選択した際、行間値がここで設定した値の段落間隔より広くならないようにします。

チェックすると、プレビューしながら設定することができます。

他のオブジェクトに設定された回り込みを無視します。

テキストフレーム内で行をフレームのどこに揃えるかを設定します。角オプションを設定したテキストフレームでも適用できます。

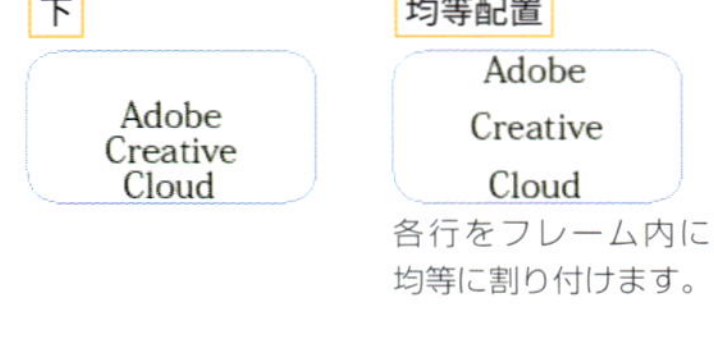

各行をフレーム内に均等に割り付けます。

TIPS 複数のテキストフレームに同じ設定をする

テキストフレーム設定はそれぞれのフレームに個別に設定する必要がありますが、複数のテキストフレームに同じ設定を使用したい場合はオブジェクトスタイルを使用してください（220ページ参照）。

TIPS コントロールパネルでの設定

選択ツール でテキストフレームを選択すると、コントロールパネルでも段数やテキスト配置を設定できます。

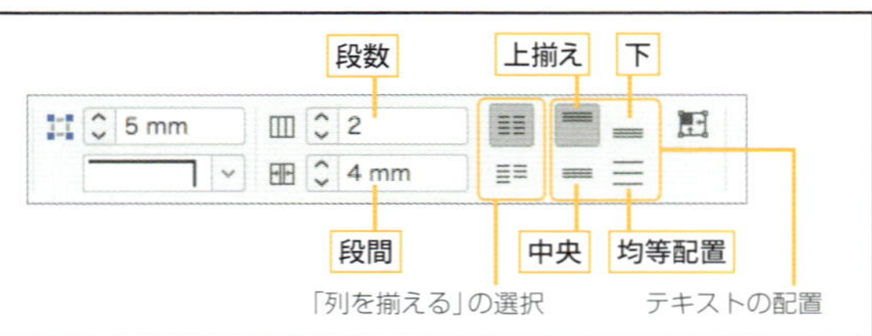

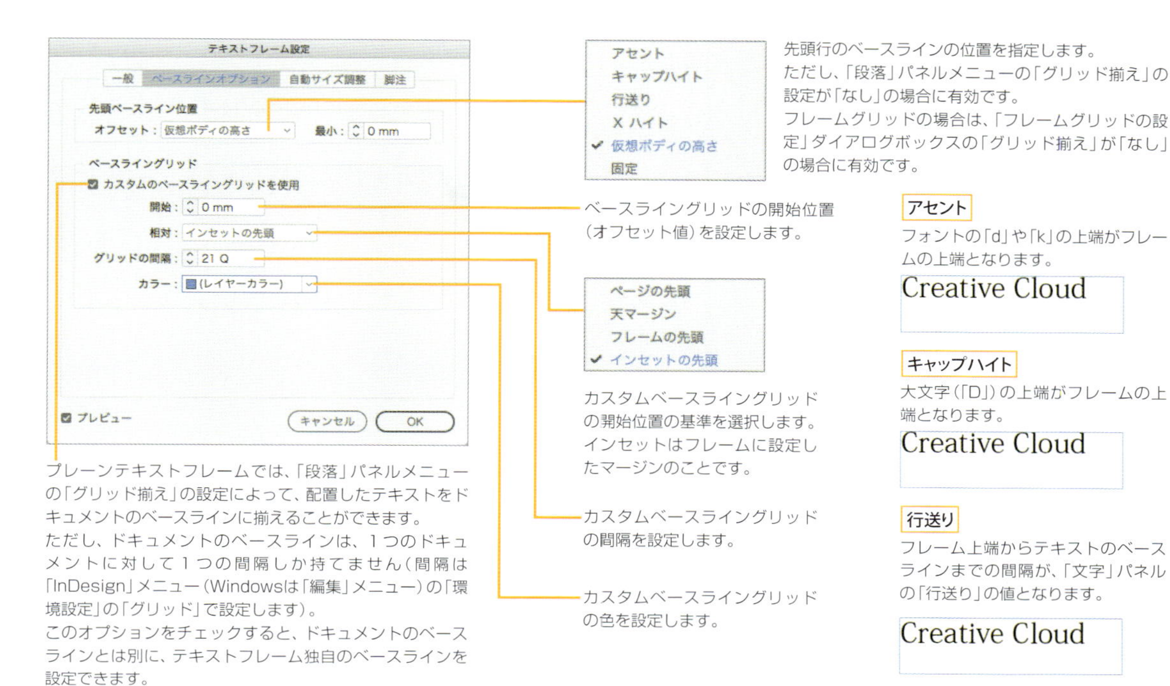

先頭行のベースラインの位置を指定します。ただし、「段落」パネルメニューの「グリッド揃え」の設定が「なし」の場合に有効です。フレームグリッドの場合は、「フレームグリッドの設定」ダイアログボックスの「グリッド揃え」が「なし」の場合に有効です。

ベースライングリッドの開始位置（オフセット値）を設定します。

カスタムベースライングリッドの開始位置の基準を選択します。インセットはフレームに設定したマージンのことです。

カスタムベースライングリッドの間隔を設定します。

カスタムベースライングリッドの色を設定します。

プレーンテキストフレームでは、「段落」パネルメニューの「グリッド揃え」の設定によって、配置したテキストをドキュメントのベースラインに揃えることができます。ただし、ドキュメントのベースラインは、1つのドキュメントに対して1つの間隔しか持てません（間隔は「InDesign」メニュー（Windowsは「編集」メニュー）の「環境設定」の「グリッド」で設定します）。このオプションをチェックすると、ドキュメントのベースラインとは別に、テキストフレーム独自のベースラインを設定できます。

アセント

フォントの「d」や「k」の上端がフレームの上端となります。

Creative Cloud

キャップハイト

大文字（「D」）の上端がフレームの上端となります。

Creative Cloud

行送り

フレーム上端からテキストのベースラインまでの間隔が、「文字」パネルの「行送り」の値となります。

Creative Cloud

Xハイト

フォントの「x」の上端がフレームの上端となります。

Creative Cloud

仮想ボディの高さ

フォントの仮想ボディの上端がフレームの上端となります。

Creative Cloud

固定

1行目のベースラインとフレームの上端の間隔を「最小」で指定します。

左右とも、「段落」パネルメニューの「グリッド揃え」を「欧文ベースライン」に設定しています

意地を通せば窮屈だ。智に働けば角が立つ。情に棹させば流される。情に棹させば流される。情に棹させば流される。智に働けば角が立つ。とかくに人の世は住みにくい。どこへ越しても住みにくいと悟った時、詩が生れて、画が出来る。情に棹させば流される。住みにくさが高じると、安い所へ引き越したくなる。情に棹させば流される。どこへ越しても住みにくいと悟った時、詩が生れて、画が出来る。
山路を登りながら、こう考えた。情に棹させば流される。智に働けば角が立つ。情

情に棹させば流される。意地を通せば窮屈だ。山路を登りながら、こう考えた。とかくに人の世は住みにくい。住みにくさが高じると、安い所へ引き越したくなる。とかくに人の世は住みにくい。とかくに人の世は住みにくい。住みにくさが高じると、安い所へ引き越したくなる。山路を登りながら、こう考えた。どこへ越しても住みにくいと悟った時、詩が生れて、画が出来る。智に働けば角が立つ。とかくに人の世は住みにくい。意地を通せば窮屈だ。住みにく

カスタムベースライングリッドを使用しているので、テキストフレームに設定したカスタムベースライングリッドに揃います

カスタムベースライングリッドを使用しないので、ドキュメントのベースラインに揃います

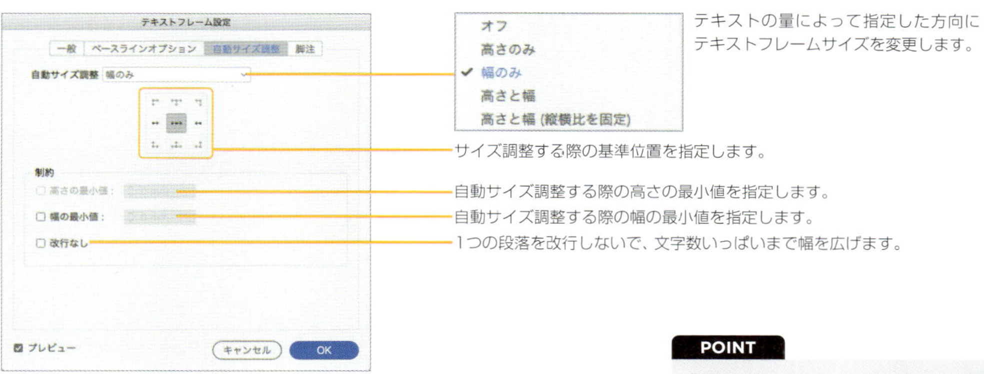

テキストの量によって指定した方向にテキストフレームサイズを変更します。

サイズ調整する際の基準位置を指定します。

自動サイズ調整する際の高さの最小値を指定します。

自動サイズ調整する際の幅の最小値を指定します。

1つの段落を改行しないで、文字数いっぱいまで幅を広げます。

POINT

「脚注」パネルについては、137ページを参照ください。

フレームグリッドの設定

縦組みグリッドツール またはは横組みグリッドツール で作成するフレームグリッドの初期値は、ドキュメントを作成した際に設定したレイアウトグリッドの値と同じになります。

フレームグリッドの値は、フレームグリッドを選択して「オブジェクト」メニューの「フレームグリッド設定」（⌘＋B）を選択し、「フレームグリッド設定」ダイアログボックスで変更できます。

▶選択したフレームグリッドの設定を変更する場合

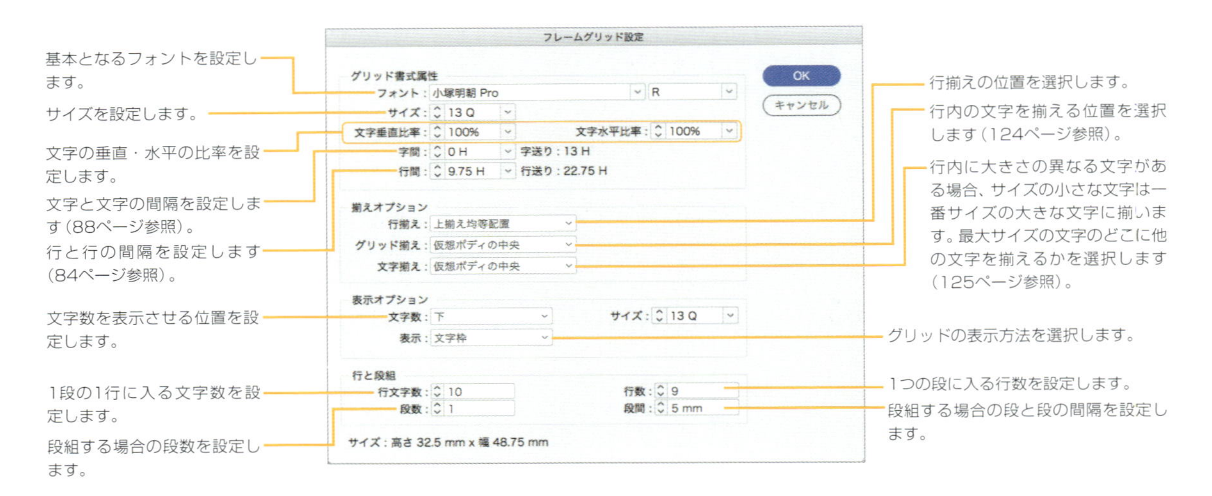

POINT

フレームグリッド設定の優先順位はドキュメントデフォルト、アプリケーションデフォルト、レイアウトグリッド設定の順番で決定されます。

TIPS フレームグリッドの初期値を変更する場合

フレームグリッドを選択しないで設定した場合には、その設定値がフレームグリッドの初期設定値（ドキュメントデフォルト）になります。

TIPS 選択フレームの大きさも変更される

選択しているフレームグリッドの文字サイズや行間などを変更した場合には、そのサイズに応じてフレームグリッドのサイズも変更されます。

▶コントロールパネルでの設定

選択ツール でフレームグリッドを選択すると、コントロールパネルでも文字数や段数を設定できます。

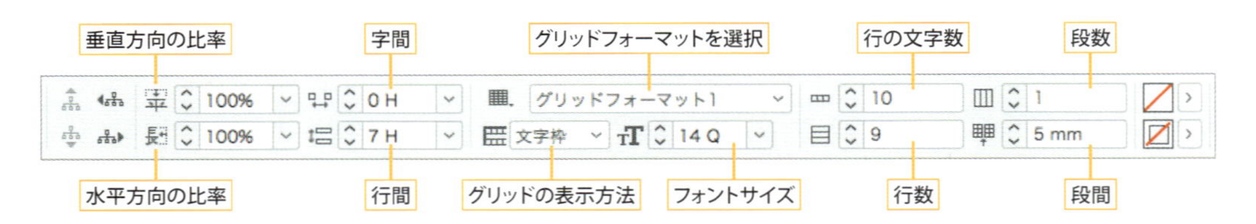

パスに沿った文字の入力

使用頻度

横組みパスツール や縦組みパスツール を使うと、オブジェクトのパスに沿って文字を入力できます。パス上に文字を入力したオブジェクトを「パステキスト」といいます。

文字を入力する／移動する

横組みパスツール か縦組みパスツール でパス上にカーソルを重ねると、カーソルに＋マークが表示されるのでクリックします。

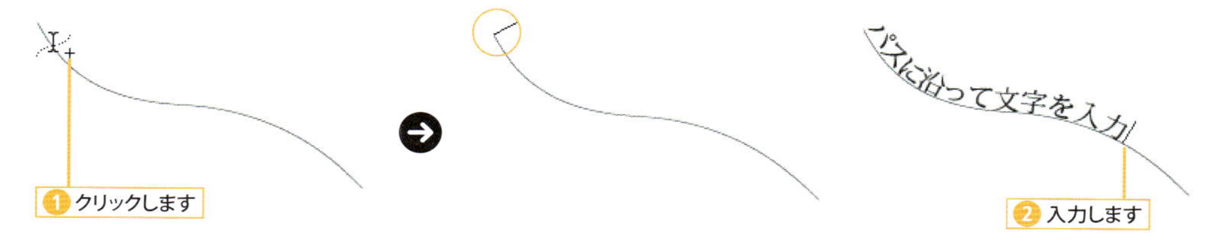

文字の始点を移動する

パステキストの文字の始点はパスの端部になります。始点の位置は、文字の入力後に選択ツール でIビームカーソルをドラッグして変更できます。

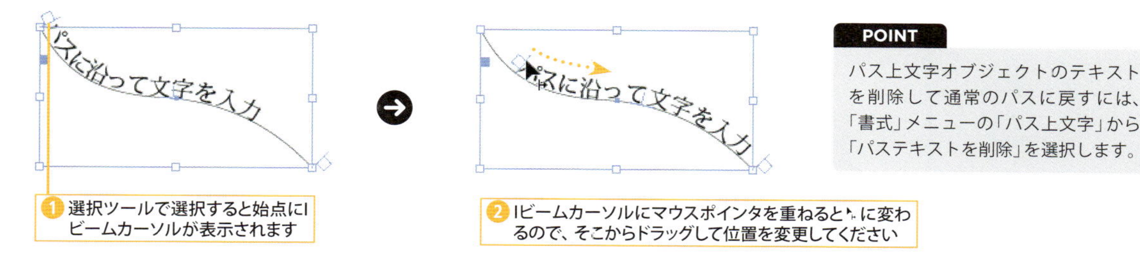

パスに沿って文字を入力
1 選択ツールで選択すると始点にIビームカーソルが表示されます
2 Iビームカーソルにマウスポインタを重ねると に変わるので、そこからドラッグして位置を変更してください
POINT
パス上文字オブジェクトのテキストを削除して通常のパスに戻すには、「書式」メニューの「パス上文字」から「パステキストを削除」を選択します。

文字をパスの反対側に移動する

入力した文字は、パスの反対側に移動できます。パスの中央部分のIビームカーソルをドラッグしてください。

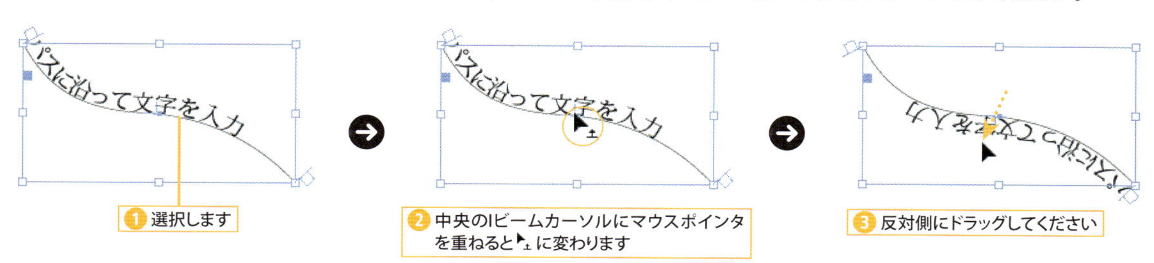

パス上文字オプションの設定

文字を入力したパスは、「パス上文字オプション」ダイアログボックスで文字の向きなどを設定できます。

1 パスを選択する

文字を入力したパスを選択ツール、またはダイレクト選択ツールで選択します。

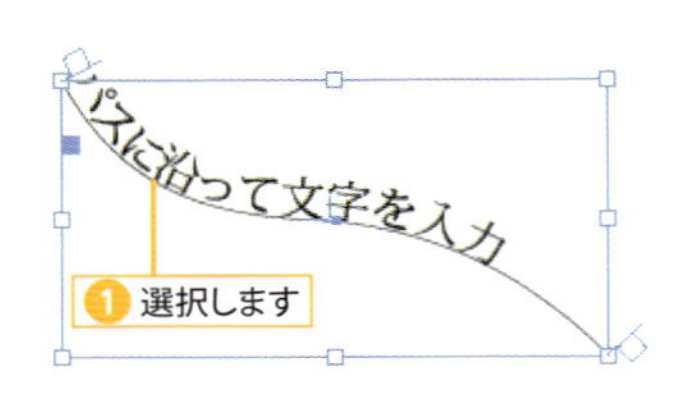

2 「オプション」を選択する

「書式」メニューの「パス上文字」から「オプション」を選択します。

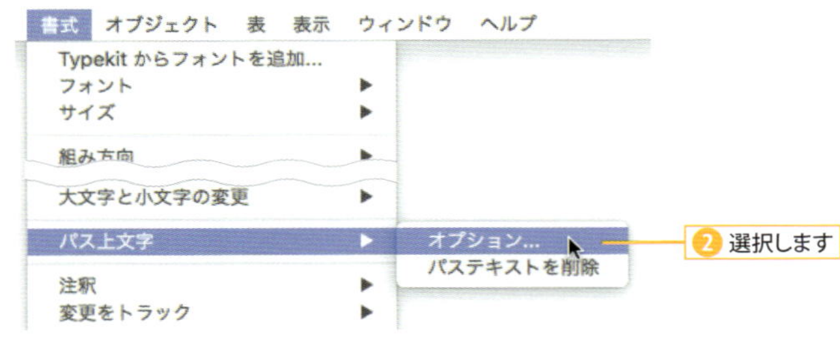

3 オプションを設定する

「パス上文字オプション」ダイアログボックスが開くので、オプションを設定します。

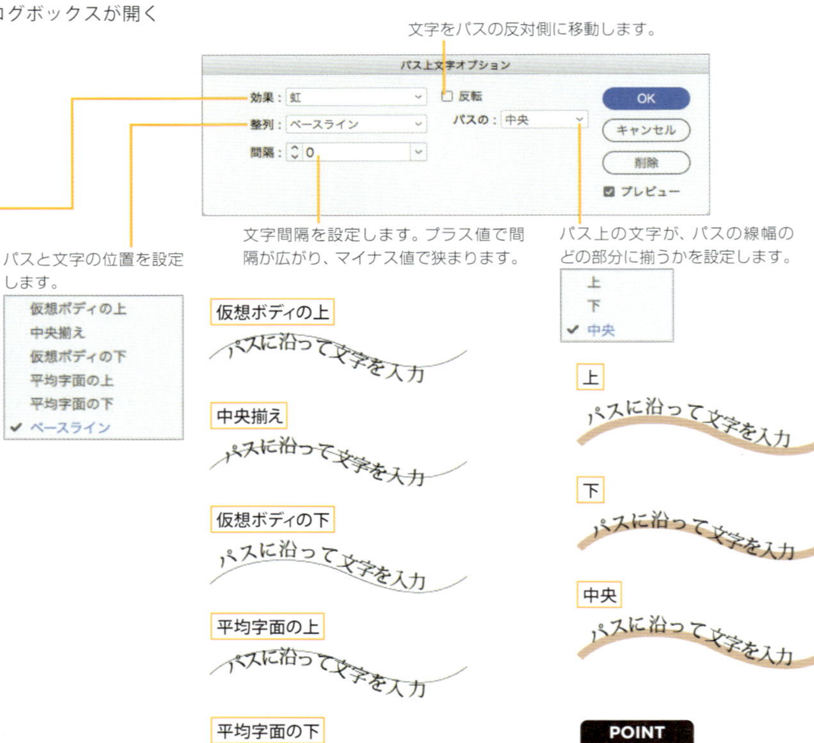

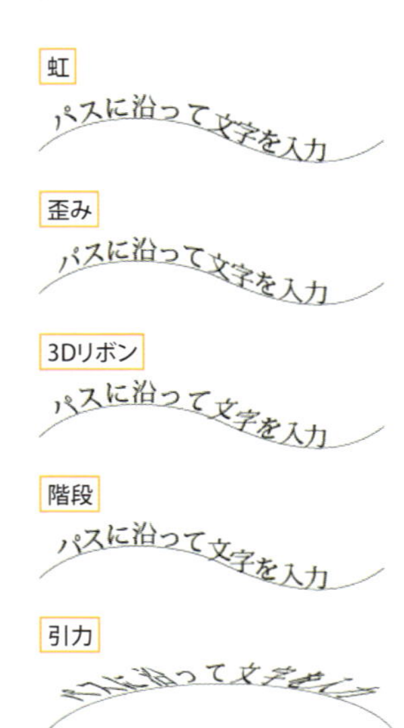

POINT

「パス上文字オプション」ダイアログボックスは、ツールパネルの横組みパスツールや縦組みパスツールをダブルクリックしても開くことができます。

SECTION 3.3

文字書式を設定する

使用頻度

テキストフレームに入力・配置したテキストの書体やサイズなどの属性設定は、文字形式コントロールパネルまたは「文字」パネルで設定できます。

文字列を選択する

テキストフレーム内の文字を選択するには、文字ツールT.↓T.を使ってドラッグするか、shiftキーを押しながら矢印キーを押してカーソルを移動します。

薔薇の花が咲いた。

文字ツールT.↓T.のIビームポインタでドラッグして選択します

TIPS カーソルの移動と選択のショートカット

※（）内は縦組み

shiftキーを併用すると、文字列を選択できます

←	左に１文字移動（左に１行移動）
→	右に１文字移動（右に１行移動）
↑	上に１行移動（上に１文字移動）
↓	下に１行移動（下に１文字移動）
⌘＋←	左に１文節または１単語移動（段落の先頭に移動）
⌘＋→	右に１文節または１単語移動（次の段落に移動）
⌘＋↑	段落の先頭に移動（上に１文節または1単語移動）
⌘＋↓	次の段落に移動（下に１文節または1単語移動）

文字列を選択するショートカットは、「編集」メニューの「キーボードショートカット」で変更することができます（363ページ参照）。

TIPS ダブルクリックで文字列選択

文字列の中にカーソルを入れてダブルクリックすると文節または単語、３回続けてクリックすると１行を選択できます（352ページ参照）。

ダブルクリック

薔薇の花が咲いた。

3回クリック

薔薇の花が咲いた。

書体（フォント）の設定

選択した文字に対して、フォントを設定できます。フォントは、「書式」メニューの「フォント」から選択するか、文字形式コントロールパネルまたは「文字」パネル（⌘＋T）で指定します。

フォントにファミリーがある場合は、フォントのサブメニューでフォントスタイルを選択します。

文字形式コントロールパネルや「文字」パネルの場合は、フォントの▶をクリックして展開表示し、フォントスタイルを選択するか、フォント名の横のリストで選択します。

POINT

Creative Cloudの正規ユーザーは、Webからフォントをダウンロードできる Typekitを使用できます。Typekitからフォントを追加するには、「書式」メニュー（またはコントロールパネルのフォントリスト）の「Typekitからフォントを追加」を選択します。

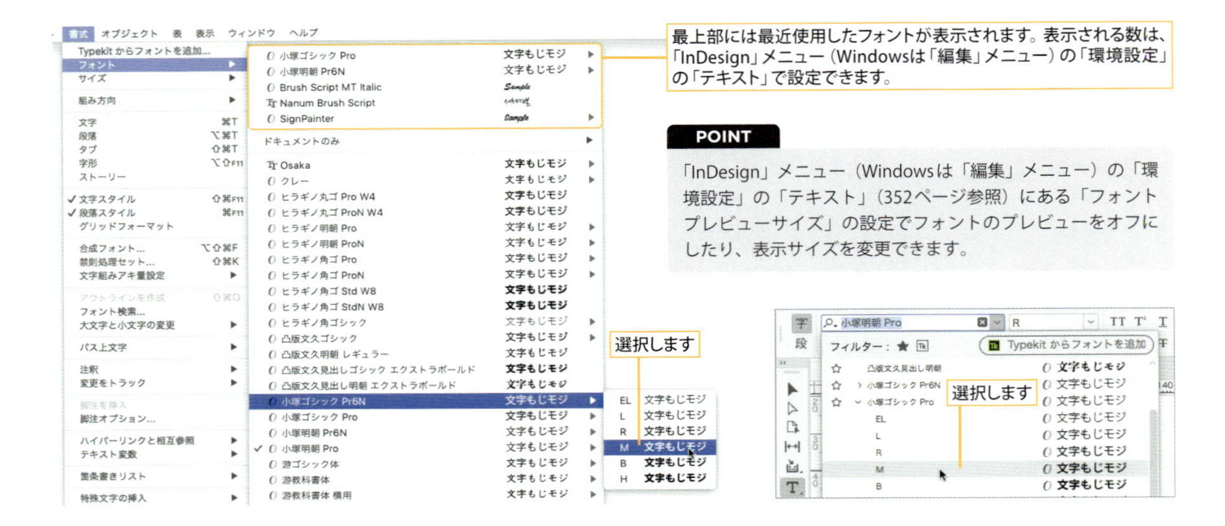

POINT

「InDesign」メニュー（Windowsは「編集」メニュー）の「環境設定」の「テキスト」（352ページ参照）にある「フォントプレビューサイズ」の設定でフォントのプレビューをオフにしたり、表示サイズを変更できます。

▶フォントのお気に入り設定（CC以降）

コントロールパネルまたは「文字」パネルでは、よく使うフォントにお気に入りの設定をしておくと、お気に入りのフォントだけを絞り込んで表示できます。

フォントの左側に表示された★をクリックしてにすると、お気に入りに登録されたことになります。再度クリックすると、お気に入りから解除できます。

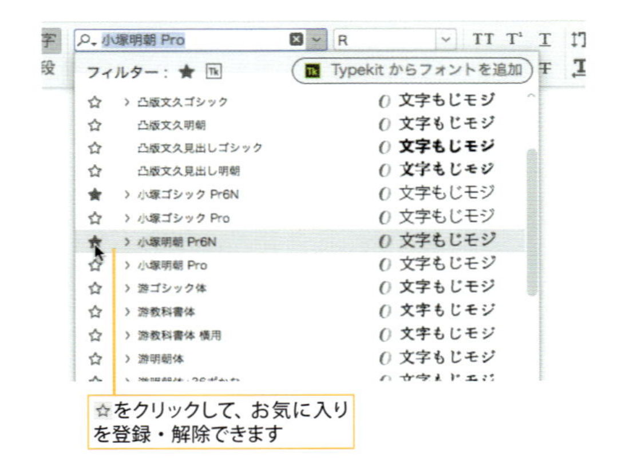

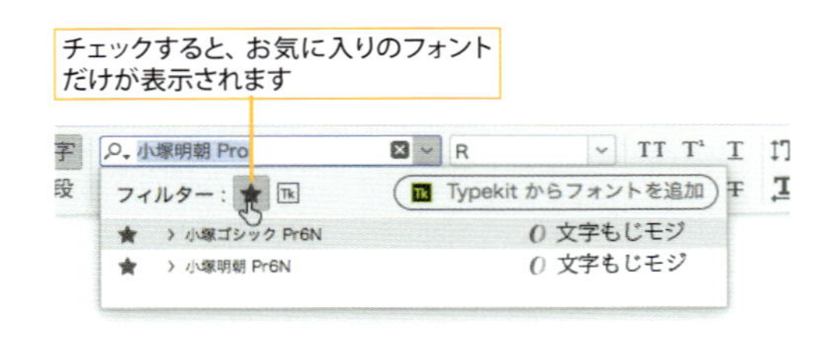

▶Typekitのみを表示する（CC以降）

コントロールパネルまたは「文字」パネルでをクリックすると、Typekitからダウンロードして使用しているフォントだけを表示できます。

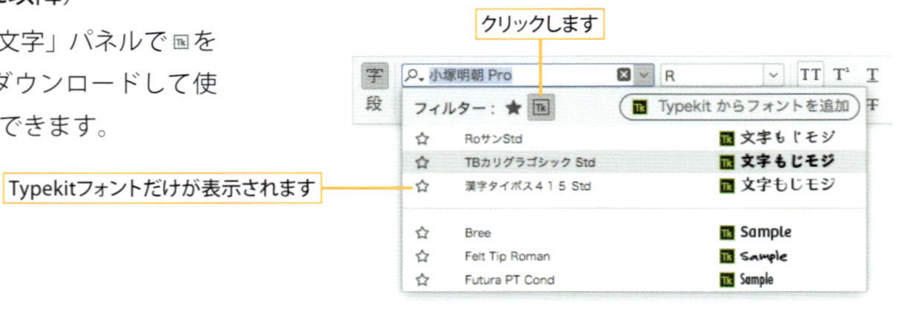

TIPS フォントの検索

文字形式コントロールパネルや「文字」パネルでフォントの表示欄をクリックすると、フォントが反転して入力可能状態になります。使用したいフォントの名称の一部を入力すると、条件が含まれているフォントだけが絞り込まれた表示されます。検索条件は、半角の空白文字で区切って複数指定できます。

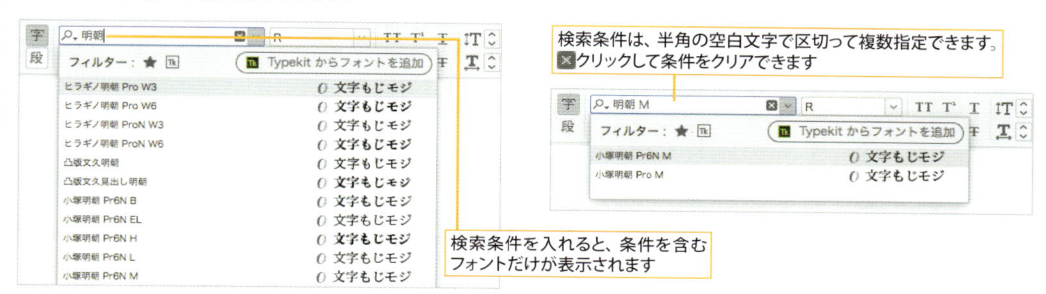

虫めがねアイコンをクリックすると、検索方法を変更できます。「任意文字検索」が初期設定です。「頭文字検索」にすると、入力した文字からはじまるフォントが選択されます（CS6までの検索方法となります）。

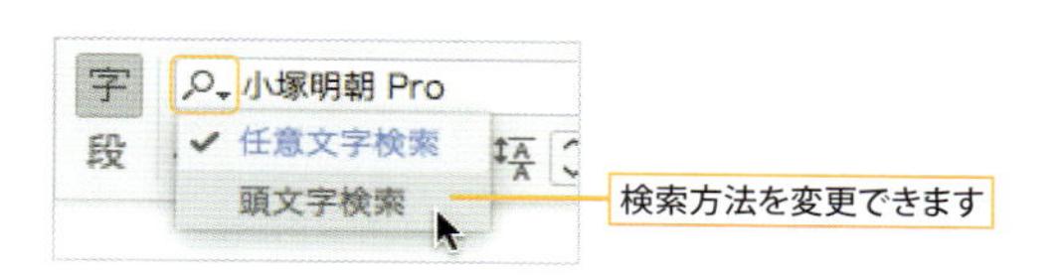

▶ パッケージフォントの自動読み込み

InDesignでは、「パッケージ」機能（332ページ参照）でドキュメント内で使用されているフォントがコピーされている場合は、パッケージフォルダー内の「Document fonts」フォルダー内のフォントを自動で読み込んで使用可能にします。「Document fonts」フォルダーから読み込まれたフォントは、「書式」メニューの「フォント」では「ドキュメントのみ」に表示され、コントロールパネル（または「文字」パネル）では最上部に表示されます（旧バージョンの「パッケージ」機能の「Fonts」フォルダーのフォントは読み込ません。フォルダー名を「Document fonts」に変更すれば読み込まれます）。

パッケージされていたフォントは、そのドキュメントのみで有効で、他のドキュメントでは使用できません。使用する場合は、システムにインストールしてください。

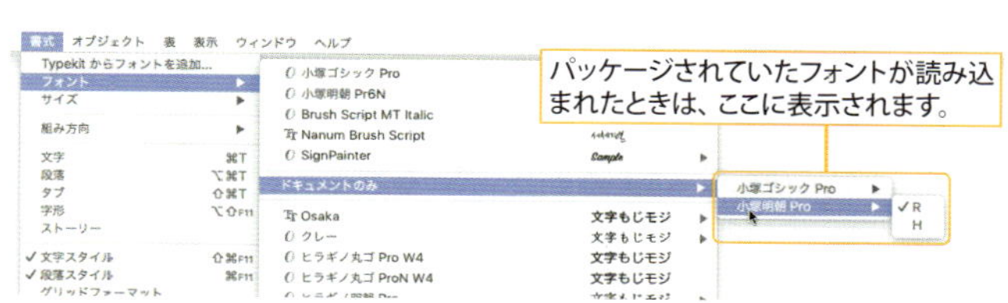

なお、パッケージされたフォントがシステムにインストールされている場合は、パッケージフォントが優先され、システムのフォントは表示されなくなります。

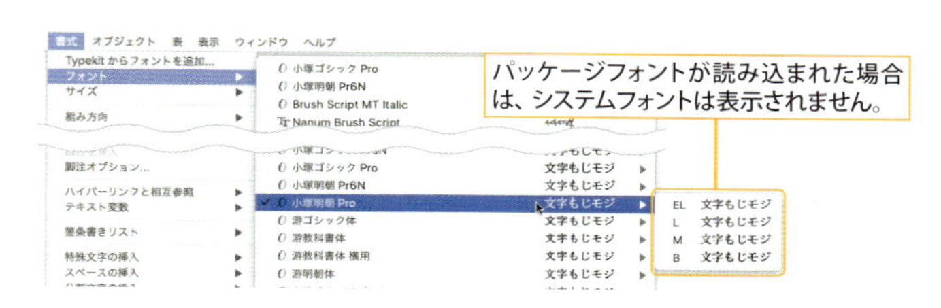

他のドキュメントを同時に開いている場合、他のドキュメントではシステムにインストールされているフォントはすべて表示されますが、「書式」メニューの「フォント」ではパッケージドキュメントのパッケージフォントが優先された状態のままで、本来使用できるシステムフォントが表示されません。

コントロールパネル（「文字」パネル）では表示されるので、そちらを使って設定してください。

文字サイズを設定する

文字サイズは、文字列を選択して「書式」メニューの「サイズ」で選択するか、文字形式コントロールパネルまたは「文字」パネル（⌘+T）の で設定します。直接サイズを数値入力することもできます。

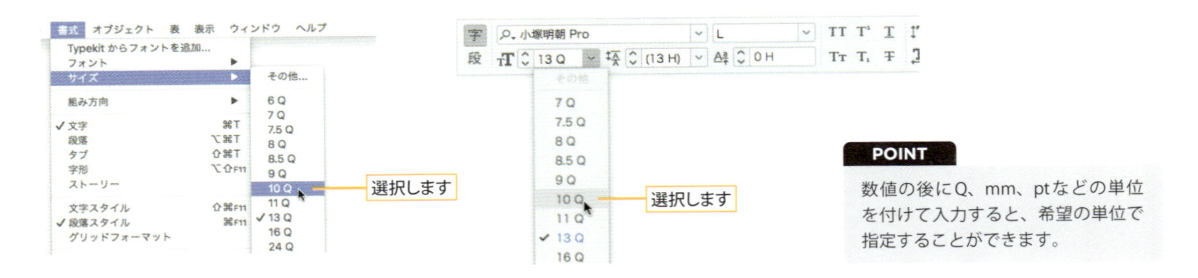

POINT

数値の後にQ、mm、ptなどの単位を付けて入力すると、希望の単位で指定することができます。

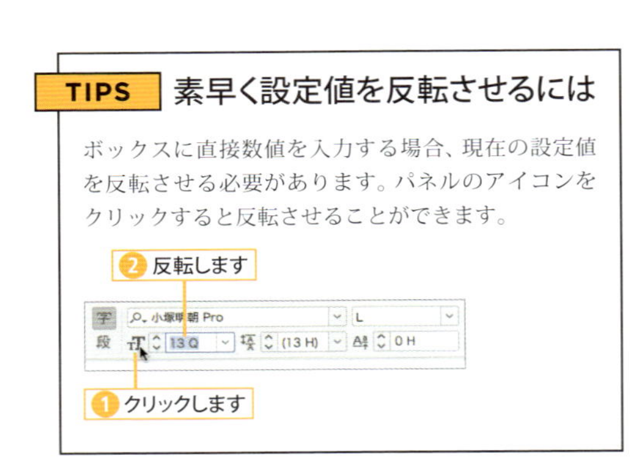

TIPS 素早く設定値を反転させるには

ボックスに直接数値を入力する場合、現在の設定値を反転させる必要があります。パネルのアイコンをクリックすると反転させることができます。

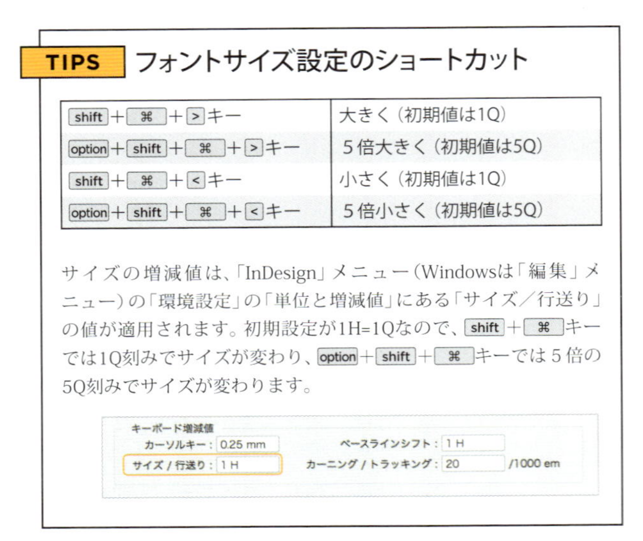

TIPS フォントサイズ設定のショートカット

キー	動作
shift+⌘+>キー	大きく（初期値は1Q）
option+shift+⌘+>キー	5倍大きく（初期値は5Q）
shift+⌘+<キー	小さく（初期値は1Q）
option+shift+⌘+<キー	5倍小さく（初期値は5Q）

サイズの増減値は、「InDesign」メニュー（Windowsは「編集」メニュー）の「環境設定」の「単位と増減値」にある「サイズ／行送り」の値が適用されます。初期設定が1H=1Qなので、shift+⌘キーでは1Q刻みでサイズが変わり、option+shift+⌘キーでは5倍の5Q刻みでサイズが変わります。

行送りの設定（行間隔の設定）

行送りとは、行から次の行までの間隔のことです。InDesignでは、仮想ボディの上（縦組みでは右）から次の行の仮想ボディの上（縦組みでは右）までが初期設定の行送りとなっています。

行送りは文字形式コントロールパネルまたは「文字」パネル（⌘+T）の で行送り値を選択するか、直接数値を入力して設定します。 で設定値を変更してもかまいません。

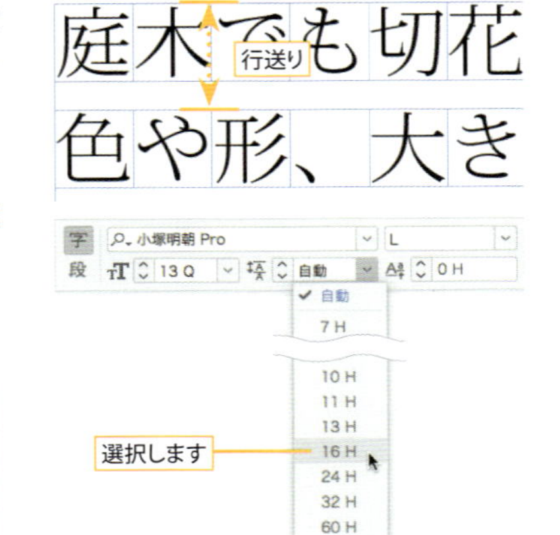

POINT

1行に異なったフォントやサイズの文字が混在している場合、最大サイズの文字が基準となります。また、1行内に行送り値が複数設定されている場合は、最大値が適用されます。

POINT

コントロールパネルまたは「段落」パネルの「行取り」を適用すると、行取りの設定が優先され、行送りの設定は無視されます。

TIPS 行送りの基準位置

行送りの基準位置は、コントロールパネルのメニュー(または「段落」パネルメニュー)の「行送りの基準位置」で変更できます。

フレームグリッドの行送り

フレームグリッドでは、「フレームグリッド設定」ダイアログボックスで設定した行間の値に文字サイズを加えた値が行送りの値となります。

文字形式コントロールパネルや「文字」パネル(⌘+T)の行送りの設定よりも「フレームグリッド設定」ダイアログボックスでの「グリッド揃え」が優先されるため、文字はグリッドに揃います。そのため、文字の行送りを変更しても設定した行送りにはなりません(「グリッド揃え」については86ページ、124ページも参照してください)。

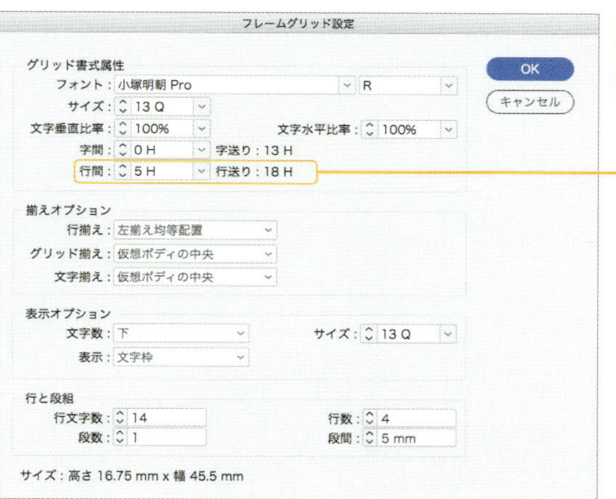

行間はグリッドとグリッドの間隔で、行送りは文字サイズ(13Q)に行間(5H)を加えた18Hとなります

これが行送り値となります

庭木でも切花でも楽しいバラ。
色や形、大きさなどによりたく
さんの種類があります。

18H
5H

POINT

フレームグリッドで行間を文字の行送り値で設定するには、「フレームグリッド設定」ダイアログボックスで「揃えオプション」の「グリッド揃え」を「なし」に設定します。

TIPS 行送り値を設定するショートカット

行送り値は、キーボードショートカットで変更できます。

	横組み	縦組み
行送り値減少(初期値は1H)	option+↑キー	option+→キー
行送り値増加(初期値は1H)	option+↓キー	option+←キー
行送り値5倍減少(初期値は5H)	option+⌘+↑キー	option+⌘+→キー
行送り値5倍増加(初期値は5H)	option+⌘+↓キー	option+⌘+←キー

行送り値の増減値は、「InDesign」メニュー(Windowsは「編集」メニュー)の「環境設定」の「単位と増減値」にある「サイズ/行送り」の値が適用されます。
初期設定が1Hなので、optionキーでは1H刻みでサイズが変わり、option+⌘では5倍の5H刻みでサイズが変わります。

キーボード増減値
カーソルキー：0.25 mm
ベースラインシフト：1 H
サイズ / 行送り：1 H
カーニング / トラッキング：20 /1000 em

▶自動行送り

行送り値には、文字サイズから自動計算される「自動」があります。自動を選択すると、フレームグリッドに入力した文字は文字サイズの100%、プレーンテキストフレームに入力した文字は文字サイズの175%が行送り値となります。

行送り値に自動を設定した場合は、コントロールパネルや「文字」パネルの行送り値は（）付きで表示されます。

自動行送りの値は、「段落」パネルメニューの「ジャスティフィケーション」（option＋shift＋⌘＋J）にある「自動行送り」で変更できます。

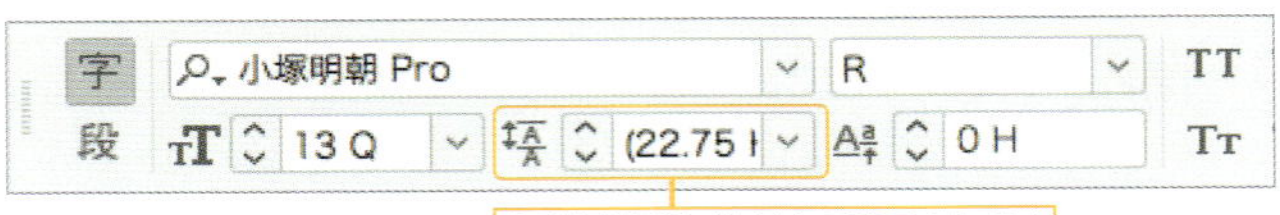

自動行送りは（）付きで表示されます

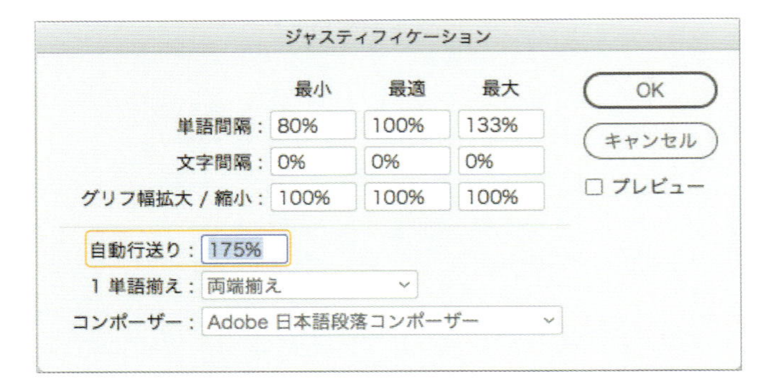

TIPS 「グリッド揃え」の設定による改行サイズの違い

「グリッド揃え」を「仮想ボディの中央」に設定していると、他の設定よりも自動的に改行される文字サイズが大きくなります。たとえば、グリッドサイズが13Q、行間5Hのフレームグリットを作成すると、行送りは18Hとなります。
２行目の文字サイズを20Qにすると、行送り値は自動のため20Hとなります。

2行目の文字サイズと行送り値

字　段　小塚明朝 Pro　20 Q　(20 H)

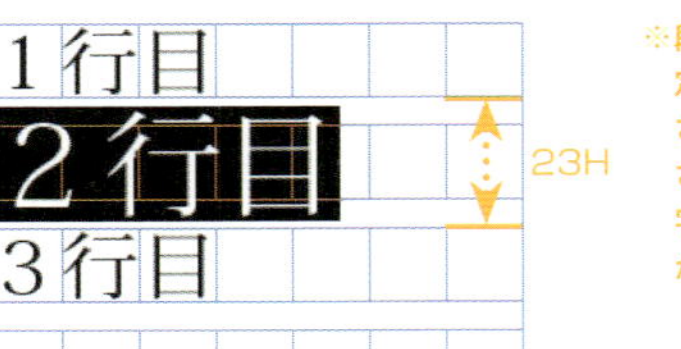

※段落に「行取り」で行数が指定されている場合は、指定された「行取り」の値が優先され、改行されません。文字サイズによっては、文字が重なる場合もあります。

グリッド揃えが「仮想ボディの中央」の場合
文字の行送り値20Hがフレームグリッドの行送り値の18Hを超えていますが、グリッド揃えが「仮想ボディの中央」の場合、グリッドサイズ13Qと上下の行間5Hを足した23Hを文字の行送り値が超えるまで改行されません。

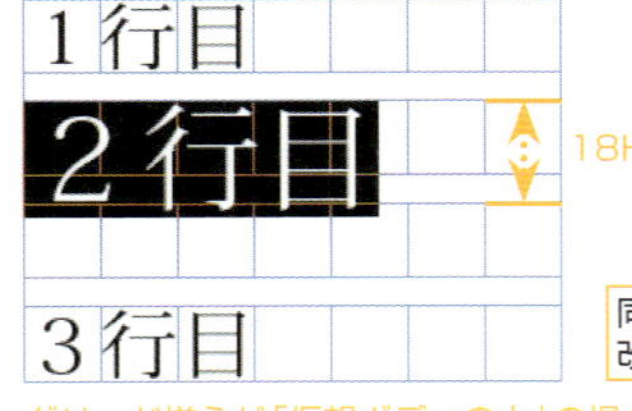

同じ文字サイズなのに改行されます

グリッド揃えが「仮想ボディの上」の場合
グリッド揃えが「仮想ボディの上」の場合、文字サイズが20Qだと行送り値が20Hになり、フレームグリッドの行送り値の18Qを超えるため改行されます。

なお、フレームグリッドの先頭行では、逆の現象が起こります。
次の例のフレームグリッドもグリッドサイズが13Q、行間5H、行送りは18Hです。先頭行の文字サイズを1Q上げて14Qにすると行送り値は自動のため、14Hとなります。

先頭行の文字サイズと行送り値

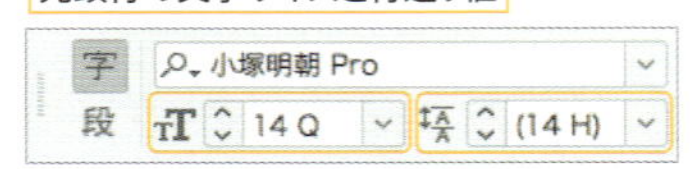

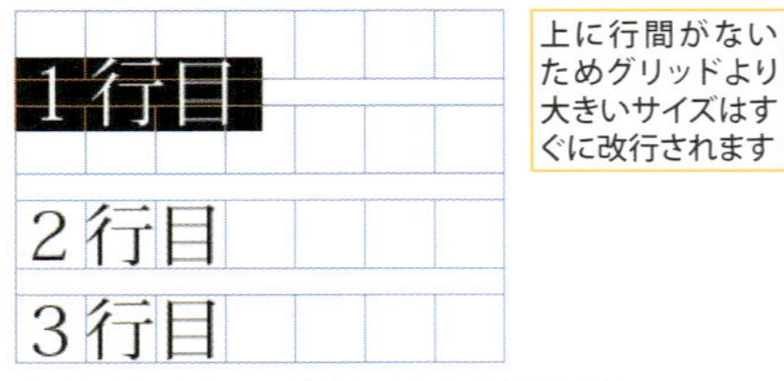

上に行間がないためグリッドより大きいサイズはすぐに改行されます

グリッド揃えが「仮想ボディの中央」の場合
グリッド揃えが「仮想ボディの中央」の場合、先頭行の上には行間がないため、グリッドサイズ13Qを超えた文字を揃えることができず、改行されて２行取りとなります。

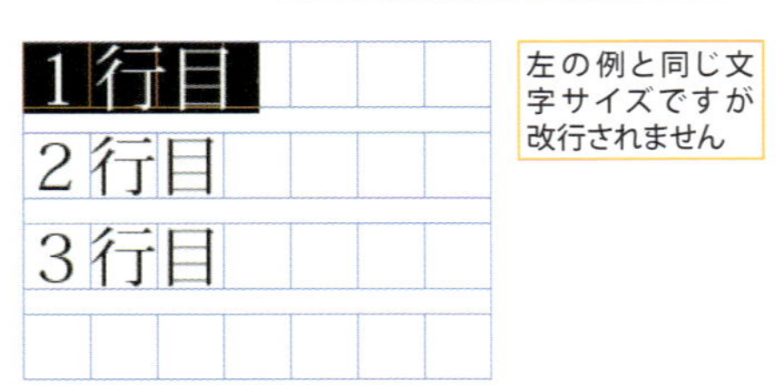

左の例と同じ文字サイズですが改行されません

グリッド揃えが「仮想ボディの上」の場合
グリッド揃えが「仮想ボディの上」の場合、仮想ボディの上から次行の仮想ボディの上までは、グリッドの13Qと下の行間5Hを足した18Hです。文字サイズが18Qを超えるまで改行されません。

ベースラインシフトの設定

文中の特定の文字の上下位置（縦組みの場合は左右位置）を動かす場合は、文字を選択してベースラインシフトで調整します。ベースラインシフトは、文字形式コントロールパネルまたは「文字」パネル（⌘＋T）ので移動値を選択するか、直接数値を入力して設定します。⌃で設定値を変更してもかまいません。

POINT

shift キーを押しながら⌃ボタンをクリックすると、5Hずつ増減できます。

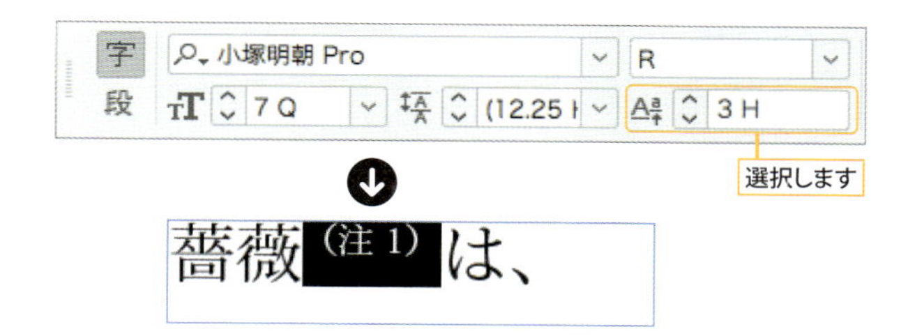

TIPS ベースラインシフトのショートカット

ベースラインは、キーボードショートカットで変更できます。

	横組み	縦組み
上げる（初期値は1H）	option＋shift＋↑キー	option＋shift＋→キー
下げる（初期値は1H）	option＋shift＋↓キー	option＋shift＋←キー
5倍上げる（初期値は5H）	option＋shift＋⌘＋↑キー	option＋shift＋⌘＋→キー
5倍下げる（初期値は5H）	option＋shift＋⌘＋↓キー	option＋shift＋⌘＋←キー

増減値は、「InDesign」メニュー（Windowsは「編集」メニュー）の「環境設定」の「単位と増減値」にある「ベースラインシフト」の値が適用されます。初期設定が1Hなので、option＋shiftキーでは1H刻みでサイズが変わり、option＋shift＋⌘では５倍の5H刻みでサイズが変わります。

文字幅の設定（長体・平体）

InDesignでは、文字幅を変更して、長体や平体を作成します。文字幅は、文字形式コントロールパネルまたは「文字」パネル（⌘＋T）の垂直比率または水平比率で設定します。

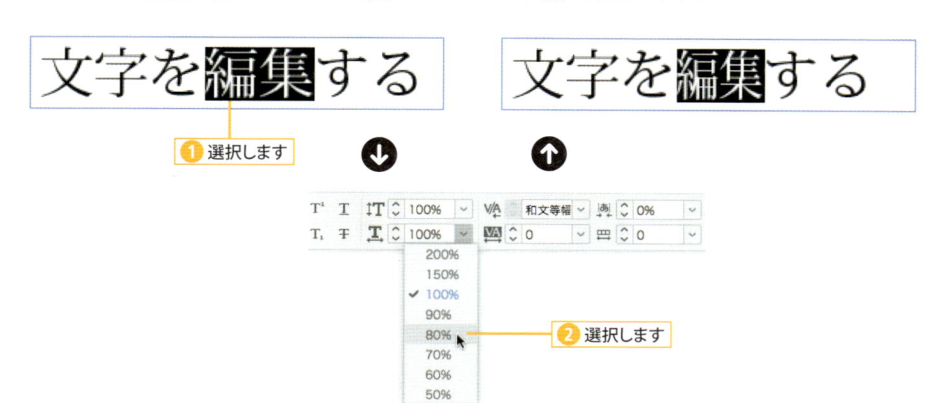

▶フレームグリッドに設定する

テキストフレームがフレームグリッドの場合は、フレームグリッドに長体・平体を設定することもできます。文字形式コントロールパネルの または で水平比率・垂直比率を設定します。

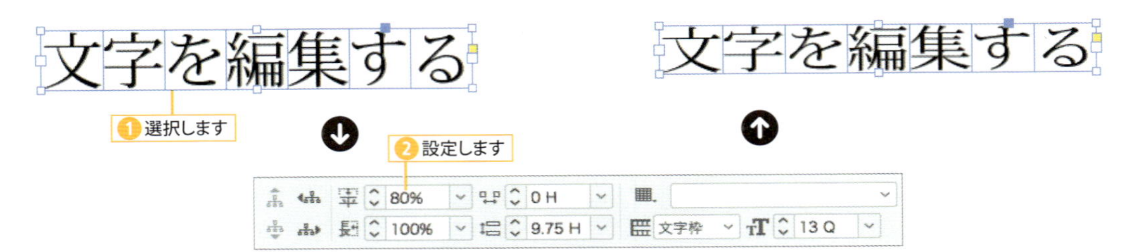

▶「文字の比率を基準に行の高さを調整」オプション

行内の一部の文字に長体や平体を適用した際の、行間を調整をする機能として、コントロールパネルメニュー（または「文字」パネルメニュー）に「文字の比率を基準に行の高さを調整」があります。このオプションをチェックすると、行内に比率の異なる文字があった場合、その文字を基準として行間を自動で調整します（行送り値は変わりません）。

この設定は、フレームグリッドに入力したテキストではオン、プレーンテキストフレームに入力したテキストではオフになります。

オフ：長体のある行も行間は同じです

「文字の比率を基準に行の高さを調整」は、長体や平体のある行の高さを調整する機能です。

オン：長体のある行の行間が広がります

「文字の比率を基準に行の高さを調整」は、長体や平体のある行の高さを調整する機能です。

文字間隔の設定

▶フレームグリッドの文字間隔

フレームグリッドのテキストは、「オプション」メニューの「フレームグリッド設定」（⌘+B）の「字間」によって字送りが決まります。

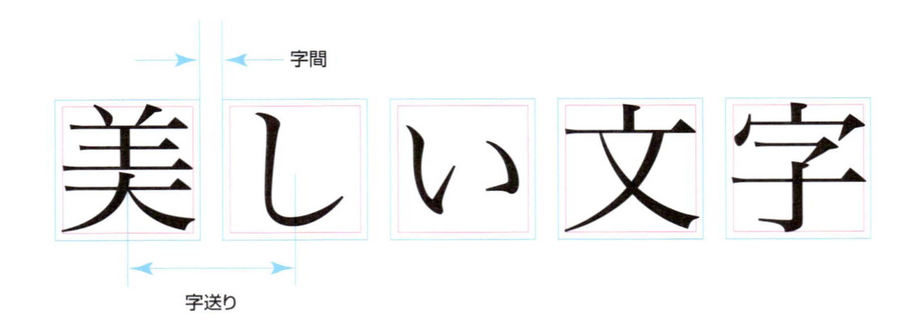

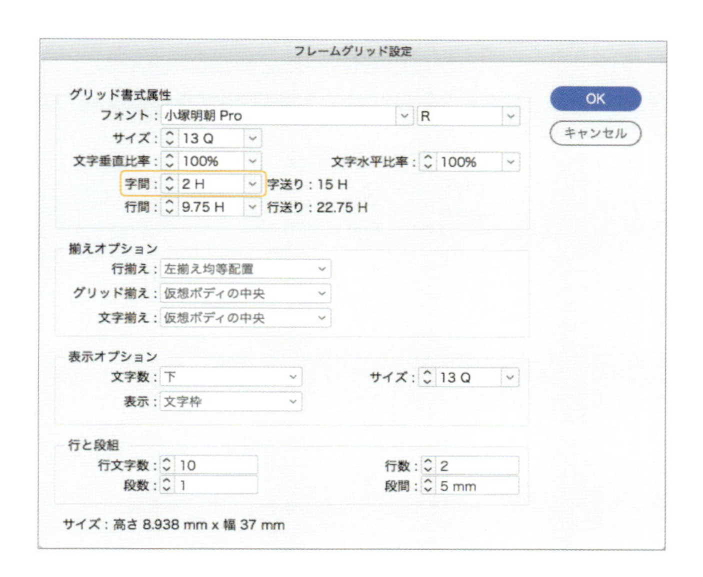

グリッドの字間を基準
に字送りを調整

「フレームグリッド設定」での「字間」を2Hにしたフレームグリッド

▶「グリッドの字間を基準に字送りを調整」オプション

フレームグリッド内に入力した文字がグリッドに合うように字間が合うのは、文字形式コントロールパネルメニュー（または「文字」パネルメニュー）の「グリッドの字間を基準に字送りを調整」オプションがオンになっているからです。このオプションをオフにすると、「フレームグリッド設定」の「字間」の設定は無視されます。

フレームグリッドを使う場合は、このオプションはオンのままにしてください。

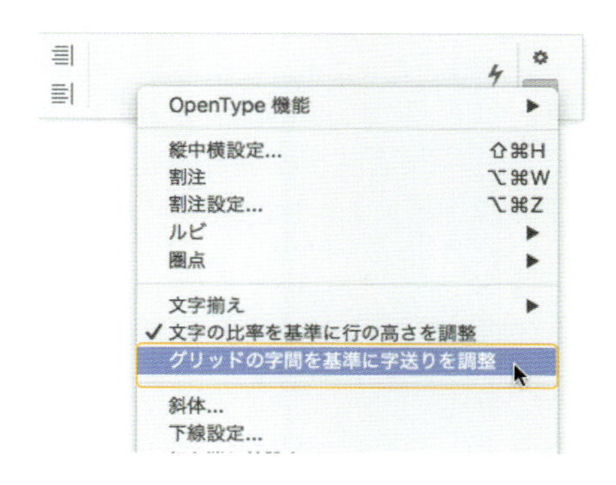

グリッドの字間を基準に
字送りを調整

「グリッドの字間を基準に字送りを調整」オプションをオフにすると、グリッドの「字間」の設定は無視されます

▶「文字ツメ」で文字間隔を詰める

文字形式コントロールパネルまたは「文字」パネル（⌘＋T）の「文字ツメ」で文字間隔を詰められます。

後述する字送りやカーニングが文字の後ろのアキを調整するのに対し、文字ツメは文字の前後のアキを調整します。設定は、0〜100%の間で行い、数値が大きいほど文字間が詰まります。

POINT

文字の選択は、部分的でもかまいません。

POINT

数値が大きいほど間隔は狭くなります。また、文字ツメは、100%に設定しても文字と文字が重なることはありません。

庭木でも切花でも楽しいバラ。色や形、大きさなどによりたくさんの種類があります。

❶ 選択します

❷ 設定します

庭木でも切花でも楽しいバラ。色や形、大きさなどによりたくさんの種類があります。

▶「文字前のアキ量」、「文字後のアキ量」で文字間隔をあける

文字形式コントロールパネルまたは「文字」パネル（⌘＋T）の（文字前のアキ量）、（文字後のアキ量）で文字の前後に指定したアキを挿入できます。

二分とは全角文字の1/2、三分とは全角文字の1/3、四分は全角文字の1/4のアキとなります。八分は1/8、二分四分は二分と四分を足した3/4のアキとなります。

自動では、「段落」パネルの「文字組み」の設定にしたがって自動でアキを調整します。ベタは、文字の前後のアキをなしにして文字送りの値にします。

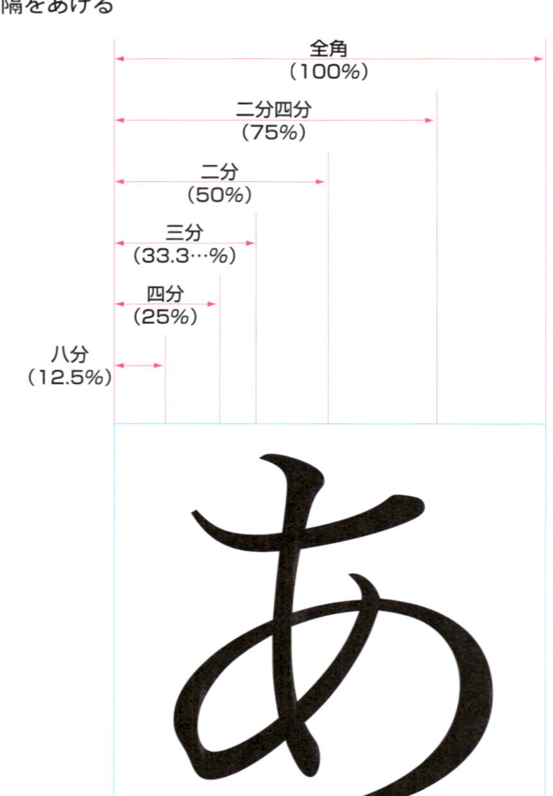

❶ 選択します

庭木でも切花でも楽しいバラ。色や形、大きさなどによりたくさんの種類があります。

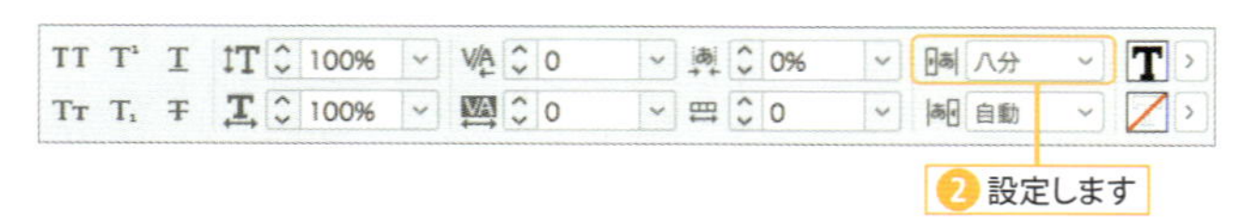

❷ 設定します

庭木でも切花でも楽しいバラ。色や形、大きさなどによりたくさんの種類があります。

POINT

文字の選択は、部分的でもかまいません。

▶カーニングと字送り

カーニングは、選択した文字の中の文字と文字の組み合わせによって文字間隔を調整し、字送りは選択した文字全体の文字間隔を調整します。カーニングも字送りも、文字の後ろのアキ量を調整して文字間隔を変更します。

カーニングは、特定の文字と文字の間にカーソルを置いて文字間隔を調整する手動カーニングも設定できます。

▶カーニング・トラッキング（字送り）の設定

文字を選択して、文字形式コントロールパネルまたは「文字」パネル（⌘＋T）でカーニングは、トラッキング（字送り）はで設定します。

カーニングは、文字を選択した場合、自動カーニングとして「オプティカル」「メトリクス」「和文等幅」「0」が選択できます。特定の文字の間にカーソルを置いたときは、-1,000～10,000の間で設定できます。字送りは-1,000～10,000の間で設定できます。

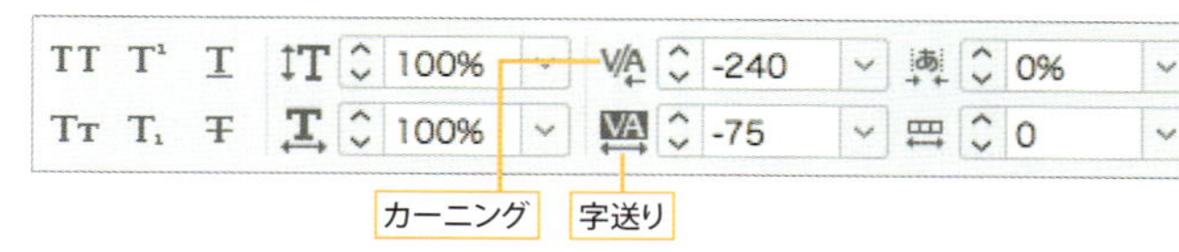

▶手動カーニングの設定

トラッキング（字送り）の設定

▶カーニング・字送りの単位

カーニング・字送りともに、単位は1/1000emです。1emは選択した文字サイズの幅です。12Qの文字なら1em＝12Qで、20Qの文字なら1em＝20Qです。カーニング・字送りの設定値が100の場合、100×1/1000em＝1/10emとなり、フォントサイズの1/10の量を空けることになります。

▶オプティカル、メトリクス、和文等幅

フォントによっては、「LA」「P.」「To」「Tr」「Ta」「Tu」「Te」「Ty」「Wa」「WA」「We」「Wo」「Ya」「Yo」など特定の文字同士の組み合わせによって、文字間のアキ情報が含んでいるものがあります。この組み合わせを「**ペアカーニング**」と呼びます。カーニングに「**メトリクス**」を適用すると、フォントの持つペアカーニング情報を基に最適な文字間隔に調整します。「メトリクス」は和文フォントがペアカーニングの情報を持っていれば、和文でも文字間隔が調整されます。

「**オプティカル**」は、文字の形状を基に文字の間隔を調整します。ペアカーニング情報を持たないフォントを使用する場合に適用するのが一般的です。「オプティカル」は和文フォントにも適用できますが、横組みでしか機能しません。

「**和文等幅**」は、日本語OpenTypeフォントなど、フォントのツメ情報が含まれている場合でも、仮想ボディに合わせるためにツメを無視する設定です。ペアカーニング情報を持っている欧文フォントに「和文等幅」が適用されると、「メトリクス」と同じカーニングとなります。

POINT

ペアカーニング情報を持っていないフォントに「メトリクス」を適用した場合、各文字間はカーニング値「0」となり、文字は詰まりません。

TIPS プロポーショナルメトリクス

OpenTypeフォントでは、コントロールパネルメニュー（または「文字」パネルメニュー）の「OpenType機能」の「プロポーショナルメトリクス」を使うと、OpenTypeフォントの持っている文字詰め情報を元に文字間隔が調整されます。
なお、OpenTypeフォントに対して、カーニングに「メトリクス」を適用すると、「プロポーショナルメトリクス」も自動で適用され、さらにペアカーニング情報で文字詰めされます。

TIPS カーニング・字送りのキーボードショートカット

画面で文字間隔を調整する場合は、キーボードショートカットが便利です。

	横組み	縦組み
文字間隔を狭める（初期値は20）	option＋←キー	option＋↑キー
文字間隔を広める（初期値は20）	option＋→キー	option＋↓キー
文字間隔を大きく狭める（初期値は100）	option＋⌘＋←キー	option＋⌘＋↑キー
文字間隔を大きく広める（初期値は100）	option＋⌘＋→キー	option＋⌘＋↓キー

増減値は、「InDesign」メニュー（Windowsは「編集」メニュー）の「環境設定」の「単位と増減値」にある「カーニング」の値が適用されます。初期設定が20なので、optionキーでは20刻みでサイズが変わり、option＋⌘では５倍の100刻みでサイズが変わります。

字取りを設定する

タイトル文字など４文字を６文字分のスペースに均等に配置させたい場合などは、「字取り」で簡単に設定できます。「字取り」は、文字形式コントロールパネルまたは「文字」パネル（⌘＋T）の「字取り」で設定します。

POINT

「字取り」は処理する文字数よりも大きい値を設定してください。

SECTION 3.4

文字を装飾する

使用頻度 ★★★

文字には、フォントや大きさ、行間などを設定する以外にも、斜体、下線、打ち消し、色を付けるなどの装飾をすることができます。また、OpenType特有の異体字の機能があります。

斜体の設定

コントロールパネルメニュー（または「文字」パネルメニュー）の「斜体」を使うと、選択した文字を写植のような斜体字に設定できます。

1 「斜体」を選択する

斜体にしたい文字を選択して、コントロールパネルメニューから「斜体」を選択します。

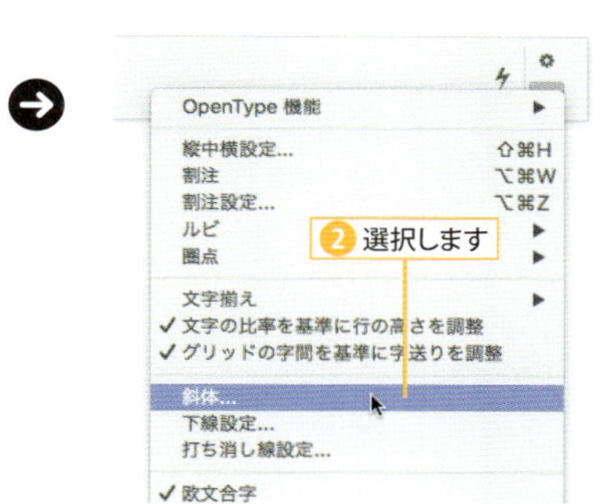

2 設定して「OK」ボタンをクリック

「斜体」ダイアログボックスで数値を指定して、「OK」ボタンをクリックすると、斜体になります。

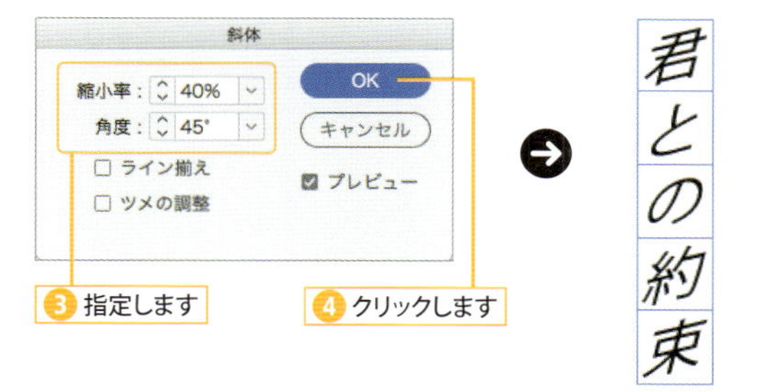

▶「斜体」ダイアログボックスの設定

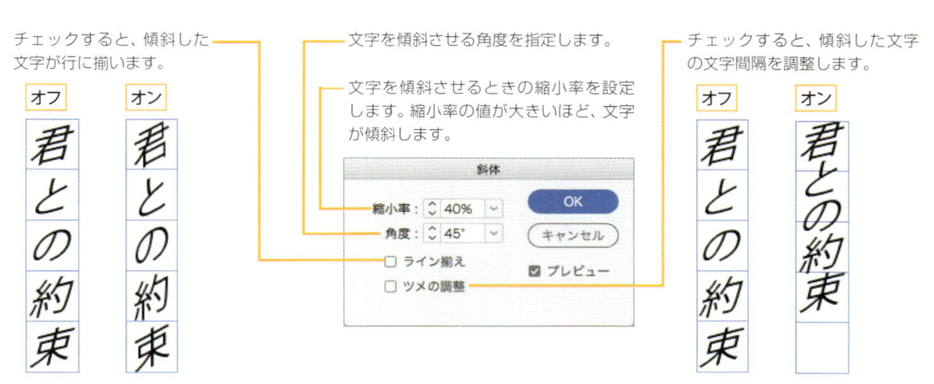

コントロールパネルによる文字装飾

選択したテキストに対し、コントロールパネルで下線・打ち消し線を付けられます。また、上付き文字や下付き文字、欧文テキストのオールキャップス、スモールキャップスも設定できます。

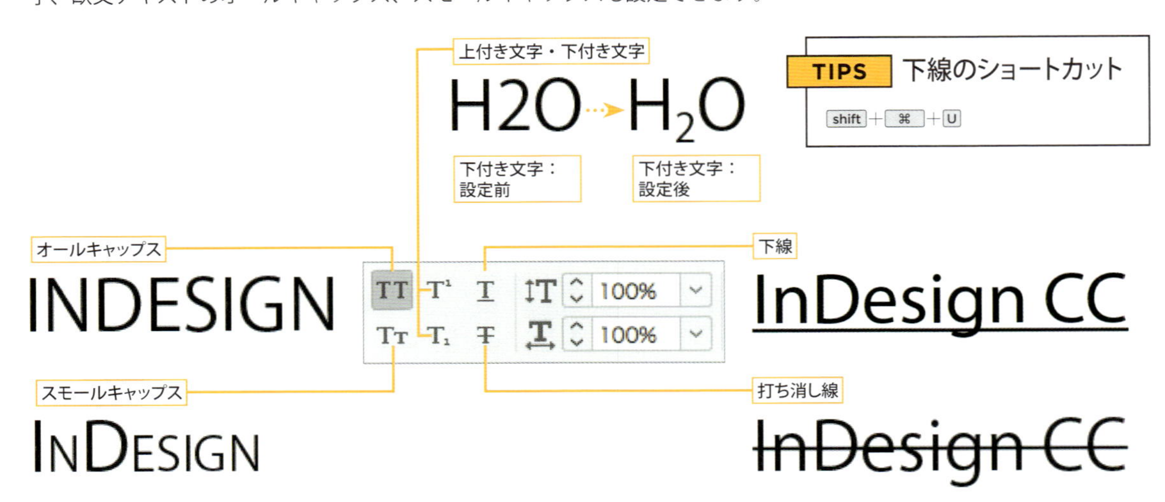

TIPS 下線のショートカット

shift + ⌘ + U

▶ 下線・打ち消し線の設定

下線・打ち消し線の線の太さなどは、コントロールパネルメニューの「下線設定」や「打ち消し線設定」で設定できます。

POINT

ここでは「下線設定」ダイアログボックスで説明していますが、「打ち消し線設定」ダイアログボックスも同じ内容です。

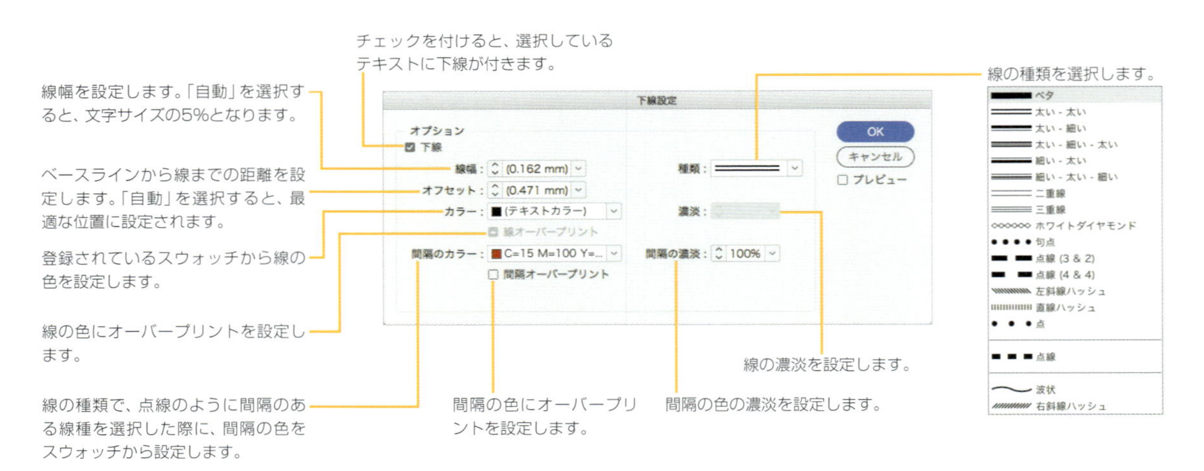

POINT

オールキャップス・スモールキャップスは、文字の見た目を変更するだけで、解除すると元に戻ります。実際に、小文字が大文字になるわけではありません。小文字を大文字に変換する場合は、「書式」メニューの「大文字と小文字の変更」を利用してください。

TIPS 上付き文字・下付き文字のショートカット

上付き文字は shift + ⌘ + = キー、下付き文字は option + shift + ⌘ + = キーを文字を選択した後に入力します。= はテンキーを使用してください。

▶ 上付き文字・下付き文字・スモールキャップスのサイズ

上付き文字・下付き文字の文字サイズは、「InDesign」メニュー（Windowsは「編集」メニュー）の「環境設定」の「高度なテキスト」にある「文字設定」（352ページ参照）の「サイズ」で設定された縮小率が元の文字サイズに適用されて決まります。「位置」のオフセット値で上付き・下付きの位置が決まります。

また、スモールキャップスの文字サイズは、「スモールキャップス」で設定された縮小率が、元の文字サイズに適用されて決まります。

POINT

「環境設定」ダイアログボックスで位置やサイズを変更すると、ドキュメント内のすべての上付き文字・下付き文字に反映されます。特定の文字のサイズや位置を変更する場合は、文字サイズを変更したりベースラインシフトを使って調整してください。

文字の回転と傾斜

「文字」パネル（⌘＋T）の「文字回転」を使うと、選択した文字を指定した角度で回転させることができます。

また、「歪み」*T* を使うと、選択した文字に指定した角度で傾斜を付けることができます。

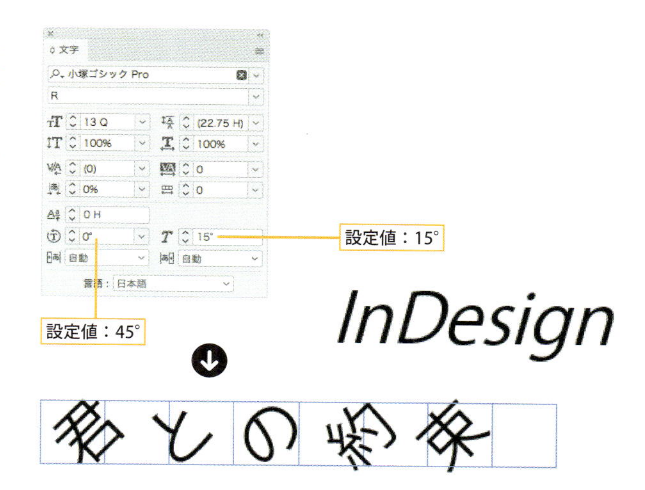

大文字と小文字の変更

「書式」メニューの「大文字と小文字の変更」を使うと、選択した欧文テキストをすべて大文字・小文字に変えたり、文字の先頭だけを大文字にすることができます。

POINT

文字形式コントロールパネル（94ページ参照）の「オールキャップス」「スモールキャップス」とは異なり、文字そのものが変わります。

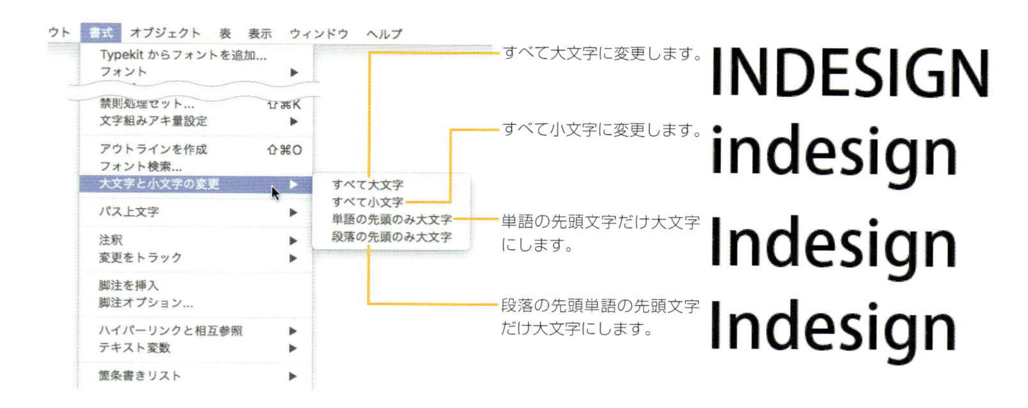

欧文合字

コントロールパネルメニュー（または「文字」パネルメニュー）の「欧文合字」を使うと、fi、ffなど標準的な合字を設定できます。

欧文合字：オフ

office

欧文合字：オン

office

OpenType機能

InDesignでは、OpenTypeフォントが持っているスワッシュ文字などの特殊文字や、異体字などをフルに活用できます。

POINT

OpenType機能は、すべてのOpen Typeフォントで利用できるわけではありません。フォントにOpenTypeの機能が含まれていない場合、メニューの項目は[]付きで表示されます。

▶ OpenType機能を使う

コントロールパネルメニュー（または「文字」パネルメニュー）の「OpenType機能」を使うと、OpenTypeフォントが持っている分数などの特殊文字を簡単に設定できます。

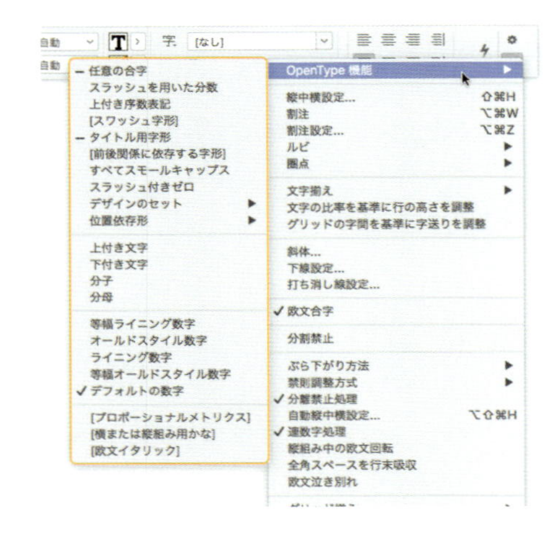

POINT

テキストフレームを選択している場合は、フレーム内のすべての文字が対象となります。

POINT

fiなどの標準的合字は、「文字」パネルメニューの「欧文合字」で適用してください。

任意の合字

fiなどの標準的合字以外の合字を適用します。

上付き序数表記

序数を上付き文字に変更します。

タイトル用字形

タイトル用文字に変更します。

TITLE → TITLE

すべてスモールキャップス

スモールキャップス文字に変更します。

スラッシュの付いた分数

分数に変更します。

11/23 → 11/23

スワッシュ字形

スワッシュ字形に変更します。

前後関係に依存する字形

文字の前後関係によって、デザイン化された異体字が適用されます。

スラッシュ付きゼロ

0をスラッシュ付きの0にします。

12,000　12,ØØØ

POINT

「上付き文字」「下付き文字」「分子」「分母」は、選択した文字の位置を設定します（欧文フォントのみ）。

オールドスタイル数字（欧文フォントのみ）

数字の字形をオールドスタイルにします。

2020 Tokyo Olympic

等幅オールドスタイル数字（欧文フォントのみ）

数字の字形を等幅のオールドスタイルにします。

2020 Tokyo Olympic

等幅ライニング数字（欧文フォントのみ）

数字の字形を等幅の通常スタイルにします。

2020 Tokyo Olympic

ライニング数字（欧文フォントのみ）

数字の字形を通常のスタイルにします。

2020 Tokyo Olympic

プロポーショナルメトリクス（和文フォントのみ）

フォントの持っているカーニング値で文字間隔を調整します。

横または縦組み用かな（和文フォントのみ）

横組み用と縦組み用でひらがなの字形が異なるフォントの場合、このオプションをチェックすると自動で組み方向に適したフォントに切り替えます。

欧文イタリック（和文フォントのみ）

半角英数字をイタリックに変更します。

デザインのセット

OpenTypeフォントの中には、装飾用の字形を含むフォントがあります。デザインのセットは、それらの字形をグループ化したもので、セットを選択してテキストに適用できます。デザインのセットにどのような字形があるかは、「字形」パネルで確認できます。

位置依存形

文字が単語の始め（最初の位置）、中央（中間位置）、終わり（最後の位置）に表示される場合は、形状を変更します。

TIPS OpenTypeの装飾を素早く適用する（CC 2017）

CC 2017では、選択したテキスト（またはテキストフレーム）の下に表示された *O* をクリックすると、適用できるOpenTypeの装飾機能が表示され、クリックすると適用できます。

また、分数や上付き序数表記、合字を適用できる文字は、選択してカーソルを置くと右下にOpenTypeの装飾文字が表示され、クリックして適用できます。

OpenTypeの装飾の表示をオフにするには、「InDesign」メニュー（Windowsは「編集」メニュー）の「環境設定」の「高度なテキスト」にある「テキスト選択/テキストフレームの装飾を表示して書式をさらに制御」オプションをオフにします（352ページ参照）。
分数や上付き序数表記、合字を適用できる文字の表示をオフにするには、「異体字、分数、上付き序数表記、合字で表示」オプションをオフにします。

異体字を使う（「字形」パネル）

OpenTypeやCIDフォントは、文字に何種類かの異体字を持っています。「字形」パネルを使うと、異体字を簡単に表示・選択できます。

「字形」パネルは、「ウィンドウ」メニューの「書式と表」から「字形」を選択して表示できます。

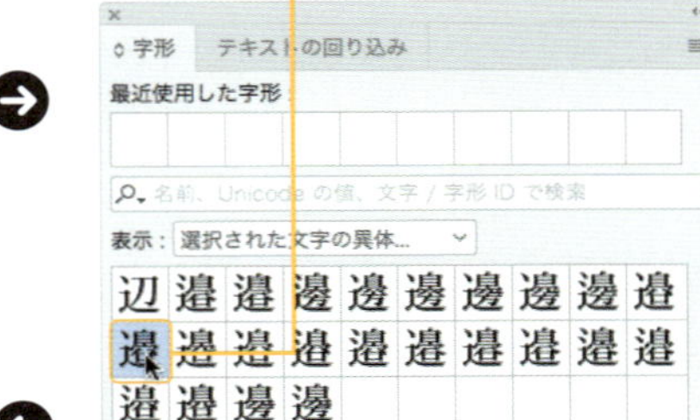

POINT

CC 2014以前は、「字形」パネルで選択した文字がハイライト表示されるので、クリックして異体字を選択してください。

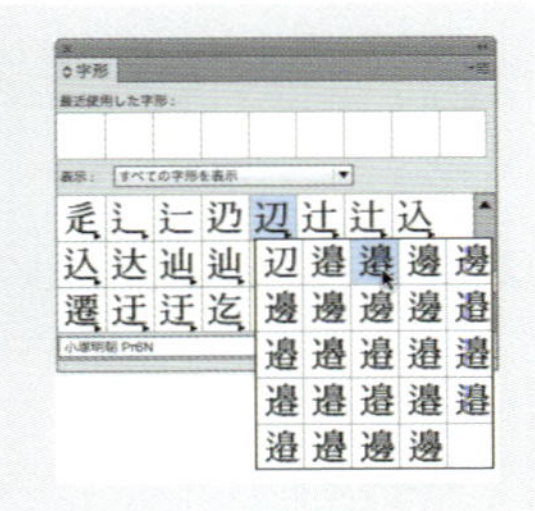

POINT

「字形」パネルの上部には、最近使用した異体字が最大10文字まで表示され、クリックするだけで適用できます。

POINT

CC 2015以降では、一文字だけ選択してカーソルを文字上に置くと、異体字の候補が5文字まで表示され、クリックして選択できます。表示された5文字外の異体字を入力するには、右端の▸をクリックすると、字形パネルにすべての異体字が表示されます。

この機能をオフにするには、、「InDesign」メニュー（Windowsは「編集」メニュー）の「環境設定」の「高度なテキスト」にある「異体字、分数、上付き序数表記、合字で表示」オプション（CC 2015では「異体字で表示」）をオフにしてください。

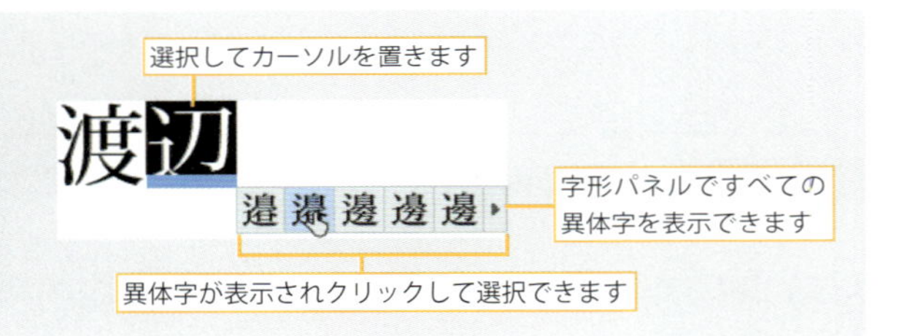

TIPS 装飾数字、単位記号、分数、修飾字形、ルビ専用字形を入力する

InDesignには、小塚明朝Pro、小塚ゴシックProといった和文OpenTypeが同梱されています。
Pro書体を使うと、丸囲みや四角囲みの書体、単位記号、分数に「字形」パネルで切り替えることができます。
また、和文OpenType Pro書体には、ルビに最適なルビ専用字形も用意されています。

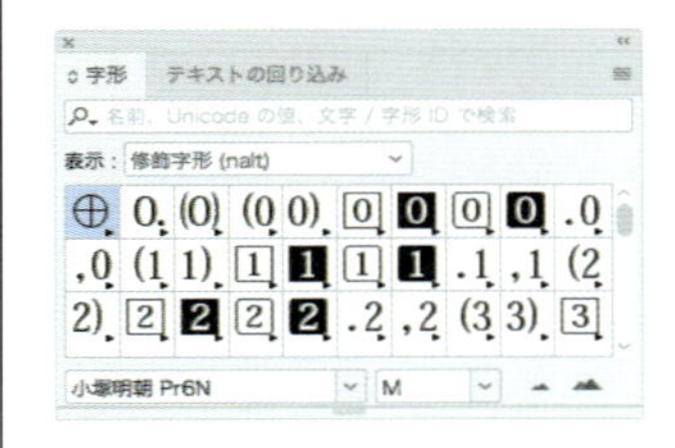

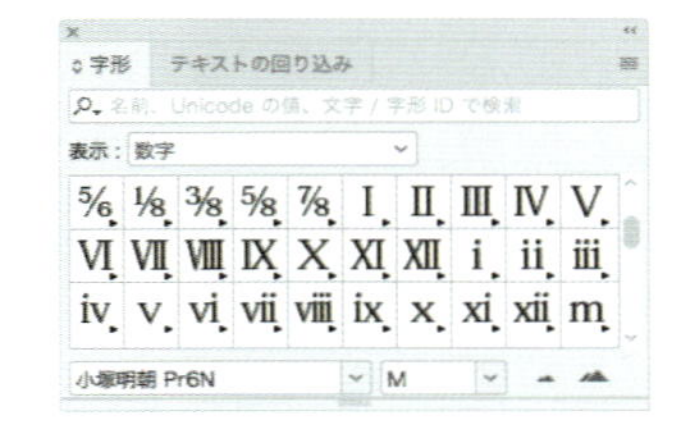

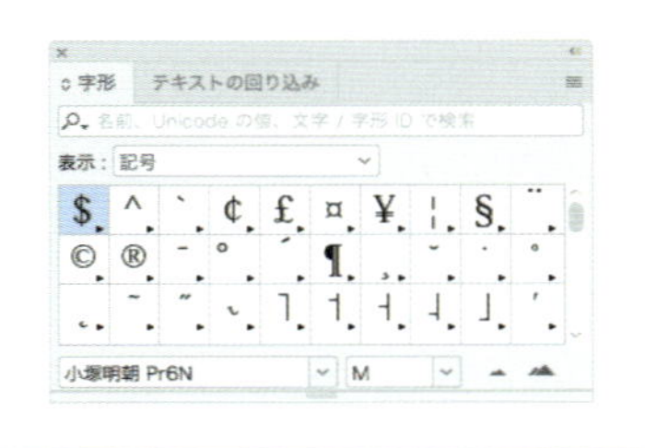

文字に色を付ける

選択した文字には、オブジェクトと同じように色の設定が可能です。文字色を変更するには、「塗り」の色を設定します。

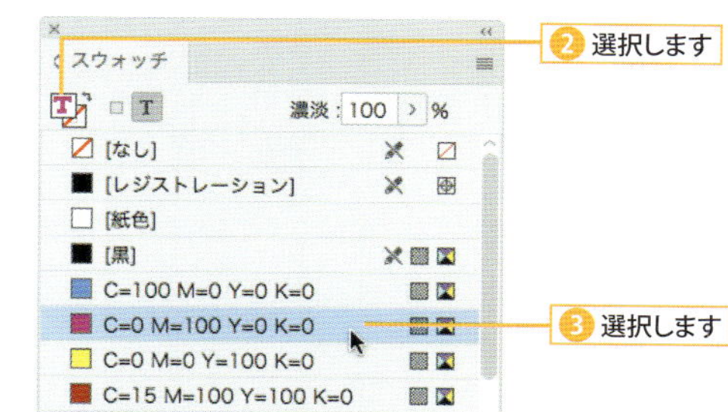

4 文字色が変わりました

Adobe InDesign

線に色を設定して、文字の輪郭に色を付けることもできます。その際、線幅は「線」パネルの設定が適用されます。また、「塗り」「線」ともに、グラデーションを適用できます。

「線」パネルで文字に設定した線の角の形状や線の位置を設定できます。

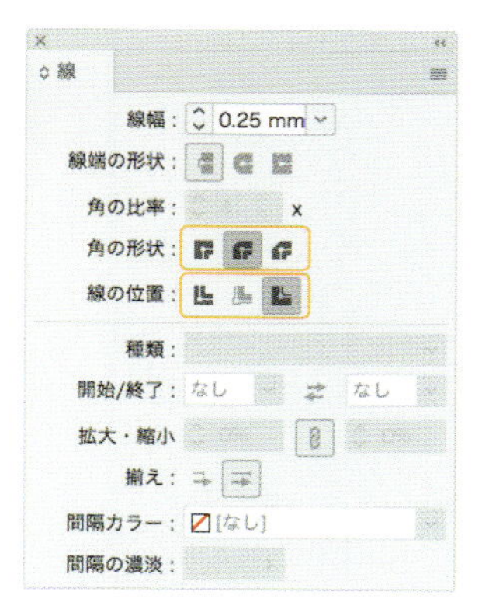

POINT

色の設定についての詳細は、CHAPTER 9を参照してください。

ルビを振る

使用頻度 ★☆☆

読みの難しい漢字などにルビを設定できます。

ルビの入力

ルビを振るには、文字を選択してコントロールパネルメニュー（または「文字」パネルメニュー）の「ルビ」から「ルビの位置と間隔」（option＋⌘＋R）を選択して設定します。

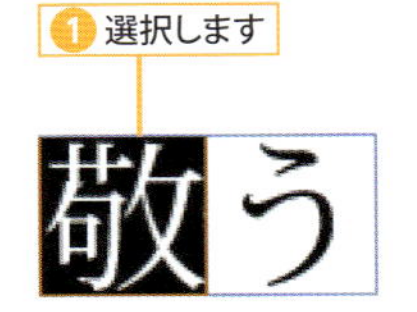

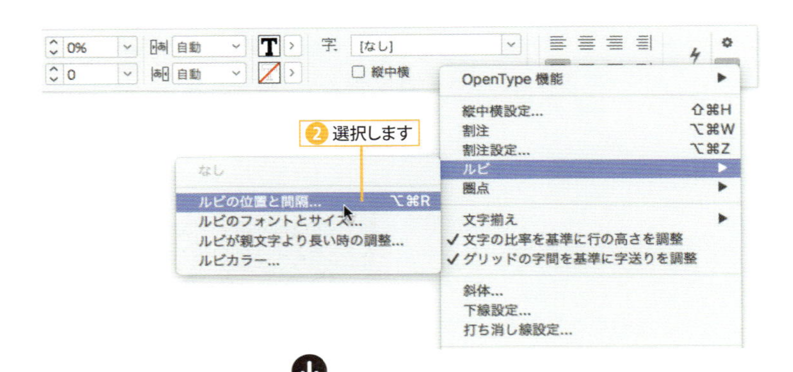

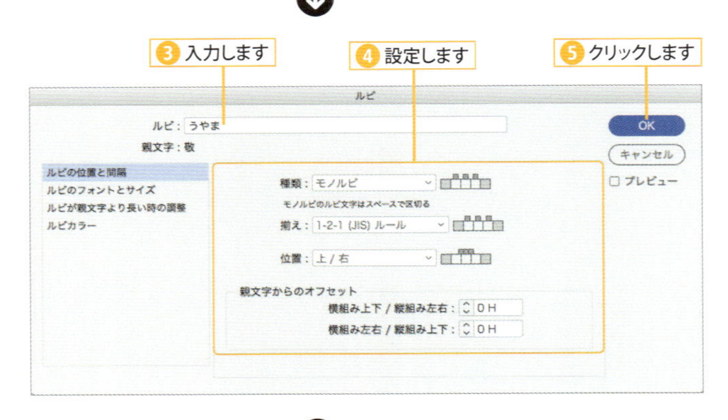

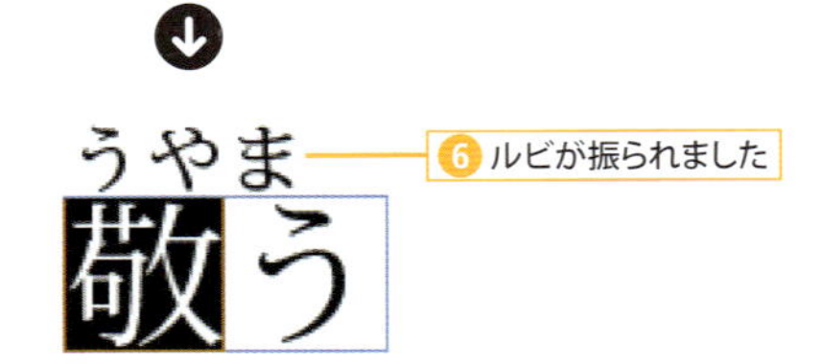

▶「ルビ」ダイアログボックスの設定

「ルビ」ダイアログボックスでは、ルビの位置や間隔、フォントなどを設定できます。

「ルビ」ダイアログボックスには4つの設定画面があるので、左側のリストで設定画面を切り替えて設定します。

ルビの位置と間隔

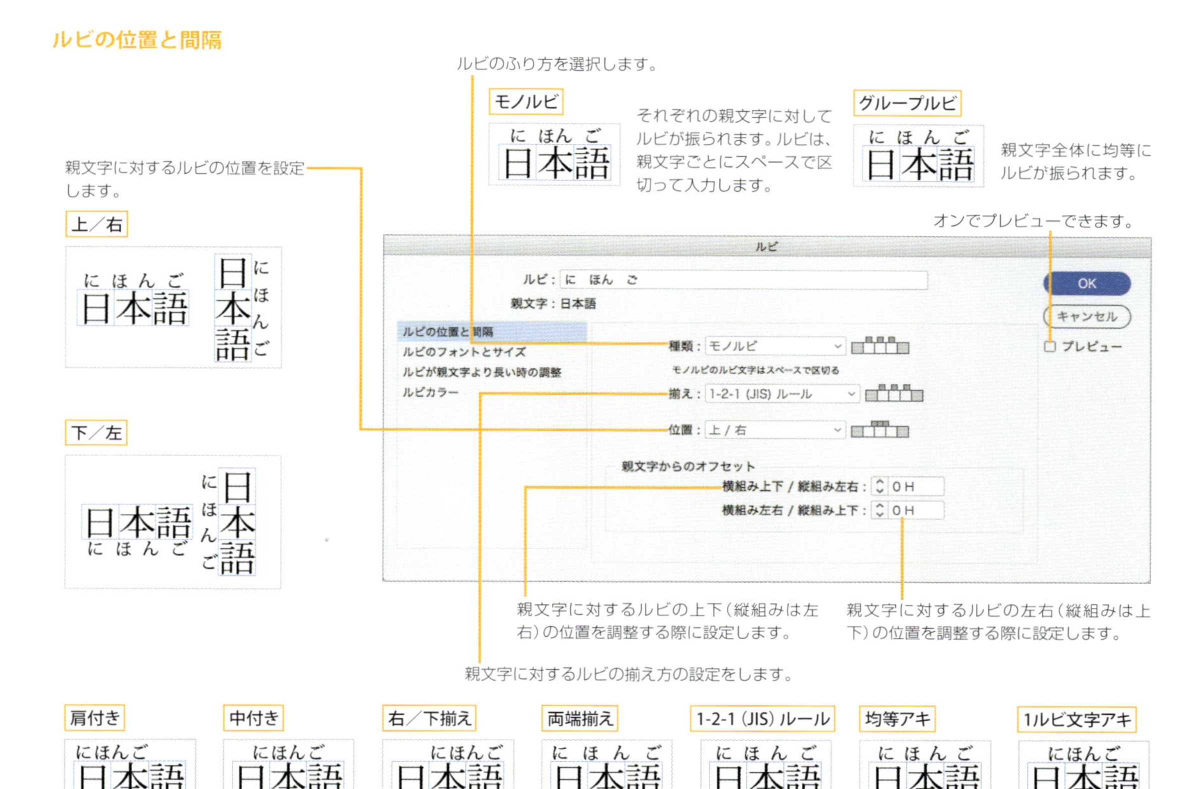

ルビのフォントとサイズ

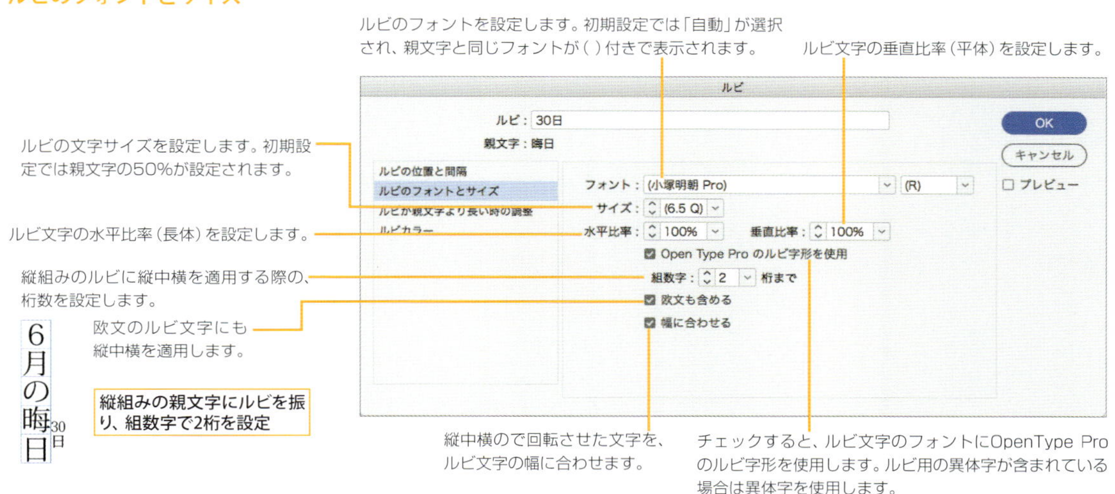

ルビが親文字より長い時の調整

ルビが親文字の幅に収まるように、指定した比率までルビの文字幅を自動的に詰めます。

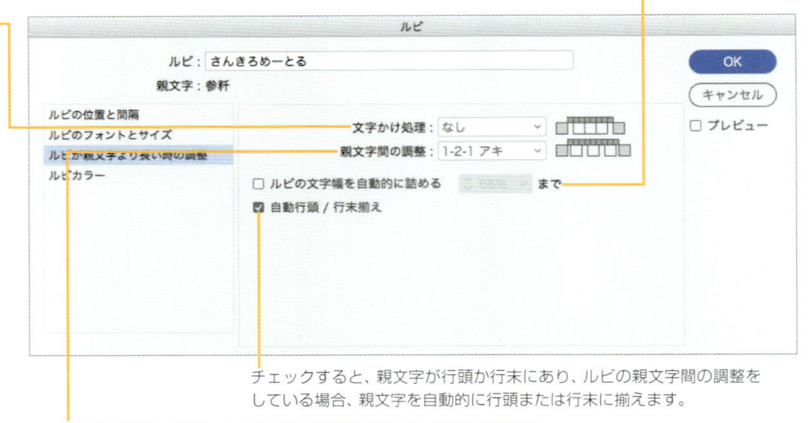

ルビが親文字からどのようにはみ出させるかを設定をします（グループルビで親文字間の調整は「1-2-1アキ」に設定）。

なし：文字かけ処理をしません。

さんきろめーとる
家の参粁ほど先

ルビ1文字分：親文字の前後の文字にルビ文字の1文字はみ出します。

さんきろめーとる
家の参粁ほど先

ルビ半文字分：親文字の前後の文字にルビ文字の半角分はみ出します。

さんきろめーとる
家の参粁ほど先

親1文字分：親文字の前後の文字に親文字の1文字分はみ出します。

さんきろめーとる
家の参粁ほど先

親半文字分：親文字の前後の文字に親文字の半角分はみ出します。

さんきろめーとる
家の参粁ほど先

無制限：親文字の前後の文字に無制限にはみ出します。

さんきろめーとる
家の参粁ほど先

チェックすると、親文字が行頭か行末にあり、ルビの親文字間の調整をしている場合、親文字を自動的に行頭または行末に揃えます。

親文字の間隔を調整します（文字かけ処理は「ルビ1文字分」に設定）。

調整しない：親文字の間隔を調整しません。

さんじっきろめーとる
家の参拾粁ほど先

両サイド：親文字と親文字の前後の文字の間に均等なアキを作成します。

さんじっきろめーとる
家の参拾粁ほど先

1-2-1アキ：親文字間と親文字の前後の文字の間が2：1になるようにアキを作成します。

さんじっきろめーとる
家の参拾粁ほど先

均等アキ：親文字間と親文字の前後の文字の間が均等になるようにアキを作成します。

さんじっきろめーとる
家の参拾粁ほど先

両端揃え：ルビの長さに合わせて親文字の間にアキを作成します。

さんじっきろめーとる
家の参拾粁ほど先

ルビカラー

登録されているスウォッチからルビのカラーを設定します。

ルビ文字の線の設定をします。

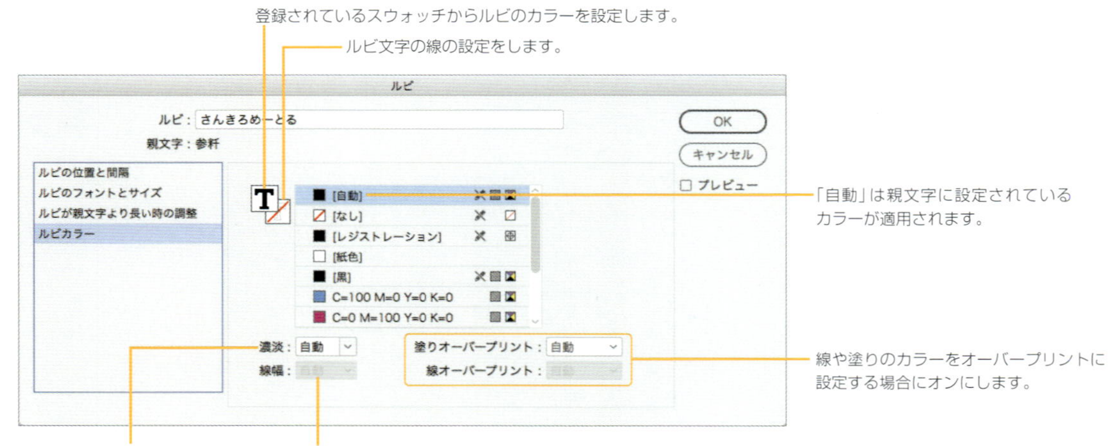

「自動」は親文字に設定されているカラーが適用されます。

線や塗りのカラーをオーバープリントに設定する場合にオンにします。

設定した塗りの濃淡（シェード）を設定します。

線の設定をした場合の線の幅を設定します。

SECTION 3.6

圏点を入力する

使用頻度 ★☆☆

文中の強調したい箇所に、強調するための「●」などを付ける場合があります。これらの「●」のことを「圏点」といい、InDesignでは簡単に10種類の圏点を振ることができます。

圏点の入力

圏点を振るには、文字を選択し、コントロールパネルメニュー（または「文字」パネルメニュー）の「圏点」から圏点の種類を選択して設定します。

メニューから圏点を選択した場合には、圏点のサイズは選択した文字サイズの50％となり、色も同じになります。

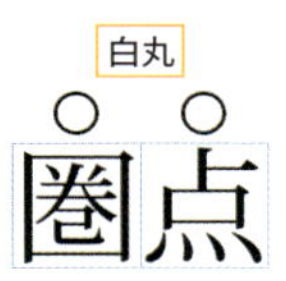

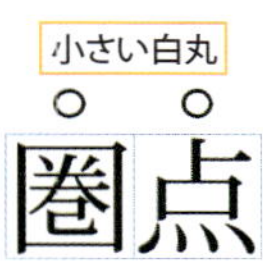

▶圏点を設定する

圏点のサイズや位置、カラーなどをダイアログボックスで詳細に設定できます。

圏点を設定した文字を選択し、コントロールパネルメニュー（または「文字」パネルメニュー）の「圏点」から「圏点設定」（option＋⌘＋K）を選択し、「圏点」ダイアログボックスを開いて設定します。

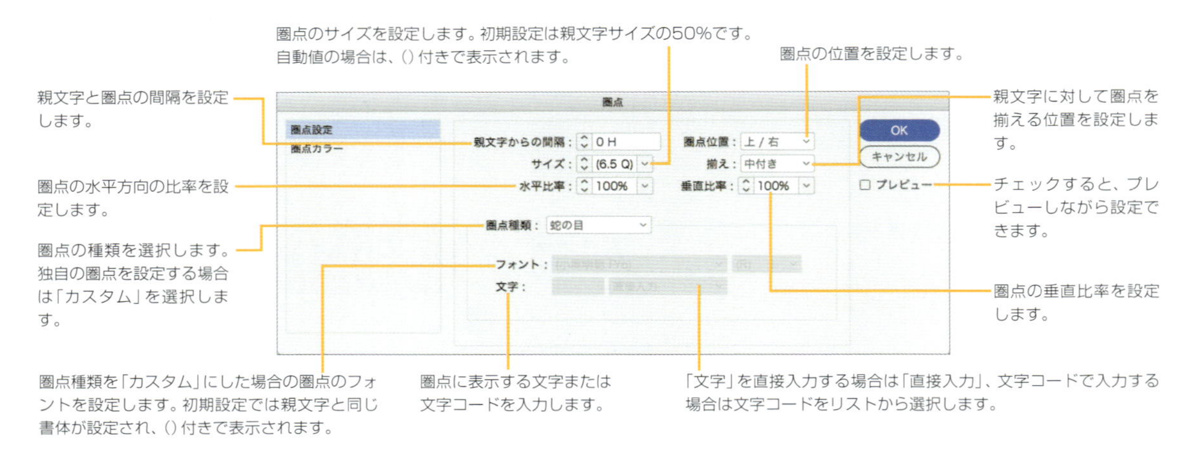

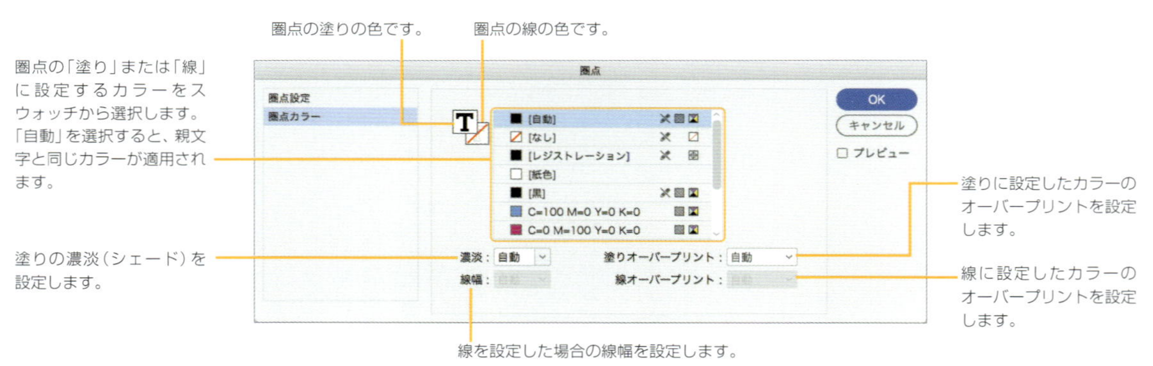

▶独自の圏点を設定する

コントロールパネルメニュー（または「文字」パネルメニュー）の「圏点」で「カスタム」を選択すると、独自の圏点を設定できます。「圏点」ダイアログボックスの「文字」に圏点として振りたい文字を入力してください。

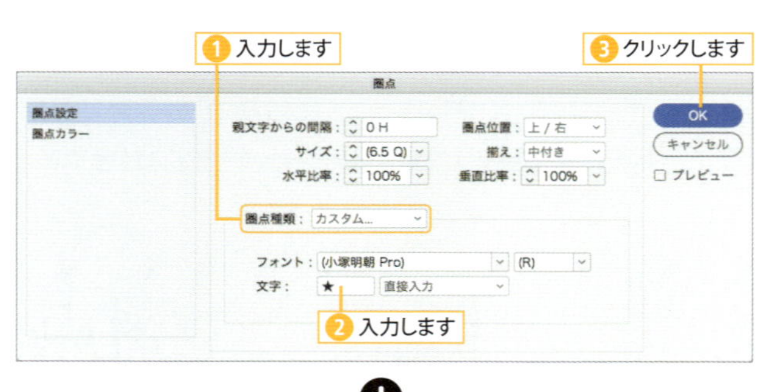

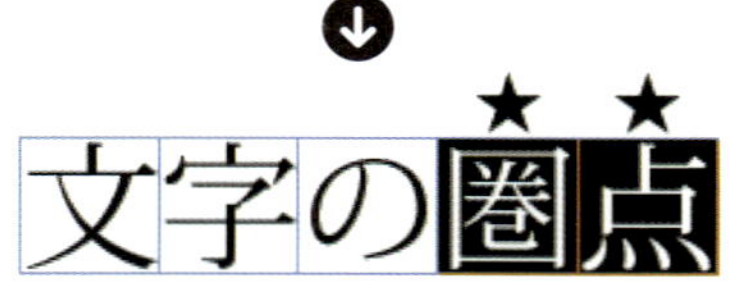

3.7 合成フォントを使う

使用頻度

合成フォントとは、漢字・かな・全角約物・全角記号・半角欧文・半角数字の文字種ごとに別々のフォントを組み合わせて、１つのフォントとして扱える機能です。

合成フォントの作成

合成フォントは、自由に定義できます。フォントだけでなく、文字サイズやベースライン、文字の垂直比率・水平比率なども設定できるため、美しい文字組みのためのオリジナルフォントを簡単に作成できます。

POINT

この画面で、作成済みの合成フォントを編集できます。左上の「合成フォント」で編集するフォントを選択して編集してください。

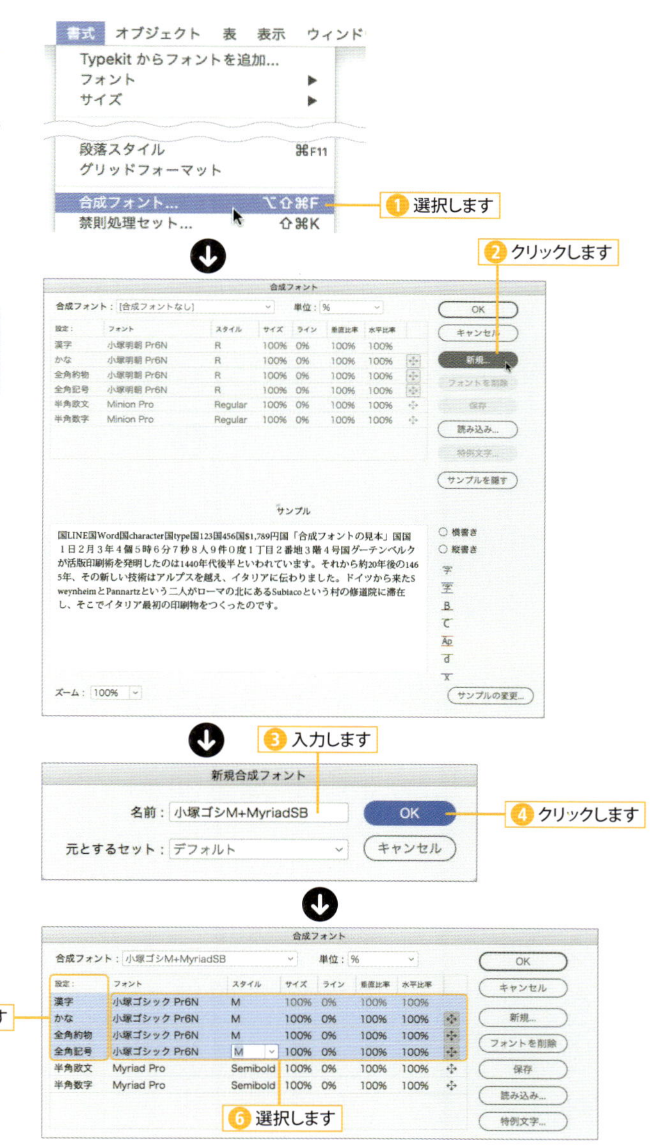

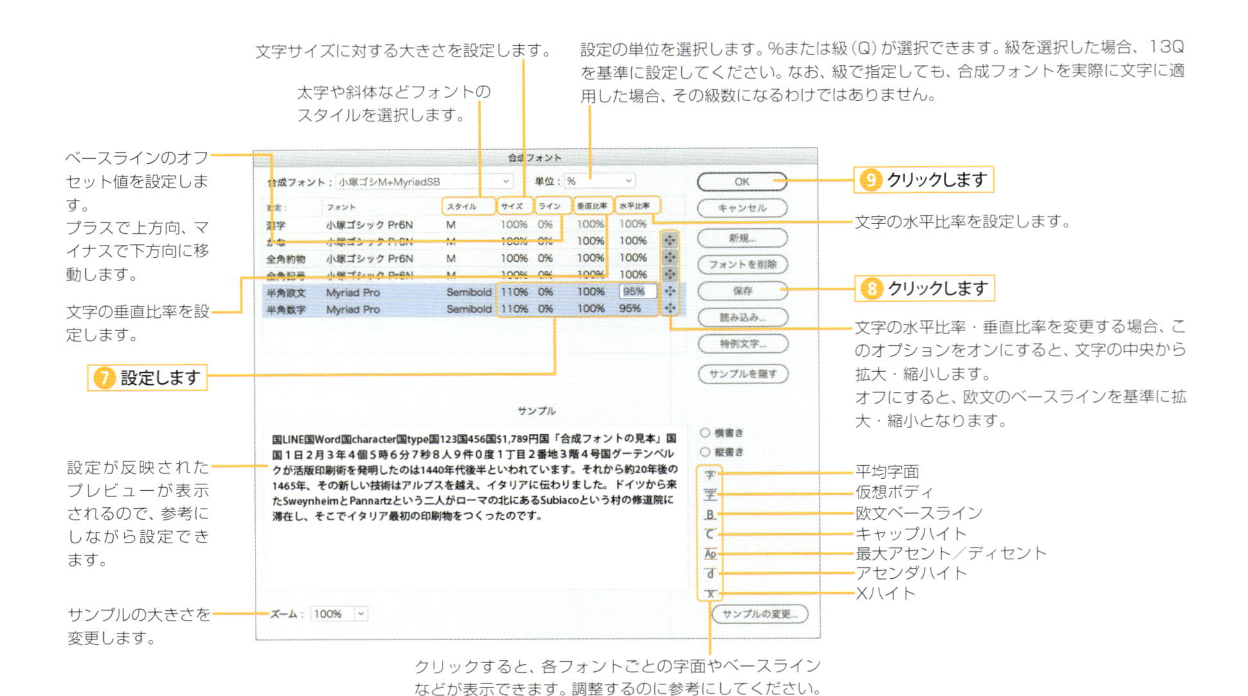

TIPS サンプル文書を変更する

「サンプルの変更」ボタンをクリックすると、任意のサンプル文書を入力できます。

▶ 特定の文字だけに特定のフォントを割り当てる

合成フォントでは、文字種ではなく、特定の文字だけに特定のフォントを設定することもできます。

POINT

特例文字が複数設定された合成フォントでは、リストの一番下の特例文字が優先されます。

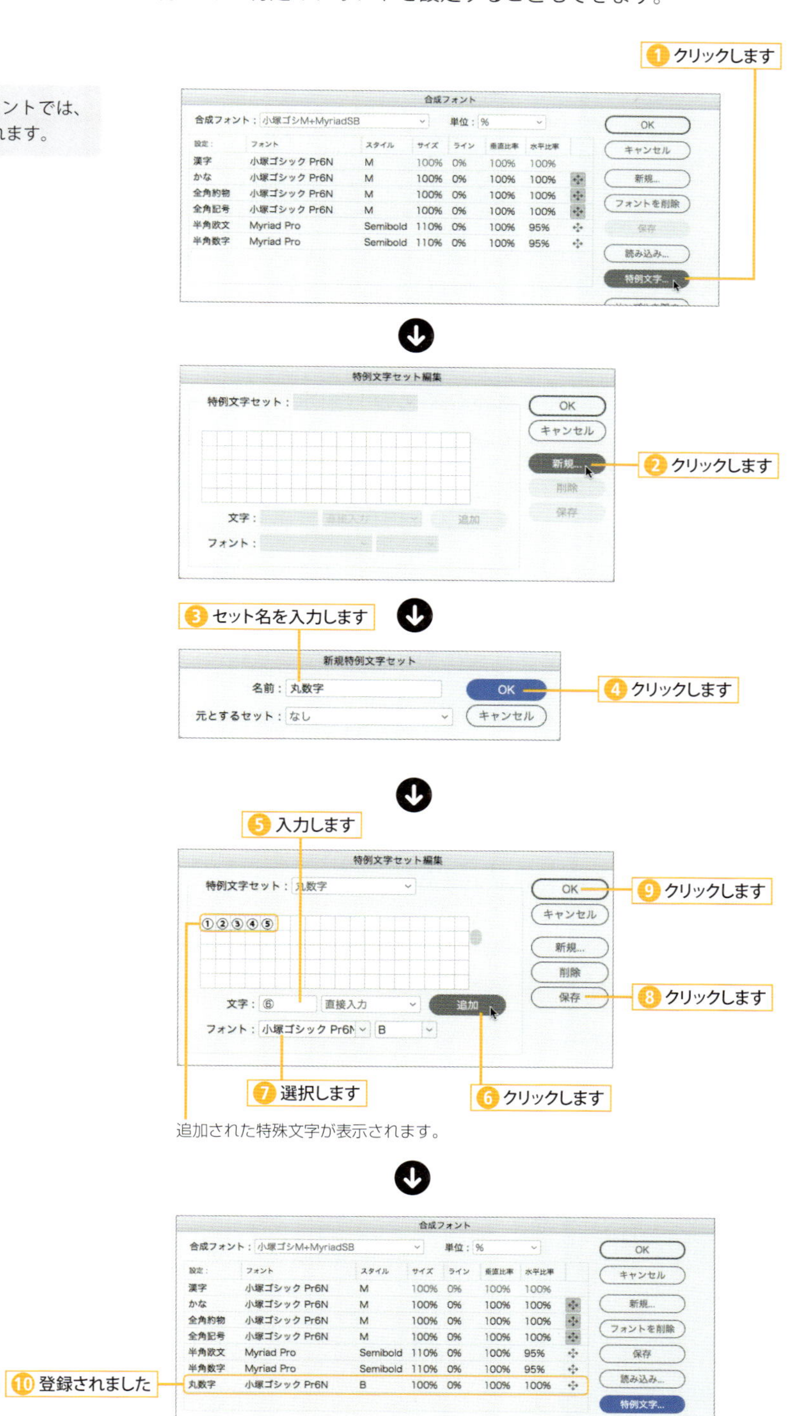

追加された特殊文字が表示されます。

3.8 特殊文字／スペース／分割文字を挿入する

使用頻度

InDesignでは、自動ページ番号、前後のページ番号、著作記号、任意ハイフン、引用符などの特殊文字や全角、半角、EM、ENなどの空白スペースを「書式」メニューから挿入することができます。

特殊文字やスペース、分割文字を挿入する

「書式」メニューの「特殊文字の挿入」を使うと、使用頻度の高い特殊文字をリストから入力できます。

また「スペースの挿入」では、さまざまなスペース（空白）を挿入できます。「分割文字の挿入」では、改段や改ページなどをするための分割文字を挿入できます。

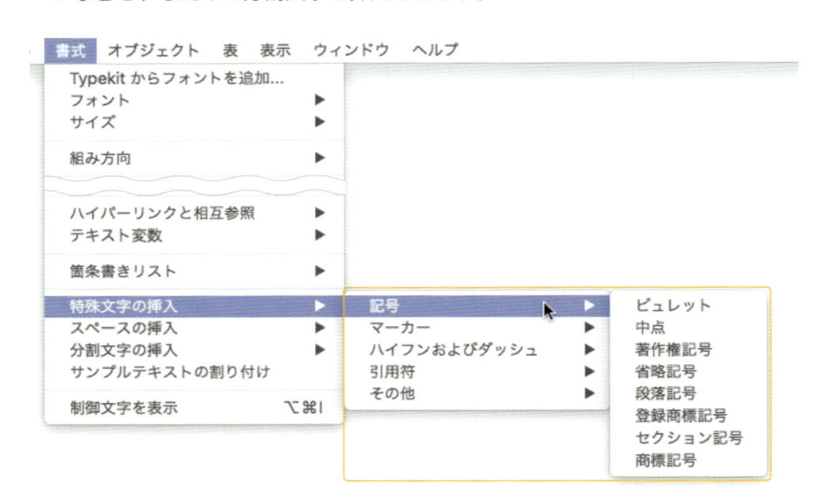

POINT

特殊文字やホワイトスペースは、通常の文字とは異なる特別な文字なので、画面に表示するには「書式」メニューの「制御文字の表示」をオンにしてください。

▶ 特殊文字の挿入

記号		
ビュレット	•	ビュレット（中丸）を入力します。
中点	•	半角の中点を入力します。
著作権記号	©	著作権を表すcopyrightの記号を入力します。
省略記号	…	文中で省略などに使用する三点リーダーを入力します。
段落記号	¶	改行を入力して、段落替えを行います。
登録商標記号	®	登録商標を表すregistered trademarkの記号を入力します。
セクション記号	§	セクションを表す記号を入力します。
商標記号	™	商標を表すtrademarkの記号を入力します。

マーカー	
現在ページ番号	ノンブル（ページ番号）を自動で入力する場合に使用します。マスターページに入力した場合には、マスターのプレフィックスが表示されます（55ページ参照）。
次ページ番号	テキストフレームがページを飛んで続く場合に、次のテキストフレームのあるページ番号を自動で入力します（58ページ参照）。
前ページ番号	テキストフレームがページを飛んで続いている場合に、前のテキストフレームのあるページ番号を自動で入力します（58ページ参照）。
セクションマーカー	「ページ番号とセクションの設定」で設定したセクションマーカーを自動的に挿入します（57ページ参照）。
脚注番号	脚注番号を入力します。

ハイフンおよびダッシュ		
EMダッシュ		EMダッシュ（文字サイズと同じ幅のハイフン）を入力します。
ENダッシュ		ENダッシュ（EMダッシュの半分の幅のハイフン）を入力します。
任意ハイフン	Adobe In- Design	欧文で行末の任意の位置にハイフンを入力します（153ページ参照）。
分散禁止ハイフン	A d o b e In-Design	欧文で行末や単語で分割したくない部分にハイフンを入力します（153ページ参照）。

引用符		
左二重引用符		開始の二重引用符を入力します。
右二重引用符		閉じの二重引用符を入力します。
左引用符		開始の引用符を入力します。
右引用符		閉じの引用符を入力します。
半角二重引用符		半角の二重引用符を入力します。
半角一重引用符（アポストロフィ）		半角の一重引用符（アポストロフィ）を入力します。

POINT

入力される二重引用符および引用符は、「環境設定」ダイアログボックスの「欧文辞書」（355ページ参照）で選択されている文字となります。

その他		
タブ		タブキーで入力されるタブを挿入します。
右インデントタブ		右インデントさせるための制御文字を入力します（156ページ参照）。
「ここまでインデント」文字		任意の位置にインデントさせる制御文字を入力します（127ページ参照）。
先頭文字スタイルの終了文字		先頭文字スタイルを適用する際の文字スタイルの終了文字を入力します（132ページ参照）。
結合なし	10 11年と	縦組みで縦中横の文字が連続する際に、縦中横の文字を分離する場合に挿入します。

▶ スペースの挿入

名称	例	説明
全角スペース	全 角#	全角のスペースを入力します。
EMスペース	E M#	文字サイズと同じ幅のスペースを入力します。
ENスペース	E N#	EMスペースの半分の幅のスペースを入力します。
分散禁止スペース	A d o b e In Design#	欧文テキストで単語間を分離しない場合のスペースを挿入します（154ページ参照）。
分散禁止スペース（固定幅）	A d o b e In Design#	欧文テキストで単語間を分離したくない場合の固定幅のスペースを挿入します（154ページ参照）。
極細スペース	MM#	EMスペースの1/24幅のスペースを入力します。
1/6スペース、1/4スペース、1/3スペース	全角#	文字サイズの1/6、1/4、1/3の幅のスペースを入力します。
細いスペース	MM#	EMスペースの1/8幅のスペースを入力します。
句読点等の間隔	.!:#	半角の感嘆符、ピリオド、コロンと同じ幅のスペースを挿入します。
数字の間隔	1 0#	1バイト数字と同じ幅のスペースを入力します。
フラッシュスペース	両端揃え です ☆#	両端揃えの段落で最終行の最後の文字を行末に移動するスペースを入力します。

▶ 分割文字の挿入

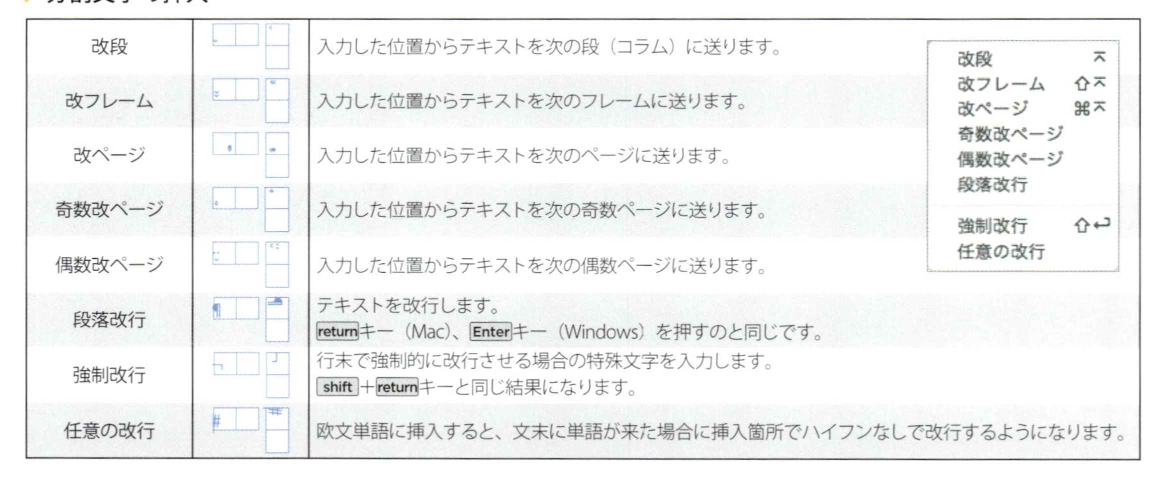

名称	説明
改段	入力した位置からテキストを次の段（コラム）に送ります。
改フレーム	入力した位置からテキストを次のフレームに送ります。
改ページ	入力した位置からテキストを次のページに送ります。
奇数改ページ	入力した位置からテキストを次の奇数ページに送ります。
偶数改ページ	入力した位置からテキストを次の偶数ページに送ります。
段落改行	テキストを改行します。 returnキー（Mac）、Enterキー（Windows）を押すのと同じです。
強制改行	行末で強制的に改行させる場合の特殊文字を入力します。 shift＋returnキーと同じ結果になります。
任意の改行	欧文単語に挿入すると、文末に単語が来た場合に挿入箇所でハイフンなしで改行するようになります。

TIPS サンプルテキストの割り付け

レイアウトの際に実際に文字の入ったテキストフレームが必要な場合には、テキストフレームにカーソルを挿入して、「書式」メニューの「サンプルテキストの割り付け」を選択すると、サンプルテキストが挿入されます。

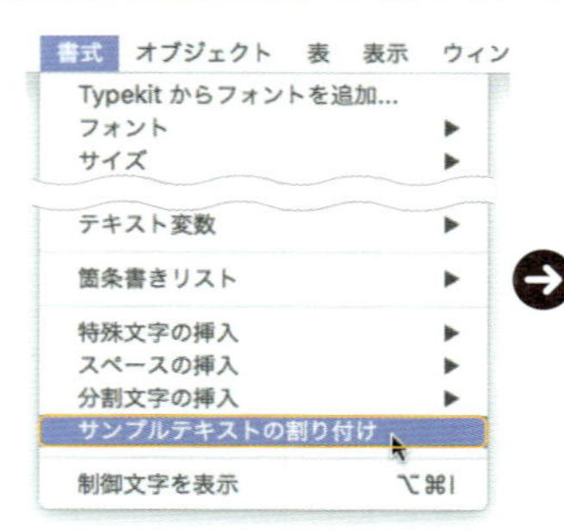

とかくに人の世は住みにくい。住みにくさが高じると、安い所へ引き越したくなる。
智に働けば角が立つ。意地を通せば窮屈だ。智に働けば角が立つ。山路を登りながら、こう考えた。情に棹させば流される。とかくに人の世は住みにくい。とかくに人の世は住みにくい。

サンプルテキストが配置されます

SECTION 3.9 文字列の検索と置換

使用頻度 ☆☆☆

InDesignでは、ドキュメント内の特定の言葉を検索し、他の言葉や書式に置換することができます。文字の書式を指定しての検索・置換も可能です。

検索と置換

「編集」メニューの「検索と置換」（⌘＋F）を利用すると、「検索と置換」ダイアログボックスでドキュメント内の文字や字形、文字種などを検索・置換できます。

テキストの検索と置換

文字列の検索・置換は、もっとも基本的な使用方法です。「検索」ボタンをクリックします。

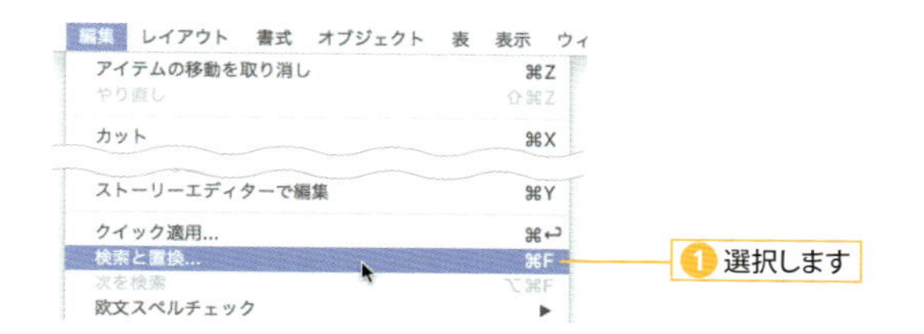

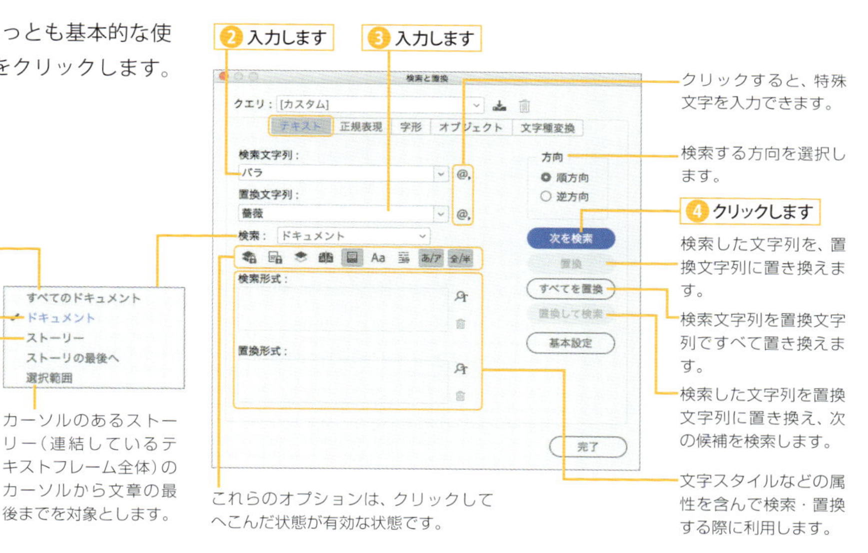

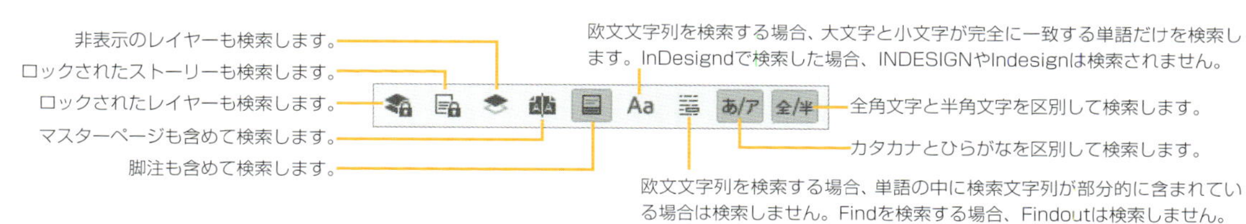

POINT

<2015>のように<>で囲むと、ユニコード番号で検索・置換できます。

▶詳細設定での検索と置換

テキストの検索の詳細設定では、検索文字列や置換文字列にフォントや文字サイズなどの属性やスタイルなどの文字書式を指定できます。たとえば、特定のフォントの文字列を検索して、他のフォントの文字列に置換することなどが可能です。

また、「検索文字列」と「置換文字列」にテキストを指定しなくても、「検索形式の設定」で設定だけを検索・置換できます。たとえば、「段落スタイル：小見出し1」を「段落スタイル：小見出し2」のように、段落スタイルが適用されている文字全体を対象に検索・置換が可能です。

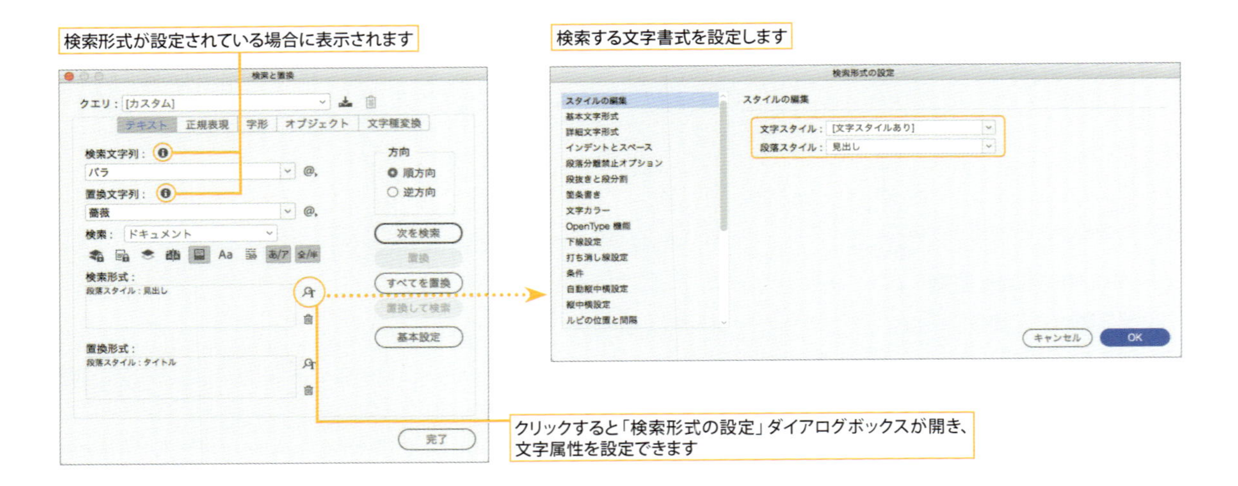

▶正規表現を使った検索

「検索と置換」ダイアログボックスの「正規表現」タブでは、正規表現によるメタ文字を使った検索式を利用することで、高度な検索・置換が可能です。

たとえば、『検索置換』のように二重鉤括弧『』で囲まれた漢字だけの文字列を検索し、【検索置換】のような括弧に変換する場合は、下記のように設定します。

検索文字列：(『)(~K+)(』)
置換文字列：【$2】

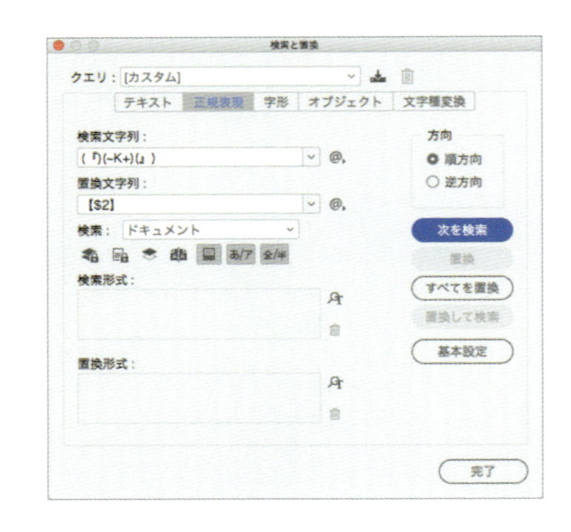

(『)(~K+)(』)は、検索文字列を"『"、"漢字の文字列"、"』"の３つのグループに分けて設定していることを表します。グループに分ける場合は、半角の()で区切ります。

真ん中の(~K+)は、漢字を表すメタ文字"~K"に、１回以上繰り返しを表すメタ文字"+"を組み合わせています。これで、漢字だけの文字列を表現しています。

この条件で検索すると、『漢字』や『検索置換』は検索されますが、『その他』などの漢字以外の文字が含まれている場合は検索されません。

置換文字列の"【$2】"の"$2"は、検索文字列の２つめのグループを表します。検索された文字列をそのまま置換するため、『』の部分だけが【】に置換されます。

正規表現の検索式についての詳細は、オンラインヘルプなどを参照してください。正規表現は初心者には難しいので、わからない場合はテキスト検索を何回か繰り返して利用したほうがよいでしょう。

正規表現で使用するメタ文字は、正規表現という規則に従っていますが、Adobe固有の表現式も含まれています。

▶字形で検索

「検索と置換」ダイアログボックスの「字形」タブでは、異体字など、字形から検索・置換するのに使用します。

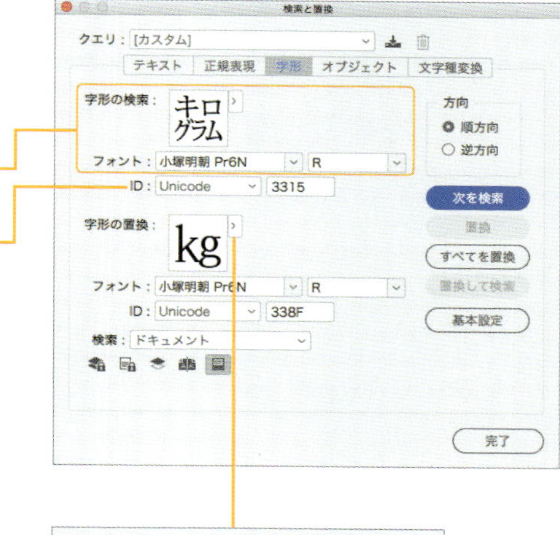

検索する字形、フォント、スタイルを選択します。
文字コードがわかる場合は入力します。

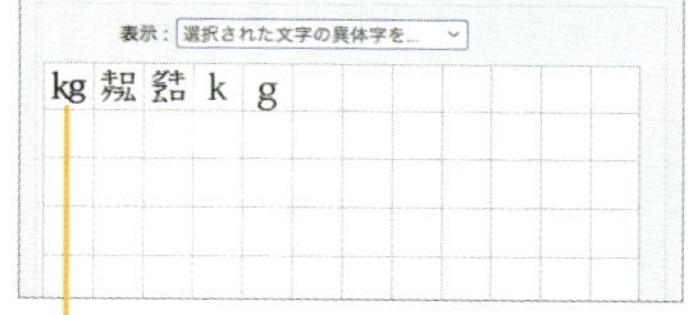

置換前の文字を入力後にポップアップを開き、「表示」をクリックして、最上部の「選択された文字の異体字を表示」を選択すると異体字を簡単に設定できます。

TIPS ユニコードの指定

文字を１文字選択すると、「情報」パネルにその文字のユニコードが表示されます。
「検索と置換」パネルで指定する場合は、下４桁を入力してください。

TIPS オブジェクトの検索

「検索と置換」ダイアログの「オブジェクト」タブでは、オブジェクトの色や線の形状、スタイルなどのオブジェクトの属性による検索も可能です。詳細は、223ページを参照してください。

▶文字種の変換

「検索と置換」ダイアログボックスでは、文字列だけでなく、文字種の変換も可能です。

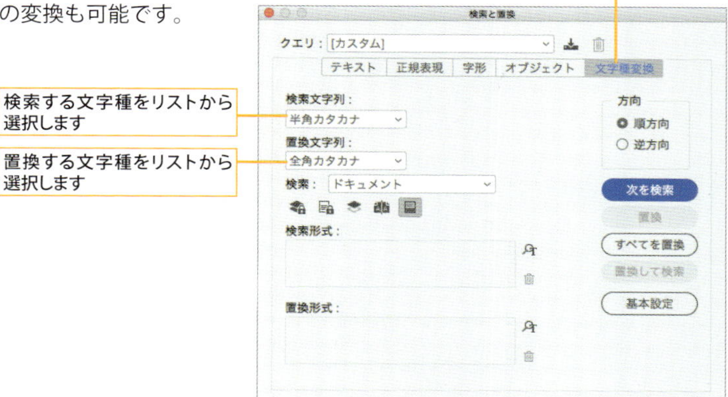

「文字種変換」を選択します
検索する文字種をリストから選択します
置換する文字種をリストから選択します

SECTION 3.10 フォントの検索と置換

使用頻度 ★★☆

「書式」メニューの「フォント検索」を使うと、ドキュメント内で使用しているフォントを検索してリスト表示できます。また、検索したフォントを、他のフォントに変更することもできます。

フォントを検索・置換する

「書式」メニューの「フォント検索」を選択すると「フォント検索」ダイアログボックスが表示されます。

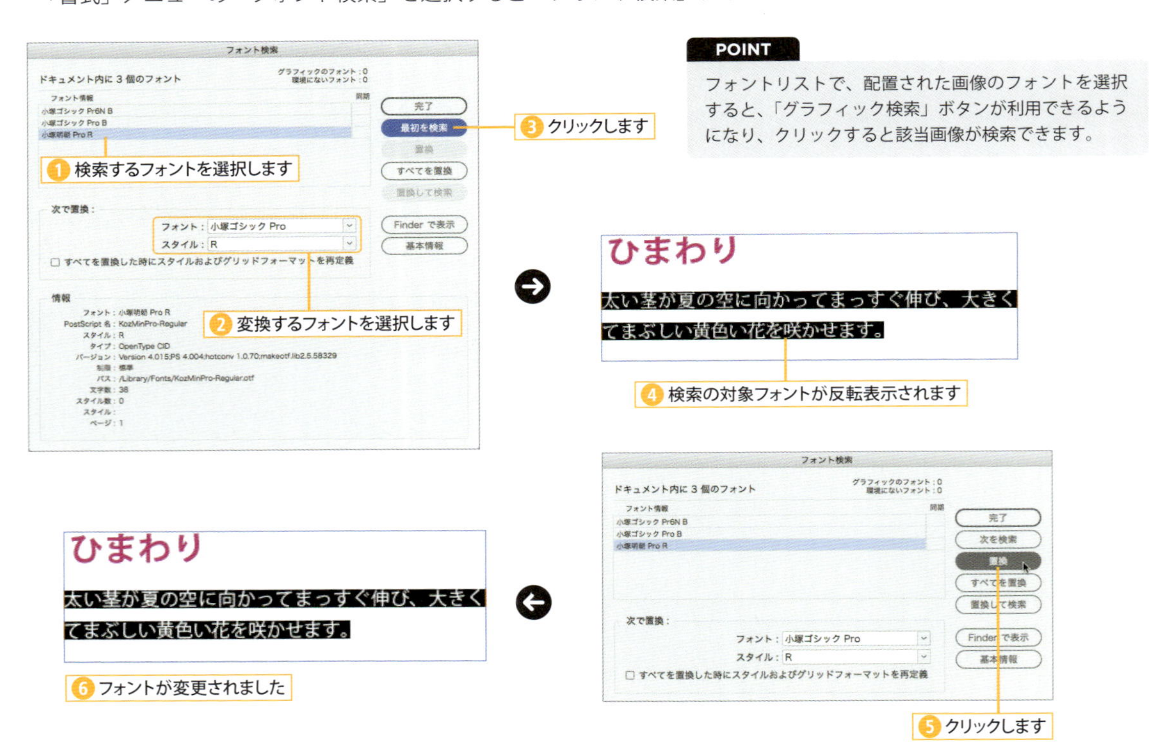

POINT

フォントリストで、配置された画像のフォントを選択すると、「グラフィック検索」ボタンが利用できるようになり、クリックすると該当画像が検索できます。

「フォント検索」ダイアログボックス

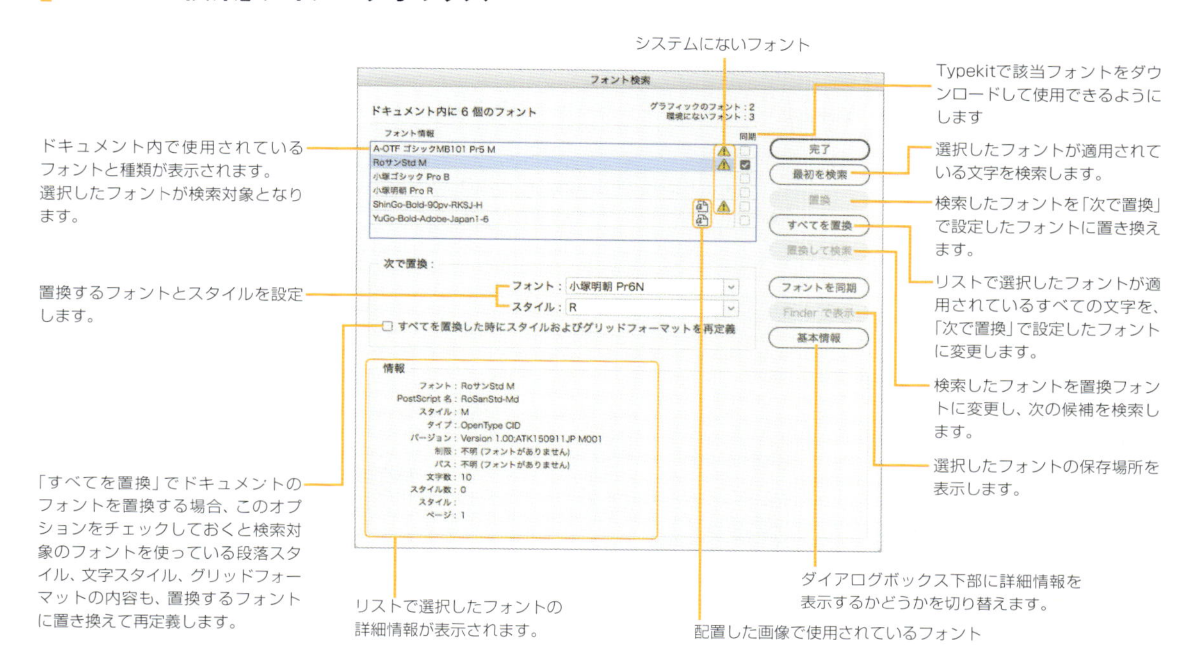

CHAPTER 3 文字入力と書式設定

POINT

「フォント検索」では、配置画像に使用されているフォントも検索できますが、変更はできません。

POINT

グラフィックのフォントは、配置している画像にフォントが埋め込まれていないEPSファイルなどに限定され、すべてのグラフィックのフォントが表示されるわけではありません。

TIPS フォントが見つからない場合の表示とフォントを同期

開いたドキュメントにシステム内にないフォントが使われていると、警告ダイアログボックスが表示されます。このダイアログボックスで「フォントを検索」ボタンをクリックすると「フォント検索」ダイアログボックスが表示され、環境にないフォントを選択して「フォントを同期」ボタンをクリックすると、TypeKitから自動でダウンロードして同期されます。
システムにフォントのない箇所は、ハイライト表示されます。

薔薇の花が咲いた。
薔薇の花が咲いた。
薔薇の花が咲いた。

システムにフォントのない箇所はハイライト表示されます

ファイルを開いた際に、環境にないフォントが使われていると表示されるダイアログボックス

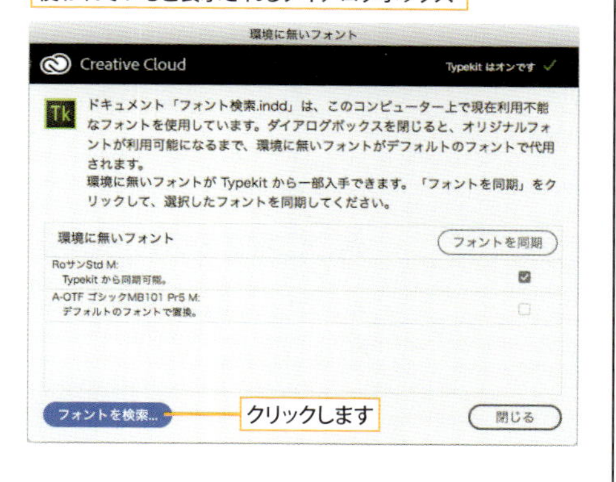

SECTION 3.11 スペルチェック

使用頻度 ★☆☆

InDesignの欧文のスペルチェック機能は、配置したテキストのスペルミスを辞書を参照して訂正できます。

欧文テキストのスペルチェックを実行する

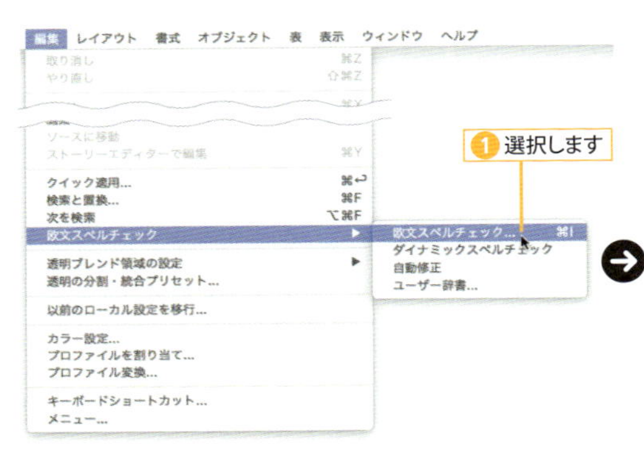

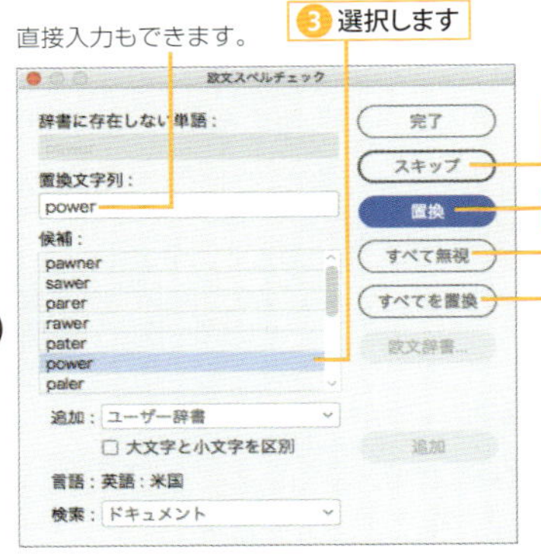

POINT

検索された単語が商品名などの固有名詞で、スペルミスの対象としたくない場合は、検索された後に「追加」メニューで追加する辞書を選択し、「追加」ボタンをクリックして辞書に登録してください。

▶ ダイナミックスペルチェック

「編集」メニューの「欧文スペルチェック」から「ダイナミックスペルチェック」を選択して有効にしておくと、ミススペルの単語を下線で表示します。下線で表示されたミススペル単語は、選択して control ＋クリック（または右クリック）によるショートカットメニューから正しいスペルを選択したり、辞書に追加することができます。

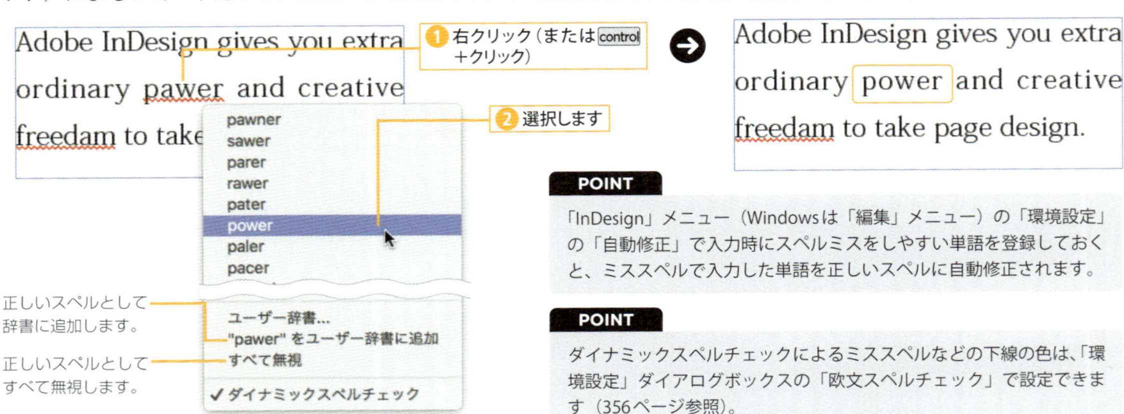

POINT

「InDesign」メニュー（Windowsは「編集」メニュー）の「環境設定」の「自動修正」で入力時にスペルミスをしやすい単語を登録しておくと、ミススペルで入力した単語を正しいスペルに自動修正されます。

POINT

ダイナミックスペルチェックによるミススペルなどの下線の色は、「環境設定」ダイアログボックスの「欧文スペルチェック」で設定できます（356ページ参照）。

文字のアウトライン化とインライングラフィック

使用頻度

InDesignでは、入力した文字をパスによるアウトライングラフィックに変換して図形として扱うことができます。また、図形オブジェクトを文字間に挿入してインライングラフィックとして扱ったり、配置した画像を文章と連動して動くアンカー付きオブジェクトに設定することもできます。

文字のアウトライン化

InDesignでは、入力した文字をテキストデータからアウトライン化したグラフィックデータに変換できます。

アウトライン化するには、「書式」メニューの「アウトラインを作成」（shift＋⌘＋O）を選択します。

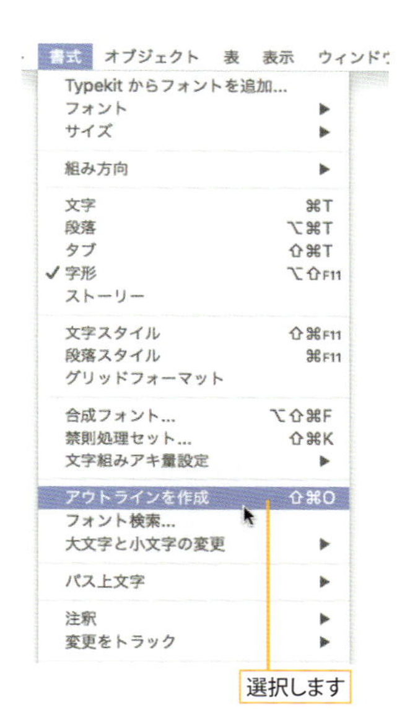

テキストフレームを選択してアウトライン化

テキストフレームを選択してアウトライン化すると、複合パスとなります。

ダイレクト選択ツール で選択すると、テキストがアウトライン化したのがわかります。

選択したテキストだけをアウトライン化

テキストフレームの一部の文字だけを選択してアウトライン化することもできます。

テキストを選択してアウトライン化すると、そのテキストはインライングラフィック（文章中に埋め込まれたグラフィック）として扱われます。

POINT

テキストフレームを選択すると、連結している場合を含めてテキストフレーム内のすべての文字がアウトライン化します。アウトライン化したテキストは、グループ化された1つのオブジェクトとなります。グループ化を解除すると、行単位での複合パスとなります。

ひまわり（向日葵）

太い茎が夏の空に向かってまっすぐ伸び、大きくて、まぶしい黄色い花を咲かせます。

➡

ひまわり（向日葵）

太い茎が夏の空に向かってまっすぐ伸び、大きくて、まぶしい黄色い花を咲かせます。

▶アウトライン化した図形の編集

アウトライン化したテキストは、ダイレクト選択ツールでパスを編集できます。

ダイレクト選択ツール で編集できます。

> **TIPS 複合パスの解除**
>
> アウトライン化した文字は、複合パスとなっています（219ページ参照）。いくつかの文字をまとめて扱う場合はそのままでもかまいませんが、1文字ずつ扱うためには複合パスを解除する必要があります。
> 複合パスの解除は、アウトライン化した文字を選択ツールで選択して、「オブジェクト」メニューの「パス」から「複合パスを解除」（option＋shift＋⌘＋8）を選択します。

インライングラフィック

テキスト中に画像や図形を文字のように埋め込むことを、**インライングラフィック**といいます。例えば、117ページのように選択したテキストだけをアウトライン化した場合も、アウトライン化されたオブジェクトは文中に埋め込まれ、インライングラフィックになっています。

インライングラフィックは文字と同様に扱えるので、スペースやタブで送ったり、ベースラインシフトで位置を調整することも可能です。

インライングラフィックを作成するには、画像や図形を選択ツールで選択してコピー（⌘＋C）し、文字ツールで文字間にカーソルを挿入した状態でペースト（⌘＋V）します。

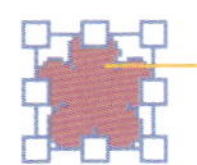

① 選択ツール でクリックします

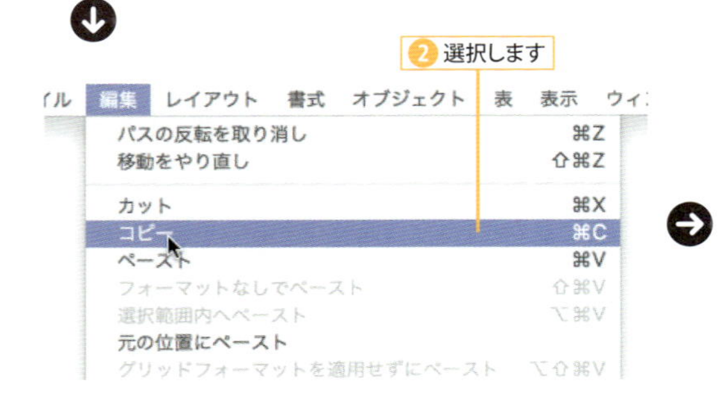

② 選択します

③ 選択ツール でカーソルを挿入して「ペースト」を選択します

バラ

バラは、バラ科のバラ属の常緑低木です。
多くの樹木が毎年枝先を伸ばして成長して行くのと違い、バラは新しい枝（シュート）を出して成長します。シュートは気温の高い数ヶ月で一気に伸びて新しい枝を作り上げます。

POINT

テキストフレームも、インライングラフィックとして文中に埋め込むことができます。

POINT

インライングラフィックの上下位置の調整はテキストツール T.で選択した状態でベースラインシフトで行います。選択ツール ▶ でドラッグしてもOKです。

画像がインライングラフィックとして埋め込まれます

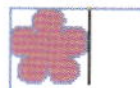

バラ

バラは、バラ科のバラ属の常緑低木です。
多くの樹木が毎年枝先を伸ばして成長して行くのと違い、バラは新しい枝（シュート）を出して成長します。シュートは気温の高い数ヶ月で一気に伸びて新しい枝を作り上げます。

アンカー付きオブジェクト

アンカー付きオブジェクトを使うと、配置した画像を指定したテキストの位置と連動して動くように設定できます。

1 アンカー制御マークをドラッグ

画像を選択し、右上に表示されたアンカー付きオブジェクトの制御マークを、テキストにアンカーする位置までドラッグします。

POINT

アンカー付きオブジェクトの制御マークは「表示」メニューの「エクストラ」から「アンカー付きオブジェクトの制御マークを表示」で表示/非表示を設定できます。

2年目以降は枝先は伸びません。もっぱら花を咲かせる役割に終始します。
持っている花芽を使い切ると役割を終え、花の咲かない枝になります。

バラ

バラは、バラ科のバラ属の常緑低木です。多くの樹木が毎年枝先を伸ばして成長して行くのと違い、バラは新しい枝（シュート）を出して成長します。シュートは気温の高い数ヶ月で一気に伸びて新しい枝を作り上げます。

① 画像を選択します

② 画像の右上の■を、画像が連動するテキストの位置までドラッグします。

2 アンカー付きオブジェクトに変換された

画像がアンカー付きオブジェクトに変換され、アンカー先と点線で結ばれて表示されます。アンカー付きオブジェクトの制御マークは ⚓ に変わります。
テキストが改行されても、アンカーしたテキストと画像は連動します。

POINT

点線が表示されない場合は、「表示」メニューの「エクストラ」から「テキスト連結を表示」を選択してください。

2年目以降は枝先は伸びません。もっぱら花を咲かせる役割に終始します。
持っている花芽を使い切ると役割を終え、花の咲かない枝になります。

バラ

バラは、バラ科のバラ属の常緑低木です。多くの樹木が毎年枝先を伸ばして成長して行くのと違い、バラは新しい枝（シュート）を出して成長します。シュートは気温の高い数ヶ月で一気に伸びて新しい枝を作り上げます。

画像がアンカー付きオブジェクトに変換され、アンカー先と点線で結ばれて表示されます。

option +クリックで「アンカー付きオブジェクトオプション」ダイアログボックスが開きます。

▶「アンカー付きオブジェクトオプション」ダイアログボックス

「オブジェクト」メニューの「アンカー付きオブジェクト」にある「オプション」を選択すると、「アンカー付きオブジェクトオプション」ダイアログボックスが開きます。このダイアログボックスの設定によって、オブジェクトと挿入したテキスト位置を正確に指定できます。

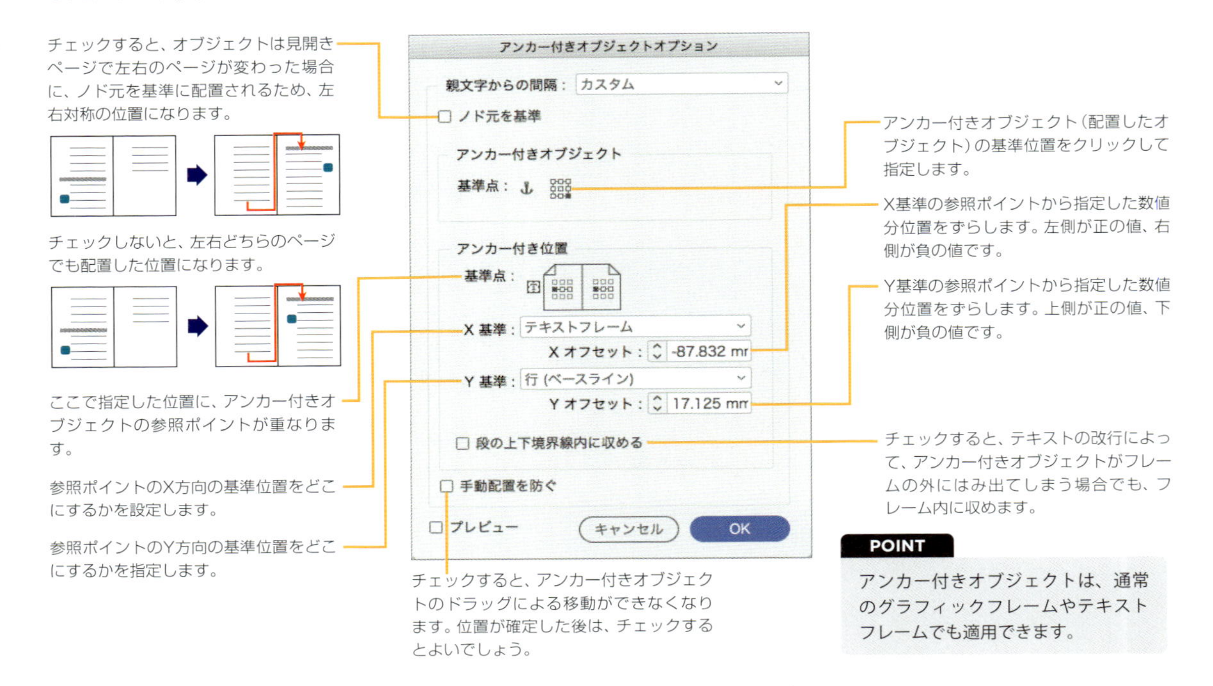

POINT

アンカー付きオブジェクトは、通常のグラフィックフレームやテキストフレームでも適用できます。

InDesignでは、インライングラフィックもアンカー付きオブジェクトとなります。
「アンカー付きオブジェクトオプション」ダイアログボックスによって、インラインの位置を設定できます。

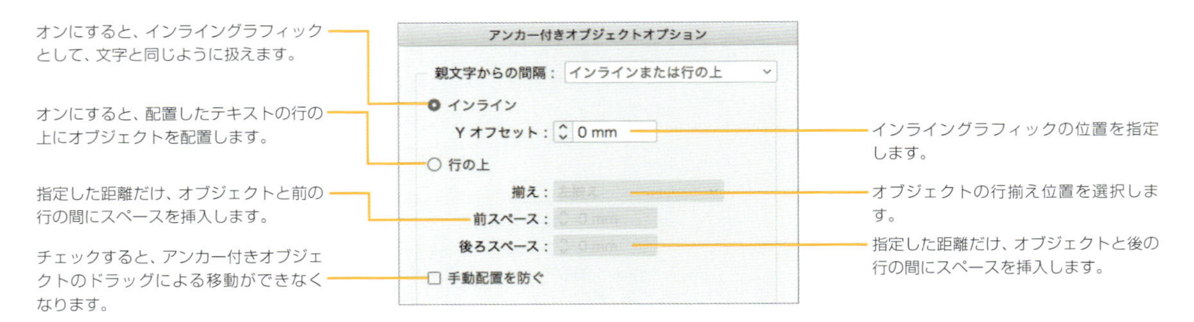

▶アンカー付きオブジェクトの解除

アンカー付きオブジェクトを解除するには、オブジェクトを選択して「オブジェクト」メニューの「アンカー付きオブジェクト」から「解除」を選択します。オブジェクトは配置した位置にそのまま残ります。

インライングラフィックは解除できません。

POINT

テキスト中にカーソルを置いて、「オブジェクト」メニューの「アンカー付きオブジェクト」から「挿入」を選択すると、空のフレームを挿入できます。「アンカー付きオブジェクトを挿入」ダイアログボックスが開くので、挿入するフレームの属性や大きさ、配置位置などを指定してください。

SECTION 3.13

ストーリーエディターと注釈、変更をトラック

使用頻度 ★☆☆

テキストフレームにレイアウトした後のテキストの修正を、ページではなく「ストーリーエディター」という文字編集用のウィンドウを開いて行うこともできます。

「ストーリーエディター」ウィンドウを開く

「ストーリーエディター」ウィンドウを開くには、編集するテキストフレームを選択するか、段落内にカーソルを挿入し、「編集」メニューから「ストーリーエディターで編集」(⌘+Y)を選択します。

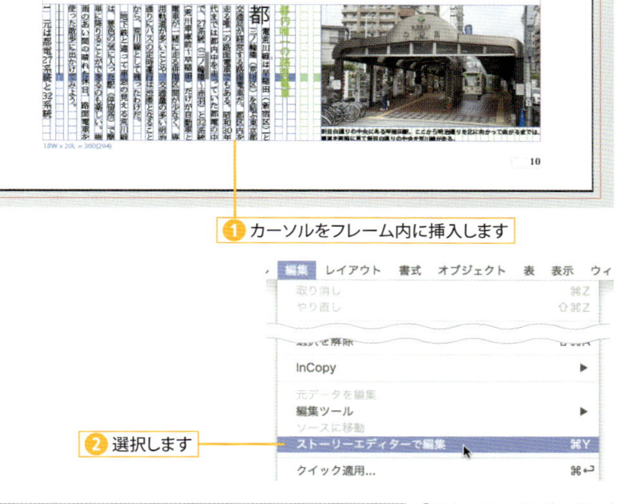

POINT

「ストーリーエディター」ウィンドウに表示されるのは、1つのストーリー（連結したテキストフレーム内のひと続きのテキスト）となります。

「ストーリーエディター」ウィンドウでの編集

「ストーリーエディター」ウィンドウで修正したテキストは、ページレイアウトにも反映されます。コントロールパネルや各種パネルで文字書式の編集もでき、スタイルの設定も可能です。段落に設定されているスタイルは、ウィンドウ左側に表示されます。

「ストーリーエディター」ウィンドウからレイアウトウィンドウに戻るには、「ストーリーエディター」ウィンドウを閉じます。

「ストーリーエディター」ウィンドウを閉じずに、レイアウトウィンドウに戻るには、「ウィンドウ」メニュー下部で選択します。表示倍率が表示されている方がレイアウトウィンドウで、テキストが表示されている方が「ストーリーエディター」ウィンドウです。

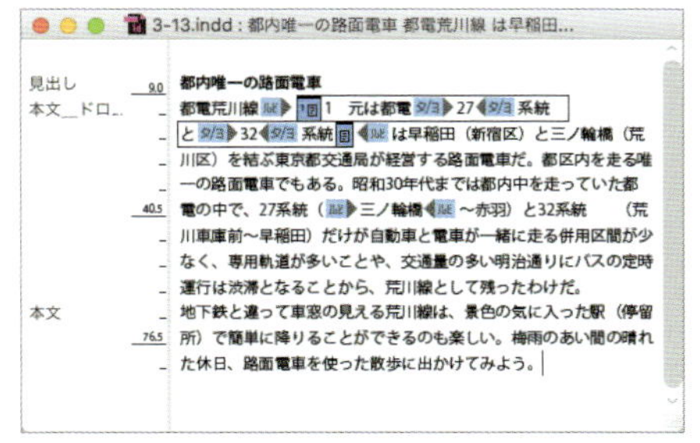

「ストーリーエディター」ウィンドウでは、いくつかの文字書式はアイコンで表示されます。

ルビ / 割注 / 縦中横 / 脚注

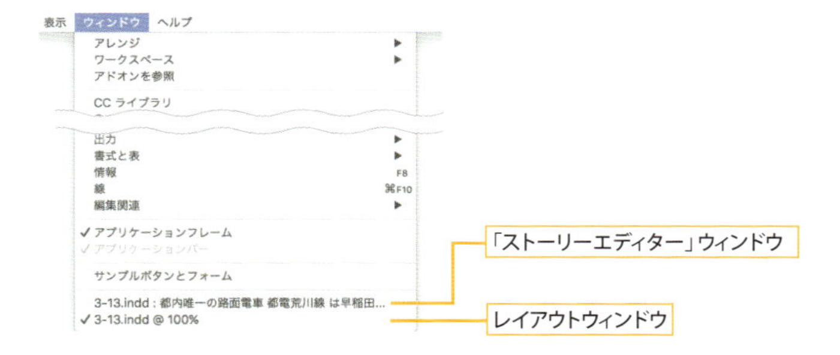

POINT

「ストーリーエディター」ウィンドウは、テキストフレームごとに複数開くことができます。「ストーリーエディター」ウィンドウを閉じても、レイアウトのウィンドウは閉じません。

TIPS 「ストーリーエディター」ウィンドウの初期設定

「ストーリーエディター」ウィンドウの表示に利用するフォントやサイズは、「InDesign」メニュー（Windowsは「編集」メニュー）の「環境設定」の「ストーリーエディター」で設定できます。「ストーリーエディター」の詳細は、357ページを参照してください。

注釈の利用

注釈ツールを使うと、クリックした箇所に確認が必要な備忘録などのメモを書き入れられます。

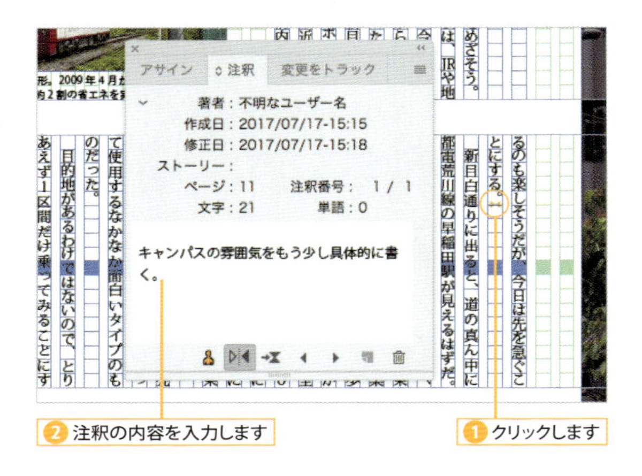

テキストの変更履歴のトラック

「変更をトラック」パネルの設定によって、ドキュメント内で編集した際のテキストの変更内容を履歴を残せます。レイアウト画面では修正した後のテキストが表示されますが、ストーリーエディターでは、変更箇所と内容がわかるように記録されます。

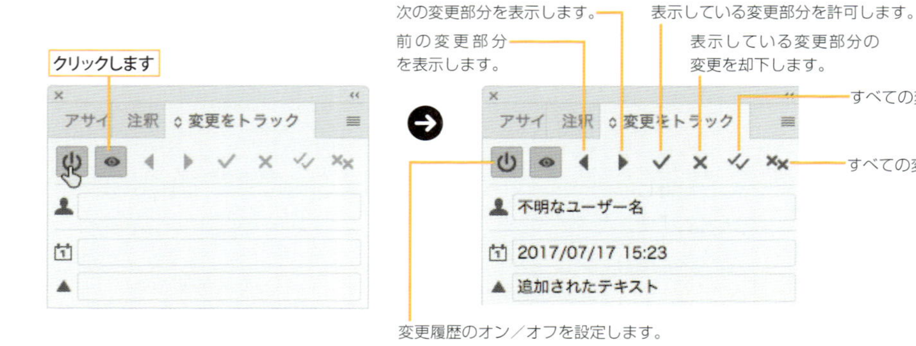

段落書式と組版

文字周りの設定は、文字単位の修飾設定だけでなく、段落単位での設定も必要となります。段落内での行揃えや段落間隔の設定などの基本的な設定は確実に抑えておきましょう。
さらに、日本語特有の禁則処理やアキ量設定などの組版設定の知識も必要とされます。
CHAPTER 4では、段落の設定と日本語組版を中心について説明します。

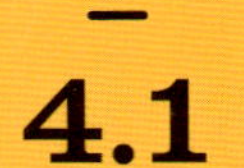

行揃え／グリッド揃え／文字揃え

使用頻度 ★★★

テキストをきれいに揃えるためには、段落属性の設定が必要不可欠です。中でも、段落内の行を左右（または上下）のどこに合わせるかの行揃え、各行の文字をグリッドのどこに合わせるかのグリッド揃え、行内にサイズの異なる文字がある場合のどこに揃えるかの文字揃えは、フレームグリッドを使う際には重要な設定となります。

行揃えの設定

行揃えは、段落形式コントロールパネルまたは「段落」パネル（⌘＋option＋T）で設定します。テキストフレームがフレームグリッドの場合、「フレームグリッド設定」ダイアログボックス（⌘＋B）の「行揃え」が初期設定です。

クリックします

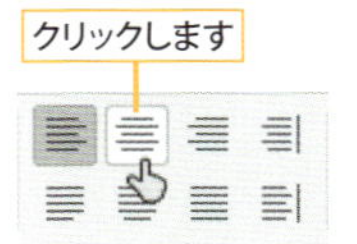

段落形式コントロールパネルの行揃え（ここでは中央揃え）をクリックします。

POINT

コントロールパネルでは、均等配置（最終行右／下揃え）は設定できません。

左／上揃え

中央揃え

右／下揃え

均等配置（最終行左／上揃え）

均等配置（最終行中央揃え）

均等配置（最終行右／下揃え）

両端揃え

読書の楽しみ
知識と教養以外だけでなく、楽しい空想の世界を提供してくれます。

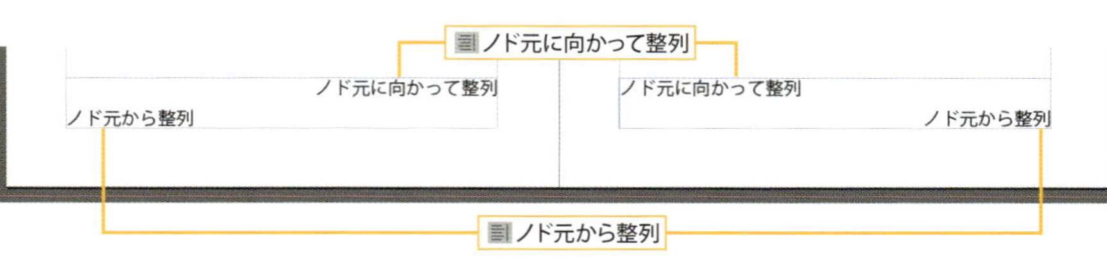

グリッド揃えと文字揃え

▶グリッド揃え

「グリッド揃え」とは、段落内の行をグリッドのどの位置に揃えるかの設定です。フレームグリッドの場合は「仮想ボディの中央」、プレーンテキストフレームの場合は「なし」（126ページ参照）が初期設定となります。

仮想ボディの上

バラ ROSE

仮想ボディの中央

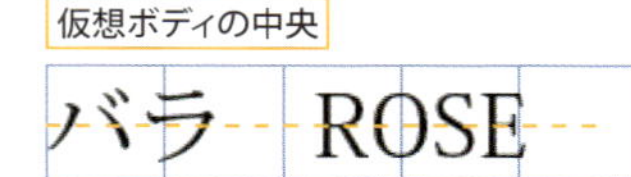

仮想ボディの下

バラ ROSE

「グリッド揃え」を変更する場合は、段落内にカーソルを挿入し、コントロールパネルメニュー（または「段落」パネルメニュー）の「グリッド揃え」で設定します。

POINT

フレームグリッド内で文字の行間を変更するには、「なし」を選択してから行間を変更してください。

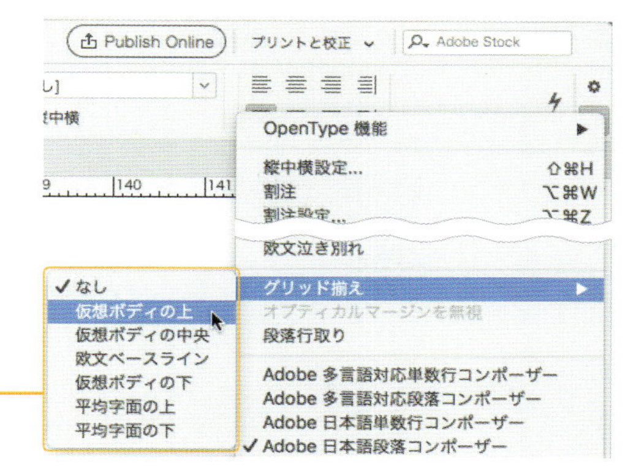

「グリッド揃え」の種類を選択します

▶ 文字揃え

「文字揃え」は同一行内にサイズの異なる文字がある場合、サイズの小さな文字を最大サイズの文字のどこに揃えるかの設定です（下の例は「ROSE」の文字に設定）。

仮想ボディの上

仮想ボディの中央

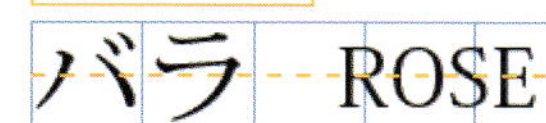

仮想ボディの下

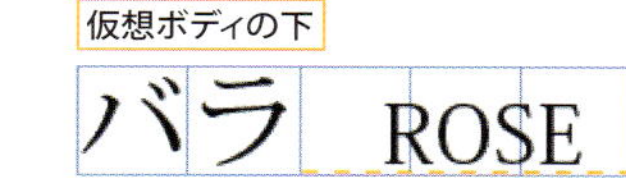

「文字揃え」を変更する場合は、文字を選択して、コントロールパネルメニュー（または「文字」パネルメニュー）の「文字揃え」で設定します。

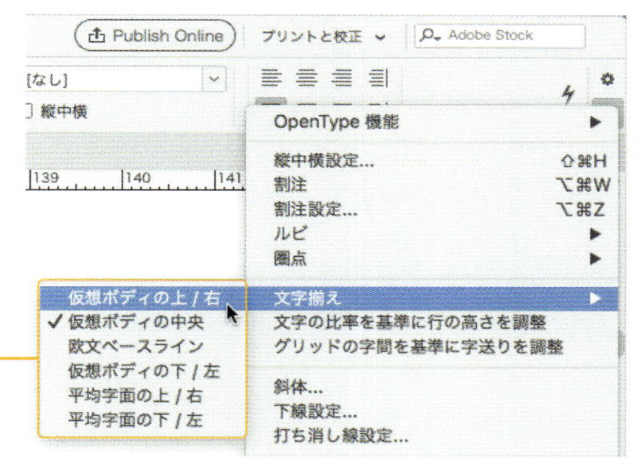

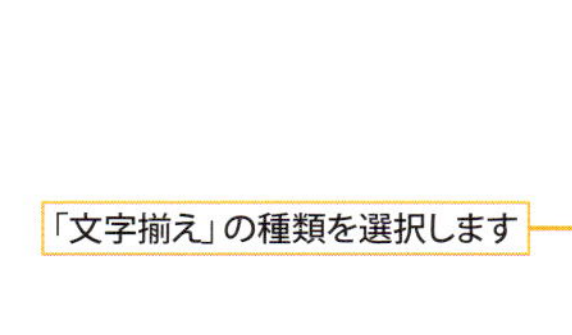

「文字揃え」の種類を選択します

POINT

フレームグリッドの場合には、「フレームグリッド設定」ダイアログボックス（⌘+B）の「揃えオプション」にある「グリッド揃え」と「文字揃え」の設定が初期設定となります。

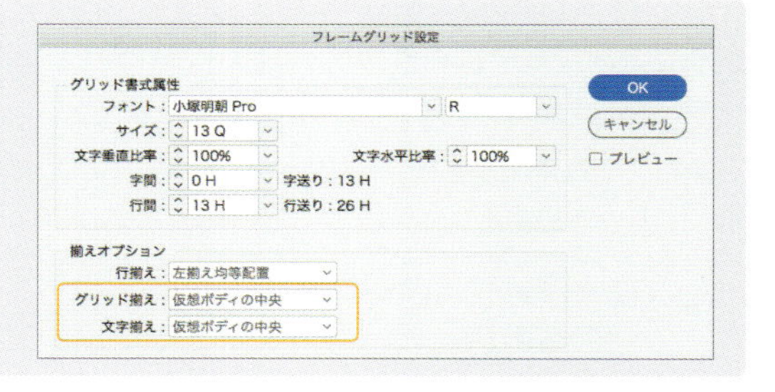

TIPS 文字サイズが大きい場合のグリッド揃え

文字サイズをフレームグリッドの文字サイズより大きく設定した場合、文字の行送り値を「自動」にしていると、文字サイズに応じて行送り値も変わるため、一定のサイズになると改行されて２行取りになります。その際、「グリッド揃え」の設定は2つの行の仮想ボディが基準となります。文字サイズと行送りについては、『「グリッド揃え」の設定による改行サイズの違い』（86ページ）も参照してください。

プレーンテキストフレームのグリッド揃え

プレーンテキストフレームでは、「グリッド揃え」の初期値は「なし」になります。

「グリッド揃え」を「なし」以外に変更した場合、ドキュメントのベースライングリッドに対してテキストの仮想ボディのどこが揃うかの設定となります。

また、文字に設定した「行送り」よりもグリッド揃えが優先されます。

仮想ボディの中央

夏目漱石は、帝国大学文科（東京大学文学部）を卒業後、東京高等師範学校、松山中学、第五高等学校などの教師生活を経て、1900 年イギリスに留学。
帰国後、第一高等学校で教鞭をとりながら、1905 年処女作『吾輩は猫である』を発表。翌年、1906 年『坊っちゃん』『草枕』を発表する。

プレーンテキストフレームで「グリッド揃え」を「仮想ボディ中央」に設定すると、テキストの仮想ボディ中央がベースライングリッドに揃います。

POINT

ベースライングリッドを表示するには、「表示」メニューの「グリッドとガイド」から「ベースライングリッドを表示」を選択します。

POINT

ドキュメントのベースライングリッドは、1つのドキュメントに対して共通の1つの間隔となります。間隔は、「InDesign」メニュー（Windows版は「編集」メニュー）の「環境設定」の「グリッド」で設定します（354ページ参照）。

1行目のみグリッドに揃える

「段落」パネルメニューの「1行目のみグリッドに揃える」を選択すると、段落の先頭行のみ「グリッド揃え」の設定が有効になり、2行目以降は行送り値が適用されます。

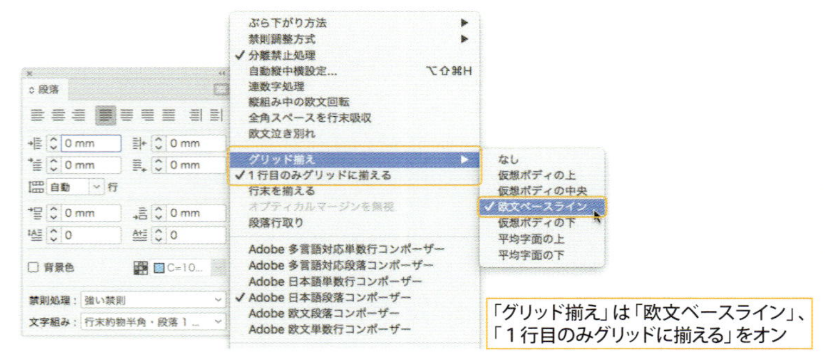

段落の先頭行だけがベースライングリッドに揃い、あとは段落に設定された行送りが適用されます。

夏目漱石は、帝国大学文科（東京大学文学部）を卒業後、東京高等師範学校、松山中学、第五高等学校などの教師生活を経て、1900 年イギリスに留学。
帰国後、第一高等学校で教鞭をとりながら、1905 年処女作『吾輩は猫である』を発表。翌年、1906 年『坊っちゃん』『草枕』を発表する。

テキストフレーム独自のベースラインを使う

「テキストフレーム設定」ダイアログボックスの「ベースラインオプション」で「カスタムのベースライングリッドを使用」を有効にすると、そのテキストフレームだけに有効なベースライングリッドを設定できます。77ページも参照してください。

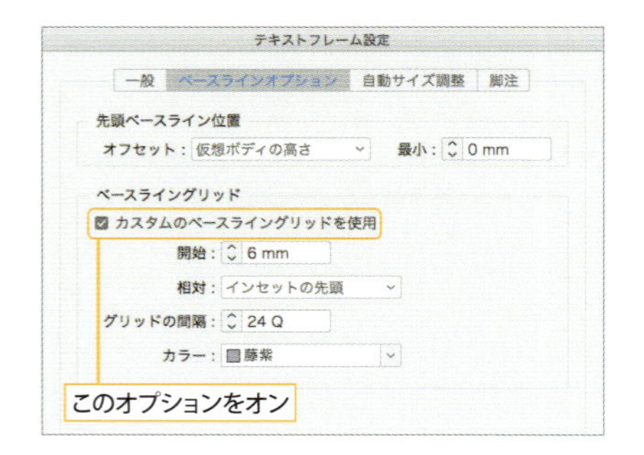

夏目漱石は、帝国大学文科（東京大学文学部）を卒業後、東京高等師範学校、松山中学、第五高等学校などの教師生活を経て、1900 年イギリスに留学。
帰国後、第一高等学校で教鞭をとりながら、1905 年処女作『吾輩は猫である』を発表。翌年、1906 年『坊っちゃん』『草枕』を発表する。

ドキュメントのベースライングリッドではなく、テキストフレームに設定したベースラインに揃います（「グリッド揃え」は「欧文ベースライン」）。

POINT

ベースライングリッドに関しての詳細は、33ページを参照してください。

SECTION 4.2 インデント（字下がり）の設定

使用頻度 ★★★

テキストの左右（縦組みの場合は上下）に対して、インデント（字下がり）を設定できます。

コントロールパネルでインデントを設定する

段落形式コントロールパネルまたは「段落」パネル（option＋⌘＋T）でインデント幅を指定して設定します。

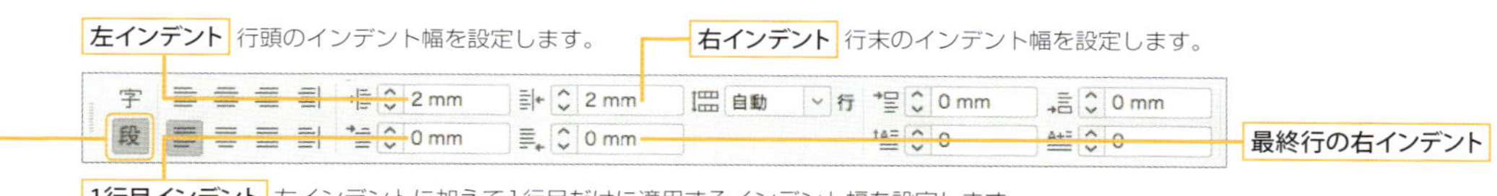

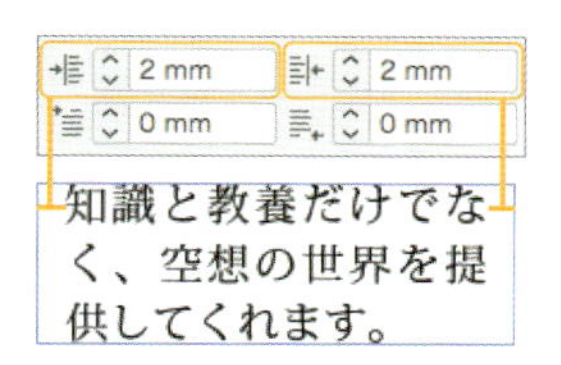

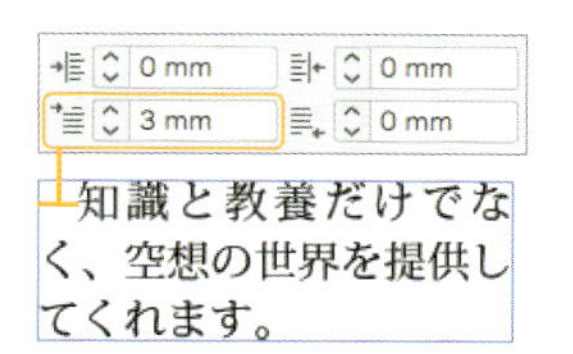

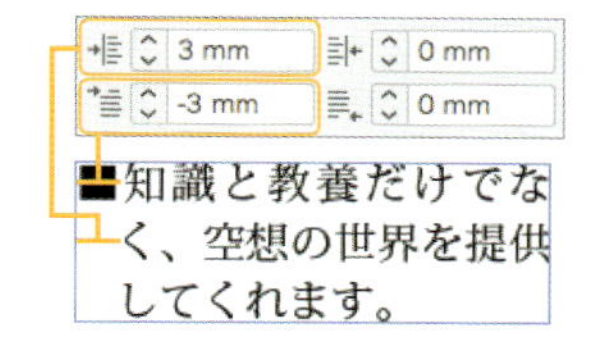

「タブ」パネルを使ってインデントを設定する

「タブ」パネルのルーラーには、左端（縦組みの場合は上端）のインデント位置を示すマーク、右端（縦組みの場合下端）のインデント位置を示すが表示され、このマークをドラッグしてインデント位置を決めます。

左端にあるは、上側（）が1行目のインデント、下側（）が左端インデントです。下側は常に上側と連動して動きますが、上側は独立してドラッグできます。

どちらかをクリックすると反転表示（）されて、どちらを設定するかがわかるようになっています。

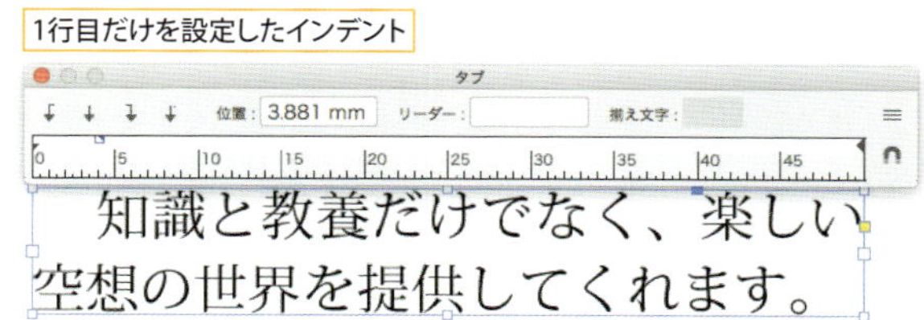

▶特殊文字を使ったインデント

「書式」メニューの「特殊文字の挿入」にある「その他」から「「ここまでインデント」文字」を挿入すると、挿入した箇所から下の行がインデントするようになります。

ショートカットキーは⌘＋\（バックスラッシュ）ですが、JISキーボードでは⌘＋¥で使用できます。

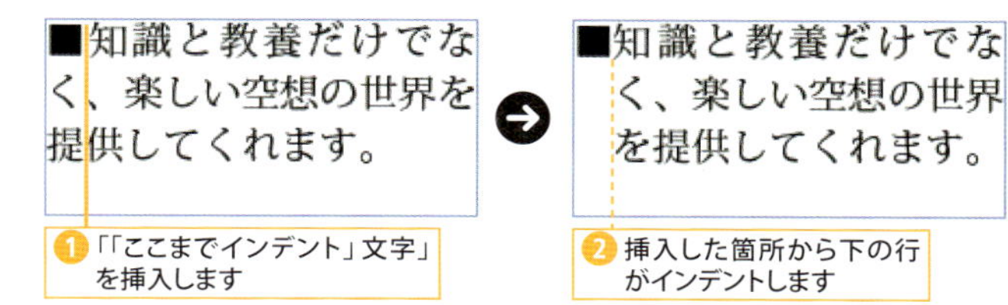

CS6 | CC | CC14 | CC15 | CC17

段落前後のアキと行取りの設定

使用頻度 ☆☆☆

見出しの前後など、段落の前後に数値を指定してアキ量を設定することができます。また、「行取り」では、見出しなど2行取りの中央などの指定を簡単に行えます。

段落前後のアキの設定

段落と段落の間にアキを作成する場合は、段落形式コントロールパネルまたは「段落」パネル（option＋⌘＋T）の段落前のアキ、段落後のアキで指定して設定します。

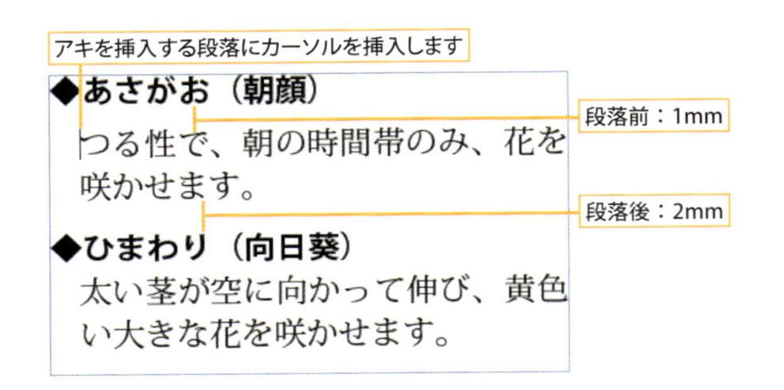

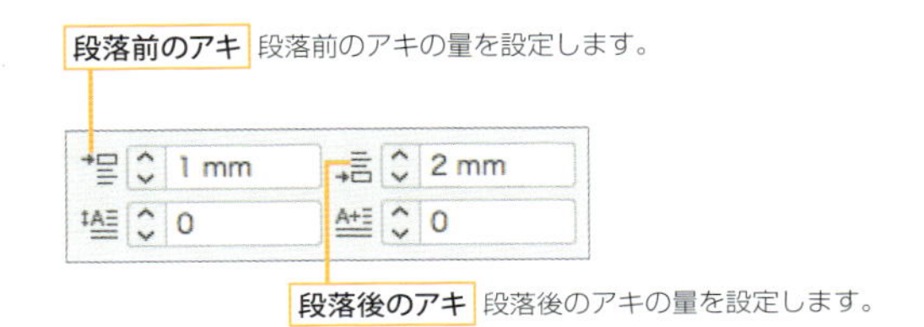

POINT

段落と段落の間にアキを作成する場合は、コントロールパネルまたは「段落」パネルでshiftキーを押しながらをクリックすると、設定値が10mmずつ変わります。

POINT

段落前後のアキの設定は、「グリッド揃え」が「なし」の場合に有効になります。フレームグリッドでは、初期設定で「グリッド揃え」が「仮想ボディの中央」になっているため、設定した間隔にはなりません。

行取りの設定

「行取り」を使うと、文章中の見出し部分を指定した段落数の中央に揃えることができます。
行取りは、段落形式コントロールパネルまたは「段落」パネル（option＋⌘＋T）ので行数を設定します。

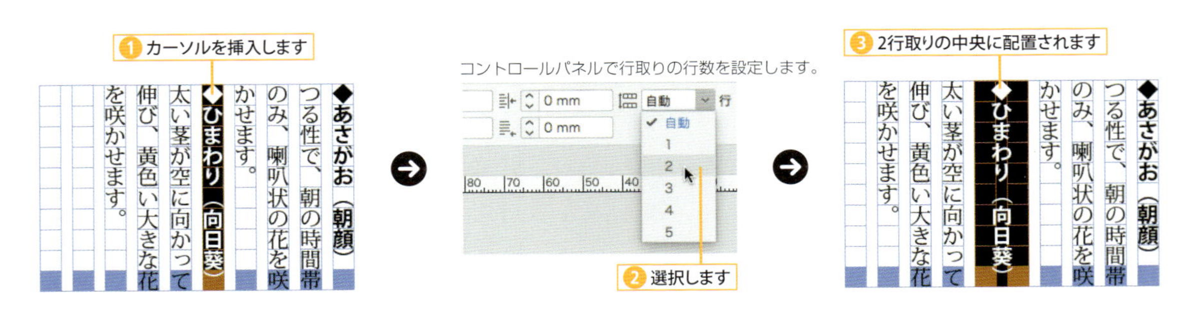

▶ 複数行の行取り

行取りする見出し部分が長く、複数行になる場合は、コントロールパネルまたは「段落」パネルメニューの「段落行取り」オプションを有効にすることで、複数行の行取りにできます。

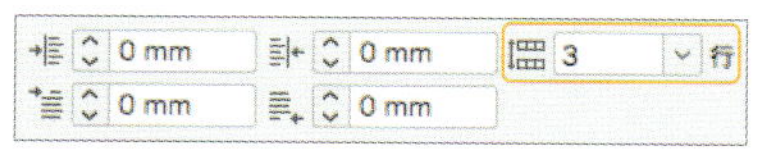

行取りを「3」に設定しましたが、各行が3行取りになってしまいました。

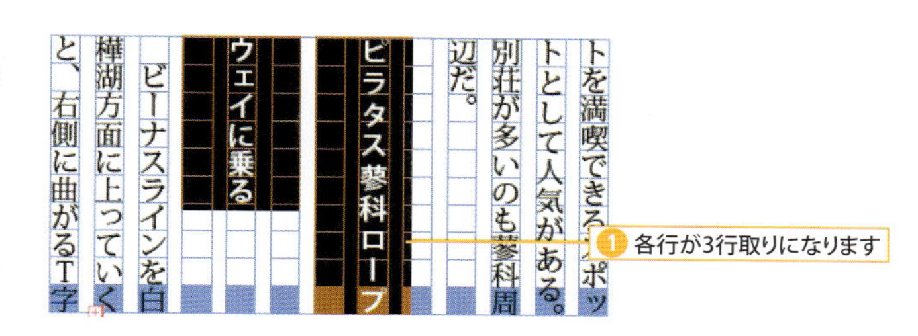

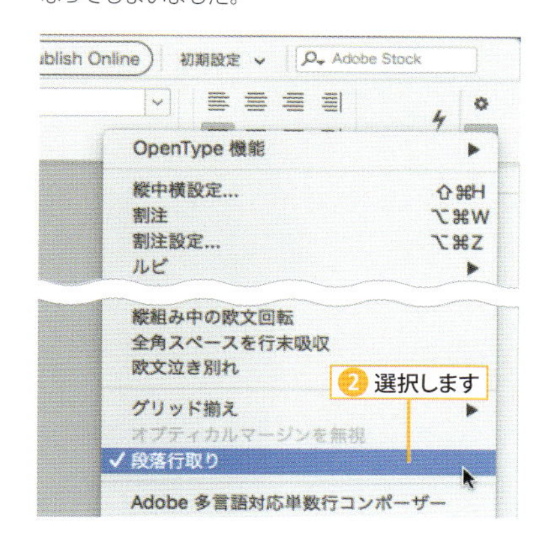

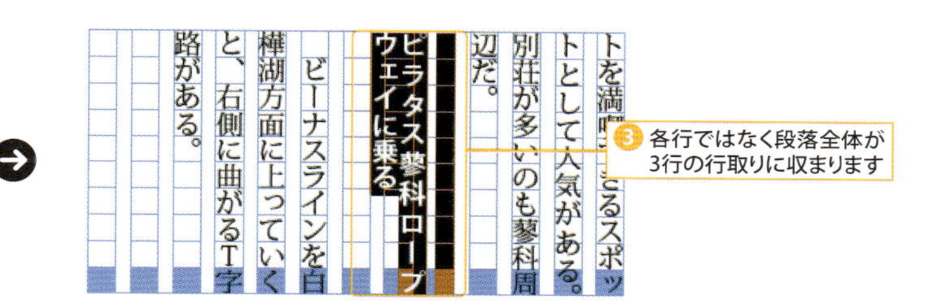

行末を揃える

タイトルが複数行にわたる場合、段落にカーソルを挿入して、「段落」パネルメニューの「行末を揃える」を選択すると、行末が揃うように改行されます。

❶ 選択します

夏目漱石の生涯と作品

夏目漱石は、帝国大学文科（東京大学文学部）を卒業後、東京高等師範学校、松山中学、第五高等学校などの教師生活を経て、1900年イギリスに留学。

❸ 行末が揃います

夏目漱石の
生涯と作品

夏目漱石は、帝国大学文科（東京大学文学部）を卒業後、東京高等師範学校、松山中学、第五高等学校などの教師生活を経て、1900年イギリスに留学。

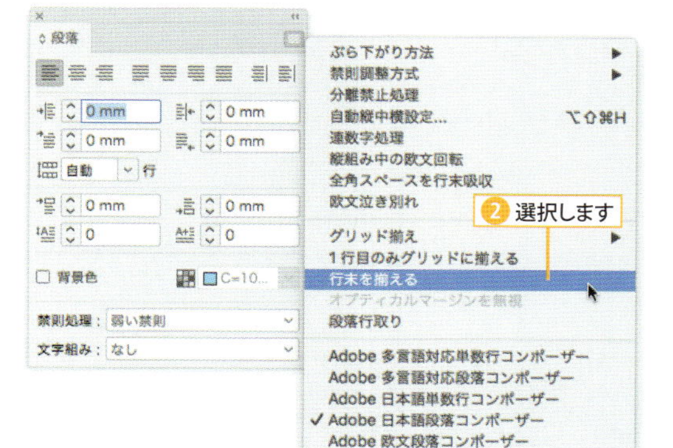

POINT

「行末を揃える」が有効なのは、段落の行揃えが「左／上揃え」「中央揃え」「右／下揃え」の場合です。奇数の文字数の場合、「行末を揃える」は適用されますが、文字数の関係で行末が揃いません。

POINT

「行末を揃える」は、コンポーザー（142ページ参照）で「Adobe日本語単数行コンポーザー」を選択している場合には機能しません。

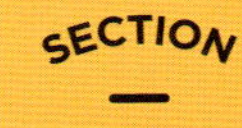

SECTION 4.4 段落の境界線を設定する／段落の背景に色を付ける

使用頻度 ★★☆

段落境界線は、段落全体に罫線を引きます。インデントの指定によって長さを短く設定できます。また、段落に背景色を設定でき、タイトル部分のデザインなどに利用できます。

段落境界線を設定する

「段落」パネルメニュー（またはコントロールパネルメニュー）の「段落境界線」（option＋⌘＋J）を使うと、選択した（またはカーソルの挿入された）段落に対して罫線を設定できます。

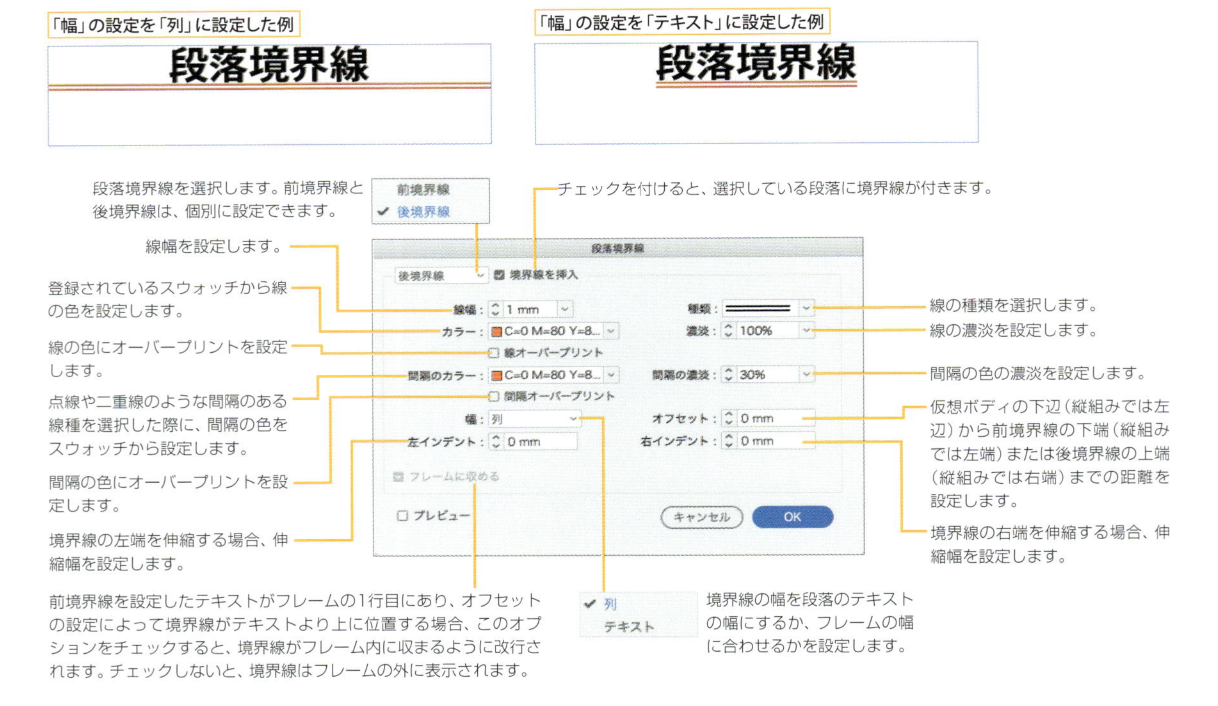

▶段落境界線のオフセット値と重なり

段落境界線のオフセット値は、仮想ボディの下辺（縦組みでは左辺）から段落境界線の下端（縦組みでは左端）までの距離です。「前境界線」ではプラス値で上方向（縦組みでは右方向）、マイナス値で下方向（縦組みでは左方向）にオフセットし、「後境界線」ではプラス値で下方向（縦組みでは左方向）マイナス値で上方向（縦組みでは右方向）にオフセットします。

明るい部屋に模様替え

前境界線　プラス値（8mm）の設定で、仮想ボディの下辺から上に8mm移動しています。

後境界線　プラス値（1mm）の設定で、仮想ボディの下辺から下に1mm移動しています。

段落の背景に色を着ける（CC 2015以降）

「段落」パネル、または段落形式コントロールパネルの「背景色」をチェックすると、選択した（またはカーソルの挿入された）段落に対して背景色を設定できます。

POINT

背景色には、グラデーションも適用できます。

あさがお（朝顔）
つる性で、朝の時間帯のみ、花を咲かせます。
ひまわり（向日葵）
太い茎が空に向かって伸び、黄色い大きな花を咲かせます。

背景色を設定した段落

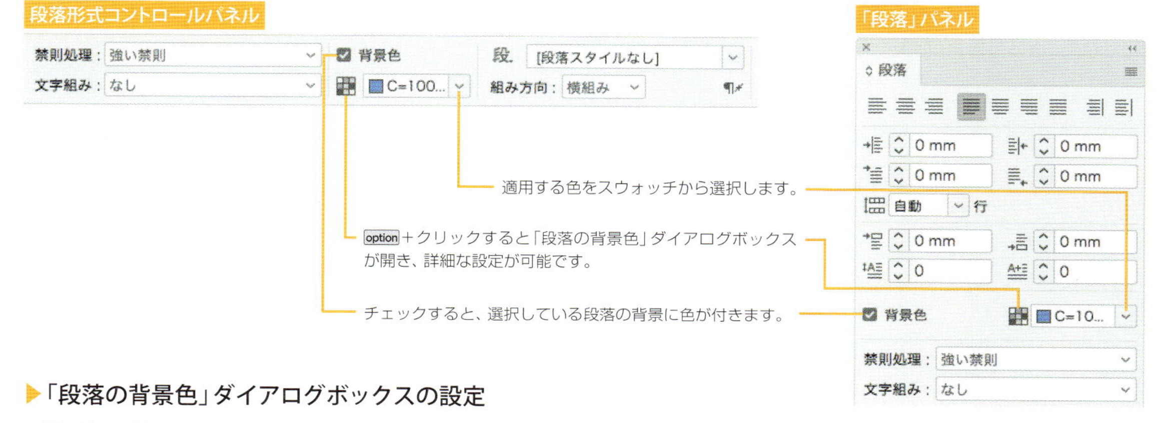

▶「段落の背景色」ダイアログボックスの設定

「段落」パネルメニュー（またはコントロールパネルメニュー）の「段落の背景色」を選択すると、「段落の背景色」ダイアログボックスが開き、詳細な設定が可能です。「段落」パネルまたはコントロールパネルの「背景色」の色アイコンをoption＋クリックしてもかまいません。

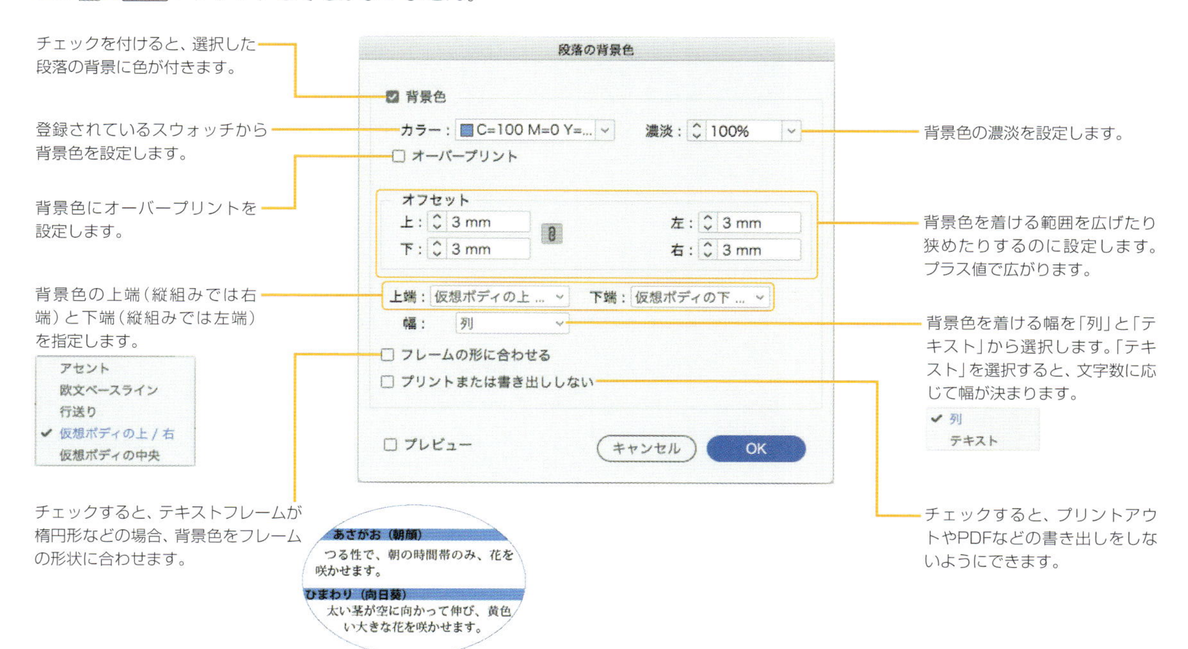

CS6 | CC | CC14 | CC15 | CC17

SECTION 4.5 ドロップキャップと先頭文字スタイル

使用頻度 ★☆☆

段落の先頭文字のサイズを大きくすることを「ドロップキャップ」といいます。InDesignでは、段落の先頭の複数の文字を、指定した行数の大きさのドロップキャップに設定できます。

ドロップキャップを設定する

ドロップキャップは、ドロップキャップを設定する段落にカーソルを挿入し、段落形式コントロールパネルまたは「段落」パネル（option＋⌘＋T）の で行数、 で文字数を指定して設定します。

▶ 1文字のドロップキャップの指定

❶ 設定します

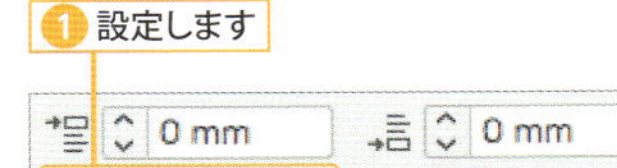

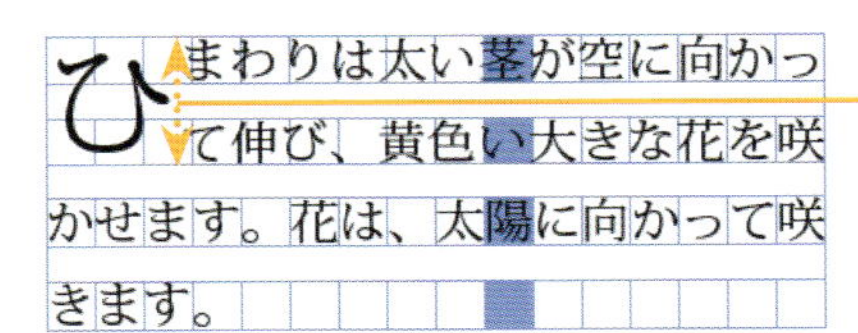

❷ 2行分のドロップキャップが設定されます

▶ 1文字以上のドロップキャップの指定

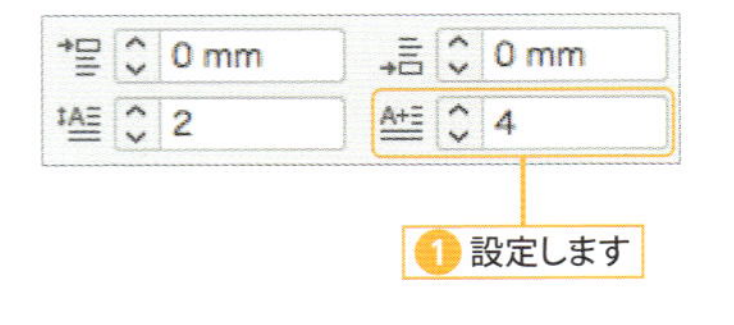

❶ 設定します

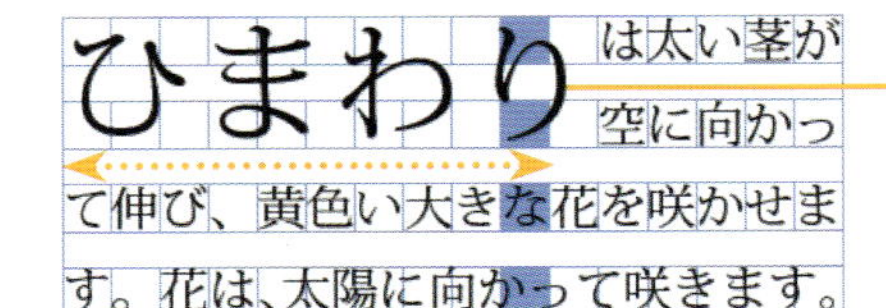

❷ 指定した文字数のドロップキャップが設定されます

先頭文字スタイル

「段落」パネルメニューの「ドロップキャップと先頭文字スタイル」を使うと、先頭行と文字スタイルを組み合わせて面倒な先頭文字スタイルを簡単に作成できます。

段落の先頭の文字装飾は、先頭文字スタイルを適用します（完成例）

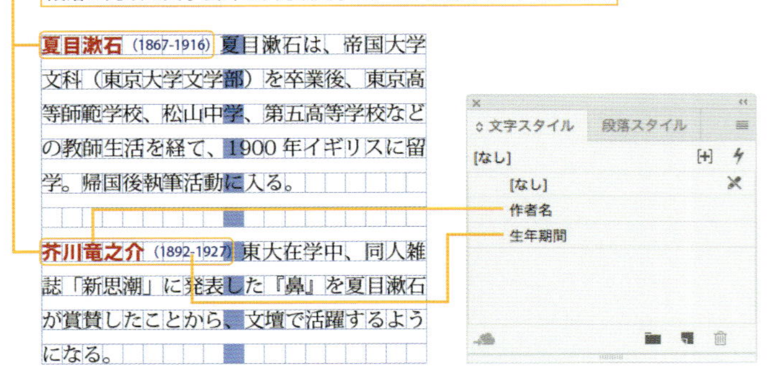

1 文字スタイルを指定する

適用する文字スタイルを設定しておきます。

POINT

文字スタイルの設定は、158ページを参照ください。

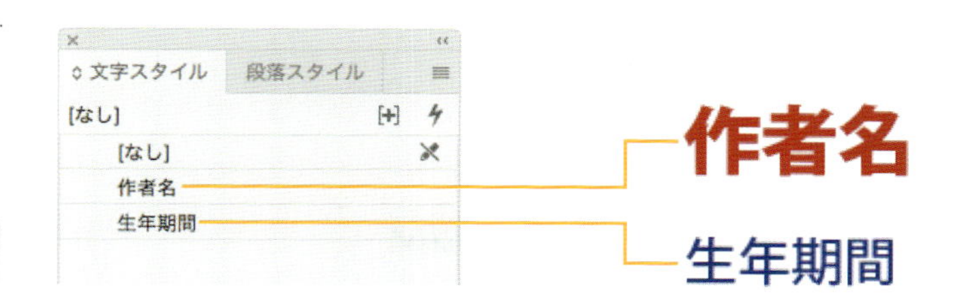

2 段落を選択して「段落」パネルメニューから選択する

先頭文字スタイルを適用する段落を選択します。「段落」パネルメニューから「ドロップキャップと先頭文字スタイル」を選択します。

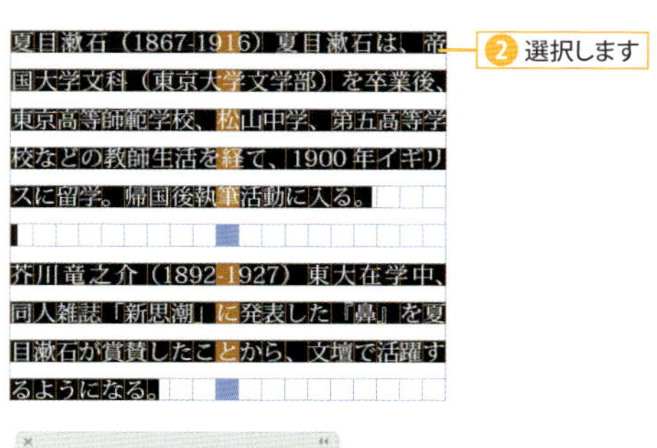

3 先頭文字スタイルを設定する

「ドロップキャップと先頭文字スタイル」ダイアログボックスで「新規スタイル」ボタンをクリックして、テキストに適用する文字スタイルを上から順番に選択します。

文字スタイルをどの文字まで適用するかの区切り文字を、リストから選択するか直接入力します。

区切り文字を含むかどうかの設定は、「で区切る」で区切り文字の前まで文字スタイルが適用され、「を含む」で区切り文字まで文字スタイルが適用されます。

区切り文字が何回出てきたらスタイルを終了するかを設定し、「OK」ボタンをクリックします。

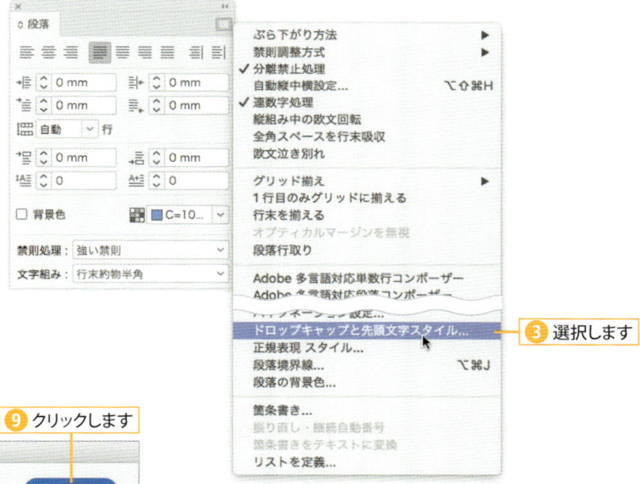

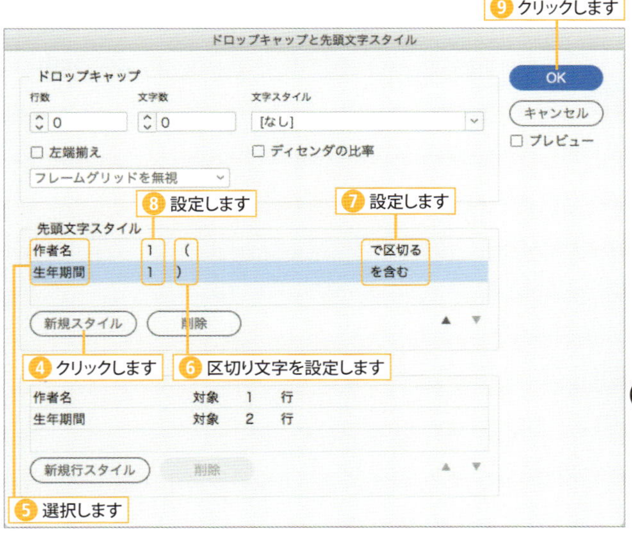

POINT

区切り文字には、「書式」メニューの「特殊文字の挿入」の「ここまでインデント」や「先頭文字スタイルの終了文字」も利用できます。

10 先頭文字スタイルが適用されます

CHAPTER 4 段落書式と組版

▶ ドロップキャップとの併用

先頭文字スタイルは、ドロップキャップの設定も併用できます。

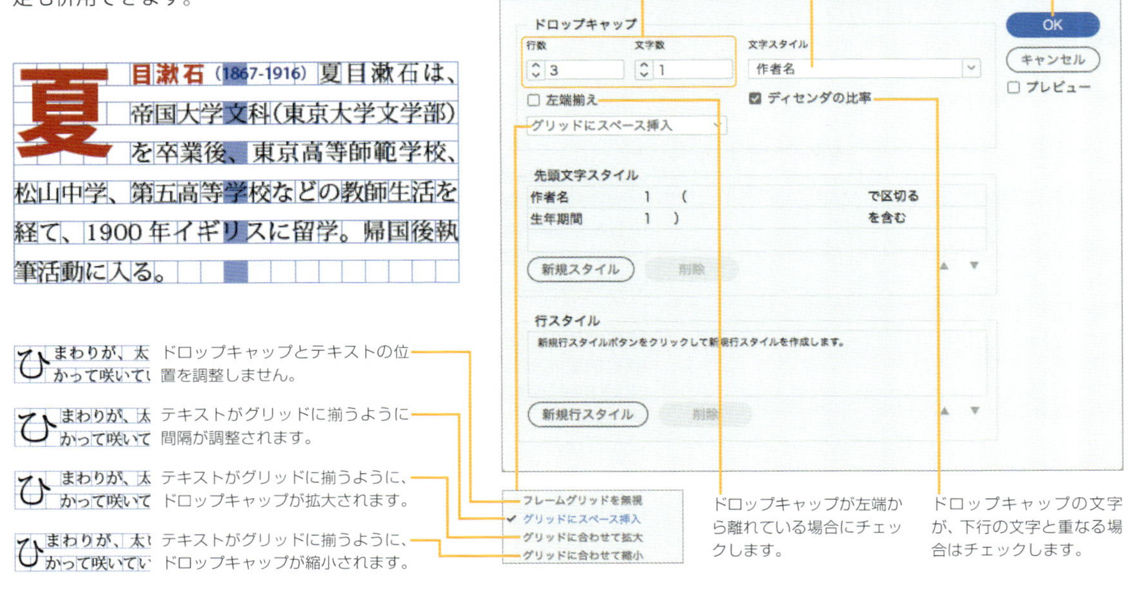

行スタイル

「ドロップキャップと先頭文字スタイル」ダイアログボックスの「行スタイル」を使うと、各段落の指定した行にだけ文字スタイルを適用できます。行スタイルは、指定した順番に先頭行から適用されます。

TIPS 段落スタイルに設定することをお勧め

「ドロップキャップと先頭文字スタイル」は、直接段落に設定するよりも、段落スタイルに定義して使うことをお勧めします。

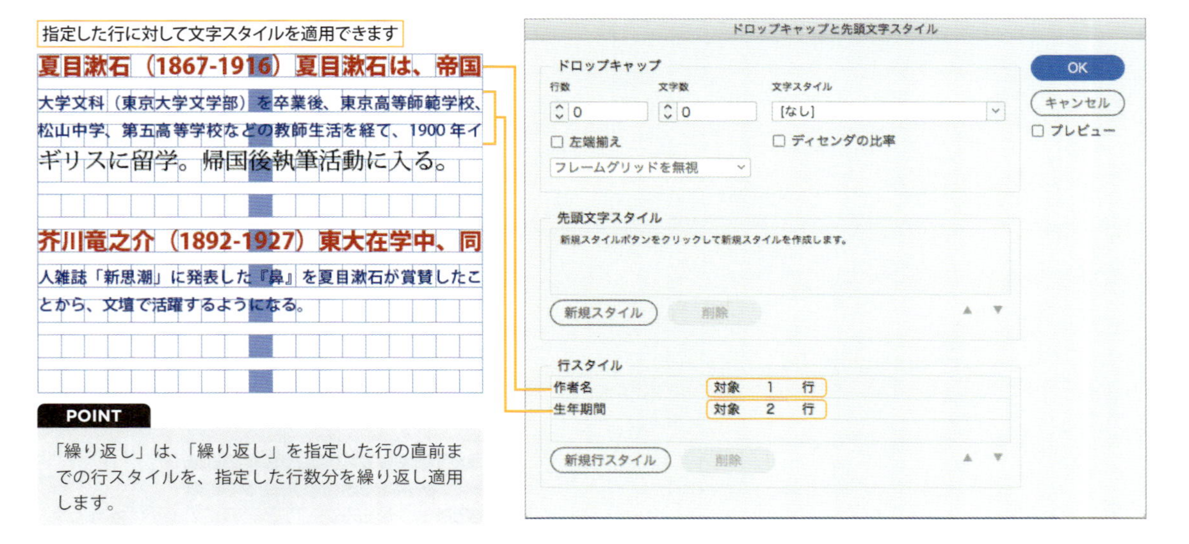

POINT

「繰り返し」は、「繰り返し」を指定した行の直前までの行スタイルを、指定した行数分を繰り返し適用します。

CS6 | CC | CC14 | CC15 | CC17

SECTION 4.6 箇条書きと自動番号

使用頻度 ★★☆

コントロールパネルメニュー（または「段落」パネルメニュー）の「箇条書き」を使うと、選択した段落を記号や連番の付いた箇条書きにできます。インデントの設定や、先頭記号文字もダイアログボックスで設定できます。

箇条書きを設定する

箇条書きや自動番号は、段落形式コントロールパネルで設定します。

POINT

「書式」メニューの「箇条書きリスト」からでも、箇条書きに設定できます。記号を付ける場合は「記号を適用」を、番号を付ける場合は「番号を適用」を選択してください。

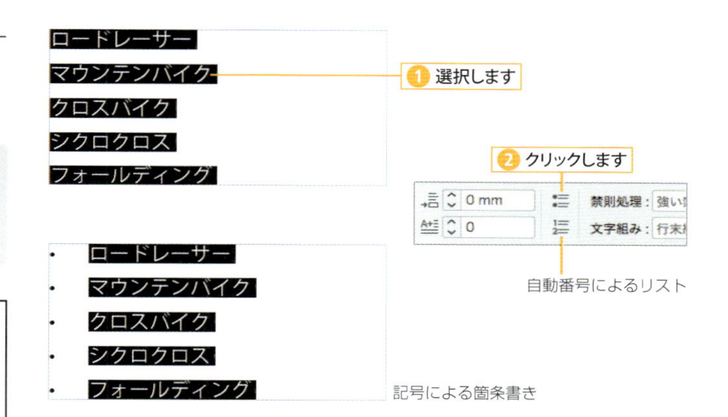

記号による箇条書き

TIPS コントロールパネルで設定する

コントロールパネルで箇条書きを簡単に設定できます。書式は「箇条書き」ダイアログボックスで直前に設定したものになります。
また、各ボタンをoption＋クリックすると、「箇条書き」ダイアログボックスを表示して設定を変更できます。

POINT

箇条書き機能を使った際に表示される先頭の記号や番号は、テキストデータではありません。箇条書き機能が付加しているだけです。
箇条書きを適用したテキストを選択して「段落」パネルメニューの「記号をテキストに変換」を選択し、テキストに変換します。

▶ 記号の設定項目

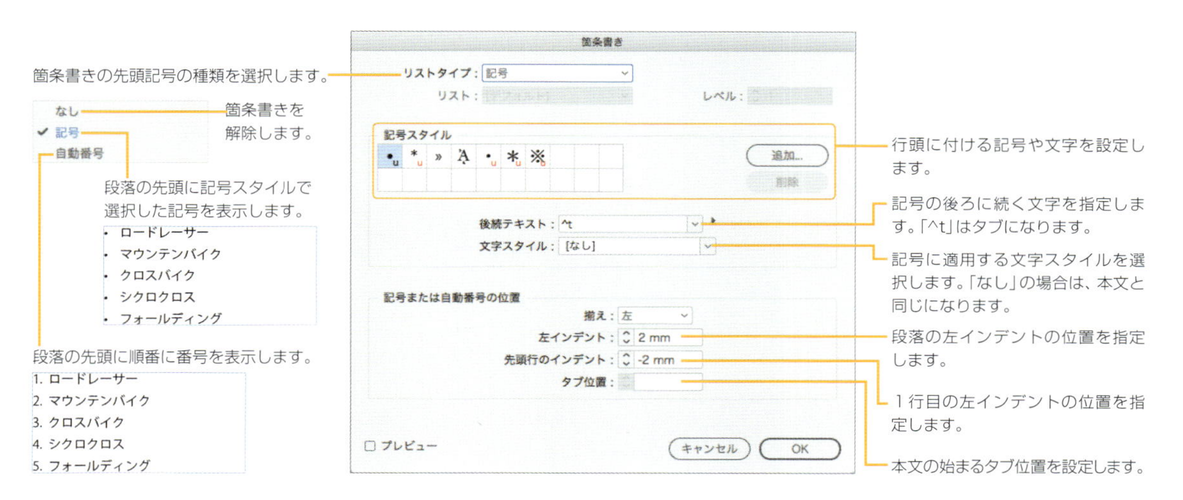

▶自動番号の設定項目

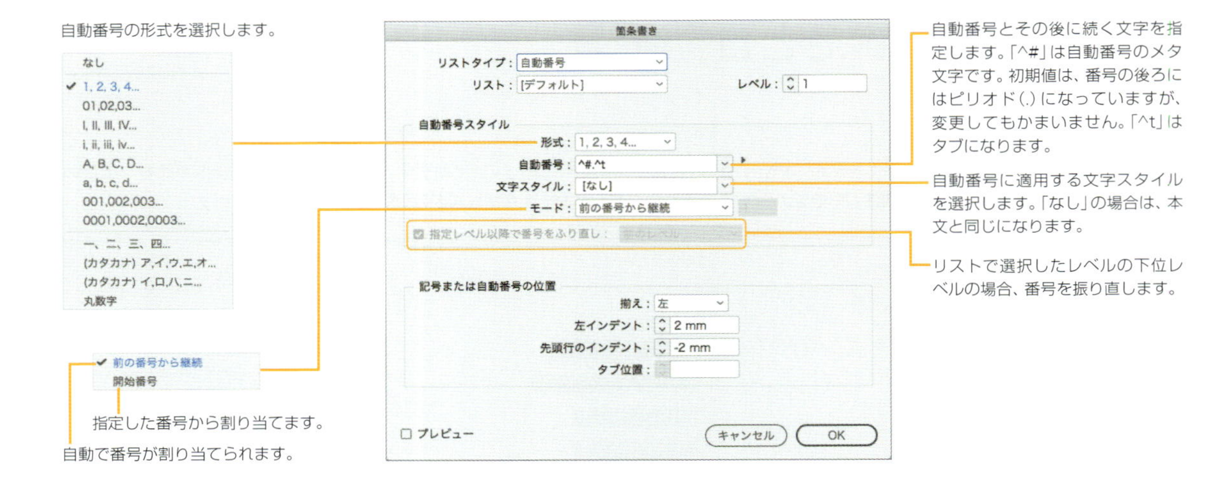

POINT

自動番号と文字スタイルを組み合わせると、ページ数の多い文章の段落番号などを自動入力できます。詳細は、55ページを参照してください。

CS6 | CC | CC14 | CC15 | CC17

SECTION 4.7

脚注と割注

使用頻度

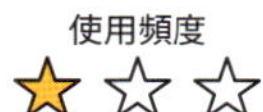

「脚注」を使うと、文章中の語句に対して脚注記号を付けて、語句のあるテキストフレームの末尾に説明文を記述できます。また「割注」を使うと、文章内での説明文などを文字サイズを小さくして、2行で表示できます。

脚注を指定する

「書式」メニューの「脚注を挿入」を選択すると選択したテキストに脚注参照記号がつき、テキストフレームの末尾に脚注の入力欄が表示されるので、脚注を入力します。

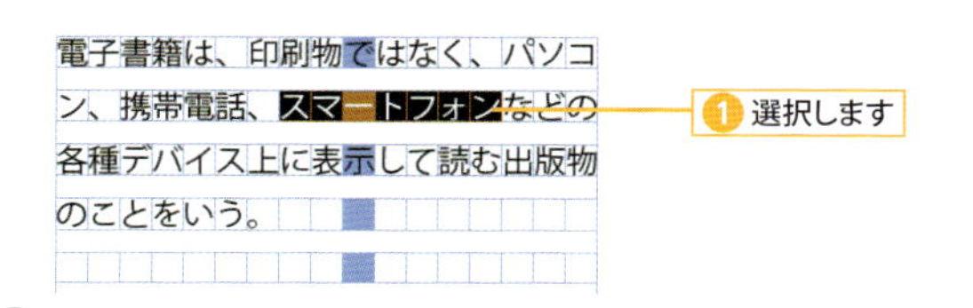

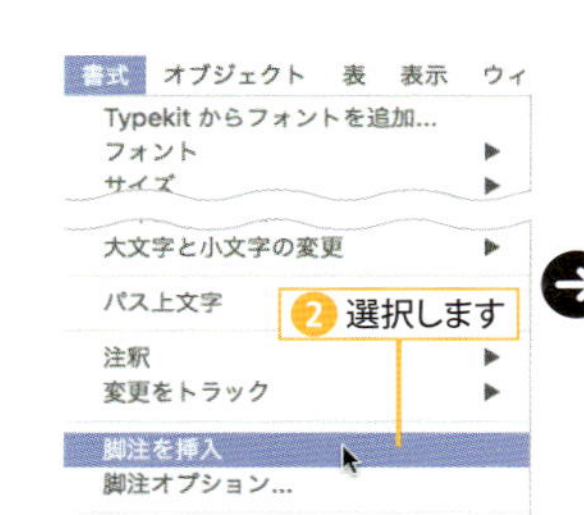

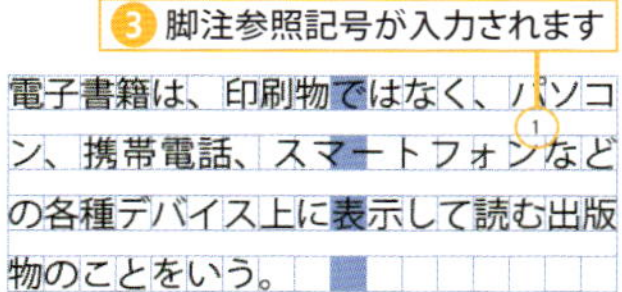

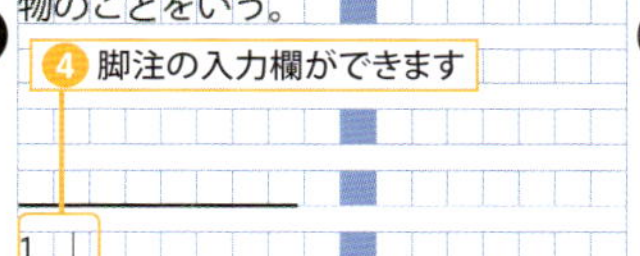

脚注オプションの設定項目

「脚注」の記号やレイアウトなどは、「書式」メニューの「脚注オプション」で設定します。

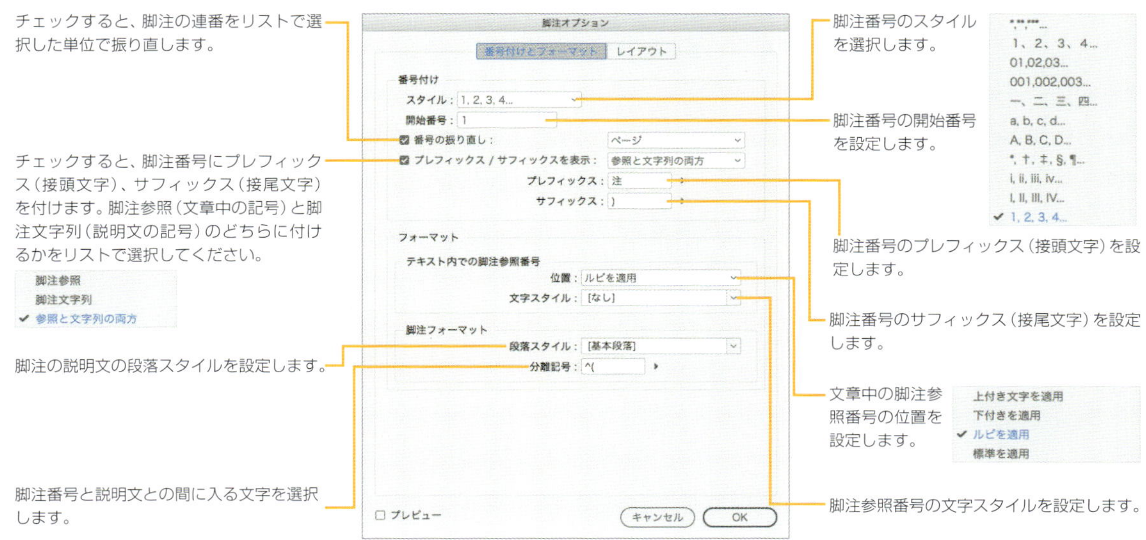

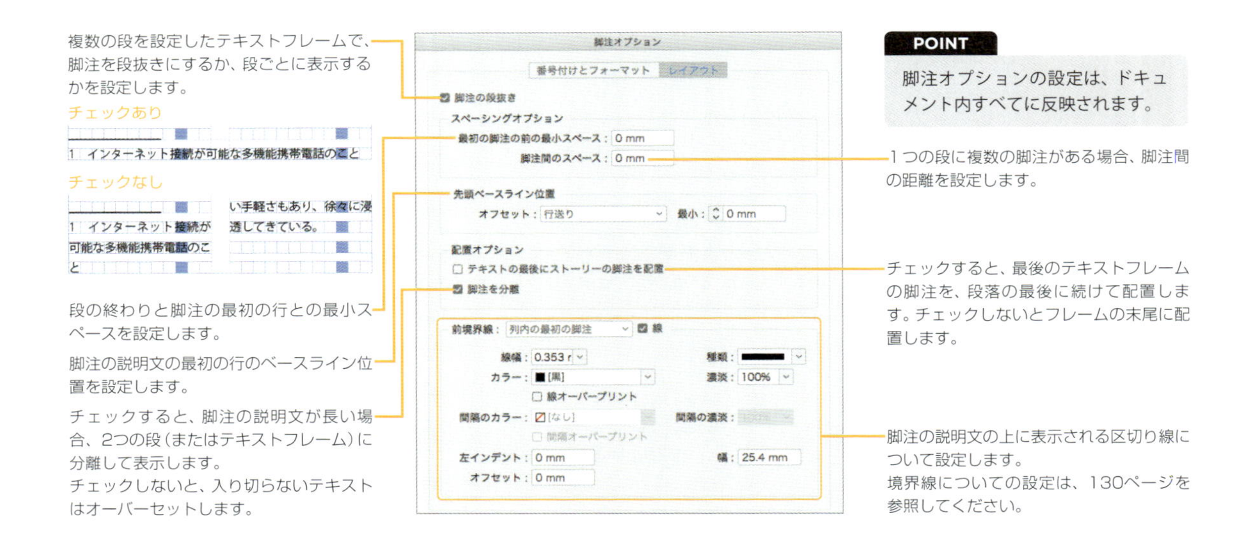

複数の段を設定したテキストフレームで、脚注を段抜きにするか、段ごとに表示するかを設定します。
チェックあり
1 インターネット接続が可能な多機能携帯電話のこと
チェックなし
1 インターネット接続が可能な多機能携帯電話のこと
い手軽さもあり、徐々に浸透してきている。
段の終わりと脚注の最初の行との最小スペースを設定します。
脚注の説明文の最初の行のベースライン位置を設定します。
チェックすると、脚注の説明文が長い場合、2つの段（またはテキストフレーム）に分離して表示します。
チェックしないと、入り切らないテキストはオーバーセットします。
脚注オプション
番号付けとフォーマット
レイアウト
脚注の段抜き
スペーシングオプション
最初の脚注の前の最小スペース：0 mm
脚注間のスペース：0 mm
先頭ベースライン位置
オフセット：行送り
最小：0 mm
配置オプション
テキストの最後にストーリーの脚注を配置
脚注を分離
前境界線：列内の最初の脚注
線
線幅：0.353
種類：
カラー：[黒]
濃淡：100%
線オーバープリント
間隔のカラー：[なし]
間隔の濃淡：
間隔オーバープリント
左インデント：0 mm
幅：25.4 mm
オフセット：0 mm
POINT
脚注オプションの設定は、ドキュメント内すべてに反映されます。
1つの段に複数の脚注がある場合、脚注間の距離を設定します。
チェックすると、最後のテキストフレームの脚注を、段落の最後に続けて配置します。チェックしないとフレームの末尾に配置します。
脚注の説明文の上に表示される区切り線について設定します。
境界線についての設定は、130ページを参照してください。

TIPS 脚注を削除する

脚注を挿入した文字列の後ろ（脚注番号の下）に、脚注挿入の非表示の制御文字が挿入されます。その文字を削除してください。または「編集」メニューの「ストーリーエディターで編集」を選択し、文章内の脚注部分を削除してください。

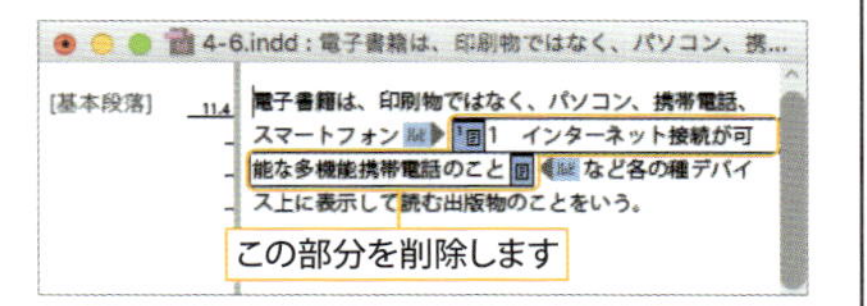

TIPS 特定のテキストフレームに個別に脚注の段抜きやスペースを設定する（CC 2017以降）

CC 2017から「テキストフレーム」ダイアログボックスの「脚注」パネルで「脚注オプション」の設定とは別に、脚注の段抜きやスペーシングを設定できます。「上書きを有効化」をチェックして、「脚注の段抜き」オプションや「スペーシングオプション」を設定します。

ただし、ドキュメントウィンドウとパネルは一体化できません。

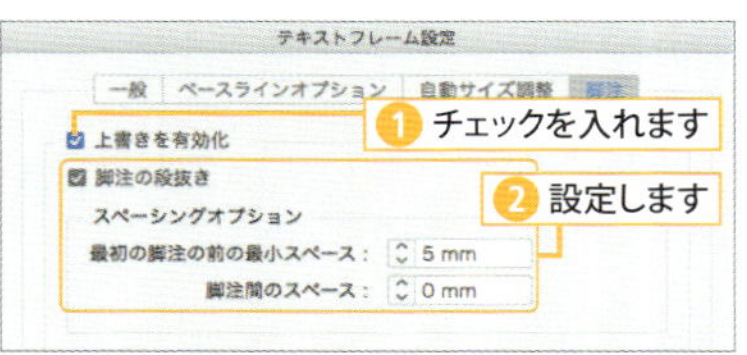

割注

コントロールパネルメニュー（または「段落」パネルメニュー）の「割注（わりちゅう）」（option＋⌘＋W）を使うと、文章内での説明文などを、文字サイズを小さくして2行で表示できます。

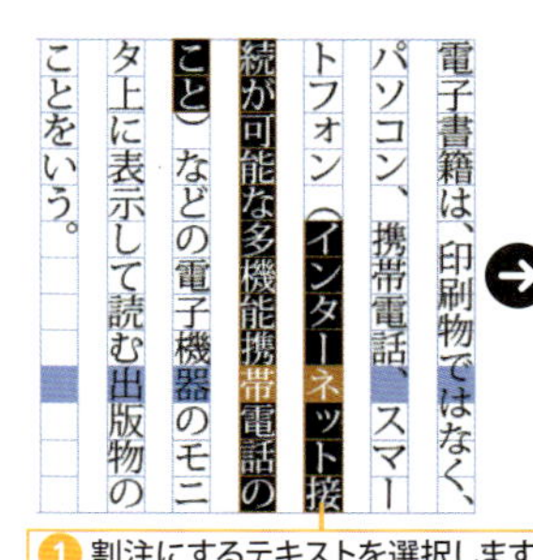

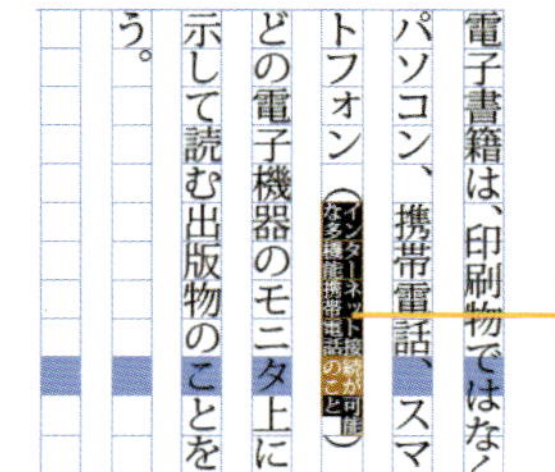

POINT

割り注が1行内に収まらない場合は、複数行に分割させれます。

スマートフォン（インターネット接続が可能な多機能携帯電話のこと）などの電子機器のモ

TIPS 割注の設定

「割注」の文字サイズや行間隔などは、コントロールパネルメニュー（または「段落」パネルメニュー）の「割注設定」（option＋⌘＋Z）で設定します。

SECTION 4.8 文字組み設定と組版方式

使用頻度 ★★☆

InDesignでは、句読点、括弧、約物、段落先頭の処理など、どのように組版を行うか、あらかじめいくつかのパターンがセットで用意されています。また、オリジナルのセットを作成することも可能です。

文字組みと文字アキ量設定

日本語組版では、句読点・括弧・約物・数字の文字間隔をどのように処理するかで見た目が変わってきます。

InDesignでは、JIS規格に基づいた14種類の文字組みの設定が用意されており、段落形式コントロールパネルまたは「段落」パネル（option＋⌘＋T）の「文字組み」から選択するだけで、高品質な組版が可能になります。

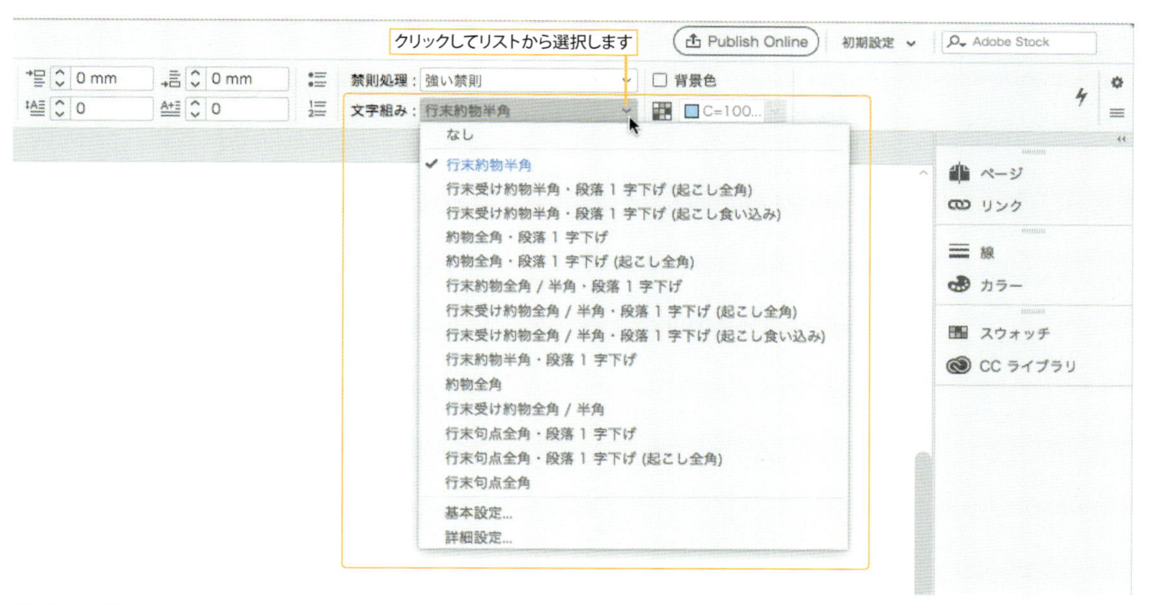

POINT

約物とは、句読点や括弧類など、次のような記号の総称です。

「（‘“（［〈、。・：

POINT

「文字組み」には、14種類の文字組みが表示されますが、「InDesign」メニュー（Windows版は「編集」メニュー）の「環境設定」の「文字組みプリセットの表示設定」（359ページ参照）で必要な設定だけを選択して表示することができます。

行末約物半角		行末受け約物半角・段落１字下げ（起こし全角）	
行末：行末の約物は半角 **段落先頭字下げ**：なし **起こし括弧類**：段落先頭、それ以外の行頭では半角。段落先頭での前のスペースは0	「あさがお」は、夏の朝の涼を感じさせてくれる『目で楽しむ清涼水』といえる、小さな可愛い花である。「ひまわり」は、『真ひる時の暑い陽ざしの太陽そのもの』といった明るい大輪の花である。	**行末**：行末の約物は半角 **段落先頭字下げ**：１字下げ **起こし括弧類**：段落先頭では全角、それ以外の行頭では半角。段落先頭での前のスペースは1.5（全角＋半角）	「あさがお」は、夏の朝の涼を感じさせてくれる『目で楽しむ清涼水』といえる、小さな可愛い花である。「ひまわり」は、『真ひる時の暑い陽ざしの太陽そのもの』といった明るい大輪の花である。

行末受け約物半角・段落１字下げ（起こし食い込み）

行末：行末の約物は半角
段落先頭字下げ：1字下げ
起こし括弧類：段落先頭では半角食い込ませ、それ以外の行頭では半角。段落先頭での前のスペースは0.5（半角）

「あさがお」は、夏の朝の涼を感じ
させてくれる『目で楽しむ清涼水』
といえる、小さな可愛い花である。
「ひまわり」は、『真ひる時の暑い陽
ざしの太陽そのもの』といった明る
い大輪の花である。

約物全角・段落１字下げ

行末：行末の約物は半角または全角（段落先頭の起こしは半角）
段落先頭字下げ：1字下げ
起こし括弧類：段落先頭では半角。それ以外の行頭でも半角。段落先頭での前のスペースは1（全角）

「あさがお」は、夏の朝の涼を感
じさせてくれる『目で楽しむ清涼水』
といえる、小さな可愛い花である。
「ひまわり」は、『真ひる時の暑い陽
ざしの太陽そのもの』といった明る
い大輪の花である。

約物全角・段落１字下げ（起こし全角）

行末：行末を含め約物はすべて全角
段落先頭字下げ：1字下げ
起こし括弧類：段落先頭では全角。それ以外の行頭でも全角。段落先頭での前のスペースは1.5（全角＋半角）

「あさがお」は、夏の朝の涼を感
じさせてくれる『目で楽しむ清涼
水』といえる、小さな可愛い花であ
る。「ひまわり」は、『真ひる時の暑
い陽ざしの太陽そのもの』といった
明るい大輪の花である。

行末約物全角／半角・段落１字下げ

行末：行末の約物は半角または全角（段落先頭の起こしは半角）
段落先頭字下げ：1字下げ
起こし括弧類：段落先頭では半角。それ以外の行頭でも半角。段落先頭での前のスペースは1（全角）

「あさがお」は、夏の朝の涼を感じ
させてくれる『目で楽しむ清涼水』
といえる、小さな可愛い花である。
「ひまわり」は、『真ひる時の暑い
陽ざしの太陽そのもの』といった明
るい大輪の花である。

行末受け約物全角／半角・段落１字下げ（起こし全角）

行末：行末の約物は半角または全角
段落先頭字下げ：1字下げ
起こし括弧類：段落先頭では全角。それ以外の行頭では半角。段落先頭での前のスペースは1.5（全角＋半角）

「あさがお」は、夏の朝の涼を感
じさせてくれる『目で楽しむ清涼
水』といえる、小さな可愛い花であ
る。「ひまわり」は、『真ひる時の暑
い陽ざしの太陽そのもの』といった
明るい大輪の花である。

行末受け約物全角／半角・段落１字下げ（起こし食い込み）

行末：行末の約物は半角または全角（段落先頭の起こしは半角）
段落先頭字下げ：1字下げ
起こし括弧類：段落先頭では半角食い込ませ、それ以外の行頭では半角。段落先頭での前のスペースは0.5（半角）

「あさがお」は、夏の朝の涼を感じ
させてくれる『目で楽しむ清涼水』
といえる、小さな可愛い花である。
「ひまわり」は、『真ひる時の暑い陽
ざしの太陽そのもの』といった明る
い大輪の花である。

行末約物半角・段落１字下げ

行末：行末の約物は半角
段落先頭字下げ：1字下げ
起こし括弧類：段落先頭では半角、それ以外の行頭でも半角。段落先頭での前のスペースは1（全角）

「あさがお」は、夏の朝の涼を感
じさせてくれる『目で楽しむ清涼水』
といえる、小さな可愛い花である。
「ひまわり」は、『真ひる時の暑い陽
ざしの太陽そのもの』といった明る
い大輪の花である。

約物全角

行末：行末を含め約物はすべて全角
段落先頭字下げ：なし
起こし括弧類：段落先頭で全角、それ以外の行頭でも全角。段落先頭での前のスペースは0.5（半角）

「あさがお」は、夏の朝の涼を感
じさせてくれる『目で楽しむ清涼水』
といえる、小さな可愛い花である。
「ひまわり」は、『真ひる時の暑い陽
ざしの太陽そのもの』といった明る
い大輪の花である。

行末受け約物全角／半角

行末：行末の約物は半角または全角
段落先頭字下げ：なし
起こし括弧類：段落先頭で半角、それ以外の行頭でも半角。段落先頭での前のスペースは0

「あさがお」は、夏の朝の涼を感
じさせてくれる『目で楽しむ清涼水』
といえる、小さな可愛い花である。
「ひまわり」は、『真ひる時の暑い陽
ざしの太陽そのもの』といった明る
い大輪の花である。

行末句点全角・段落１字下げ

行末：行末の句点（。）はつねに全角
段落先頭字下げ：1字下げ
起こし括弧類：段落先頭で半角、それ以外の行頭でも半角。段落先頭での前のスペースは1（全角）

「あさがお」は、夏の朝の涼を感
じさせてくれる『目で楽しむ清涼水』
といえる、小さな可愛い花である。
「ひまわり」は、『真ひる時の暑い
陽ざしの太陽そのもの』といった明
るい大輪の花である。

行末句点全角・段落１字下げ（起こし全角）

行末：行末の句点（。）はつねに全角
段落先頭字下げ：1字下げ
起こし括弧類：段落先頭で全角、それ以外の行頭でも全角。段落先頭での前のスペースは1.5（全角＋半角）

「あさがお」は、夏の朝の涼を感じ
させてくれる『目で楽しむ清涼水』
といえる、小さな可愛い花である。
「ひまわり」は、『真ひる時の暑い陽
ざしの太陽そのもの』といった明る
い大輪の花である。

行末句点全角

行末：行末の句点（。）はつねに全角
段落先頭字下げ：なし
起こし括弧類：段落先頭で半角、それ以外の行頭でも半角。段落先頭での前のスペースは0

「あさがお」は、夏の朝の涼を感じ
させてくれる『目で楽しむ清涼水』
といえる、小さな可愛い花である。
「ひまわり」は、『真ひる時の暑い陽
ざしの太陽そのもの』といった明る
い大輪の花である。

文字組みアキ量の基本設定

「文字組み」リストの一番下に表示される「基本設定」を選択すると、「文字組みアキ量設定」ダイアログボックスが表示され、各文字組みセットでの文字どうしのアキ量を確認できます。

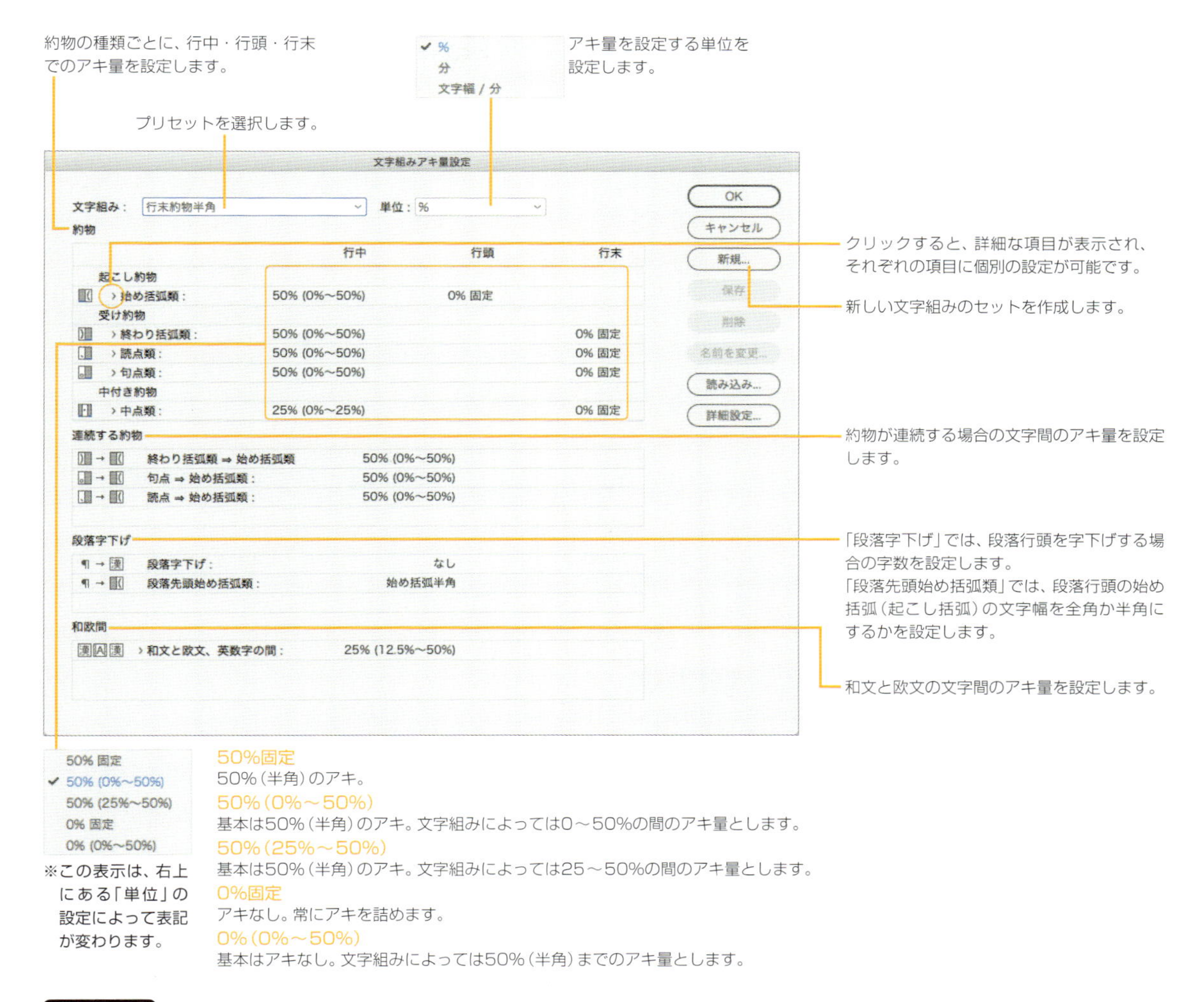

※この表示は、右上にある「単位」の設定によって表記が変わります。

50%固定
50%（半角）のアキ。

50%（0%〜50%）
基本は50%（半角）のアキ。文字組みによっては0〜50%の間のアキ量とします。

50%（25%〜50%）
基本は50%（半角）のアキ。文字組みによっては25〜50%の間のアキ量とします。

0%固定
アキなし。常にアキを詰めます。

0%（0%〜50%）
基本はアキなし。文字組みによっては50%（半角）までのアキ量とします。

POINT

「文字組みアキ量設定」ダイアログボックスは、「書式」メニューの「文字組みアキ量設定」（基本設定：shift＋⌘＋X）でも開けます。

POINT

文字組みセットは、作成した文書だけで利用可能です。他の文書でも利用したい場合は、「文字組みアキ量設定」ダイアログボックスの「読み込み」ボタンをクリックして、利用したい文字組みセットを作成したInDesignファイルを読み込んでください。

POINT

InDesignの初期設定にある14種類の文字組みの設定は変更できません。設定を変更しようとすると、その文字組みを元にした新規文字組みセットを作成するかを尋ねるダイアログボックスが表示されるので、「OK」ボタンをクリックして新規セットを作成してください。

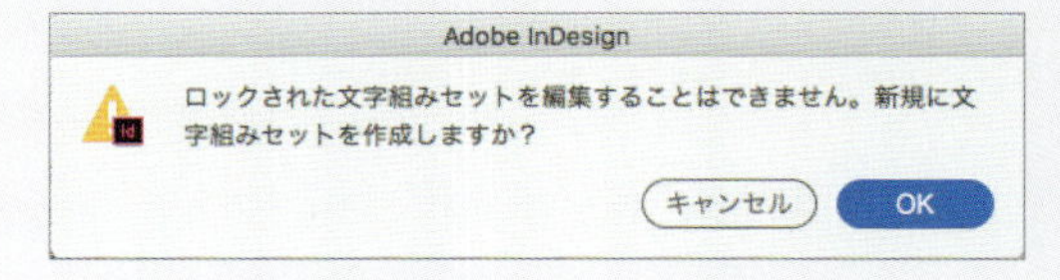

▶文字組みアキ量の詳細設定

「文字組みアキ量設定」ダイアログボックスの「詳細設定」ボタンをクリックすると「詳細設定」ダイアログボックスが開き、連続する文字の組み合わせごとに文字のアキ量を設定できます。

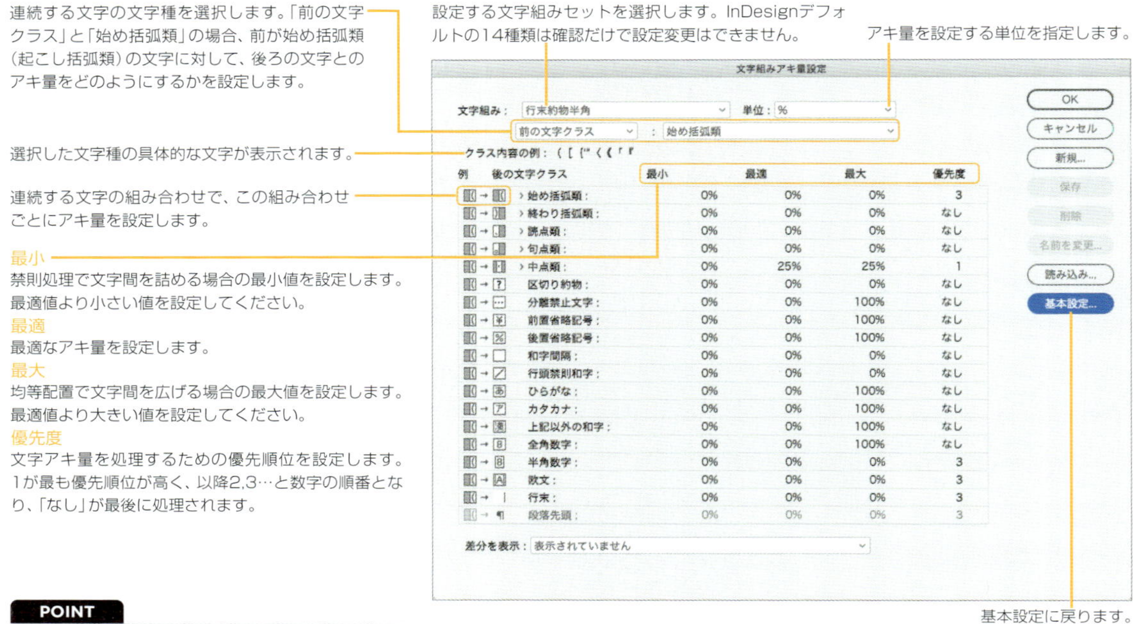

POINT

「文字組みアキ量設定」ダイアログボックスの「詳細設定」（option＋shift＋⌘＋X）は、「文字組み」リストの一番下に表示される「詳細設定」を選択しても表示できます。

POINT

「詳細設定」ダイアログボックスでも基本設定と同様に、新しい文字組みセットを作成できます。

コンポーザー（組版方式）

コンポーザーとは、組版方式のことです。コンポーザーによってテキストは、適正な空白・改行・ハイフンが入り、美しい文字組みが実現されています。

InDesignでは、「段落」パネルメニューまたはコントロールパネルから選択できます。

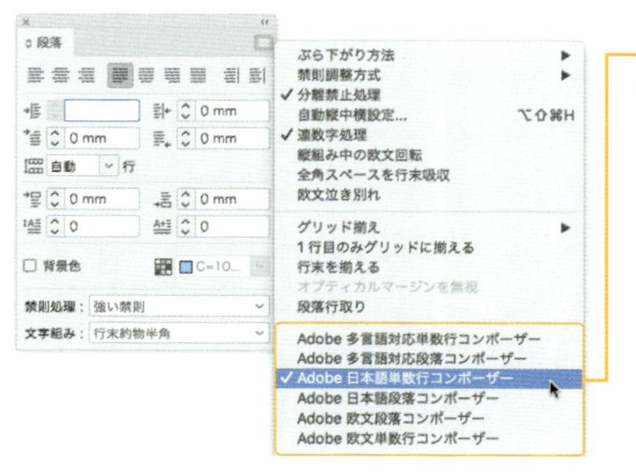

Adobe多言語対応単数行コンポーザー
Adobe多言語対応段落コンポーザー
ナーガリー文字などインド言語をサポートします。

Adobe日本語単数行コンポーザー
1行単位で行の文字組み分割点を処理します。

Adobe日本語段落コンポーザー
段落単位で行内の行の文字組み分割点を処理します。
これがデフォルトです。

Adobe欧文段落コンポーザー
段落単位で行内の行の文字組み分割点を処理します。

Adobe欧文単数行コンポーザー
1行単位で行の文字組み分割点を処理します。

POINT

「InDesign」メニュー（Windowsは「編集」メニュー）の「環境設定」の「高度なテキスト」「高度なテキスト」にある「デフォルトコンポーザー」で選択したコンポーザーがドキュメントの初期設定です。

SECTION 4.9 禁則処理とぶら下がり設定

使用頻度

「禁則処理」とは、日本語組版における文頭、文末に配置できない禁則文字を追い込んだり追い出して処理することです。また、行末の句読点を版面の外に出すことを「ぶら下がり処理」といいます。

禁則処理とぶら下がり

段落形式コントロールパネル（または「段落」パネル）の「禁則処理」では、行頭の句読点を禁止するなど、日本語組版のルールに基づいて文字間隔を調整します。

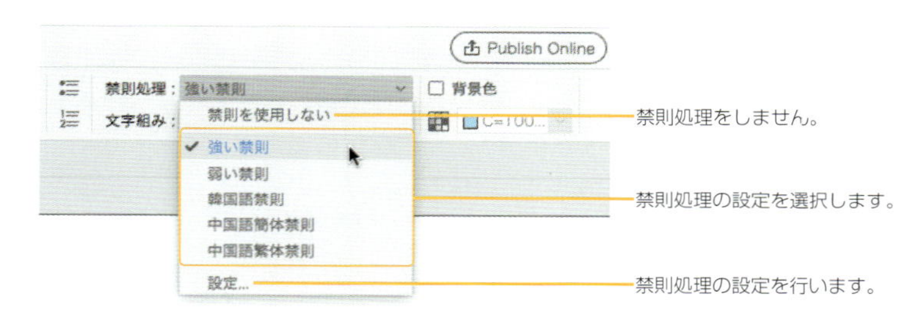
Publish Online
禁則処理：強い禁則
文字組み：
背景色
禁則を使用しない
強い禁則
弱い禁則
韓国語禁則
中国語簡体禁則
中国語繁体禁則
設定...
禁則処理をしません。
禁則処理の設定を選択します。
禁則処理の設定を行います。

禁則処理なし

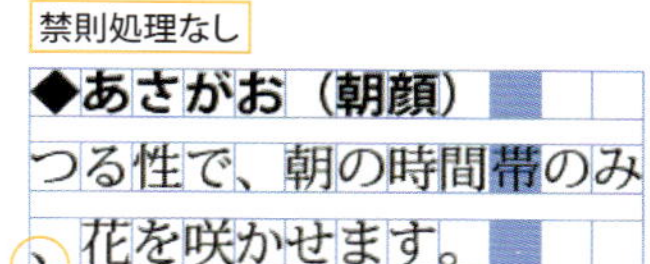
◆あさがお（朝顔）
つる性で、朝の時間帯のみ
、花を咲かせます。

強い禁則

◆あさがお（朝顔）
つる性で、朝の時間帯のみ、
花を咲かせます。

▶禁則処理の設定

禁則処理のリストから「設定」を選択すると「禁則処理セット」ダイアログボックスが開き、どの文字をどのように処理するかを設定できます。また、新しい禁則処理のセットを作成することも可能です。

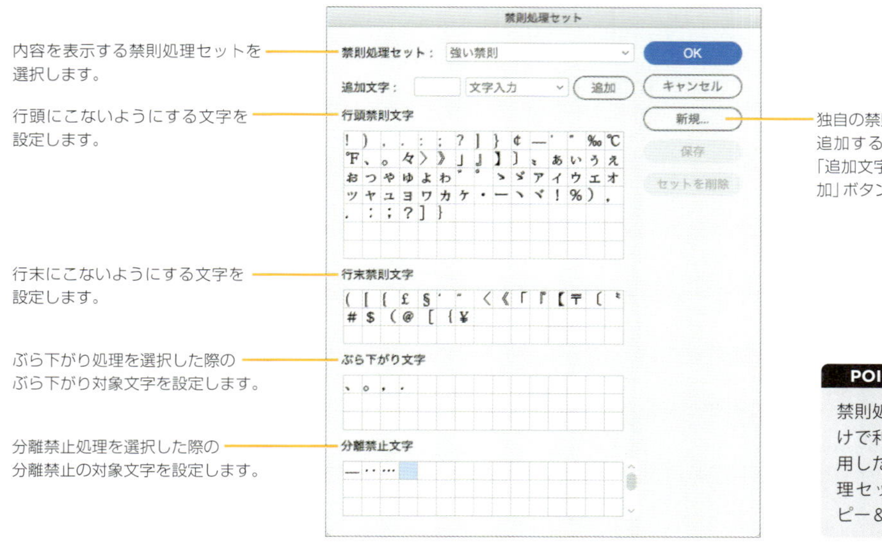
禁則処理セット
禁則処理セット：強い禁則
追加文字：
文字入力
追加
OK
キャンセル
新規...
保存
セットを削除
行頭禁則文字
行末禁則文字
ぶら下がり文字
分離禁止文字
内容を表示する禁則処理セットを選択します。
行頭にこないようにする文字を設定します。
行末にこないようにする文字を設定します。
ぶら下がり処理を選択した際のぶら下がり対象文字を設定します。
分離禁止処理を選択した際の分離禁止の対象文字を設定します。
独自の禁則処理セットを作成できます。追加する文字分類をクリックして選択し、「追加文字」に追加する文字を入力して、「追加」ボタンをクリックします。

POINT

禁則処理セットは、作成した文書だけで利用可能です。他の文書でも利用したい場合は、利用したい禁則処理セットを適用したテキストをコピー＆ペーストしてください。

▶禁則処理の調整方式

禁則処理では、文字間隔を調整して対象文字を行頭や行末にこないようにします。

その際、対象となる文字を前行に収めるか、次行に送るかは、コントロールパネルメニュー（または「段落」パネルメニュー）の「禁則調整方式」で選択します。

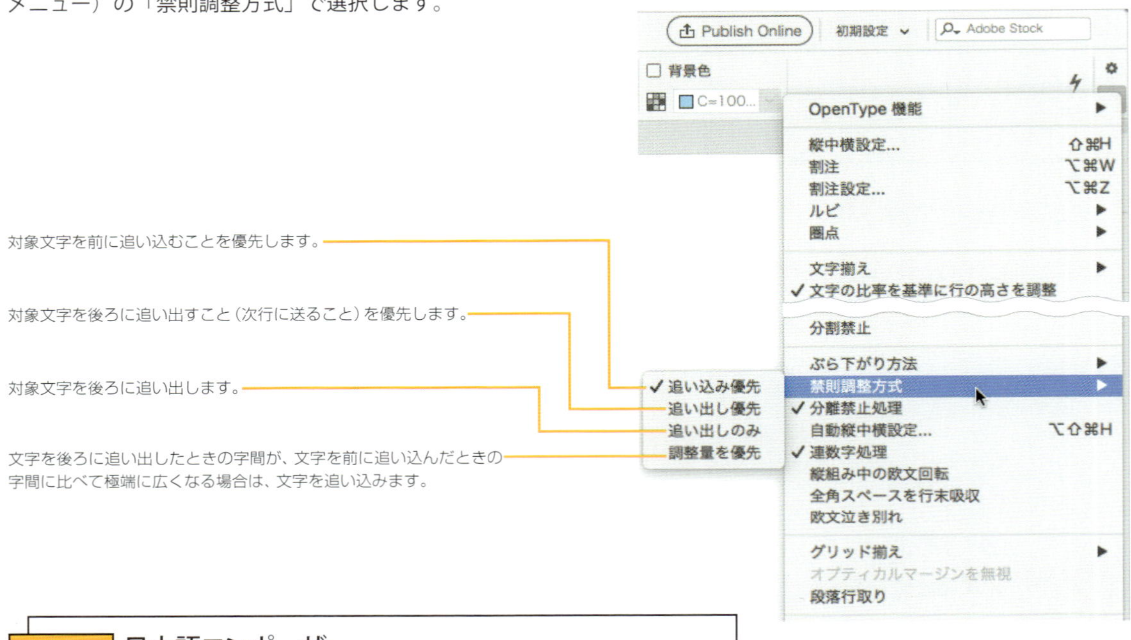

TIPS 日本語コンポーザー

禁則処理の結果は、「段落」パネルメニューで選択できる日本語コンポーザーの種類によっても異なります（142ページ参照）。

TIPS 禁則処理テキストのハイライト表示

「InDesign」メニュー（Windows版は「編集」メニュー）の「環境設定」の「組版」の設定によって、禁則処理対象の文字はグレー、追い込み処理した文字は赤、追い出し処理した文字は青でハイライト表示できます。

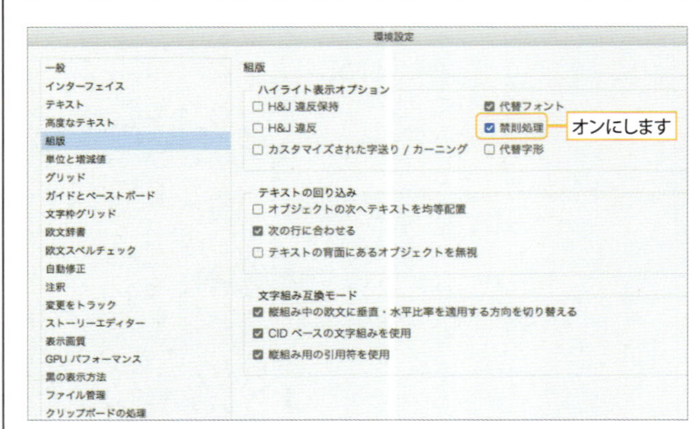

ハイライト表示の結果

◆ひまわり（向日葵）
太い茎が夏の空に向かって
まっすぐ伸び、大きくて、
まぶしい黄色い花を咲かせ
ます。

ぶら下がり

禁則処理を適用した場合には、コントロールパネルメニュー（または「段落」パネルメニュー）の「ぶら下がり方法」で行末に来た句読点、ピリオド、コンマなどのぶら下がり対象文字を、テキストエリアの外側にぶら下げることができます。

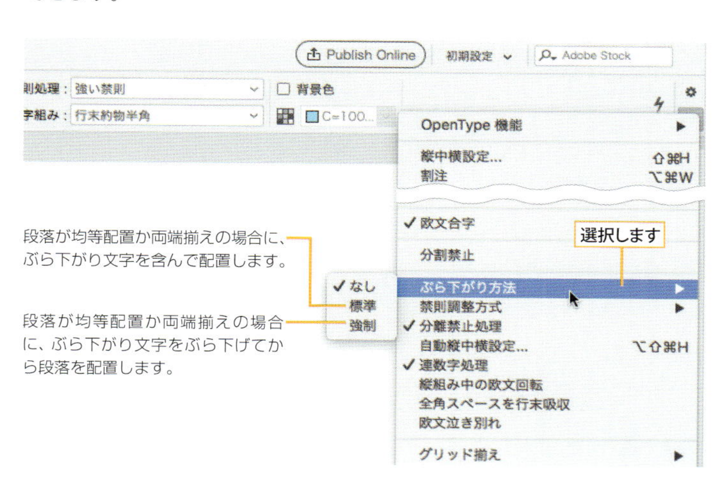

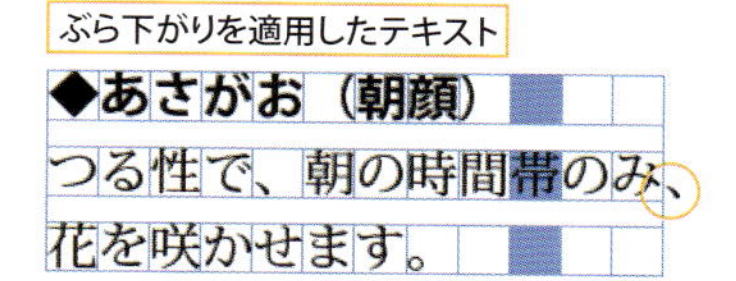

TIPS 欧文のぶら下がり

欧文テキストでは、引用符やピリオド、コンマ、WやV、Aなどの文字がテキストフレームの端に来た場合、テキストの端が不揃いに見えます。

「ストーリー」パネルの「オプティカルマージン揃え」をチェックすると、欧文テキストのこれらの文字をフレーム外にぶら下げて、テキストがきれいに揃って見えるように調整できます。

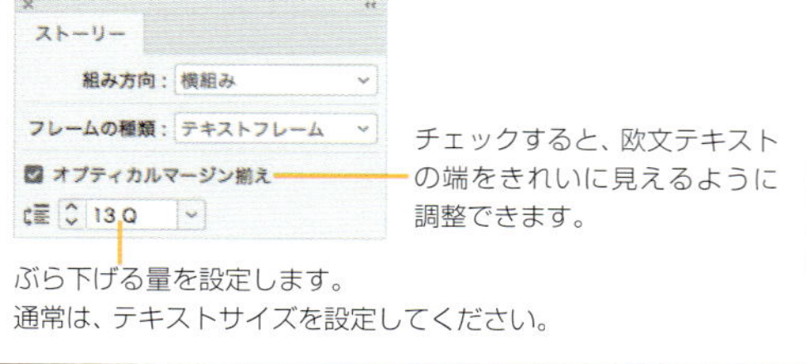

オプティカルマージン揃えの適用なし（左）と適用あり（右）

Very Exciting News!
"Adobe InDesign" gives you extraordinary power and creative freedom to take page design.

Very Exciting News!
"Adobe InDesign" gives you extraordinary power and creative freedom to take page design.

分離禁止処理

禁則処理を適用した場合、コントロールパネルメニュー（または「段落設定」パネルメニュー）の「分離禁止処理」をオンすると、行末に来た「分離禁止文字」を分離しないで次行に送ることができます。初期設定ではオンになっています。

POINT

分離禁止の対象文字は「禁則処理設定」ダイアログボックスの「分離禁止文字」で設定した文字になります。

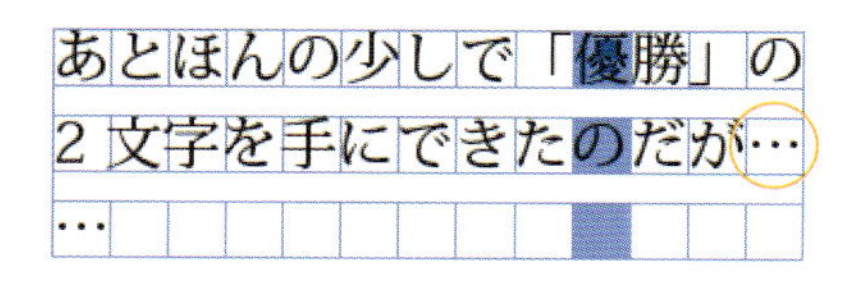

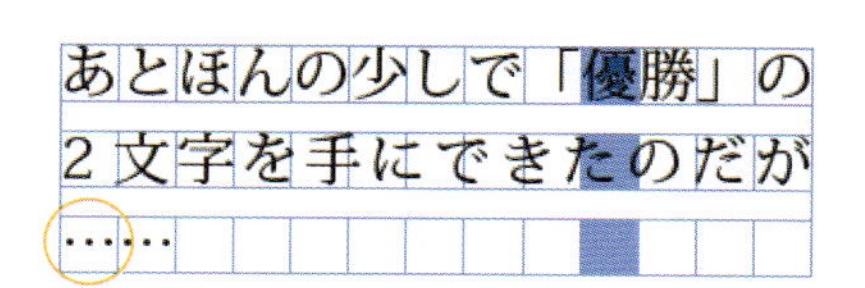

▶分割禁止

分離禁止処理とは別に、特定の文字列を行末で分離しないようにするには、分離させない文字を選択してコントロールパネルメニュー（または「文字」パネルメニュー）の「分割禁止」を選択します。

◆ひまわり（向日葵）
太い茎が夏の空に向かって
まっすぐ伸び、大きくて、ま
ぶしい黄色い花を咲かせま
す。

◆ひまわり（向日葵）
太い茎が夏の空に向かって
まっすぐ伸び、大きくて、
まぶしい黄色い花を咲かせ
ます。

全角スペースを行末吸収

コントロールパネルメニュー（または「段落」パネルメニュー）の「全角スペースを行末吸収」を使うと、全角スペース（全角の空白文字）が行頭に来た際、次行の先頭に送らずに、行末で全角スペースを吸収して、全角スペースがないように処理できます。

吸収前

岩の上に立った彼は、はるか先の
頂上を指して言ったのだ。
「まだかなりあるけど、大丈夫？
　日没までには着きたいね。」

全角スペースが行頭に来ています

吸収後

岩の上に立った彼は、はるか先の
頂上を指して言ったのだ。
「まだかなりあるけど、大丈夫？
日没までには着きたいね。」

全角スペースが吸収されてなくなりました

岩の上に立った彼は、はるか先の
頂上を指して言ったのだ。
「まだかなり距離があるけど、大
丈夫？　日没までには着きたい
ね。」

編集で文字位置が変わり、全角スペースが行内になった場合は、そのまま全角スペースが空きます

段落の分離禁止

段組やリンクしているテキストフレームで、単語や行が分離しないように段落の分離処理を設定できます。段落にカーソルを挿入して、「段落」パネルメニューの「段落分離禁止オプション」で設定します。

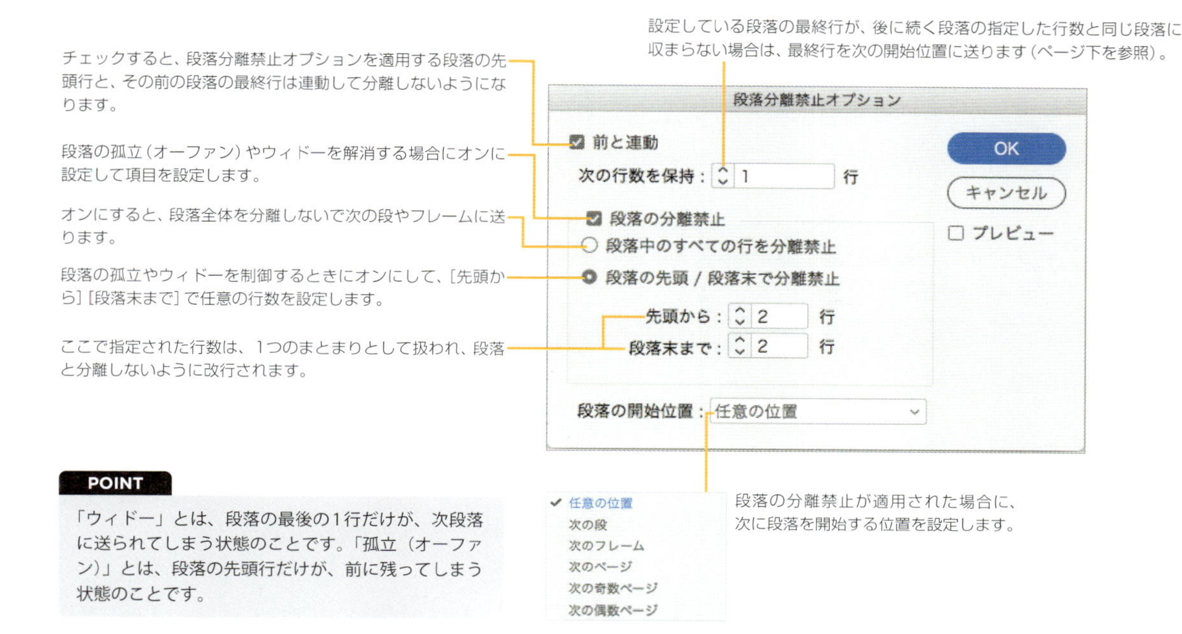

設定している段落の最終行が、後に続く段落の指定した行数と同じ段落に収まらない場合は、最終行を次の開始位置に送ります（ページ下を参照）。
チェックすると、段落分離禁止オプションを適用する段落の先頭行と、その前の段落の最終行は連動して分離しないようになります。
段落の孤立（オーファン）やウィドーを解消する場合にオンに設定して項目を設定します。
オンにすると、段落全体を分離しないで次の段やフレームに送ります。
段落の孤立やウィドーを制御するときにオンにして、［先頭から］［段落末まで］で任意の行数を設定します。
ここで指定された行数は、1つのまとまりとして扱われ、段落と分離しないように改行されます。
段落分離禁止オプション
前と連動
次の行数を保持：1 行
OK
キャンセル
プレビュー
段落の分離禁止
段落中のすべての行を分離禁止
段落の先頭 / 段落末で分離禁止
先頭から：2 行
段落末まで：2 行
段落の開始位置：任意の位置
任意の位置
次の段
次のフレーム
次のページ
次の奇数ページ
次の偶数ページ
段落の分離禁止が適用された場合に、次に段落を開始する位置を設定します。

POINT

「ウィドー」とは、段落の最後の1行だけが、次段落に送られてしまう状態のことです。「孤立（オーファン）」とは、段落の先頭行だけが、前に残ってしまう状態のことです。

▶次の行数を保持

設定している段落の最終行が、次の段落の指定した行数と同じ段落に収まらない場合は、「次の行数を保持」に保持する行数を指定すると、最終行を次の段の開始位置に送ります。

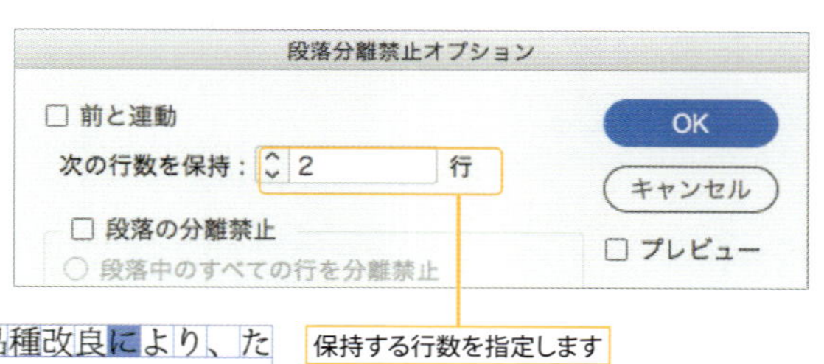

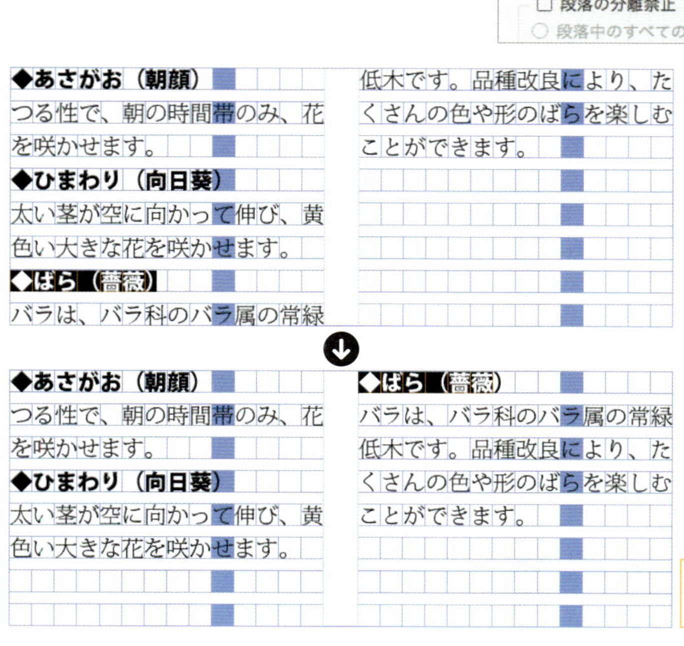

設定した段落の最終行が次の段落の2行目と同じ段に収まらないので、最終行が改段されました

CHAPTER 4 段落書式と組版

縦組みに便利な機能

使用頻度

和文縦組みの場合、英数字の扱いは漢字表記か英数字表記にするなどの決めごとが必要です。このとき、数字を縦組みの中で横表記できるのが「縦中横」です。また、数字のゼロが連続する場合に行替えしないようにするのが、「連数字処理」です。

縦中横を設定する

▶手動で縦中横を設定する

2桁以上の数字など、2文字以上を回転させるには、テキストを選択して文字形式コントロールパネルの「縦中横」にチェックを入れます。「文字」パネルメニューの「縦中横」を選択してもかまいません。

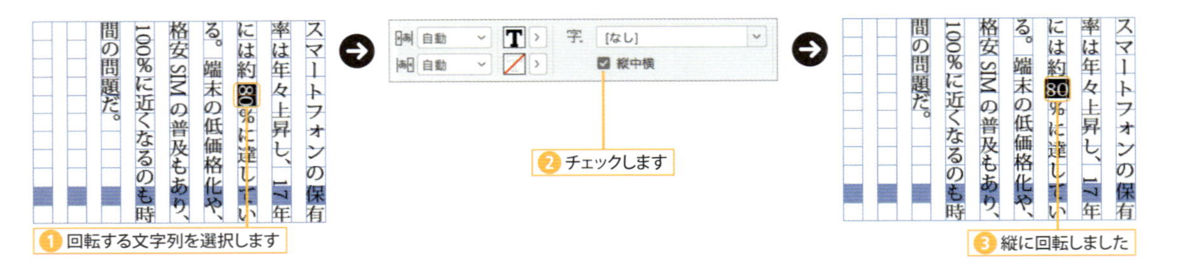

▶縦中横の位置の調整

縦中横で回転させた文字を選択し、コントロールパネルメニュー（または「文字」パネルメニュー）の「縦中横設定」（shift＋⌘＋H）を選択すると「縦中横設定」ダイアログボックスが開き、縦中横文字の上下、左右の位置を調整できます。

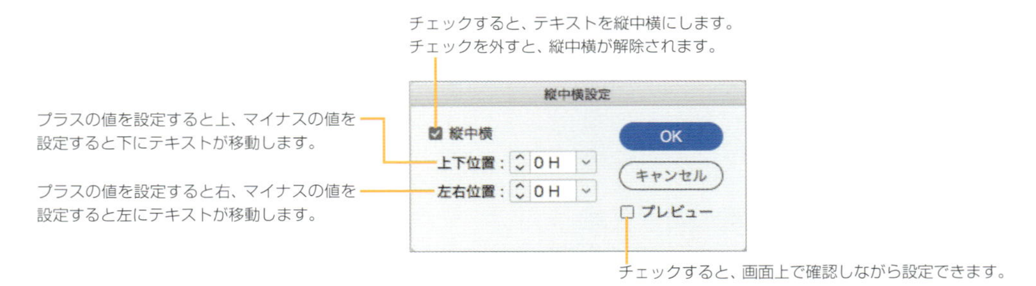

自動縦中横を使う

特定の桁数以上の半角数字を、自動で縦中横にすることもできます。

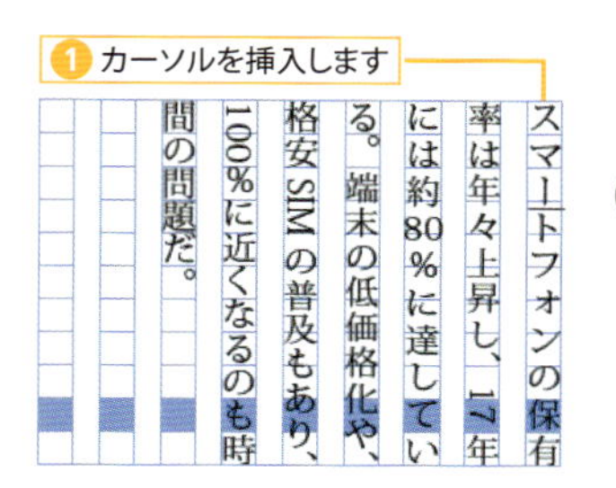

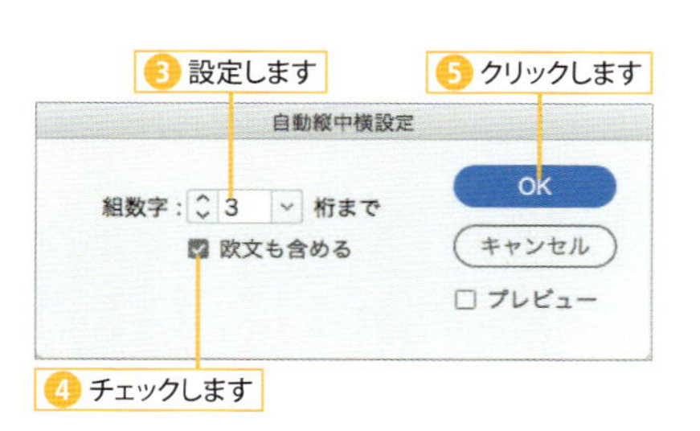

POINT

手動でも自動でも、縦中横が適用された文字は、文字形式コントロールパネル（または「文字」パネル）でカーニングや文字幅などを調整できます。

▶ 縦組み中の欧文回転

コントロールパネルメニュー（または「段落」パネルメニュー）の「縦組み中の欧文回転」を選択すると、選択した段落の中の欧文フォント（1バイト文字）を横から縦に回転できます。

POINT

回転した半角の英数字は、全角（2バイト）の文字として扱われます。

段落にカーソルを挿入してコマンドを実行すると、欧文と数字が縦に回転します

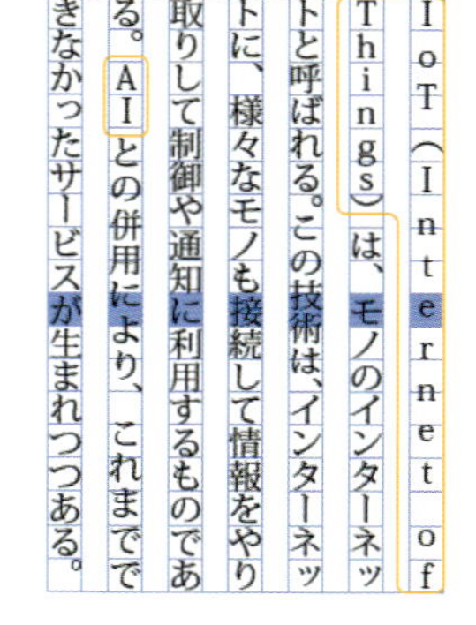

連数字処理

コントロールパネルメニュー（または「段落」パネルメニュー）の「連数字処理」を使うと、選択した段落内で連続する数字が行を超えて分割されないように設定できます。

デフォルトではオンになっています。

連数字処理：オフ

夏目漱石は、帝国大学文科（東京大学文学部）を卒業後、東京高等師範学校、松山中学、第五高等学校などの教師生活を経て、一九〇〇年イギリスに留学。帰国後、第一高等学校で教鞭をとりながら、一九〇五年処女作『吾輩は猫である』を発表。翌年、一九〇六年『坊っちゃん』『草枕』を発表する。

連数字処理：オン

夏目漱石は、帝国大学文科（東京大学文学部）を卒業後、東京高等師範学校、松山中学、第五高等学校などの教師生活を経て、一九〇〇年イギリスに留学。帰国後、第一高等学校で教鞭をとりながら、一九〇五年処女作『吾輩は猫である』を発表。翌年、一九〇六年『坊っちゃん』『草枕』を発表する。

4.11 段抜きと段分割

使用頻度

「段抜き」を使うと、段組を設定したテキストフレームの見出し行だけを二段や三段抜きにする「段抜き見出し」にできます。段落途中の見出しに適用すれば、本文行の量を自動計算して、適切な位置で改段します。「段分割」を使うと、段の中のテキストの一部を二段や三段に設定できます。

段抜き

週刊誌などの段組みのレイアウトでは、見出し部分だけを2段抜きにすることがあります。

段落形式コントロールパネルので段組みしているテキストフレームの一部の段落を指定した段数で抜いてレイアウトできます。また、「段抜きと段分割」ダイアログボックスを開いて、前後の間隔を指定することもできます。

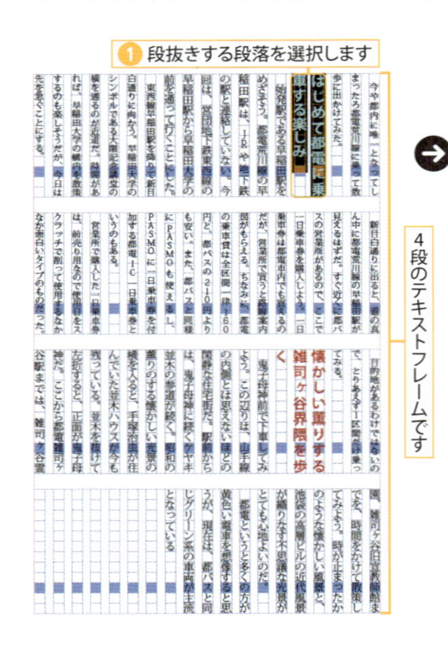

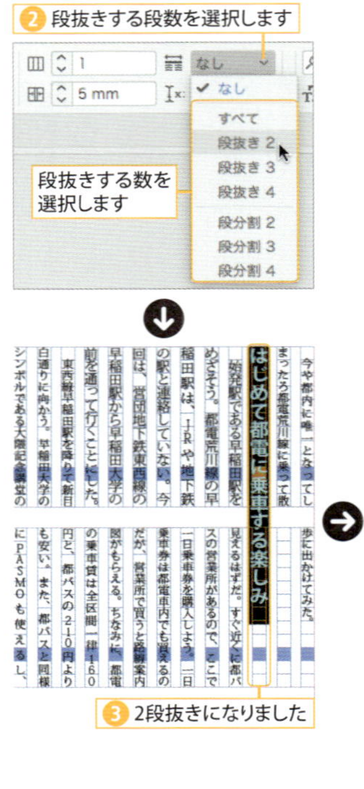

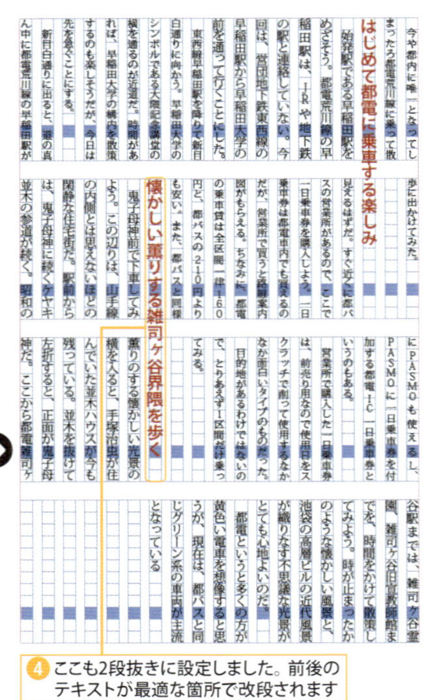

はじめて都電に乗車する楽しみ
懐かしい薫りする雑司ヶ谷界隈を歩く
4 ここも2段抜きに設定しました。前後のテキストが最適な箇所で改段されます

段分割（段落内の段組）

テキストレイアウトの中で箇条書きの部分があると、中途半端に余白ができてしまうことがあります。タブを使って1行に2項目ずつ並べる方法もありますが、意外に設定が面倒です。

段落形式コントロールパネルの から段分割を選択すれば、選択した段落だけ指定した段数の段組みにできます。

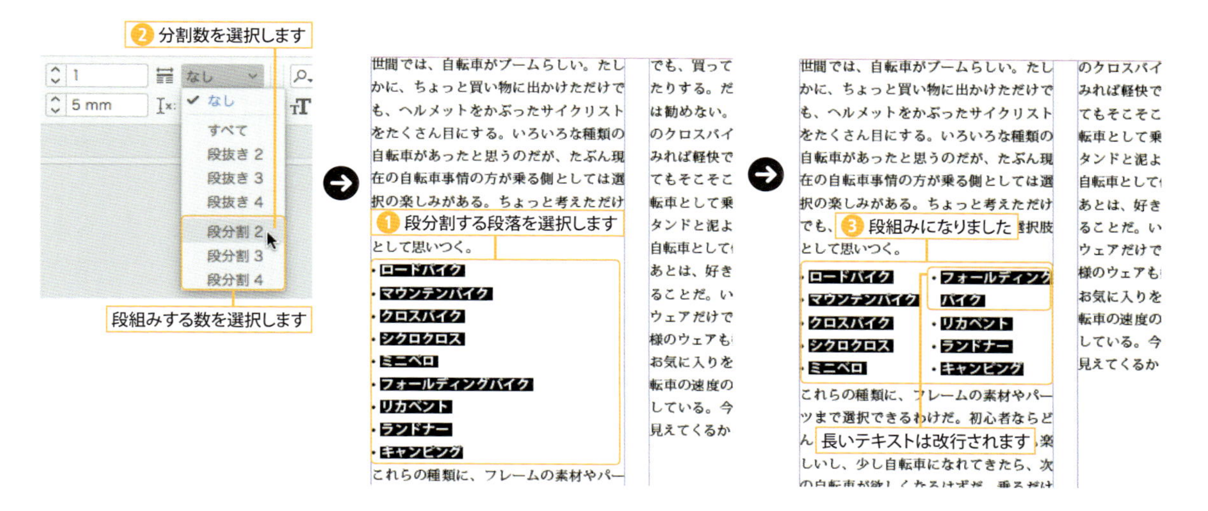

「段抜きと段分割」ダイアログボックスで詳細設定

段落形式コントロールパネルの をoption＋クリックすると「段抜きと段分割」ダイアログボックスが開き、段抜きや段分割する段落の前後のアキ量などを設定できます。

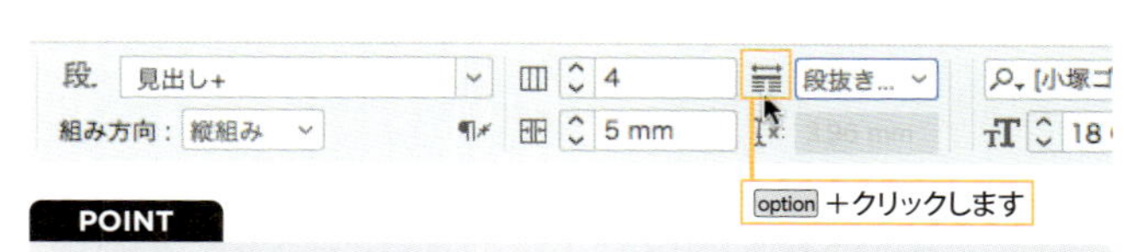

POINT

「段抜きと段分割」ダイアログボックスは、コントロールパネルメニュー（または「段落」パネルメニュー）の「段抜きと段分割」を選択して開くこともできます。

▶ 段抜きの場合

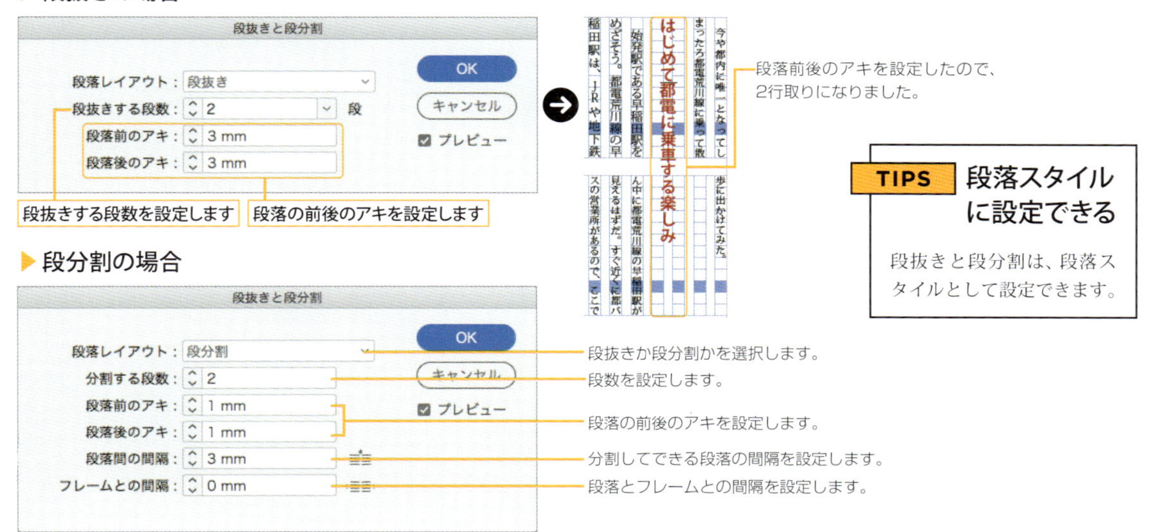

▶ 段分割の場合

TIPS 段落スタイルに設定できる

段抜きと段分割は、段落スタイルとして設定できます。

4.12 欧文テキストのハイフネーション

使用頻度 ★☆☆

ハイフネーションの設定には、すべての行末単語を処理する「自動ハイフネーション」と、1つずつハイフンの位置を設定する「手動ハイフネーション」の2通りがあります。

自動ハイフンを設定する

自動ハイフネーションは、「InDesign」メニュー（Windows版は「編集」メニュー）の「環境設定」の「欧文辞書」にある「言語」で設定している辞書を参照して（355ページ参照）、行末単語をハイフンで自動的に区切って文字組みを行います。

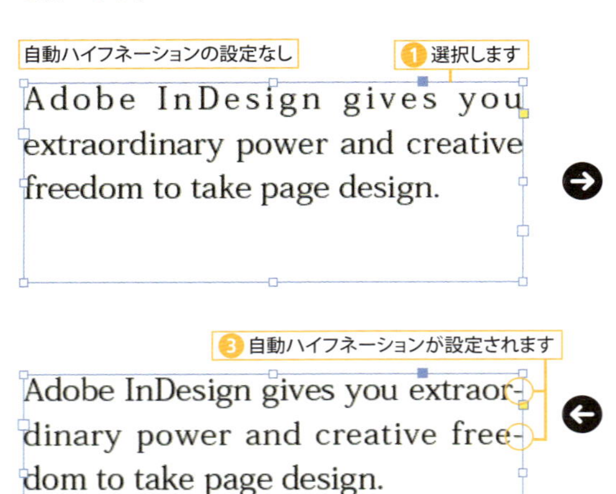

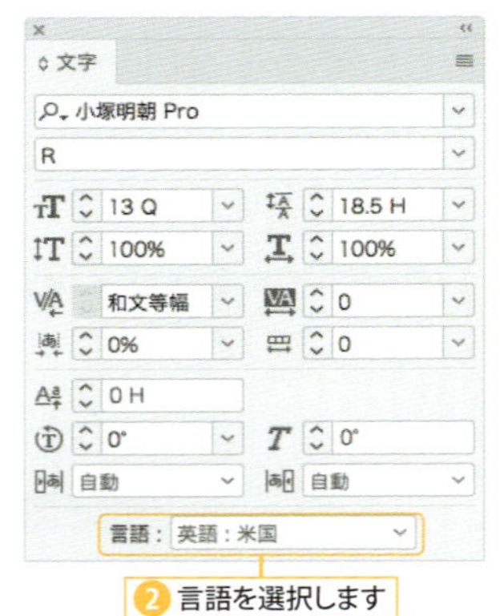

POINT

ハイフネーションのオンオフは、段落パネルメニュー（文字選択時はコントロールパネルメニューでも可）のハイフネーションで設定します。

POINT

初期設定では、日本語にハイフネーション辞書が設定されていないので、ハイフネーションされません。

POINT

ハイフネーションは和文のフォントでも設定できます。

▶ 自動ハイフネーションのオプション設定

ハイフネーションは、長い単語をきれいにレイアウトするのに有効な手段ですが、行末がハイフンばかりの文章や、最初の数文字でハイフンの入る単語は必ずしも美しいといえません。

ハイフネーションは、「段落」パネルメニューの「ハイフネーション設定」を選択して、「ハイフネーション設定」ダイアログボックスで調整できます。

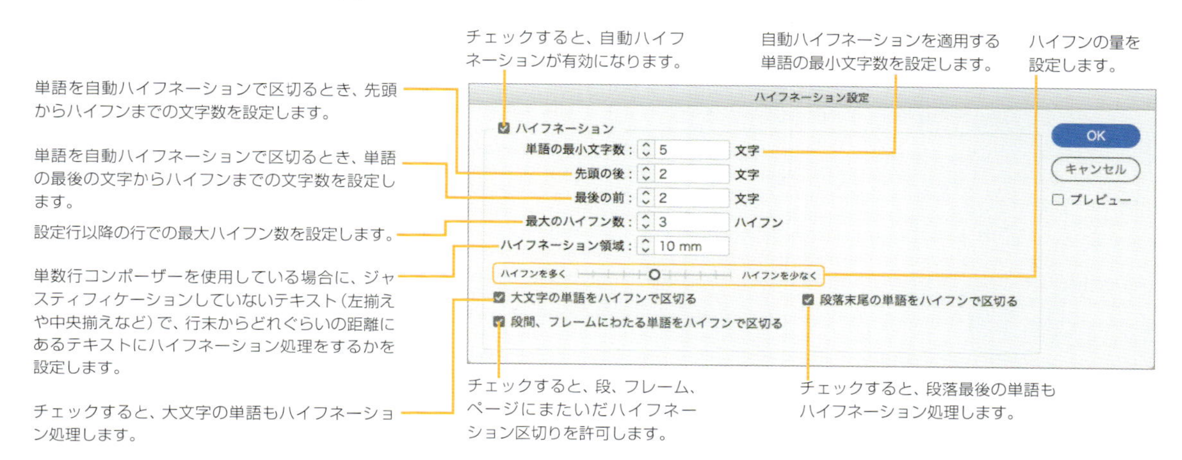

手動でハイフンを入れる

ハイフンの位置を変更したい場合には、手動でハイフンを設定することもできます。

「書式」メニューの「特殊文字の挿入」にある「ハイフンおよびダッシュ」から「任意ハイフン」（shift＋⌘＋-）または「分散禁止ハイフン」（option＋⌘＋-）を選択して挿入します。

「分散禁止ハイフン」を使うと、指定した位置に必ずハイフンが入りますが、単語の位置が変わってハイフンが必要ない文の中央部に移動しても、ハイフンは残ります。「任意ハイフン」は残りません。

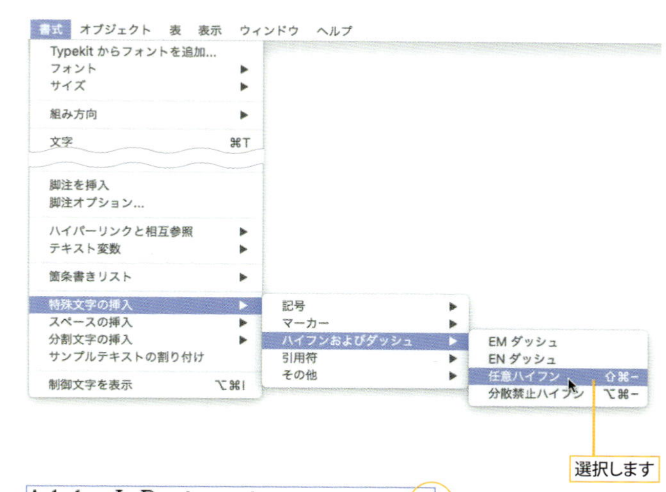

Adobe InDesign gives you extrabr-
dinary power and creative free-
dom to take page design.

➔

Adobe InDesign gives you extra-
brdinary power and creative free-
dom to take page design.

POINT

「任意ハイフン」は、入力しても文字組みの関係で1行に収まる場合はハイフンは表示されません。

分散禁止スペース

人名や商品名など、複数の単語を1つの単語として扱いたい場合は、「書式」メニューの「スペースの挿入」から「分散禁止スペース」（option＋⌘＋X）または「分散禁止スペース（固定幅）」を選択して、単語間に「分散禁止スペース」に設定できます。

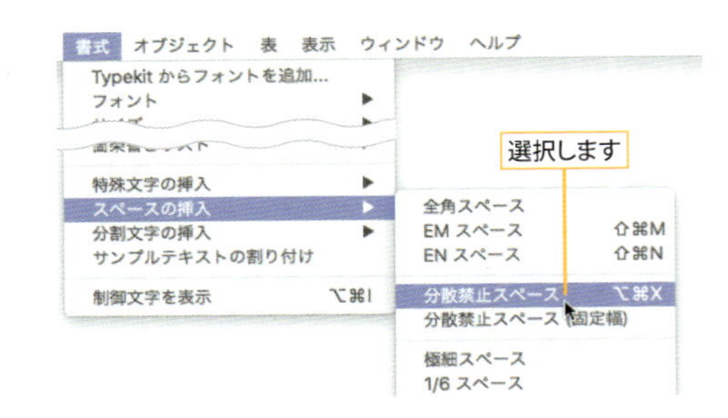

POINT

「分散禁止スペース（固定幅）」は、ジャスティフィケーションされているテキストでは、スペースが拡張縮小されません。

通常のスペースでは、「Adobe」と「InDesign」の間で改行されてしまいます

ページレイアウトソフトの標準 Adobe
InDesign CC

→

分散禁止スペースが挿入されると１つの単語として扱われ、次の行に送られます

ページレイアウトソフトの標準
Adobe InDesign CC

欧文泣き別れ

コントロールパネルメニューまたは「段落」パネルメニューの「欧文泣き別れ」を使用すると、欧文単語をハイフンなしに、和文と同様に文字単位で改行するように設定できます。

Publish Online　初期設定　Adobe Stock
OpenType 機能
縦中横設定...　⇧⌘H
割注　⌥⌘W
全角スペースを行末吸収
欧文泣き別れ
グリッド揃え
オプティカルマージンを無視

テキストを選択してから選択します

POINT

「欧文泣き別れ」は、ハイフネーションがオンの状態で有効となります。

欧文泣き別れ：適用なし

初春に、ランナーが首都を駆け
抜ける東京マラソン（TOKYO
MARATHON）が開催される

欧文単語は、単語単位で改行されます。

欧文泣き別れ：適用あり

初春に、ランナーが首都を駆け抜
ける東京マラソン（TOKYO MARA
THON）が開催される

欧文単語も、和文と同様に文字単位で改行されます。

ジャスティフィケーションの設定

テキストを均等配置した際の、欧文テキストの単語の文字間隔は、「段落」パネルメニューの「ジャスティフィケーション」（option＋shift＋⌘＋J）で設定します。

均等配置と両端揃えの場合「最小」と「最大」の間で調整されます。それ以外は「最適」の値が適用されます。

スペースを押して入力される単語間の空白の間隔を設定します。

文字の間隔を設定します。

字形の拡大・縮小幅（水平比率の値）を設定します。

段落の行送りを「自動」に設定した場合の行送り値を設定します。

幅の狭い段落で1行に1単語になった場合の文字の配置位置を選択します。

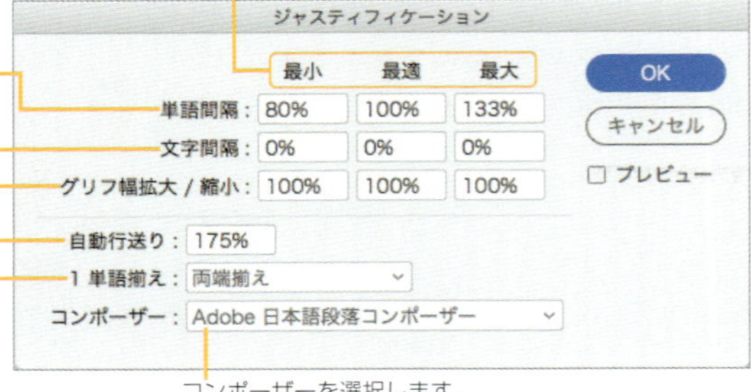

コンポーザーを選択します。

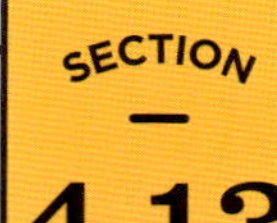

SECTION 4.13 タブの設定

使用頻度

表や目次などを作成する際に、項目と項目の間にタブを入力しておくと、項目の左右やセンターで位置を合わせたり、項目間にリーダー罫を引くことができます。

タブを設定する

項目と項目の間に、tab キーでタブを入力し、「タブ」パネルで揃える位置や方法を設定します。「タブ」パネルは、「書式」メニューの「タブ」shift＋⌘＋T）を選択して表示します。

1 タブ区切りのテキストを入力する

タブ区切りのテキストを入力します。

POINT

「書式」メニューの「制御文字を表示」で制御文字を表示しておくと作業しやすくなります。

2 設定するタブの種類を選択する

文字列を選択し、「書式」メニューから「タブ」を選択し、「タブ」パネルを表示します。タブの揃えボタン（ここでは「左／上揃えタブ」ボタン）をクリックしてタブの種類を選択します。

POINT

設定したタブマーカーを option キーを押しながらクリックすると、次の順番でタブの種類が変わります。

左/上揃え→センター揃え→右/下揃え→小数点揃え

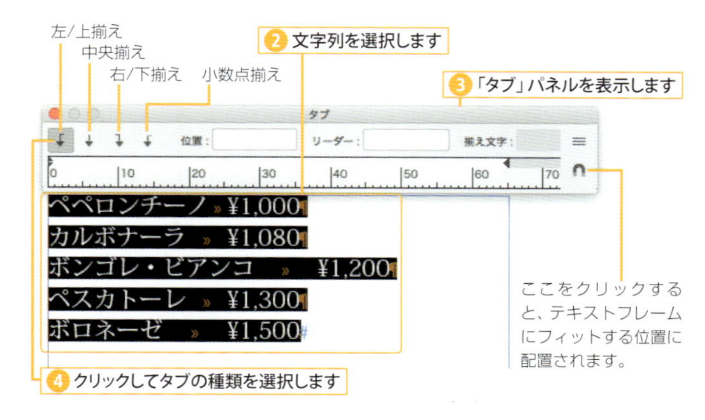

3 タブ位置を設定する

ルーラ上をクリックしてタブマーカーを配置します。テキストはタブマーカーの位置に揃います。タブマーカーはドラッグして移動できます。

POINT

タブを削除するには、「タブ」パネルからタブマーカーを外にドラッグして出します。「タブ」パネルメニューの「タブを削除」や「すべてを消去」でも削除できます。

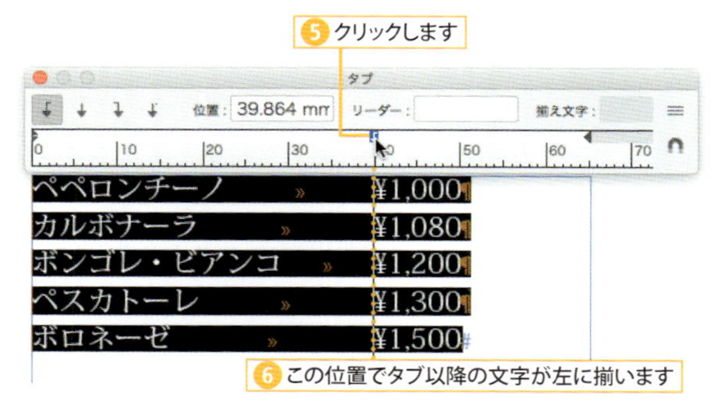

タブ位置の数値指定

「タブ」パネルの上にあるタブマーカー↓は、選択されている状態では、反転表示（↓）されます。

↓となった状態では、「タブ」パネルでタブの種類を変更したり、「位置」ボックスでタブ位置を数値指定できます。

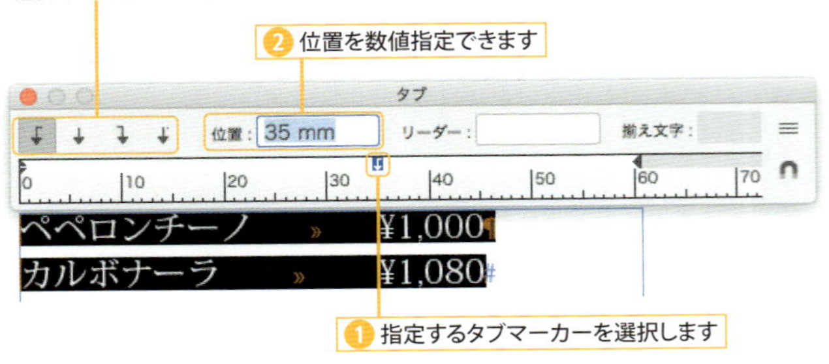

リーダーの指定

「リーダー」ボックスに文字を入れると、タブで開いた空白を指定した文字で埋めることができます。

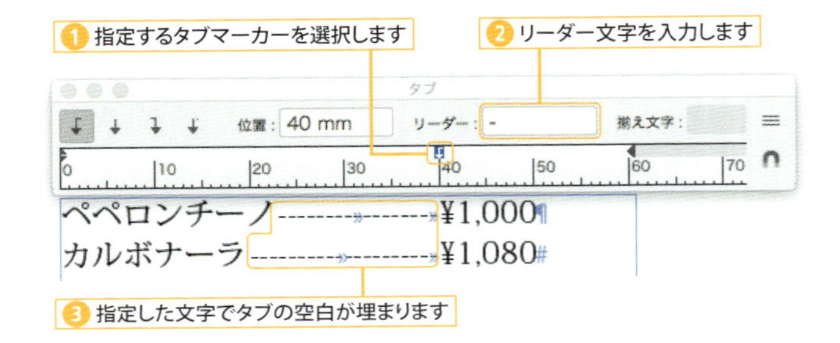

タブを等間隔で繰り返し設定する

「タブ」パネルメニューの「繰り返し」を選択すると、選択しているタブの位置から等間隔でタブを繰り返し設定できます。

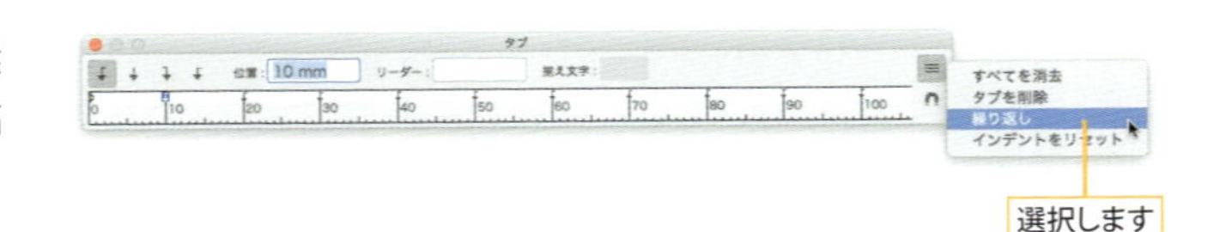

右インデントタブを設定する

右インデントタブを挿入すると、それ以降のテキストがテキストフレームの右辺（縦組みの場合は下辺）に揃えられます。

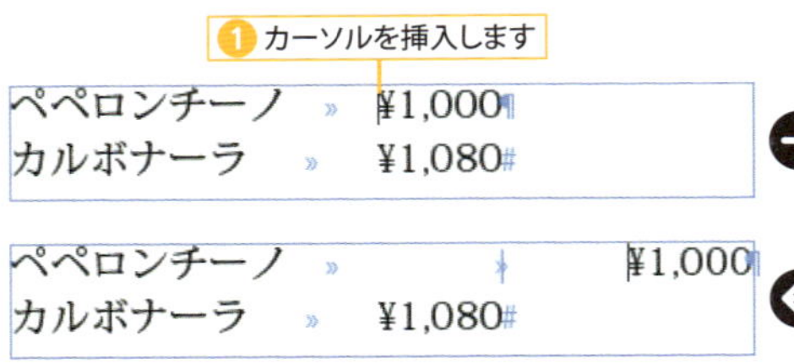

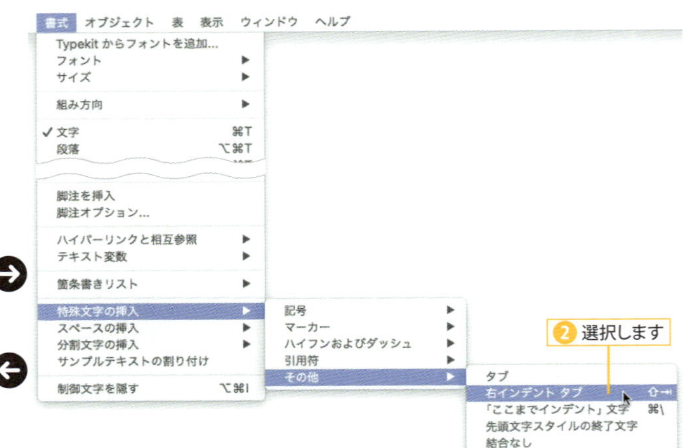

CHAPTER

5

スタイルの活用と各種ファイルの読み込み

ページボリュームの多い制作物では、作業をできるだけ自動化することが大切です。
たとえば、文字書式の設定をスタイルに登録して、一括して変更できるようにしておくことは基本中の基本です。とはいえ、自動化や効率化は、InDesignの機能を知らなければ使うこともできません。
CHAPTER 5では、スピーディに作業を行うためのスタイル活用を中心に説明します。

CS6 | CC | CC14 | CC15 | CC17

段落スタイルと文字スタイル

使用頻度 ★★☆

段落や文字に設定するフォント・サイズ・色などはスタイルとして登録でき、同じ設定を他のテキストへ簡単に適用することができます。スタイルの設定方法によっては、配置したテキスト全体に一気にスタイルを適用することもできます。

文字スタイル・段落スタイルとは

「文字スタイル」「段落スタイル」は、フォント・サイズ・文字色・文字詰め・行揃えなどの各種設定の組み合わせを「スタイル」として登録しておき、選択したテキストや段落に一括して適用する機能です。

「文字スタイル」は選択した文字だけに適用され、「段落スタイル」は選択した文字の段落またはカーソルのある段落の文字全体に適用されます。

「文字スタイル」「段落スタイル」を活用することで、同じ文字設定・段落設定を多くの文字に適用でき、作業効率を高めることができます。

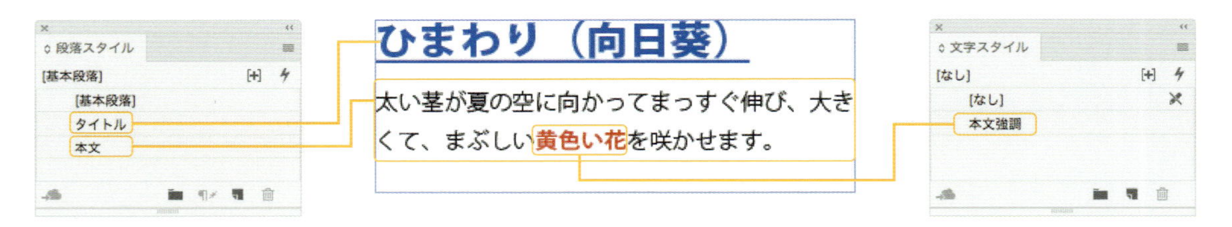

新しい文字スタイル・段落スタイルを作成する

InDesignのスタイルは設定項目が多いため、あらかじめ文字形式コントロールパネルや段落形式コントロールパネルでテキストに書式を設定しておき、それを元にスタイルとして登録すると効率的です。

スタイルに登録するテキストを選択してから「文字スタイル」パネルや「段落スタイル」パネルの■をoptionキー（WindowsはAltキー）を押しながらクリックしてください。

文字スタイルも段落スタイルも、同じ方法で作成できます。

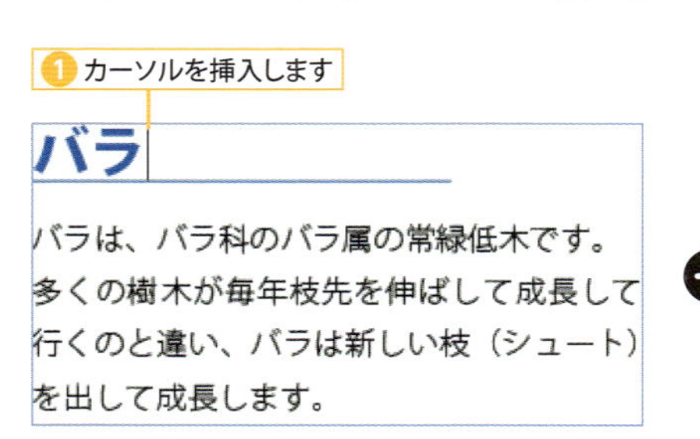

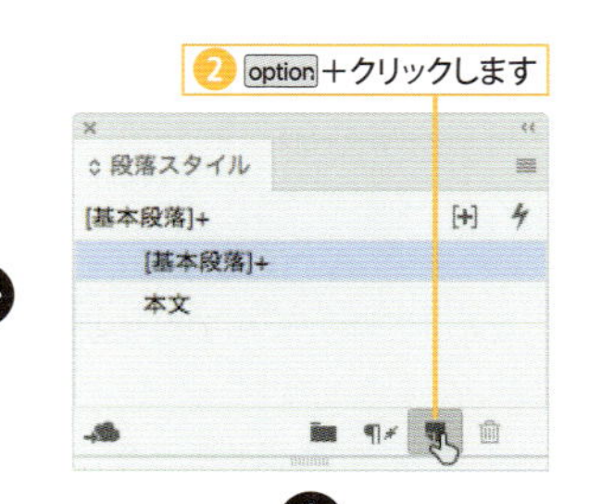

POINT

テキストを選択し、「文字スタイル」パネルメニューの「新規文字スタイル」（「新規段落スタイル」）を選択してもかまいません。

適用した段落を改行した時の次段落に適用されるスタイル名を選択します（段落スタイルのみ）。

他のスタイルを基にして新しいスタイルを作成する場合は、基準になるスタイルを選択します。
基準スタイルに変更があった場合、連動してこのスタイルも変更されます。

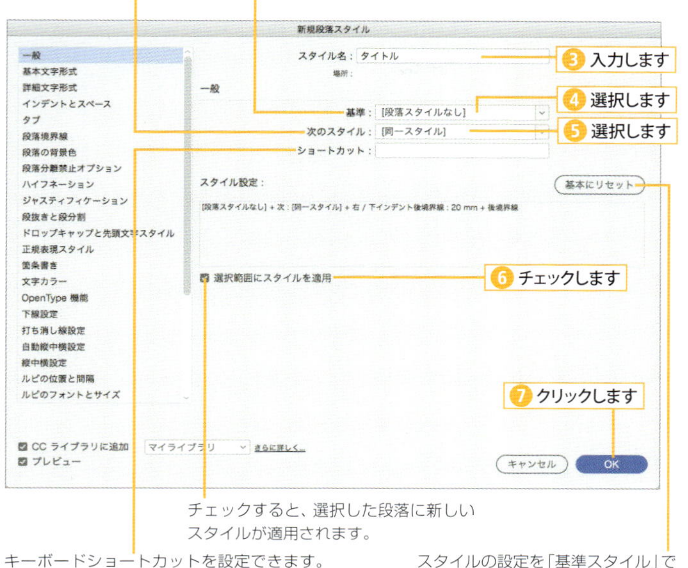

チェックすると、選択した段落に新しいスタイルが適用されます。

キーボードショートカットを設定できます。設定したいショートカットをキーボードで押して設定します。

スタイルの設定を「基準スタイル」で選択した設定に戻します。

段落スタイル
タイトル
[基本段落]
タイトル
本文
8 スタイルが登録されます

TIPS 文字スタイルは一部の属性だけでもOK

文字スタイルには、書式の一部の属性だけでも登録できます。たとえば、文字色だけをスタイルに登録したり、文字色とフォントだけをスタイルに登録するなどです。
スタイルとして適用されない書式項目は空白で表示されます。適用項目から除外する場合は、ボタンを■にするか、メニューから「(無視)」を選択してください。

この書式属性だけがスタイルとして適用されます。

空白の項目も適用されません。

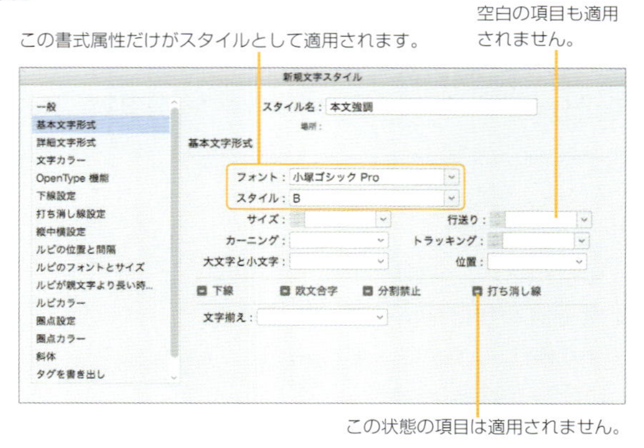

この状態の項目は適用されません。

TIPS ダイアログボックスを開かずにスタイルを作成する

文字スタイル・段落スタイルともに、「文字スタイル」パネル（段落スタイルは「段落スタイル」パネル）の■をクリックすると、ダイアログボックスを開かずに新しいスタイルを作成できます。
ただし、この方法で作成したスタイルは、名称が「段落スタイル1」のように通し番号がついたスタイルとなり、後述する「スタイルの編集」でスタイル名を設定する必要があります。できるだけ、option＋クリックで作成してください。

文字スタイル・段落スタイルの編集

「スタイル」パネルのスタイル名をダブルクリックすると、「段落スタイルの編集」ダイアログボックス（文字スタイルの場合は「文字スタイルの編集」ダイアログボックス）が開き、設定内容を編集できます。

「段落スタイルの編集」ダイアログボックス（または「文字スタイルの編集」ダイアログボックス）には、左側に設定項目のリストが表示され、項目をクリックするとダイアログボックスの右側が設定画面に変わります。すでにテキストに適用しているスタイルの内容を変更すると、テキストは変更されたスタイルの内容に自動で変わります。

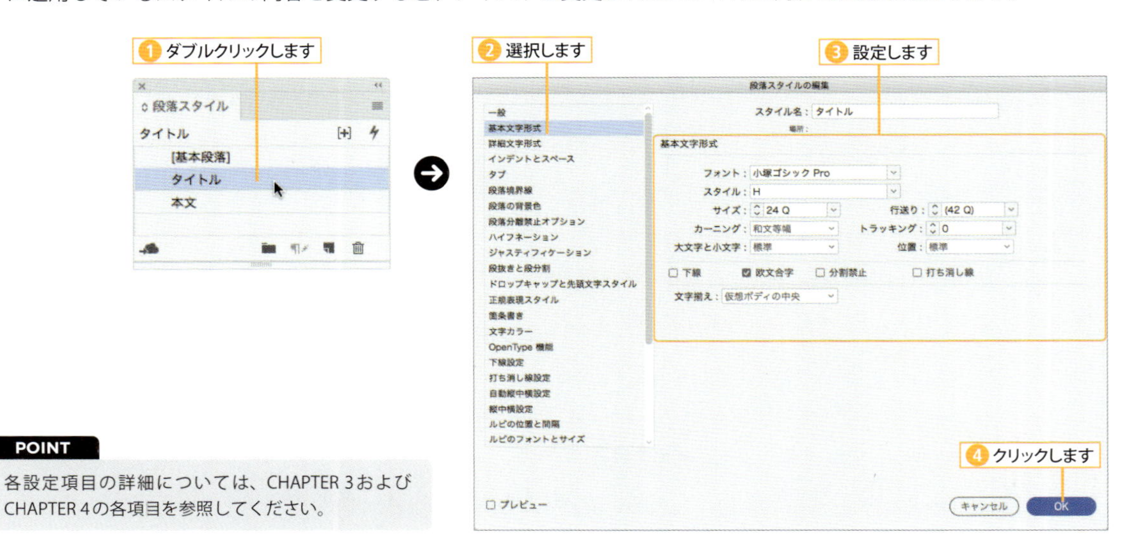

POINT

各設定項目の詳細については、CHAPTER 3およびCHAPTER 4の各項目を参照してください。

スタイルを適用する

▶ 段落スタイルを適用する

「段落スタイル」を適用するには、スタイルを適用する段落にカーソルを挿入して、「段落スタイル」パネルでスタイルをクリックします。

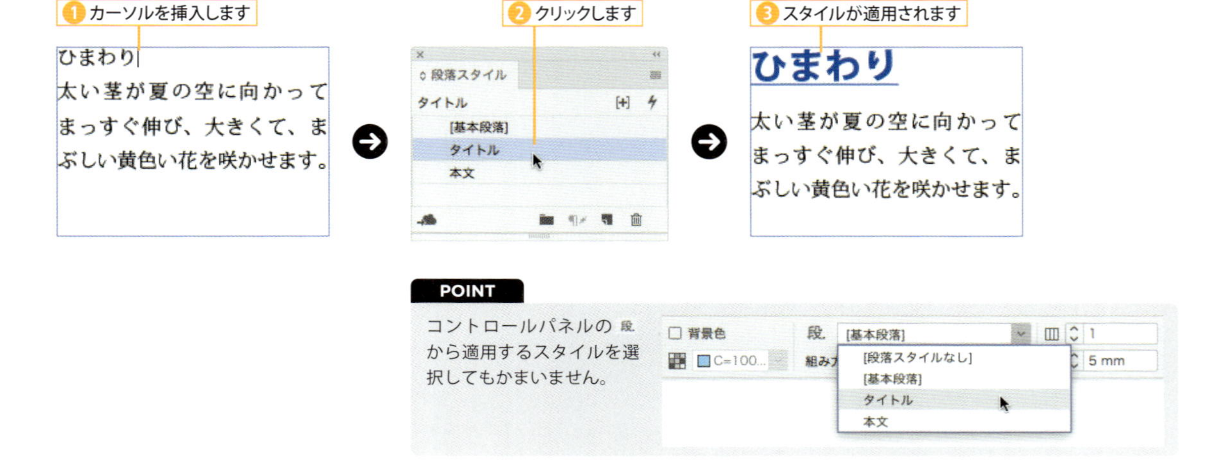

POINT

コントロールパネルの 段 から適用するスタイルを選択してもかまいません。

▶ 文字スタイルを適用する

「文字スタイル」を適用するには、適用する部分のテキストを選択してから「文字スタイル」パネルでスタイル名をクリックします。

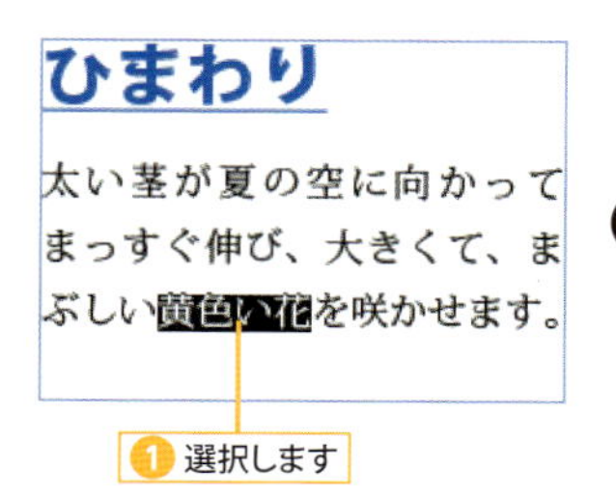

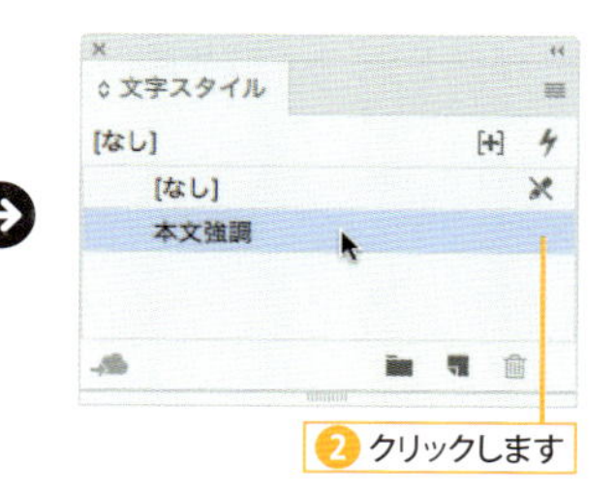

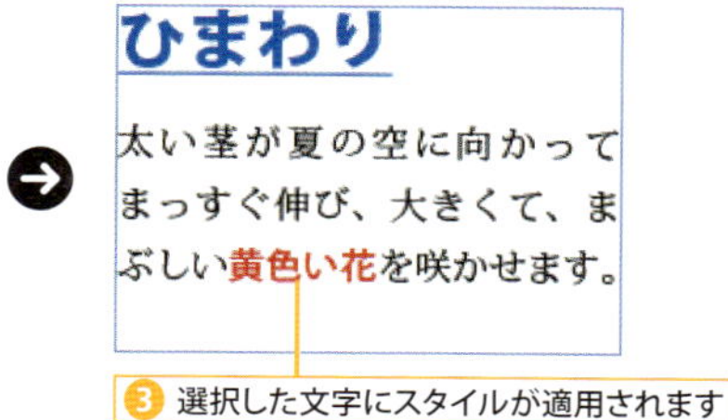

① 選択します　② クリックします　③ 選択した文字にスタイルが適用されます

POINT

段落スタイルを適用した段落内の文字に文字スタイルを適用した場合、文字スタイルが優先されます。

POINT

コントロールパネルの から適用するスタイルを選択してもかまいません。

POINT

連結していないテキストフレームを選択してスタイルを適用すると、フレーム内のすべての段落・文字にスタイルが適用されます。

TIPS クイック適用を使う

段落スタイルや文字スタイルを適用する状態で、⌘ + return キーを押すと画面右上にクイック適用リストが表示されます。↑↓キーかスタイル名の最初のいくつかの文字を入力してリストから適用するスタイルを選択し、return キーを押すと選択したスタイルを適用できます。クイック適用を使用せずにリストを消すには、esc キーを押してください。クイック適用の詳細は、16ページを参照してください。

TIPS フレームグリッドでのスタイル適用

フレームグリッドのテキストにも、スタイルを適用できます。ただし、行送りやグリッド揃えなど、フレームグリッドのほうが優先順位の高い設定のものに関しては、スタイルではなくフレームグリッドの設定が適用されます。

スタイルのオーバーライドとその消去

スタイルを適用した書式を文字形式コントロールパネルや段落形式コントロールパネルなどで変更すると、「文字スタイル」「段落スタイル」パネルのスタイル名の後ろにオーバーライドの「+」マークが付きます。またスタイルを適用したときに文字スタイルや以前のスタイルが残っている場合にも、オーバーライドの「+」マークが付きます。

▶ 元のスタイルを再適用する

スタイルを適用した文字・段落の設定を変更した後に元のスタイルに戻すには、該当する段落やテキストを選択した後に「文字スタイル」「段落スタイル」パネルのスタイルをoptionキー（WindowsはAltキー）を押しながらクリックします。

POINT

クイック適用で元のスタイルを選択し、option + return キーを押しても元のスタイルを再適用できます。

スタイル適用後に設定変更したテキスト

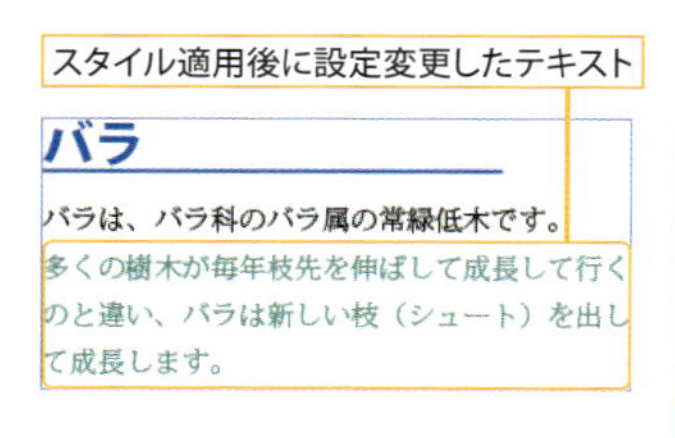

option +クリックします

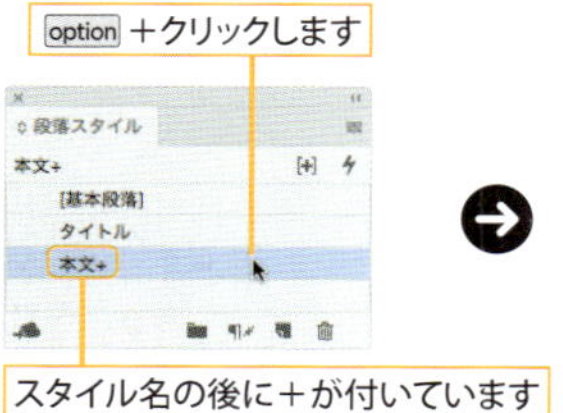

スタイル名の後に+が付いています

元のスタイルに戻りました

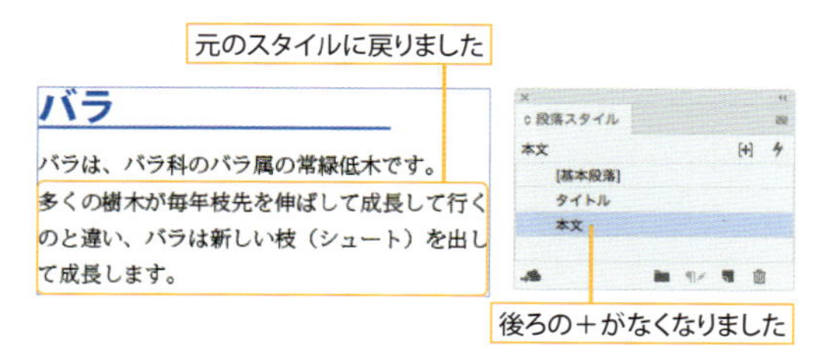

後ろの+がなくなりました

TIPS 段落スタイルと文字スタイルの両方が適用されている場合

optionキーを押しながら段落スタイルをクリックすると、元のスタイルが再適用されますが、文字スタイルが適用されている部分に関しては文字スタイルが優先されるため、そのまま残ります。
文字スタイルも解除して段落スタイルだけを再適用するには、「段落スタイル」パネルのスタイル名を、optionキーとshiftキーを押しながらクリックしてください。

▶選択した範囲だけを戻す

「段落スタイル」パネルの¶⁄を使うと、選択したテキストだけを元の段落スタイルに戻すことができます。

❶選択します

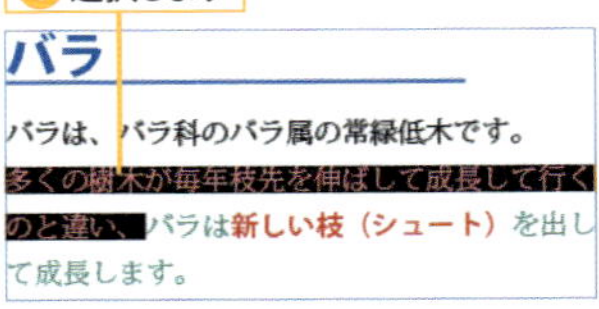

❷クリックします

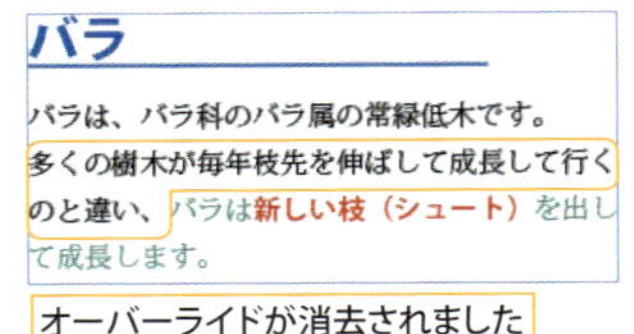

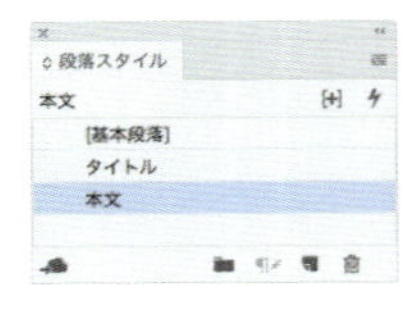

オーバーライドが消去されました

POINT

文字を選択しないで¶⁄をクリックすると、カーソルのある段落が元のスタイルに戻ります。
テキストフレームを選択した状態では、フレーム内のすべての段落が元のスタイルに戻ります。

POINT

¶⁄を⌘＋クリックすると、選択したテキストに適用されている「文字」パネルで変更した設定だけが解除されます。
shift＋⌘＋クリックすると、「段落」パネルで変更した設定だけが解除されます。

▶オーバーライドをスタイルに反映させる

スタイルを適用した文字・段落の設定を文字形式コントロールパネルや段落形式コントロールパネルなどで変更してオーバーライドした場合、その変更内容をスタイルに反映させることもできます。

POINT

スタイルを更新すると、そのスタイルが適用されていた他のテキストも同時に自動更新されます。

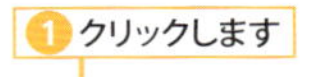

❷選択します

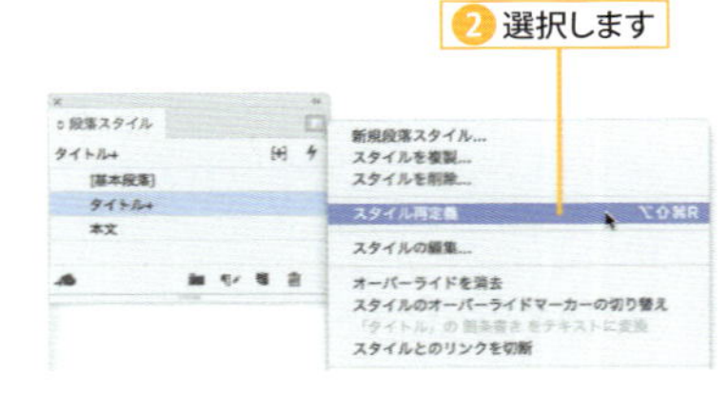

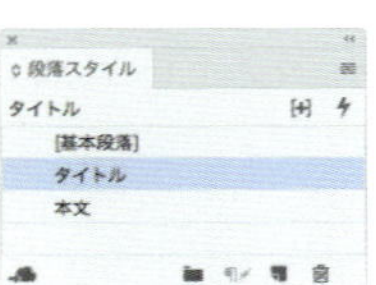

「次のスタイル」を使う

段落スタイルには、次の段落に適用する「次のスタイル」を設定できます。スタイルの適用時に、連続する段落に対して「次のスタイル」を同時に適用して、一気に複数のスタイルを適用することができます。

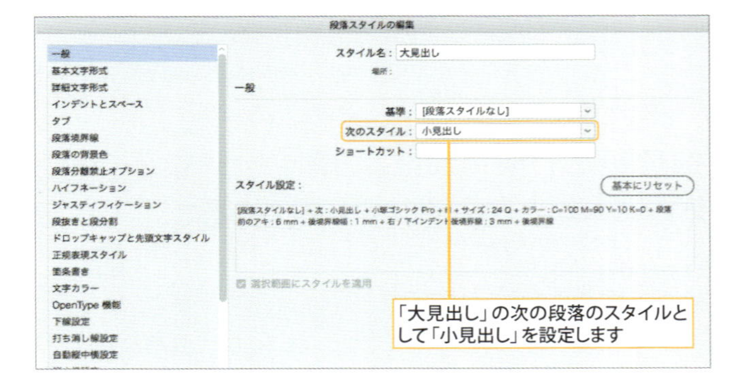

「大見出し」の次の段落のスタイルとして「小見出し」を設定します

スタイルグループで管理する

段落スタイルや文字スタイルは各パネルにリスト表示されますが、これらのスタイルをグループフォルダーを作成して管理できます。

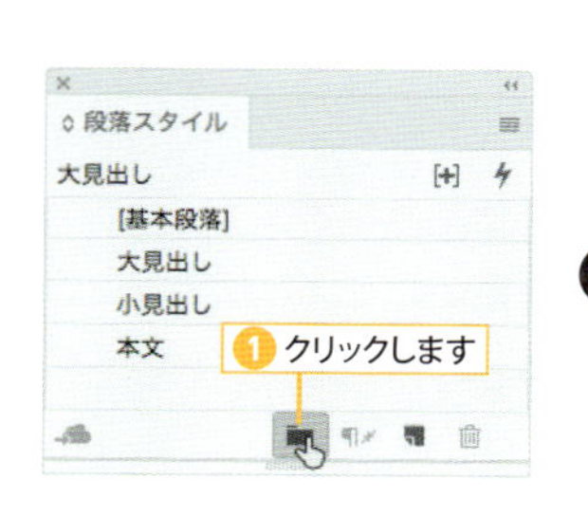

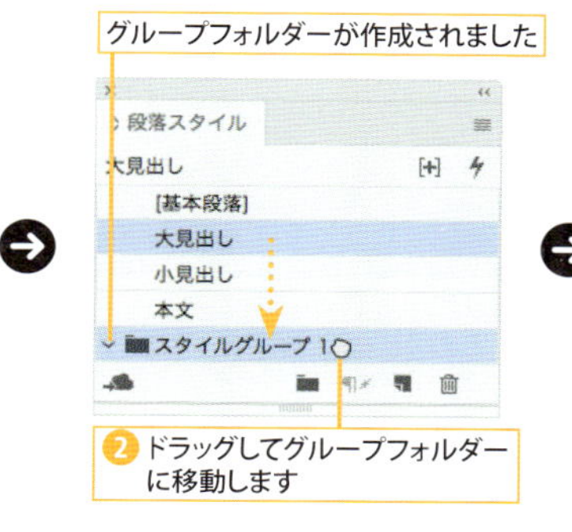

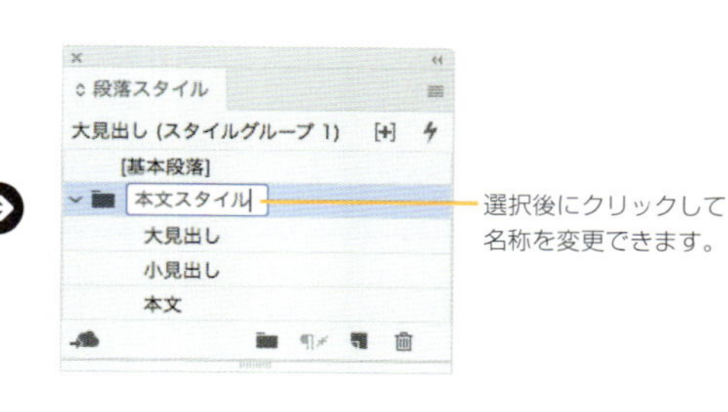

TIPS グループフォルダーを削除

グループフォルダーを削除すると、中のスタイルもすべて削除されます。

POINT

スタイルを選択してパネルメニューから「スタイルからグループを作成」を選択すると、選択したスタイルの入ったフォルダーを作成できます。

POINT

グループフォルダーは、サブフォルダーを作成して入れ子構造にすることもできます。

定義したスタイルを他の文書で利用する

スタイルは、作成した文書だけで利用可能です。他の文書で設定したスタイルを利用したい場合は、「段落スタイル」パネルメニュー（または「文字スタイル」パネルメニュー）の「段落スタイルの読み込み」（または「文字スタイルの読み込み」）を選択し、読み込みたいスタイルが適用されているInDesignファイルを選択します。

段落・文字の両方のスタイルを読み込む場合は、パネルメニューから「すべてのテキストスタイルを読み込み」を選択します。「スタイルを読み込み」ダイアログボックスで読み込むスタイルにチェックを付けて、「OK」ボタンをクリックします。

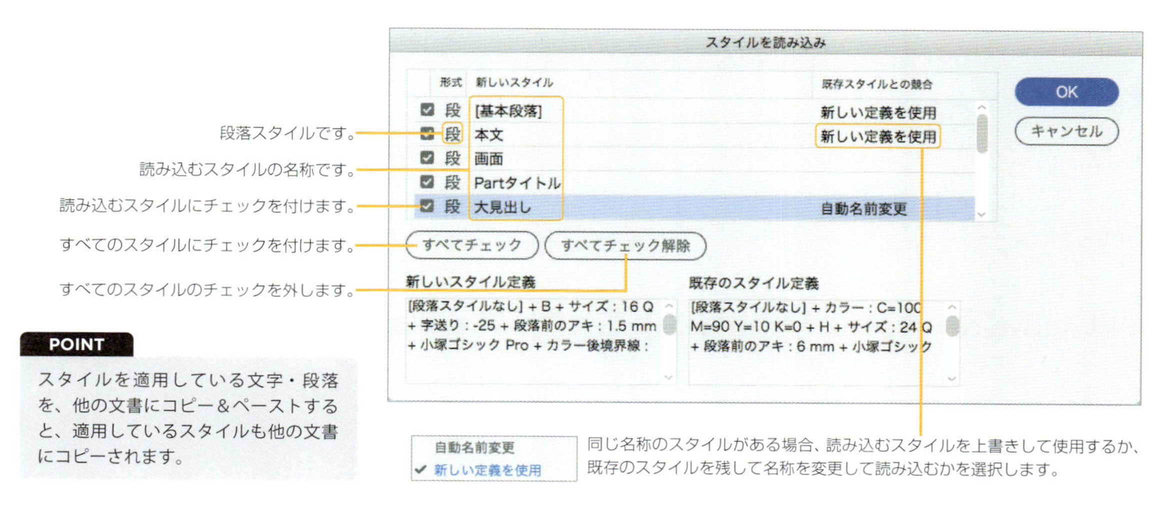

POINT

スタイルを適用している文字・段落を、他の文書にコピー＆ペーストすると、適用しているスタイルも他の文書にコピーされます。

SECTION 5.2

正規表現スタイル

使用頻度 ★☆☆

説明文の「(図XX)」という文字だけに強調の文字スタイルを適用したいケースでは、正規表現スタイルを使用すると、選択したテキスト内で、指定した正規表現に合致した文字列に対して文字スタイルを適用できます。

正規表現スタイルのメリット

正規表現スタイルは、選択したテキスト内で、指定した正規表現に合致した文字列に文字スタイルを適用する機能です。

段落スタイルの適用項目として設定できるので、長いドキュメントでも一気に文字スタイルを適用することができます。

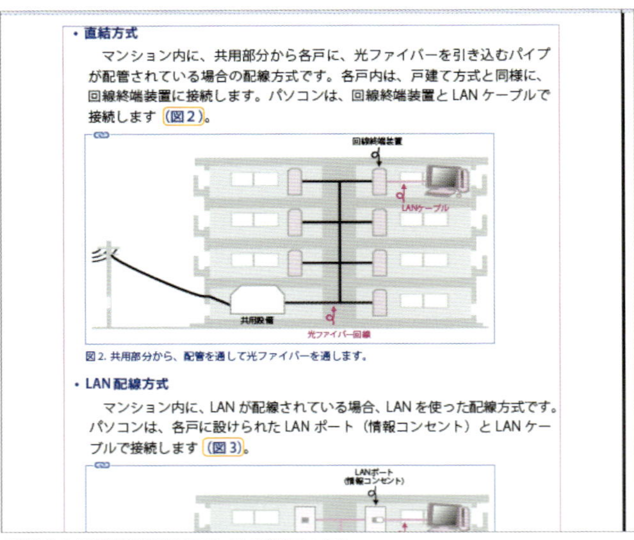

(図XX)という箇所に文字スタイルを適用します。

1 新規正規表現スタイルを作成する

正規表現スタイルを適用する段落の「段落スタイルの編集」ダイアログボックスを開きます。
左側で「正規表現スタイル」を選択し、右側の「新規正規表現スタイル」ボタンをクリックします。

1 ダイアログボックスを開きます

段落スタイルの編集

一般
基本文字形式
詳細文字形式
インデントとスペース
タブ
段落境界線
段落の背景色
段落分離禁止オプション
ハイフネーション
ジャスティフィケーション
段抜きと段分割
ドロップキャップと先頭文字スタイル
正規表現スタイル
箇条書き
文字カラー
OpenType 機能
下線設定
打ち消し線設定
自動縦中横設定
縦中横設定
ルビの位置と間隔
ルビのフォントとサイズ

スタイル名：本文
場所：
正規表現スタイル
新規正規表現スタイルボタンをクリックして 正規表現を使用したスタイルを作成します。

新規正規表現スタイル　削除

プレビュー　キャンセル　OK

2 選択します

3 クリックします

2 正規表現スタイルを定義する

新しい正規表現スタイルが作成されます。
「スタイルを適用」で適用する文字スタイルを選択します。
「テキスト」で文字スタイルを適用するテキストを正規表現で記述します。
ここでは、「(図XX)」に適用するので、「(**図\ d+**)」と記述します。「**\ d**」は数字、「+」は1回以上を表すメタ文字です。
設定したら、「OK」ボタンをクリックします。

POINT

適用する文字スタイルは、先に作成しておきます。

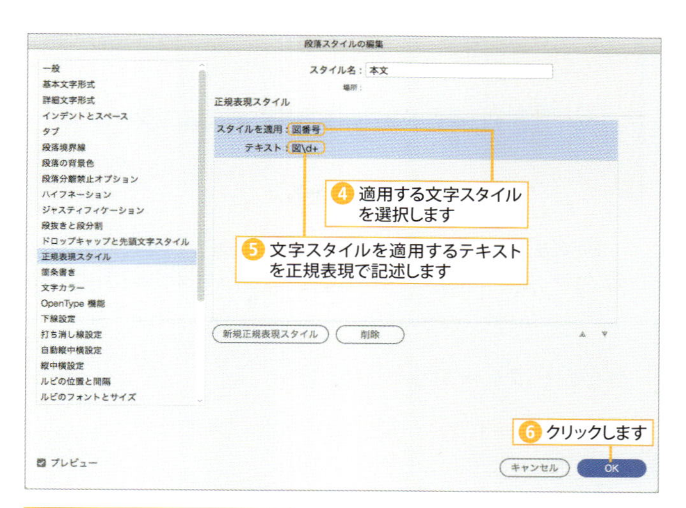

3 文字スタイルが適用された

正規表現スタイルで定義した正規表現に合致した文字列に、文字スタイルが適用されます。

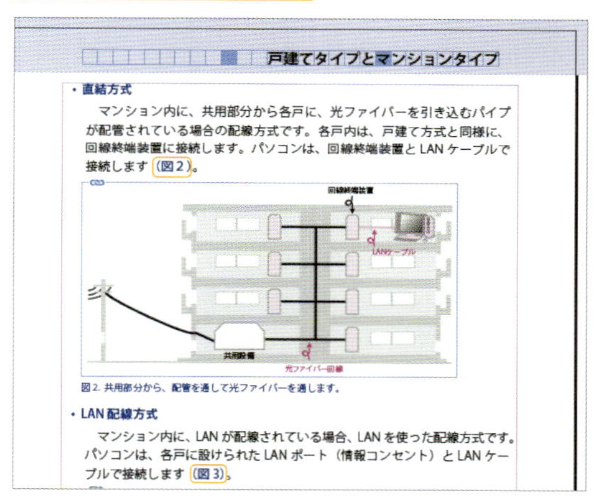

POINT

ここでは、段落スタイルに適用しましたが、選択したテキストにも適用できます。その場合は、段落スタイルメニューの「正規表現スタイル」で適用してください。

TIPS 正規表現のメタ文字（ワイルドカード）について

正規表現のメタ文字は、@をクリックするとメニューから選択して入力できます。
また、メタ文字についての詳細は、オンラインヘルプを参照してください。

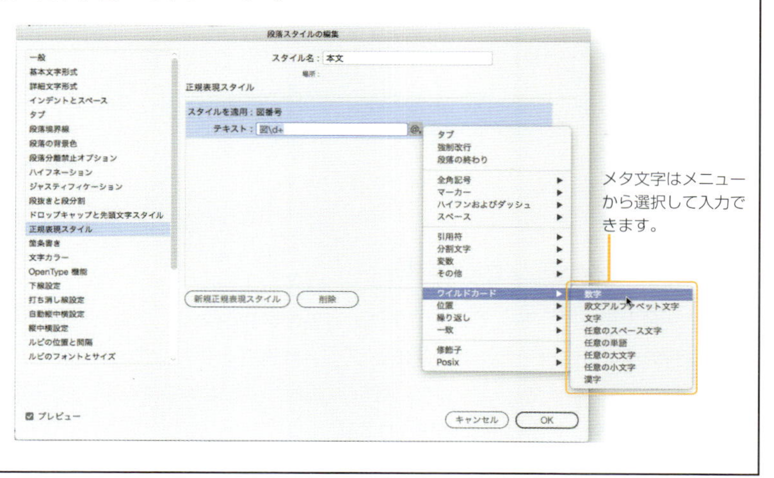

SECTION 5.3

グリッドフォーマット

使用頻度 ★★☆

フレームグリッドの設定も、段落スタイルや文字スタイルと同様に、グリッドフォーマットとして登録できます。他のフレームグリッドに、登録した内容を簡単に適用させることができます。

グリッドフォーマットの登録

登録するフレームグリッドを選択してから、「グリッドフォーマット」パネルの を option キーを押しながらクリックしてください。

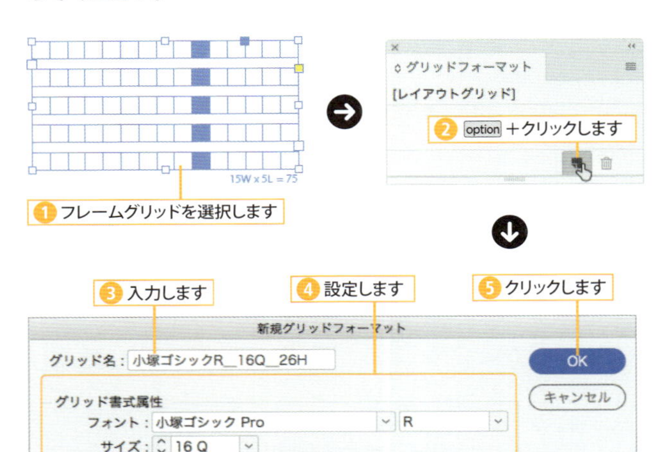

3 入力します　4 設定します　5 クリックします

新規グリッドフォーマット

グリッド名：小塚ゴシックR_16Q_26H　OK　キャンセル

グリッド書式属性
フォント：小塚ゴシック Pro　R
サイズ：16 Q
文字垂直比率：100%　文字水平比率：100%
字間：0 H　字送り：16 H
行間：10 H　行送り：26 H

揃えオプション
行揃え：左 / 上揃え均等配置
グリッド揃え：仮想ボディの中央
文字揃え：仮想ボディの中央

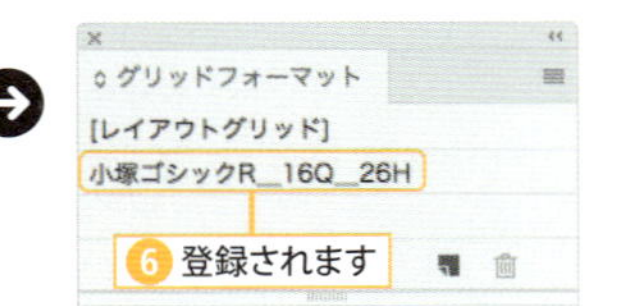

POINT

 をクリックするだけで、新しいグリッドフォーマットを作成できます。ただし、この方法で作成したスタイルは、通し番号のついた名称となり、後述する「グリッドフォーマットの編集」でグリッド名を変更する必要があります。

POINT

［レイアウトグリッド］は、ドキュメント作成時に設定したレイアウトグリッドの書式となります。

POINT

グリッドフォーマットの詳細については、78ページの「フレームグリッドの設定」を参照してください。

POINT

既存のグリッドフォーマットから新しいグリッドフォーマットを作るには、元となるグリッドフォーマットを選択し、パネルメニューから「グリッドフォーマットを複製」を選択してください。

グリッドフォーマットの編集

「グリッドフォーマット」パネルのグリッド名をダブルクリックすると、「グリッドフォーマットの編集」ダイアログボックスが開き、内容を編集できます。編集した内容は、適用している既存のグリッドフォーマットの書式に反映されます。

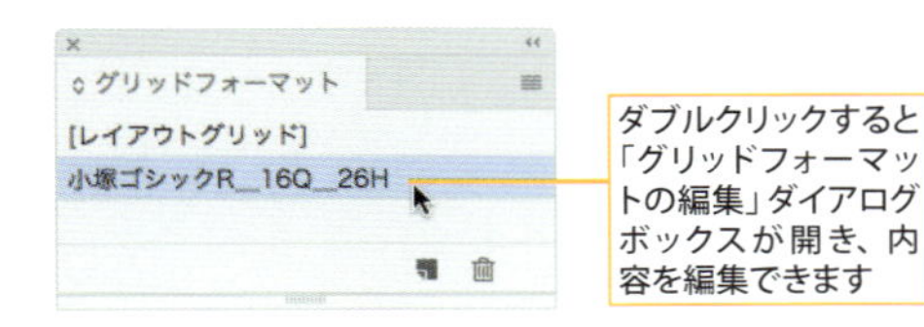

グリッドフォーマットを適用する

グリッドフォーマットを適用するには、フレームグリッドを選択し、コントロールパネルまたは「グリッドフォーマット」パネルでグリッド名をクリックします。

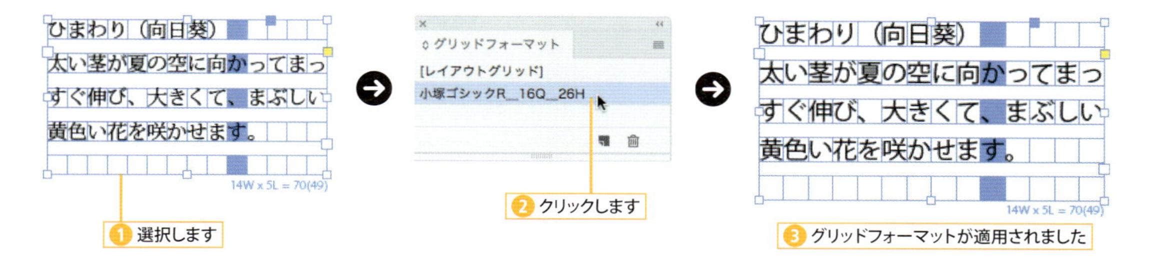

▶ 段落スタイル／文字スタイルを破棄して適用するには

フレームグリッド内のテキストに適用している段落スタイルや文字スタイルを破棄して、グリッドフォーマットの設定をフレーム内のテキストに適用するには、「編集」メニューの「グリッドフォーマットの適用」（option＋⌘＋E）を選択します。

フォントや文字サイズ、行送りの設定に、本来グリッドが持つグリッドフォーマットの書式が適用されます。

POINT

文字色や段落境界線など、グリッドフォーマットにない設定はそのまま残ります。

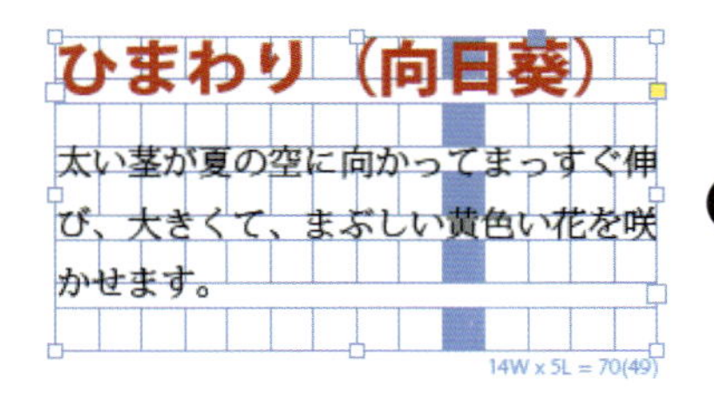

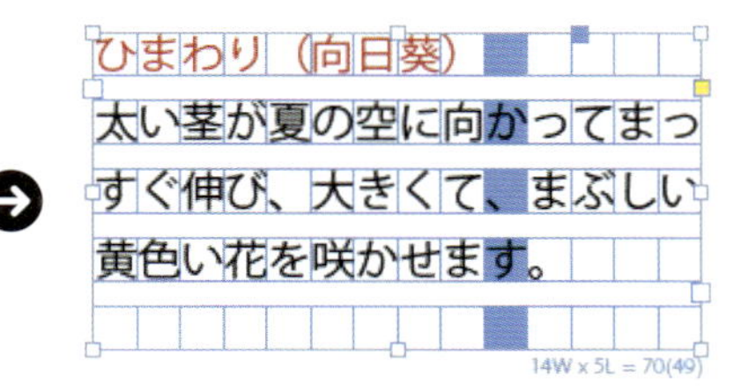

▶ スタイルが設定されている場合の書式の優先順位

グリッドフォーマットを適用する前に段落スタイルや文字スタイルが適用されていた場合、行送りやグリッド揃えなど、フレームグリッドのほうが優先順位の高い設定項目以外は、そのままスタイルの設定が残ります。

フレームグリッド内では、以下の優先順位となります。

文字スタイル ＞ 段落スタイル ＞ フレームグリッド

定義したグリッドフォーマットを他の文書で利用する

グリッドフォーマットは、作成した文書だけで利用可能です。

他の文書でも利用したい場合は、「グリッドフォーマット」パネルメニューの「グリッドフォーマットの読み込み」で、利用したいグリッドフォーマットの文書を指定して読み込むこともできます。

POINT

グリッドフォーマットを適用しているフレームグリッドを、他の文書にコピー＆ペーストすると、適用しているグリッドフォーマットも他の文書にコピーされます。

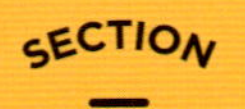

SECTION 5.4 自動番号機能

使用頻度 ★☆☆

箇条書き機能と段落スタイルを組み合わせると、長いページの文書内で段落番号や図番号、表番号などを自動で入れることができます。

段落に番号を振る

企画書や論文などのページ数の多い文書では、タイトル部分に番号を付ける場合があります。段落スタイルに箇条書きを設定して、段落に自動番号を振ることができます。

自動番号なので、段落構成に変更があっても、番号は自動で変わります。

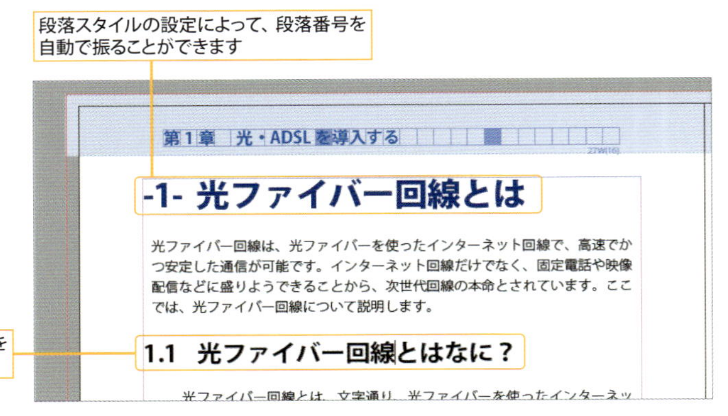

段落の下位レベルに、上位レベルの番号を自動挿入することもできます

1 段落を選択してスタイルをダブルクリック

各段落に段落スタイルを適用してレイアウトしてあります。
番号を設置する段落を選択し、「段落スタイル」パネルのスタイルをダブルクリックします。

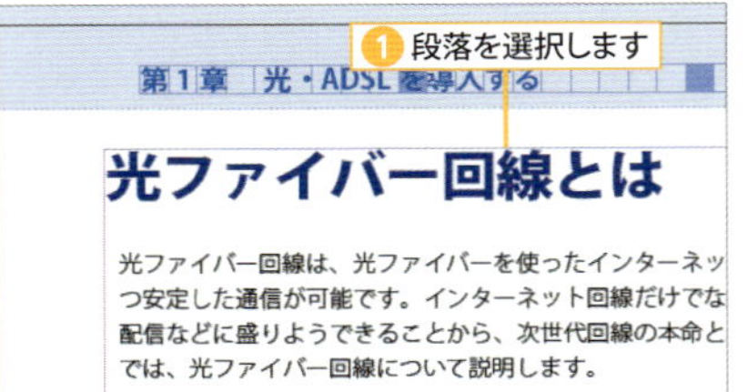

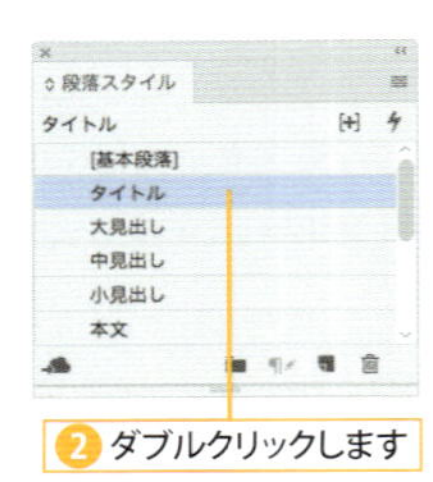

2 「箇条書き」を自動番号に設定

「段落スタイルの編集」ダイアログボックスが表示されるので、左の項目リストから「箇条書き」を選択します。
「リストタイプ」は「自動番号」を選択します。これで、段落に自動番号が振られるようになります。
次に、「リスト」から「新規リスト」を選択します。

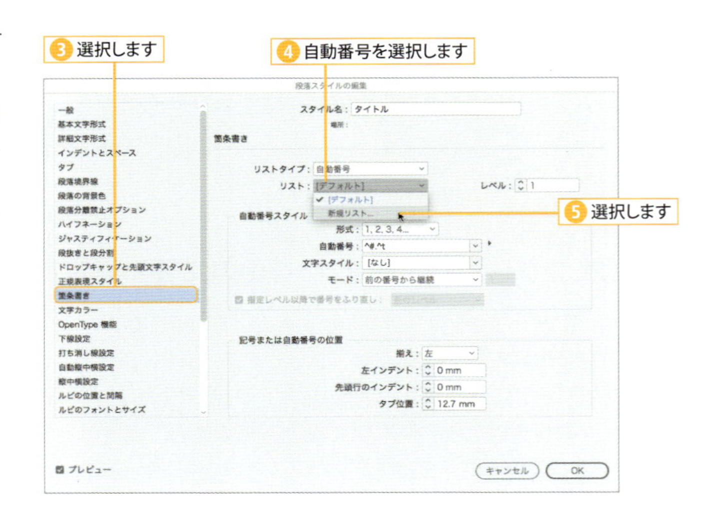

3 「箇条書き」を自動番号に設定

「新規リスト」ダイアログボックスが開くので、リスト名称を入力して「OK」ボタンをクリックします。
リスト名称は、ドキュメントの中で「本文の段落番号」「図の番号」「表の番号」のように、系統の違う自動番号を振る場合の識別に使います。ここでは、段落番号なので「本文」と入力しました。

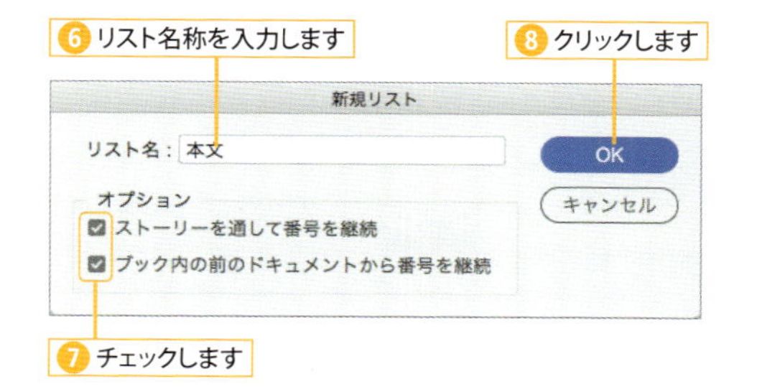

4 自動番号スタイルを設定

「自動番号スタイル」で番号の形式や番号表示方法、文字スタイルなどを設定します。
「自動番号」欄では、番号の前後に文字を入力したい場合の書式を設定します。「^#」が自動番号を表すメタ文字です。ここでは、番号の前後に「-」が入るように設定しました。「^t」はタブです。
設定が終了したら、「OK」ボタンをクリックします。

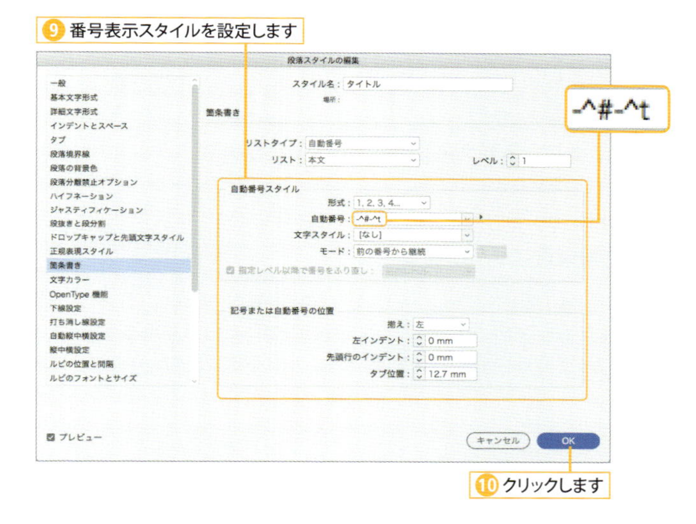

5 段落に自動番号が入った

段落に自動番号が入りました。他の段落にスタイルを適用すると、順番に番号が振られているのが確認できます。

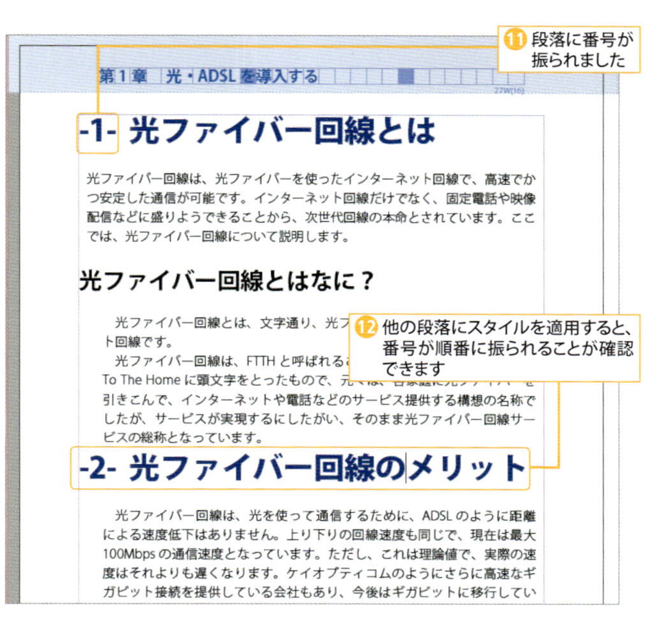

TIPS リストの定義

リスト名は、「書式」メニューの「箇条書きリスト」から「リストを定義」で定義することもできます。

▶ 下位レベルの段落番号

「段落スタイル」の箇条書きにレベルを設定することで、下位レベルの段落の番号に上位レベルの番号を自動で入れることができます。

1 「箇条書き」を設定する

下位レベルの段落に適用している段落スタイルの「段落スタイルの編集」ダイアログボックスを開き、「箇条書き」を選択します。

「リストタイプ」に「自動番号」、「リスト」には上位レベルの段落と同じリスト名の「本文」を選択します。「レベル」には、上位段落から２番目なので「2」を設定します。

「自動番号」欄の先頭にカーソルを合わせて、右側の▶をクリックして、「番号プレースホルダーを挿入」から「レベル1」を選択します。

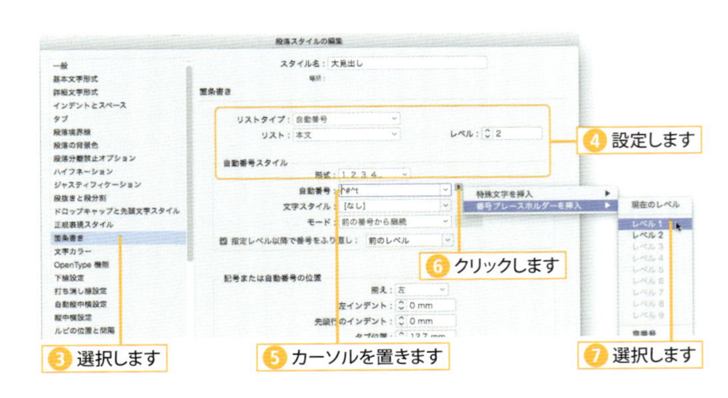

2 自動番号スタイルを設定

「自動番号」欄の先頭に、上位段落レベルの番号を表すメタ文字である「^1」が入りました。さらに上位レベル番号と段落番号「^#」の間に「.」が入るように設定しました。

設定が終了したら、「OK」ボタンをクリックします。

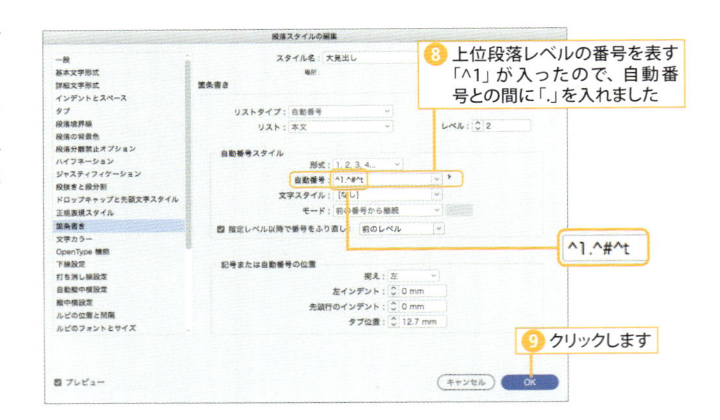

3 段落に自動番号が入った

段落に自動番号が入りました。上位段落の番号が変わるまでは、下位レベル段落の数字は上位レベルの数字が入ります。

-1- 光ファイバー回線とは

光ファイバー回線は、光ファイバーを使ったインターネット回線で、高速でかつ安定した通信が可能です。インターネット回線だけでなく、固定電話や映像配信などに盛りようできることから、次世代回線の本命とされています。ここでは、光ファイバー回線について説明します。

1.1 光ファイバー回線とはなに？

10 段落に番号が振られました

光ファイバー回線とは、文字通り、光ファイバーを使ったインターネット回線です。

光ファイバー回線は、FTTH と呼ばれることもあります。FTTH は、Fiber To The Home に頭文字をとったもので、元々は、各家庭に光ファイバーを引きこんで、インターネットや電話などのサービス提供する構想の名称でしたが、サービスが実現するにしたがい、そのまま光ファイバー回線サービスの総称となっています。

-2- 光ファイバー回線のメリット

光ファイバー回線は、光を使って通信するために、ADSL のように距離による速度低下はありません。上り下りの回線速度も同じで、現在は最大 100Mbps の通信速度となっています。ただし、これは理論値で、実際の速度はそれよりも遅くなります。ケイオプティコムのようにさらに高速なギ

TIPS 章番号を使う

ページ数の多い文書では、セクションやブックを使って、章に分割する場合があります。セクションの章番号を段落番号に指定することもできます。

図番号や表番号を入れる

ドキュメントに配置した図や表のキャプションに通し番号を入れるには、箇条書きの自動番号とスタイルを使うと、ページ順に自動で番号を入れることができます。

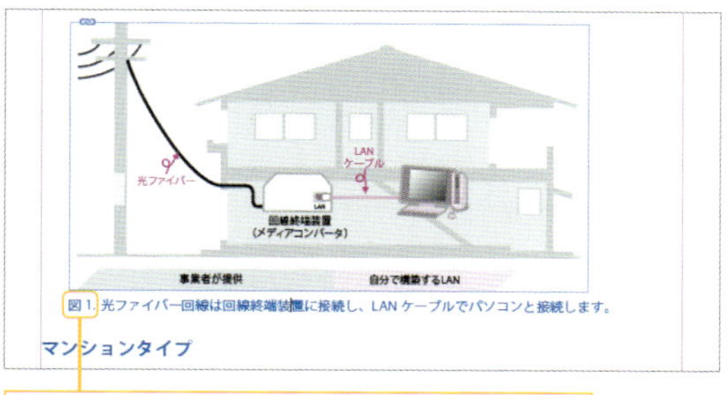

段落スタイルに設定した箇条書きの設定で入れた図番号

本文の段落番号用とは別に、図番号用のリストを定義して指定します

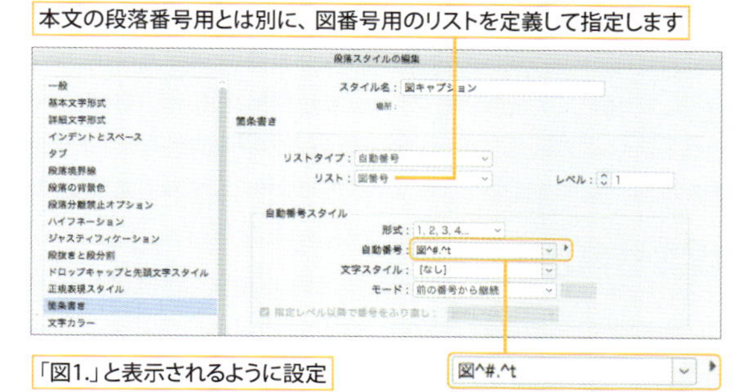

「図1.」と表示されるように設定

図^#.^t

TIPS ブックを通して番号を振る

ブックを通して自動番号を振り直す場合は、「ブック」パネルメニューの「自動番号を更新」から「章と段落番号を更新」を選択します。「すべての番号を更新」を選択すると、箇条書きの段落番号だけでなく、ページ番号も更新されます。
このとき、すべてのドキュメントで共通の段落スタイルが適用されるようにしてください。

TIPS 目次の作成

目次を作成する際には、段落スタイルで入力した自動番号も目次項目として拾うかどうかを設定できます。

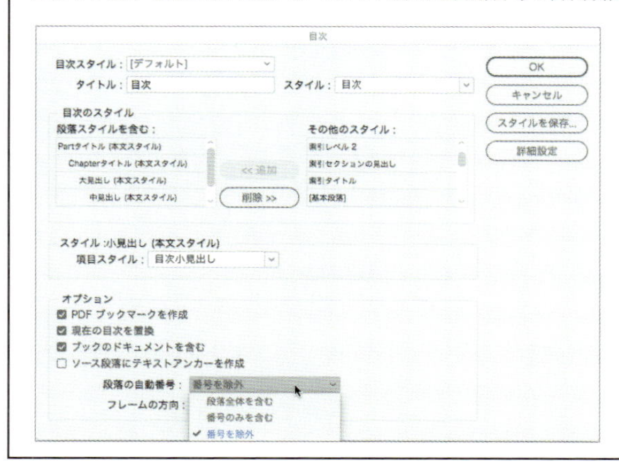

SECTION 5.5

相互参照

使用頻度

取扱説明書のようなドキュメントでは、他ページの記述を参照するために、参照先のページやタイトルを挿入することがあります。相互参照機能を使えば、参照先のページ数やタイトルを、参照元に自動配置できます。リンクしているので、ページ数やタイトルを変更した場合、参照元も連動して変更できます。

相互参照とは

相互参照とは、ドキュメント内で他のページに記述してある内容を参照するために、ページ数やタイトルを挿入する機能です。

配信などに盛りようできることから、次世代回線の本命とされています。ここでは、光ファイバー回線について説明します。

1.1 光ファイバー回線とはなに？

光ファイバー回線とは、文字通り、光ファイバーを使ったインターネット回線です。
光ファイバー回線は、FTTHと呼ばれることもあります。FTTHは、Fiber To The Homeに頭文字をとったもので、元々は、各家庭に光ファイバーを引きこんで、インターネットや電話などのサービス提供する構想の名称でしたが、サービスが実現するにしたがい、そのまま光ファイバー回線サービスの総称となっています。
導入方法については、15ページの「1.7 光ファイバー回線を導入する」を参照ください。

1.2 光ファイバー回線のメリット

光ファイバー回線は、光を使って通信するために、ADSLのように距離による速度低下はありません。上り下りの回線速度も同じで、現在は最大

参照先のページ番号やタイトルを自動挿入する機能が相互参照

POINT

段落スタイルのないテキストを参照先にする方法については、175ページを参照してください。

相互参照の設定

相互参照は、参照元にカーソルを置き、参照先として配置するページ数やタイトルなどを設定します。

通常、参照先は、文中のタイトルが指定される場合が多いため、InDesignの相互参照では、段落スタイルが適用されているテキストを参照先として指定します。

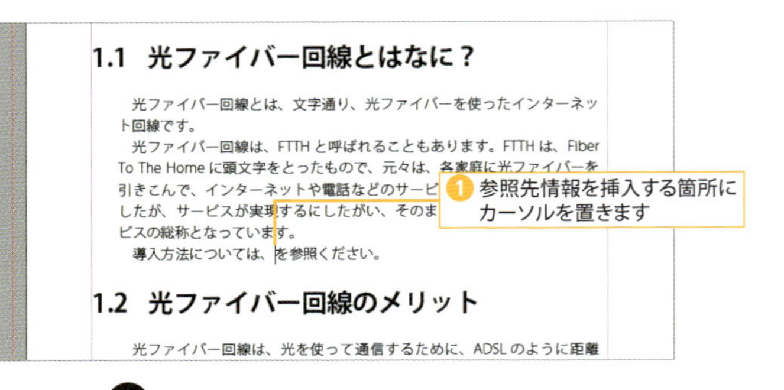

POINT

「相互参照」パネルを開くには、「ウィンドウ」メニューの「書式と表」から「相互参照」を選択します。CS6では「ハイパーリンク」パネルが開きますが、操作方法は同じです。

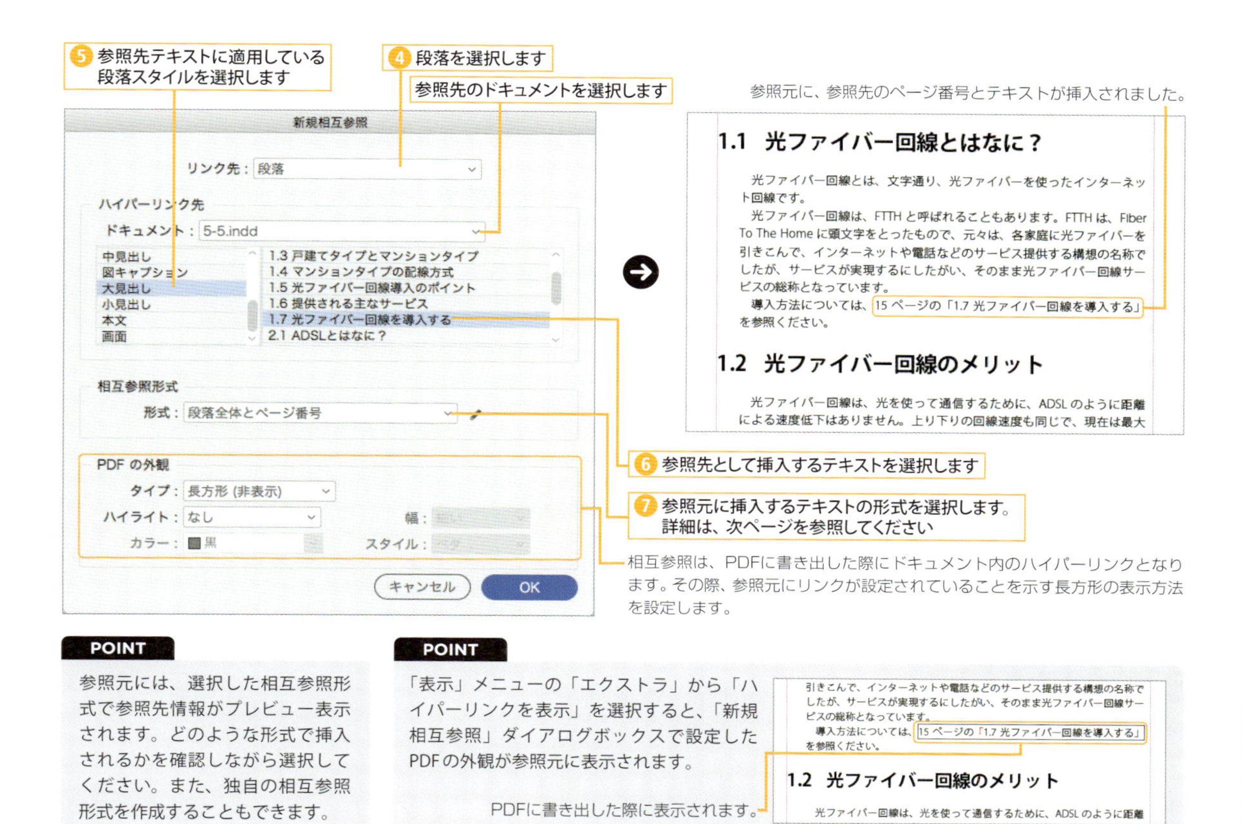

POINT

参照元には、選択した相互参照形式で参照先情報がプレビュー表示されます。どのような形式で挿入されるかを確認しながら選択してください。また、独自の相互参照形式を作成することもできます。

POINT

「表示」メニューの「エクストラ」から「ハイパーリンクを表示」を選択すると、「新規相互参照」ダイアログボックスで設定したPDFの外観が参照元に表示されます。

PDFに書き出した際に表示されます。

相互参照の編集と相互参照形式

「相互参照」パネルには、ドキュメント内に設定した相互参照がリスト表示されます。ダブルクリックすると、「相互参照を編集」ダイアログボックスが開き、参照先や参照形式を編集できます。

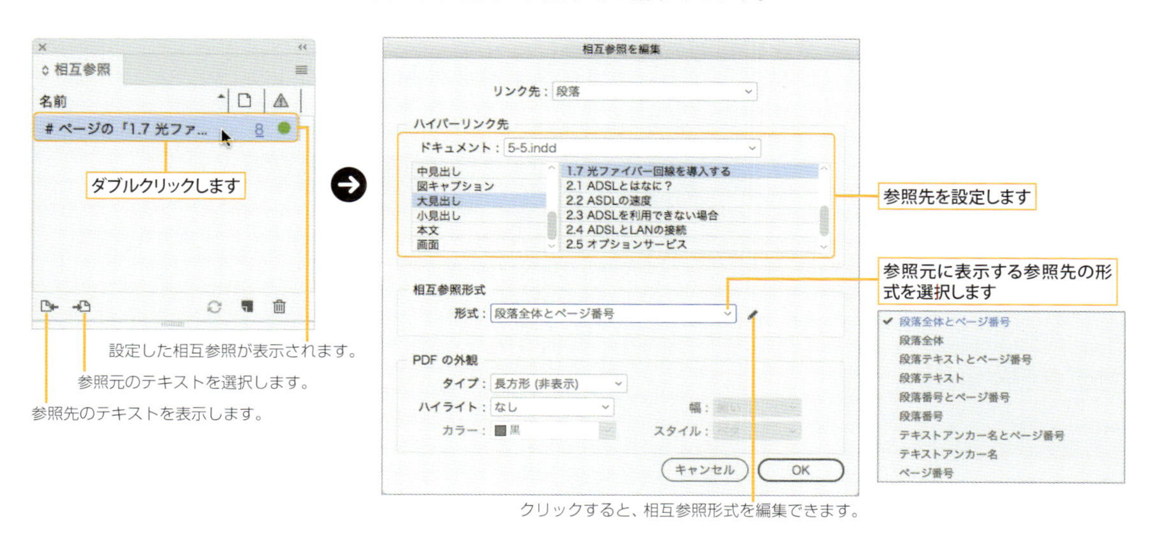

クリックすると、相互参照形式を編集できます。

▶ 相互参照形式の編集

「相互参照を編集」（または「新規相互参照」）ダイアログボックスの をクリックすると、「相互参照形式」ダイアログボックスが開き、リストに表示される相互参照形式を編集したり、独自形式を作成できます。

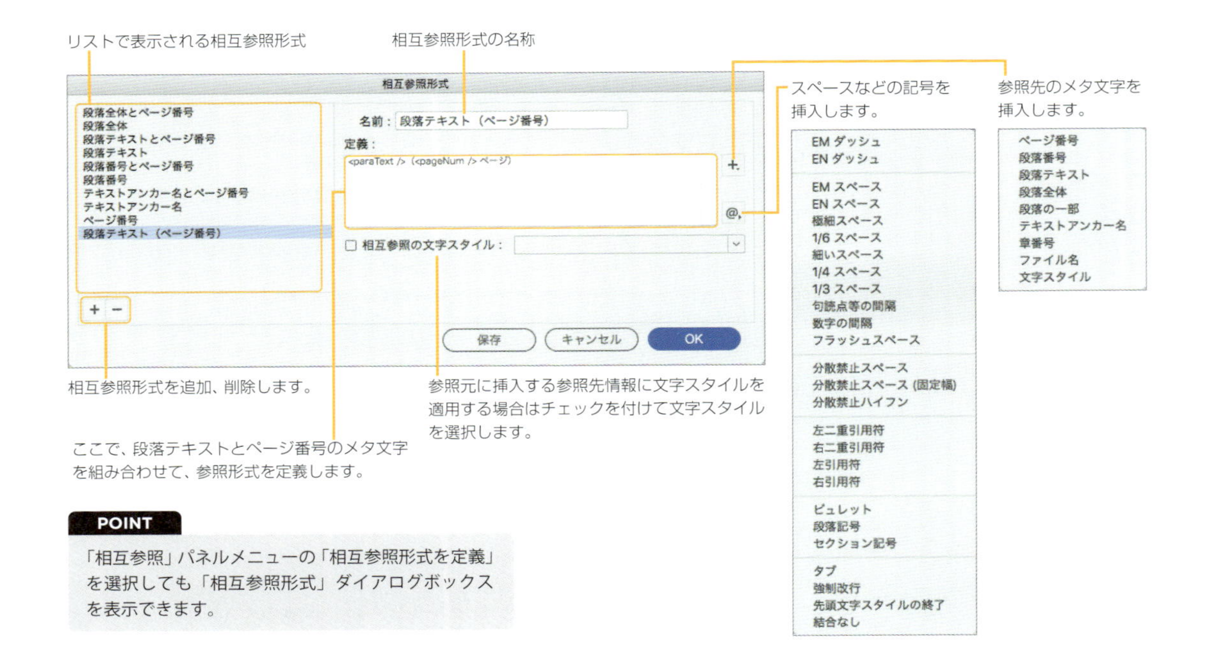

POINT

「相互参照」パネルメニューの「相互参照形式を定義」を選択しても「相互参照形式」ダイアログボックスを表示できます。

相互参照の更新

相互参照は、参照先のテキストの内容が変わったり、ページ番号が変わった場合は、「相互参照」パネルで更新できます。

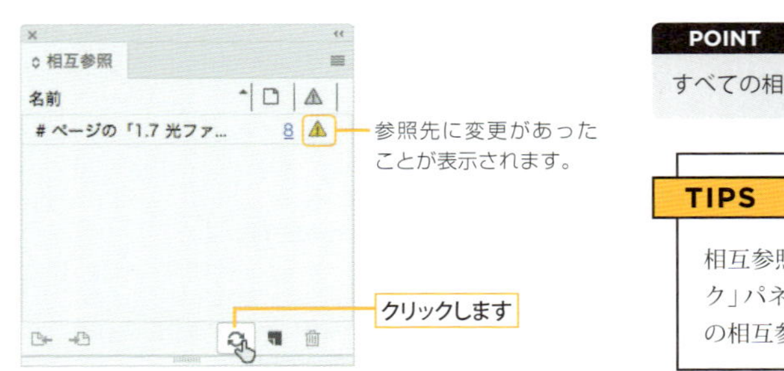

POINT

すべての相互参照が更新されます。

TIPS ブックでの相互参照の更新

相互参照を適用したドキュメントをブックでまとめている場合、「ブック」パネルメニューの「すべての相互参照を更新」でブック内のすべての相互参照を更新できます。

相互参照の削除

▶ 相互参照テキストの削除

参照元に挿入された相互参照テキストを削除すると、「相互参照」パネルの相互参照も削除されます。

▶「相互参照」パネルで削除

「相互参照」パネルに表示された相互参照を選択して 🗑 をクリックすると、「相互参照」パネルの相互参照は削除されますが、参照元に挿入された参照先テキストはそのまま残ります。ただし、参照先のページ番号は、参照元のページ番号に置き換わるのでご注意ください。

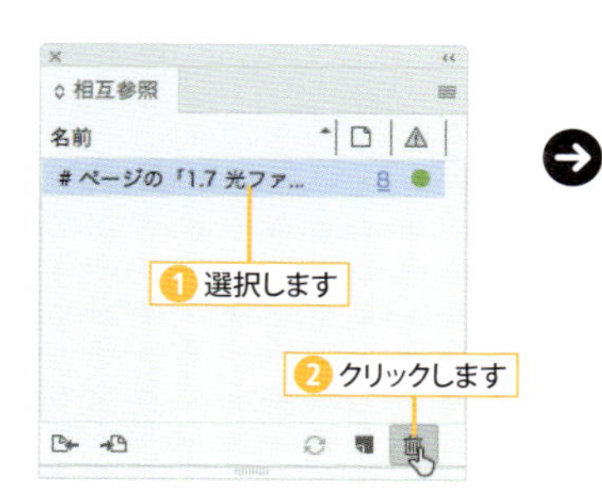

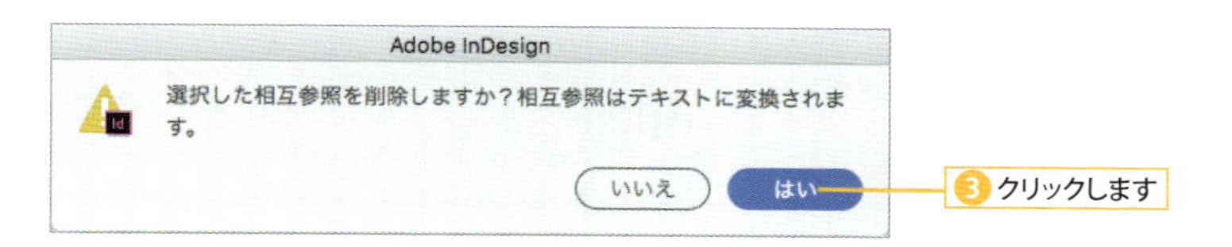

POINT

参照元に挿入した相互参照テキストは、通常のテキストと同様にコピー&ペーストして、他の箇所でも使用できます。同じ参照先を参照する場合に便利です。

TIPS 段落スタイルを設定していないテキストを参照先にする

段落スタイルを設定していないテキストを参照先とするには、はじめにリンク先となる目印のテキストアンカーを設定しておく必要があります。
テキストアンカーを使えば、テキストの一部分だけを参照先に設定することもできます。

2.1 ADSLとはなに？

ADSL は AsymmetricDigitalSubscriberLine（非対称デジタル加入者線）の略で、上り（パソコン→インターネット）と下り（インターネット→パソコン）の速度が違う（非対称）なインターネット回線です。
ADSL は、通信用のケーブルとして、アナログ電話回線用の銅線（メタリックケーブル）を使います。電話回線用のケーブルを使うといっても、ケーブルを通る ADSL の電気信号は、音声通話の電話の電気信号とは別個のデータ通信専用のものです。１本の電話用のケーブルの中に、音声通話用とインターネット専用の通路ができたということです。ですから、インターネットと電話は同時に利用できます。アナログ電話回線を共用する形式を、タイプ１または共用タイプといいます。ISDN 回線では、ADSL は利用できません。

1 参照先に設定するテキストを選択します

……ます。音声通……線をアナログ回線に変更できない場合などは、タイプ２を利用できます。ただし、専用になるため料金がタイプ１に比べて若干高いのと、ISDN 回線との干渉で通信速度が遅くなることがあります。

2.2 ASDLの速度

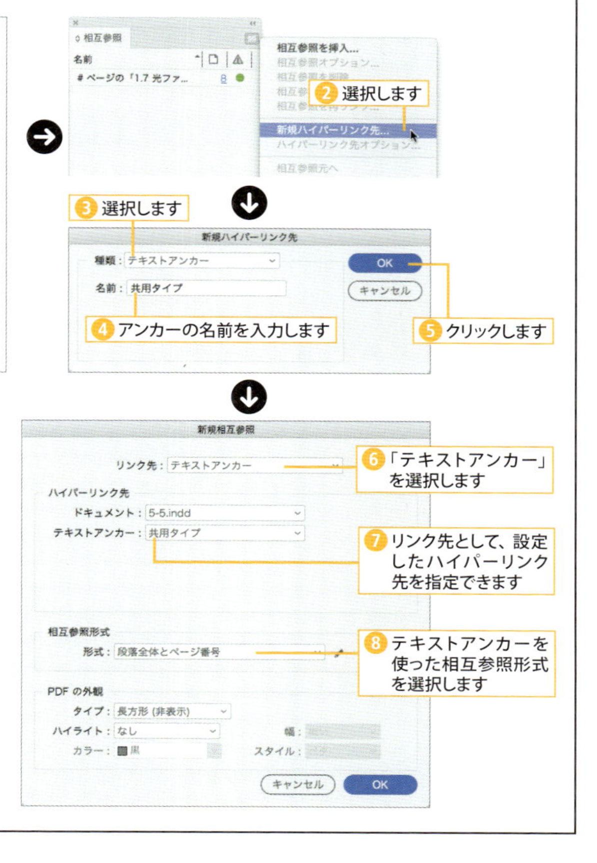

これで、選択したテキストが相互参照の参照先として利用できるようになり、「新規相互参照」ダイアログボックスで指定できます。

5.6 条件テキスト

使用頻度

条件テキストは、一部のテキストを条件ごとに表示・非表示する機能です。1つのドキュメントを元に、いくつかの派生ドキュメントを作成するのに便利な機能です。

条件テキストとは

ドキュメントの簡易版と詳細版を作成する場合など、内容はほぼ同じ2つのドキュメントを作成するケースがあります。条件テキストを使うと、条件を設定したテキストの表示・非表示を制御できるため、1つのドキュメントでいくつかのバリエーションを作成できます。

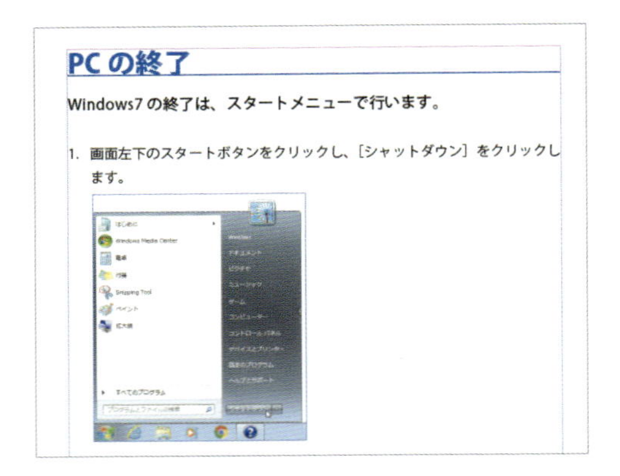

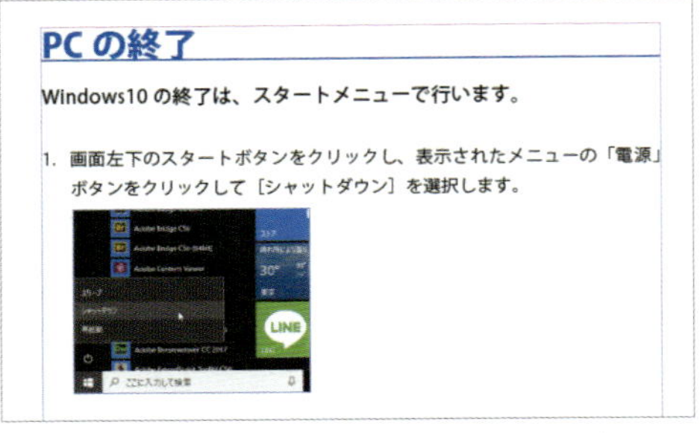

バージョンが異なるため、若干内容が異なるドキュメント。このようなドキュメントを1つのドキュメントとして作成できるのが「条件テキスト」です。

▶ 条件の登録

テキストを表示するための条件を「条件テキスト」パネルで登録します。

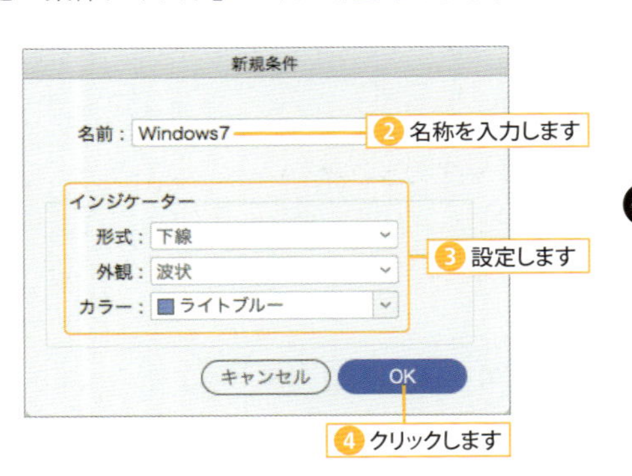

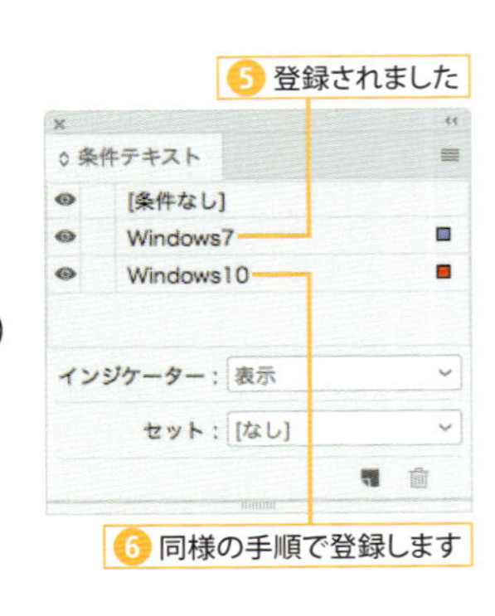

POINT

「条件」パネルに表示された条件をダブルクリックすると「条件オプション」ダイアログボックスが開き、名称やインジケーターの設定を変更できます。

条件の適用

テキストに条件を適用します。

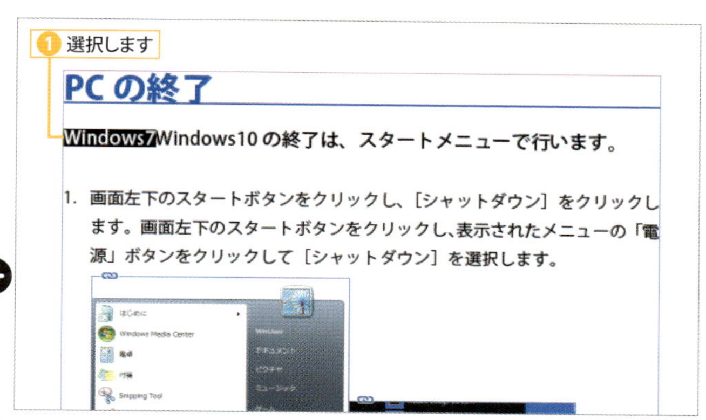

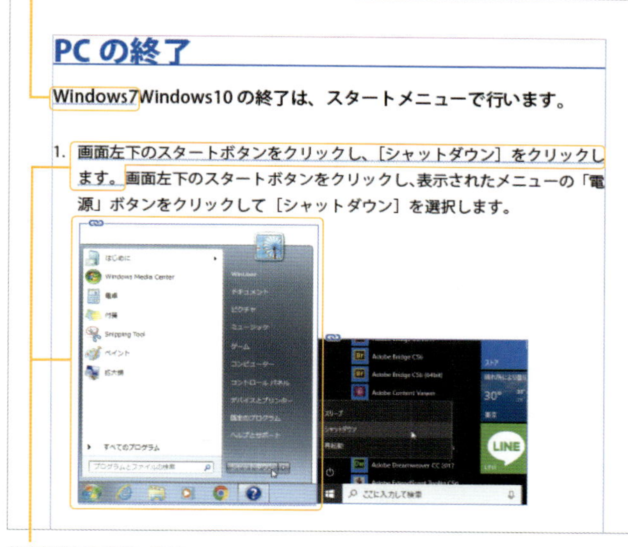

他の部分にも適用します。

POINT

「条件テキスト」パネルの「インジケーター」欄ではインジケーターの表示・非表示・印刷を設定できます。

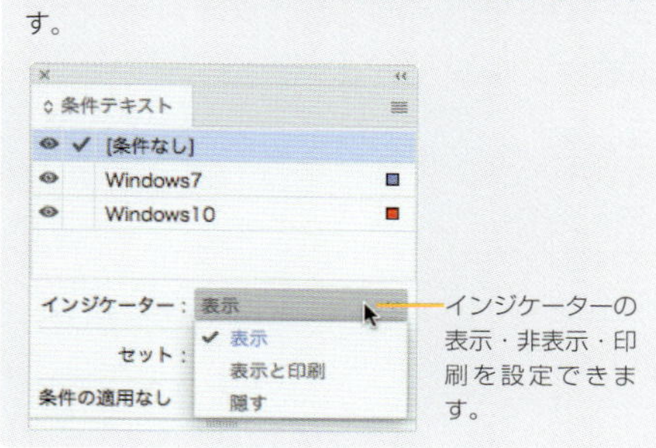

▶ 条件テキストの表示・非表示

「条件テキスト」パネルの👁をクリックして、条件テキストを適用した部分の表示・非表示を設定できます。

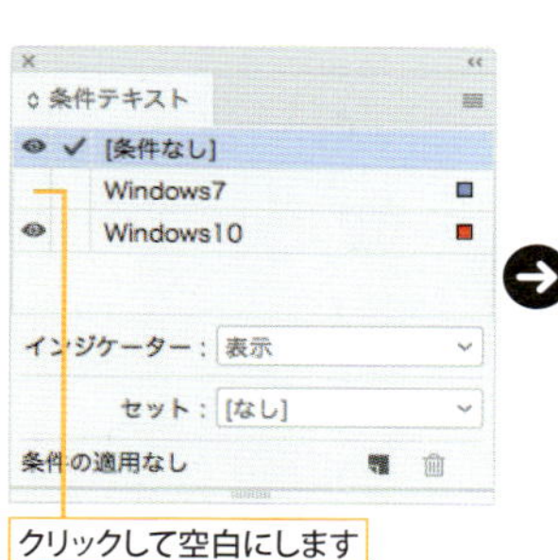

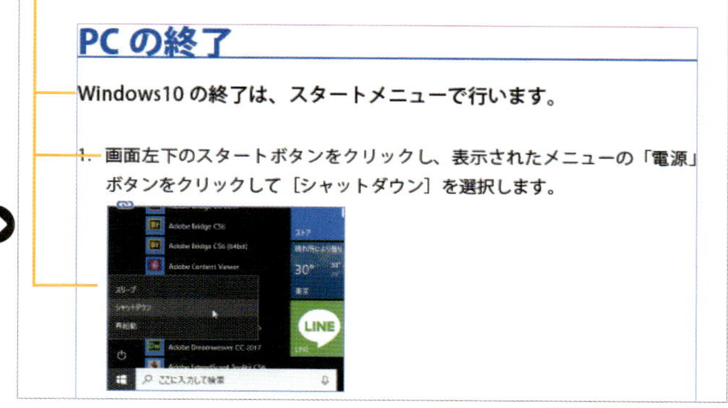

POINT

条件を適用したテキストを選択すると、「条件テキスト」パネルに✓が表示されます。
なお、同じテキストに複数の条件を適用できます。適用を解除するには、✓をクリックしてください。

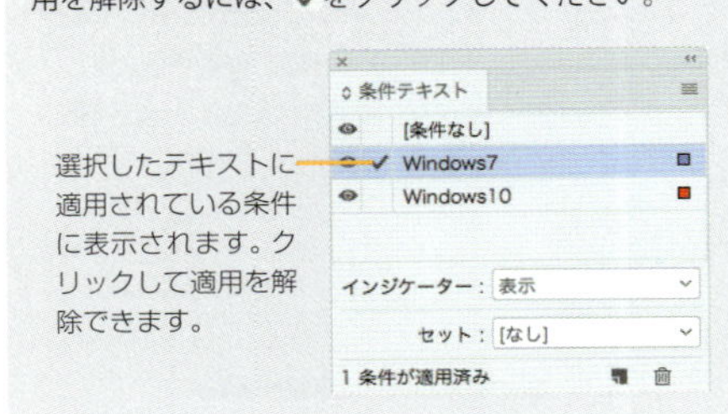

POINT

条件テキストは、テキストツールで選択できれば適用できるため、インライングラフィックにした写真、図版、表も条件テキストの対象となります。図や表を切り替えることができれば、条件テキストの応用範囲が広がります。

POINT

条件テキストを使用すると、条件の設定によりテキストの分量が変化するため、ページの増減が発生する場合があります。その場合でも、「スマートテキストのリフロー処理」を有効にすると、テキストの分量に応じて最終ページのテキストがオーバーセットしないようにページが自動で追加・削除できます。「スマートテキストのリフロー処理」は、「InDesign」メニュー（Windows版は「編集」メニュー）の「環境設定」の「テキスト」で設定します（352ページ参照）。

TIPS 条件セット

「条件テキスト」パネルでは、表示されている条件の組み合わせを条件セットとして登録でき、複雑な組み合わせもリストから条件セットを選択するだけで、条件テキストを適用した状態にできます。

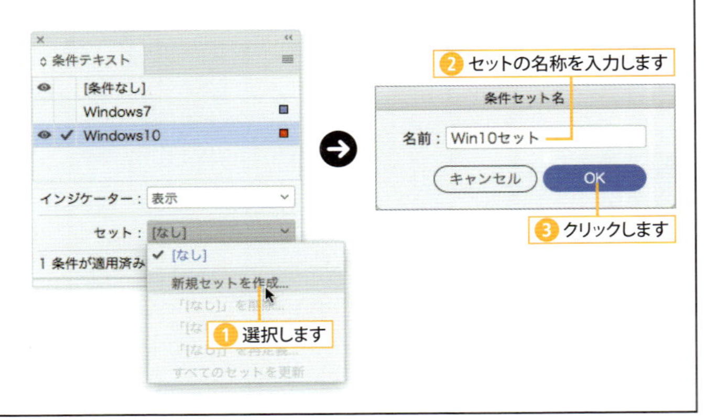

SECTION 5.7 タグ付きテキストの読み込み

使用頻度 ★☆☆

タグ付きテキストを利用すると、段落スタイル／文字スタイルと併用することで、テキスト配置時にスタイルを適用した状態で読み込むことができます。

タグ付きテキストとは

タグ付きテキストとは、InDesignに配置した際にどのようなフォーマットにするかの情報を含んだテキストのことです。たとえば、「大見出し」という名称の段落スタイルを適用したい場合は、<pstyle:大見出し>というタグを段落の先頭に挿入しておくと、テキスト配置時には、そのタグ以降の段落が「大見出し」スタイルで読み込まれます。

InDesignドキュメントの準備

タグ付きテキストを配置するInDesignドキュメントに、段落スタイルと文字スタイルを設定しておきます。
配置するテキストファイルに、次のようにタグを入れます。

▶ 段落スタイル

段落スタイルは、適用する段落の先頭にタグを入れます。
終了タグは必要ありません。次の段落スタイルのタグが出てくるまで、このタグが有効になります。

```
<pstyle:大見出し>
```

▶ 文字スタイル

文字スタイルは、適用する部分を挟むようにタグを入れます。開始タグと終了タグで文字列を挟みます。

```
<cstyle:強調>強調したい文字列<cstyle:>
```

▶ タグ付きテキストの開始タグ

テキストの先頭に、タグ付きテキストの開始タグを入れます。開始タグは、<文字のエンコーディング-プラットフォーム>となります。たとえば、MacでShift JISのテキストファイルとして保存する場合は、次のように入力します。

```
<SJIS-MAC>
```

WindowsでUNICODEのテキストファイルとして保存する場合は、次のように入力します。

```
<UNICODE-WIN>
```

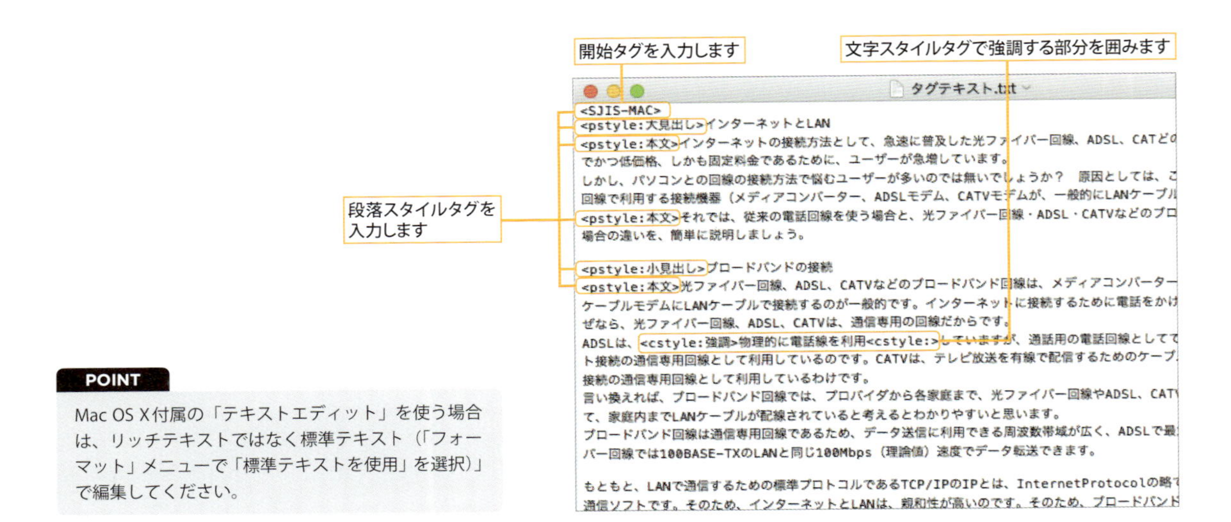

POINT

Mac OS X付属の「テキストエディット」を使う場合は、リッチテキストではなく標準テキスト（「フォーマット」メニューで「標準テキストを使用」を選択）で編集してください。

▶ タグ付きテキストの保存

タグを入力したテキストファイルは、適切なエンコーディング（文字コード）で保存します。使用しているテキストエディタの保存画面で、エンコーディング方法を選択してください。

開始タグでUNICODEを指定した場合は「Unicode（UTF-16）」を選択してください。「Unicode（UTF-8）」では、タグ付きテキストとして読み込めません。

タグ付きテキストを配置する

タグ付きテキストは、通常のテキストファイルの配置と同様に「ファイル」メニューの「配置」（⌘＋D）で配置します。

「Adobe InDesign タグ付きテキストの読み込みオプション」ダイアログボックスで「テキストスタイルの競合を修正」に「パブリケーションの定義」を選択して、「OK」ボタンをクリックします。

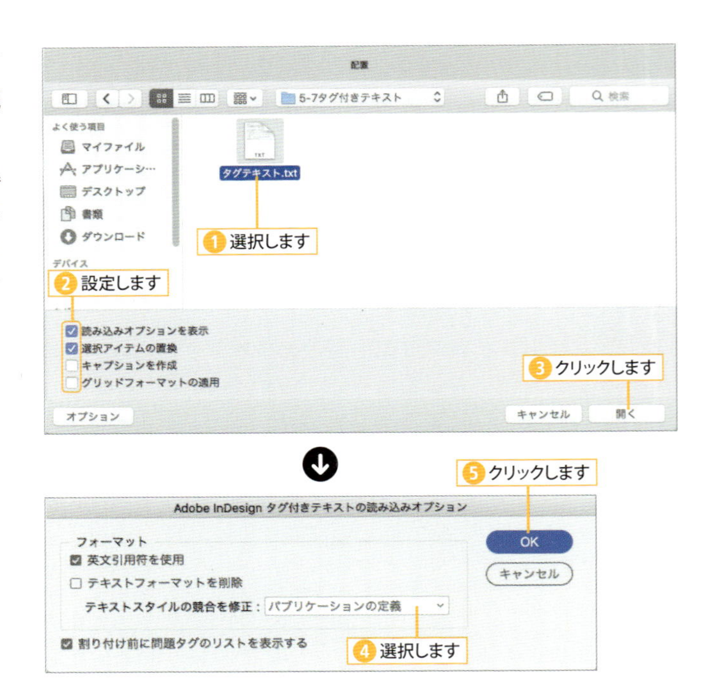

WordやExcelファイルの読み込み

使用頻度 ★☆☆

スタイルを定義されているWordファイルの読み込み時に、Wordのスタイルを使うかInDesignのスタイルを使うかなどを設定してWordファイルを読み込むことができます。また、Excelファイルもスタイル付きで読み込むことができます。

Wordファイルを読み込む

スタイルが指定されたWordファイルを、読み込みオプションでスタイルなどの指定を行って、読み込むことができます。

1 読み込みオプションの指定

「ファイル」メニューの「配置」を選択し、Word ファイルを選択して読み込みます。
読み込みオプションを設定して（詳細は、182ページを参照）、「OK」ボタンをクリックします。

POINT

オプションダイアログボックスを表示するには、「配置」ダイアログボックスで「読み込みオプションを表示」をオンにしてください。

TIPS RTFファイルの読み込み

RTF形式のファイルも、Wordファイルと同じ読み込みオプションの設定で読み込むことができます。

2 InDesignに読み込まれる

Word の文書がInDesign に書式情報を伴って読み込まれました。
完全にフォーマットが保持されるわけではないので、後から調整してください。

Part1 LAN とはなにか

ネットワークの利点とは

データの転送

多くのオフィスが、パソコンの一人一台体制になってきています。また、家庭に複数台のパソコンのあるユーザーも増えてきました。
このように、パソコンの台数が増えていくと、ワープロ文書や表計算のデータを、一方のパソコンから違うパソコンへと持っていって作業したいことが増えてきます。
みなさんなら、パソコンで作成したデータを、他のパソコンにコピーするのにどんな方法を使っていますか？ USB メモリですか？
ネットワークであれば、ディスクという媒体を介さずに、ケーブルでパソコン同士を接続するために、データの容量やドライブの種類、有無を心配することはありません。

周辺機器の共有

パソコンが２台になったために、プリンタを買い足さなければならないと思っている方はいらっしゃいませんか？ネットワークを使えば、１台のプリンタを２台のパソコンで共有して使用できるのです。
パソコンが２台以上になったら、ネットワークで接続しましょう。よりいっそう効率的に利用できるようになります。

POINT

Wordのスタイルの内容によって、InDesignスタイルを使用して読み込んでも、Wordで定義したフォーマットがオーバーライドされて残る場合があります。この場合は、テキスト全体に対して「オーバーライドを消去」（221ページ参照）を実行してください。

▶ 読み込みオプションの設定

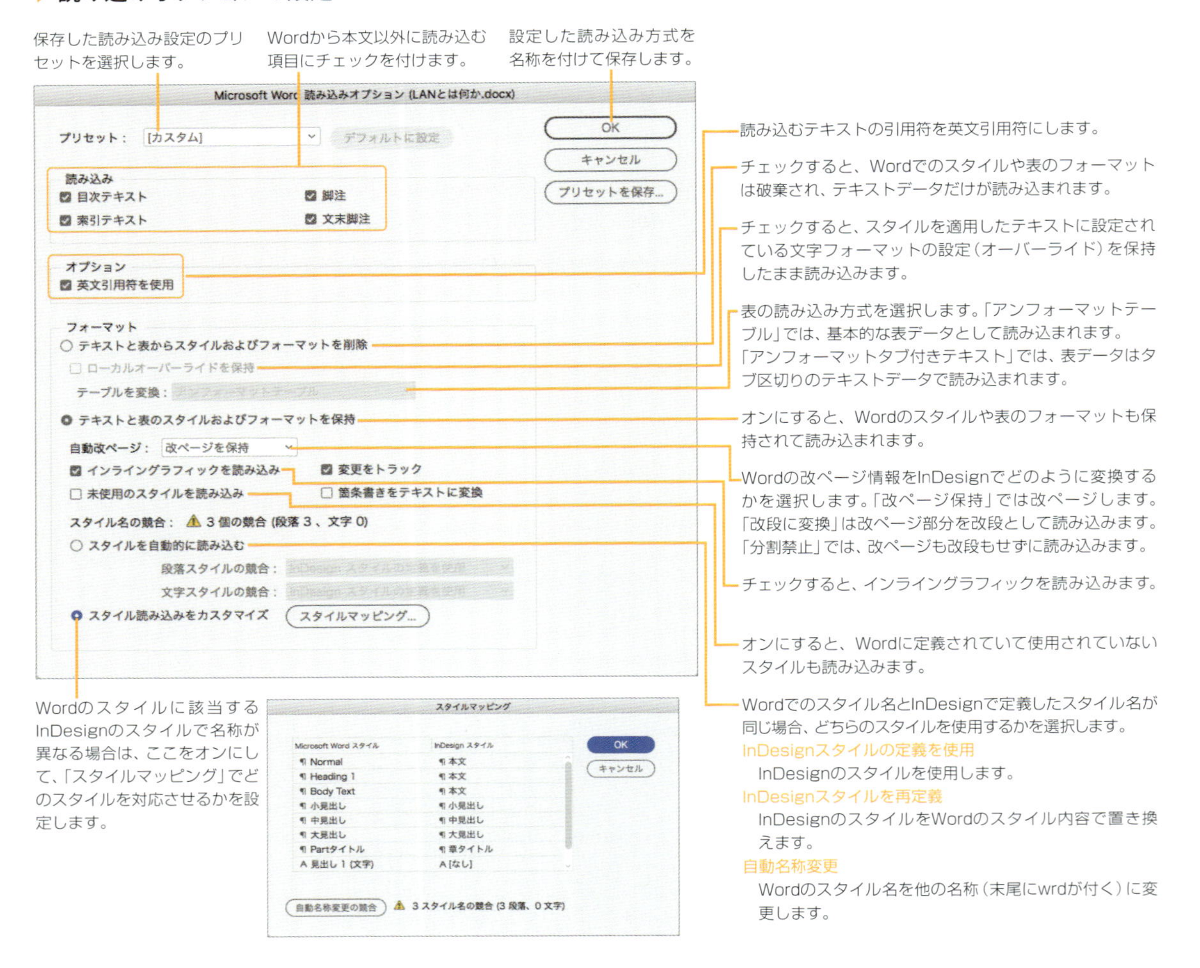

Excelデータの読み込み

InDesignでは、Excelの表データも読み込むことができます。その際、オプションの設定が可能です。

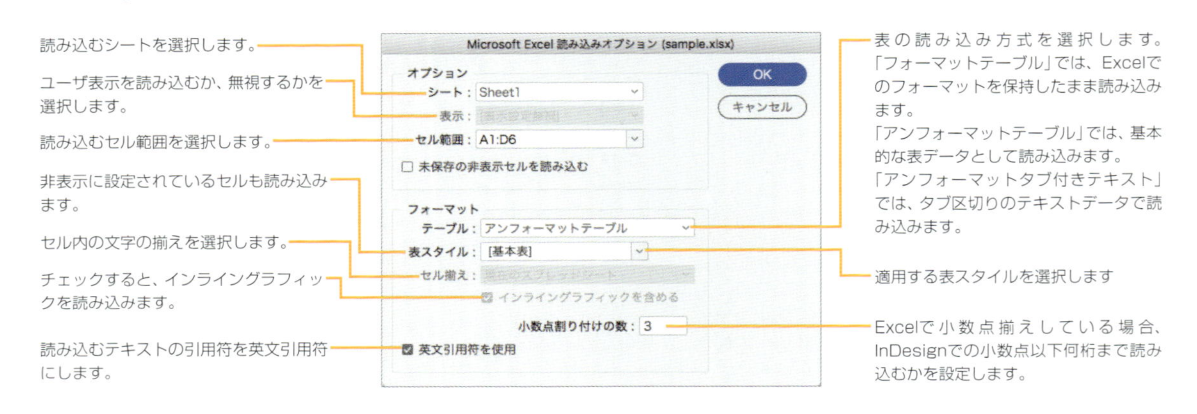

5.9 ライブキャプション

使用頻度

配置した画像に説明用のテキスト（キャプション）を入れることがあります。InDesignでは、画像ファイルに設定されているメタデータからテキストフレームを自動生成し、キャプションとして自動入力できます。

ライブキャプションを作成する

メタデータの準備

ライブキャプションを作成するには、配置する画像のメタデータにキャプションに使用するテキストが入力されている必要があります。

メタデータの編集は、どんなソフトを使ってもかまいませんが、InDesignユーザーならAdobe Bridgeを使うといいでしょう。Adobe Bridge以外のソフトウェアでメタデータを設定した場合は、Bridgeでどのメタデータの項目にキャプション用のデータが入っているかを確認するとよいでしょう。

▶キャプション設定

InDesignで、どのメタデータをキャプションとして読み込むかなどの設定を行います。キャプションの前後にテキストを入れたり、適用する段落スタイルなども設定します。

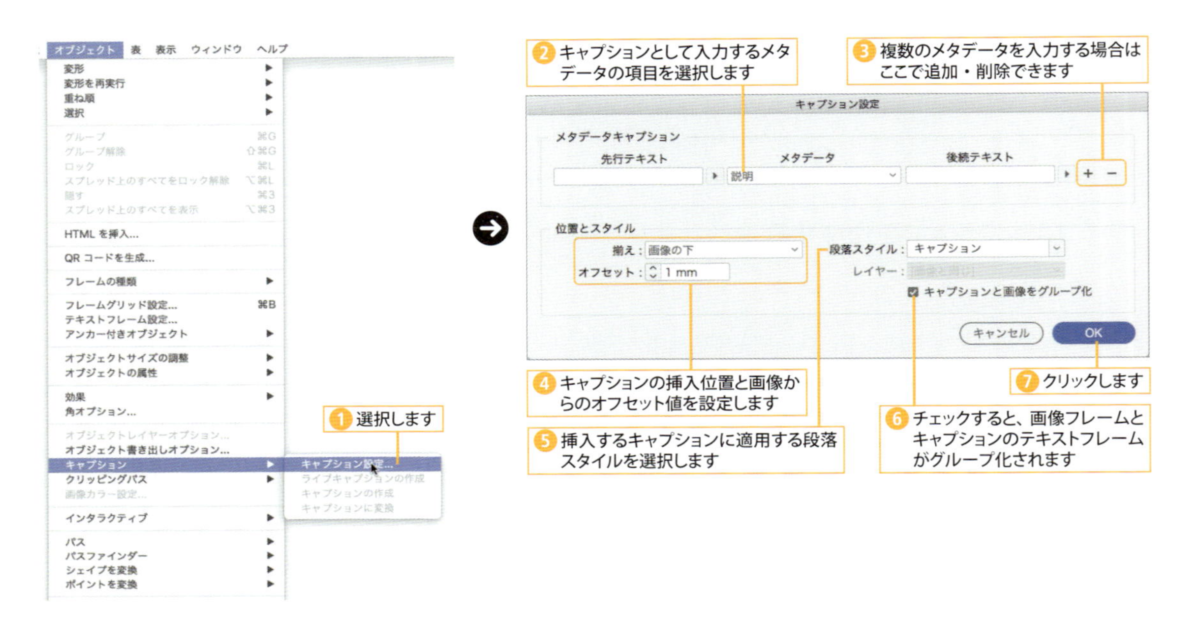

▶ライブキャプションの作成

キャプションの設定が完了したら、ライブキャプションを作成します。オブジェクトを選択して、「オブジェクト」メニューの「キャプション」から「ライブキャプションの作成」を選択します。

ライブキャプションを作成したテキストフレームは、画像とグループ化されます。

TIPS ライブキャプションの内容の変更

ライブキャプションはメタデータを挿入しているため、入力したキャプションの内容を修正するには、Adobe Bridgeなどでメタデータを変更してください。
または、キャプションを入力しているテキストフレームを選択し、「オブジェクト」メニューの「キャプション」から「キャプションに変換」で、メタデータとのリンクを解除して通常のテキストに変換してから修正してください。

メタデータを変更した場合

ライブキャプションでは、画像のメタデータをリンクして挿入しているので、メタデータを変更するとキャプションにも反映できます。

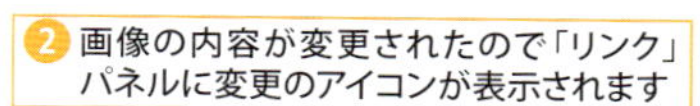

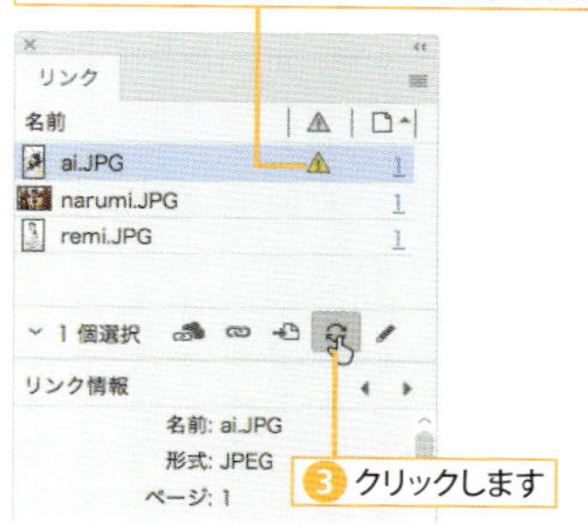

TIPS メタデータとリンクしないキャプションを入力する

「オブジェクト」メニューの「キャプション」から「キャプション作成」を選択すると、メタデータがキャプションとして入力されますが、画像のメタデータとはリンクせずにテキストデータとして入力されます。

TIPS 画像読み込み時にキャプションを作成する

「ファイル」メニューの「配置」で画像を配置する際、「キャプションを作成」オプションにチェックしておくと、メタデータをキャプションとして画像と一緒に配置できます。
配置されるメタデータは、直前に設定した「キャプション設定」の内容となり、メタデータとリンクされていないテキストのキャプションとなります。

TIPS ライブキャプションのメタデータの項目を変更する

ライブキャプションは、テキスト変数を使って入力しています。ライブキャプションを作成すると、メタデータを使った新しいテキスト変数が作成されます。
作成したライブキャプションのメタデータの項目を変更するには、「書式」メニューの「テキスト変数」から「定義」を選択し、作成されたテキスト変数の内容を変更してください。

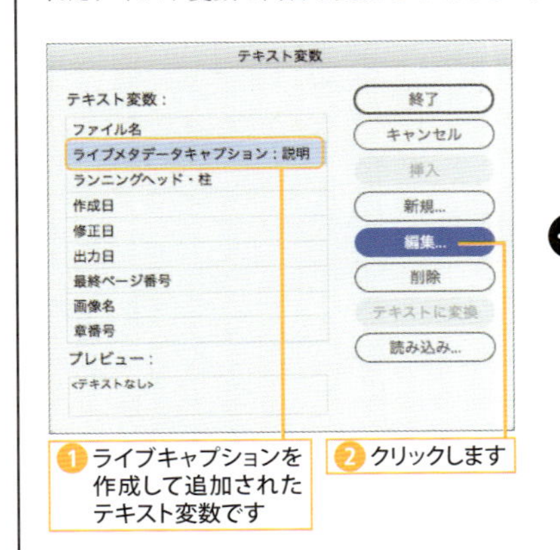

❶ライブキャプションを作成して追加されたテキスト変数です

❷クリックします

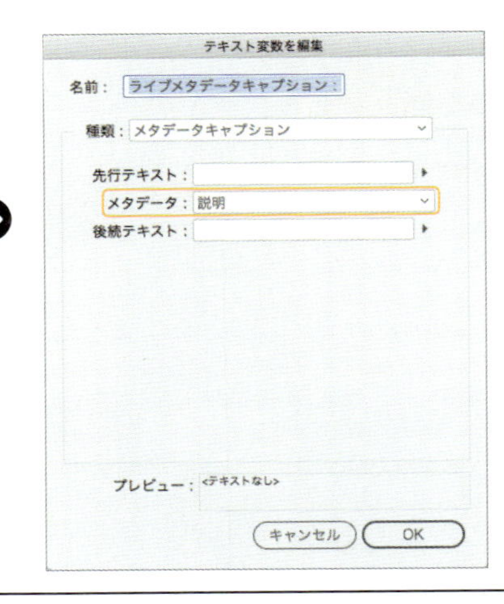

❸作成されたライブキャプションに使われているメタデータの種類が表示されます。ここで項目を変更すると、ライブキャプションの内容も、変更した項目のメタデータに置き換わります

CHAPTER

6

オブジェクトの基本操作と編集

InDesignでは、入力した文字や配置した画像は、すべてオブジェクトとなります。オブジェクトをきれいに並べること＝レイアウト操作の基本となります。
CHAPTER 6では、オブジェクトのレイアウト作業のための基本操作を解説します。

SECTION 6.1 オブジェクトの種類

使用頻度 ☆☆☆

InDesignでは、文字を入力するテキストフレームやグラフィックデータを配置するグラフィックフレーム、長方形ツールなどで描画した図形は、すべて「オブジェクト」と呼びます。オブジェクトは、属性の設定によって種類が変わります。

テキストフレーム

文字を入力するオブジェクトを「**テキストフレーム**」といいます。

テキストフレームには、**フレームグリッド**（ で作成、グリッドあり）と**プレーンテキストフレーム**（ で作成、グリッドなし）の２つがあります。フレームグリッドからプレーンテキストフレームに変更したり、その逆にプレーンテキストフレームからフレームグリッドに変更することもできます。

プレーンテキストフレーム

フレームグリッド

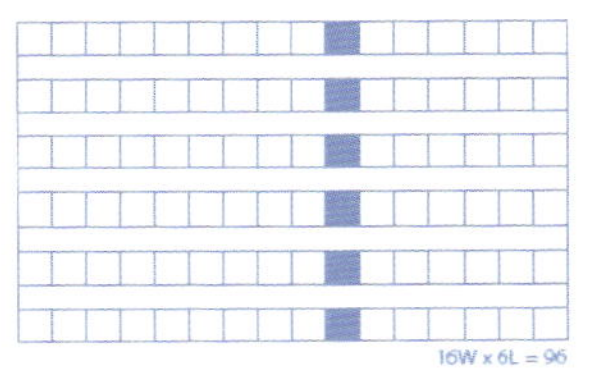

フレームグリッドはフレームの中に文字位置を示すグリッドが表示されます。

POINT

デフォルトでは、 で作成したプレーンテキストフレームは、オブジェクトスタイルの［基本テキストフレーム］が適用されます。 で作成したフレームグリッドにはオブジェクトスタイルの［基本グリッド］が適用されます。

グラフィックフレーム

写真や図などの画像データを配置するには、グラフィックフレームを使用します。 でグラフィックフレームを作成すると塗りと線の設定が「なし」になり、フレームの中にX状のラインが表示されるのが特徴です。フレームの中のラインは画像を配置すると消えます。オブジェクトスタイルは［なし］となります。

グラフィックフレーム

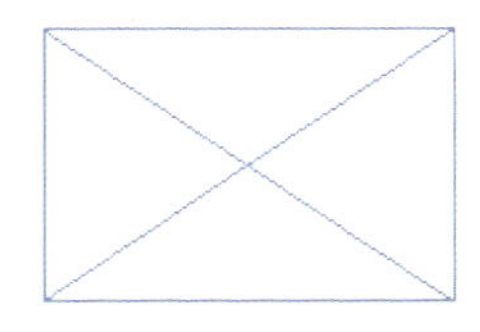

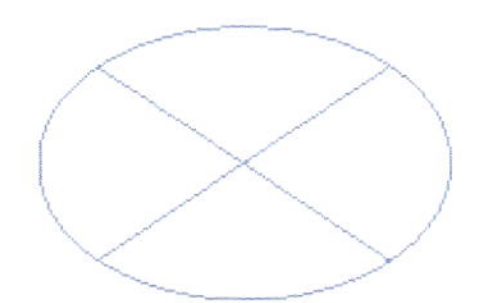

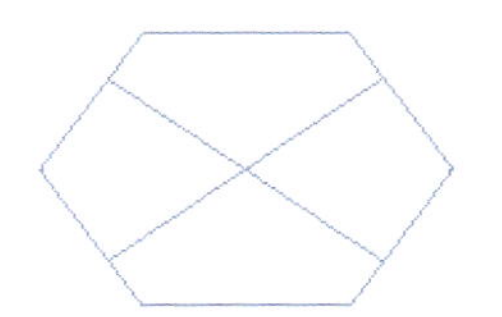

グラフィックフレームを作成すると、フレームの中にX状のラインが表示されます。

画像を配置した状態

パス

長方形ツール や楕円形ツール 、ペンツール などで作成した図形のオブジェクトを「**パス**」といいます。パスには内部に× 状のラインは表示されません（描画方法は、249ページを参照してください）。

パスは図形のオブジェクトです。
コントロールパネルで選択対象を変更します。

POINT

パスを作成すると、デフォルトでは、オブジェクトスタイルの［基本グラフィックフレーム］が適用されます。

POINT

左の星型を描くには、多角形ツールのオプションで星型の比率を設定して描きます（250ページ参照）。

3種類のオブジェクトの属性変更

選択ツール で選択したオブジェクトは、「オブジェクト」メニューの「オブジェクトの属性」で属性を変更できます。

ただし、テキストフレームを他のオブジェクトに変える場合は、文字が入力されている状態では変更できません。また、グラフィックフレームを他のオブジェクトに変える場合は、画像が配置された状態では変更できません。

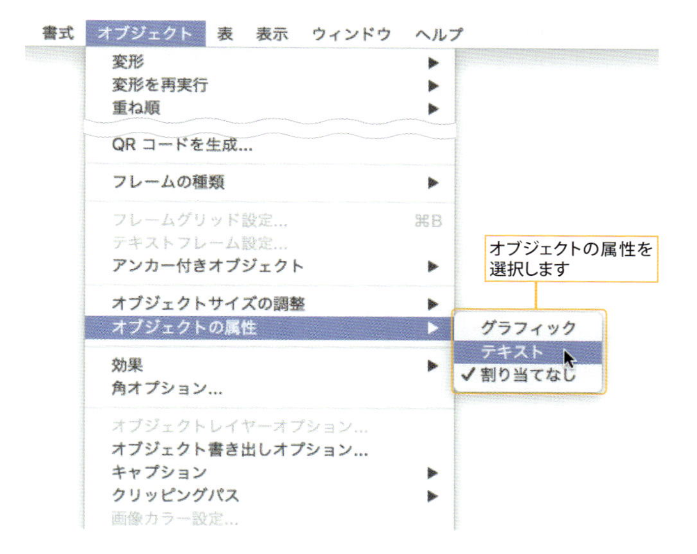

POINT

InDesignでは、テキストフレームをグラフィックオブジェクトに変換していなくても、画像を配置できます。

SECTION 6.2 オブジェクトを選択する

使用頻度

ドキュメント内のオブジェクトには、色を付け替えたり、場所の移動、変形などの編集作業が自由に行えます。編集作業は、編集するオブジェクトを選択してから行います。オブジェクトの選択は、主に選択ツール またはダイレクト選択ツール で行います。

オブジェクトの選択

オブジェクトを選択するには、主に選択ツール を使います。オブジェクトを選択ツール でクリックするとオブジェクトが選択され、「境界線ボックス」と呼ばれる8つのハンドルを持った長方形で囲まれます。

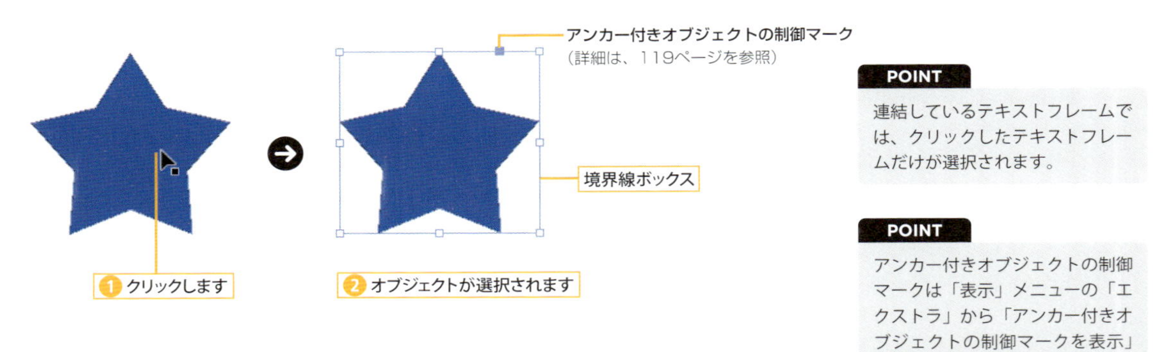
アンカー付きオブジェクトの制御マーク
(詳細は、119ページを参照)
境界線ボックス
1 クリックします
2 オブジェクトが選択されます

POINT

連結しているテキストフレームでは、クリックしたテキストフレームだけが選択されます。

POINT

アンカー付きオブジェクトの制御マークは「表示」メニューの「エクストラ」から「アンカー付きオブジェクトの制御マークを表示」で表示/非表示を設定できます。

▶画像オブジェクトの場合

画像を配置したオブジェクトの場合は、選択ツール を重ねると中央部に◎が表示されます。◎は「**コンテンツグラバー**」といい、クリックするとフレームの中に配置された画像（コンテンツ）が選択され、カーソルが になります。そのままドラッグして画像の位置を変更できます。

◎以外の部分をクリックすると、オブジェクト全体が選択されます。

リンクバッジ
(詳細は次ページ参照)
1 選択ツール の
カーソルを重ねます
コンテンツグラバー以外の部分をクリックすると、オブジェクト全体が選択されます。
コンテンツグラバーをクリックすると、画像が選択されます。
2 コンテンツグラバーが表示されます

▶ オブジェクトと画像の選択を切り替える

選択ツール でオブジェクトをダブルクリックすると、オブジェクト全体の選択と画像の選択を切り替えられます。その際、選択ツール はそのままで、ダイレクト選択ツール に切り替わることはありません。

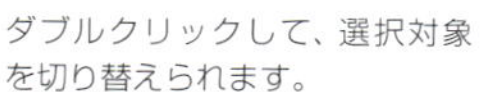

ダブルクリックして、選択対象を切り替えられます。

TIPS コンテンツグラバーを隠す

「表示」メニューの「エクストラ」から「コンテンツグラバーを隠す」を選択すると、コンテンツグラバーは表示されなくなります。
その場合は、ダブルクリックでオブジェクトの選択と画像の選択を切り替えてください。

TIPS 境界線ボックスの色とレイヤーカラー

オブジェクトを選択した際の境界線ボックスの色は、「レイヤー」パネルで選択したレイヤー色となりますが、フレーム内の内容（画像）を選択した場合は、レイヤーの色を反転した色となります。

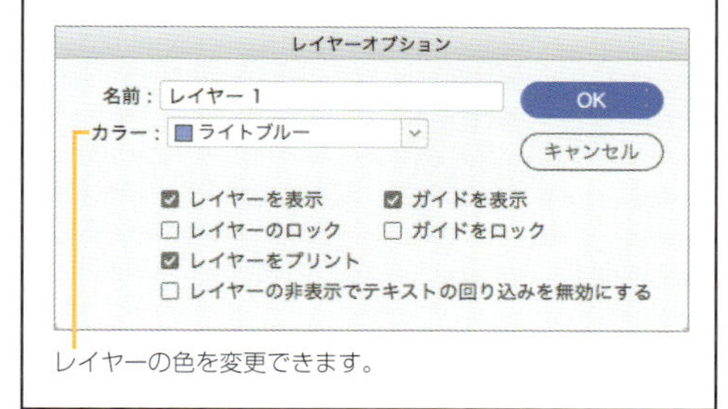

レイヤーの色を変更できます。

POINT

画像を配置したオブジェクトは、左上にリンクバッジ が表示されます。リンクバッジにカーソルを重ねると、配置されている画像のファイル名が表示されます。
リンクバッジ を option ＋クリックすると、「リンク」パネルが開きます。画像をリンクして配置している場合、option ＋ダブルクリックすると、画像の編集アプリで表示されます。
「表示」メニューの「エクストラ」から「リンクバッジを隠す」を選択すると、表示されなくなります。

POINT

プレビューモードで表示中でも、選択ツール のカーソルをオブジェクトの上に移動すると、フレームが一時的にハイライト表示されます。

グループ化されたオブジェクトの選択

グループ化されたオブジェクトを選択すると、点線の境界線ボックスが表示されます（グループ化については、204ページを参照）。ダブルクリックすると、グループ化した状態でグループ内のオブジェクトを選択できます。

選択したオブジェクトは移動や変形が可能で、グループ内の他のオブジェクトも選択できます。

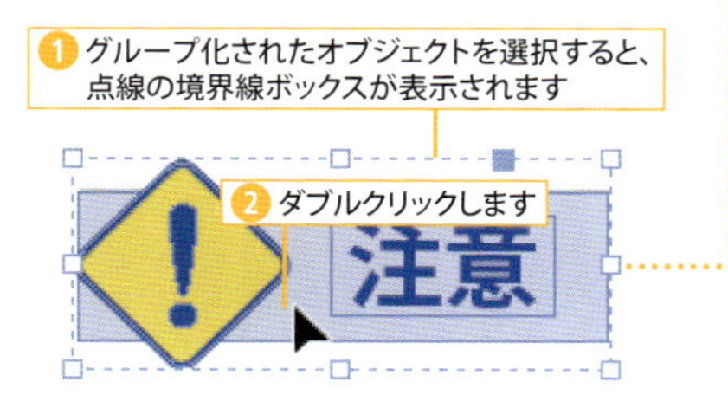

❶ グループ化されたオブジェクトを選択すると、点線の境界線ボックスが表示されます

❷ ダブルクリックします

グループ内のオブジェクトを選択できます。この状態で、グループ内の他のオブジェクトも選択できます

選択したオブジェクトの変形や移動も可能です

選択を解除してから再度選択すると、グループ化は解除されていないことがわかります

TIPS コントロールパネルを使って選択する

コントロールパネルの「内容を選択」を使っても、グループ内のオブジェクトを選択できます。

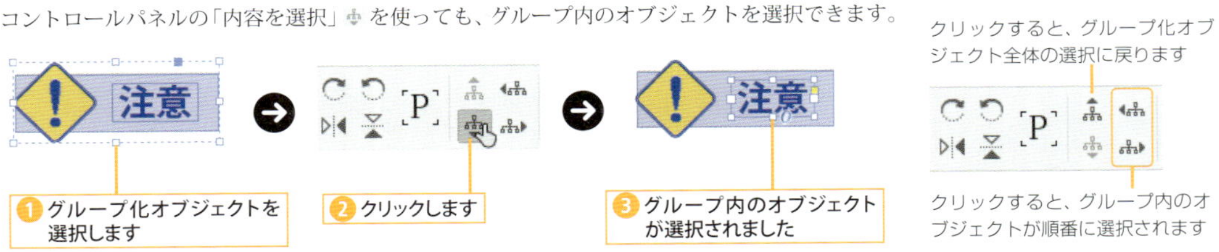

ダイレクト選択ツールによる選択

ダイレクト選択ツールで画像オブジェクトをクリックすると、フレームの中に配置された画像（コンテンツ）が選択され、カーソルがになります。そのままドラッグして画像の位置を変更できます。

ダブルクリックすると、フレームの選択になります。フレームを選択した状態でクリックすると、再度画像の選択となります。

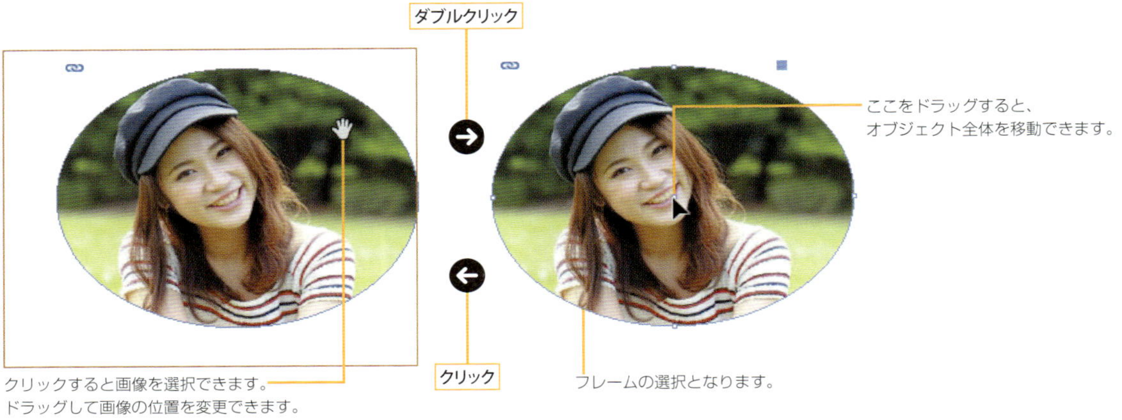

重なったオブジェクトの選択

オブジェクトが複雑に重なっていて選択が難しい場合は、「オブジェクト」メニューの「選択」にある各種コマンドを使うと便利です。

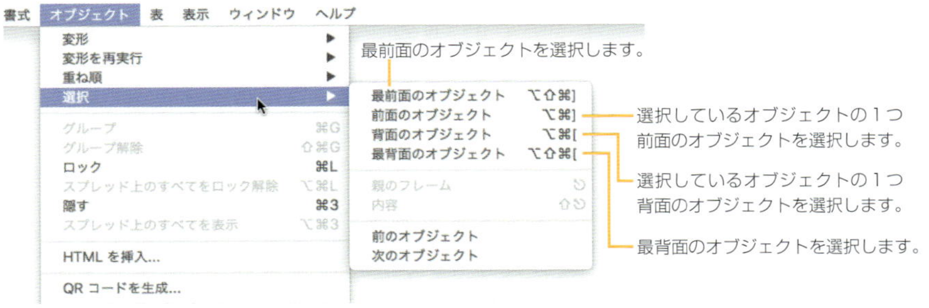

POINT

プレビューモードで表示中でも、ダイレクト選択ツールのカーソルをオブジェクトの上に移動すると、画像やフレームが一時的にハイライト表示されます。

複数のオブジェクトを選択する

オブジェクトやアンカーポイントは、1つずつだけでなく、まとめて選択できます。

▶選択マーキーを使って選択する

選択マーキーを使うと、簡単に複数のオブジェクトを選択できます。

この長方形が選択マーキー

ドラッグします

マーキーで囲まれるか触れたオブジェクトはすべて選択できます

▶shiftキーを使って選択する

shiftキーを押しながらクリックや選択マーキーを使うと、複数のオブジェクトを追加して選択できます。

① 1つ目のオブジェクトを選択します

② shift＋クリックして選択して、オブジェクトを追加します

▶すべてのオブジェクトを選択する

「編集」メニューから「すべてを選択」（⌘＋A）を使うと、表示しているページまたはスプレッド内のすべてのオブジェクトが選択できます。

オブジェクトの選択の解除

▶すべてのオブジェクトの選択解除

オブジェクトの選択を解除するには、オブジェクトのないところをいずれかの選択ツールでクリックします。

▶部分的なオブジェクトの選択解除

選択しているオブジェクトをshiftキーを押しながらクリックすると、選択を解除できます。

複数のオブジェクトを選択しているときに間違って選択した場合は、間違えたオブジェクトをshiftキーを押しながら再度クリックして、選択を解除します。

① shift＋クリックします

② 選択が解除されます

CS6 | CC | CC14 | CC15 | CC17

SECTION 6.3

オブジェクトの移動と削除

使用頻度 ★★★

選択ツールで全体を選択したオブジェクトは、ドキュメント内のどこにでも移動できます。オブジェクトを移動させるには、「マウスドラッグによる移動」「移動コマンドによる数値指定での移動」「コントロールパネルや「変形」パネルを使った移動」「矢印キーを使った移動」などがあります。

マウスドラッグによる移動

オブジェクトを移動する操作の基本は、選択ツール▶によるドラッグです。

▶オブジェクト全体をマウスドラッグで移動

選択ツール▶でオブジェクトを選択し、そのままドラッグして移動します。複数のオブジェクトを選択してもかまいません。

shiftキーを押しながらドラッグすると、移動方向が45°刻みに限定できます。垂直・水平に移動する場合に便利です。

「塗り」を設定していないパスを移動する場合は、選択した後に、境界線ボックスの中央のハンドルをドラッグして移動します。

ドラッグして移動します

TIPS 他のツールを選択中は

選択ツール▶以外のツールを選択している場合、⌘キー（WindowsはCtrlキー）を押すと選択ツール▶になり、オブジェクトを選択したり移動できます。

テキスト編集中でも、⌘キーを押しながらドラッグすると、編集中のテキストフレームを移動できます。

POINT

フレーム内の画像の移動については、231ページを参照してください。

TIPS ドラッグによるオブジェクトのコピー

移動先でoptionキー（WindowsはAltキー）を押しながらマウスボタンを放すと、移動先にオブジェクトをコピーできます。

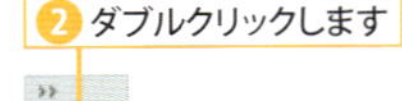

カーソルがこのアイコンになったらコピーできます

数値を指定して移動する（「移動」コマンド）

「オブジェクト」メニューの「変形」にある「移動」（shift＋⌘＋M）を使うと、移動方向と距離を数値で指定し、オブジェクトを正確に移動できます。

複数のオブジェクトを選択してもかまいません。フレーム内の画像だけを移動する場合は、ダイレクト選択ツール▷で画像を選択してください。

❶選択します

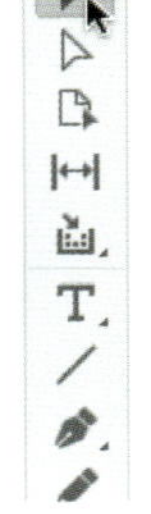

❷ダブルクリックします

POINT

「移動」コマンドは、ツールパネルの選択ツールかダイレクト選択ツールをダブルクリックしても実行できます。

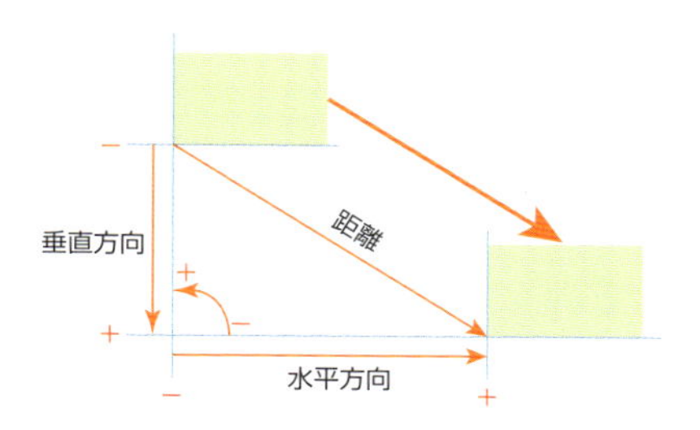

POINT

「移動」ダイアログボックスでの数値の単位は、「InDesign」メニュー（Windows版は「編集」メニュー）の「環境設定」の「単位と増減値」で選択したものになります（353ページ参照）。

TIPS 「移動」ダイアログボックス内の単位指定

「移動」ダイアログボックスでの数値の単位は、「InDesign」メニュー（Windows版は「編集」メニュー）の「環境設定」の「単位と増減値」で選択したものになります。「環境設定」ダイアログボックスで設定された単位以外の単位を使用する場合は、単位を文字で入力します。入力した値を「定規の単位」の単位に換算して表示します。単位の文字入力は、下記のように指定します。

ポイント	pt
歯	h
センチメートル	cm
アメリカ式ポイント	ap

パイカ	p
インチ	in
ミリメートル	mm
アゲート	ag

座標情報を入力して移動する（コントロールパネルによる移動）

コントロールパネルや「変形」パネルを使うと、オブジェクトの絶対位置を指定して移動できます。「変形」パネルの座標は、定規の原点を基準としています。

POINT

定規の原点は、定規の左上の交点からドラッグした位置に変更できます。元に戻すには、定規の交点をダブルクリックします。

POINT

パネルの数値入力ボックスでは、「+5」、「-10」、「*2」、「/2」のように演算子を追加入力して指定できます。たとえば、20mm右に移動する場合、「X」に「+20」と追加して入力します。

矢印キーを使った移動

オブジェクトを選択して矢印キー→←↑↓を押すと、左右上下の矢印の方向へ移動できます（初期設定は0.25mm刻み）。ドラッグに比べて移動距離を小さく設定できるので、位置の微調整に便利です。

shiftキーを押しながら矢印キーを押すと、移動距離が10倍（初期設定は2.5mm）になります。

optionキーを同時に押すと、移動先にコピーができます。

オブジェクトを削除する

オブジェクトを削除するには、選択ツールでオブジェクトを選択してdeleteキーを押します。「編集」メニューの「消去」を選択してもかまいません。

POINT

移動距離は、「InDesign」メニュー（Windows版は「編集」メニュー）の「環境設定」の「単位と増減値」にある「キーボード増減値：カーソルキー」（353ページ参照）で設定します。

TIPS ものさしツールで距離と角度を測る

ものさしツールを選択して、測定したい開始点から終点へドラッグします。2点間の距離は、「情報」パネルのD1に表示されます。
ものさしツールは、スポイトツールのサブツールです。
角度を測りたい場合には、距離測定と同様にドラッグして1本目の線を引き、その線の始点か終点からoptionキーを押しながらドラッグしして2本目の線を引きます。「情報」パネルに角度と2本目の線の情報がD2に表示されます。

SECTION 6.4

オブジェクトのコピー

使用頻度 ★★☆

通常、アプリケーションでコピーといえば、「コピー」と「ペースト」の組み合わせが一般的です。InDesignでは、コピー＆ペースト以外にも、「複製」コマンドやoption＋ドラッグによる方法、「レイヤー」パネルを使った方法があります。

オブジェクトのコピーを作る

オブジェクトをコピーするための基本的な方法は、「編集」メニューで「コピー」（⌘＋C）したオブジェクトを「ペースト」（⌘＋V）する方法です。

コピー＆ペーストしたオブジェクトは、ターゲット化されているページにペーストされます。重なり順は、作業しているレイヤーの最前面になります。

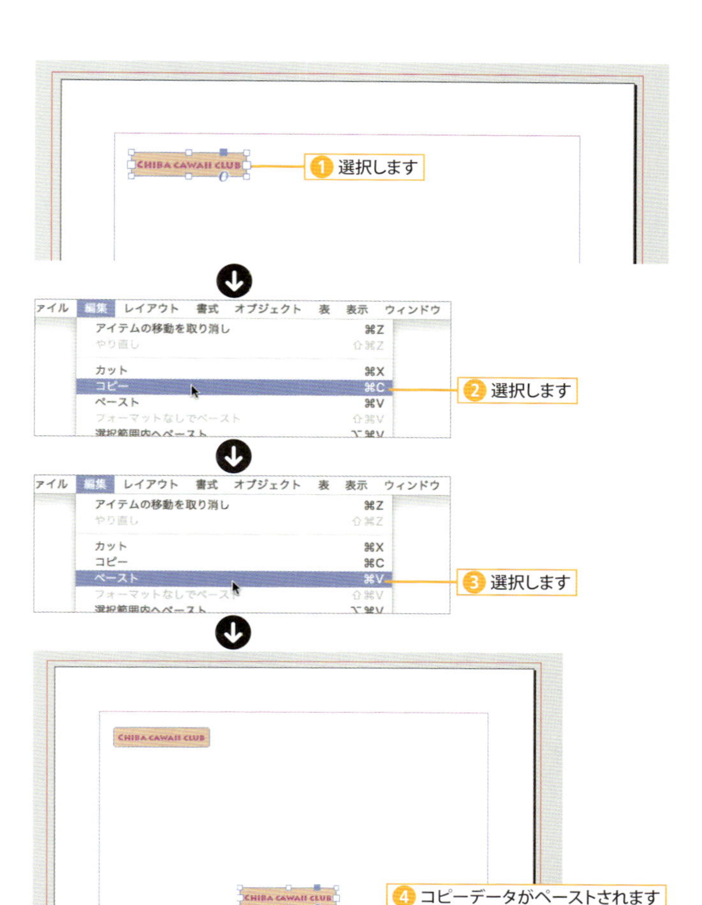

POINT

連結しているテキストフレームの一部をコピーした場合、コピーしたフレームに入力されたテキストだけが連結しない状態でコピーされます。

TIPS 画像フレームの中にペーストする

「選択範囲内にペースト」を使うと、コピーしたオブジェクトや画像を選択したフレームの中にペーストできます。「元の位置にペースト」を使うと、コピーしたオブジェクトと同じ位置の最前面にペーストされます。

TIPS コピー元のレイヤーにペーストする

「レイヤー」パネルメニューの「コピー元のレイヤーにペースト」（CC 2014以前は「レイヤーを記憶してペースト」）を選択し、チェックマークを付けておくと、オブジェクトがコピー元にレイヤーにペーストされます。

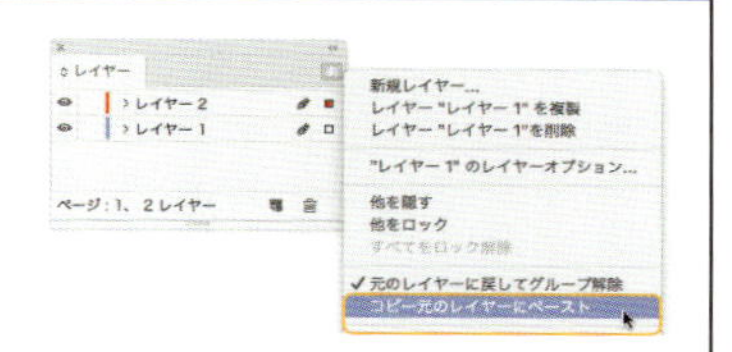

複製コマンドを使う

「編集」メニューの「複製」（option＋shift＋⌘＋D）を使うと、選択したオブジェクトを簡単に複製できます。複製される場所は、option＋ドラッグや「編集」メニューの「繰り返し複製」（option＋⌘＋U）で複製した際のオフセット距離の位置となります。

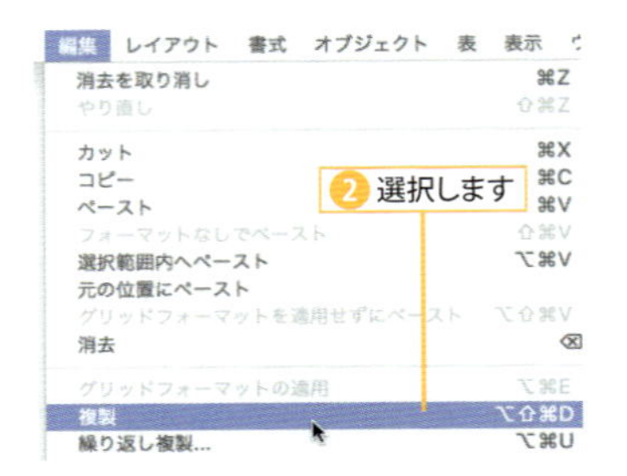

TIPS 指定した位置に複製するには

コントロールパネルや「変形」パネルで移動位置や回転、シアーなどの数値を入力し、optionキーを押しながらreturnキーを押すと、元画像が残り、複製が指定位置に作成されます。

繰り返し複製コマンドを使う

オブジェクトを等間隔でいくつもコピーするには、「編集」メニューの「繰り返し複製」（option＋⌘＋U）を使います。

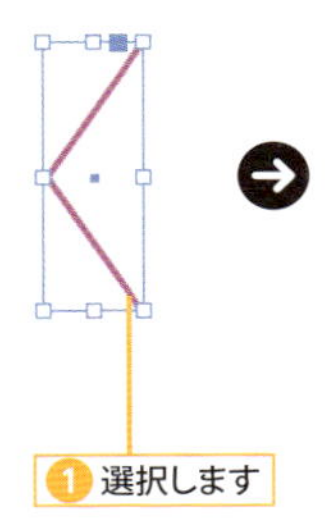

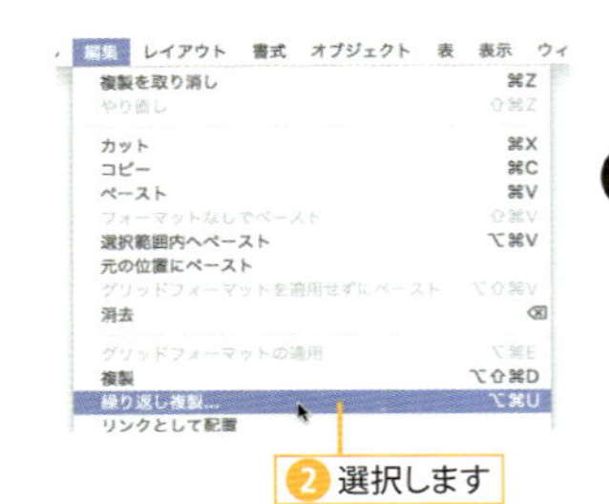

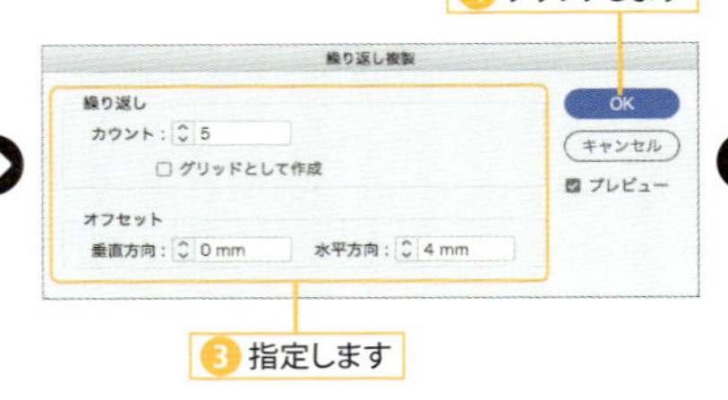

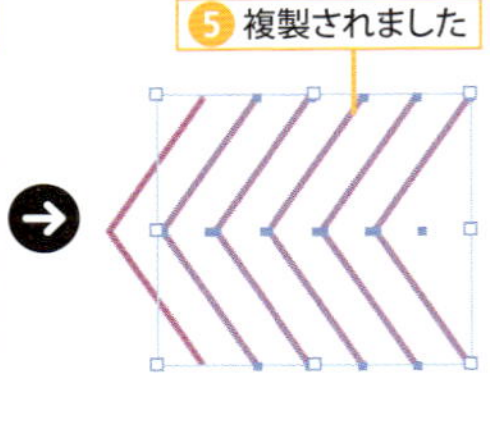

POINT

「水平方向」のオフセットでは、水平方向の移動距離を指定します。右方向がプラス、左方向はマイナス値を入力します。
「垂直方向」のオフセットでは、垂直方向の移動距離を指定します。下方向がプラス、上方向はマイナス値を入力します。

TIPS グリッドとして作成

「繰り返し複製」ダイアログボックスの「グリッドとして作成」オプションを有効にすると、「行」と「段数」を指定して、水平方向、垂直方向にタイル上に複製できます。

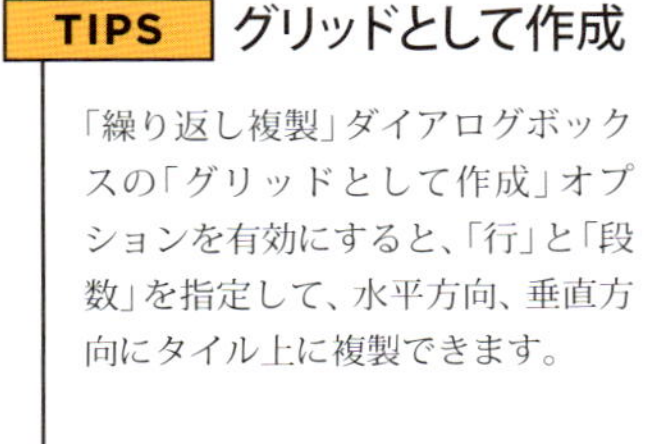

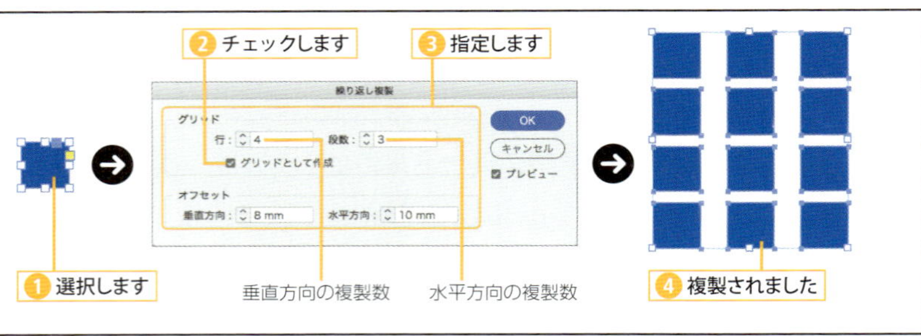

optionキーを使ったドラッグによるコピー

オブジェクトをドラッグして移動する際にoptionキー（WindowsはAltキー）を押すと、ドラッグ先にコピーできます。このコピー方法は、選択ツールによる移動だけでなく、拡大・縮小ツールなどの各種変形ツールのドラッグによる変形でも利用できます。

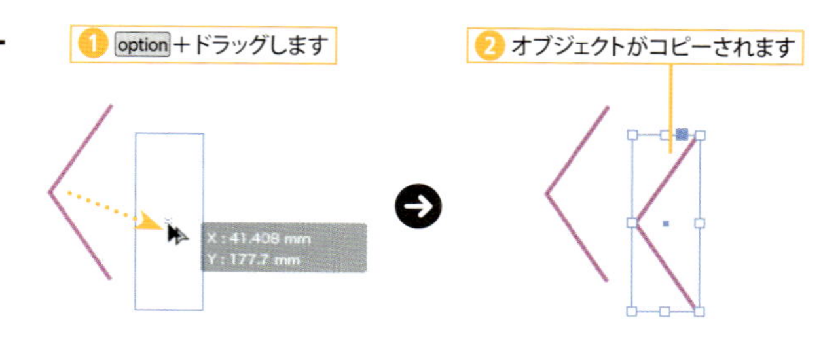

タイル状に複製

option＋ドラッグでもタイル状に複数個のオブジェクトを複製できます。

optionキーを押してからドラッグを開始し、ドラッグ先まで移動したらマウスボタンを押したまま矢印キーを使って複製する数を決めます。

この時点でoptionキーは放しても大丈夫です。複製される箇所にはオブジェクトが点線で表示され、決まったらマウスボタンを放します。

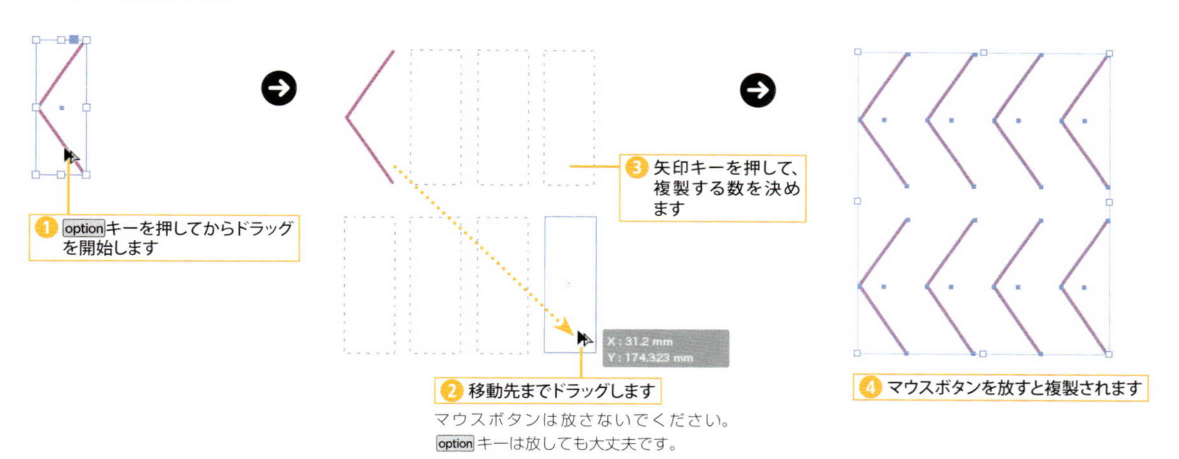

TIPS 「変形」コマンドのダイアログボックスでもコピーできる

「オブジェクト」メニューの「変形」にある「移動」「拡大・縮小」「回転」「シアー」の各コマンドのダイアログボックスで「コピー」ボタンをクリックすると、元のオブジェクトを残して変形結果をコピーできます。

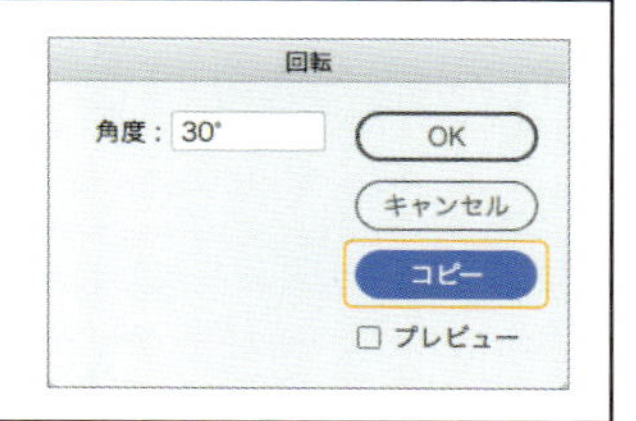

レイヤー間でのオブジェクトのコピー

レイヤー間でオブジェクトをコピーするには、コピーするオブジェクトを選択し、「レイヤー」パネルでアイテム選択を表す■をコピー先のレイヤーにoption＋ドラッグします。

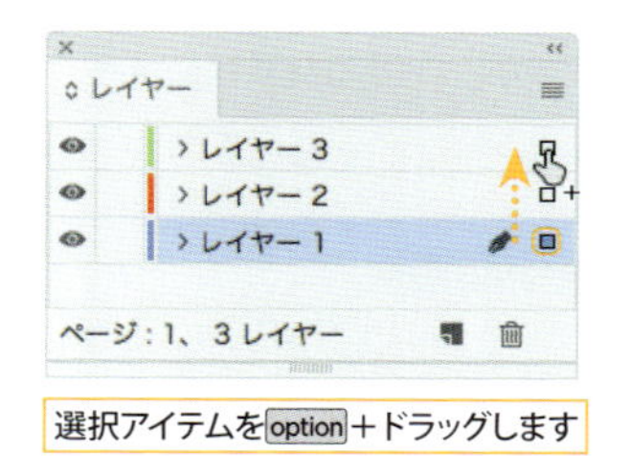

選択アイテムをoption＋ドラッグします

SECTION 6.5

CCライブラリ

使用頻度 ★★☆

CCライブラリは、Creative Cloudのクラウドストレージを使い、よく使うカラーや文字のスタイル、グラフィックオブジェクトなどを保管しておく機能です。同じAdobeIDでサインインすれば、他のPC/Macでも利用できます。また、InDesign以外に、Illustratorなどの他のAdobeソフトと共通して利用できます。

CCライブラリとは

CCライブラリには、よく使うカラー、カラーテーマ、段落スタイル、文字スタイル、オブジェクト（グラフィック）を登録でき、「CCライブラリ」パネルからスウォッチのように利用できます。

「スウォッチ」パネルに登録した色は、そのドキュメント内では利用できますが、他のドキュメントでは利用できません。CCライブラリに登録したカラーなどのアイテムはInDesignのどのドキュメントでも利用でき、Photoshopをはじめとする Adobeのデスクトップアプリやモバイルアプリでも利用できます。

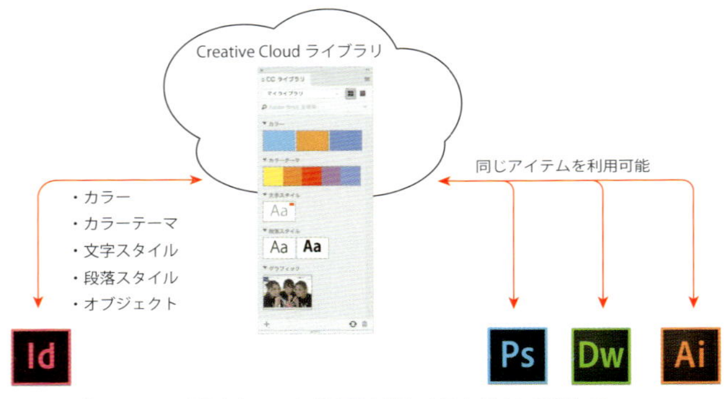

CCライブラリは、よく使うカラーなどの設定等をクラウド上に登録して、InDesignのすべての書類で利用できるようにした機能です。Photoshopなどの他のアプリでも利用できます。

TIPS　CCライブラリを利用できるデスクトップアプリ

Illustrator、Photoshop、InDesign、Premiere Pro、After Effects、Dreamweaver、Adobe Muse、Adobe Animate CC

「CCライブラリ」パネル

「CCライブラリ」パネルには、CCライブラリに登録したアイテムが表示されます。

POINT

InDesign画像をCCライブラリで利用するには、画像を埋め込んでください。Photoshopから画像をCCライブラリに登録すると、CCライブラリの画像をInDesignにリンクして配置できます。

POINT

カラーテーマは、「Adobe Color テーマ」パネルで作成できます。

CCライブラリへの登録

▶「CCライブラリ」パネルで追加

オブジェクトを選択し、「CCライブラリ」パネルの＋をクリックします。ポップアップが表示されるので、登録するアイテムをチェックして「追加」をクリックします。

▶「スウォッチ」パネルから登録

「スウォッチ」パネルでライブラリに登録したいカラースウォッチまたはカラーグループを選択して、パネル下部にある「現在のCCライブラリに選択したスウォッチを追加」ボタンをクリックします。

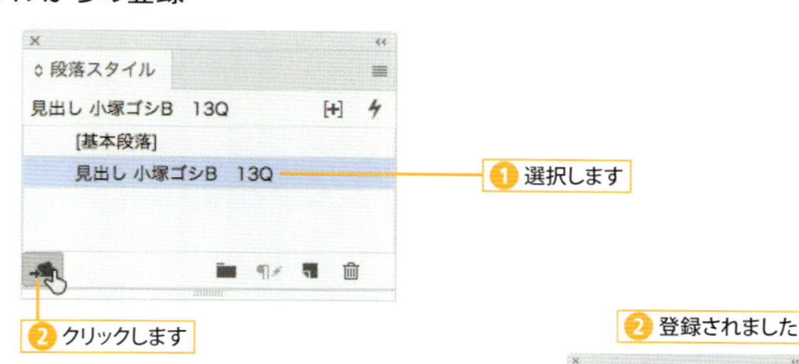

▶「段落スタイル」パネル/「文字スタイル」パネルからの登録

先に、「段落スタイル」パネルと「文字スタイル」パネルにスタイルを登録しておきます。

ライブラリに登録するスタイルを選択して、「現在のCCライブラリに選択したスタイルを追加」ボタンをクリックします。

段落スタイル
見出し 小塚ゴシB 13Q
[基本段落]
見出し 小塚ゴシB 13Q
1 選択します
2 クリックします

▶オブジェクト（グラフィック）をドラッグ&ドロップ

「CCライブラリ」パネルにオブジェクトをドラッグ&ドロップすると、グラフィックアイテムとして登録できます。

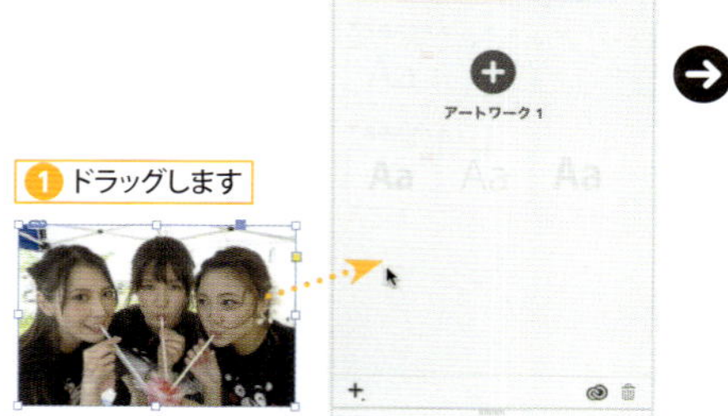

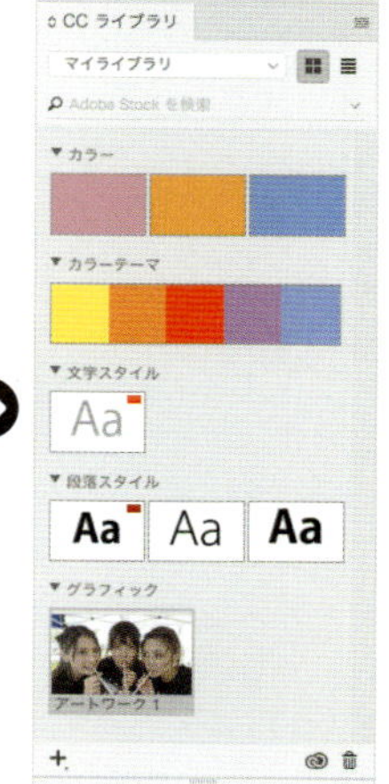

CCライブラリの使用

カラーやカラーテーマの使用

カラーやカラーテーマは、「スウォッチ」パネルと同様にオブジェクトを選択してクリックすると、「塗り」「線」のアクティブなほうに適用されます。

段落スタイル、文字スタイルの使用

段落スタイルはカーソルのある段落に適用されます。文字スタイルは選択した文字に適用されます。

グラフィックの使用

グラフィックアイテムは、「CCライブラリ」パネルからアートボード上にドラッグ＆ドロップして配置できます。

POINT

グラフィックアイテムをダブルクリックすると、編集画面で内容を編集できます。

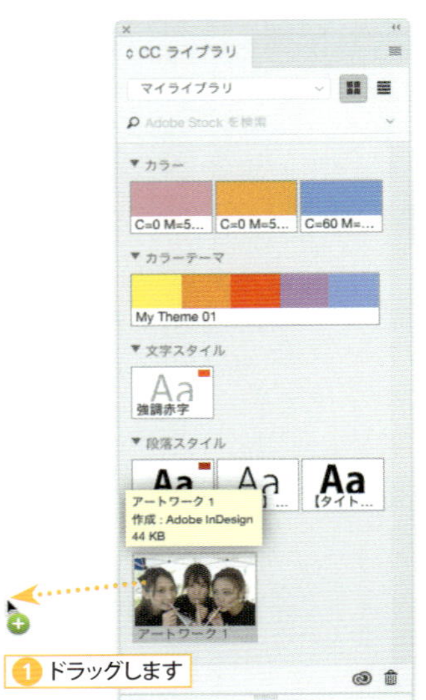

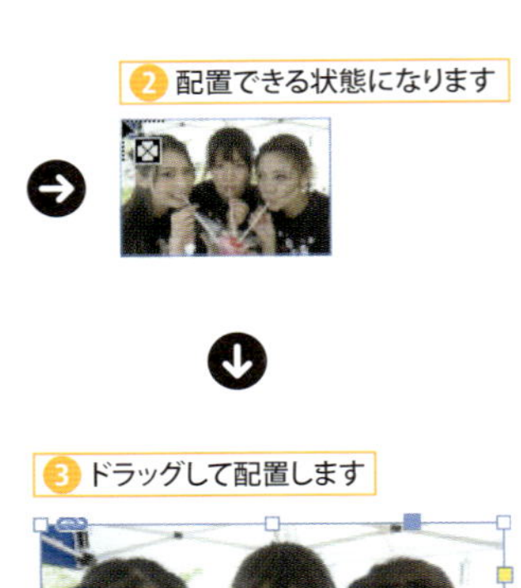

TIPS ライブラリの共有

ライブラリの設定内容を、他のAdobeIDを保持しているユーザーと共同利用できます。ライブラリパネルメニューから「共同利用」を選択すると、Webブラウザで「共有者を招待」画面が表示されるので、共同利用する相手のAdobe IDを入力します。必要に応じてコメントを記述し、「招待」ボタンをクリックします。

SECTION 6.6 ライブラリを使う

使用頻度 ★★☆

頻繁に使うグラフィックやテキストフレームをオブジェクトライブラリに保管しておくと、いつでもドラッグしてページに配置できます。オブジェクトライブラリには、定規ガイドやグリッド、グループ化された図形も登録しておくことができます。

オブジェクトライブラリの作成と登録

「ファイル」メニューの「新規」から「ライブラリ」を選択し、ライブラリ名を付けて任意の場所に保存すると、「ライブラリ」パネルが表示されます。

オブジェクトを選択して、「ライブラリ」パネルの「新規ライブラリアイテム」ボタンをクリックするか、直接オブジェクトをパネルにドラッグすると、ライブラリに登録されます。

名前を付けて登録したい場合には、optionキーを押しながら「新規ライブラリアイテム」ボタンをクリックし、「アイテム情報」ダイアログボックスで名前を付けます。

▶ライブラリからドキュメントに配置する

ライブラリからオブジェクトをドキュメントの配置したい位置にドラッグするだけで、配置できます。

▶ライブラリから削除する

ライブラリで選択したオブジェクトを「ライブラリアイテムを削除」ボタンにドラッグすると、オブジェクトをライブラリから削除できます。

TIPS ライブラリで検索する

ライブラリアイテムが増えた場合には、アイテムの種類や名称で検索して絞り込むことができます。「ライブラリサブセットを表示」ボタンをクリックして、パラメーターを設定します。一番右には検索する語句を入力します。
再度、すべてのライブラリアイテムを表示するには、パネルメニューから「すべて表示」を選択します。

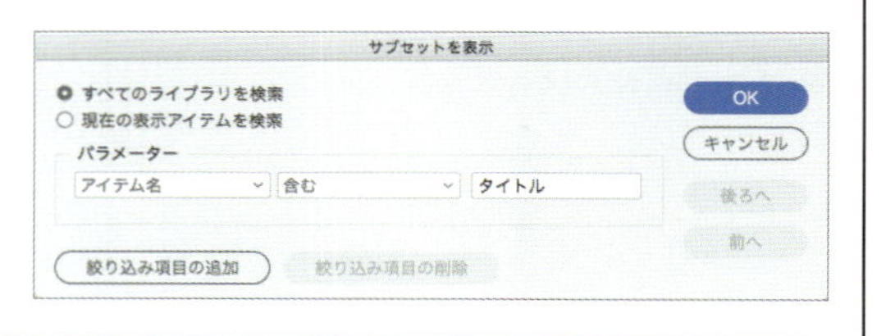

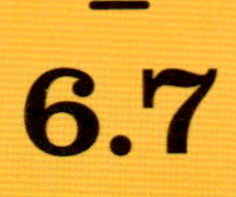

オブジェクトのロック／グループ化／前後関係

使用頻度 ☆☆☆

レイアウト作業では、特定のオブジェクトを固定したり、複数のオブジェクトを１つのオブジェクトとして扱ったり、前面や背面に移動する操作が不可欠です。InDesignでは、これらを可能にする便利なコマンドが用意されています。

オブジェクトのグループ化

テキストや画像など複数のオブジェクト選択して、「オブジェクト」メニューの「グループ」（⌘＋G）でグループ化すると、１つのオブジェクトとして扱えます。

また、グループ化したオブジェクトをさらにグループ化することができます。

❶ 複数のオブジェクトを選択ツール で選択します
❷ 選択します
❸ グループ化されました

▶ グループ化を解除するには

グループ化されたオブジェクトを元の個々のオブジェクトに戻すには、「オブジェクト」メニューの「グループ解除」（shift＋⌘＋G）を選択します。

POINT

グループ化されたオブジェクト内の個々のオブジェクトを選択する方法は、191ページを参照してください。

オブジェクトを選択できなくする（ロック）

「オブジェクト」メニューの「ロック」（⌘＋L）を選択すると、オブジェクトを選択できないようにロックできます。

❶ 選択します

❷ 選択します
❸ オブジェクトがロックされ、選択できなくなります

ロックされたオブジェクトのフレームに が表示されます

▶ロックを解除する

ロックしたオブジェクトを解除するには、フレームに表示された🔒をクリックします。

POINT

ロックしたオブジェクトの🔒は、標準モードでのみ表示されます。

1 クリックします

2 ロックが解除されました

▶スプレッド上のすべてのオブジェクトのロックを解除する

「オブジェクト」メニューの「スプレッド上のすべてをロック解除」(option＋⌘＋L) を選択すると、表示しているスプレッド上のすべてのロックしたオブジェクトをロックを解除します。

TIPS レイヤーのロック機能

「レイヤー」パネルを使っても、オブジェクトのロック・ロック解除が可能です。また、レイヤー全体をロックすることも可能です。レイヤーの詳細は、63ページを参照してください。

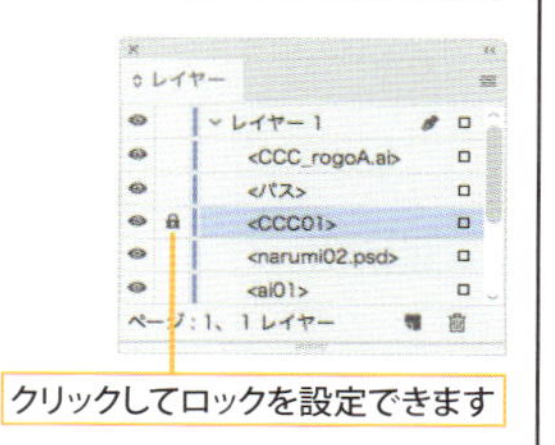

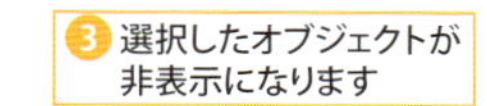

クリックしてロックを設定できます

オブジェクトを一時的に非表示にする（隠す）

「オブジェクト」メニューの「隠す」(⌘＋3) を選択すると、選択したオブジェクトを一時的に隠す（非表示にする）ことができます。

1 オブジェクトを選択します

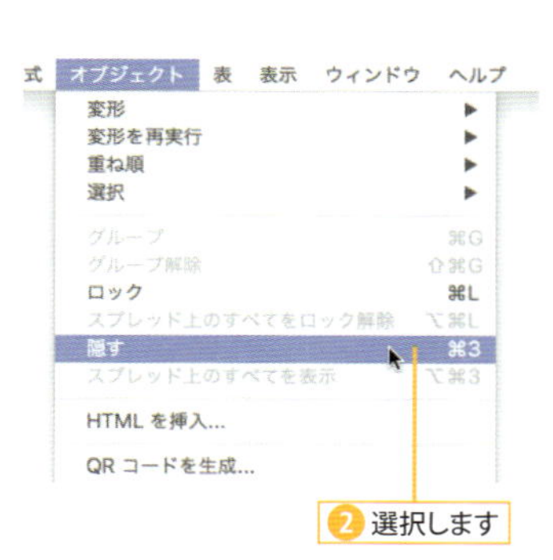

2 選択します

3 選択したオブジェクトが非表示になります

▶オブジェクトを表示する

「オブジェクト」メニューの「スプレッド上のすべてを表示」(option＋⌘＋3) を選択すると、表示しているスプレッド上の非表示オブジェクトをすべて表示します。

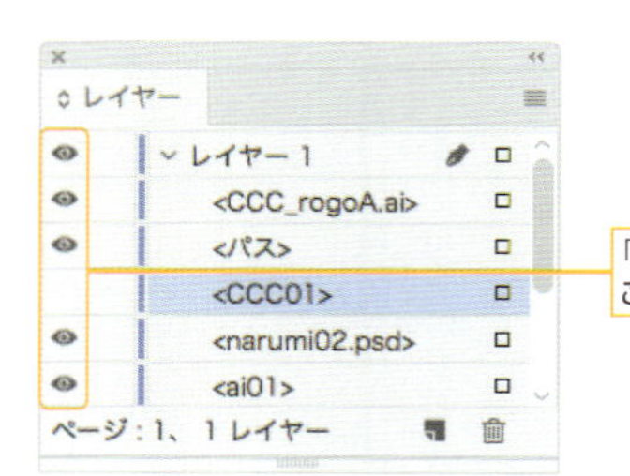

「レイヤー」パネルを使うと、オブジェクトごとに表示／非表示を切り替えられます

オブジェクトを前面へ出す／背面へ送る

InDesignのオブジェクトは、階層構造を持っています。オブジェクトを重ねると、前面にあるオブジェクトが背面のオブジェクトを隠すようになります。

重なっているオブジェクトを前面に出したり背面に送ったりするには、「オブジェクト」メニューの「重ね順」から「前面へ」（⌘+]）、「背面へ」（⌘+[）を使用します。

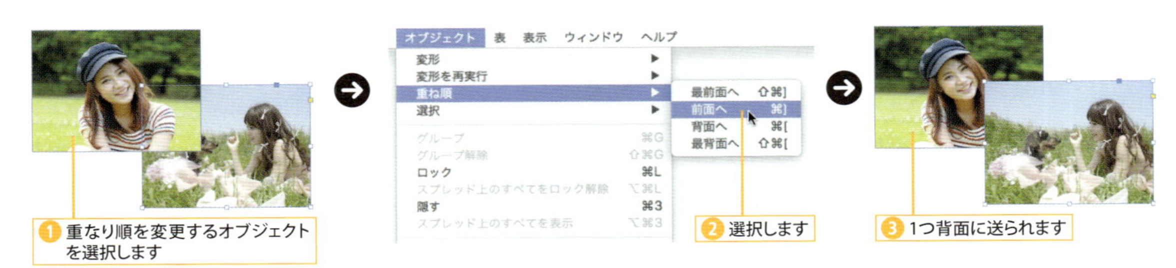

❶ 重なり順を変更するオブジェクトを選択します

❷ 選択します

❸ 1つ背面に送られます

POINT

「前面へ」「背面へ」は、重なる順番が1つ変わるだけです。オブジェクトを最前面や最背面に送るには、「オブジェクト」メニューの「重ね順」から「最前面へ」（shift+⌘+]）、「最背面へ」（shift+⌘+[）を選択します。

POINT

「前面へ」「背面へ」「最前面へ」「最背面へ」ともに、同一レイヤー内での移動となります。レイヤー間をまたいでの移動はできません。

TIPS 「レイヤー」パネルを使った移動

「レイヤー」パネルを使っても、オブジェクトの重なり順を変更できます。レイヤーの詳細は、63ページを参照してください。

SECTION 6.8

オブジェクトの拡大・縮小

使用頻度

InDesignでは、選択したオブジェクトを文字や画像も含めて拡大・縮小するには、いくつかの方法があります。

選択ツール を使う

基本は、選択ツール を使って、境界線ボックスのハンドルをドラッグします。

▶パスオブジェクトの場合

ハンドルをドラッグするだけです。

❶オブジェクトを選択します　❷ドラッグして拡大・縮小します

▶画像オブジェクトの場合

画像オブジェクトを選択している場合は、フレームだけの拡大・縮小、画像を選択している場合は画像だけの拡大・縮小になります（詳細はSECTION 7.2（230ページ）を参照）。

画像とフレームを同時に拡大・縮小するには、⌘キーを押しながらドラッグします。

ただし、この場合には、画像の縦横比が保持されません。縦横比を保持して拡大・縮小するには、shiftキーと⌘キーを押しながらドラッグするか、「自動調整」を有効にしてドラッグしてください（「自動調整」の詳細は、230ページを参照）。

⌘＋ドラッグで画像も同時に拡大・縮小します。ただし縦横比は保持されません

「自動調整」をチェックすると、通常のドラッグでも画像の縦横比が保持されたままフレームサイズに合わせて画像が拡大・縮小します

POINT

⌘＋ドラッグでは、オブジェクトの「自動調整」の設定に関係なく、画像の縦横比はフレームに合うように拡大・縮小されます。

▶テキストオブジェクトの場合

ハンドルをドラッグして拡大・縮小してもテキストフレームのサイズが変わるだけで、中のテキストのサイズは変わりません（74ページ参照）。

文字とフレームを同時に拡大・縮小する場合は、⌘キーを押しながらドラッグします。

ただし、この場合には、文字の縦横比が保持されません。縦横比を保持して拡大・縮小するには、shiftキーと⌘キーを押しながらドラッグしてください。

Cosmic Club

⌘＋ドラッグで文字もフレームも同時に拡大・縮小します。ただし、縦横比は保持されません

自由変形ツールを使う

オブジェクトの変形には、自由変形ツールも利用できます。

POINT

shift＋ドラッグすると縦横比を保持し、option＋ドラッグすると中央からの拡大・縮小となります。

TIPS 自由変形ツールの注意点

画像やテキストが配置されているフレームは、拡大・縮小で画像やテキストもフレームの比率に従い拡大・縮小されます。

拡大・縮小ツールを使う

拡大・縮小ツールでは、拡大の基点を指定して拡大・縮小できます。

POINT

基点を指定するときに、拡大・縮小ツールでoptionキーを押しながらクリックすると、クリックした位置が基点となり、数値指定のダイアログボックスが表示できます。

POINT

基点の位置は、コントロールパネルや「変形」パネルの参照ポイントでも変更できます。

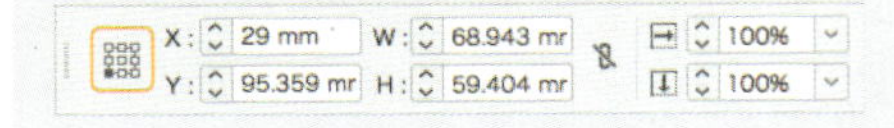

TIPS 拡大・縮小のオプション

- shiftキーを押しながらドラッグすると、拡大・縮小の方向が45度の方向に限定できます。
- ドラッグの終了時にoptionキーを押しながらマウスボタンを放すと、拡大・縮小したオブジェクトがコピーとして作成できます。

数値指定で正確に拡大・縮小する

「拡大・縮小」コマンドやコントロールパネルを使うと、拡大率を数値で指定できます。オブジェクトを正確な数値で拡大・縮小するのに便利です。「自動調整」の設定は関係なく、文字も画像も拡大・縮小します。

POINT

拡大・縮小の基点は、オブジェクトを選択した際に、コントロールパネルまたは「変形」パネルで指定します。

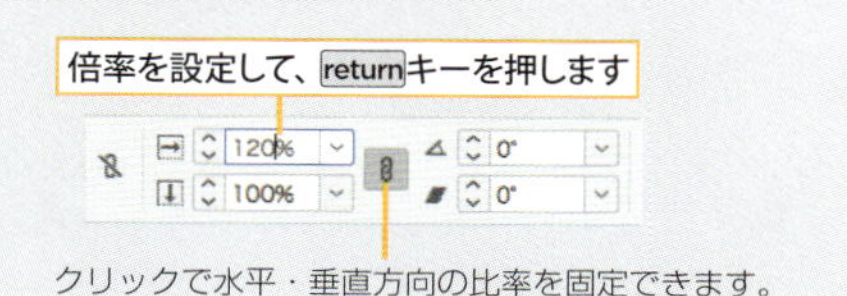

POINT

コントロールパネルの拡大・縮小ボックスに数値で指定しても拡大・縮小できます。

倍率を設定して、returnキーを押します

120%
100%
0°
0°

クリックで水平・垂直方向の比率を固定できます。

POINT

フレーム内の画像を拡大・縮小するには、ダイレクト選択ツール で画像を選択してください。

元の図形が残って拡大・縮小したオブジェクトが新しく作成されます。

変形結果をプレビュー表示します。

オブジェクトの形を縦または横方向に別々の倍率で拡大・縮小します。

Cosmic Club

5 オブジェクトが指定した倍率で拡大・縮小します

TIPS オブジェクトのサイズを指定する

コントロールパネルまたは「変形」パネルでオブジェクトのサイズを数値指定できます。
選択ツール で画像オブジェクトを選択するとフレームサイズだけが変わります。
ダイレクト選択ツール で画像を選択すると、フレーム内で画像のサイズが変わります。

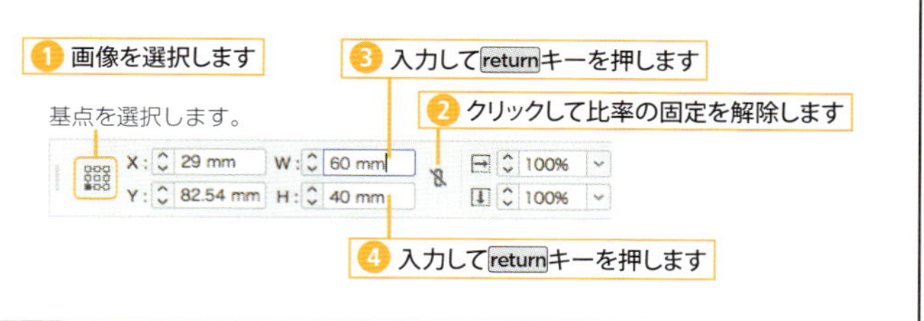

CHAPTER 6 オブジェクトの基本操作と編集

CS6 | CC | CC14 | CC15 | CC17

SECTION 6.9

オブジェクトを回転させる／傾ける／反転させる

使用頻度

InDesignでは、選択したオブジェクトを回転させたり、傾ける、反転させるためのツールが用意されています。

オブジェクトを回転させる

選択ツール でオブジェクトを選択し、四隅のハンドルの外側にカーソルを移動すると に変わります。そのままドラッグすると、オブジェクトが回転します。回転の中心は、オブジェクトの中央です。

POINT

ドラッグする代わりに、コントロールパネルや「変形」パネルの「回転角度」に数値を指定することもできます。

POINT

複数のオブジェクトを選択して表示される境界線ボックスのハンドルをドラッグして回転すると、全オブジェクトが１つのオブジェクトとして回転します。

回転ツールを使う

回転ツール を使うと、回転の中心を指定してドラッグでオブジェクトを回転できます。

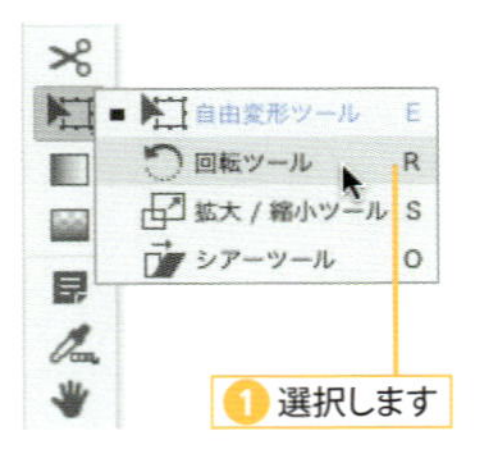

POINT

回転ツール をダブルクリックして、ダイアログボックスで回転角度を指定して回転が行えます。

POINT

回転ツールでは、クリックして１つのオブジェクトをドラッグして、複数のオブジェクトを選択できます。選択ツールで先に複数のオブジェクトを選択することもできます。

TIPS 自由変形ツールを使う

自由変形ツールでオブジェクトの周囲をドラッグしても回転できます。shift＋ドラッグで45度刻みの回転となります。

▶ 90度の回転を行う

コントロールパネルを使うと、頻繁に使う90度の回転が簡単に行えます。

「オブジェクト」メニューの「変形」や「変形」パネルメニューでも、90度または180度の回転を行えます。

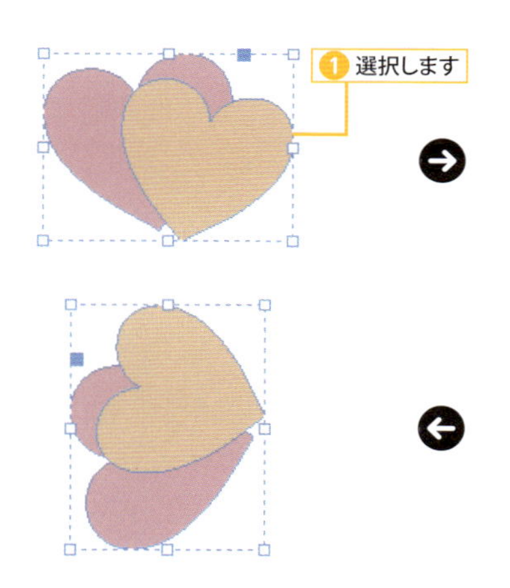

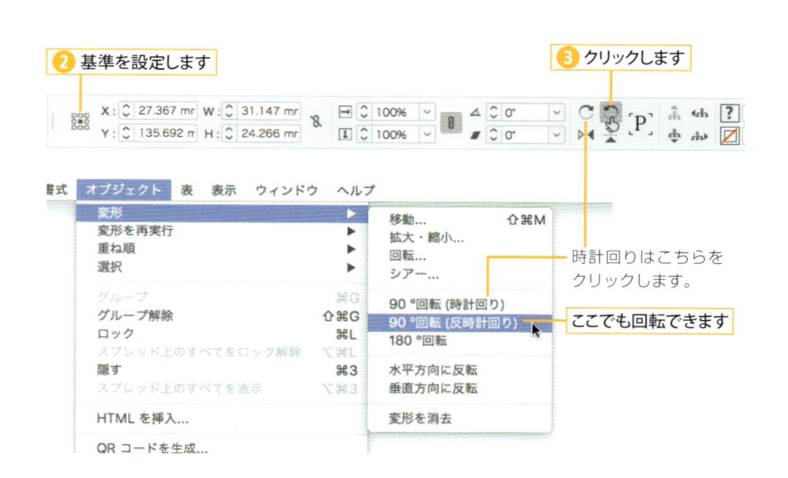

オブジェクトを傾ける

▶ 自由変形ツールを使う

自由変形ツールでオブジェクトを選択します。境界線ボックスのサイドハンドル（辺の中心のハンドル）のドラッグを開始し、途中で ⌘ キーを押すとオブジェクトが傾きます。

POINT

shift キーを押しながらドラッグすると、水平・垂直を保持しながら傾きます。
option キーを押しながらドラッグすると、オブジェクトの中心を基準に傾きます。

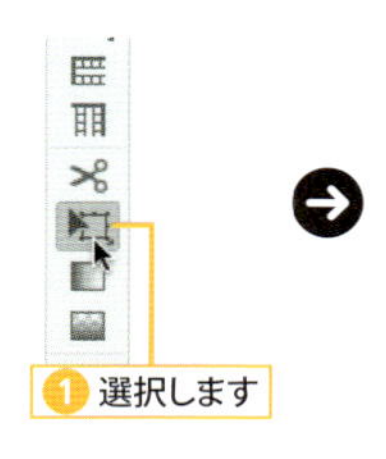

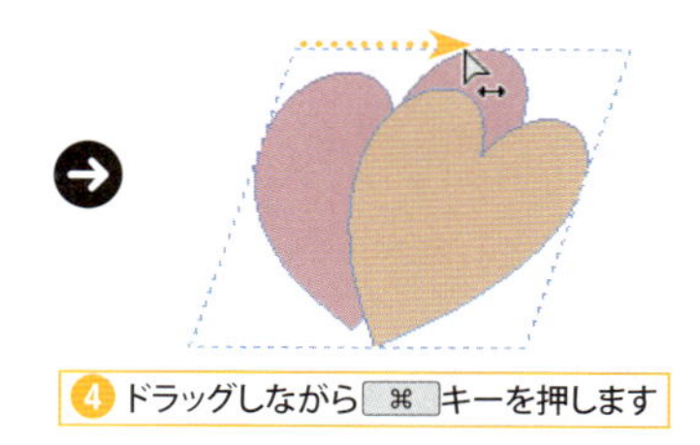

▶シアーツールを使う

シアーツール では、変形の基点を指定して傾けられます。

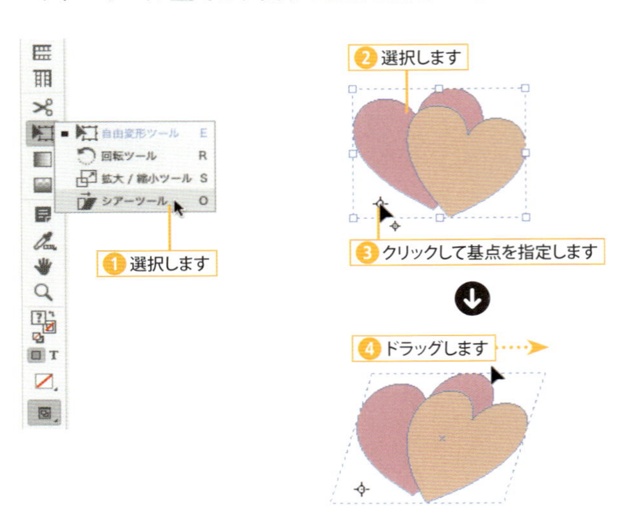

POINT

シアーツール をダブルクリックするとダイアログボックスが表示され、傾斜角度を指定して回転が行えます。

POINT

shift キーを押しながらドラッグすると、水平・垂直を保持しながら傾きます。

POINT

基点の位置は、「変形」パネルの参照ポイントの指定でも変更できます。

POINT

シアーツール では、クリックで１つのオブジェクトを、ドラッグで複数のオブジェクトを選択できます。選択ツール で先に複数のオブジェクトを選択することもできます。

TIPS コントロールパネルで指定する

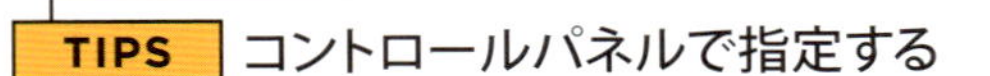

コントロールパネルや「変形」パネルの「傾斜角度」に数値を指定できます。

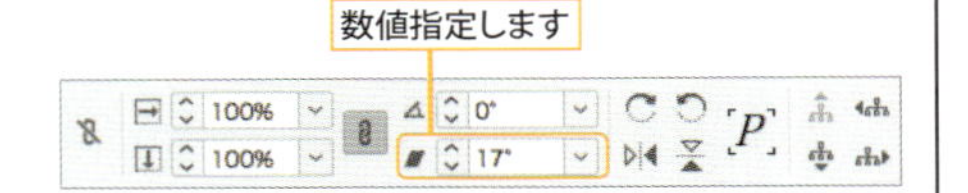

オブジェクトを反転させる

コントロールパネルを使うと、簡単にオブジェクトを反転できます。

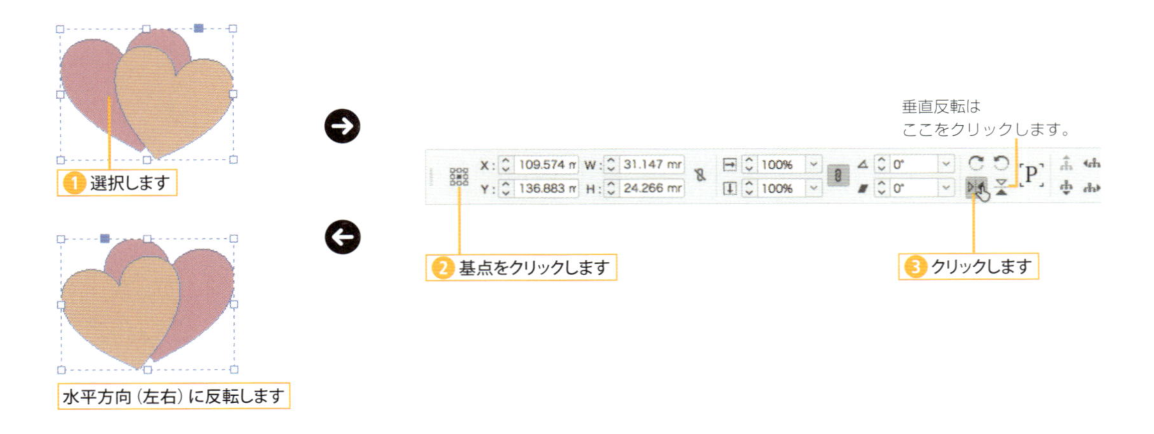

変形を繰り返す

「オブジェクト」メニューの「変形を再実行」の各コマンドを使うと、直前に適用した「移動」「拡大・縮小」「回転」「シアー」「反転」などの変形を、他のオブジェクトにも繰り返して実行できます。

選択したすべてのオブジェクトが同じ角度で回転します

SECTION 6.10 オブジェクトを整列させる

使用頻度 ★★★

きれいなドキュメントを作成するには、オブジェクトを整然と並べる必要があります。InDesignでは、オブジェクト同士を整列させることができます。

オブジェクトを揃える

オブジェクトを揃えるには、コントロールパネルまたは「整列」パネルを使います。整列するオブジェクトは、選択ツール▶で選択できるオブジェクト単位となります。

POINT

「整列」パネルは、「ウィンドウ」メニューから「整列」（shift＋F7）で表示できます。

▶キーオブジェクトに揃える

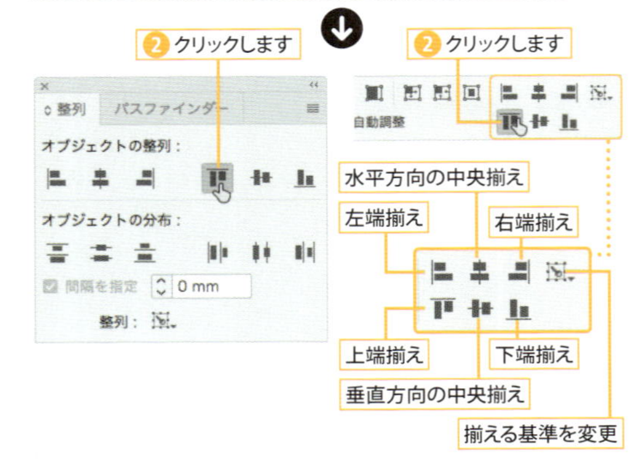

▶揃える基準を変更する

「整列」パネルまたはコントロールパネルの「整列」の設定によって、揃える基準を変更できます。

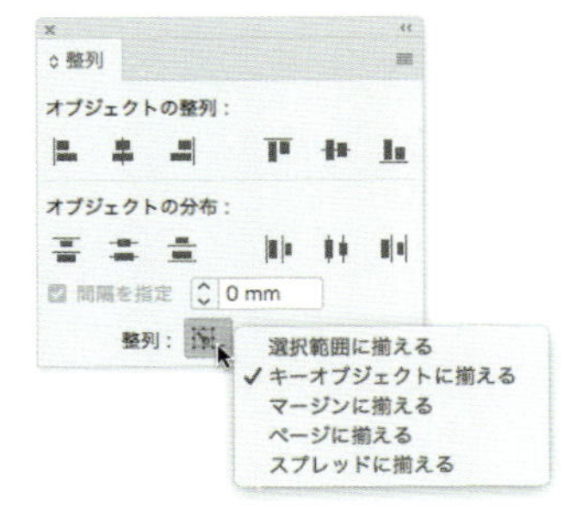

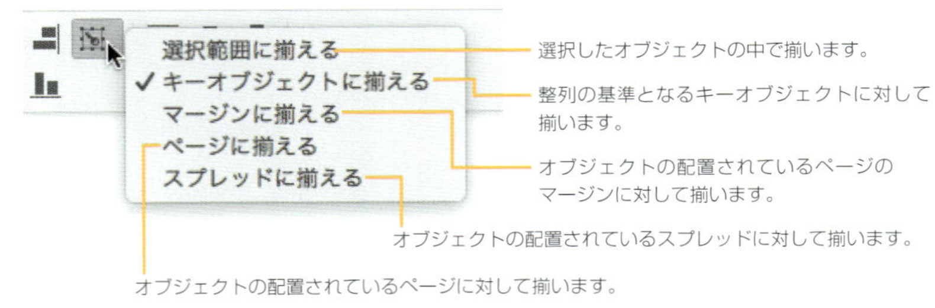

選択範囲に揃える：選択したオブジェクトの中で揃います。
キーオブジェクトに揃える：整列の基準となるキーオブジェクトに対して揃います。
マージンに揃える：オブジェクトの配置されているページのマージンに対して揃います。
ページに揃える：オブジェクトの配置されているページに対して揃います。
スプレッドに揃える：オブジェクトの配置されているスプレッドに対して揃います。

▶ スマートガイドを使う

スマートガイドを使うと、オブジェクトのエッジが揃ったときにガイドが表示され、ドラッグ操作でも簡単にオブジェクトを揃えられます。スマートガイドの詳細は、32ページを参照してください。

スマートガイドを使うと、オブジェクトのエッジを簡単に揃えられます

オブジェクトを均等間隔に整列する（オブジェクトの分布）

オブジェクトを均等間隔に並べる場合には、均等に配置したい複数のオブジェクトを選択して、コントロールパネルまたは「整列」パネルの「オブジェクトの分布」でオブジェクトの整列の基準ボタンをクリックします。

POINT

「オブジェクトの分布」は、コントロールパネルには「初期設定」ワークスペースでは表示されません。「拡張設定」ワークスペースなどに切り替えてください。

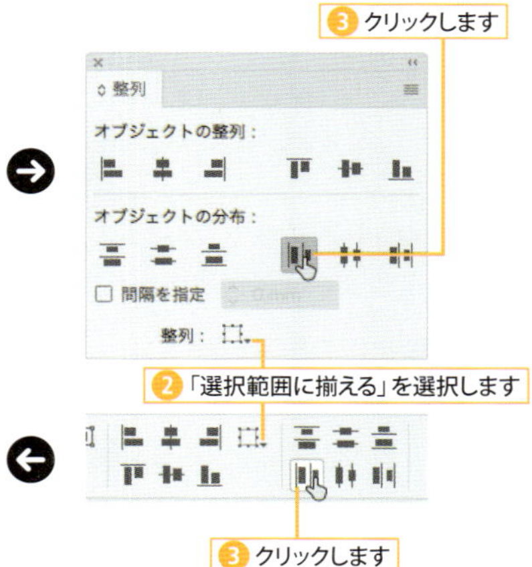

上のサンプルのように「左端を基準に分布」を選択した場合、一番左と一番右のオブジェクトの左側を基準にして、選択したオブジェクトの数で均等に分割したライン上に中間にあるオブジェクトの左側が並びます。

他の「オブジェクトの分布」ボタンを選択しても、同じ考え方でオブジェクトが配置されます。

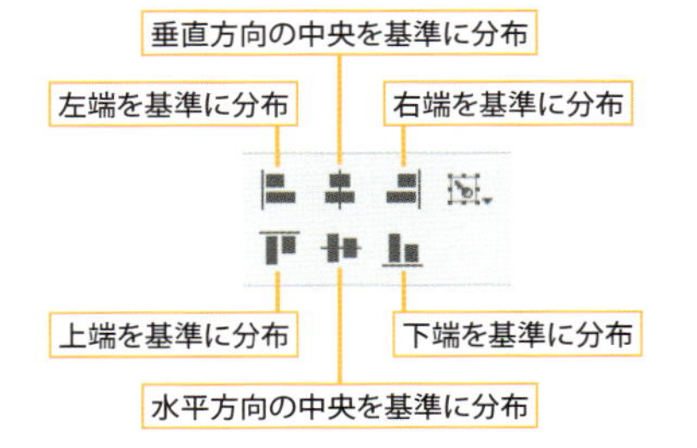

POINT

均等配置でも、オブジェクトの配置基準をマージンやページ、スプレッドに設定できます。

▶間隔値を指定した均等分布

オブジェクトの分布では、「整列」パネルの「間隔を指定」オプションを使うと、オブジェクトの間隔を数値指定して配列できます。オブジェクトは、一番上（または左）のオブジェクトを基準にして、指定した間隔で配列します。

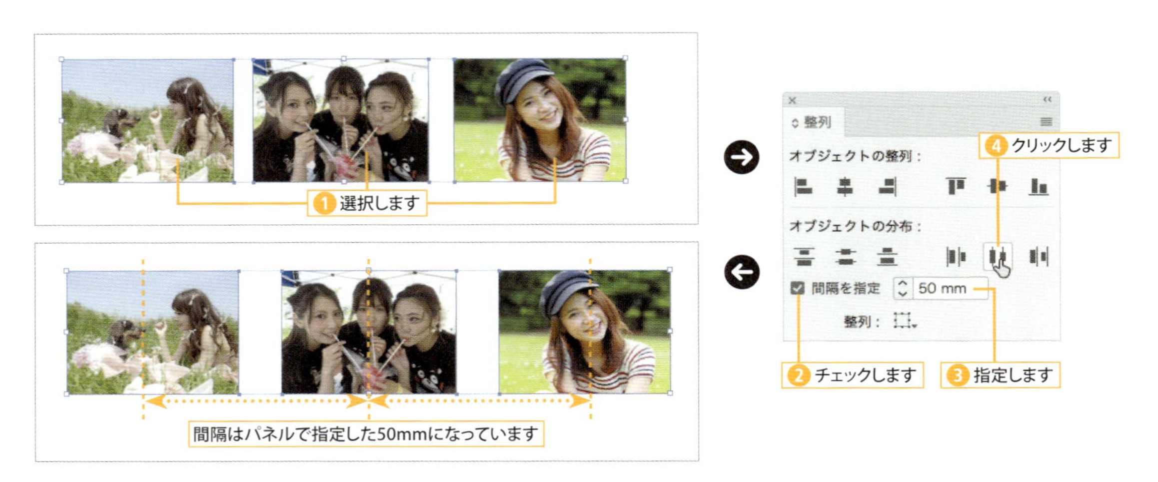

等間隔に分布

「整列」パネルの「等間隔に分布」オプションを使うと、オブジェクトとオブジェクトの間隔が等しくなるように配置できます。

左右（または上下）のオブジェクトの位置は固定のままで、各々のオブジェクト同士の間隔が等間隔になるように、中間にあるオブジェクトが配置されます。

▶間隔値を指定して均等配置する

「等間隔に分布」では、オブジェクト同士の間隔を数値指定して配置できます。「間隔を指定」にチェックを入れて、間隔値を指定します。

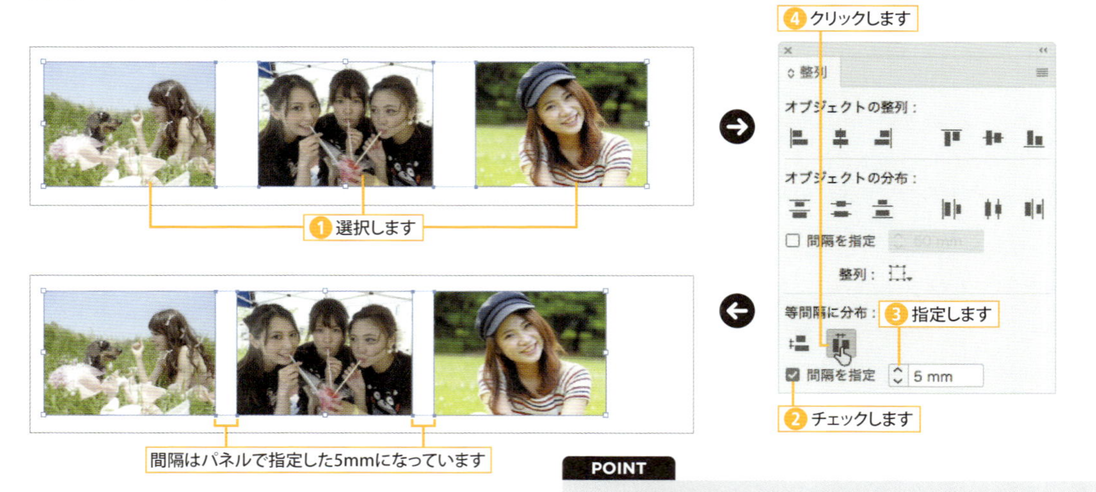

POINT

「等間隔に分布」を表示するには、パネルメニューから「オプションを表示」を選択するか、パネルの「整列」タブをクリックしてください。

▶スマートガイドを使う

スマートガイドを使うと、オブジェクトが等間隔になったときにガイドが表示され、ドラッグ操作でも簡単にオブジェクトを揃えられます。スマートガイドの詳細は、32ページを参照ください。

X : 310.251 mm
Y : 51.263 mm

スマートガイドを使うとオブジェクトを簡単に等間隔に揃えられます

間隔ツールで間隔の位置を変更する

オブジェクトのレイアウトでは、オブジェクトを移動してきれいに並べますが、間隔ツールを使うとオブジェクトとオブジェクトの間にできた間隔部分を動かして、オブジェクトのサイズを変更できます。

1 選択します

TIPS 間隔ツールの応用

shiftキーを押しながらドラッグすると、カーソルのある間隔だけが移動します。
optionキーを押しながらドラッグすると、両端のオブジェクトはサイズが変わらずに移動します。
⌘キーを押しながらドラッグすると、間隔を広げたり狭めたりできます。

3 移動対象の間隔がグレー表示になります
2 動かしたい位置にカーソルを移動します

4 ドラッグします
間隔は変わりません

ライブ分布

選択ツール で複数のオブジェクトを選択し、すべてのオブジェクトを囲む境界線ボックスのハンドルをドラッグする際に、space キーを押しながらドラッグすると、オブジェクトのサイズを保持したまま間隔だけを広げます。

2 space キーを押しながらドラッグします

オブジェクトに透明な穴をあける（複合パス）

使用頻度

InDesignでは、重なった２つのオブジェクトを「複合パス」にすると、重なった部分に穴があいて背面が見えるようになります。

複合パスを作成する

穴をあけるオブジェクトを選択して、「オブジェクト」メニューの「パス」から「複合パスを作成」（⌘+8）を選択すると、前面にあるオブジェクトに穴があき、下のオブジェクトが見えるようになります。

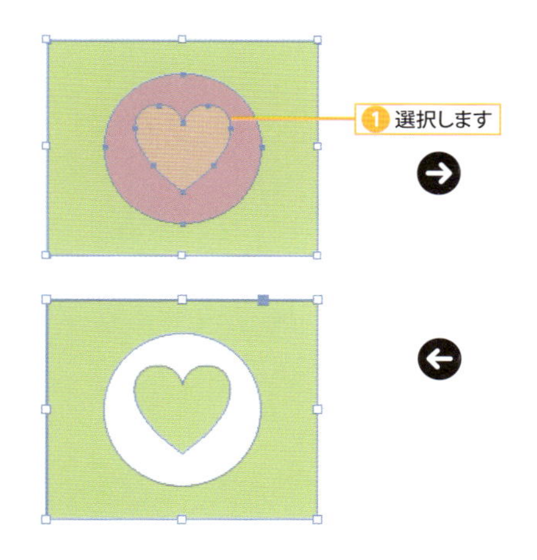

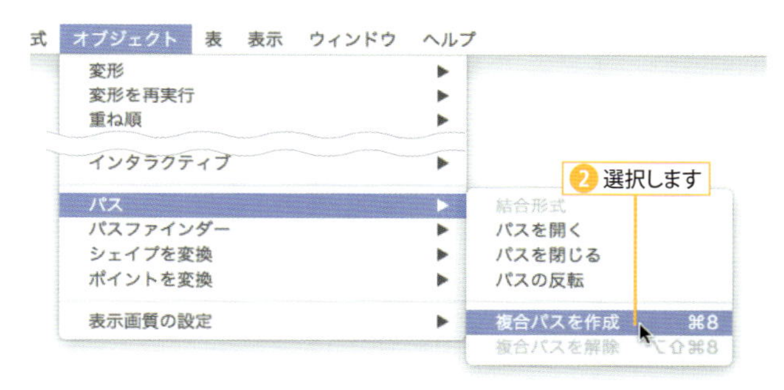

POINT

複合パスは、グループ化したオブジェクトになります。編集するには、ダイレクト選択ツール を使用してください。

POINT

「塗り」と「色」の設定は、複合したオブジェクト全体が１つのオブジェクトとしてペイントされます。

透明な部分を変更する

複数のオブジェクトが重なっていると、「複合パス」では望んだような透明部分ができない場合があります。

このような場合は、透明部分を変更するオブジェクトをダイレクト選択ツール で選択し、「オブジェクト」メニューの「パス」にある「パスの反転」で変更します。

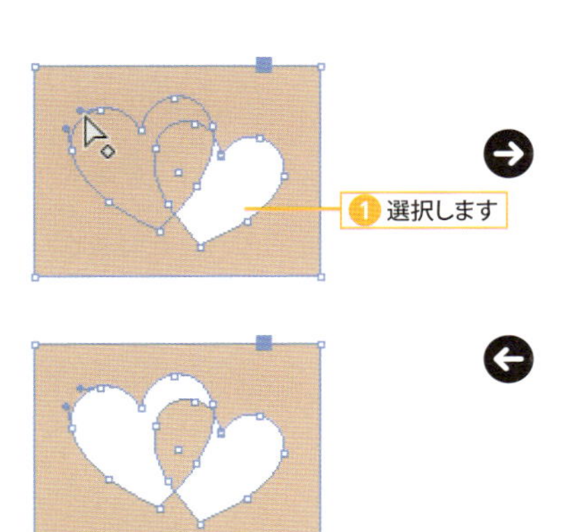

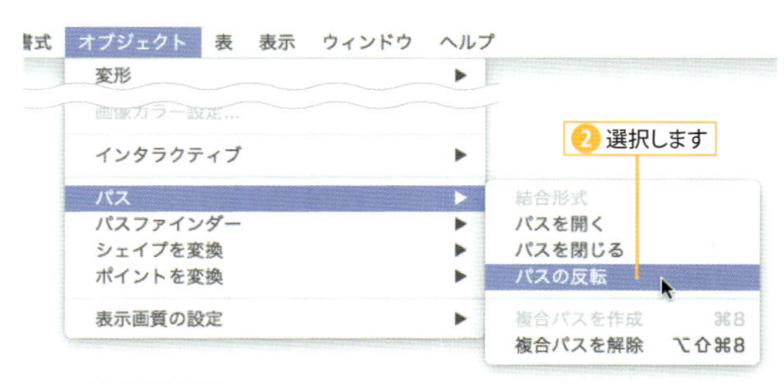

POINT

複合を解除するパスを選択して、「オブジェクト」メニューの「パス」から「複合パスを解除」（option+shift+⌘+8）を選択します。

CS6 | CC | CC14 | CC15 | CC17

オブジェクトスタイル

使用頻度

InDesignのオブジェクトには「塗り」や「線」の色を指定したり、ドロップシャドウなどの効果を適用するなど、さまざまな設定が可能です。オブジェクトに適用した各種設定をオブジェクトスタイルとして登録しておけば、同じ設定を他のオブジェクトにも簡単に適用できます。

新しいオブジェクトスタイルを作成する

オブジェクトスタイルは、これらのオブジェクトの外観に関する設定を1つのスタイルとして登録しておき、再利用を簡単にする機能です。

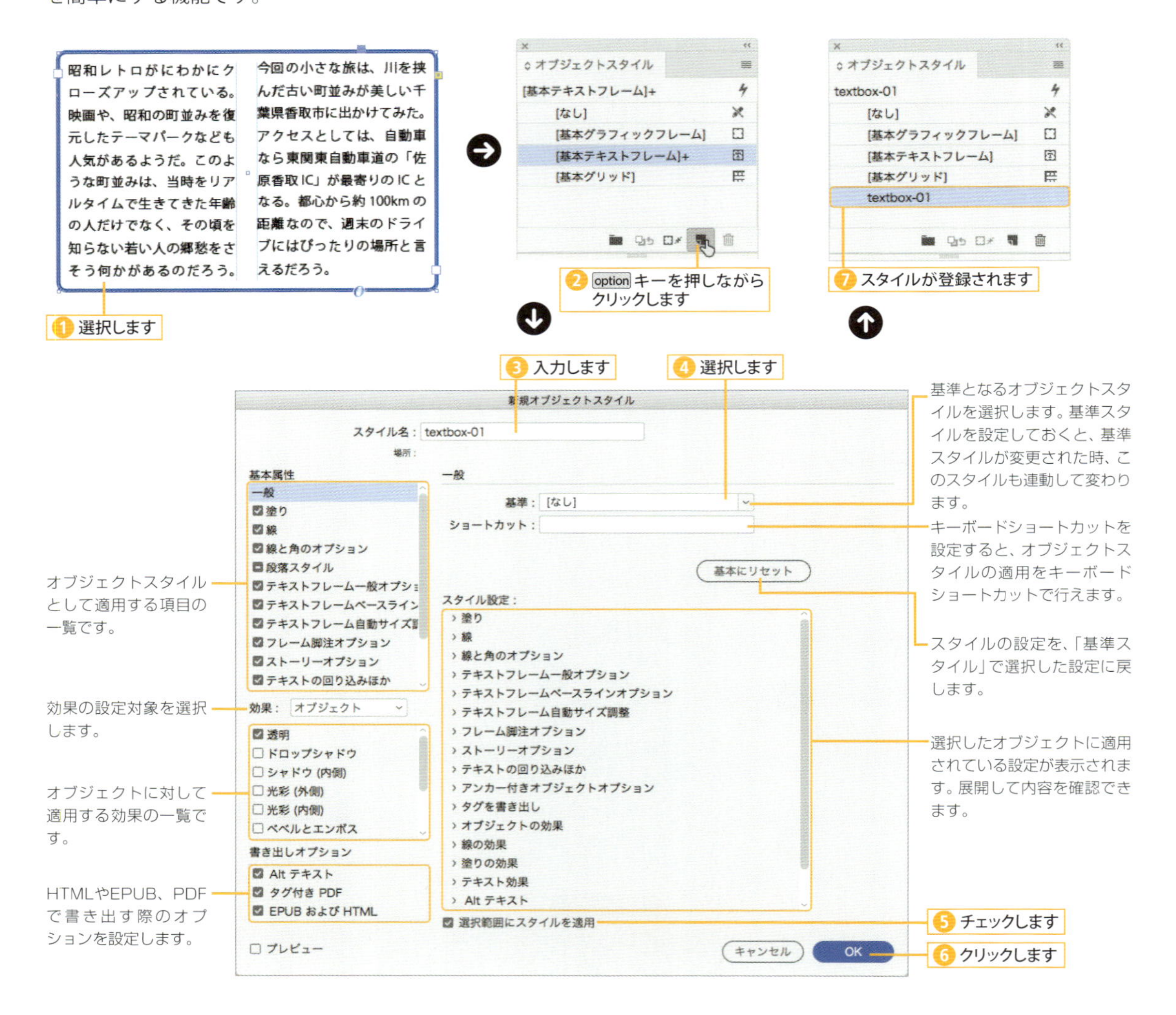

オブジェクトスタイルを適用する

オブジェクトスタイルを他のオブジェクトに適用するには、オブジェクトを選択してコントロールパネルや「オブジェクトスタイル」パネルでスタイルをクリックします。

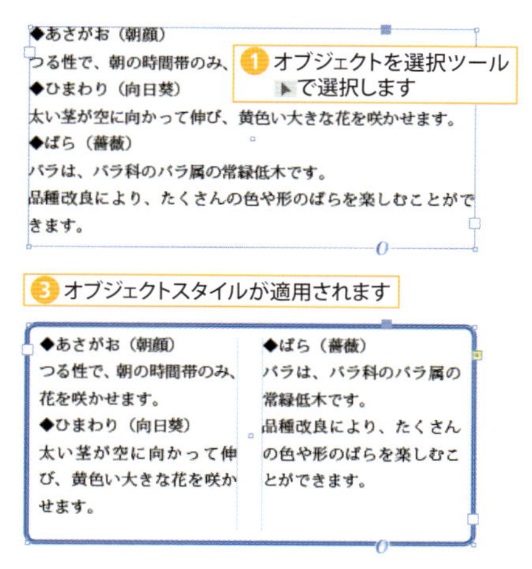

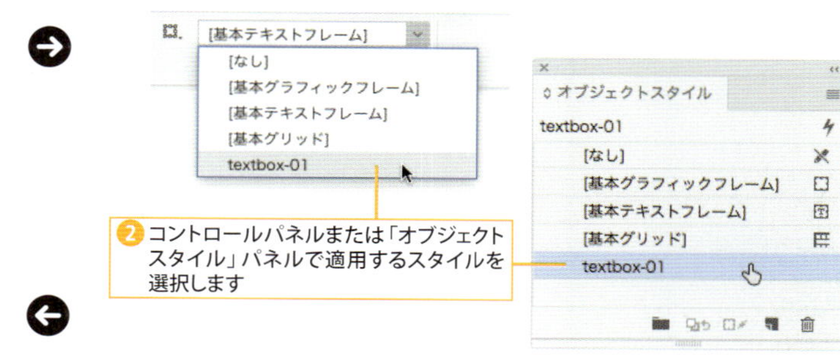

POINT

オブジェクトスタイルは、グラフィックフレーム、テキストフレームなどオブジェクトの属性に関係なく適用できます。

オブジェクトスタイルの確認と編集

「オブジェクトスタイル」パネルでスタイル名をダブルクリックすると、「オブジェクトスタイルオプション」ダイアログボックスが開き、設定内容の確認と編集が可能です。

オブジェクトスタイルの内容を編集すると、すでに適用しているオブジェクトの内容も連動して変わります。

TIPS はじめに用意されているスタイル

オブジェクトスタイルには、「基本グラフィックスタイル」「基本テキストフレーム」「基本グリッド」の３つが用意されています。

これらの３つのスタイルも、「オブジェクトスタイルオプション」ダイアログボックスで変更できます。

オーバーライドした場合

▶オーバーライドを消去する

オブジェクトスタイルを適用したオブジェクトを、各種パネルやメニューコマンドによって設定を変更（オーバーライド）した場合、オーバーライド部分を消去して元のスタイルに戻すには、をクリックします。

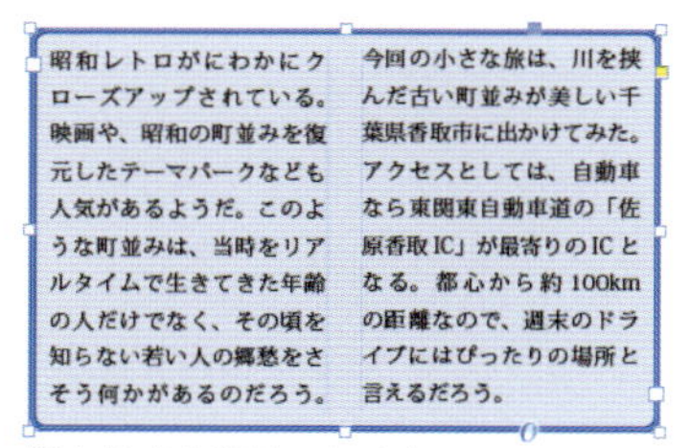

「塗り」に色を設定しています。

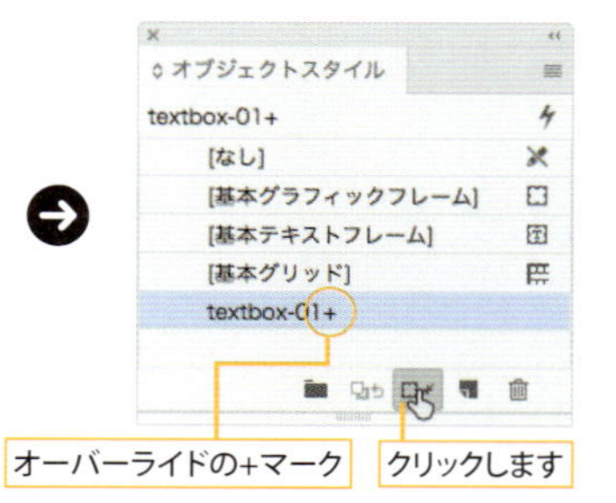

オーバーライドが消去され、オブジェクトスタイルの元の適用状態に戻りました。

POINT

クイック適用で元のスタイルを選択して option + return キーを押しても、元のスタイルを再適用できます。

POINT

コントロールパネルのオブジェクトスタイルのリスト左にある からメニューを表示して「オーバーライドを消去」を選択してもかまいません。また、コントロールパネルのオブジェクトスタイルを、option キーを押しながら選択してもオーバーライドを消去できます。

オーバーライドを活かして新しいスタイルにする

オーバーライドした部分を活かしてスタイルに再登録するには、「オブジェクトスタイル」パネルのメニューから「スタイル再定義」を選択します。

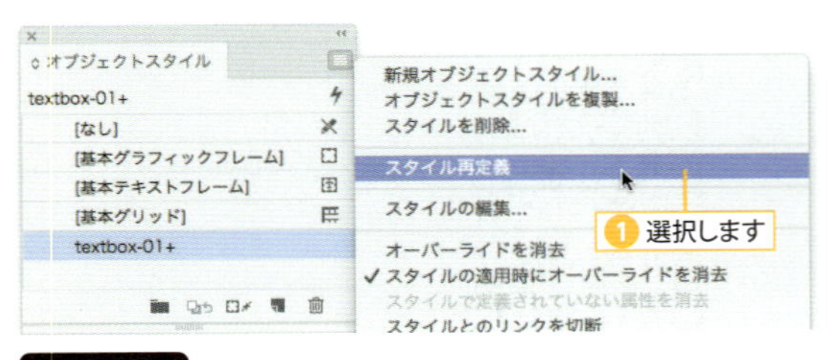

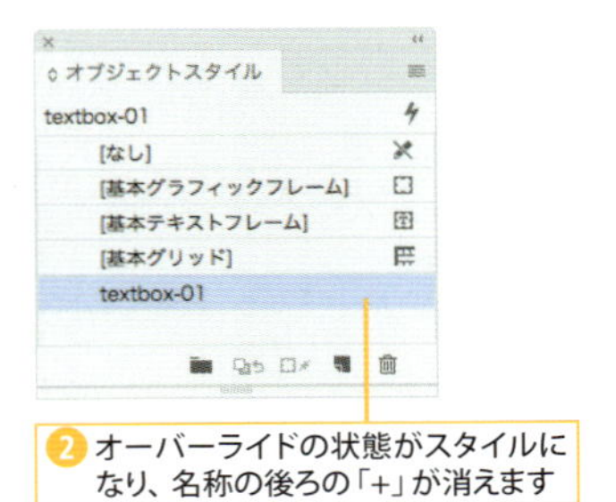

POINT

コントロールパネルのオブジェクトスタイルのリスト左にある からメニューを表示して「スタイル再定義」を選択してもかまいません。

新しく作成するオブジェクトのオブジェクトスタイル

テキストフレームやパスオブジェクトなど新しくオブジェクトを作成する場合、「オブジェクトスタイル」パネルのスタイル名の横にアイコンが表示されているデフォルトのスタイルが適用されます。デフォルトのスタイルは、オブジェクトを作成するツールによって異なります。デフォルトのオブジェクトスタイルを変更するには、オブジェクトを選択していない状態で各ツールを選択し、「オブジェクトスタイル」パネルからオブジェクトスタイルを選択してください。アイコンをドラッグして移動してもかまいません。

なお、画像配置用のグラフィックフレームは、新規作成時のオブジェクトスタイルは「なし」になります。

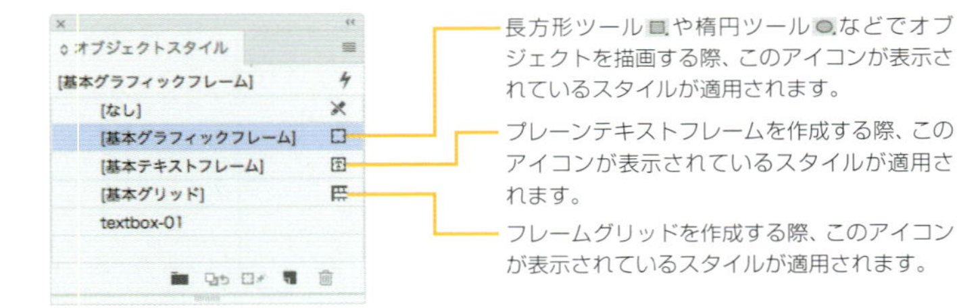

POINT

デフォルトスタイルは、「オブジェクトスタイル」パネルメニューの「デフォルトテキストフレームスタイル」「デフォルトグラフィックフレームスタイル」「デフォルトグリッドスタイル」で設定することもできます。

オブジェクトスタイルの削除

「オブジェクトスタイル」パネルでスタイルを選択して をクリックすると、オブジェクトスタイルが削除されます。

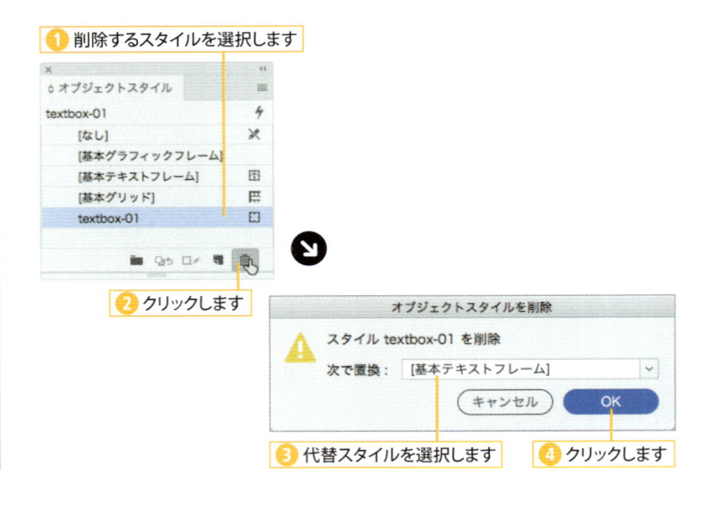

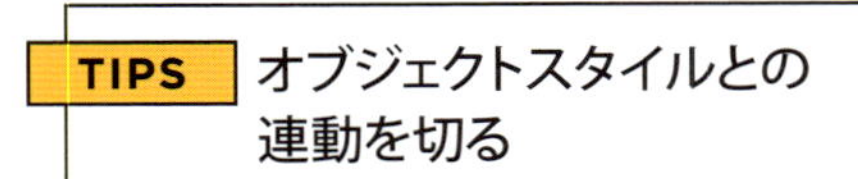

TIPS オブジェクトスタイルとの連動を切る

オブジェクトスタイルを適用後にコントロールパネルメニューまたは「オブジェクトスタイル」パネルメニューの「スタイルとのリンクを切断」を選択すると、外観の設定はそのままですが、オブジェクトスタイルと連動しなくなります。

CS6 | CC | CC14 | CC15 | CC17

SECTION

6.13 オブジェクトの属性で検索・置換

使用頻度 ★☆☆

「編集」メニューの「検索と置換」では、オブジェクトの色や線の設定、テキストフレームなどのオプション、適用したオブジェクトスタイルなど、オブジェクトの属性を検索条件として検索・置換が可能です。

1 「検索と置換」を選択する

「編集」メニューから「検索と置換」（⌘＋F）を選択します。

「検索と置換」ダイアログボックスが表示されたら、「オブジェクト」タブの「検索オブジェクト形式」の右にある をクリックします。

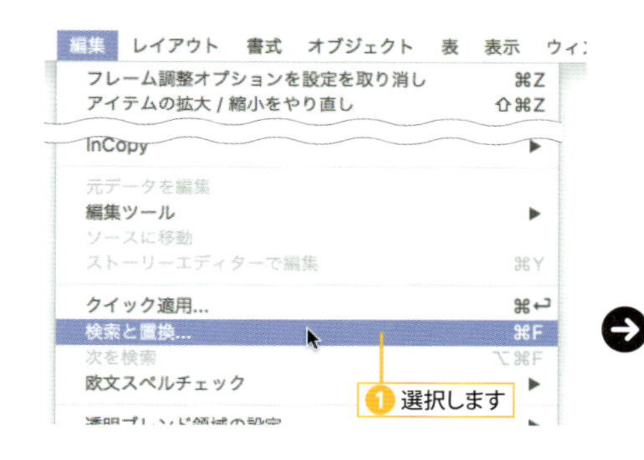

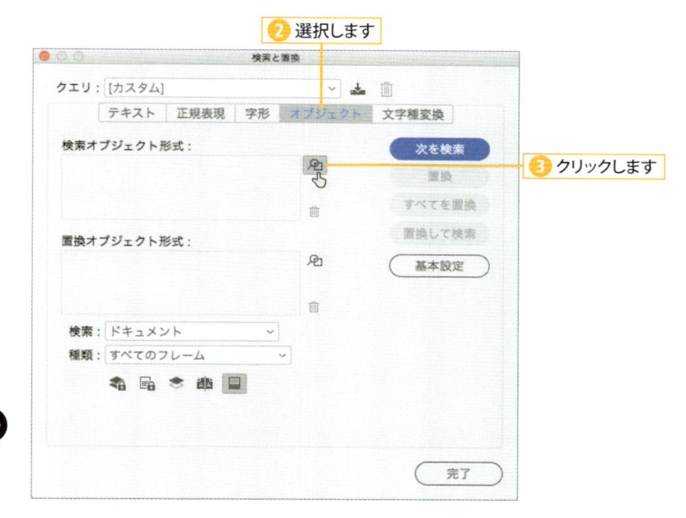

2 検索条件を指定する

「検索オブジェクト形式オプション」ダイアログボックスが開くので、左側の基本属性や効果のリストから検索条件にしたい項目をクリックして選択し、ダイアログボックスの右側で条件を設定します。

ドロップシャドウのような効果の場合、「効果」の設定内容に関係なく、その効果が適用されているオブジェクトすべてを検索したい場合は、最上部の「オン」をチェックします。

条件を設定したら、「OK」ボタンをクリックします。

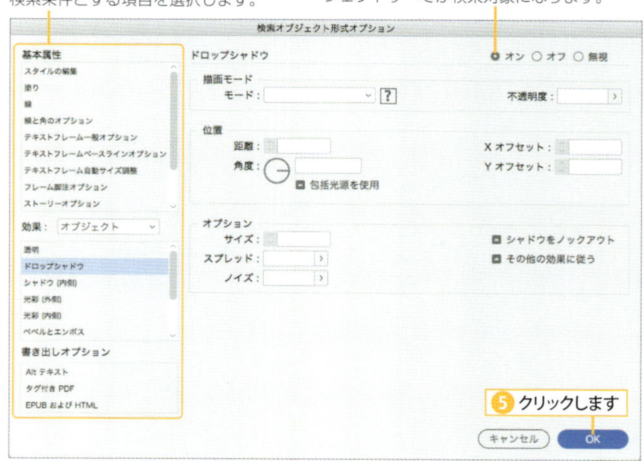

3 条件を確認して「次を検索」をクリック

検索条件を確認して、「次を検索」ボタンをクリックします。

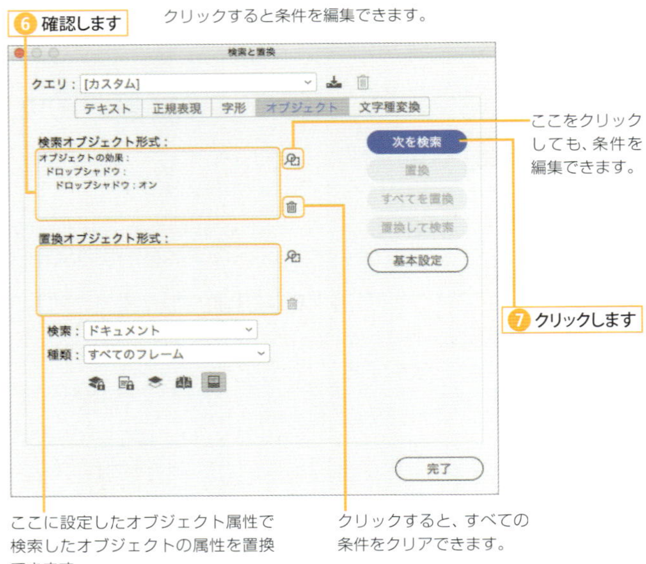

4 検索オブジェクトが表示される

検索条件に合致されたオブジェクトが選択され、表示されます。
続けて検索する場合は、「次を検索」ボタンをクリックします。

画像の配置と編集

レイアウトの基本要素である写真等の画像の配置は、ただ配置するだけでなくサイズやトリミング、フレームサイズや形状などの設定も必要となります。
また、配置した画像の管理方法や、指定した形状で型抜きする方法も覚えておきたい知識です。
CHAPTER 7では、画像の配置と管理について説明します。

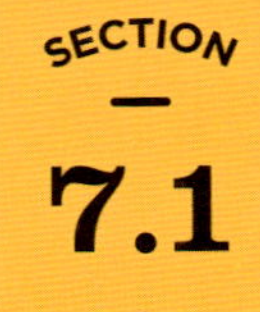

SECTION 7.1 画像を配置する

使用頻度 ☆☆☆

InDesignでは、目的に応じてさまざまな形式の画像を配置できます。配置するには、「配置」コマンド、Adobe Bridgeからドラッグ＆ドロップなどの方法があります。

グラフィックフレームを作成しないで画像を配置する

「ファイル」メニューの「配置」（⌘＋D）を選択して配置する画像ファイルを選択し、ドラッグして配置サイズを指定すると画像と同じ大きさのグラフィックフレームが作成され、その中に画像が配置されます。

POINT

配置した画像は「リンク」パネル（234ページ参照）に登録されます。

POINT

配置時に表示される拡大・縮小率の表示は、「InDesign」メニュー（Windows版は「編集」メニュー）の「環境設定」の「インターフェイス」にある「変形値を表示」で設定できます。

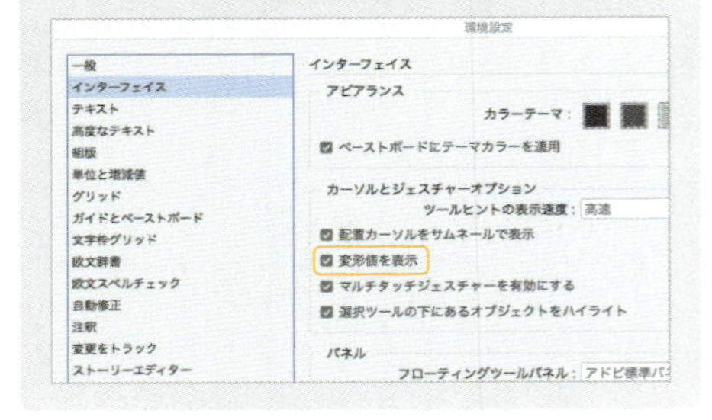

TIPS 配置できる画像形式

InDesignに配置できる 主な画像形式は下記の通りです。

AI　PSD　INDD　BMP　DCS　EPS　GIF　JPEG　PICT（PCT）　WMF　EMF　PCX　PDF　PNG　Scitex CT　TIFF

TIPS 配置画像の解像度

配置時に右下に表示される拡大・縮小率は、配置画像に保存された解像度のサイズを基準としています。たとえば、150ppiで保存された画像を100%で配置すると150ppiとなります。
配置後の画像が実際にどの程度の解像度であるかは、「リンク」パネル（234ページ参照）で確認できます。

▶ グラフィックフレームを選択して画像を配置する

⊠. ⊗. ⊗. ツールでグラフィックフレームをあらかじめ配置しておき、グラフィックフレームに画像を割り付けることができます。

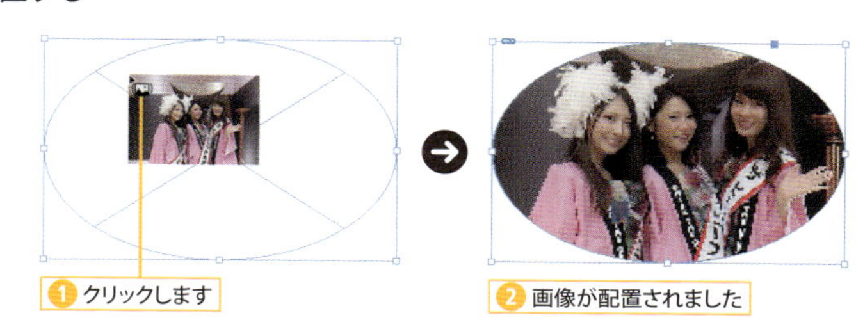

POINT

フレーム内にカーソルを移動すると、アイコンがのように（）付きで表示されます。
配置済みの画像を入れ替える場合は、画像をoption＋クリックしてください。

POINT

配置した画像は、「リンク」パネル（234ページ参照）に登録されます。

POINT

グラフィックフレームが選択されている場合、配置画像の選択時に「選択アイテムの置換」をチェックすると、選択したフレームに画像が配置されます。

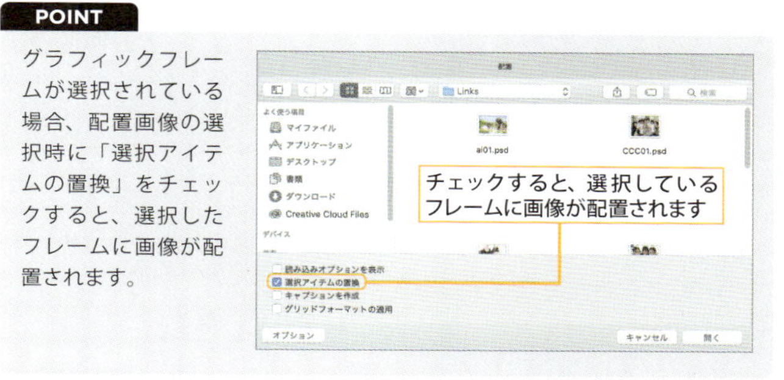

▶ 複数の画像ファイルを連続して配置する

「配置」ダイアログボックスで複数のファイルを選択すると、複数の画像を連続して配置できます。Adobe Bridgeから複数の画像を選択してドラッグ＆ドロップしてもかまいません。

(3)
サムネールの上に読み込んだ枚数が表示されます。矢印キーで画像を変更できます

TIPS 複数の画像を均等間隔で一気に配置する

複数の画像を配置する際に、ドラッグの最中にキーボードの矢印キーを押すと、複数の画像をタイル状に均等間隔で配置できます。矢印キーで配置する画像の数を調整してください。また、PageUpキー／PageDownキーで間隔も調整できます。

割り付ける前にグラフィックフレームの属性を設定する

「オブジェクト」メニューの「オブジェクトサイズの調整」から「フレーム調整オプション」を選択し、空白のグラフィックフレームに対して、配置位置や配置する比率などを設定しておくことができます。

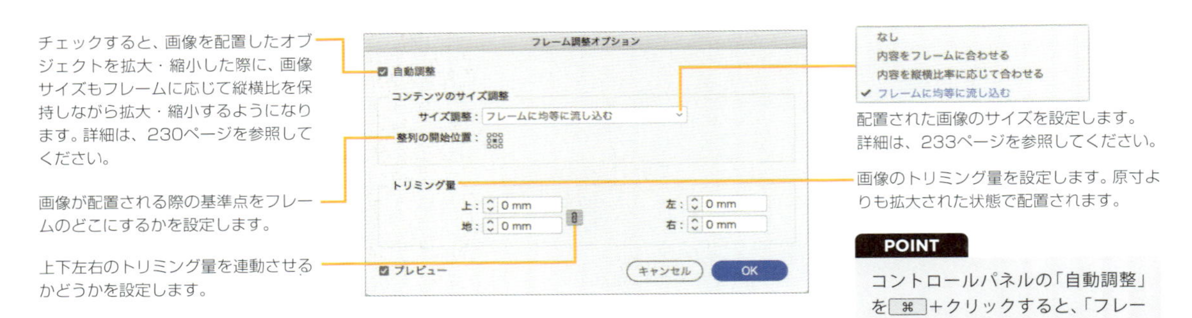

POINT

コントロールパネルの「自動調整」を[⌘]＋クリックすると、「フレーム調整オプション」ダイアログボックスを開けます。

読み込みオプション

「配置」コマンドで画像を配置する際に、「配置」ダイアログボックスの「読み込みオプションを表示」にチェックすると、「読み込みオプション」ダイアログボックスが開きます。

「読み込みオプション」ダイアログボックスは、配置する画像のファイル形式によって異なります。

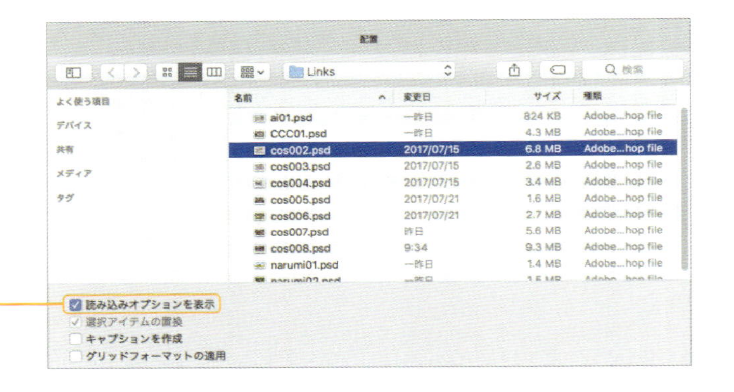

チェックすると、ファイル形式に応じたオプションダイアログボックスが表示されます。

▶Photoshop形式の読み込みオプション

Photoshop形式の読み込みオプションでは、レイヤーやレイヤーカンプを選択して、特定のレイヤーの状態だけを画像として配置できます。

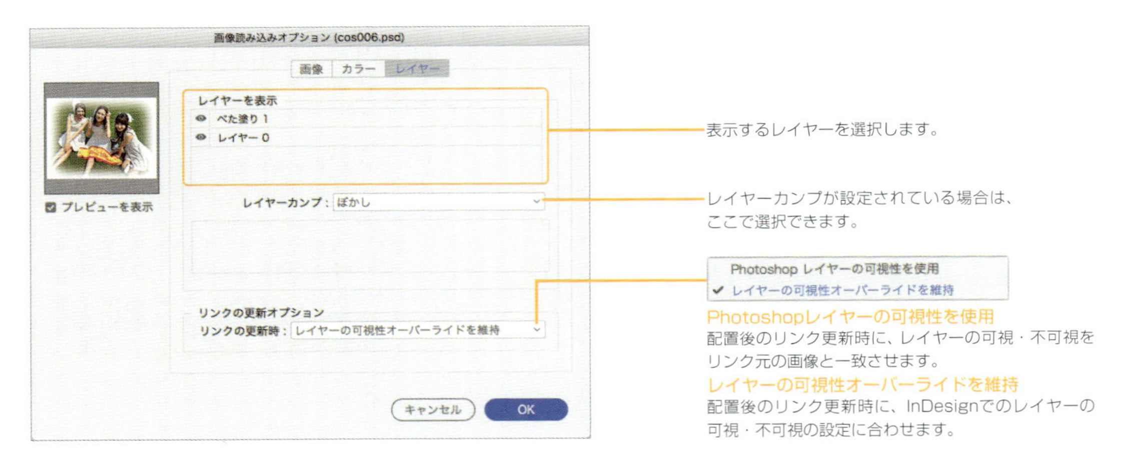

POINT

「画像」タブでは、クリッピングパスをアルファチャンネルとして読み込むかどうかを設定できます。「カラー」パネルでは、画像を表示するカラープロファイルやレンダリング設定を選択できます。

POINT

画像を読み込んだ後でも、「オブジェクト」メニューの「オブジェクトレイヤーオプション」で表示レイヤーを変更できます。

▶ PDF／Illustrator／InDesignネイティブファイルの読み込みオプション

PDFファイル、Illustratorのネイティブファイル（AI形式）、InDesignネイティブファイルを読み込む際には、次のオプションを設定できます。PDFを配置する場合、PDF画像に含まれる写真などのイメージデータは、PDF作成時の解像度になります。

POINT

配置ページに「すべて」または「範囲」を選択すると、1ページ目を配置したあとに続けてクリックして続くページを配置できます。なお、グラフィックフレームを選択している場合は、1ページ目だけが配置されます。

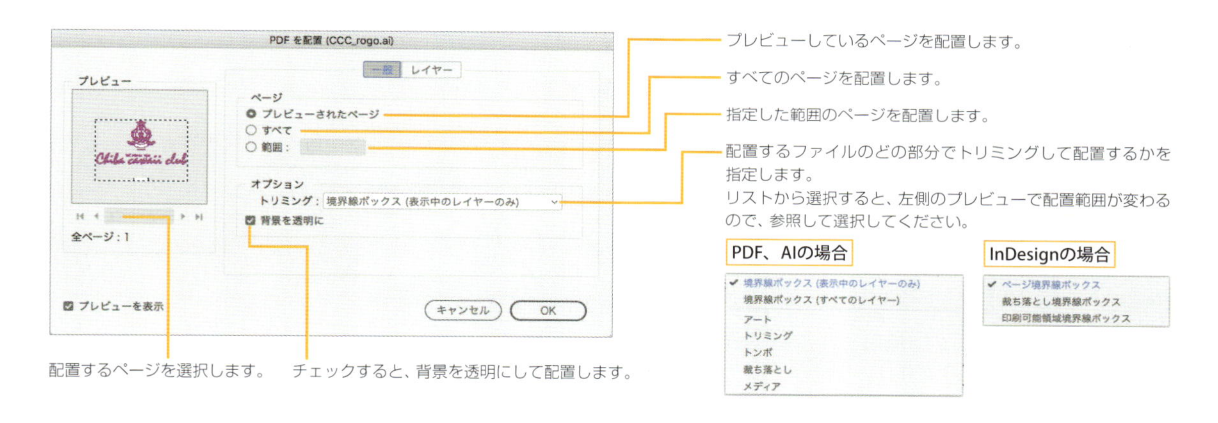

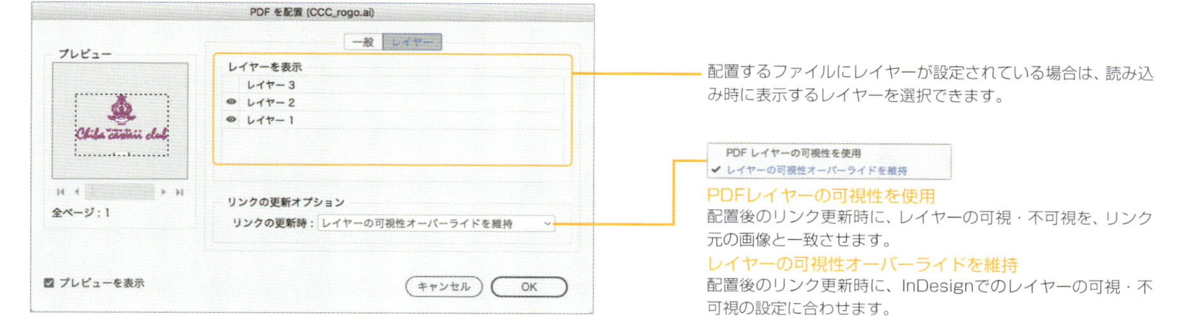

フレーム内の画像を削除する

グラフィックフレームに配置した画像だけを削除するには、画像を選択してから[delete]キーを押します。

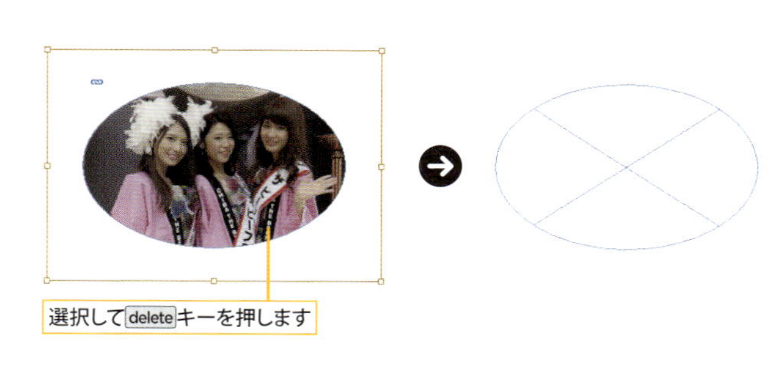

SECTION 7.2

画像やフレームの大きさを変更する

使用頻度 ☆☆☆

フレームやフレーム内に配置した画像は、ドラッグや数値指定による拡大・縮小が可能です。また、フレーム内の画像の移動とフレームとの関係についても解説します。

グラフィックフレームの大きさを変更する

配置した画像をトリミングする場合は、選択ツール で選択して、フレームに表示された境界線ボックスの角または各辺の中心にあるハンドルにカーソルを近づけます。カーソルが に変わるので、そのままドラッグしてグラフィックフレームの大きさを変更します。

自動調整

画像オブジェクトを選択してコントロールパネルの「自動調整」オプションをチェックすると、グラフィックフレームの大きさを変更すると、フレーム内の画像も縦横比を保持しながらフレームサイズに応じて拡大・縮小します。

フレームサイズに応じて、中の画像のサイズが縦横比を保持しながら拡大・縮小します。

POINT

「自動調整」オプションがコントロールパネルに表示されない場合、「オブジェクト」メニューの「オブジェクトサイズの調整」から「フレーム調整オプション」を選択し、「フレーム調整オプション」ダイアログボックスで設定してください。

画像のサイズと位置を変更する

選択ツールやダイレクト選択ツールでフレーム内の画像を選択して、画像のハンドルをドラッグすると、グラフィックフレームのサイズは変えずに、画像のサイズだけを変更できます。また、画像の位置を変更できます。

POINT

shift＋ドラッグすると、画像の縦横比を保持しながら画像サイズを変更できます。

❶ フレーム内の画像を選択します

❷ ドラッグします

❸ 画像の大きさが変わりました。画像は拡大されましたが、フレームの大きさは変わっていません。

ドラッグしてフレーム内の画像の位置を変更できます

TIPS ライブスクリーン描画

画像のサイズや位置を修正する際に、ドラッグを開始する前にマウスボタンを数秒押し続けると、画像の内容を表示しながら操作できます（ライブスクリーン描画）。

マウスボタンを数秒押し続けたあとドラッグすると、画像の内容を表示しながら操作できます

画像内容を表示するタイミングは、「InDesign」メニュー（Windows版は「編集」メニュー）の「環境設定」の「インターフェイス」（351ページ参照）にある「ライブスクリーン描画」で設定を変更できます。

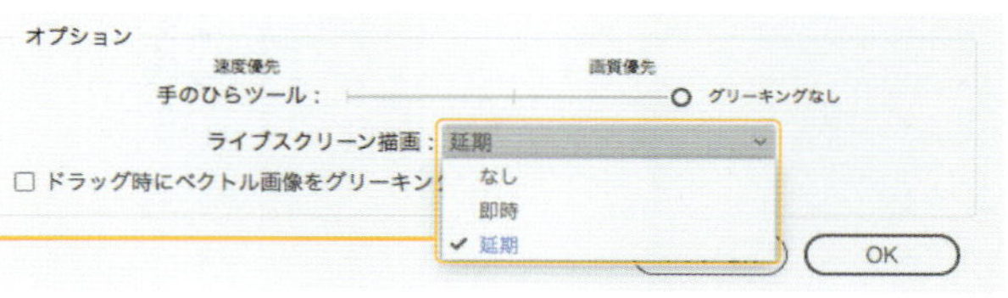

デフォルトは「延期」、「即時」にすると常に内容が表示されます

▶画像サイズを数値指定する

画像サイズを数値指定する場合は、画像を選択してコントロールパネルで倍率を指定します。

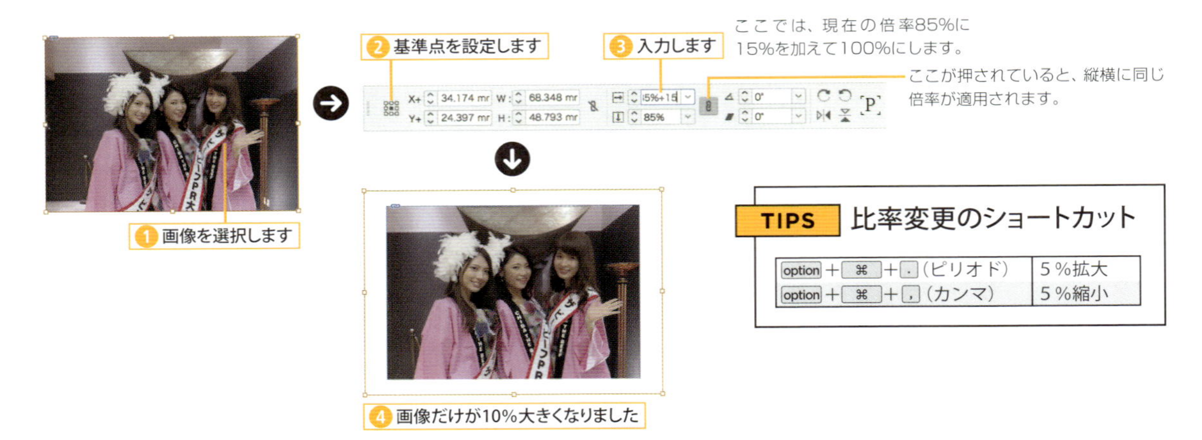

TIPS 比率変更のショートカット

option＋⌘＋.（ピリオド）	5％拡大
option＋⌘＋,（カンマ）	5％縮小

TIPS 画像オブジェクト選択時の倍率表示

コントロールパネルのスケール欄には、画像オブジェクトを選択した場合は、オブジェクトのスケールが表示されます。フレーム内の画像を選択した場合は、配置している画像の拡大・縮小比率が表示されます。

TIPS 拡大/縮小のスケール表示の設定

「InDesign」メニュー（Windows版は「編集」メニュー）の「環境設定」の「一般」にある「拡大/縮小時」の設定によって、画像を拡大・縮小してから選択ツールで選択した場合のスケール表示が異なります。

「内容に適用」を選択した場合は、オブジェクトを拡大・縮小しても、スケールは常に100%表示となります。

「拡大/縮小率を調整」を選択した場合は、画像配置時のスケールを100%として、現在の拡大・縮小率が表示されます。ただし、コントロールパネルメニュー（または「変形」パネルメニュー）から「スケールを100%に再定義」を実行すると、現在の表示状態が100%となります。

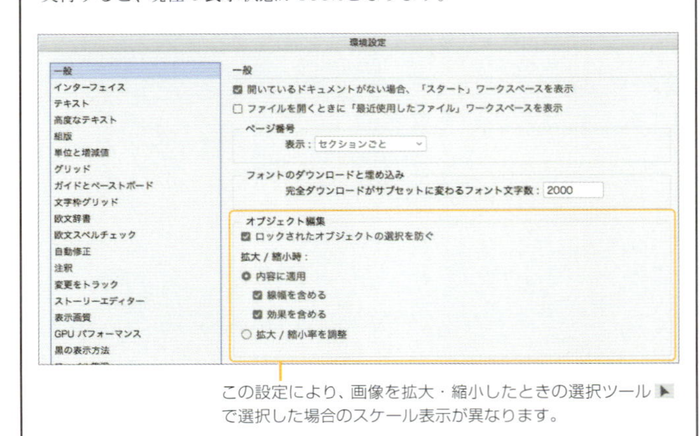

この設定により、画像を拡大・縮小したときの選択ツールで選択した場合のスケール表示が異なります。

TIPS 配置画像の解像度

配置した画像の解像度は、「リンク」パネルに表示されます。

「元のPPI」には画像の本来の解像度、「編集後のPPI」には配置後に拡大・縮小した状態の解像度が表示されます。

商用印刷目的の場合、「編集後のPPI」の解像度が300ppi以上となっていることを確認してください。

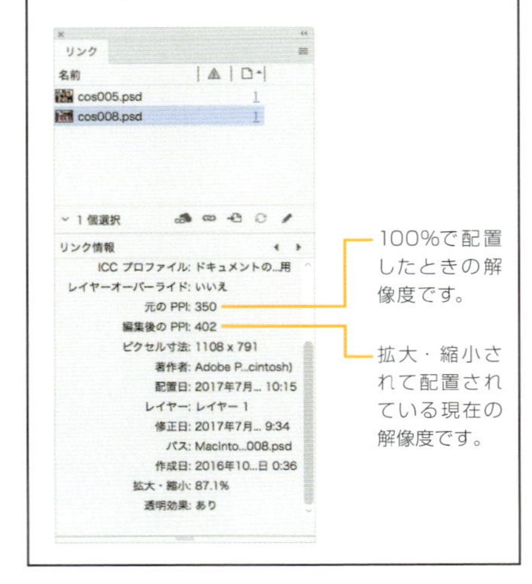

フレームに合わせた画像サイズの変更

ドキュメントに配置した画像のサイズを調整しても、画像とフレームが合わないことがあります。そのような場合はコントロールパネルのボタンを使用して、画像とフレームを合わせます。「オブジェクト」メニューの「オブジェクトサイズの調整」からも実行できます。

元画像
フレームより画像が大きい状態です。

内容を縦横比に応じて合わせる
フレーム内で画像全体が見える最大サイズとなります。

内容をフレームに合わせる
フレーム内の内容（画像）を、フレームの大きさに合わせるようにサイズを変更します。
グラフィックフレームの大きさに合わせて拡大・縮小するので、画像の縦横比が変わることがあります。

フレームに均等に流し込む
画像の縦横比を保持しながら、フレームの縦横どちらかに合う最大サイズとなります。

自動調整

内容を中央に合わせる
配置した画像をグラフィックフレームの中央に揃えます。

フレームを内容に合わせる
フレームと画像の大きさが異なる場合、フレームサイズと画像が同じになります。

CS6 | CC | CC14 | CC15 | CC17

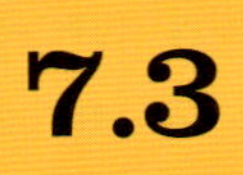

「リンク」パネルと配置画像の管理

使用頻度

配置した画像は、「リンク」パネルで正しくリンクが設定されているかどうかを管理できます。InDesignのドキュメントに画像を埋め込むこともできます。

「リンク」パネルによる画像の管理

InDesignのドキュメントに配置された画像は、「リンク」パネルに表示され、ファイル名を確認できます。

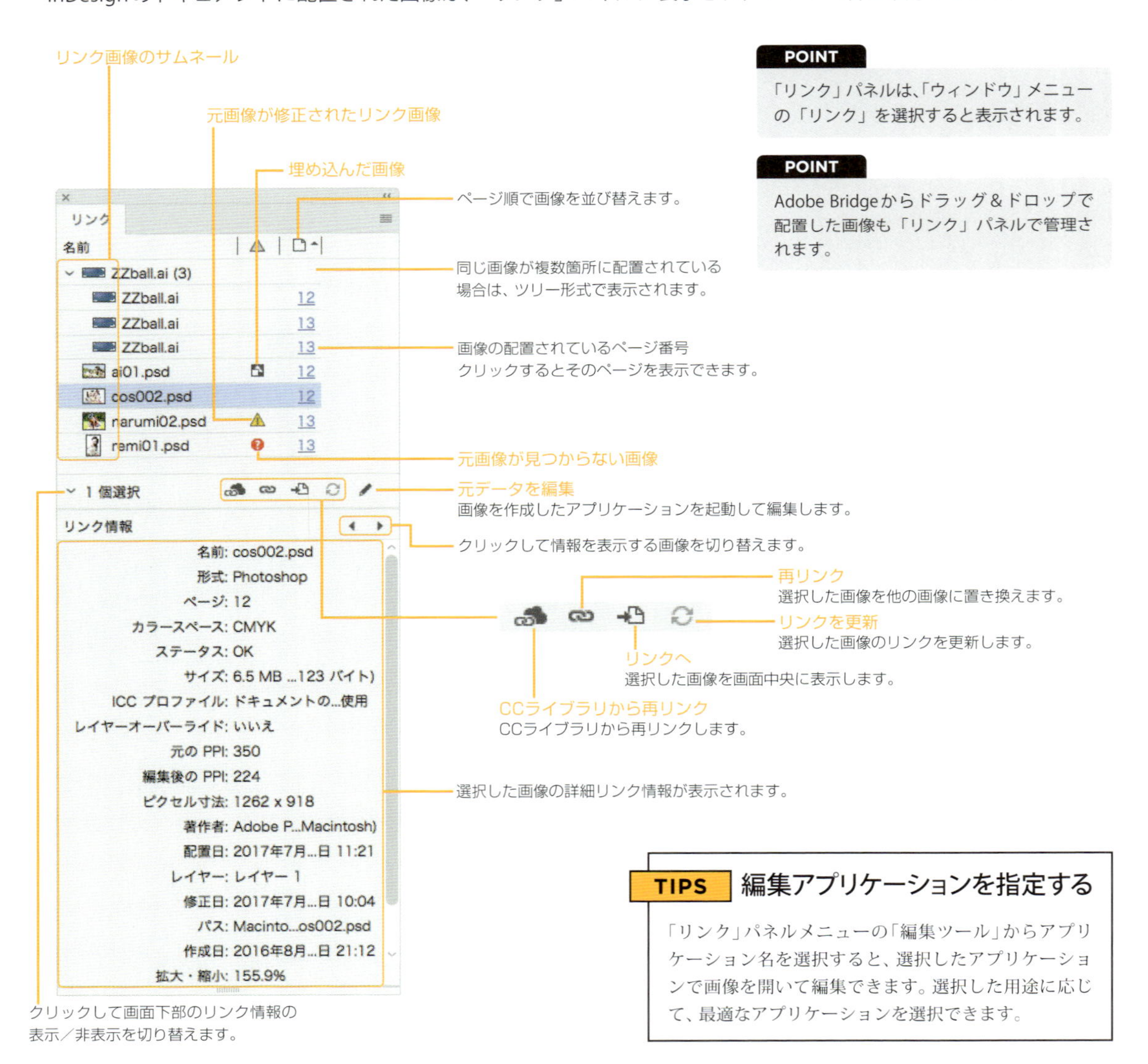

POINT

「リンク」パネルは、「ウィンドウ」メニューの「リンク」を選択すると表示されます。

POINT

Adobe Bridgeからドラッグ＆ドロップで配置した画像も「リンク」パネルで管理されます。

TIPS 編集アプリケーションを指定する

「リンク」パネルメニューの「編集ツール」からアプリケーション名を選択すると、選択したアプリケーションで画像を開いて編集できます。選択した用途に応じて、最適なアプリケーションを選択できます。

▶リンクの更新

リンク元の画像が変更され、ファイルを開くときにリンク更新を行わなかった場合は、「リンク」パネルに⚠が表示されます。「リンク」パネルの「リンクを更新」ボタン でリンクを更新できます。

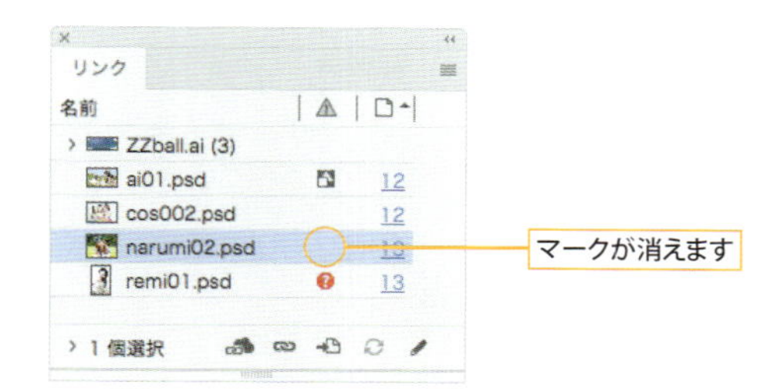

また、配置された画像の左上にも⚠が表示されるので、クリックして更新できます。option＋クリックすると「リンク」パネルが開きます。

TIPS 複数箇所に配置されている場合

同じ画像が複数箇所に配置されている場合、親リストを選択して更新すると、ドキュメントに配置されたすべての画像が更新されます。一部の画像だけを更新する場合は、更新する画像だけを選択してください。

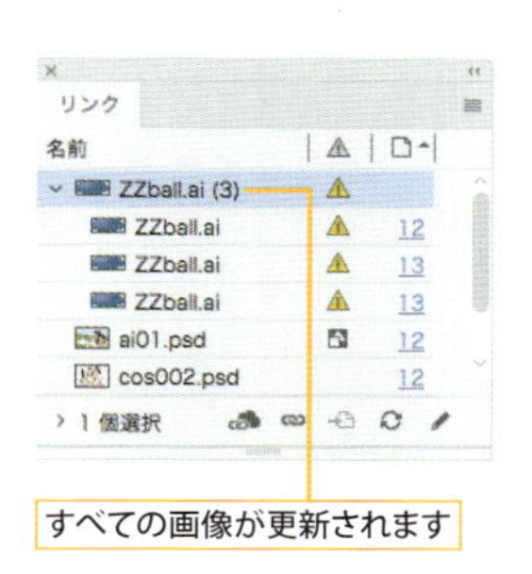

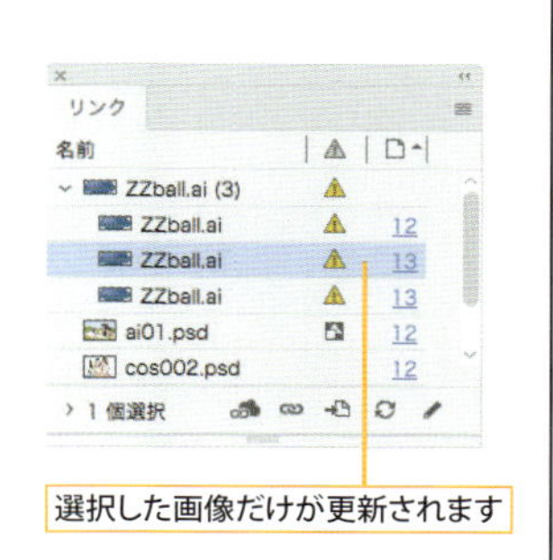

TIPS リンクの自動更新

リンク元の画像が変更されているInDesignドキュメントを開くと、リンク更新のダイアログボックスが表示されます。
ここで「リンクを更新」ボタンをクリックすると、自動でリンクを修復します。「リンクを更新しない」ボタンをクリックした場合は、更新されません。「リンク」パネルで更新してください。

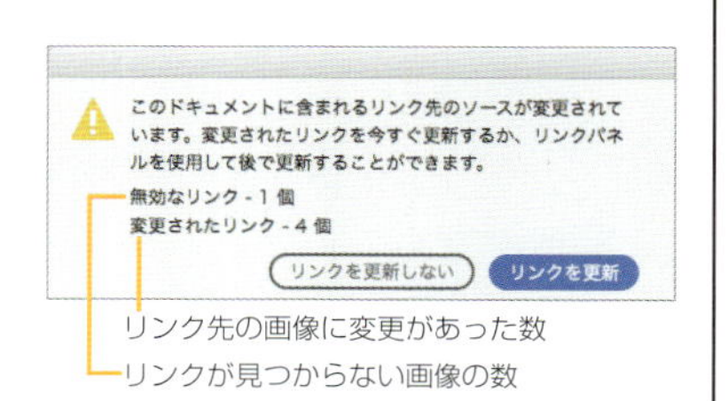

画像の再リンク

「リンク」パネルの「再リンク」ボタン ∞ を使うと、他の画像に置き換えることができます。リンクが無効（リンクパネルや画像左上に?が表示）になっている画像を再リンクする場合にも利用できます。

TIPS リンク先のフォルダーを変更する

「リンク」パネルメニューの「フォルダーに再リンク」を使うと、選択した画像のリンク先フォルダーを変更できます。
パッケージしたフォルダーをコピーした場合や、低解像度画像のフォルダーから高解像度画像のフォルダーにリンクを変更する際に便利です。

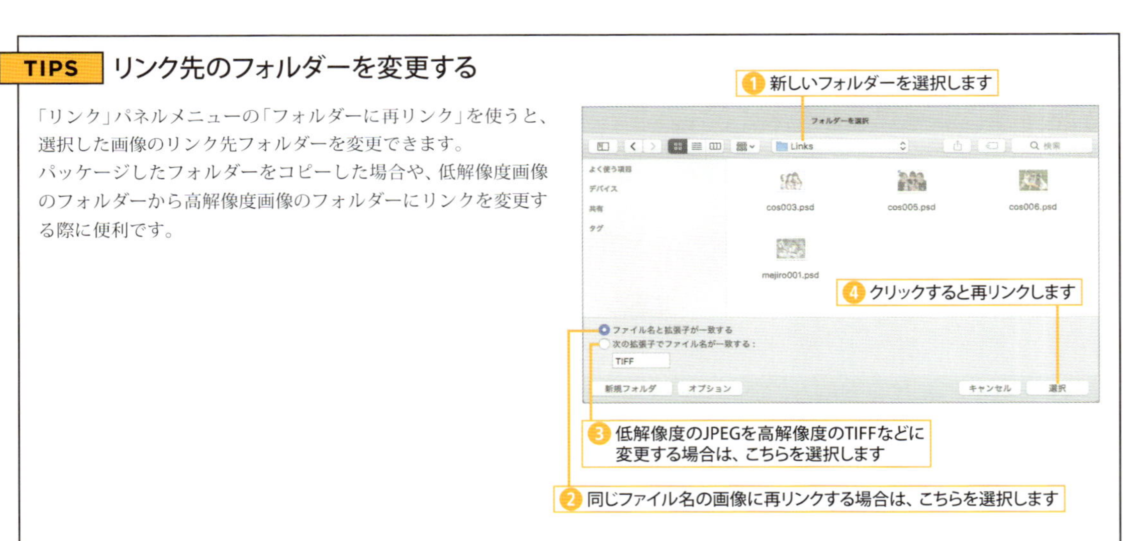

画像の埋め込み

リンクで配置した画像は、InDesignのドキュメントに包含するかたちで埋め込むこともできます。

画像を埋め込むと、ドキュメントサイズが大きくなります。また、元画像を編集しても、埋め込んだ画像には編集結果が反映されません。通常は、埋め込まずに、リンクのまま作業を進めてください。

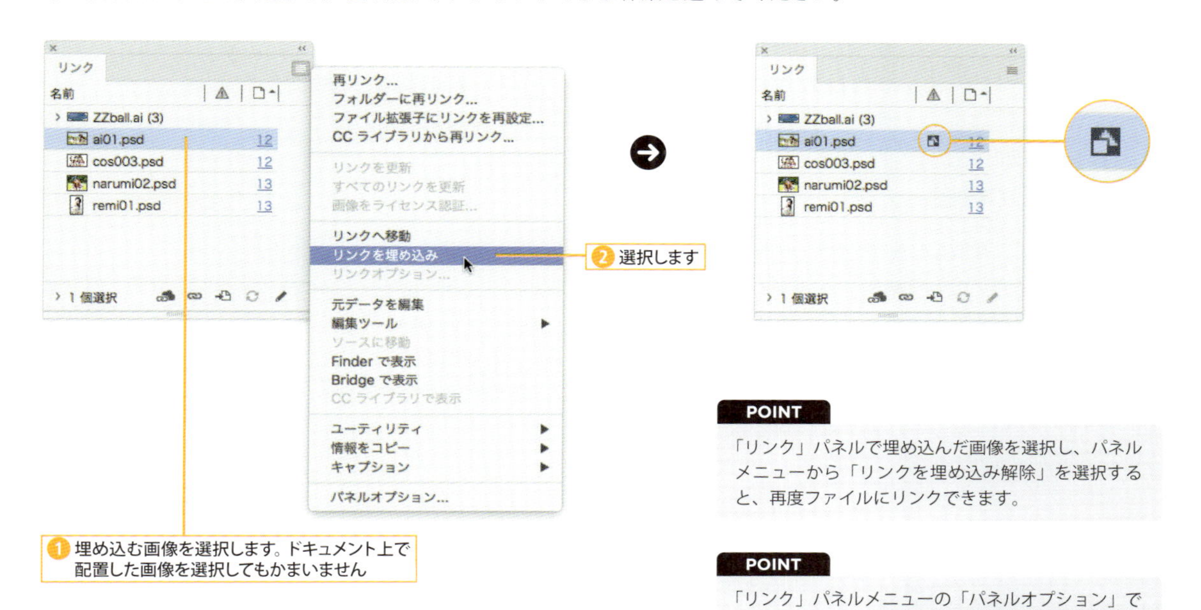

POINT

「リンク」パネルで埋め込んだ画像を選択し、パネルメニューから「リンクを埋め込み解除」を選択すると、再度ファイルにリンクできます。

POINT

「リンク」パネルメニューの「パネルオプション」で「リンク」パネルに表示する情報項目を設定して、独自の「リンク」パネルにカスタマイズできます。

SECTION 7.4 画像の表示画質

使用頻度 ★★☆

InDesignでは、配置した画像の表示画質を設定することにより、画像の精細さや表示速度などを調整できます。

表示画質の設定

InDesignでは、配置した画像の表示画質の設定により、高速に画面表示することもできます。

ドキュメント内すべての画像の表示設定は、「表示」メニューの「表示画質の設定」から選択するか、ドキュメント上を右クリック（またはcontrol＋クリック）してショートカットメニューの「表示画質」から選択します。これで、ドキュメント内のすべての画像の表示状態が変わります。

オブジェクトごとに表示画質を変更したい場合は、オブジェクトを選択して「オブジェクト」メニューの「表示画質の設定」から選択するか、オブジェクトを選択した状態でオブジェクトを右クリック（またはcontrol＋クリック）してショートカットメニューの「表示画質」から選択します。

ドキュメント内の画像共通の設定

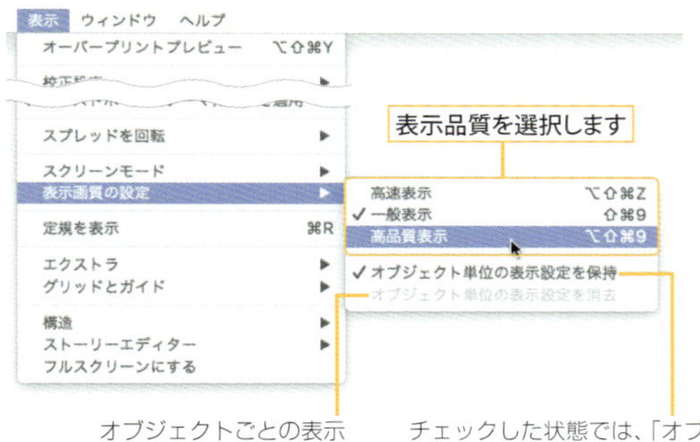

オブジェクトごとの表示設定を消去します。

チェックした状態では、「オブジェクト」メニューで選択したオブジェクトごとの表示設定が有効となります。

オブジェクトごとの設定

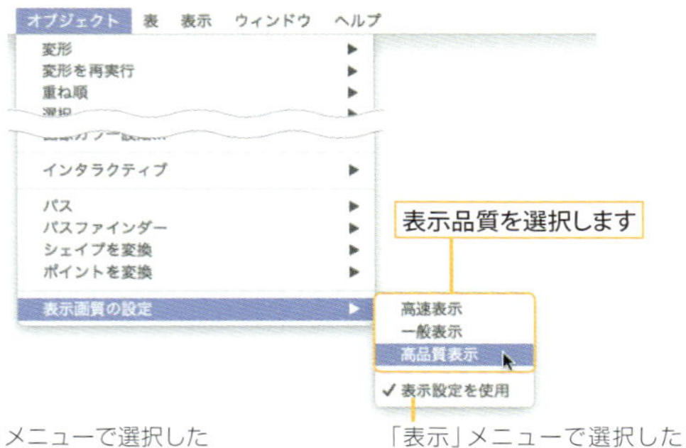

「表示」メニューで選択した表示品質で表示されます。

高品質表示

高品質では元画像の解像度で表示します。

一般表示

プロキシ（代替画像）によって低解像度で画面表示します。画面表示の速度も速くなります。

高速表示

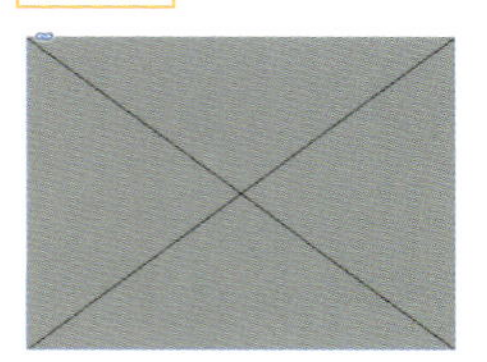

グレーの四角形で表示します。画面表示は最速になります。
内容表示が必要ない画像は、高速表示にするとよいでしょう。

POINT

新しくドキュメントを開いたときの表示画質は、「InDesign」メニュー（Windows版は「編集」メニュー）の「環境設定」の「表示画質」（357ページ参照）での設定が適用されます。

SECTION 7.5 画像に文字を回り込ませる

使用頻度 ★★☆

InDesignでは、画像とテキストフレームが重なり合っている場合、配置した画像や境界線に沿って文字を回り込ませることができます。

テキストの回り込み設定

テキストの回り込みは、「テキストの回り込み」パネルで設定します。

POINT

「テキストの回り込み」パネルは、「ウィンドウ」メニューから「テキストの回り込み」を選択して開きます。回り込みを設定するオブジェクトは、テキストの前面・背面を問いません。

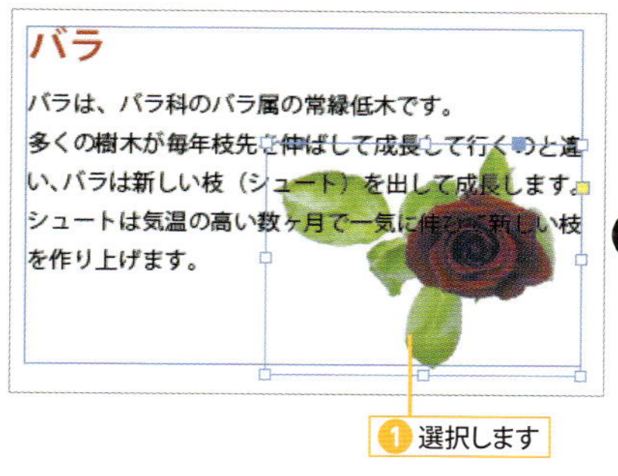

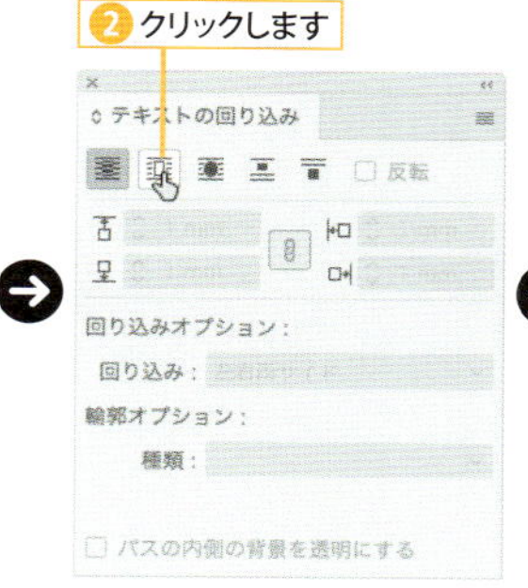

回り込みの種類

「テキストの回り込み」パネルでは、回り込みの種類やオブジェクトとテキストの間隔を設定できます。

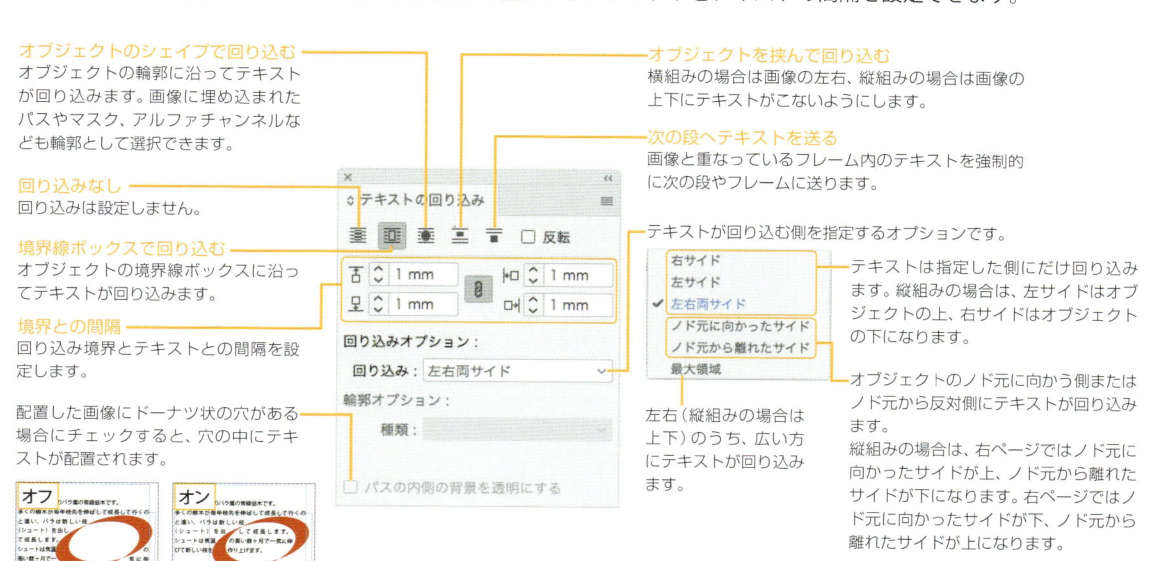

オブジェクトのシェイプで回り込む
オブジェクトの輪郭に沿ってテキストが回り込みます。画像に埋め込まれたパスやマスク、アルファチャンネルなども輪郭として選択できます。
回り込みなし
回り込みは設定しません。
境界線ボックスで回り込む
オブジェクトの境界線ボックスに沿ってテキストが回り込みます。
境界との間隔
回り込み境界とテキストとの間隔を設定します。
配置した画像にドーナツ状の穴がある場合にチェックすると、穴の中にテキストが配置されます。
オフ
オン
オブジェクトを挟んで回り込む
横組みの場合は画像の左右、縦組みの場合は画像の上下にテキストがこないようにします。
次の段へテキストを送る
画像と重なっているフレーム内のテキストを強制的に次の段やフレームに送ります。
テキストの回り込み
反転
1 mm
1 mm
1 mm
1 mm
回り込みオプション：
回り込み：左右両サイド
輪郭オプション：
種類：
パスの内側の背景を透明にする
テキストが回り込む側を指定するオプションです。
右サイド
左サイド
左右両サイド
ノド元に向かったサイド
ノド元から離れたサイド
最大領域
テキストは指定した側にだけ回り込みます。縦組みの場合は、左サイドはオブジェクトの上、右サイドはオブジェクトの下になります。
オブジェクトのノド元に向かう側またはノド元から反対側にテキストが回り込みます。
縦組みの場合は、右ページではノド元に向かったサイドが上、ノド元から離れたサイドが下になります。右ページではノド元に向かったサイドが下、ノド元から離れたサイドが上になります。
左右（縦組みの場合は上下）のうち、広い方にテキストが回り込みます。

輪郭を検出して回り込みを行う

回り込みの種類で「オブジェクトのシェイプで回り込む」 を選択し、「輪郭オプション」で「枠の検出」を選択すると、画像の輪郭を検出して境界線を作成します。

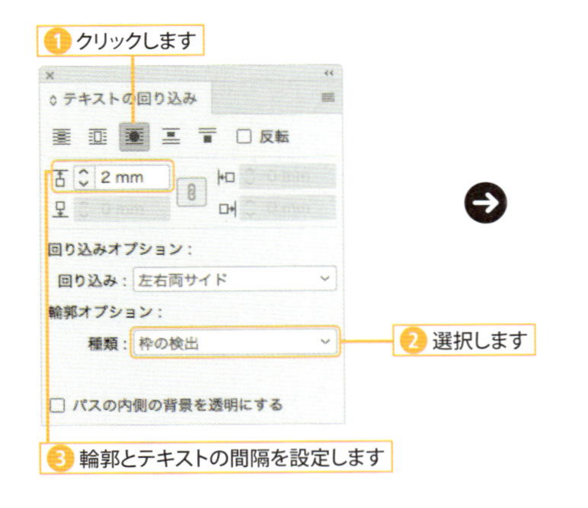

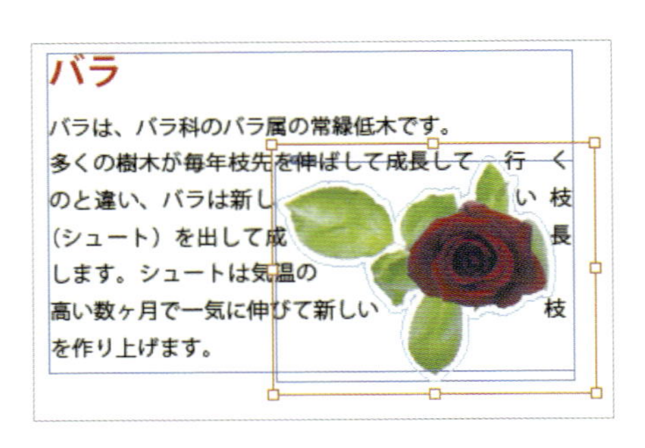

POINT

境界ボックスは、ダイレクト選択ツール でドラッグして編集できます。

TIPS アルファチャンネルを使った回り込み

画像にPhotoshopパスやアルファチャンネルが埋め込まれている場合には、アルファチャンネルを境界線として使うことができます。

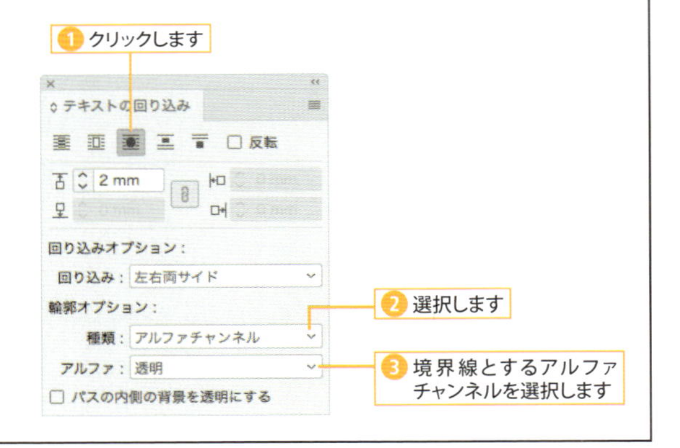

POINT

画像と重なっているテキストフレームの「テキストフレームオプション」ダイアログボックスで、「テキストの回り込みを無視」にチェックを入れると、テキストの回り込みは適用されません。

POINT

文字の回り込みは、コントロールパネルでも設定できます。境界との間隔などの詳細な設定は「テキストの回り込み」パネルで行ってください。

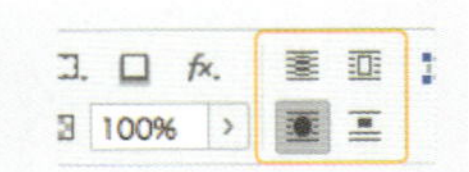

SECTION 7.6 クリッピングパスで画像を切り抜く

使用頻度

InDesignでは、画像の背景部分を切り抜くために、不要な画像をマスクするためのクリッピングパスを作成できます。

画像のパスやアルファチャンネルからクリッピングパスで切り抜く

配置した画像に表示領域を定義するPhotoshopのパスやアルファチャンネルが含まれている場合は、そのデータを利用してクリッピングパスを作成して切り抜けます。

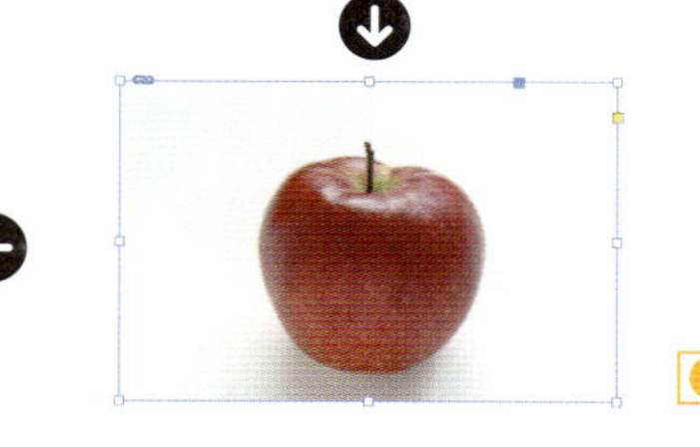

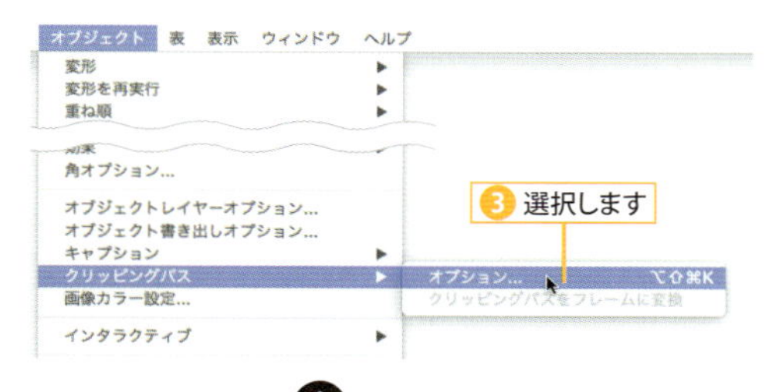

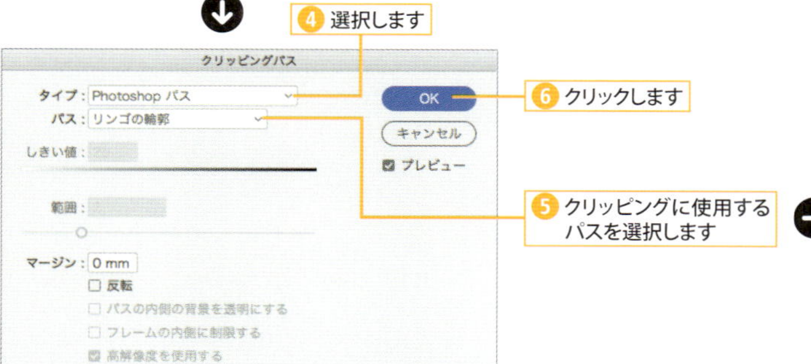

TIPS 画像内にクリッピングパスが設定されている場合

配置する画像にクリッピングパスが埋め込まれている場合は、InDesignでの「クリッピングパス」コマンドを使用しなくても、クリッピングパスが作成され背景が透明になります。また、InDesignの「クリッピングパス」コマンドで、「タイプ」を「なし」に設定しても画像は埋め込まれたクリッピングパスによって背景は透明になります。
クリッピングパスの埋め込まれている画像の背景を表示するには、配置時の「読み込みオプション」で「Photoshopクリッピングパスを適用」オプションをオフにしてください。

アルファチャンネルから切り抜く

配置した画像に表示領域を定義するアルファチャンネルが含まれている場合には、それを利用してクリッピングパスを作成して切り抜けます。

POINT

アルファチャンネルは、画像ソフトで編集用に利用できる、非表示のチャンネルです。詳細は、利用する画像ソフトの取扱説明書を参照してください。

アルファチャンネルのあるPhotoshop画像

下のスライダと連動して、数値を大きく（スライダを右に）すると隠される部分が多くなり、数値を小さく（スライダを左に）すると少なくなります。

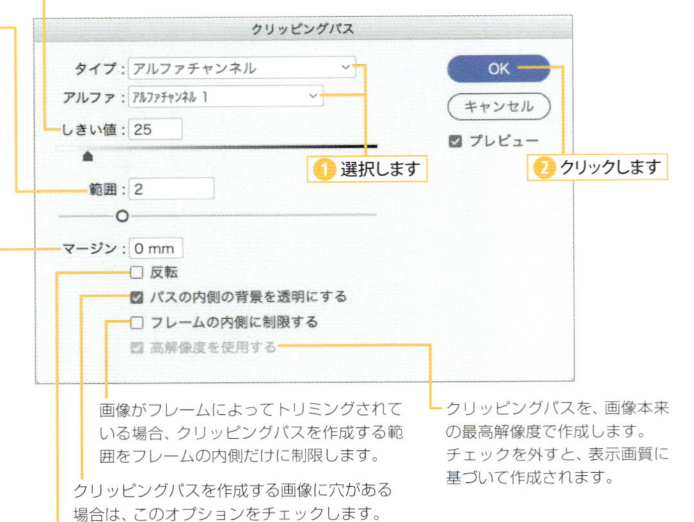

作成されるクリッピングパスの滑らかさの度合いを設定します。
下のスライダと連動して、数値を大きく（スライダを右に）するとパスは滑らかになり、数値を小さく（スライダを左に）するとパスは境界線に忠実になりギザギザになります。
パスは滑らかなほど印刷時のエラーは少なくなりますが、境界線部分を忠実に隠すことができなくなります。

クリッピングパスの大きさをを指定します。通常、「しきい値」と「範囲」でクリッピングパスが作成されますが、マージンを指定すると、プラス値の場合は内側に縮小し、マイナス値の場合は外側に拡大します。

画像がフレームによってトリミングされている場合、クリッピングパスを作成する範囲をフレームの内側だけに制限します。

クリッピングパスを、画像本来の最高解像度で作成します。チェックを外すと、表示画質に基づいて作成されます。

クリッピングパスを作成する画像に穴がある場合は、このオプションをチェックします。

表示領域と非表示領域を反転します。

配置した画像

アルファチャンネルで切り抜いた画像

TIPS 背景が透明な画像の場合

背景が透明の画像に「クリッピングパス」を適用した場合、透明部分はアルファチャンネルとして認識されます。

クリッピングパスの編集

ダイレクト選択ツール▷を使うと、画像をマスクしているクリッピングパスを選択できます。

クリッピングパスは、通常のオブジェクトと同様にベジェ曲線でできているので、ダイレクト選択ツール▷で形状を編集できます。

TIPS クリッピングパスをグラフィックフレームに変換

「オブジェクト」メニューの「クリッピングパス」から「クリッピングパスをフレームに変換」を選択すると、クリッピングパスをグラフィックフレームに変換できます。

図形の作成と編集

図形描画は、矢印などの引出線を追加するときなどによく使います。InDesignにはIllustratorと同じベジェ曲線による描画機能が搭載されているので、Illustratorユーザーであれば違和感なく使用できるでしょう。
CHAPTER 8では、図形の描画について説明します。

線の設定

使用頻度

オブジェクトの線の属性は、「線」パネルで細かく設定できます。設定は、線幅・線の種類・線端の形状・角の形状などがあり、これに色を組み合わせると、多彩な表現により面白い効果を出せます。また、点線や二重線、矢印の設定もできます。

線幅、線の位置の設定

オブジェクトの線の色を選択すると、コントロールパネルまたは「線」パネルで線幅を設定できます。
線がパスの中心・内側・外側のどの位置に描画されるかは、「線」パネルの「線の位置」で設定できます。

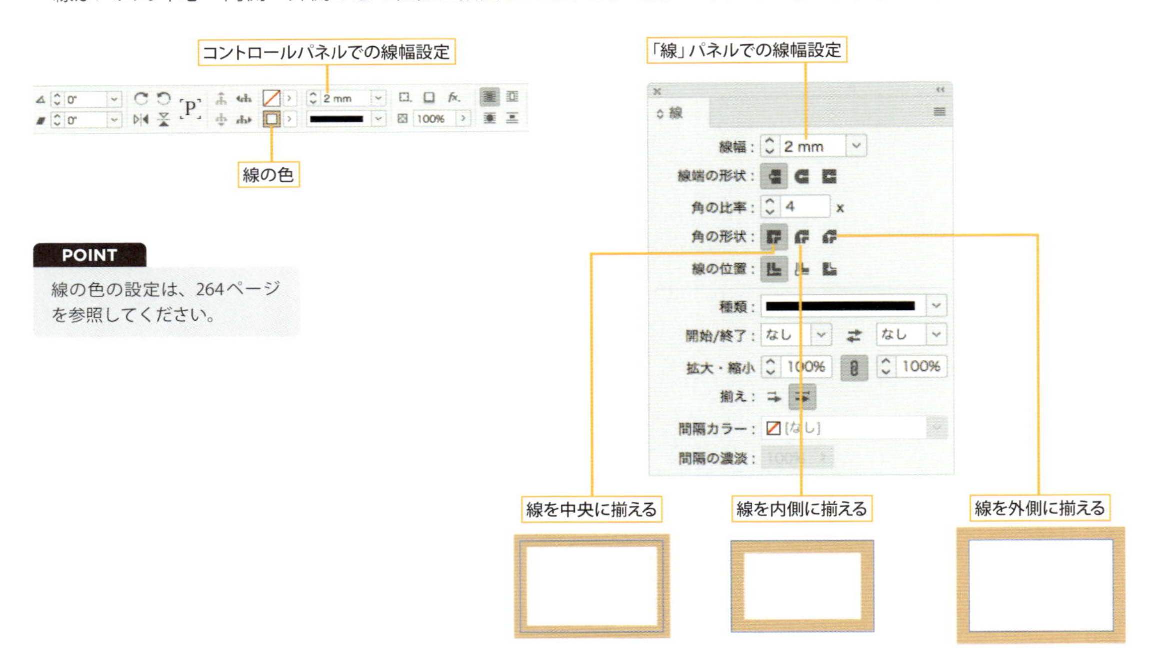

POINT

線の色の設定は、264ページを参照してください。

▶パスと境界線ボックスの関係

選択ツール で選択した際に表示される境界線ボックスは、常に線の外側に合うように表示されます。

実際のパスを表示するには、ダイレクト選択ツール で選択してください。

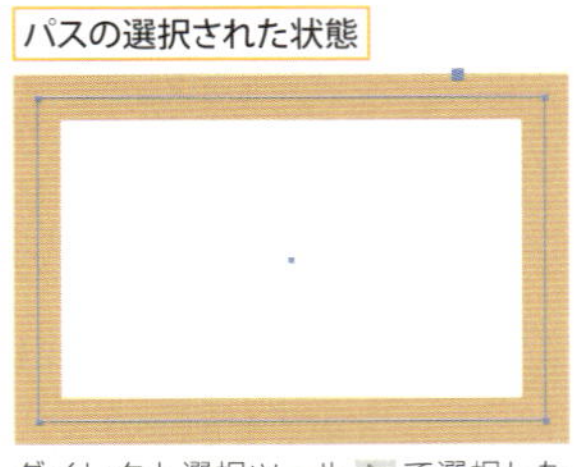

ダイレクト選択ツール で選択した際には、パスと線の位置がわかります。

選択ツール で選択した際に表示される境界線ボックスは、線の外側に表示されます。

テキストフレームの線の位置をパスの内側や中央に設定した場合、入力したテキストは線幅の分、内側にオフセットします。

線なしの状態

バラは、バラ科のバラ属の常緑低木です。
多くの樹木が毎年枝先を伸ばして成長して行くのと違い、バラは新しい枝（シュート）を出して成長します。シュートは気温の高い数ヶ月で一気に伸びて新しい枝を作り上げます。

線を設定するとテキストが内側にオフセットします

バラは、バラ科のバラ属の常緑低木です。
多くの樹木が毎年枝先を伸ばして成長して行くのと違い、バラは新しい枝（シュート）を出して成長します。シュートは気温の高い

TIPS 「線」パネルでの単位

「線」パネルでの線幅などの単位は、「InDesign」メニュー（Windows版は「編集」メニュー）の「環境設定」の「単位と増減値」で設定します。線幅ボックスなどで単位を文字で直接入力すると、入力した値を「環境設定」ダイアログボックスでの設定単位に換算します。単位の文字入力は、下記のように指定します。

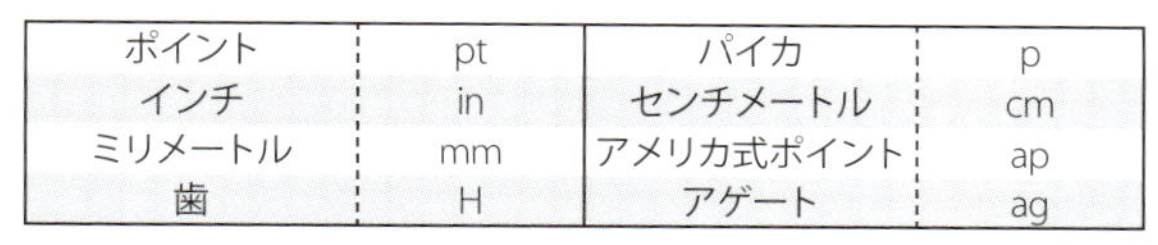

ポイント	pt	パイカ	p
インチ	in	センチメートル	cm
ミリメートル	mm	アメリカ式ポイント	ap
歯	H	アゲート	ag

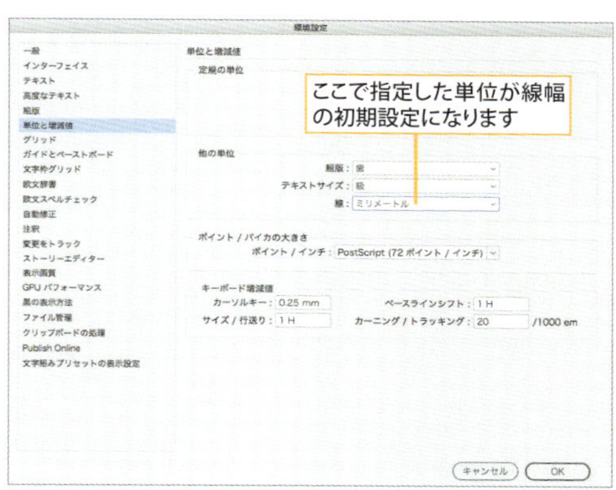

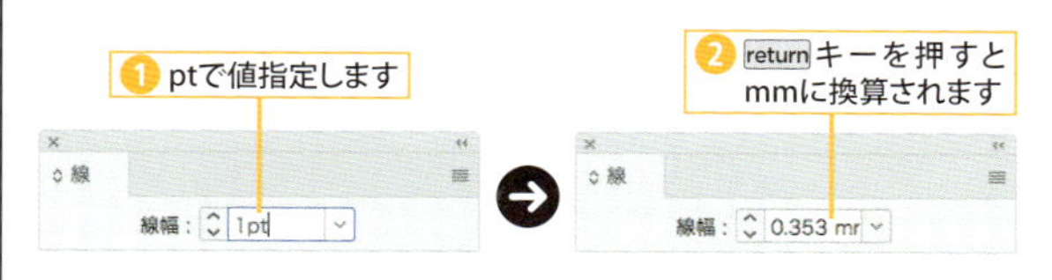

TIPS 線を設定したオブジェクトのサイズ表示

「変形」パネルやコントロールパネルのサイズ表示は、線幅を含むか含まないかをパネルメニューから選択できます。「境界線の線幅を含む」をチェックすると、線幅を含んだ大きさでサイズ表示されます。

長方形のフレームでは線幅を含む場合、境界線ボックスのサイズが表示されます。線幅を含まない場合は、パスの大きさが表示されます。

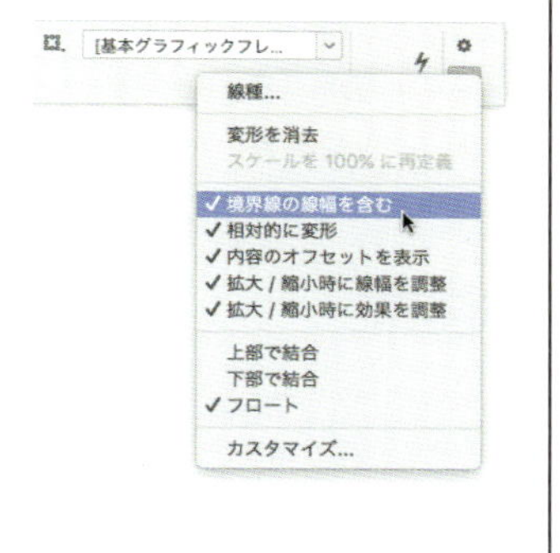

線端と角の形状

「線」パネルの では線端の形状を、 では角の形状をそれぞれ設定できます（以下の図は、ダイレクト選択ツール で選択した状態）。

▶線端の形状

アンカーポイントの位置からはみ出ることなく角張った形状になります。

丸型線端

アンカーポイントを中心とした半円が突き出した形状になります。半円の直径は、線幅と等しくなります。

アンカーポイントから線幅の半分だけはみ出した形状になります。

▶角の形状

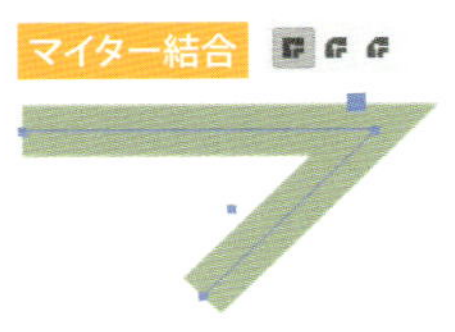

尖った形状になります。

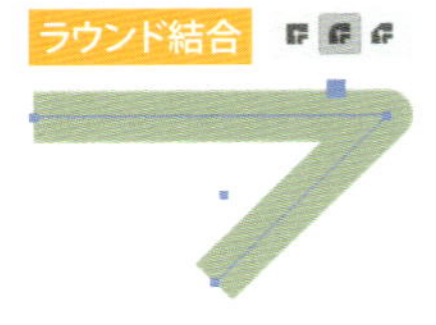

円弧になります。円弧の直径は、線幅と等しくなります。

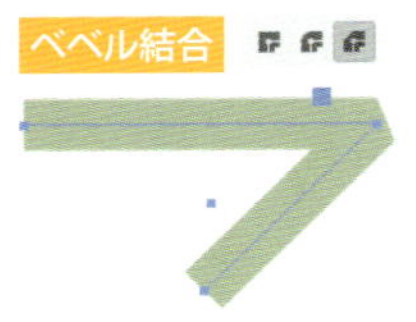

角張った形状になります。

TIPS 角の比率

角の比率とは、マイター結合の尖った角の長さが、ベベル結合に自動で切り替わる比率のことです。
尖った部分の長さが線幅に比率をかけた長さに達すると、マイター結合からベベル結合に切り替わります。

線幅

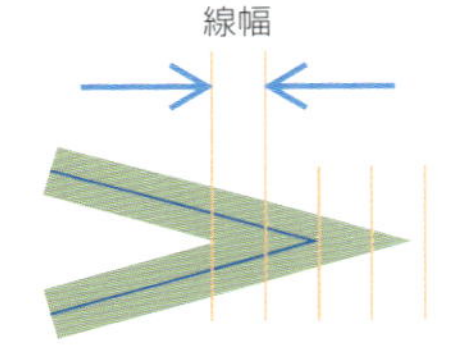

「角の比率:4」なのでマイター結合

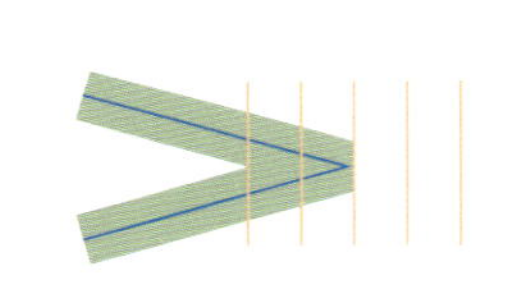

「角の比率:3」なのでベベル結合

線の種類の設定

▶点線の設定

コントロールパネルまたは「線」パネルの「種類」で「点線」を選択すると、点線のピッチを指定するテキストボックスに入力できるようになります。

左から、「線分」（点線の長さ）→「間隔」→「線分」→「間隔」…の順番で数値を入力します。

POINT

6つのテキストボックスをすべて埋める必要はありませんが、必ず左詰めで入力してください。

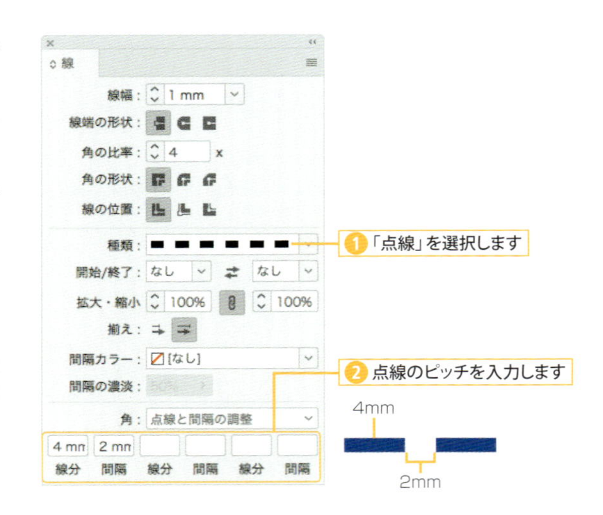

間隔のカラー、間隔の濃淡を設定すると、点線の間隔部分の色を設定できます。

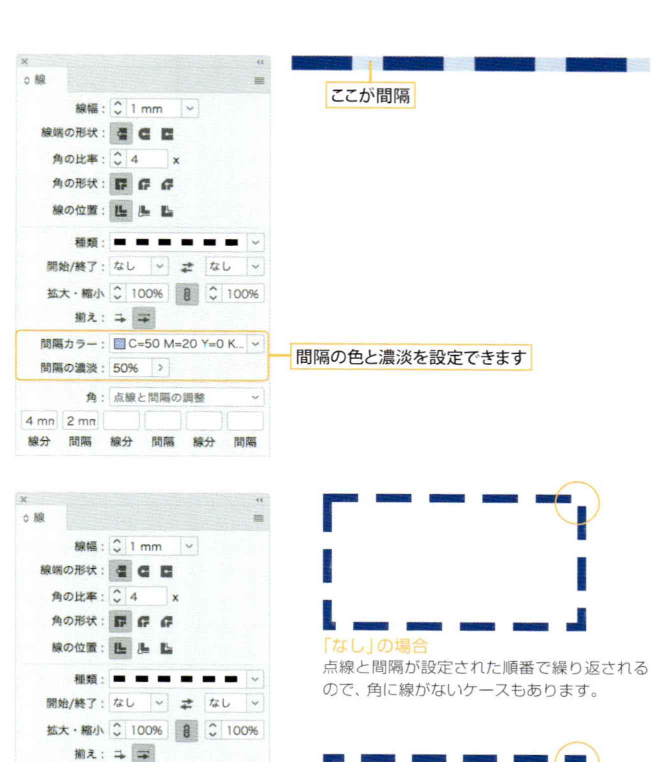

「点線」では、点線と間隔を自動調整する「角」オプションが使えます。

「角」オプションを利用すると、テキストフレームやグラフィックフレームなどの長方形のオブジェクトに点線の囲み罫を設定した場合、角の部分がきれいに処理されます。

「点線と間隔の調整」を選択しておくとよいでしょう。

「なし」の場合
点線と間隔が設定された順番で繰り返されるので、角に線がないケースもあります。

「点線と間隔の調整」の場合
角にきれいに線がくるように、点線と間隔を自動調整しています。

パスの端点の形状

InDesignでは、「線」パネルオプションの「開始/終了」（CC 2015以前は「始点」「終点」）でパスの端点の形状を設定できます。

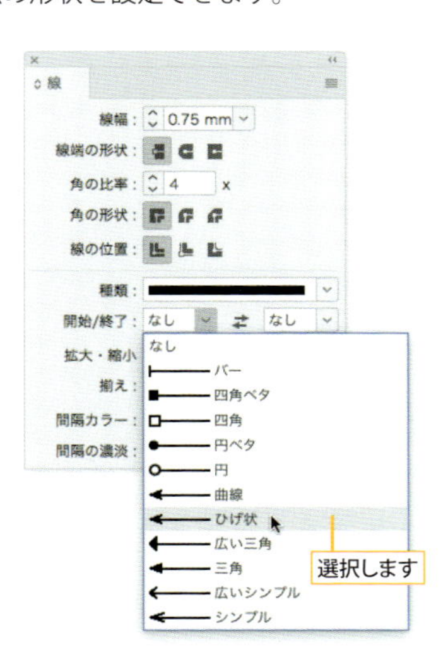

用意されている線の形状

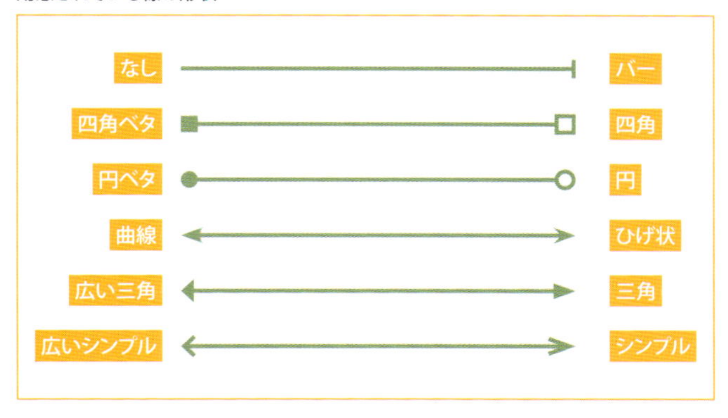

POINT

端点の形状の大きさは、線幅の太さに応じて変わります。

CC 2017から、矢印のサイズを「線」パネルの「拡大・縮小」で設定できます。

TIPS 始点と終点を切り替える

オブジェクトを選択ツール で選択し、「オブジェクト」メニューの「パスの反転」を選択すると、始点と終点が逆になります。

TIPS オリジナル線種を作成する

コントロールパネルメニューまたは「線」パネルメニューの「線種」を選択すると、オリジナルの点線やストライプ線を作成できます。「線種」ダイアログボックスの「新規」ボタンをクリックして、「新規線種」ダイアログボックスで線のタイプや形状をデザインします。

SECTION 8.2 パス（図形）を描く

使用頻度

InDesignで直線や長方形、楕円などのパスを描画するには、ツールパネルの各種ツールを使います。

直線を描く

直線を描くには、線ツール で直線の長さにドラッグします。shiftキーを押しながらドラッグすると、直線の角度が45度刻みに限定されます。optionキーを押しながら描画すると、直線の中点から両側に描画されます。

TIPS パス描画時の色とオブジェクトスタイル

パスを描画した際の色は、デフォルトに設定されたオブジェクトスタイルの色となります（220ページ参照）。
オブジェクトを選択していない状態で、「塗り」や「線」などの設定を変更すると、その設定がデフォルトの初期設定の「塗り」や「線」のカラーになるので、次回からその設定で描画できます。

長方形を描く

長方形を描くには、長方形ツール を使います。長方形ツール でドラッグすると、ドラッグした長さの対角線を持った長方形が描けます。

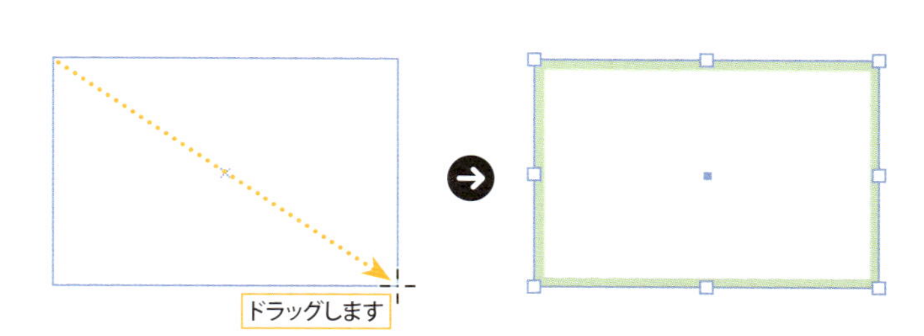

POINT

長方形フレームツール でグラフィックフレームを作成する場合や、テキストツール 、グリッドツール でテキストフレームを作成する場合も、同じ操作方法になります。

TIPS 角の丸い四角形を描くには

長方形ツール で長方形を描いた後に、コントロールパネルや「オブジェクト」メニューの「角オプション」で設定して、角を丸めてください（259ページ参照）。

▶数値を指定して長方形を描く

長方形ツール で描画開始点をクリックして、「長方形」ダイアログボックスで高さや幅を数値指定できます。

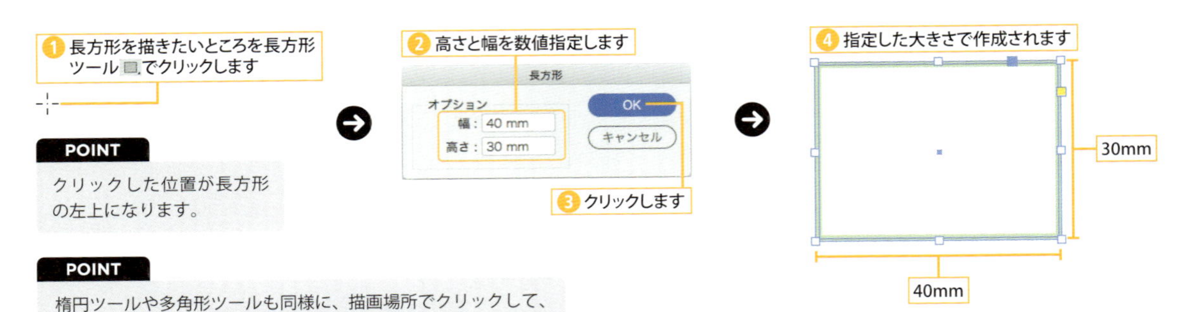

POINT

楕円ツールや多角形ツールも同様に、描画場所でクリックして、数値で正確な形状の図形を描くことができます。

楕円（円）を描く

楕円（円）を描くには、楕円形ツール を使います。楕円形ツール は、長方形ツール のサブツールです。

▶ドラッグして楕円を描く

楕円形ツール でドラッグすると、ドラッグした長さの対角線に応じた楕円が描けます。

shift キーを押しながらドラッグすると正円、option キーを押しながらドラッグすると円の中心から描画できます。

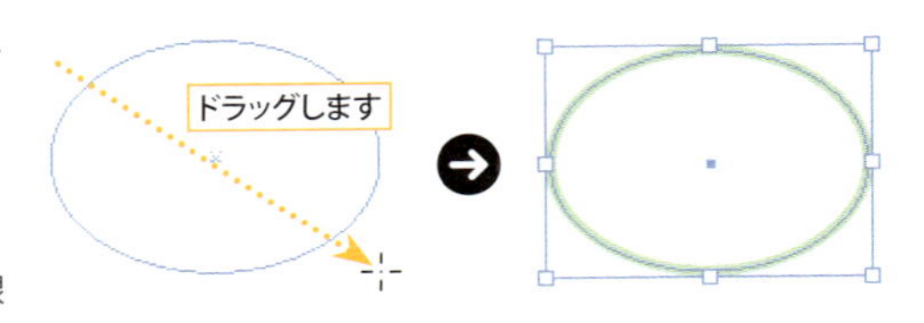

POINT

楕円形フレームツール でグラフィックフレームを作成する場合も、同じ操作方法になります。

多角形を描く

多角形を描くには、多角形ツール を使います。多角形ツール は、長方形ツール のサブツールです。

▶ドラッグで多角形を描く

多角形ツール でドラッグすると、多角形が描けます。

shift キーを押しながらドラッグすると正多角形が描画でき、option キーを押しながらドラッグすると中心から描画できます。

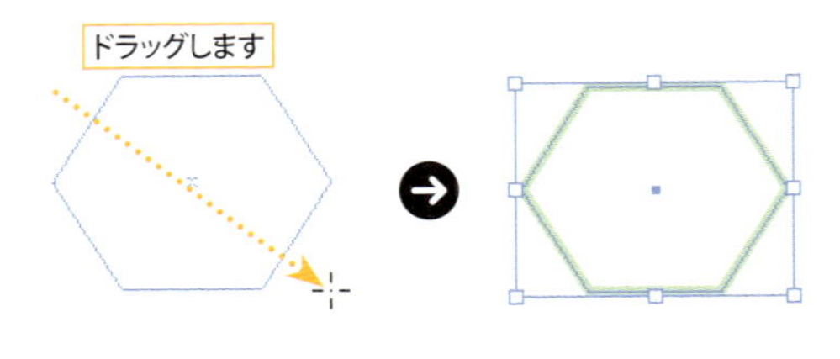

POINT

多角形の設定は、次回の多角形の描画時にもその設定が適用されます。描画済みの多角形を設定を変更するには、オブジェクトを選択してから設定してください。

▶多角形の頂点の数を変更する

ツールパネルの多角形ツール ダブルクリックすると「多角形の設定」ダイアログボックスが開き、「頂点の数」を変更できます。

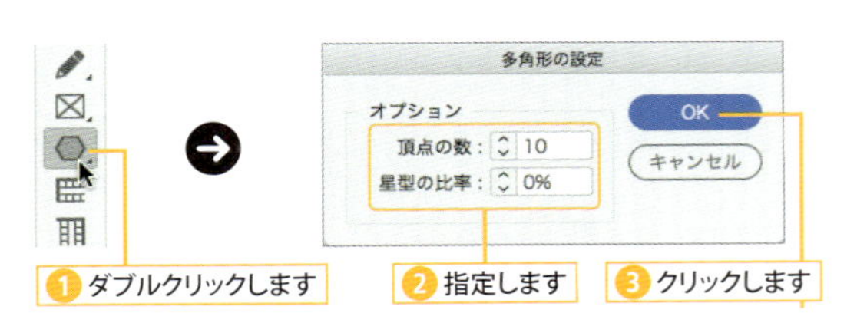

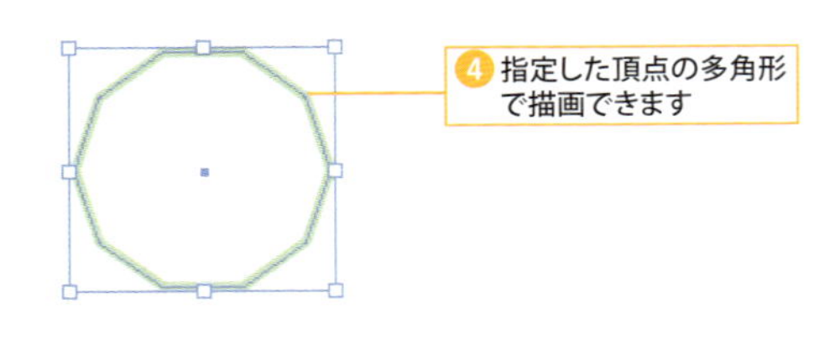

▶ 星形を描く

「多角形の設定」ダイアログボックスで「星形の比率」の数値を大きくすると、設定した数の頂点を持った星形が描画できます。「星形の比率」は、数値が大きいほど星の角度が鋭くなります。

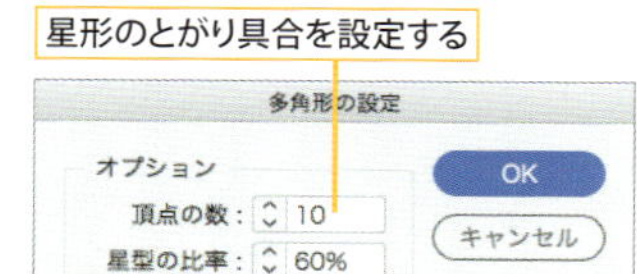

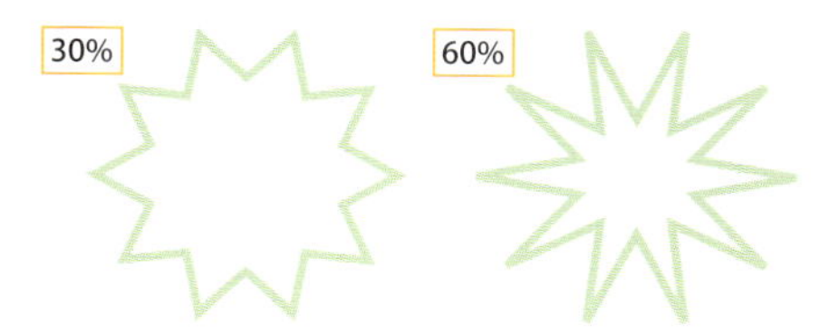

POINT

多角形フレームツールでも、同様の設定が可能です。なお、多角形ツールと多角形フレームツールでは、同じ設定が適用されます。

TIPS Illustratorのオブジェクトを使う

Illustratorで描いた簡単なパスオブジェクトであれば、コピー＆ペーストでInDesignにペーストして利用できます。

QRコードの作成（CC以降）

InDesign CC以降、「オブジェクト」メニューの「QRコードを作成」を選択すると、QRコードを作成してドキュメントに挿入できます。

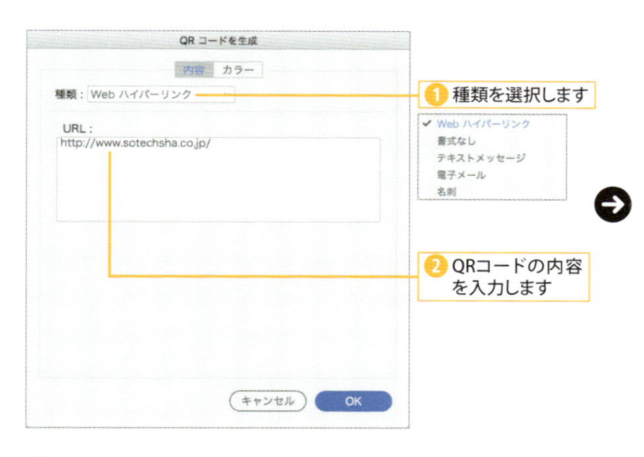

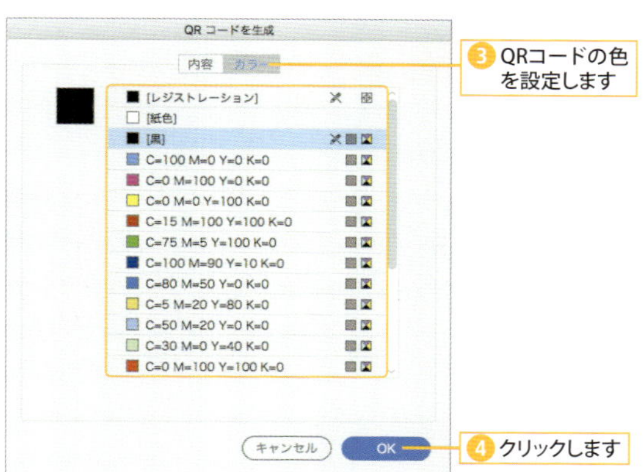

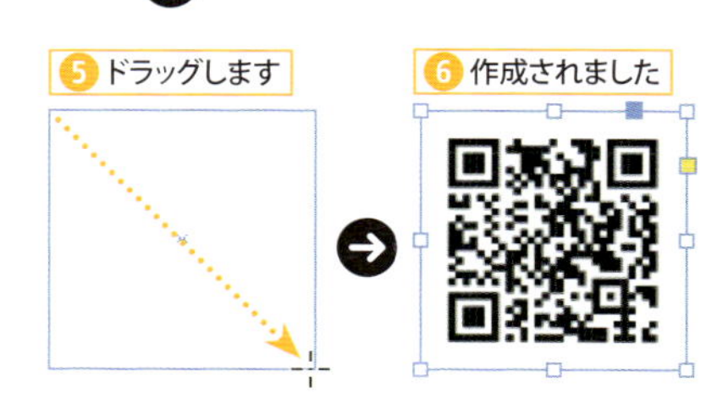

POINT

作成したQRコードを選択し、「オブジェクト」メニューの「QRコードを編集」を選択すると、内容を編集できます。

SECTION 8.3 ペンツールでパスを描画する

使用頻度 ★★☆

ペンツールはどのような形状も自由に描くことができますが、慣れないと難しいツールです。使いこなせると大変便利なので、ぜひマスターしましょう。

ペンツールで連続線を描く

ペンツールで連続した直線を描くには、始点でクリックし、次の点でクリックします。終了するには、選択ツールをクリックするか、⌘キーを押しながら図形以外の部分をクリックします。

1 始点と終点をクリックする

ペンツールを選択して、連続線を描きたい場所の始点をクリックします。続けて終点をクリックします。

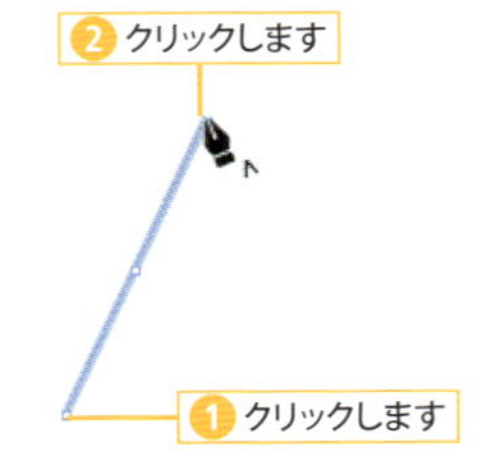

POINT

shift ＋クリックすると、水平線・垂直線・45度線になります。

POINT

ペンツールでクリックしてできる点を「アンカーポイント」といいます。

2 線を終了する

クリックを繰り返すと連続線になります。
終了するには、終点をクリックして他のツールに切り替えるか、⌘＋クリックします。

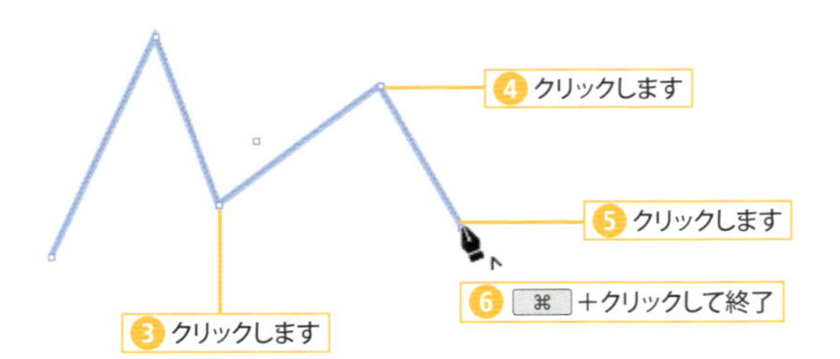

閉じた図形を描く

ペンツールで図形の終了点を始点にすると、閉じた図形を描画できます。

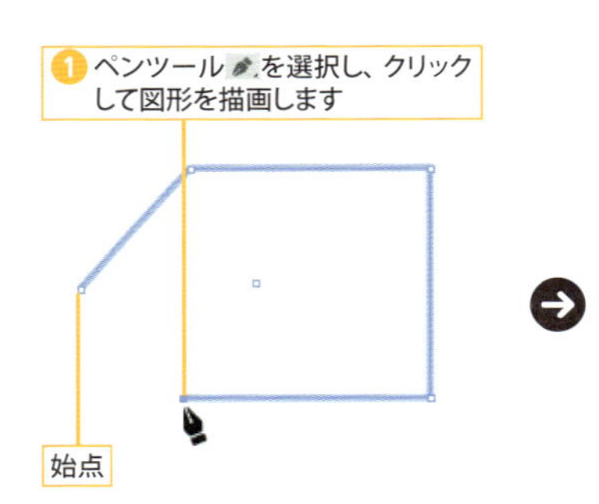

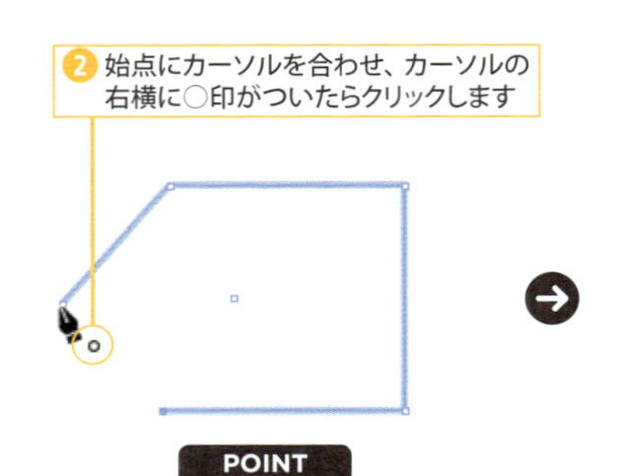

2 始点にカーソルを合わせ、カーソルの右横に○印がついたらクリックします

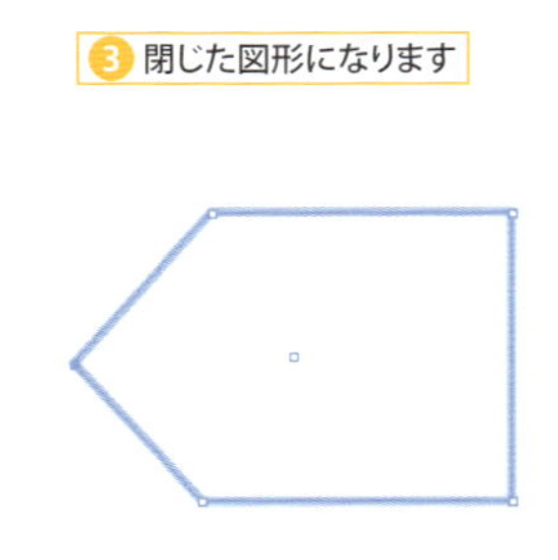

3 閉じた図形になります

POINT

図形を閉じる際、始点でドラッグすると曲線でつながります。

曲線を描く

ペンツールで曲線を描くこともできます。２つ目のアンカーポイントをドラッグして作成すると、２つのアンカーポイントの間にハンドルで制御された曲線が作成されます。

▶方向線

ペンツールでドラッグすると、ドラッグを開始した点からドラッグの方向と、逆の方向に線が現れます。

この線はパスの曲線の曲がり具合を示す補助線で、「**方向線**」または「**ハンドル**」と呼ばれます。方向線は、実際に印刷される線ではなく、あくまでも補助線なのでご注意ください。

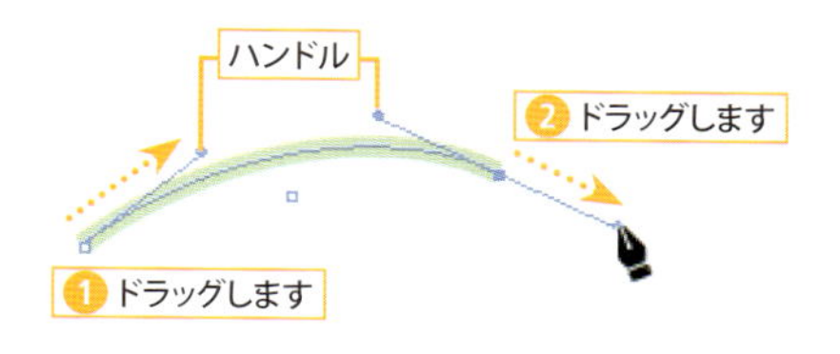

▶コーナーポイントとスムーズポイント

ダイレクト選択ツールでアンカーポイントを選択した際に、両方向に一直線の方向線の出るものを「**スムーズポイント**」といいます。

それ以外のアンカーポイントは、「**コーナーポイント**」といいます。

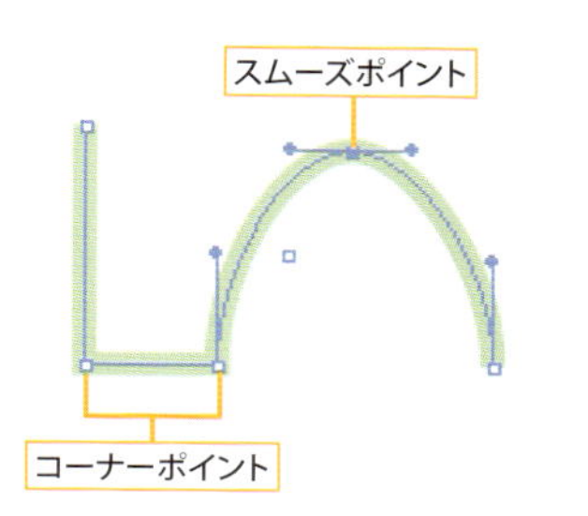

曲線から直線を描く

曲線から直線を描くには、曲線の終点で一度クリックしてから直線を描きます。

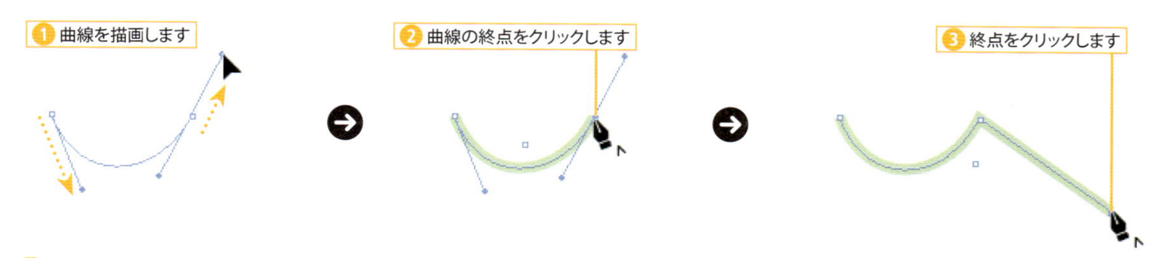

直線から曲線を描く

直線から曲線を描くには、直線を描画した後に、直線の端点から曲線の方向線をドラッグして曲線を描画します。

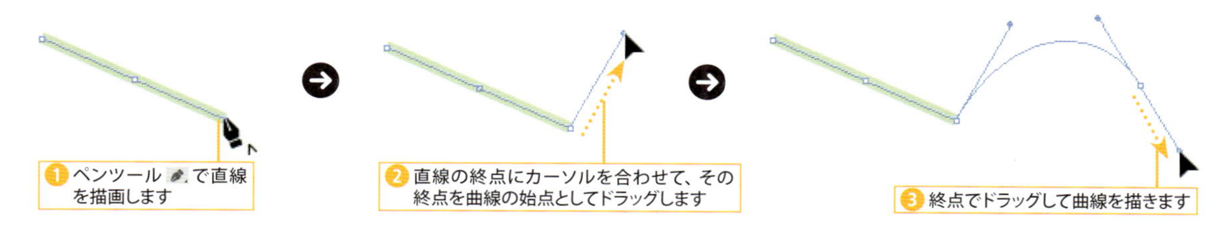

ラクダのこぶを描く

曲線が鋭角に結ばれるラクダのこぶ状の曲線の描画方法です。optionキーを押しながら方向線を作成するのがポイントです。

1 曲線を描く

曲線でこぶを1つ描きます。

2 曲線の終点をoption＋ドラッグ

1つめの曲線の終点をoptionキーを押しながらドラッグします。

3 ドラッグして2つめの曲線を描く

ドラッグして2つめの曲線を描きます。

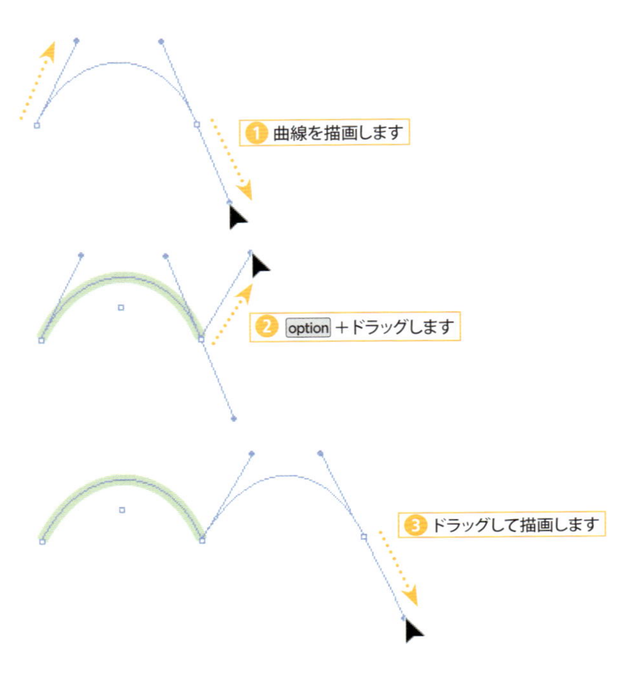

TIPS 方向線をドラッグする方向に曲線は向く

ペンツールで描く曲線は、アンカーポイントの両端の方向線によって決まります。曲線は方向線の向く方向に伸びるようになっています。
また、カーブの度合いは方向線が長いほうに強く引っ張られます。

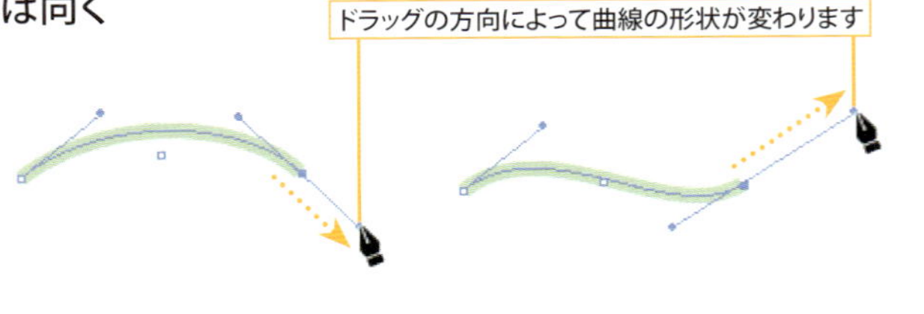

TIPS 描画中に方向線の方向を変える

ペンツールで方向線をドラッグしている最中にoptionキーを押すと、方向線を連動しないでパスの方向を変更できます。
その際、optionキーは方向線の向きを確定するまで放さないでください。途中で放すと、初めに描いた曲線の形状が変わってしまいます。

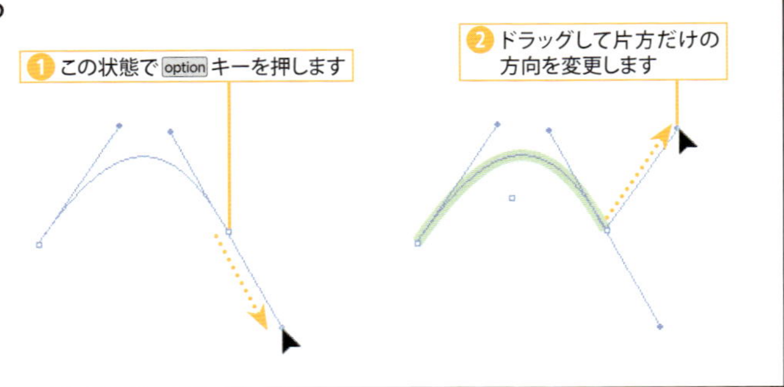

SECTION 8.4 フリーハンドで線を描く（鉛筆ツール）

使用頻度 ★☆☆

鉛筆ツールはマウスでドラッグした軌跡がそのまま線になり、鉛筆のように線を描くことができます。

鉛筆ツールを使い線を描く

鉛筆ツールは、ドラッグで線を描画できます。

1 鉛筆ツールでドラッグする

鉛筆ツールを選択し、ドラッグして線を描きます。

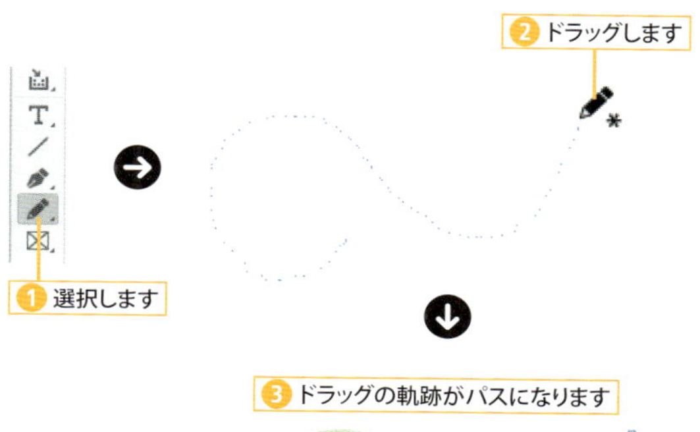

2 マウスボタンを放す

マウスボタンを放すと、線は選択された状態になります。

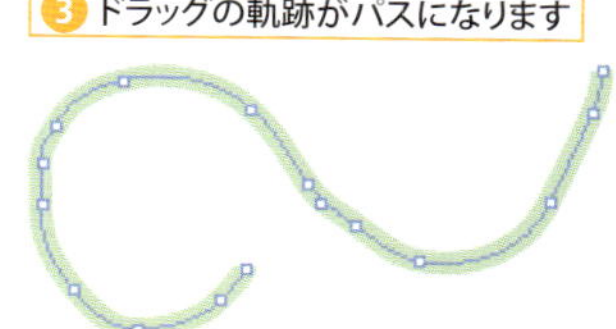

option キーを押しながらマウスボタンを放すと、始点と終点が直線で連結されたクローズパスになります。

TIPS 鉛筆ツールの環境設定

ツールパネルの鉛筆ツールをダブルクリックすると「鉛筆ツール設定」ダイアログボックスが表示され、「正確さ」「滑らかさ」の度合いを変えられます。

鉛筆ツールで曲線を修正する

選択したパスを鉛筆ツールでなぞるようにドラッグすると、ドラッグした線にパスが置き換わります。

1 パスに沿ってドラッグする

選択したパス上から鉛筆ツールでパスに沿ってドラッグします。

2 パスの形状が変わる

パスの形状が変わります。

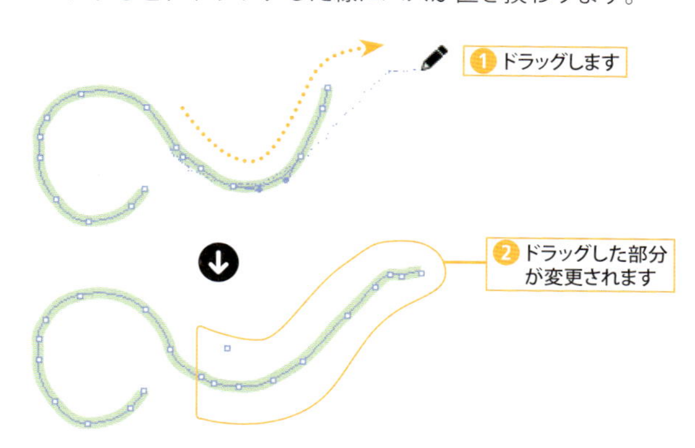

CS6 | CC | CC14 | CC15 | CC17

SECTION 8.5

アンカーポイントやセグメントを調整する

使用頻度 ★★☆

InDesignのオブジェクトはベジェ曲線でできているため、ダイレクト選択ツールでフレームのアンカーポイントやセグメントを操作して自由に変形できます。アンカーポイントを調整すれば、どんな微妙な曲線のフレームも作成できます。

曲線の曲がり具合を調整する

オブジェクトの曲線部分を調整するには、ダイレクト選択ツールでオブジェクトを選択して行います。

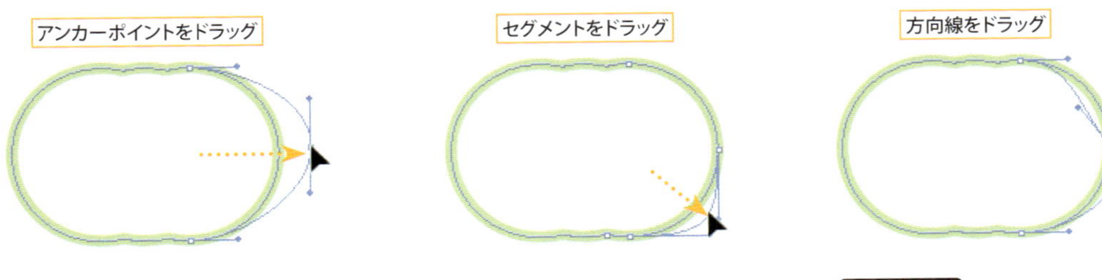

POINT

アンカーポイントやパスは、ドラッグ以外に矢印キーを使ったり、「変形」パネルで座標を指定して移動することもできます。また、複数のアンカーポイントを選択しても移動できます。

POINT

一方の方向線だけを移動させるには、アンカーポイントの切り換えツールでドラッグしてください。

スムーズツールを使って曲線をスムーズにする

スムーズツール（鉛筆ツールのサブツール）を使うと、凸凹のある曲線の元の形を保持したまま、アンカーポイントを減らしてスムーズにできます。

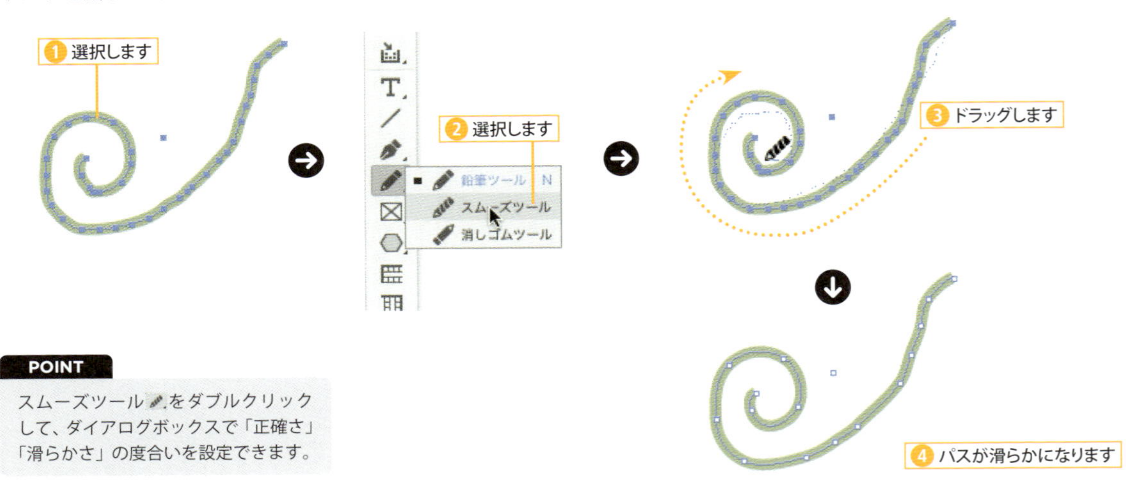

POINT

スムーズツールをダブルクリックして、ダイアログボックスで「正確さ」「滑らかさ」の度合いを設定できます。

アンカーポイントの追加と削除

アンカーポイントを追加ツール やアンカーポイントの削除ツール を使って、アンカーポイントを追加・削除できます。

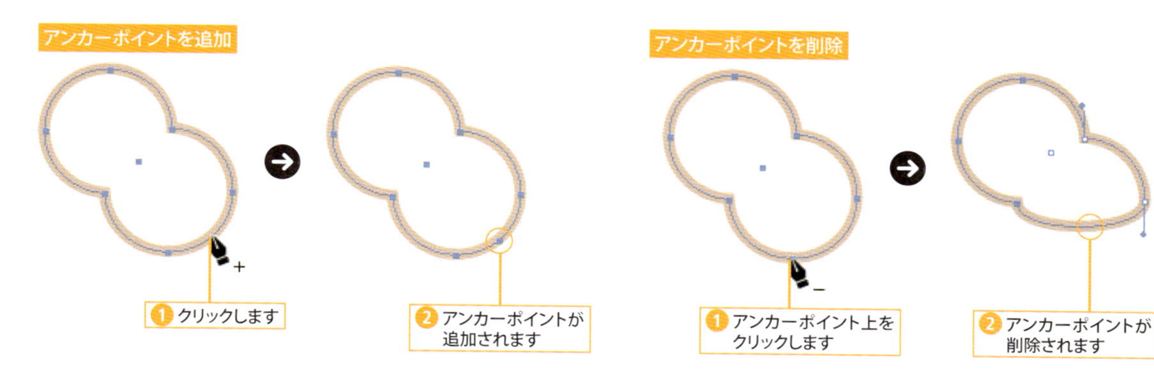

アンカーポイントやセグメントの消去

アンカーポイントやセグメントをダイレクト選択ツール でクリックして選択し、deleteキーを押すと消去できます。

POINT

shift＋クリックで、複数のアンカーポイント・セグメントを選択できます。

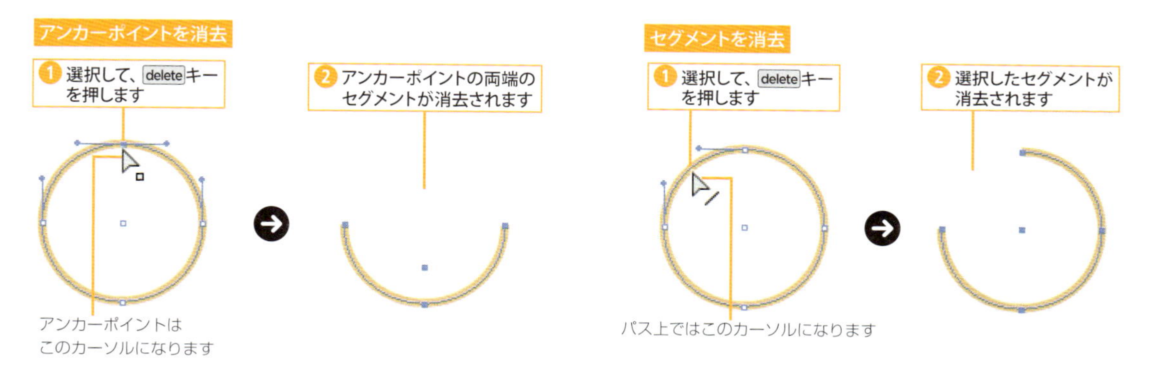

コーナーポイントとスムーズポイントの切り替え

アンカーポイントの切り換えツール でコーナーポイントをドラッグすると、方向線を引き出してスムーズポイントに変更できます。

スムーズポイントをクリックすると、コーナーポイントに変更できます。

POINT

ペンツール 使用時にoptionキーを押すと、一時的に方向点の切り替えツール に変更できます。

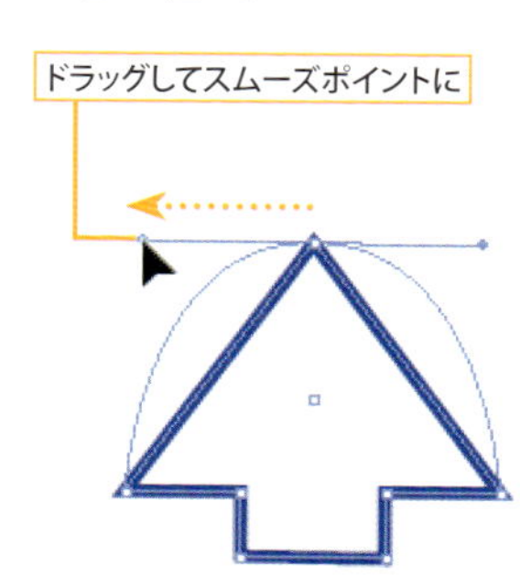

POINT

スムーズポイントをクリックすると、コーナーポイントに変更できます。

クリックしてコーナーポイントに

パスを分割する（はさみツール）

つながっているパスを２つに分割するには、はさみツールを使います。

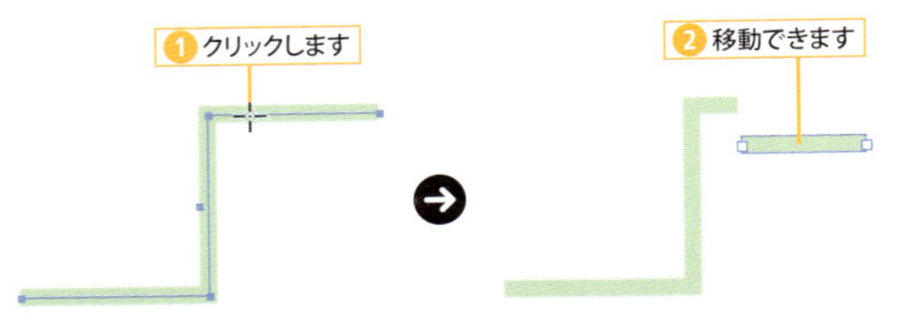

パスの連結

２つのパスを連結するには、ペンツールを使います。ペンツールで線の端のアンカーポイントにカーソルを合わせるとになるので、そのまま描画し、もう一方の端点に合わせるとになるので、ドラッグしてつなげます。

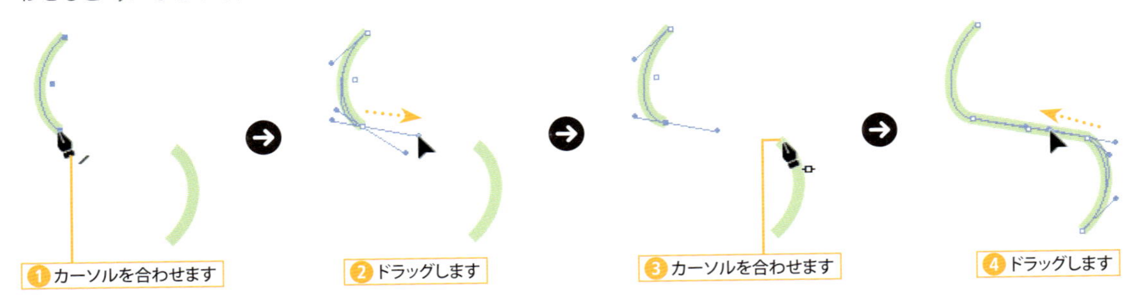

「ポイントを変換」コマンドを使う

「オブジェクト」メニューの「ポイントを変換」の各種コマンドまたは「パスファインダー」パネルの「ポイントを変換」を使うと、ダイレクト選択ツールで選択したアンカーポイントの種類を変更できます。

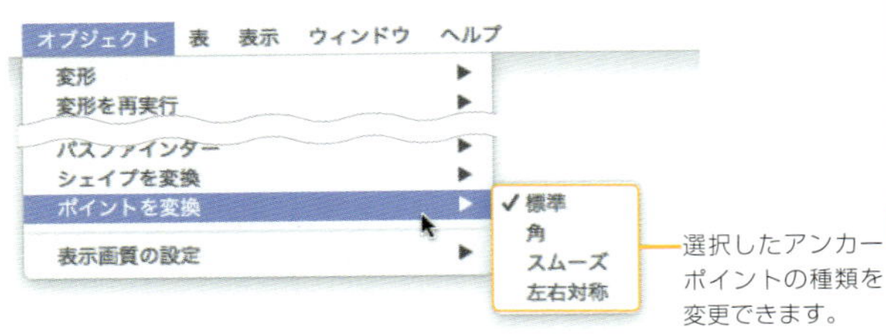

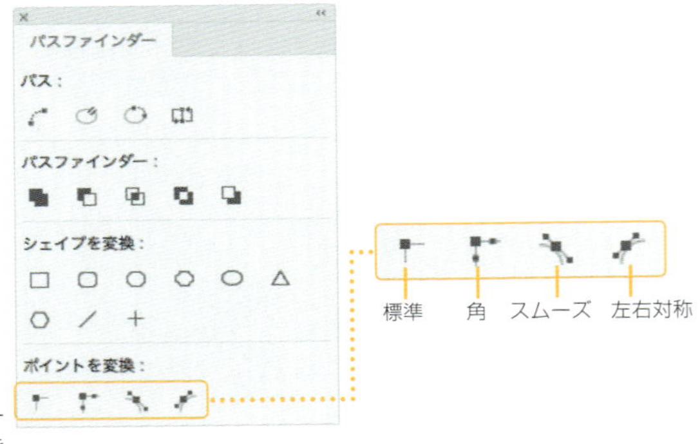

標準

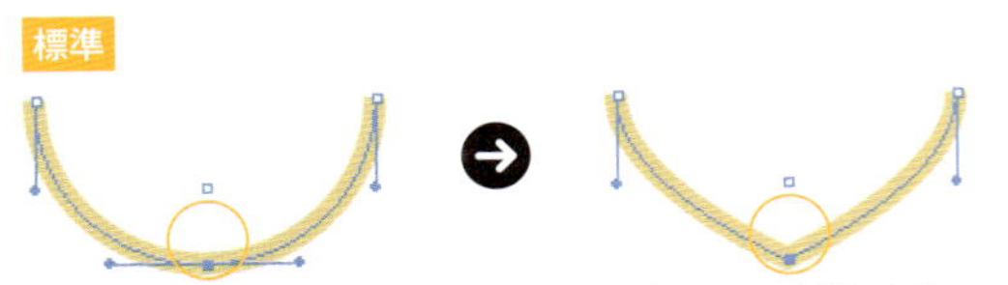

スムーズポイントを方向線のないコーナーポイントに変換します。

角

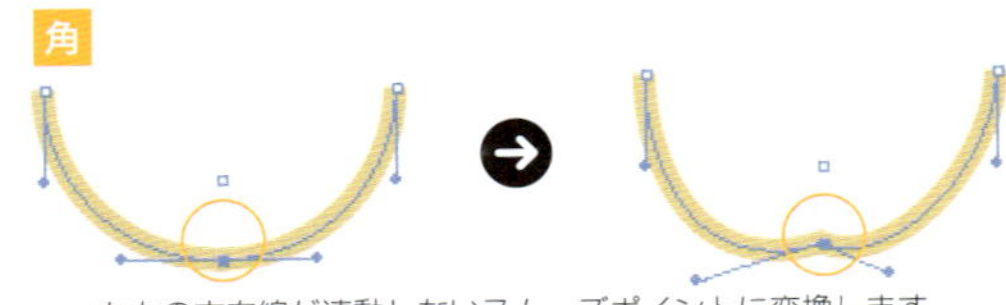

左右の方向線が連動しないスムーズポイントに変換します。

スムーズ

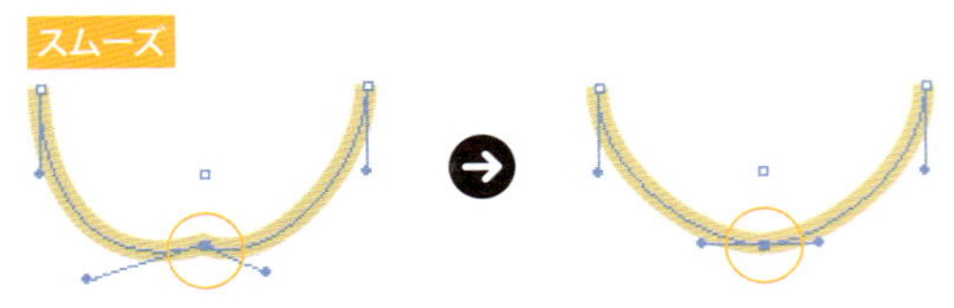

左右の方向線が連動するスムーズポイントに変換します。

左右対称

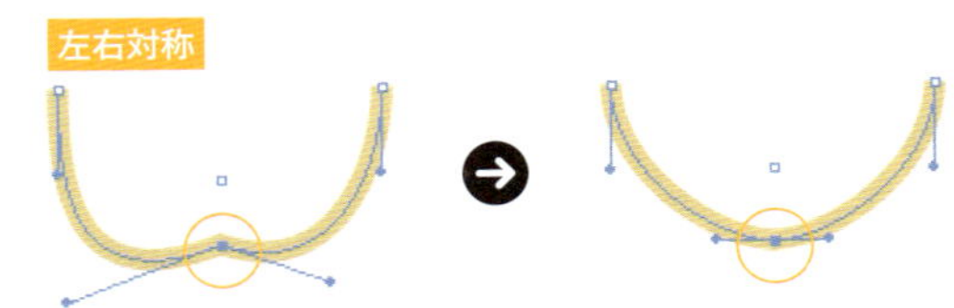

方向線が左右対称（方向線が同じ長さ）のスムーズポイントに変換します。

SECTION 8.6

角の形状を変更する

使用頻度

InDesignでは、オブジェクトの角に丸みを付けたり、飾りを付けることができます。パスの形状を変えずに角の形状だけを変えるので、後から他の形状にしたり元に戻すことも可能です。

オブジェクトに角オプションを適用する

オブジェクトに角オプションを設定するには、コントロールパネルまたは「オブジェクト」メニューの「角オプション」を使います。

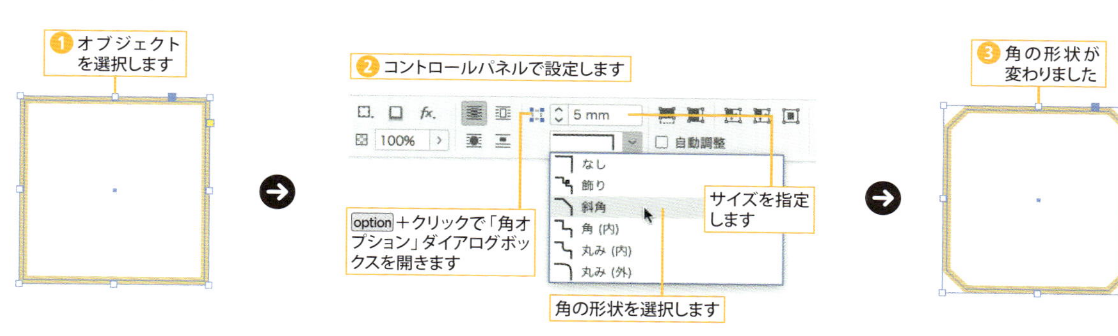

POINT

「シェイプを変換」を使うと、「斜角」「丸み（内）」「丸み（外）」を簡単に適用できます。詳細は、262ページを参照してください。

POINT

角オプションは、オブジェクトのパスの形状を変更せずに、角の部分の形状だけを変更します。そのため、同じ方法で他の形状にしたり元に戻すこともできます。

▶「角オプション」ダイアログボックスの設定

コントロールパネルの ⌗ を option＋クリックするか、オブジェクトメニューの「角オプション」を選択すると「角オプション」ダイアログボックスが開き、角ごとに角の形状とサイズを設定できます。

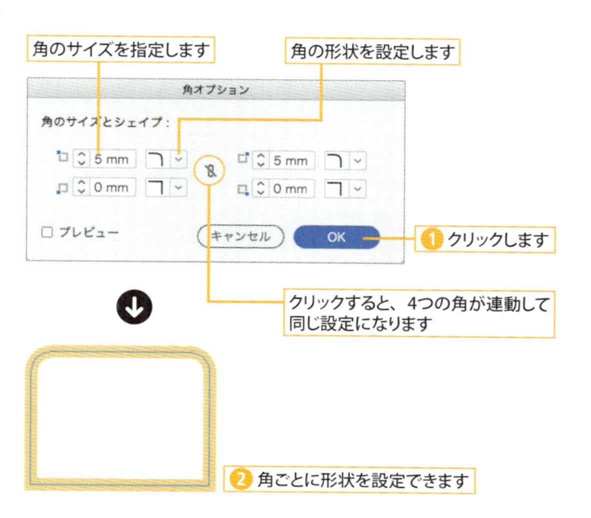

TIPS 角オプションの適用対象

角オプションは、グラフィックフレームやテキストフレームの属性に関わらず、画像を配置したオブジェクトなど、どんなオブジェクトにも適用できます。

角オプションをマウス操作で指定する（ライブコーナー）

角オプションは、レイアウトしたオブジェクトにマウス操作でも指定できます（ライブコーナー機能）。オブジェクトを選択すると、フレームの右上の□が表示されます。□をクリックすると、それぞれの角に黄色い◇が表示されます。◇をドラッグすると角の形状を変更できます。

▶ 角の形状を変更、角ごとの設定

初期状態では、４つの角の形状やサイズは連動して変わりますが、◇をshiftキーを押しながらドラッグすると、ドラッグした角だけのサイズを変更できます。

◇をoption＋クリックすると、角の形状が順番に変わります。shift＋option＋クリックでクリックした角の形状だけが変わります。

POINT

ドラッグによる角オプションの設定機能は、「表示」メニューの「エクストラ」から「ライブコーナーを隠す」でオフにできます。

▶ 角の種類

角の種類は、プルダウンメニューの５種類から選択できます。

パスファインダーとシェイプを変換

使用頻度 ★☆☆

「パスファインダー」を使うと、重ねたオブジェクトから新しいオブジェクトを簡単に作成できます。また、「シェイプを変換」を使うと、オブジェクトの形状を簡単に変更できます。

パスファインダーを使う

パスファインダーを使うと、重なったオブジェクトのパスの形状を簡単に変更できます。

パスファインダーは、「オブジェクト」メニューの「パスファインダー」から実行するか、「パスファインダー」パネルを開いてボタンで実行します。

「パスファインダー」パネル

パスファインダー
パス：
パスファインダー：
シェイプを変換：
ポイントを変換：

▶追加

選択した複数のオブジェクトの境界線から１つのオブジェクトを作成します。

「線」と「塗り」は、最前面のオブジェクトのものが適用されます。

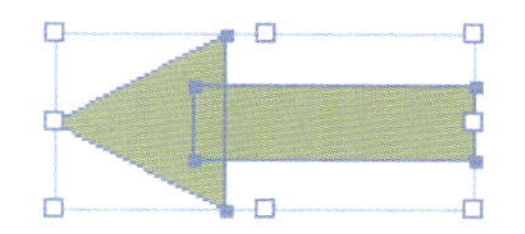

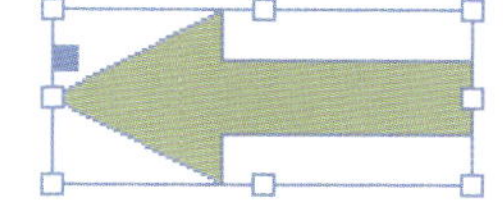

▶前面オブジェクトで型抜き

選択した背面のオブジェクトを前面のオブジェクトと重なった部分で型抜きします。作成されたオブジェクトは、複合パスとなります。

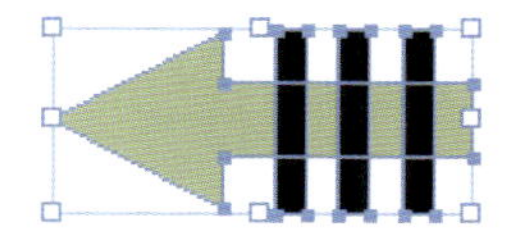

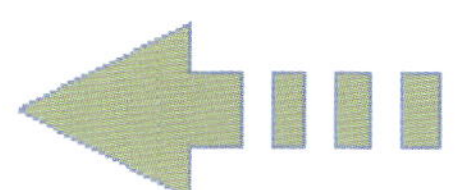

▶交差

選択したオブジェクトの重なった部分だけを残して新しいオブジェクトを作成します。

「線」と「塗り」は、最前面のオブジェクトのものが適用されます。

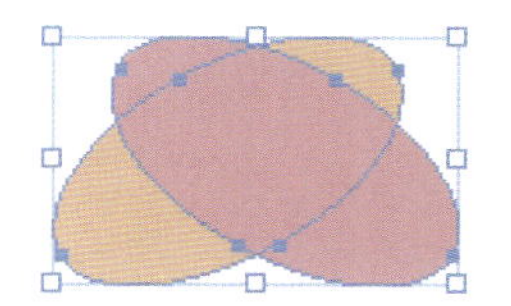

▶中マド

選択したオブジェクトの重なっている部分を透明にした複合オブジェクトを作成します。

「線」と「塗り」は、最前面のオブジェクトのものが適用されます。

▶ 背面オブジェクトで型抜き

選択した前面のオブジェクトを、背面のオブジェクトと重なった部分で型抜きします。作成されたオブジェクトは、複合パスとなります。

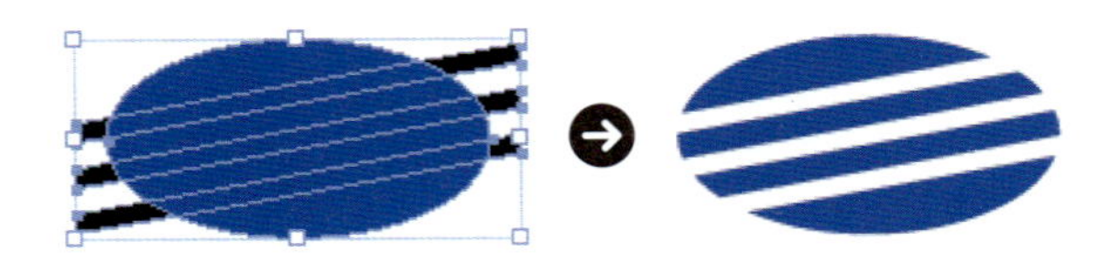

シェイプを変換

「シェイプを変換」を使うと、オブジェクトの形状を簡単に変更できます。「シェイプを変換」は、「オブジェクト」メニューの「シェイプを変換」から実行するか、「パスファインダー」パネルを開いてボタンをクリックします。

また、「パス」を使うとパスの向きや端点を開閉できます。「パス」は、「オブジェクト」メニューの「パス」からも実行できます。

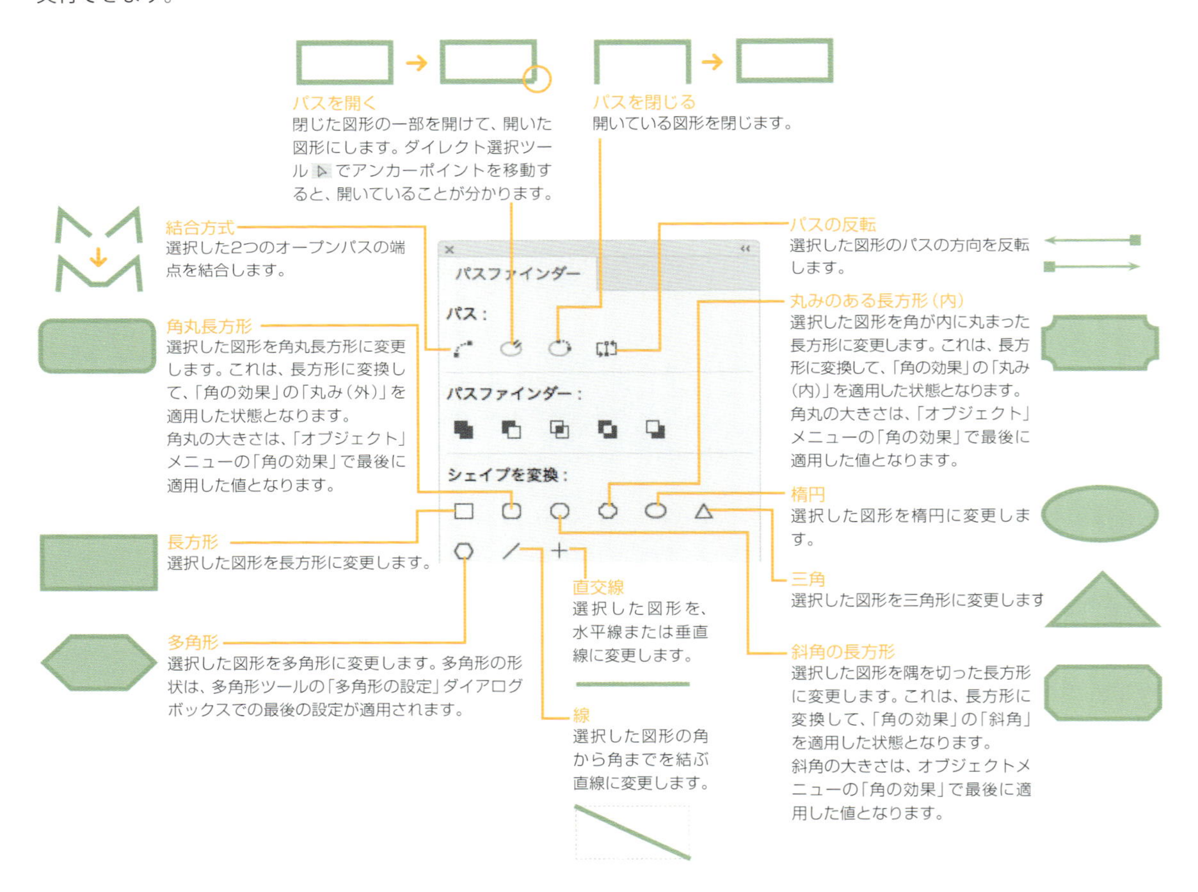

POINT

直交線のオブジェクトを、図形に変換することはできません。

POINT

「ポイントを変換」に関しては、258ページを参照してください。

カラーの適用

色の設定対象は、文字、図形、フレームなど多岐にわたります。カラー値による指定やスウォッチでの管理をしっかり覚えてください。
また、グラデーションの作成や不透明度の設定、効果の適用などを覚えると、表現力が向上します。
CHAPTER 9では、カラー設定について説明します。

CS6 | CC | CC14 | CC15 | CC17

オブジェクトのカラーを指定する

使用頻度

InDesignでは、フレームやパスの線、塗りに単色やグラデーションなどのカラーを指定して色を付けることができます。カラーは、ツールパネル、「カラー」パネル、カラーピッカー、「スウォッチ」パネル、スポイトツールなど、さまざまな方法で指定することができます。

「塗り」と「線」の色設定

選択しているすべてのオブジェクトには、パスで囲まれた内部の色（「塗り」）と、パスの色（「線」）の設定ができます。ツールパネルには、「塗り」ボックス、「線」ボックスがあり、ここでそれぞれを選択して線と塗りを個別に指定できます。

「塗り」ボックスをクリックすると、オブジェクトの塗りに対してカラーを設定することができます。「塗り」の設定を「なし」にすると、オブジェクトの面は透明になります。

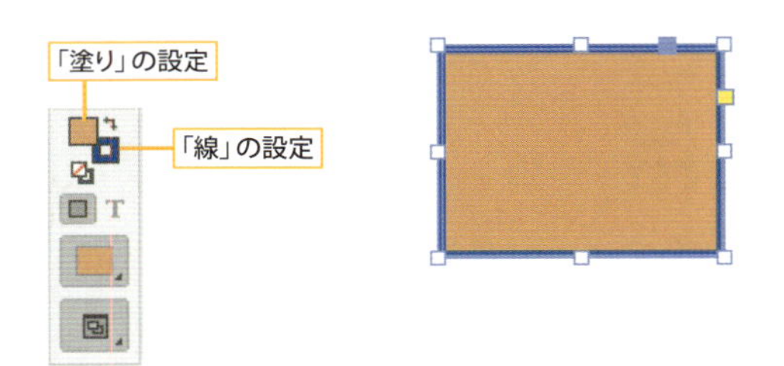

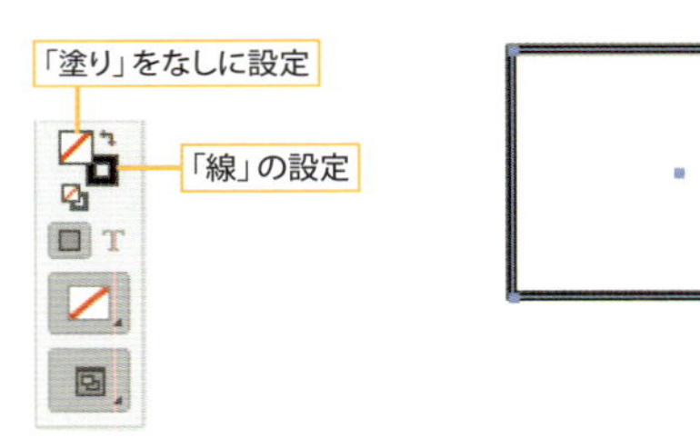

POINT

「塗り」と「線」ボックスの選択は、「カラー」パネルや「スウォッチ」パネルでも可能です。

POINT

オブジェクト描画時には、オブジェクトスタイルのデフォルト設定も適用されます。オブジェクトスタイルについては、220ページを参照してください。

「塗り」ボックスと「線」ボックス

オブジェクトの「塗り」と「線」の色は、ツールパネルの「塗り」ボックスと「線」ボックスをクリックして選択します。下図に示すように、塗りと線を反転したり初期値に戻す便利なボタンがあります。

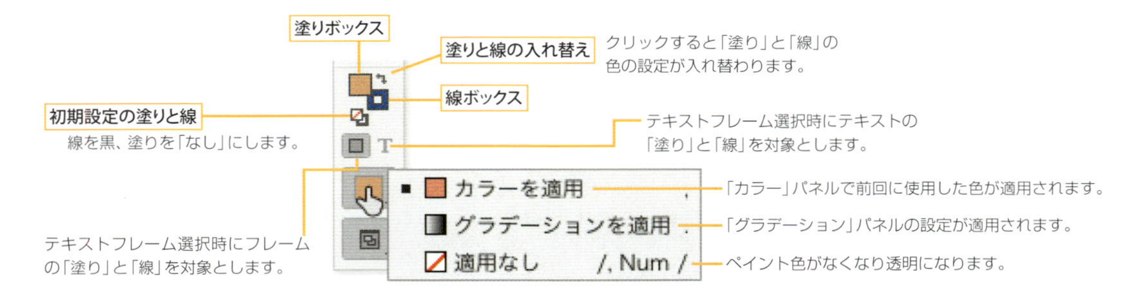

▶「塗り」と「線」の対象を切り替える

「塗り」に色を設定する場合は、「塗り」ボックスをクリックして「線」ボックスの前に出し、「カラー」パネルや「スウォッチ」パネルなどを使って色を設定します。

「線」に色を設定する場合は、同様に「線」ボックスをクリックして「塗り」ボックスの前に出し、色を設定します。

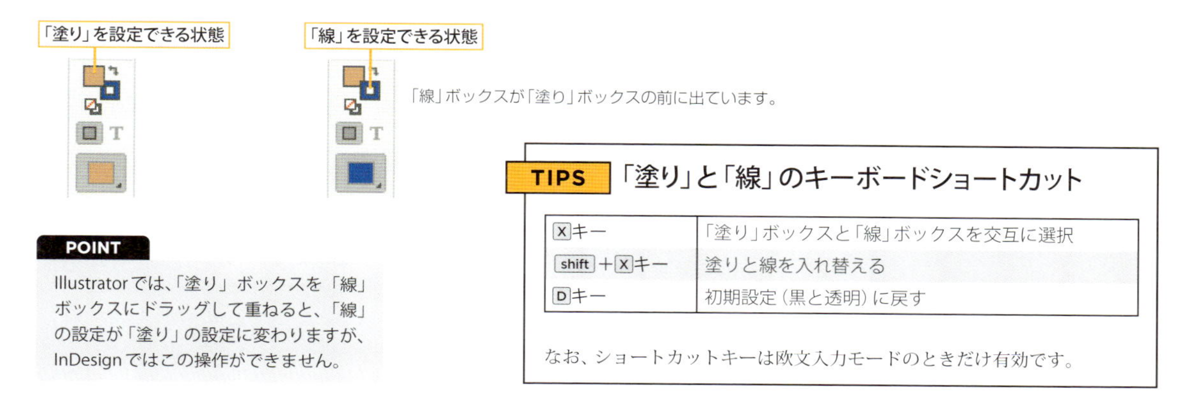

POINT

Illustratorでは、「塗り」ボックスを「線」ボックスにドラッグして重ねると、「線」の設定が「塗り」の設定に変わりますが、InDesignではこの操作ができません。

TIPS 「塗り」と「線」のキーボードショートカット

Xキー	「塗り」ボックスと「線」ボックスを交互に選択
shift＋Xキー	塗りと線を入れ替える
Dキー	初期設定（黒と透明）に戻す

なお、ショートカットキーは欧文入力モードのときだけ有効です。

▶テキストオブジェクトのテキストの線と塗りを設定する

テキストオブジェクトを選択すると、□ T スイッチが有効になります。

□をクリックすると、テキストフレームの「塗り」と「線」が対象となります。Tをクリックすると、フレーム内のテキストが対象となります。

POINT

InDesignでは、テキストフレーム内のテキスト自体にも塗り、線を設定することができます。

「カラー」パネルでの色の設定

「カラー」パネルを使うと、カラーモード（CMYK、RGB、Lab）を変更したり、カラー値をマウスで選択または数値設定することができます（ここでは「塗り」を設定します）。

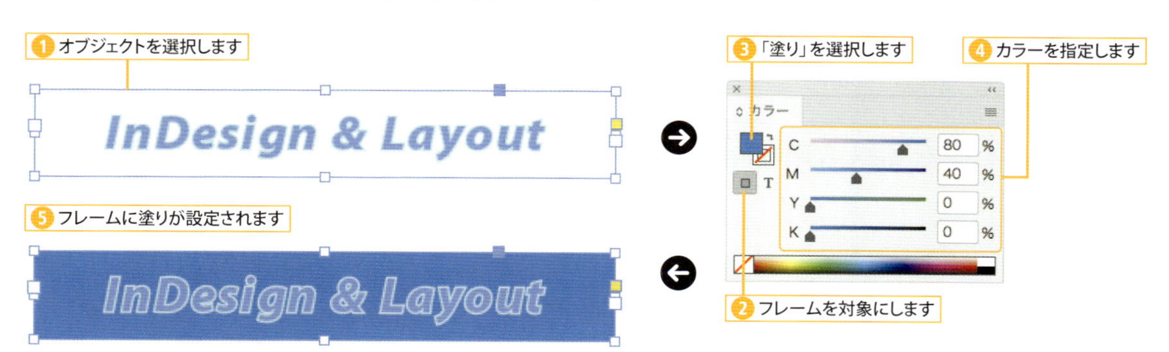

▶「カラー」パネルのアイテムの名称と機能

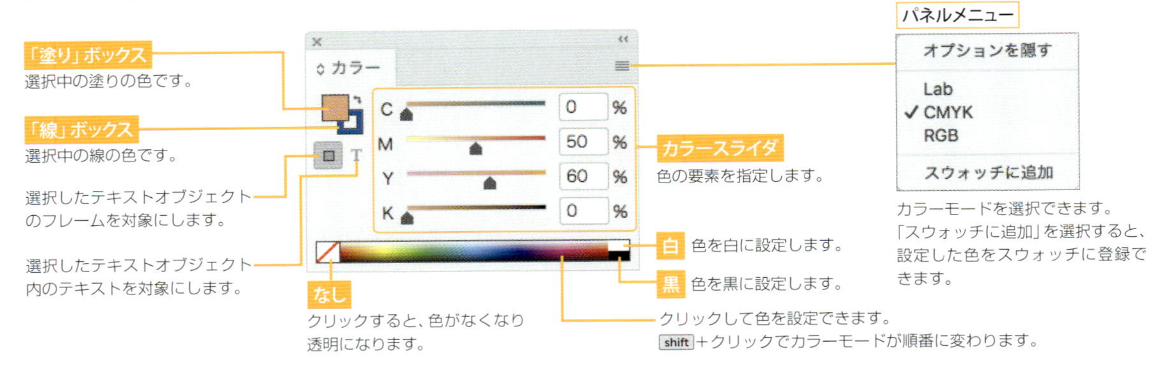

カラーモードについて

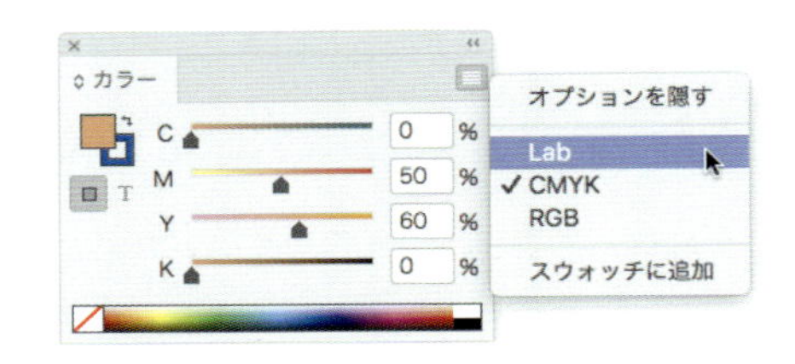

InDesignでは、「カラー」パネルメニューから3種類のカラーモードを選択できます。カラーモードは、ドキュメントの作成目的によって変更します。

▶CMYKカラー

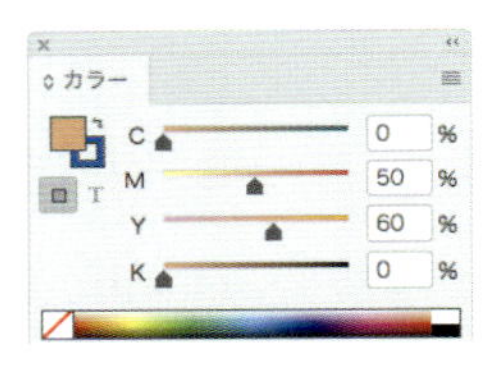

CMYKモードは、C（シアン）M（マゼンタ）Y（イエロー）K（ブラック）の4色で色を表現します。印刷時のインクもCMYKの4色のため、商用印刷を目的としたドキュメントのオブジェクトに使用します。

▶RGBカラー

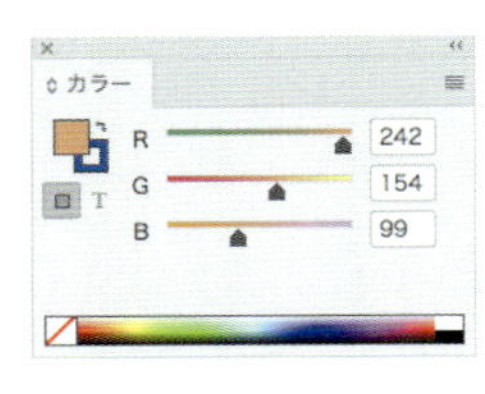

RGBモードは、R（赤）G（緑）B（青）の3色の混合割合で色を表現します。パソコンのモニタ表示がRGBで構成されているため、RGBカラーは、Webなどのモニタ上に表示する場合やインクジェットプリンター用の出力を目的としたドキュメントを作成するのに使います。

▶Labカラー

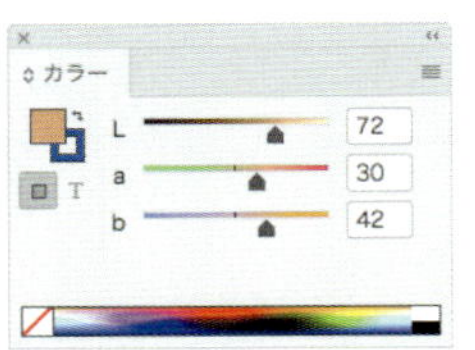

Labモードは、明度（L）と、緑から赤までの色範囲であるA、青から黄までの色範囲であるBで構成されるカラーモードです。Lの範囲は0～100、aとbの範囲は－128～127です。

TIPS スウォッチを適用した時の表示

オブジェクトに「スウォッチ」パネルの色を適用しているときは、カラーパネルのはスウォッチの色が表示され、濃淡の設定が可能です。カラーモードの変更も可能です。

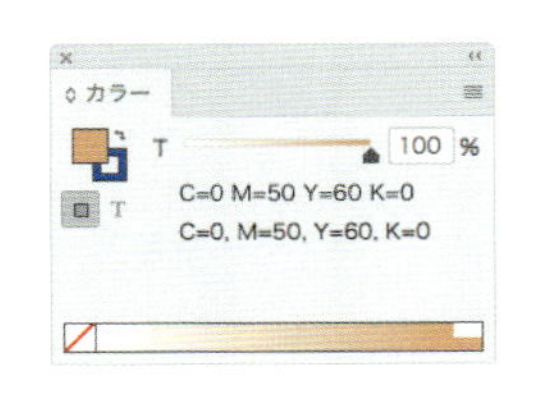

コントロールパネルによる色指定

コントロールパネルの「塗り」「線」のカラーボックスの横にある › をクリックすると「スウォッチ」パネルが表示され、色を選択できます（スウォッチについては、269ページを参照）。

shift ＋クリックすると、「カラー」パネルが表示され、色を設定できます。

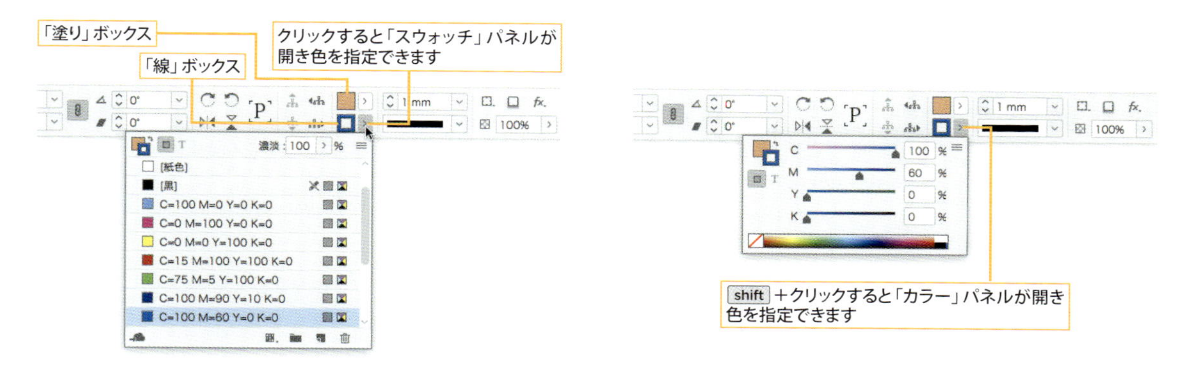

カラーピッカーによる色指定

「カラー」パネルまたはツールパネルの「塗り」「線」のカラーボックスをダブルクリックすると「カラーピッカー」ダイアログボックスが表示され、カラースライダとカラーフィールド、数値で色を指定できます。

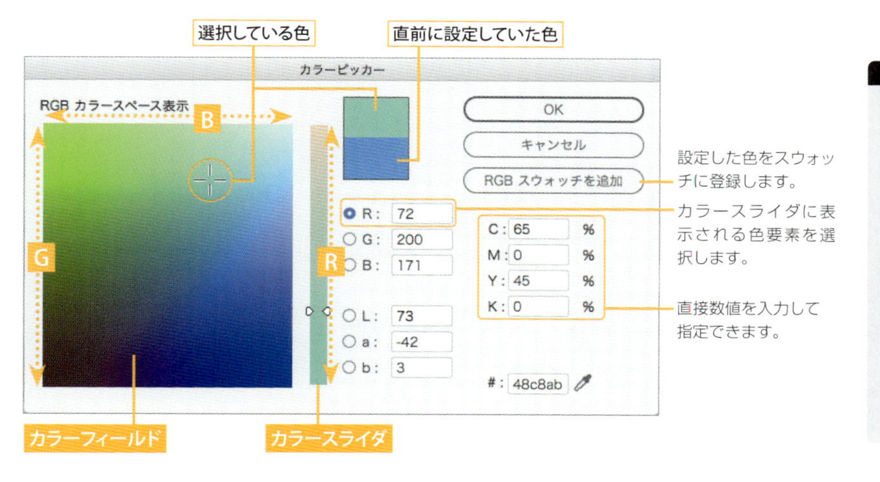

POINT

カラースライダには、ダイアログボックス右側の色の構成要素（RGBまたはLab）で選択されている色要素が表示されます。カラーフィールドには、水平軸と垂直軸に残りの要素の範囲が表示されます。
たとえば、RGBのRのボタンを選択すると、Rの色の範囲がカラースライダに表示され、残りのGとBの色の範囲がカラーフィールドの水平軸と垂直軸に割り当てられて表示されます。

TIPS 色域外の色

RGBとLabで色を指定した際に、左下に⚠マークの付いたアイコンが表示された場合は、その色が色域外（CMYKインクで印刷できない色）であることを示します。
このとき、⚠マークアイコンの右側のカラーボックスをクリックすると、指定した色にもっとも近い色域内の色に変わります。

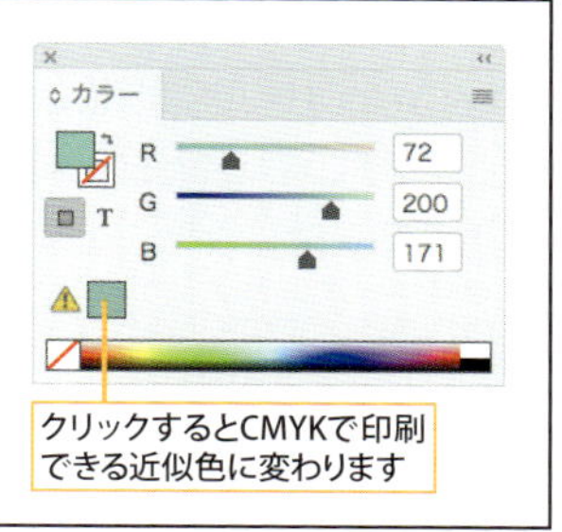

スポイトツールを使う

スポイトツール を使うと、クリックしたオブジェクトのペイント設定や文字属性をコピーし、他のオブジェクトに適用できます。スポイトツール で選択したオブジェクトのペイント設定は最新のペイント設定になり、ツールパネルや「カラー」パネルに反映されます。

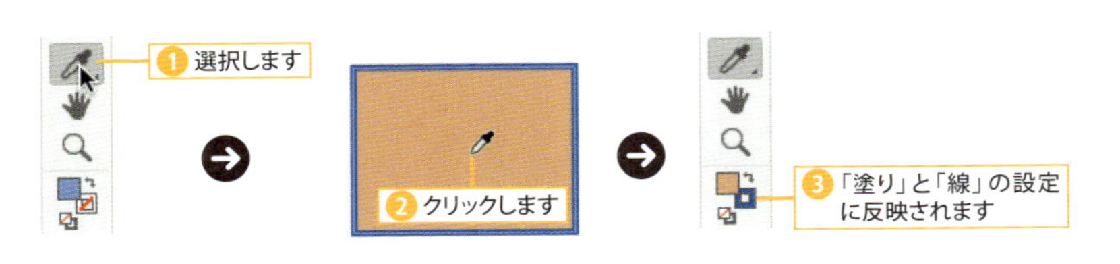

POINT
スポイトツールで色を拾う際、他のオブジェクトを選択しておくと、クリックしたオブジェクトのペイント設定が選択したオブジェクトに適用されます。

▶ スポイトツールを使って他のオブジェクトの属性を変更する

スポイトツール でオブジェクトの属性をコピーすると、カーソルの向きが に変わります。
この状態で他のオブジェクトをクリックすると、コピーしたオブジェクトの属性を適用できます。

POINT
カーソルが の状態で新しくオブジェクトから属性をコピーするには、option キーを押しながらクリックします。

▶ テキストの属性をスポイトツールでコピーする

▶ スポイトツールのオプション

スポイトツール は、初期設定ではオブジェクトの「塗り」や「線」の色、線幅、線の形状、文字の段落設定などすべてのペイント属性をコピーして、適用します。

スポイトツール でコピーする属性は、スポイトツールをダブルクリックして表示される「スポイトツールオプション」ダイアログボックスで変更できます。

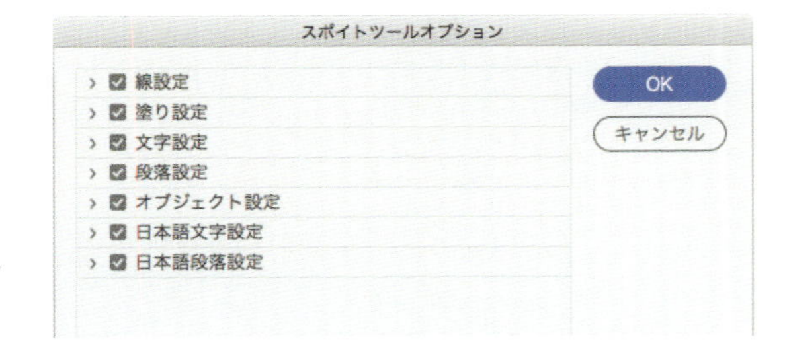

SECTION 9.2

スウォッチを使いこなす

使用頻度 ★★★

「スウォッチ」パネルを使うと、カラー、グラデーションなどを登録しておき、すばやくオブジェクトに適用することができます。また、DICなど印刷時の特色を読み込んで使用することができます。

「スウォッチ」パネルを使う

「スウォッチ」パネルはよく使う色を登録しておき、クリックするだけで登録した色やグラデーション、特色を適用できる便利なパネルです。

スウォッチに登録した色でオブジェクトをペイントすると、スウォッチの色を変更した場合、スウォッチが適用されたオブジェクトの色も変わります。ドキュメント内で、テーマカラーなど決まった色を使う際に、スウォッチに色を登録しておくと、まとめて色を変更するときなどに便利です。

▶「スウォッチ」パネルでペイント

「スウォッチ」パネルの色は、選択したオブジェクトに1クリックで適用できます。

POINT

「スウォッチ」パネルに登録したスウォッチは、登録したドキュメントだけでの利用になります。

POINT

スウォッチを使って色を設定した後は、「カラー」パネルがスウォッチの濃淡設定になっています。パネルメニューでカラーモードを選択してください。

スウォッチに色を登録する

スウォッチには、「カラー」パネルで作成した色やグラデーションを登録できます。

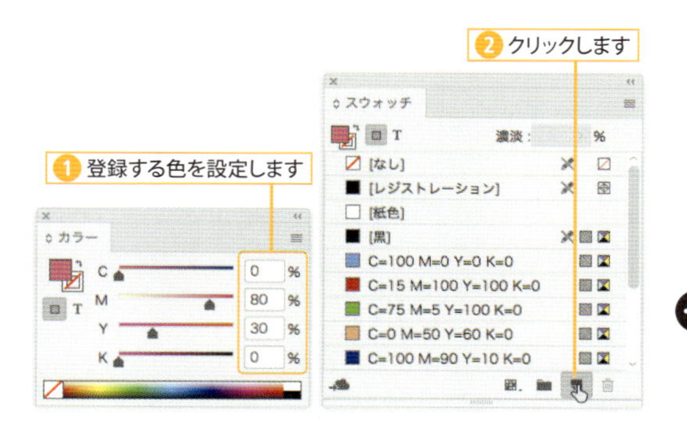

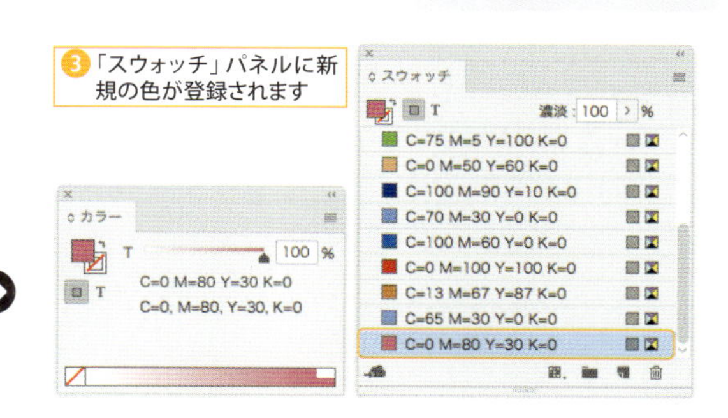

TIPS ドラッグ＆ドロップによる登録

「カラー」パネルで登録する色を作成し、「塗り」ボックスや「線」ボックスを「スウォッチ」パネルにドラッグして登録します。ツールパネルの「塗り」ボックスや「線」ボックスをドラッグしてもかまいません。

TIPS 連続して複数カラーのスウォッチを作る

「スウォッチ」パネルメニューの「新規カラースウォッチ」を選択すると、「新規カラースウォッチ」ダイアログボックスが開き、連続して複数のスウォッチを登録できます。

スウォッチ設定

「スウォッチ設定」ダイアログボックスでは、カラータイプやカラーモード、カラースライダによる色の設定ができます。

また、このダイアログボックスでスウォッチに名称を付けておくと、「スウォッチ」パネルの表示を「名前で表示」にした際にわかりやすくなります。

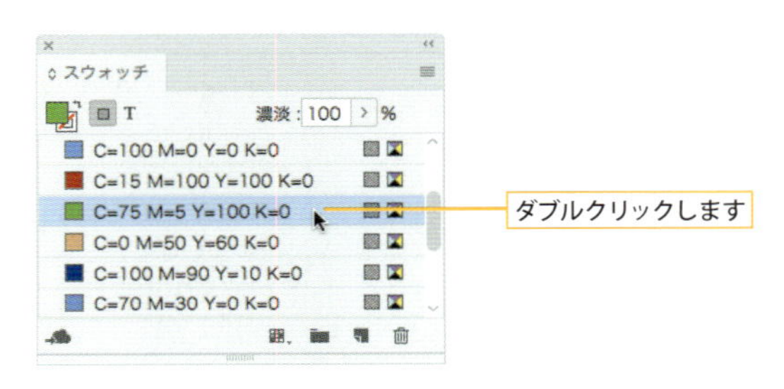

チェックすると、カラーの構成比で表示されます。チェックを外すと、任意の名称を設定できます。

スウォッチ設定
スウォッチ名：C=75 M=5 Y=100 K=0
カラー値を名前にする
OK
キャンセル
カラータイプ：プロセス
プレビュー
カラーモード：CMYK
シアン 75 %
マゼンタ 5 %
イエロー 100 %
黒 0 %

プロセス：色分解出力時にCMYKの4色に分解する色です。
特色：色分解設定によって特色版として出力される色です。

チェックすると、スウォッチを適用したオブジェクトがプレビューできます。

スウォッチのカラーモードを選択します。

POINT

スウォッチ設定で色を変更すると、このスウォッチを適用したオブジェクトや文字の色も連動して変わります。

スウォッチの表示方法を変える

スウォッチは、「スウォッチ」パネルメニューでアイコンの大小や名前などの表示方法を変更できます。また、下部のボタンで表示するスウォッチの種類を制限できます。

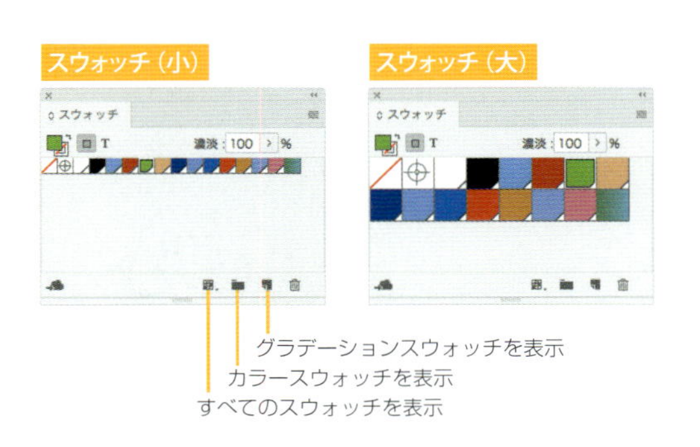

▶「スウォッチ」パネルのカラータイプごとの表示の違い

「スウォッチ」パネルでは、カラータイプによってスウォッチの表示方式が異なります。

POINT

レジストレーションカラーは、プロセスカラーや特色など、分版出力した際に、すべての版に印刷される特殊な色です。

「スウォッチ」パネルから色を削除する

不要なスウォッチはパネルから削除できます。削除するスウォッチを選択して、「スウォッチ」パネルの「スウォッチを削除」ボタン 🗑 をクリックします。

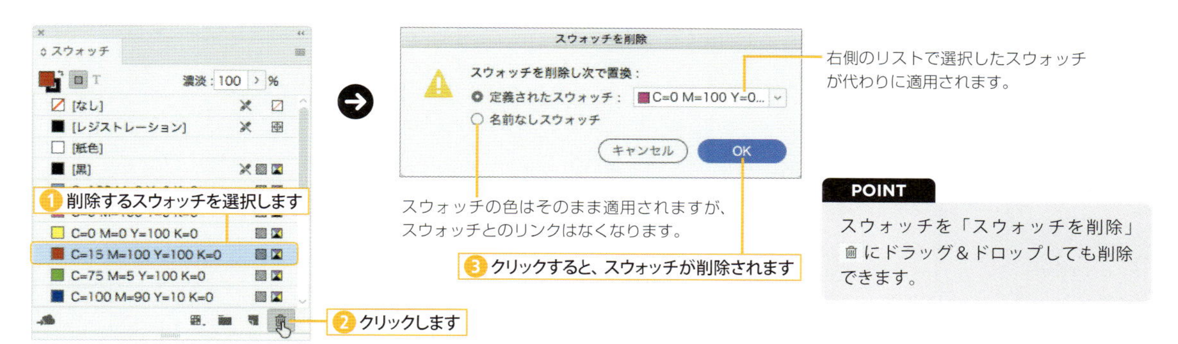

POINT

スウォッチを「スウォッチを削除」🗑 にドラッグ＆ドロップしても削除できます。

スウォッチの濃淡

「スウォッチ」パネルの上部の「濃淡」ボックスでは、選択したスウォッチの濃淡を設定できます。
また、スウォッチを選択すると「カラー」パネルにもスウォッチの色が表示され、濃淡を設定できます。

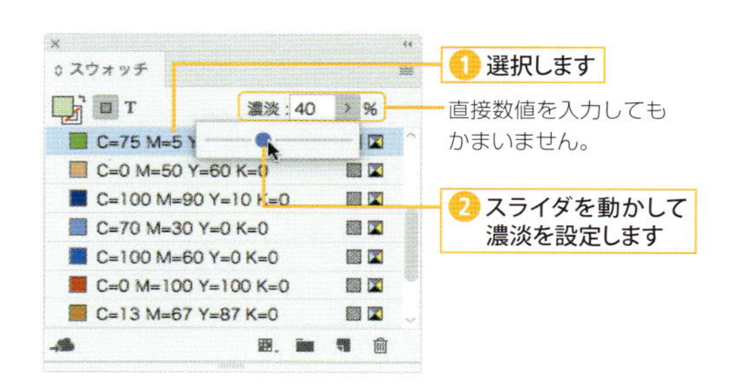

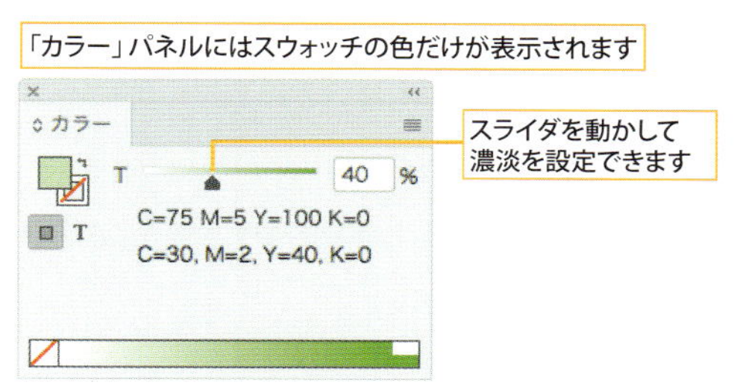

▶濃淡のスウォッチを登録する

濃淡を設定したスウォッチも新しいスウォッチとして登録できます。

POINT

スウォッチの濃淡を変更すると、該当するプロセスカラーが作成されます。

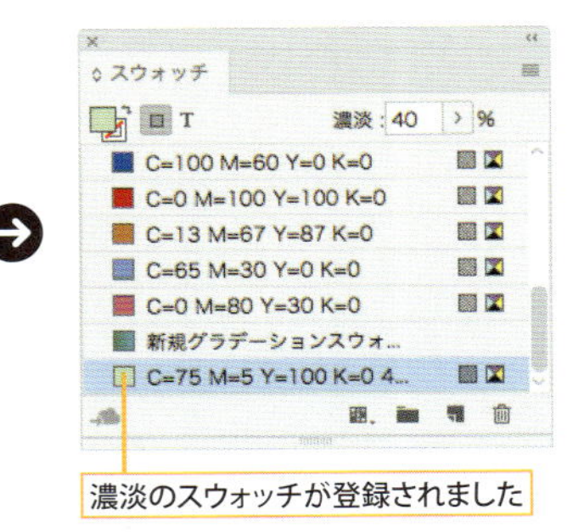

他のドキュメントのスウォッチを使う

「スウォッチ」パネルに登録したスウォッチは、登録したドキュメントだけで利用できます。

他のドキュメントで登録したスウォッチを利用するには、「スウォッチ」パネルメニューの「スウォッチの読み込み」を選択し、他のドキュメントまたはスウォッチ交換ファイルを選択してください。

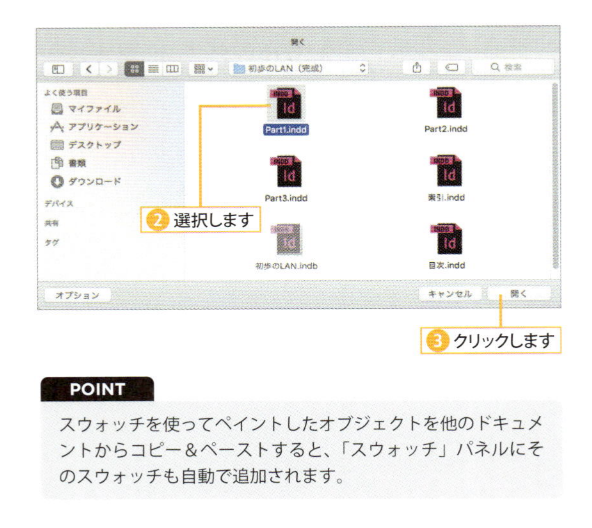

POINT

スウォッチを使ってペイントしたオブジェクトを他のドキュメントからコピー＆ペーストすると、「スウォッチ」パネルにそのスウォッチも自動で追加されます。

CS6 | CC | CC14 | CC15 | CC17

SECTION 9.3 プロセスカラーと特色

使用頻度 ★☆☆

InDesignで作成した商用印刷用のデータは、通常、CMYKの４つのインキ色に分版し出力され、印刷工程に入ります。CMYKで一般的なカラー表現は可能ですが、より輝度の高い色や蛍光色などは、「特色」というCMYKで表現できないインキを使って印刷します。InDesignでは、この特色を使用することが可能です。

プロセスカラーと特色

CMYK4色のそれぞれに分解して出力するのが**プロセスカラー**です。RGBモード、Labモード、CMYKモード、グレースケールモードのいずれかで作成した色でも、商用印刷時にはプロセスカラーに変換されます。

特色とは、CMYKのプロセスカラーとは別に、別版として指定するインキ色のことです。

POINT

特色を使ったEPS、PSD、TIFF、AI、INDD各形式のファイルを配置すると、使われている特色が自動的にスウォッチに追加されます。

▶特色（カラーシステム）を使う

ANPA Color、DIC Color Guide、FOCOLTONE、HKS、PANTONE、TOYO Color Finder、TRUMATCHのカラーシステムから特色を選択できます。カラーシステムを使うには、新規カラースウォッチとして読み込みます。

POINT

「新規カラースウォッチ」ダイアログボックスの「カラータイプ」は選択したカラーシステムによって「特色」または「プロセス」が選択されます。

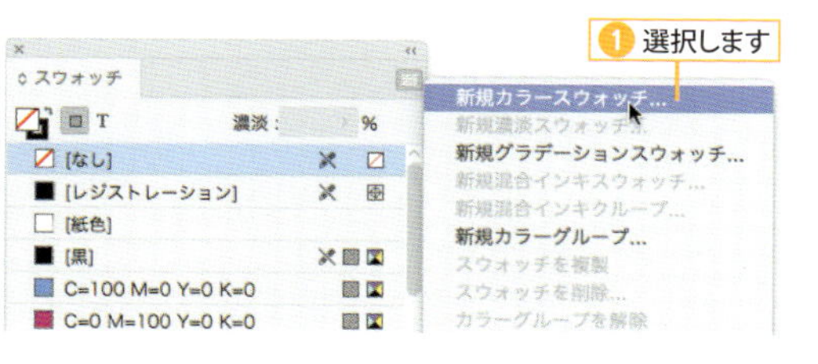

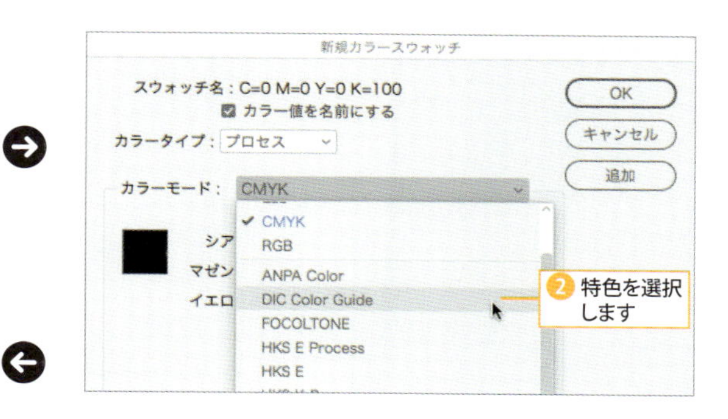

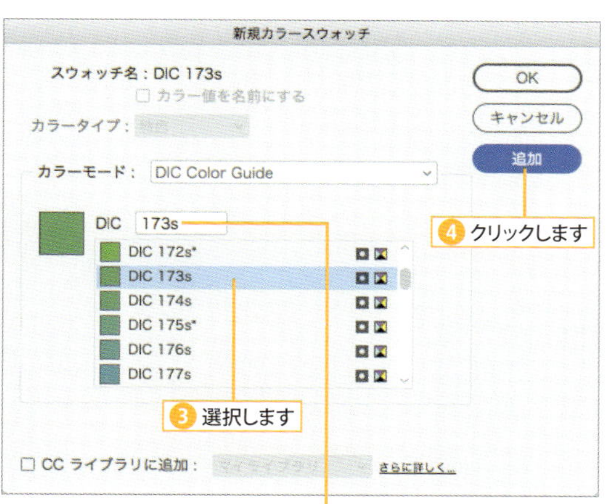

番号を入力して検索できます。

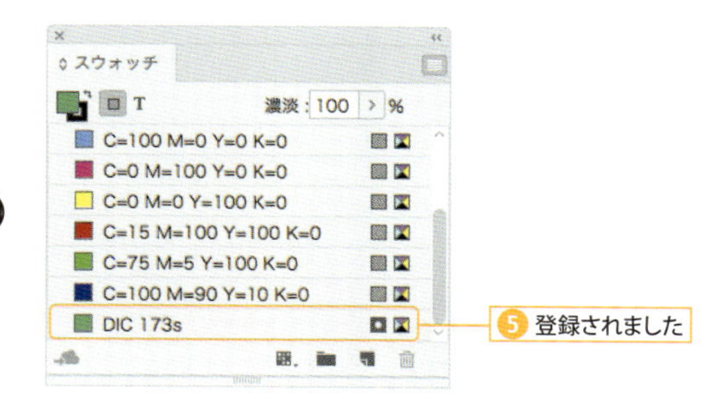

TIPS 特色をプロセスカラーに変換

読み込んだ特色は、「スウォッチ設定」ダイアログボックスの設定によってプロセスカラーによる近似色に変換できます。特色の「スウォッチ設定」ダイアログボックスを開き、「カラーモード」を「CMYK」、「カラータイプ」を「プロセス」に設定してください。

TIPS 混合インキ

特色とプロセスカラー、または特色と特色を掛け合わせた混合インキをスウォッチに登録できます。パネルメニューから「新規混合インキスウォッチ」を選択し、掛けあわせるカラーと濃度を設定してください。
また、パネルメニューの「新規混合インキグループ」を選択すると、掛けあわせるカラーと濃度の刻み値を設定して、複数の混合インキを一度に作成できます。

オーバープリントについて

InDesignでは、2つの不透明なオブジェクトが重なっている場合、背面のオブジェクトは前面のオブジェクトで隠れて表示されます。

実際に印刷で使用されるインキは完全に不透明ではないので、印刷時には前面のオブジェクトで背面のオブジェクトを型抜きにした状態となり、InDesign上での表示と同じ出力結果になります（これを「**ノックアウト**」といいます）。

「プリント属性」パネルで前面のオブジェクトにオーバープリントを指定すると、型抜きされず、背面のオブジェクトに前面のオブジェクトが重なって印刷されます。

オブジェクトにオーバープリントを指定した場合、出力時の結果の色を画面上に表示するには、「表示」メニューから「オーバープリントプレビュー」（option＋shift＋⌘＋Y）を選択します。

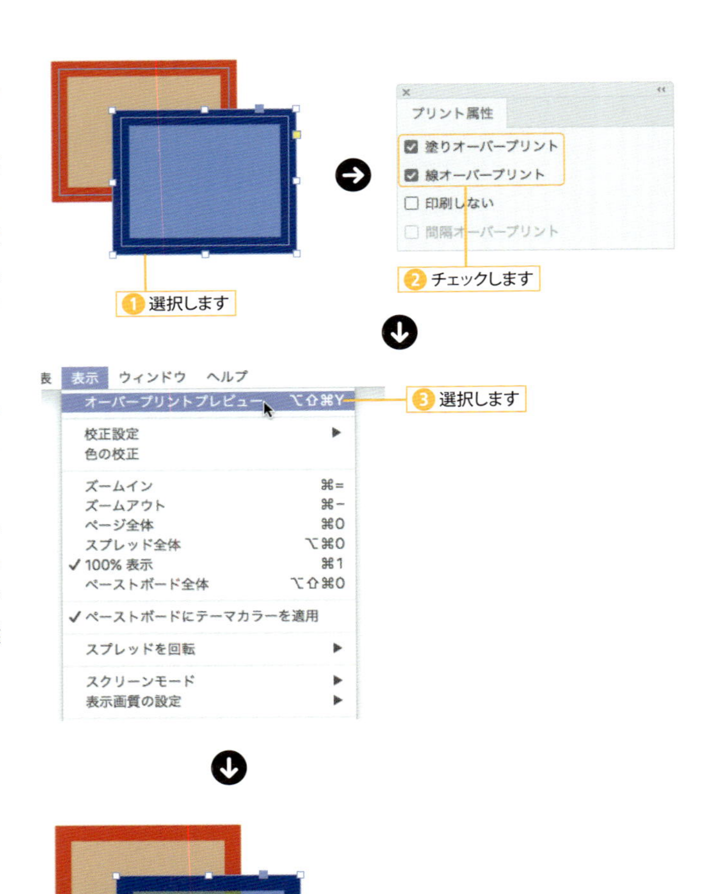

POINT

InDesignでは、紙色（ホワイト）に設定したオブジェクトにはオーバープリントを設定できません。

SECTION 9.4

グラデーションを作成する

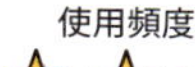

使用頻度

InDesignでは、オブジェクトの「塗り」「線」のどちらにも、好みのグラデーションを作成してペイントできます。また、複数色の複雑なグラデーションの作成も可能です。

グラデーションでペイントする

選択しているオブジェクトをグラデーションでペイントするには、ツールパネルで「グラデーションを適用」を選択します。

「塗り」だけでなく「線」にもグラデーションでペイントできるので、ペイントする対象をツールパネルで選択してからペイントしてください。

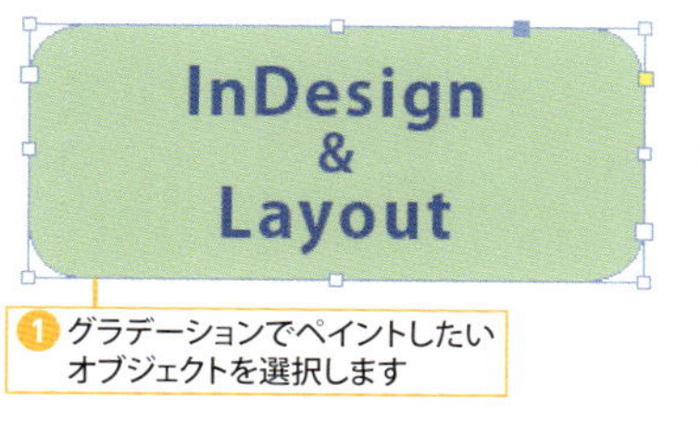

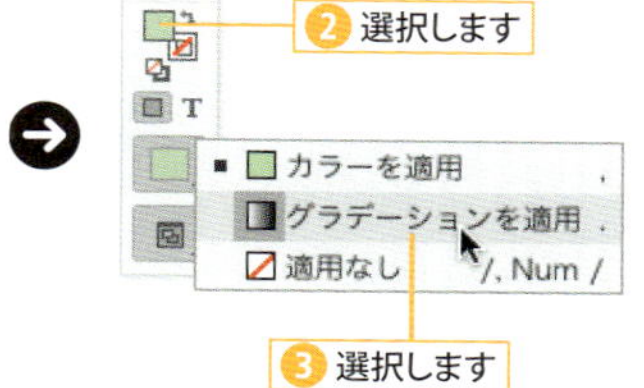

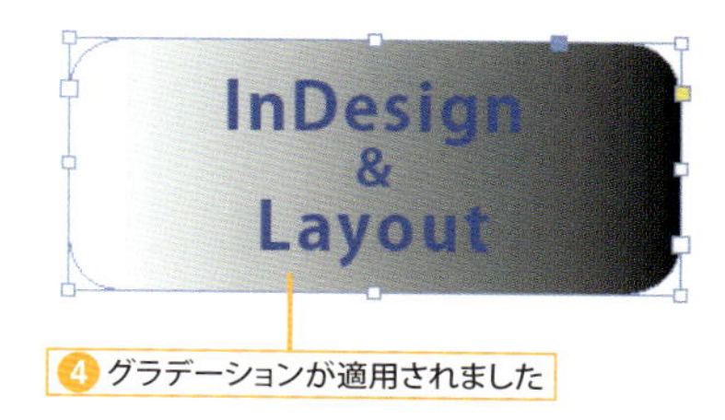

POINT

スウォッチにグラデーションが登録されている場合は、グラデーションスウォッチを選択してもグラデーションをペイントできます。

POINT

現在「グラデーション」パネルで設定されているグラデーションが適用されます。適用したいグラデーションが設定されていない場合には、下の手順でグラデーションを設定してください。

グラデーションの作成・編集

初期のグラデーションの色は白から黒ですが、「グラデーション」パネルで自由に編集できます。

新しいグラデーションの作成や、オブジェクトに適用してあるグラデーションの編集は、「グラデーション」パネルで行います。「グラデーション」パネルは、「ウィンドウ」メニューから「グラデーション」を選択して表示します。

1 始点の色を設定する

「グラデーション」パネルで開始点をクリックして選択し、「カラー」パネルで開始点の色を設定します。

2 終了点の色を設定する

「グラデーション」パネルで終了点をクリックして選択し、「カラー」パネルで終了点の色を設定します。

POINT

グラデーションの開始点・終了点の色にスウォッチを適用するには、スウォッチをoption＋クリックしてください。

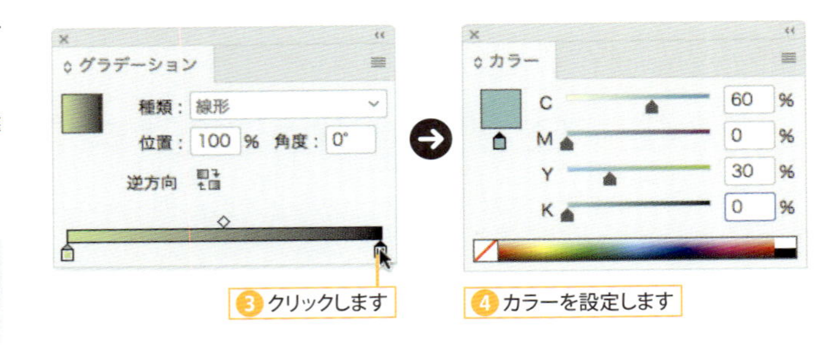

3 グラデーションが確定した

開始点のカラーから終了点へのカラーのグラデーションになりました。
「グラデーション」パネルの「種類」からグラデーションの方式を選択します。

POINT

「逆方向」ボタンをクリックすると、グラデーションの色の順番を反転できます。

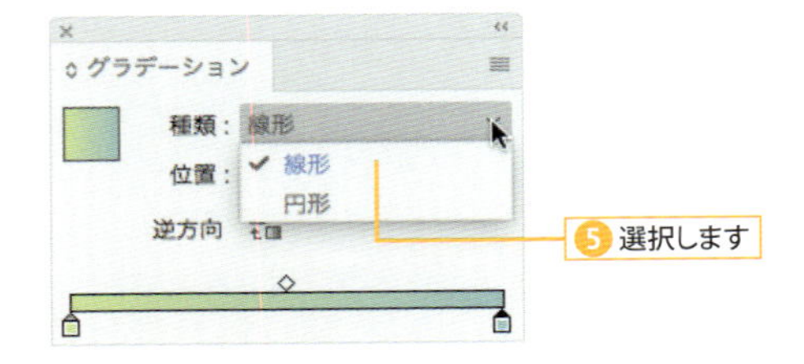

▶ グラデーションの方式と角度

グラデーションの方式には、「線形」と「円形」があります。「線形」のグラデーションの場合は、グラデーションの角度が指定できます。

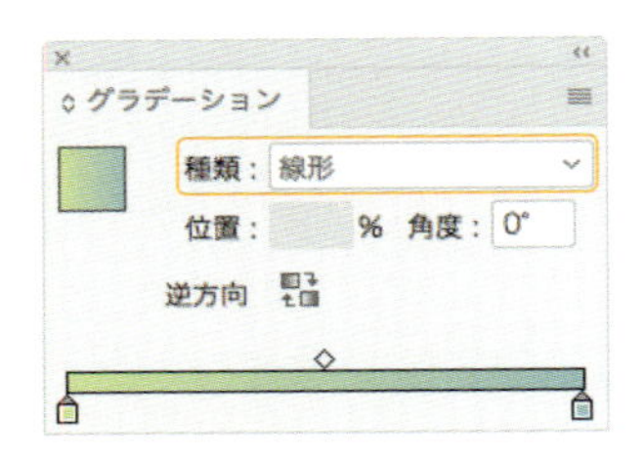

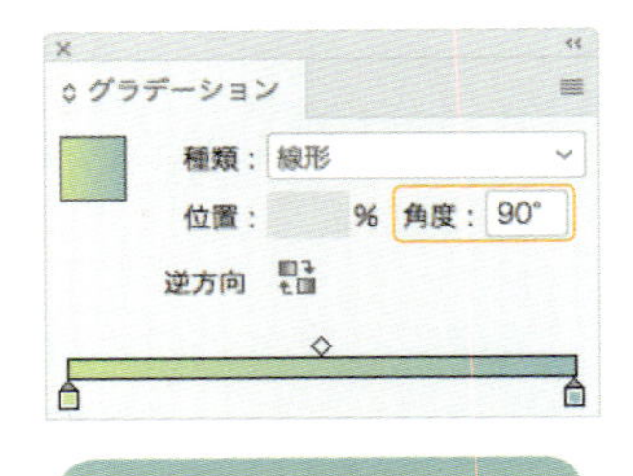

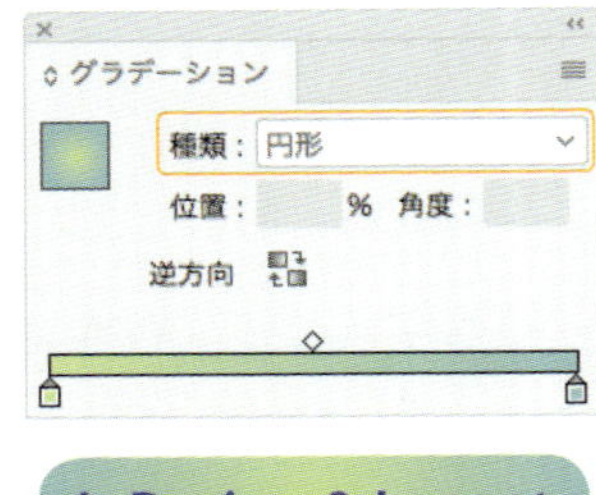

▶ 開始点、終了点、中間点の設定

開始点、終了点、中間点（グラデーションスライダの上側にある◇）は、ドラッグで移動してグラデーションの色の変わり方に変化を付けられます。３つの点の位置によって、同じ色のグラデーションを使ってペイントしても、グラデーションの部分を短くしたり、開始色を強めたグラデーションなどにできます。

「グラデーション」パネルの「位置」ボックスは、選択している開始点・終了点が、グラデーションスライダの左端を0、右端を100としてどこにあるかを示しています。また、中間点を選択している場合は、開始点を0、終了点を100としてどこにあるかを示しています。

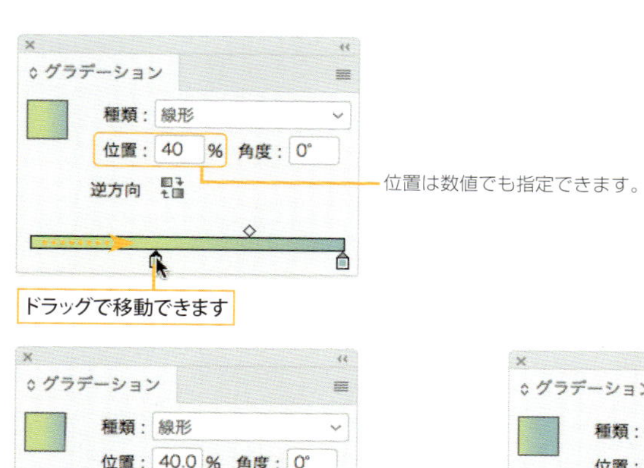

POINT

作成したグラデーションは、スウォッチにドラッグして登録しておくと、同一ドキュメント内で再利用できます。

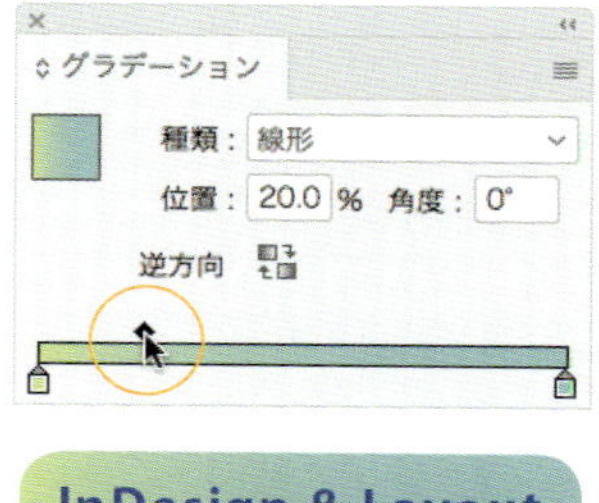

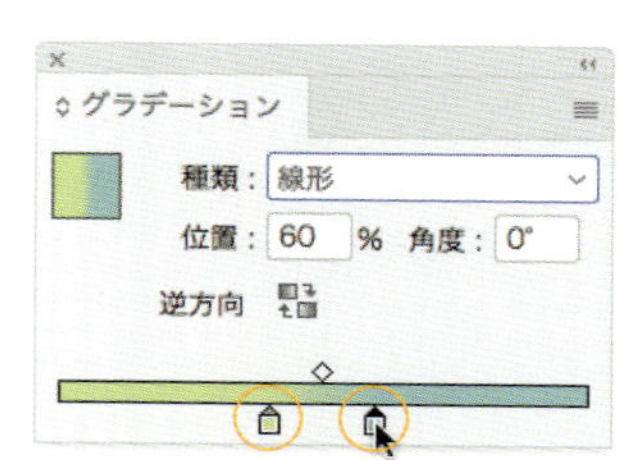

InDesign & Layout

複数色のグラデーション

開始色と終了色の間に中間色を追加すると、複数色のグラデーションを作成できます。

中間色を作った場合、中間点は隣り合った開始色、中間色、終了色の間に１つずつ作成されます。

中間点の位置を表す「場所」は、隣り合った２つの色の間隔を100%として表示されます。

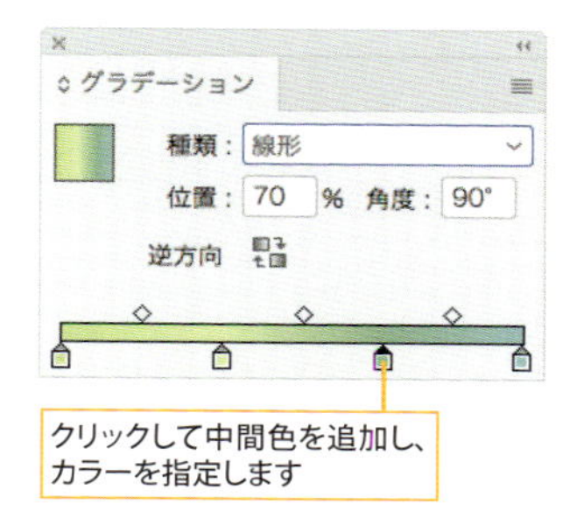

POINT

中間色をドラッグして、グラデーションスライダの外に出すと、中間色を削除できます。

グラデーションを「スウォッチ」パネルに登録する

作成したグラデーションを「スウォッチ」パネルにドラッグ＆ドロップすると、「スウォッチ」パネルに登録されます。「スウォッチ」パネルに登録すると、同じグラデーションを何度も使用するのに便利です。

スウォッチについての詳細は、269ページを参照してください。

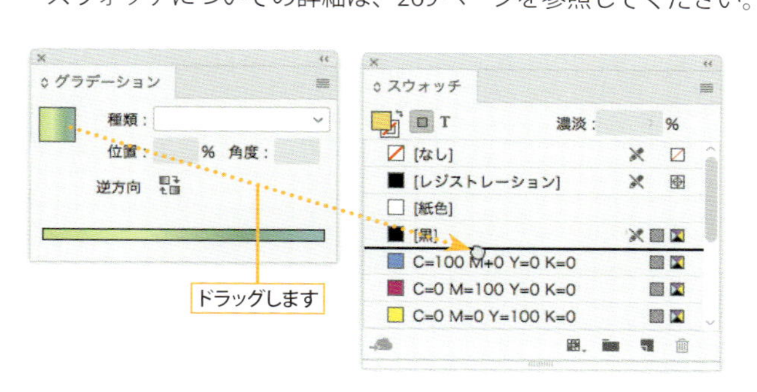

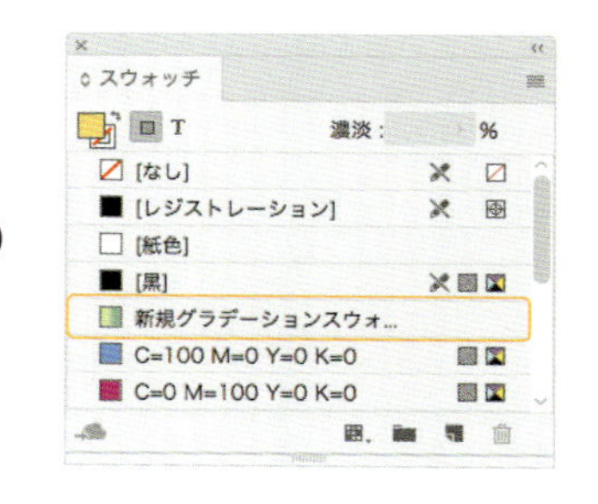

▶ スウォッチに登録したグラデーションの編集

スウォッチに登録したグラデーションは、カラースウォッチと同じように、オブジェクトを選択してスウォッチをクリックすると適用できます。また、名前を付けたり、色の編集も可能です。

グラデーションスウォッチでペイントしたオブジェクトは、スウォッチを編集すると連動して変わります。

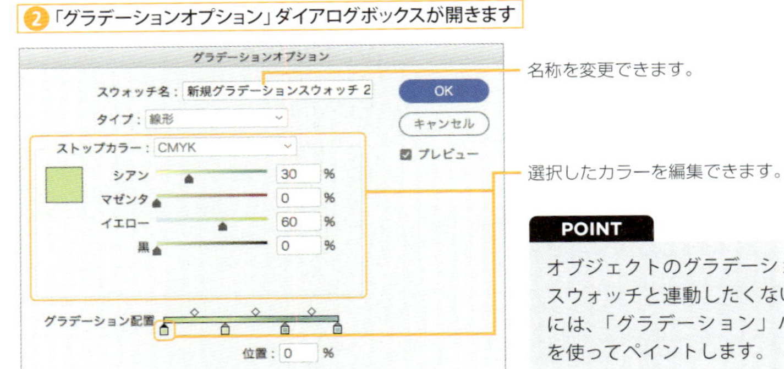

POINT

オブジェクトのグラデーションをスウォッチと連動したくない場合には、「グラデーション」パネルを使ってペイントします。

TIPS グラデーションを連続してスウォッチに登録する

「スウォッチ」パネルメニューの「新規グラデーションスウォッチ」を選択すると、「新規グラデーションスウォッチ」ダイアログボックスが開き、新しいグラデーションスウォッチを連続して作成、登録できます。

グラデーションツールを使う

グラデーションツールを使うと、開始点と終了点、グラデーションの方向や長さをドラッグで指定して調整できます。

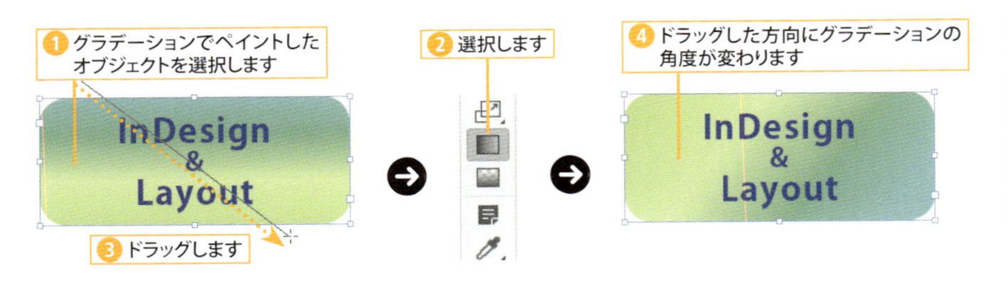

POINT

グラデーションツールを使う場合、ドラッグを開始する位置と終了する位置は、ペイントするオブジェクトの外側、内側のどちらでもかまいません。

▶ 複数のオブジェクトに1つのグラデーションでペイントする

グラデーションツールを使うと、選択した複数のオブジェクトに１つのグラデーションを適用できます。

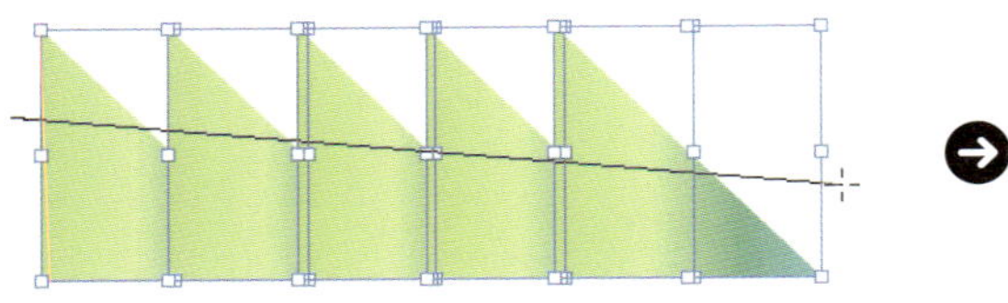

複数のオブジェクトに個別にグラデーションが適用されています。複数のオブジェクトを選択し、一度にグラデーションツールでドラッグします。

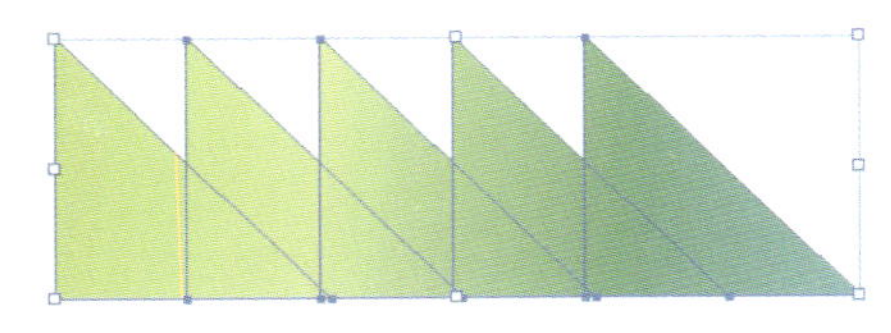

複数のオブジェクトに1つのグラデーションが適用されます。

SECTION 9.5

不透明度と効果

使用頻度 ★★★

オブジェクトに不透明度を適用して背景が透けて見えるように設定できます。また、効果を適用することで、オブジェクトに影を付けるなどの立体的な表現が可能です。不透明度や効果は、オブジェクト全体だけでなく「塗り」「線」「テキスト」に個別に設定できるため、より多彩な表現が可能です。

不透明度の設定

オブジェクトの不透明度は、コントロールパネルまたは「効果」パネルで設定します。

オブジェクト全体だけでなく、「塗り」「線」「テキスト」に個別に設定できます。背面のオブジェクトとの関係を考えながら設定してください。

「効果」ダイアログボックスで設定する

不透明度は、後述する「効果」ダイアログボックスの「透明」でも設定できます。

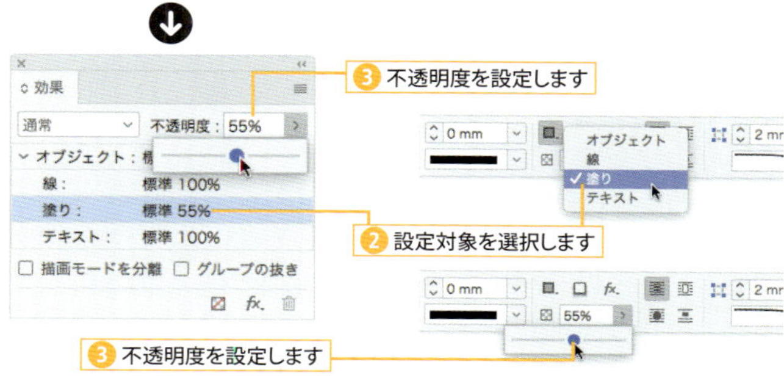

描画モードの選択

「効果」パネルでは、前面オブジェクトと背面オブジェクトの色をどのように合成するかを設定する描画モードを選択できます。「描画モード」は、オブジェクトの不透明度に関係なく設定できます。

また、不透明度と同様に、オブジェクト全体だけでなく、「塗り」「線」「テキスト」に個別に設定できます。

描画モードは、「効果」パネルの左上のリストから選択します。

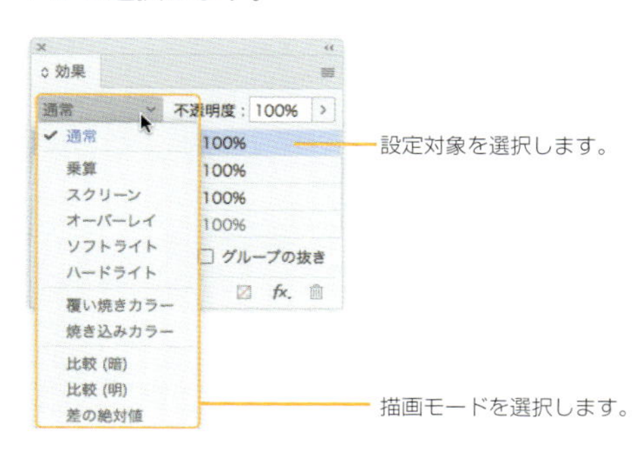

▶描画モードと効果の例

通常
通常のモードです。前面オブジェクト（ここでは下部の文字部分）と背面オブジェクトの色と影響し合うことはありません。

POINT

280〜281ページに掲載している画面は、サンプルの下部にある文字の部分に描画モードを設定しています。
効果の詳細は、InDesignでサンプルファイルを開いて、モニターでご確認ください。

乗算
CMYK（またはRGB）の各色ごとに、背面オブジェクトの色に対して、前面オブジェクトの色がかけ合わせられ、画像が暗くなります。フィルムを重ねると、暗くなるイメージです。

スクリーン
乗算の逆の効果が適用されます。背面オブジェクトの反転色と、前面オブジェクトの反転色をかけ合わせるため、画像は白くなります。

オーバーレイ
背面オブジェクトの色の輝度に応じて、乗算モードまたはスクリーンモードが適用されます。

ソフトライト
前面オブジェクトが50%のグレー値より明るい場合、同じ色で覆い焼きモードを適用し、50%のグレー値より暗い場合は同じ色で焼き込みモードを適用します。

ハードライト
前面オブジェクトが50%のグレー値より明るい場合、同じ色でスクリーンモードを適用し、50%のグレー値より暗い場合は同じ色で乗算を適用します。

覆い焼きカラー
CMYK（またはRGB）の各色ごとに、背面オブジェクトの色を明るくし、前面オブジェクトの色に反映します。

焼き込みカラー
CMYK（またはRGB）の各色ごとに、背面オブジェクトの色を暗くし、前面オブジェクトの色に反映します。

比較（暗）
CMYK（またはRGB）の各色ごとに、背面オブジェクトと前面オブジェクトの色を比較して、暗い色を結果色とします。

比較（明）
CMYK（またはRGB）の各色ごとに、背面オブジェクトと前面オブジェクトの色を比較して、明るい色を結果色とします。

POINT

不透明度や描画モードを適用してオブジェクトの色が変わった部分は、その場でCMYKまたはRGBカラーに変換されて表示されています（ユーザーはこの変換に対する作業は不要です）。これは、透明部分の適用されていない部分のカラーとの整合性を保つためです。
このとき、CMYK・RGBのどちらのカラーで変換されるかは、「編集」メニューの「透明ブレンド領域の設定」で選択されているカラーで決まります。印刷用のドキュメントの場合は「ドキュメントのCMYK領域を使用」を選択し、Web用のドキュメントの場合は「ドキュメントのRGB領域を使用」を選択してください。

差の絶対値
CMYK（またはRGB）の各色ごとに、背面オブジェクトと前面オブジェクトの色を比較して、明るい色の値から暗い色の値を引いた差の絶対値が結果色となります。

除外
差の絶対値と基本的に効果は同じですが、コントラストが低くなり、効果がソフトになります。

色相
背面オブジェクトの輝度と彩度、前面オブジェクトの色相を持つ色が結果色になります。

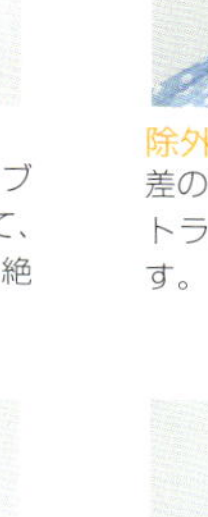

彩度
背面オブジェクトの輝度と色相、前面オブジェクトの彩度を持つ色が結果色になります。

カラー
背面オブジェクトの輝度、前面オブジェクトの彩度と色相を持つ色が結果色になります。

輝度
背面オブジェクトの色相と彩度、前面オブジェクトの輝度を持つ色が結果色になります。

描画モードを分離する

グループ化したオブジェクトの個々のオブジェクトに描画モードを適用した場合、描画モードはグループの背面にあるオブジェクトに対しても適用されます。

描画モードをグループ内だけに適用して、背面のオブジェクトには適用しないようにするには、「効果」パネルの「描画モードを分離」オプションを使います。

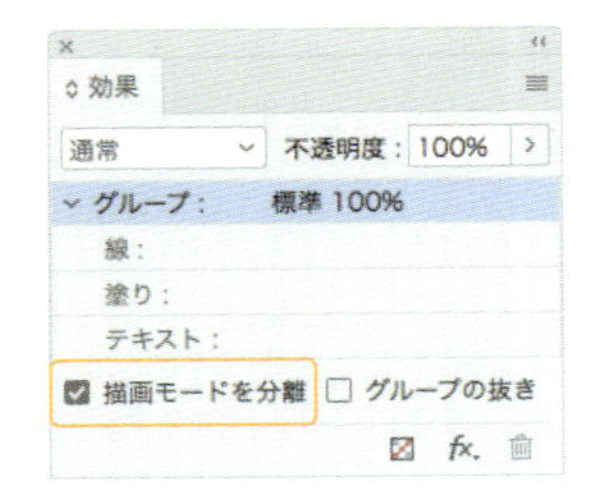

1 「ソフトライト」モードを適用してからグループ化します

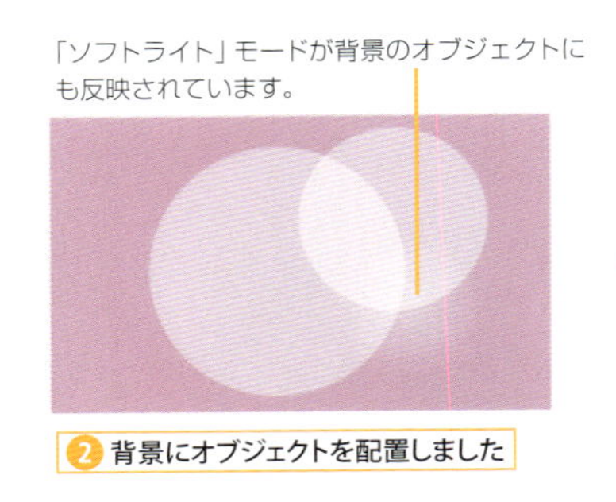

「ソフトライト」モードが背景のオブジェクトにも反映されています。

2 背景にオブジェクトを配置しました

3 グループ内だけに描画モードが適用されます

グループの抜き

重なり合ったオブジェクトに描画モードや不透明度を適用してグループ化した場合、またはグループ化したオブジェクトの個々のオブジェクトをダイレクト選択ツール で選択して描画モードや不透明度を設定した場合、グループ内のオブジェクトどうしの色が重なり合います。

選択ツールでオブジェクトを選択し、「透明」パネルの「グループの抜き」オプションをチェックすると、グループ化されたオブジェクトの中では、前面にあるオブジェクトが背面のオブジェクトの重なった部分を型抜きして非表示にします。

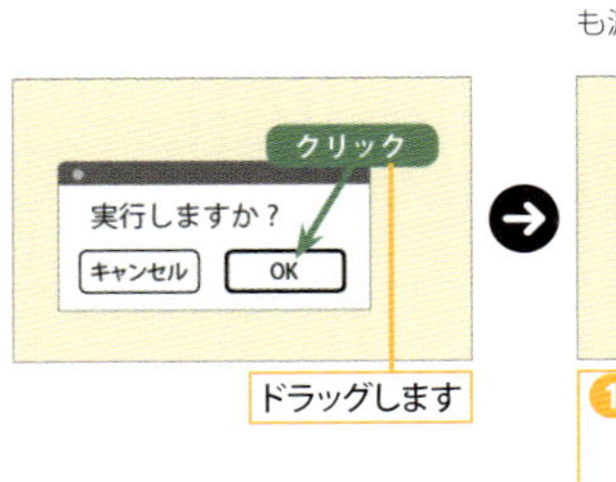

ドラッグします

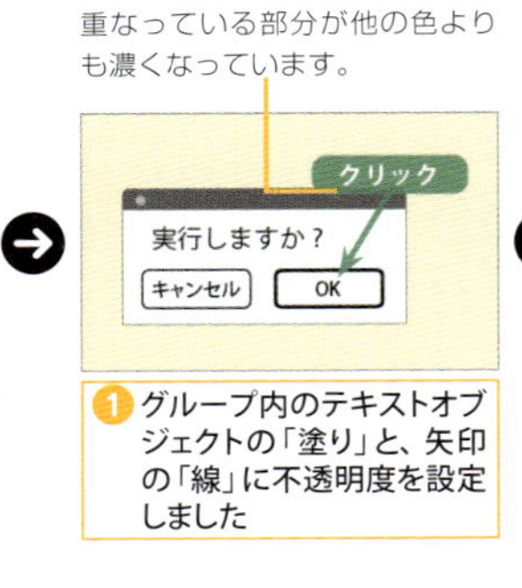

重なっている部分が他の色よりも濃くなっています。

1 グループ内のテキストオブジェクトの「塗り」と、矢印の「線」に不透明度を設定しました

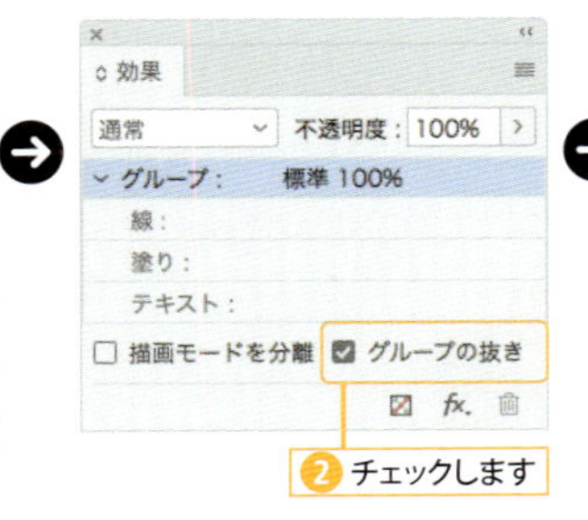

2 チェックします

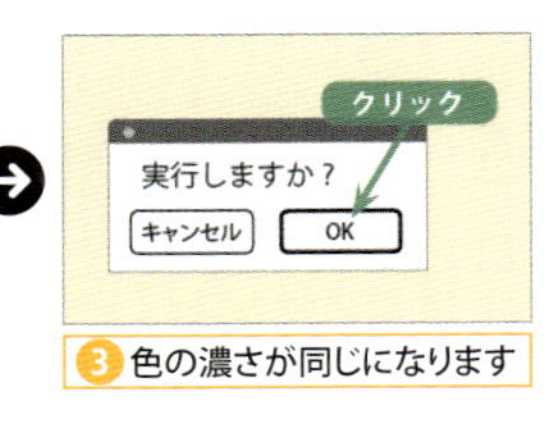

3 色の濃さが同じになります

CS6 | CC | CC14 | CC15 | CC17

SECTION 9.6

効果を適用する

使用頻度 ★★☆

「オブジェクト」メニューの「効果」を使うと、選択したオブジェクトに影を付けるなどの特殊効果を適用できます。

「効果」ダイアログボックスを使う

オブジェクトを選択して「効果」パネルのメニューから効果の名称を選択しても、「効果」ダイアログボックスを表示できます。

1 選択します

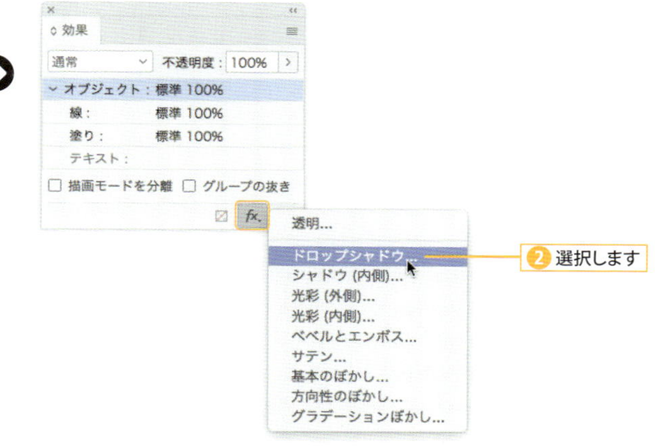

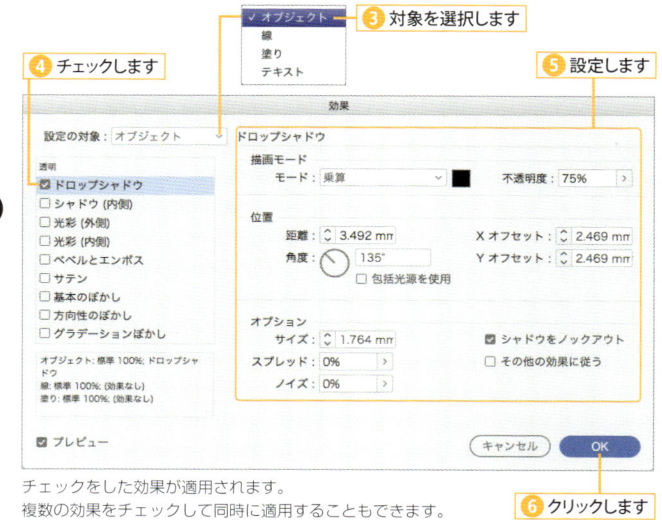

チェックをした効果が適用されます。
複数の効果をチェックして同時に適用することもできます。

7 効果が適用されました

POINT

「プレビュー」をチェックして、効果がどのようにかかるかを見ながら設定しましょう。

ドロップシャドウ
設定対象に影を付けます。

シャドウ（内側）
設定対象の内側に影を付けます。

光彩（外側）
設定対象の外側にオブジェクトの下から発する光彩を適用します。

光彩（内側）
設定対象の内側に向けて発する光彩を適用します。

ベベルとエンボス
設定した対象にベベルまたはエンボスを付けて、立体的外観にします。

サテン
設定した対象をサテンのような外観にします。

基本のぼかし
設定した対象の境界部分をぼかします。

方向性のぼかし
設定した対象の境界部分を方向を指定してぼかします。

グラデーションぼかし
不透明度の設定をグラデーションの濃淡を使って設定し、設定した対象を透明にします。

TIPS ドロップシャドウを素早く適用

コントロールパネルの □ をクリックすると、素早くドロップシャドウの適用・解除が行えます。ドロップシャドウの設定は、デフォルト設定となります（「効果」ダイアログボックスで再設定できます）。
設定の対象（「オブジェクト」「塗り」「線」「テキスト」）は、コントロールパネルや「効果」パネルで選択されている対象となります。

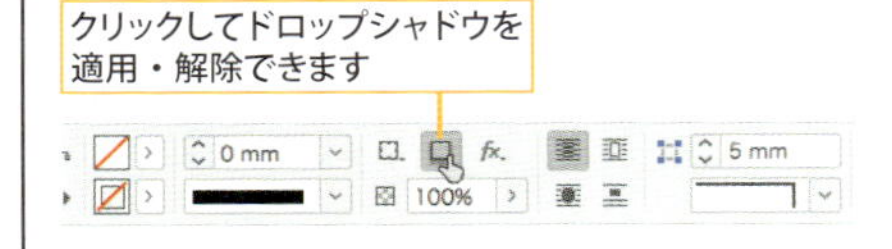
クリックしてドロップシャドウを適用・解除できます
0 mm
100%
5 mm

TIPS グラデーションぼかしツール

グラデーションぼかしツール を使うと、ドラッグ操作でグラデーションぼかしを適用できます。
初期設定ではドラッグ元が不透明度100%、ドラッグ先が透明（不透明度０%）になります。

「効果」パネルの表示

不透明度や描画モードを設定したオブジェクトを選択すると、「効果」パネルに設定状態が表示されます。

また、効果が設定されている場合は、fx アイコンが表示されます。

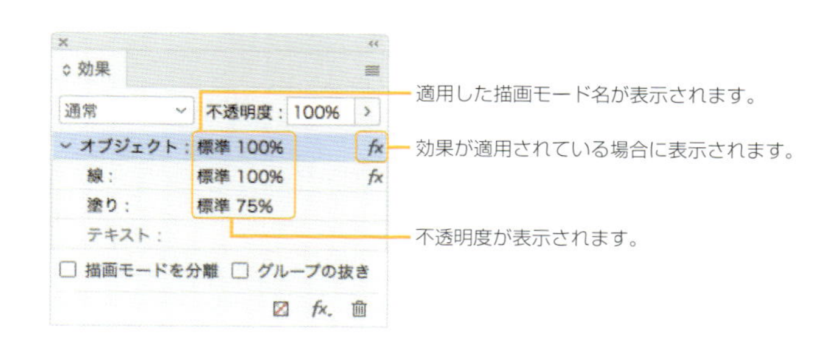

▶「効果」の確認と再設定

「効果」パネルの項目をダブルクリックすると「効果」ダイアログボックスが表示され、設定内容の確認と再設定が可能です。

TIPS 「ページ」パネルの表示

「ページ」パネルメニューの「ページパネルオプション」で「アイコン」の「透明」にチェックを入れると、不透明度や描画モード、効果を設定したオブジェクトのあるページは、「ページ」パネルに▩が表示されます。

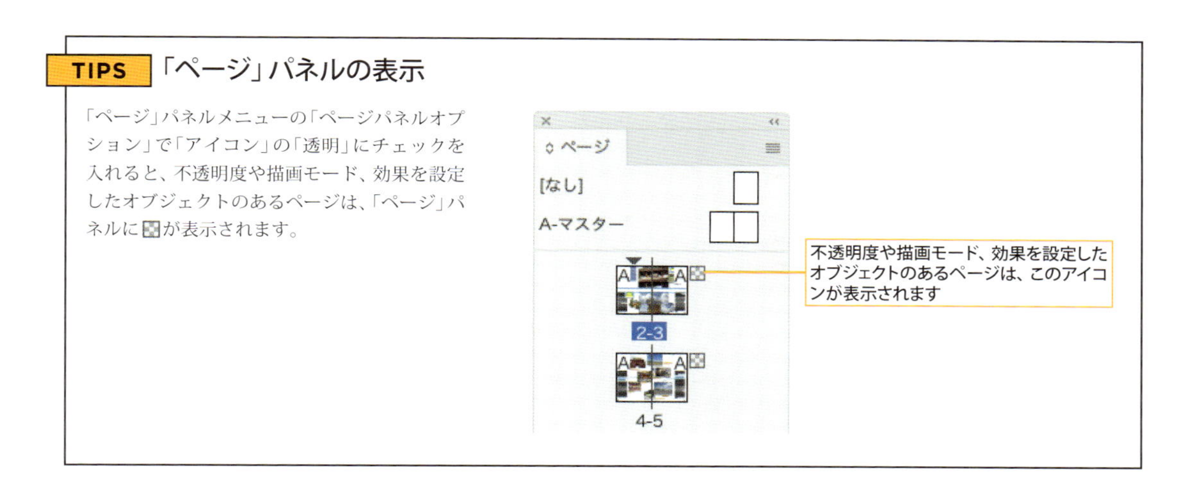

効果の適用をやめる

オブジェクトに適用した効果や不透明度、描画モードをすべて解除する場合は、「効果」パネルの ▨ をクリックします。

🗑 をクリックすると、選択した対象の「効果」だけを削除します（不透明度と描画モードはそのまま残ります）。

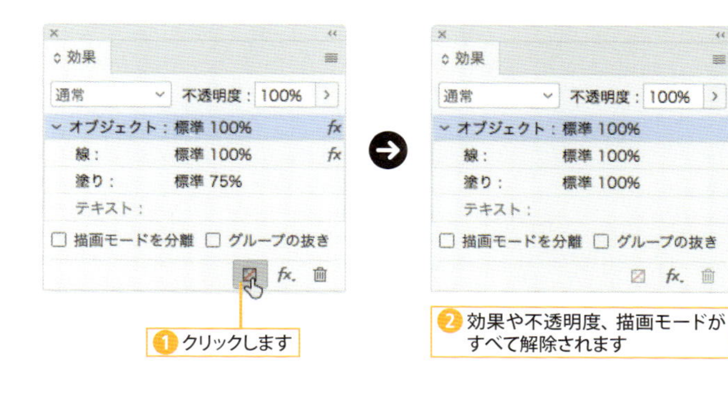

TIPS Publish Online（CC 2015以降）

CC 2015から、InDesignドキュメントをワンクリックでクラウドにアップロードして公開できる「Publish Online」が使えるようになりました。

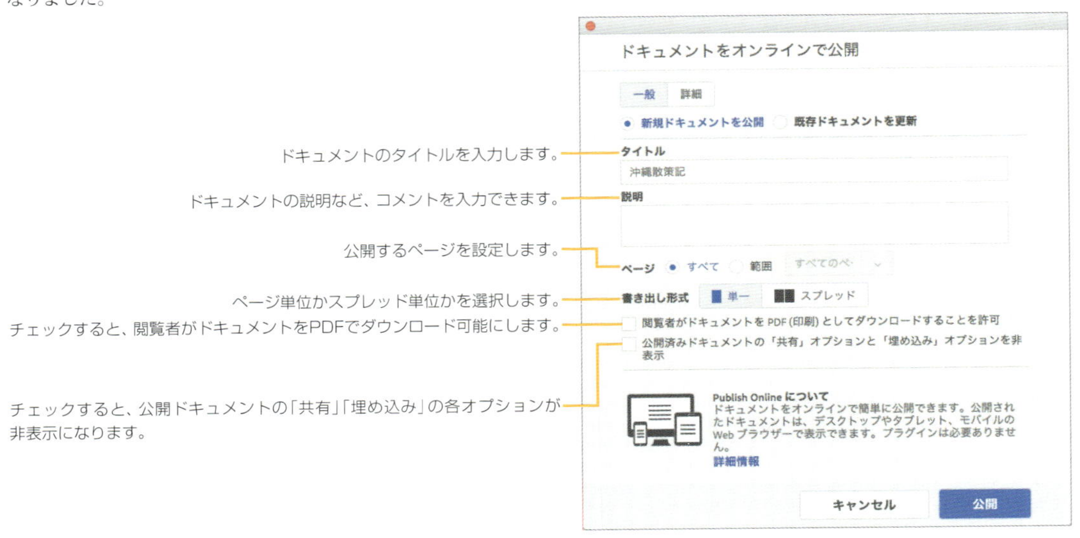

公開したドキュメントの管理

「ファイル」メニューから「Publish Onlineダッシュボード」を選択すると、公開しているドキュメントがWebブラウザでリスト表示され、共有用のアドレスを表示したり、削除したりできます。

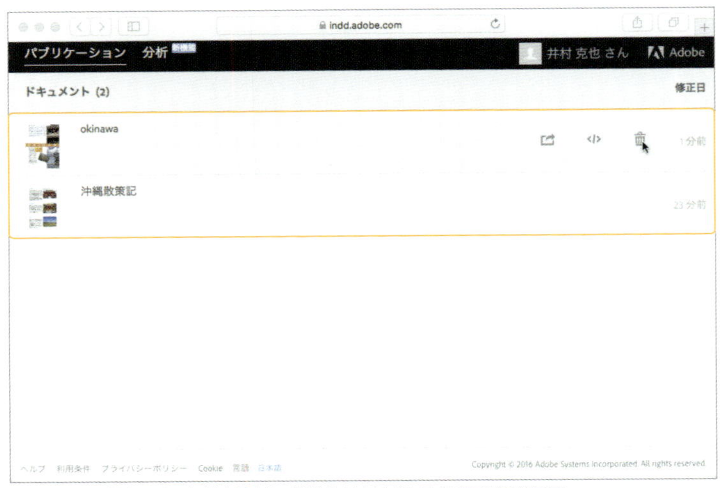

公開しているドキュメントが表示され、削除や共有アドレスの表示が可能です。

Publish Onlineを無効にする

「Publish Online」を使わない場合は、「InDesign」メニュー（Windowsは「編集」メニュー）から「環境設定」の「Publish Online」を選択し、「Publish Onlineを無効にする」にチェックしてください（359ページ参照）。画面上部や「プリント」ダイアログボックスで表示された「Publish Online」ボタンが非表示になります。

CHAPTER

10

表の作成と編集

表はさまざまな印刷物で使われていますが、InDesignには見やすい表を効率的に作成するための機能が搭載されています。
CHAPTER 10では、表の作成方法について説明します。

SECTION 10.1 表の作成とセルの操作

使用頻度

InDesignには、表を簡単に作成する機能がついています。テキストフレーム内に縦横のセル数を指定して表を作成し、デザインすることができます。

表を挿入する

表を作成するには、テキストフレームにカーソルを挿入し、「表」メニューから「表を挿入」（option＋shift＋⌘＋T）を選択して表の大きさを指定します。

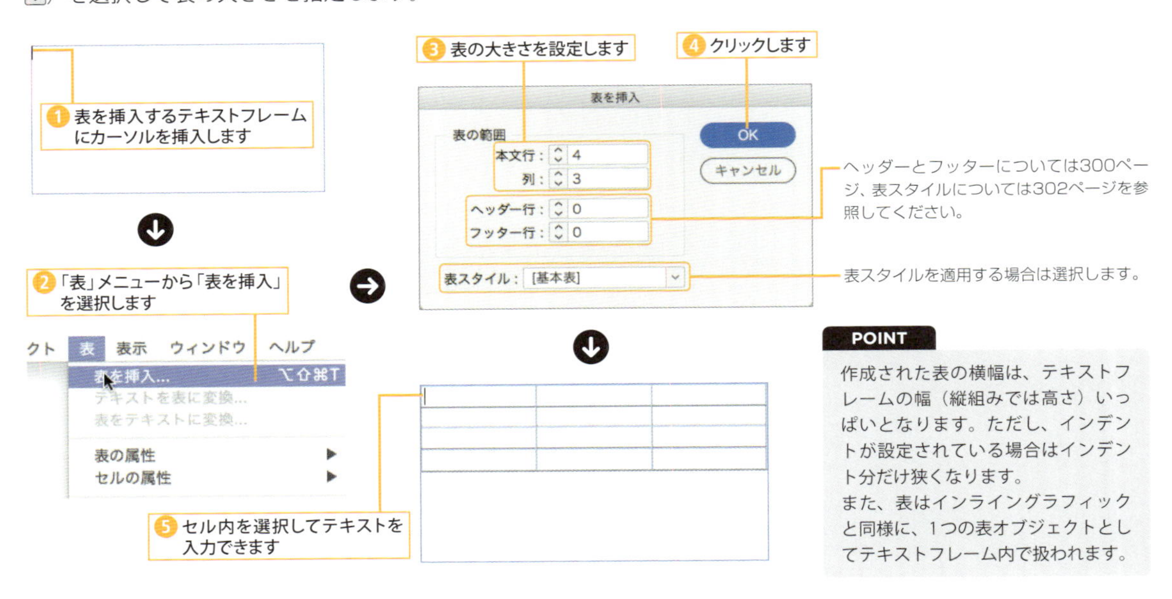

POINT

作成された表の横幅は、テキストフレームの幅（縦組みでは高さ）いっぱいとなります。ただし、インデントが設定されている場合はインデント分だけ狭くなります。
また、表はインライングラフィックと同様に、1つの表オブジェクトとしてテキストフレーム内で扱われます。

テキストファイルを表に変換する

タブ区切りやコンマ区切りで入力されたテキストファイルから、表を作成することもできます。

1 「テキストを表に変換」を選択する

タブ区切りされたテキストを選択して、「表」メニューから「テキストを表に変換」を選択します。

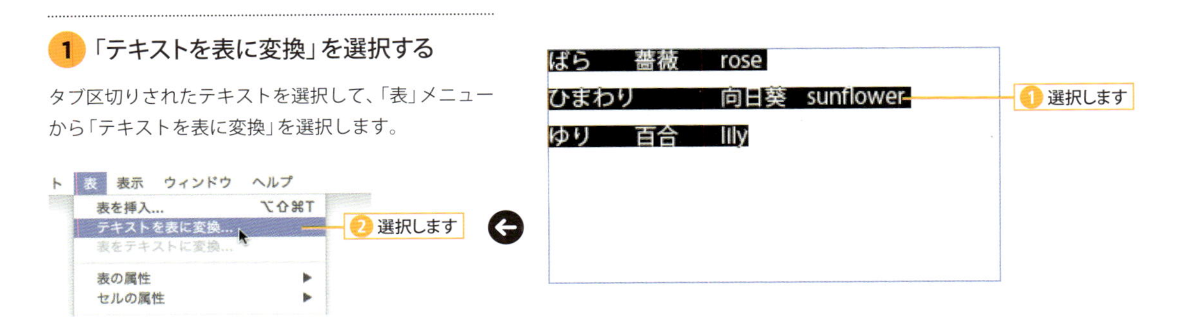

2 列・行に分ける種類を選択する

「テキストを表に変換」ダイアログボックスの「列分解」で列に区分ける種類を選択します。
「行分解」で行に区分ける種類を選択して、「OK」ボタンをクリックします。
テキストが表に変換されます。

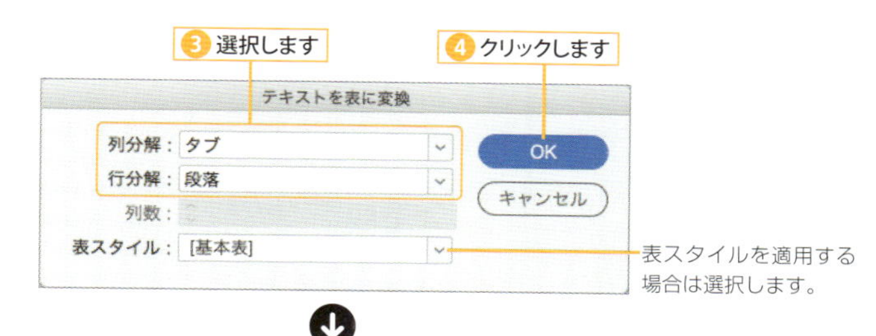

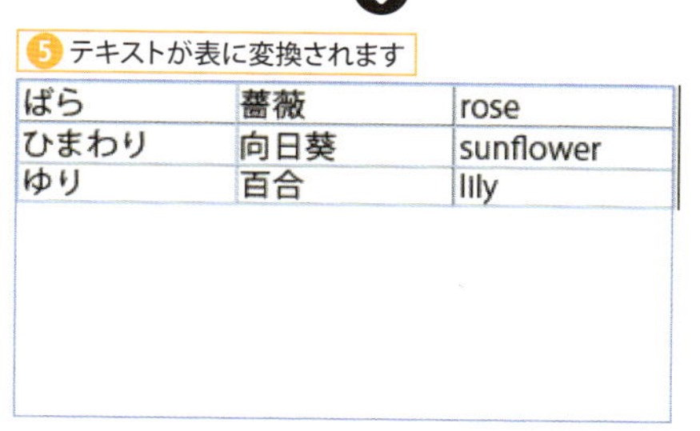

POINT

コンマ区切りのテキストの場合、「列分解」で「コンマ」を選択してください。

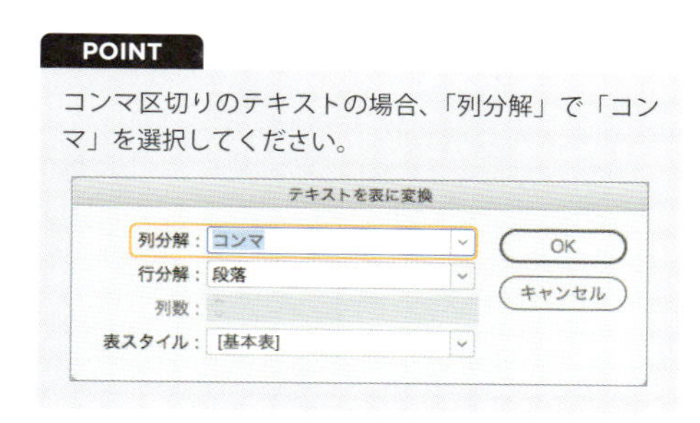

行・列、セルの選択

作成した表を編集するには、行や列、セルを選択する必要があります。表の選択には、横組み文字ツール T、または縦組み文字ツール IT を使います。

▶ セルを1つだけ選択

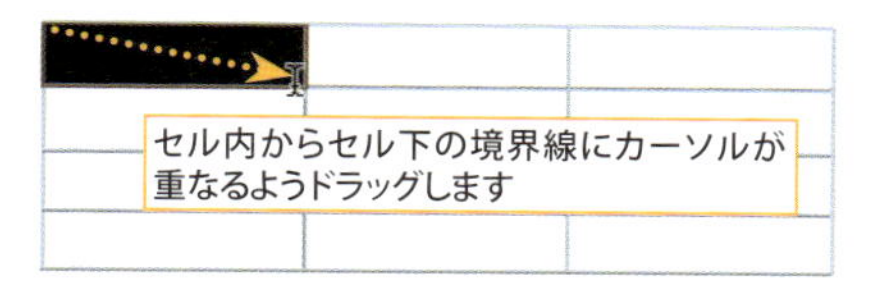

▶ 複数のセルを選択

▶ 行の選択

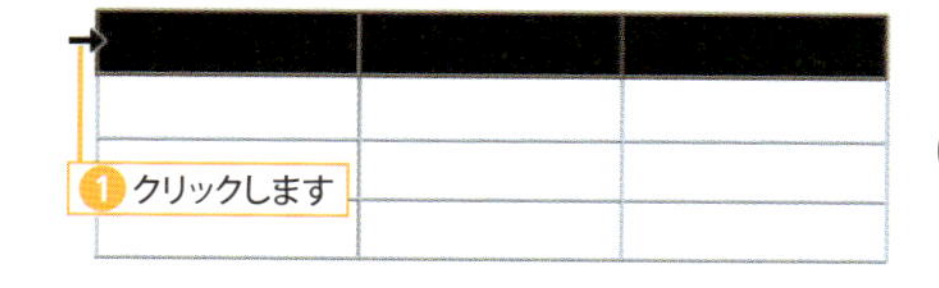

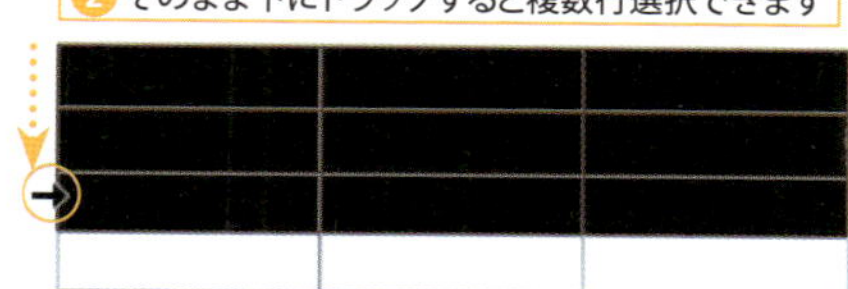

▶ 列の選択

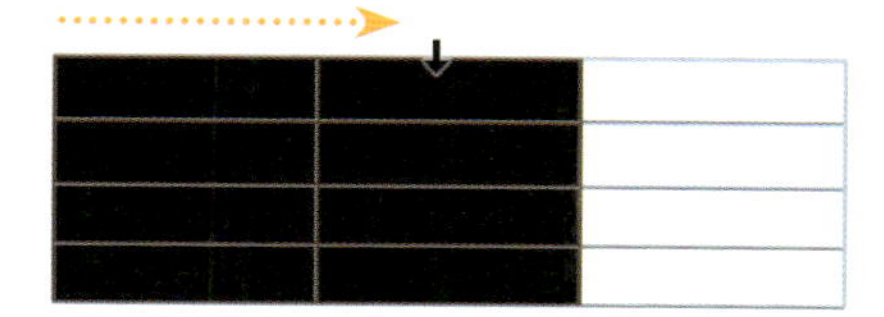

▶ すべてのセルの選択

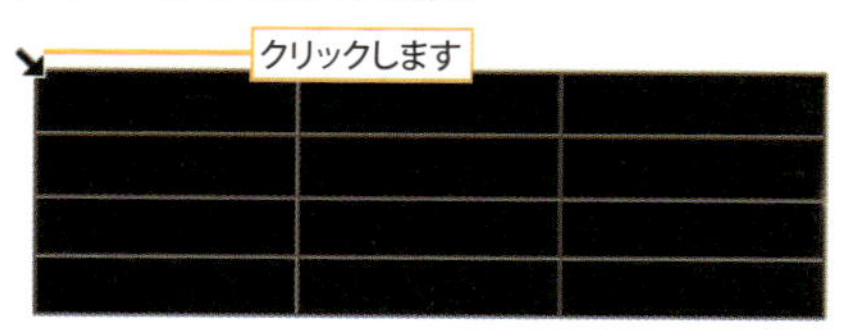

行・列のサイズ変更

▶ドラッグによる変更

横組み文字ツール T をセルの境界線に重ねるとカーソルが↔↕に変わります。この状態でドラッグすると、行の高さや列の幅を変更できます。

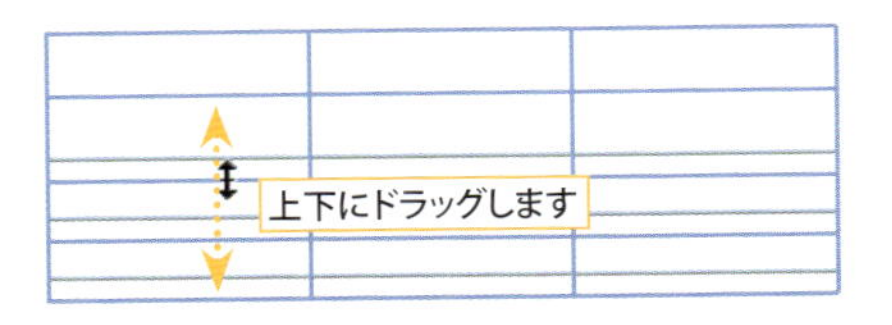

TIPS 表の高さ・幅を保持したまま行・列のサイズを変える

shift キーを押しながら境界線をドラッグすると、表全体の高さ（幅）を保持したまま行（列）のサイズを変更できます。また、表の右辺（下辺）を shift ＋ドラッグすると、行（列）のサイズ比を保持したまま、表全体の高さ（幅）を変更できます。

縦の境界線をドラッグすると、列幅を変更できます。表全体の幅がテキストフレームより広くなった場合は、表全体の幅がテキストフレームに収まるように他の列幅を調整してください。

列幅を広げて表全体がテキストフレームから広がった場合は、他の列を調整してください

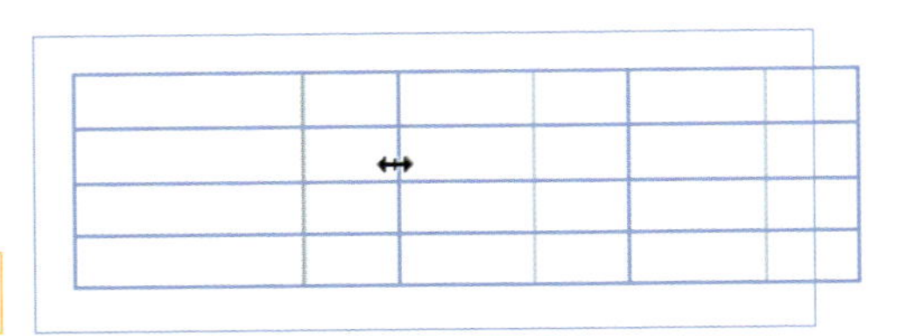

表の右下（縦組みの場合は左下）をドラッグすると、表全体のサイズを変更できます。

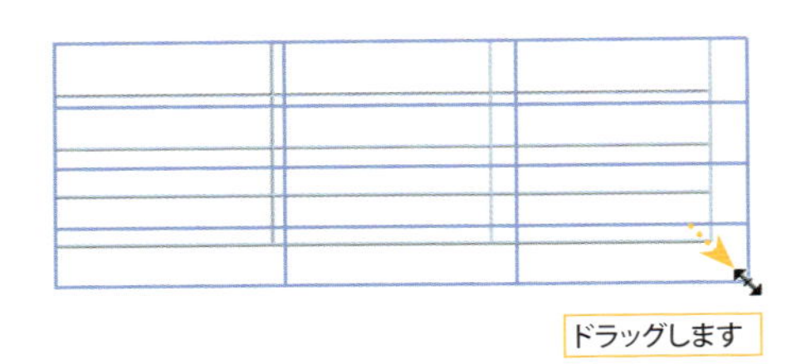

▶数値指定で列幅、行高を変更する

行の高さ・列の幅を数値指定する場合は、コントロールパネルや「表」パネルを使います。

1 行・列を選択する

サイズを変更する行・列を選択します。複数の行・列を選択してもかまいません。

2 サイズを指定する

コントロールパネルや「表」パネルで行や列のサイズを指定します。

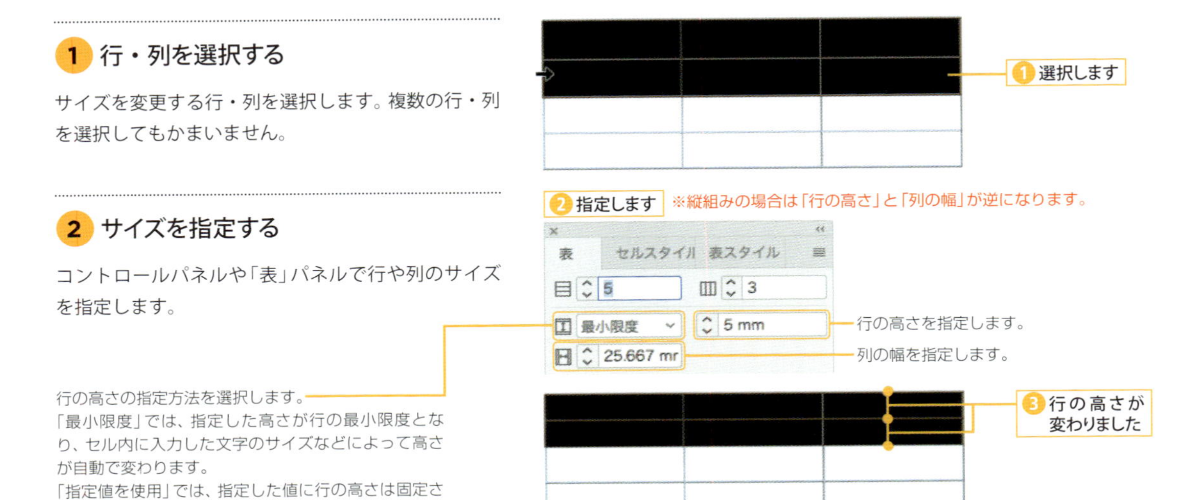

行の高さの指定方法を選択します。
「最小限度」では、指定した高さが行の最小限度となり、セル内に入力した文字のサイズなどによって高さが自動で変わります。
「指定値を使用」では、指定した値に行の高さは固定されます。

▶行・列のサイズを均等にする

行や列のサイズをドラッグなどで変更した後に、すべての行（または列）の高さ・幅を均等にしたい場合は、コントロールパネルメニューや「表」メニューの「行高の均等化」や「列幅の均等化」を使います。

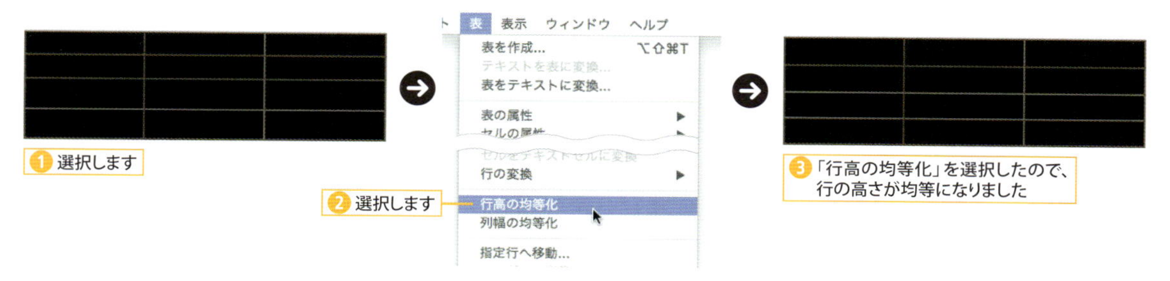

行・列の挿入

行を挿入したり列を挿入するには、コントロールパネルメニューや「表」メニューの「挿入」を使います。

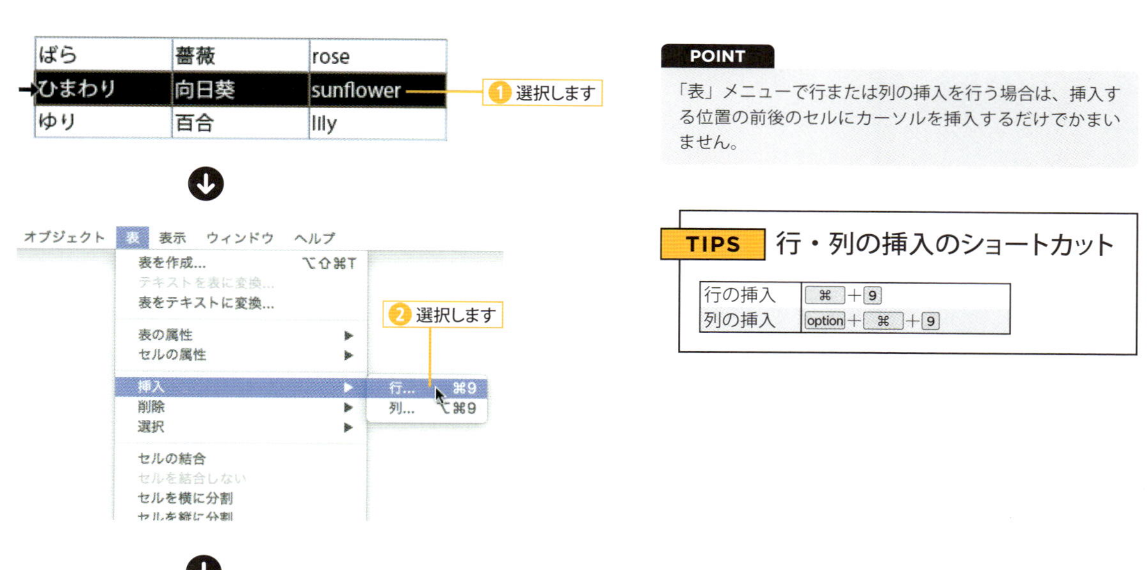

POINT

「表」メニューで行または列の挿入を行う場合は、挿入する位置の前後のセルにカーソルを挿入するだけでかまいません。

TIPS 行・列の挿入のショートカット

行の挿入	⌘＋9
列の挿入	option＋⌘＋9

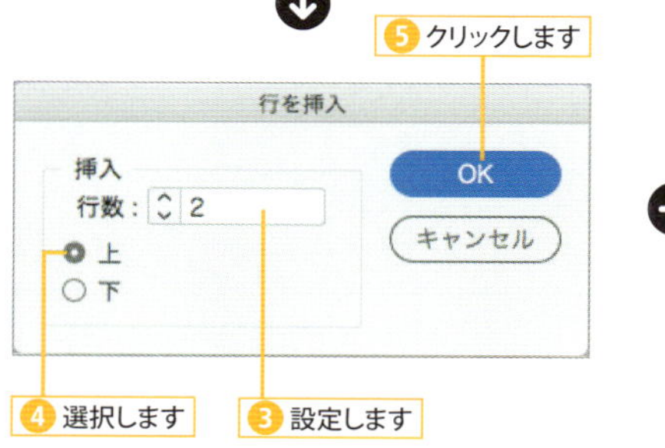

ばら	薔薇	rose
ひまわり	向日葵	sunflower
ゆり	百合	lily

POINT

列の挿入も、同様の手順で行えます。ただし、行・列を挿入すると、表全体の高さや幅が広がりテキストフレームからはみ出ることがあります。その場合は、サイズを変更して調整してください。

▶パネルで行・列を挿入する

表を選択して、コントロールパネルや「表」パネルの行数▤、列数▥で数値指定しても、行・列を追加できます。

ただし、行は下端、列は右端に追加され、表の途中には挿入できません。

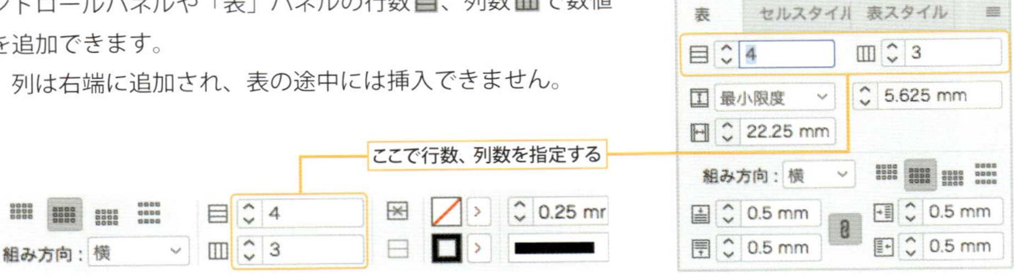

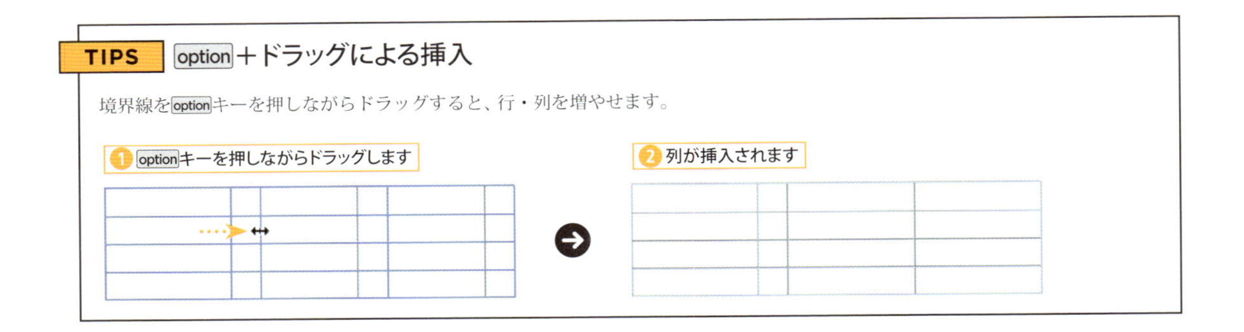

TIPS option＋ドラッグによる挿入

境界線をoptionキーを押しながらドラッグすると、行・列を増やせます。

行・列・表の削除

不要な行・列の削除は、コントロールパネルメニューや「表」メニューの「削除」を使います。

POINT

表全体を削除する場合は、表全体を選択してコントロールパネルメニューや「表」メニューの「削除」から「表」を選択します。

また、表はインライングラフィックと同じ扱いなので、テキストフレーム内で表を文字のように選択して削除することもできます。

表を挿入しているテキストフレームを削除しても、表は削除されます。

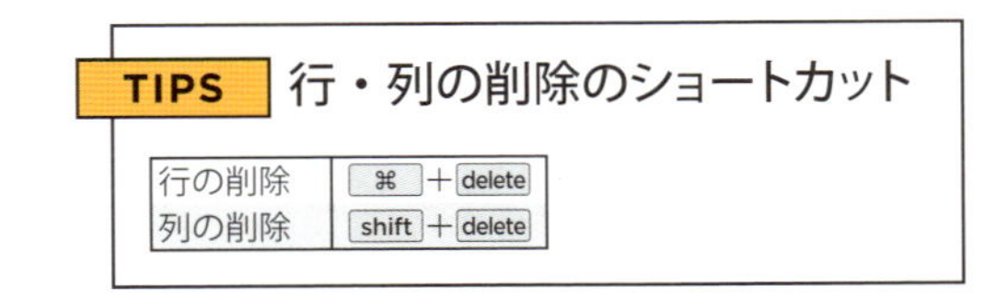

TIPS 行・列の削除のショートカット

行の削除	⌘＋delete
列の削除	shift＋delete

セルの結合と分割

▶ セルの結合

複数のセルを結合して1つのセルにするには、コントロールパネルの をクリックするか、コントロールパネルメニュー（または「表」メニュー）の「セルの結合」を使います。

POINT

結合したセルを元に戻すには、「表」メニューの「セルを結合しない」を選択するか、コントロールパネルの をクリックしてください。

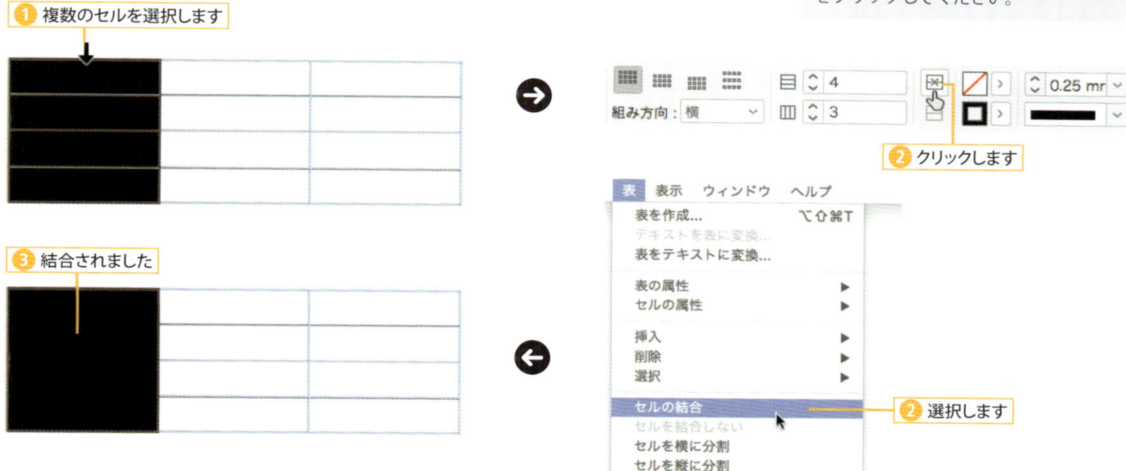

▶ セルの分割

セルを2つに分割することもできます。コントロールパネルメニュー（または「表」メニュー）の「セルを横に分割」または「セルを縦に分割」を使います。

POINT

分割したセルを元に戻す場合は、セルを結合してください。

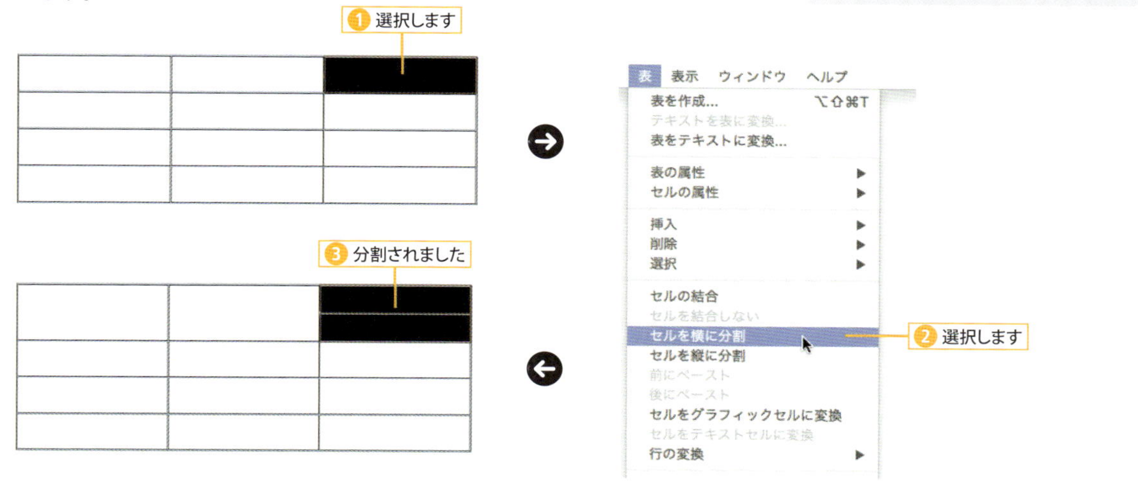

CHAPTER 10 表の作成と編集

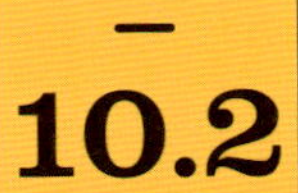

セルへの入力と罫線と余白の設定

使用頻度

ここでは、作成した表のセルに文字を入力して、余白を調整したり、罫線を設定する操作を解説します。また、表のヘッダー、フッターの設定方法も説明します。

セル内での文字入力

表のセル内には、テキストフレームと同様に文字を入力できます。フォントやサイズなどの文字書式を指定したり、段落スタイルや文字スタイルも適用できます。

	氏名	都道府県	郵便番号

セルの中には、文字ツールT.で文字を入力できます

POINT

セル間のカーソルの移動は、矢印キーを使ってください。tabキーで次のセル、shift+tabキーで前のセルに移動することもできます。

行揃えの設定

セル内の文字の行揃えは、通常のテキストと同様にコントロールパネル（または「段落」パネル）で設定します。

行揃えを選択します

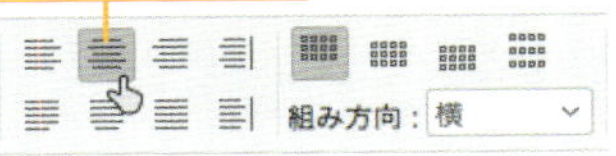

	氏名	都道府県	郵便番号
関東支部			

選択セルが中央揃えになります

テキストの上下の配置設定

文字をセルの上下のどこに配置するかは、コントロールパネル（または「表」パネル）で設定します。

選択します

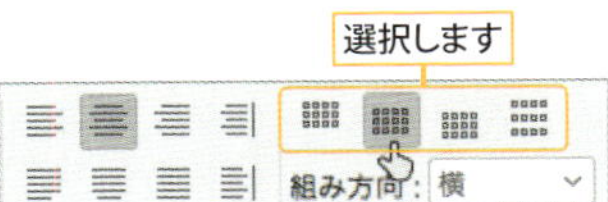

選択セルの位置が変わります

	氏名	都道府県	郵便番号
関東支部			

セル内の文字の整列

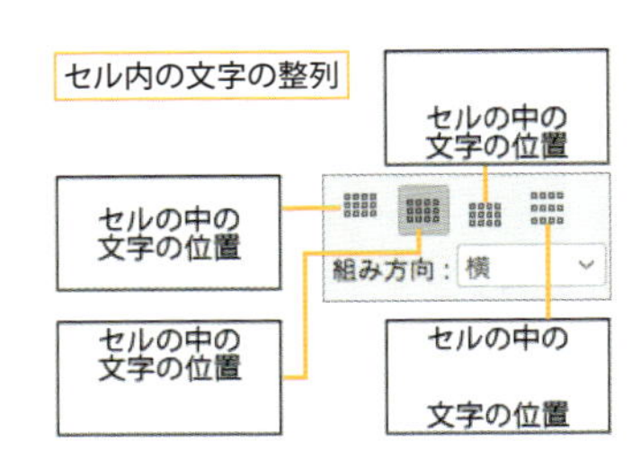

▶余白の設定

セル内に入力した文字（グラフィックセルでは画像）とセルの境界線との間の余白の設定は、コントロールパネル（または「表」パネル）で行います。

「表」パネル

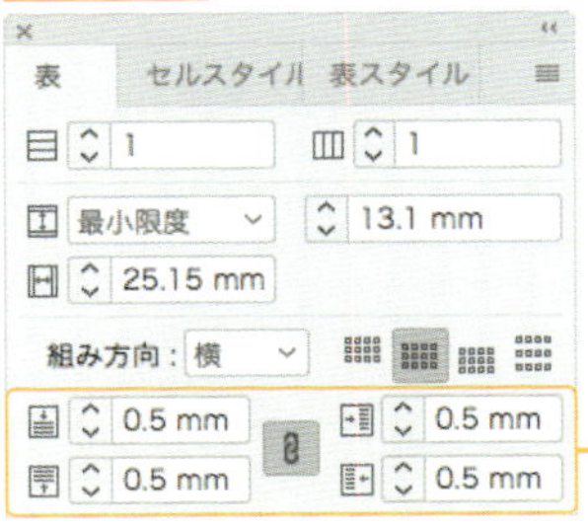

文字と境界線までの余白の値を設定します

▶ 組み方向の設定

セル内の文字の組み方向は、コントロールパネル（または「表」パネル）で設定します。

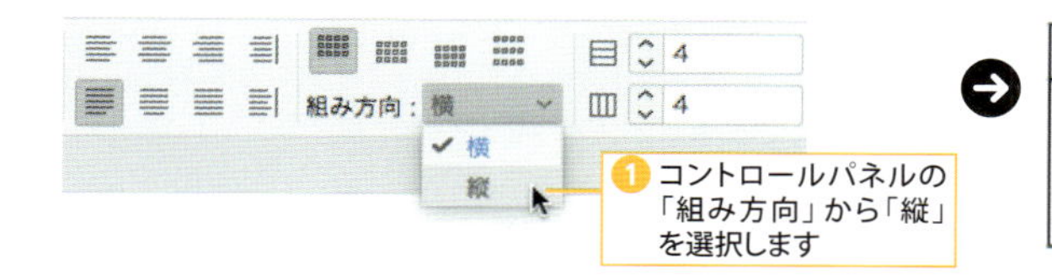

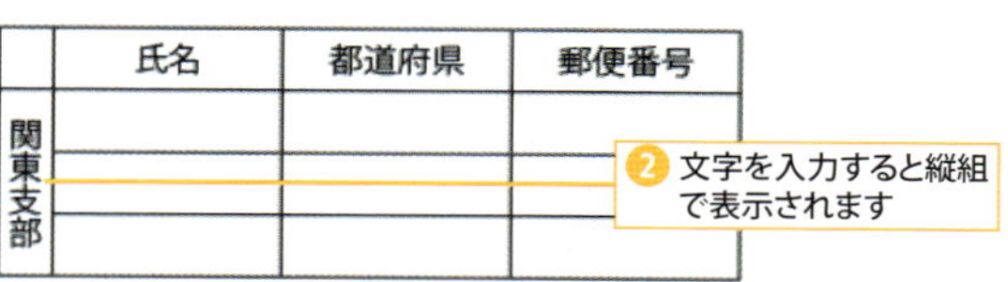

氏名
都道府県
郵便番号
関東支部
2 文字を入力すると縦組で表示されます

グラフィックセル（CC 2015以降）

セルを選択し、「表」メニューから「セルをグラフィックセルに変換」を選択すると、表内のセルをグラフィックセルに変換できます。グラフィックセルは、画像配置用のセルとなり、通常のグラフィックオブジェクトと同様にドラッグ＆ドロップで画像を配置できます。また、テキストの入力はできなくなります。

画像を配置したグラフィックセルは、通常のグラフィックオブジェクトと同様に拡大・縮小が可能です。その際、セルのサイズが変わります。

POINT

テキストセルにはインライングラフィックとして画像を配置できます。

グラフィックセルに変換したセルは、グラフィックオブジェクトと同様にセル内に×が表示されます。

画像を配置したグラフィックセル

グラフィックセルには、テキストセルと同様にコントロールパネル（または「表」パネル）で画像とセルの境界線を設定できます。

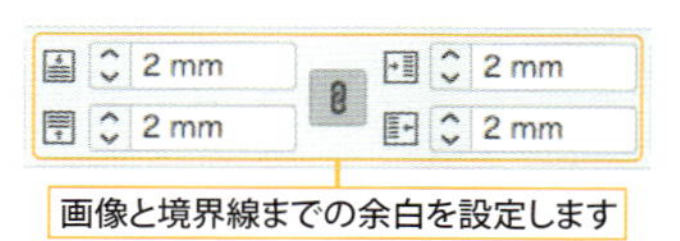

画像と境界線までの余白を設定します

グラフィックセルを選択し、「表」メニューまたはコントロールパネルメニューの「セルの属性」から「グラフィック」を選択しても、余白を設定できます。「内容をセル内に入る部分のみ表示」オプションをチェックすると、グラフィックに適用したドロップシャドウなどがセル外に出る場合、外にはみ出る部分をクリッピングしてセル内のみの表示となります。

セルの境界線と画像の余白を設定できます。

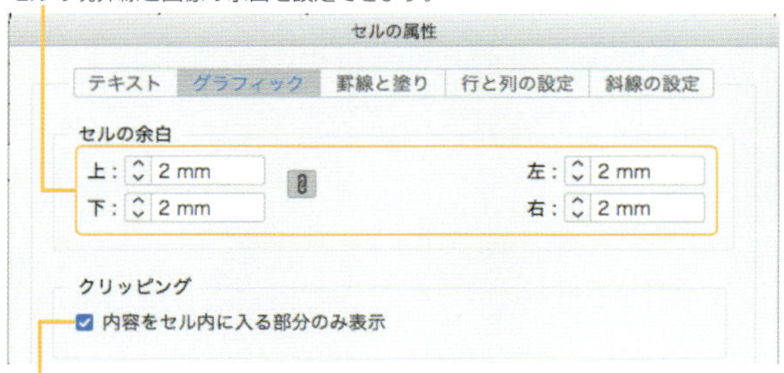

グラフィックに適用したドロップシャドウなどがセル外に出る場合、外にはみ出る部分をクリッピングしてセル内のみ表示します。

クリッピングあり　クリッピングなし

POINT

グラフィックセルを選択して、「表」メニューから「セルをテキストセルに変換」を選択すると、テキストセルに戻せます。配置した画像は、インライングラフィックオブジェクトとして残ります。

表の境界線（表の外枠）

表全体の外枠に対して、線幅や色、線種を指定できます。

表全体の外枠の設定は、「表」メニューまたはコントロールパネルメニューの「表の属性」から「表の設定」（option＋shift＋⌘＋B）を選択し、「表の属性」ダイアログボックスの「表の設定」タブで行います。

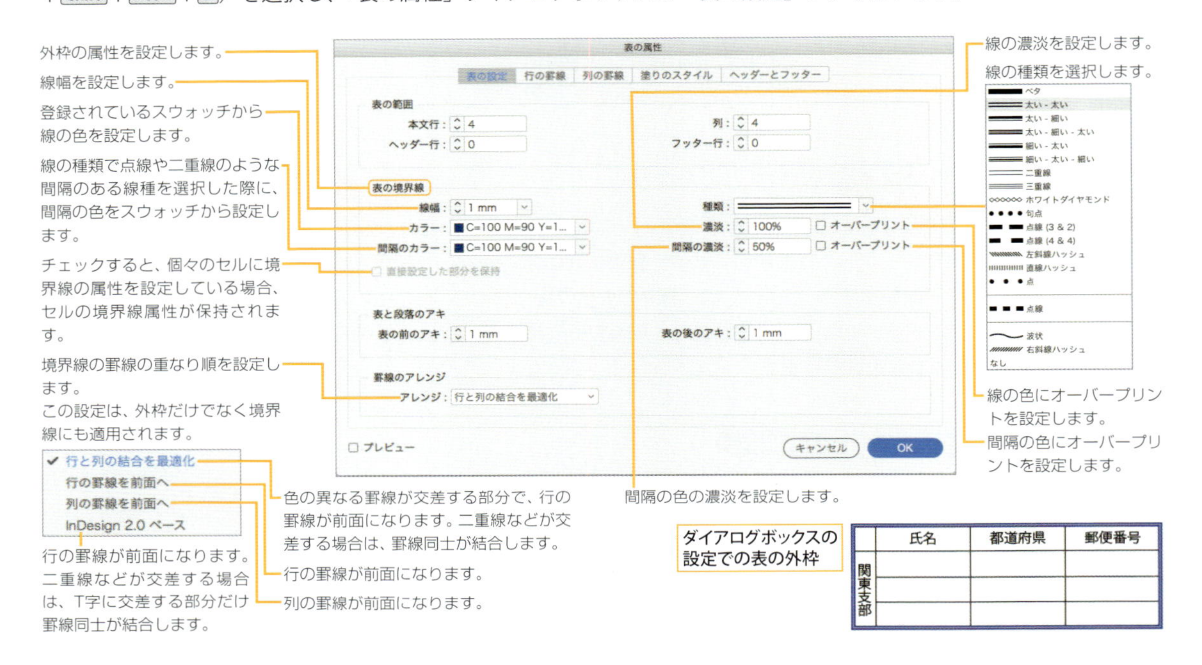

行の罫線・列の罫線

「行の罫線」・「列の罫線」タブでは、行・列の罫線に対して異なる属性の線を順番に繰り返すなどの設定が可能です。

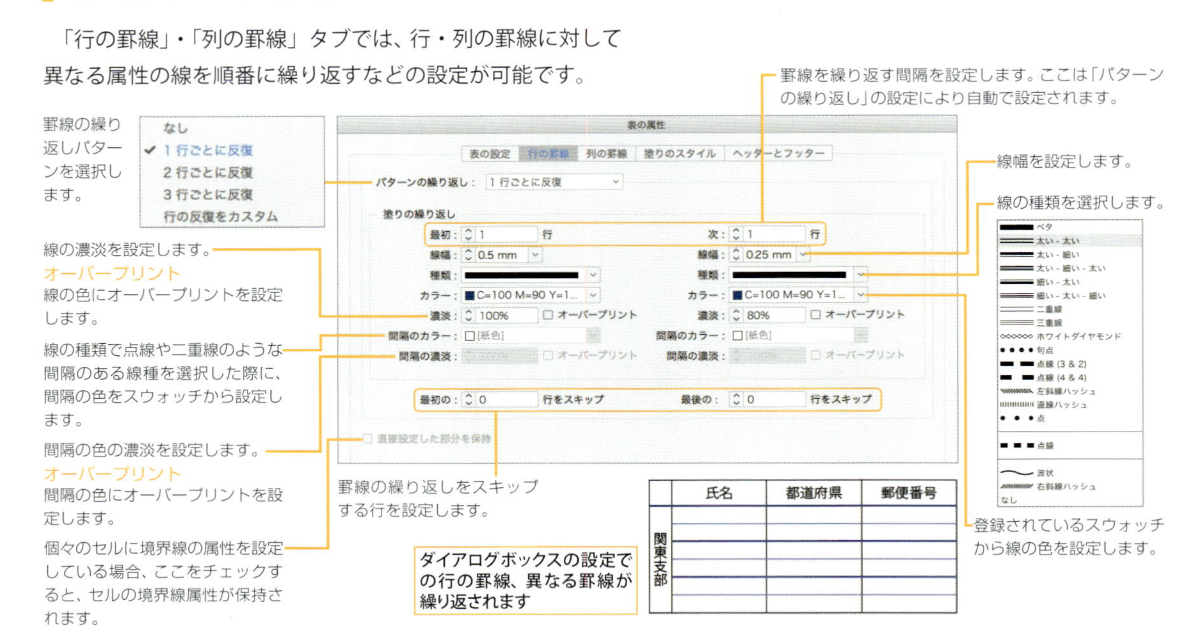

TIPS 罫線をすべて同じ属性に設定する

行の罫線（または列の罫線）に、すべて同じ属性設定をする場合は、「最初」の行（または列）を「1」に指定して属性を設定し、「次」の行（または列）を「0」にします。

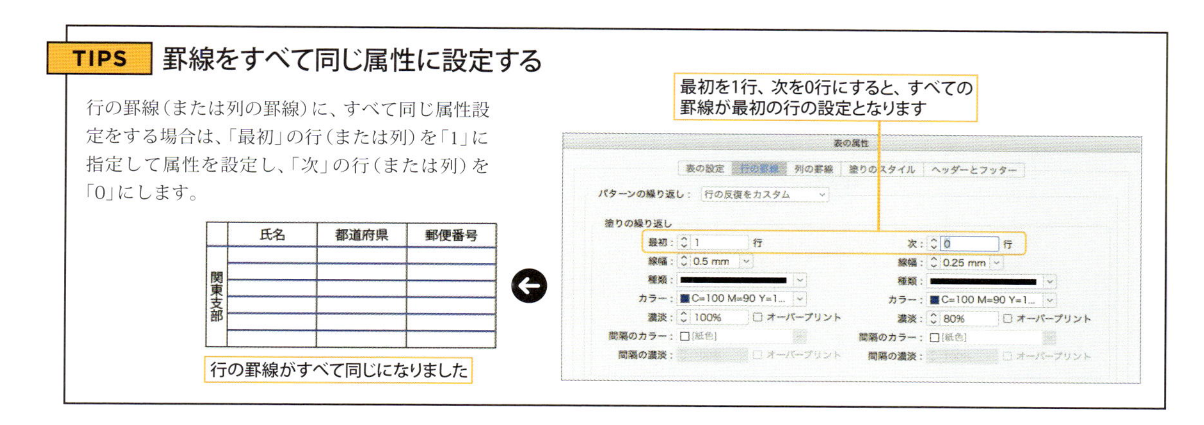

セルの罫線

「表」メニューまたはコントロールパネルメニューの「セルの属性」から「罫線と塗り」を選択すると、表全体に対してではなく、選択したセルに対して罫線の属性を設定できます。

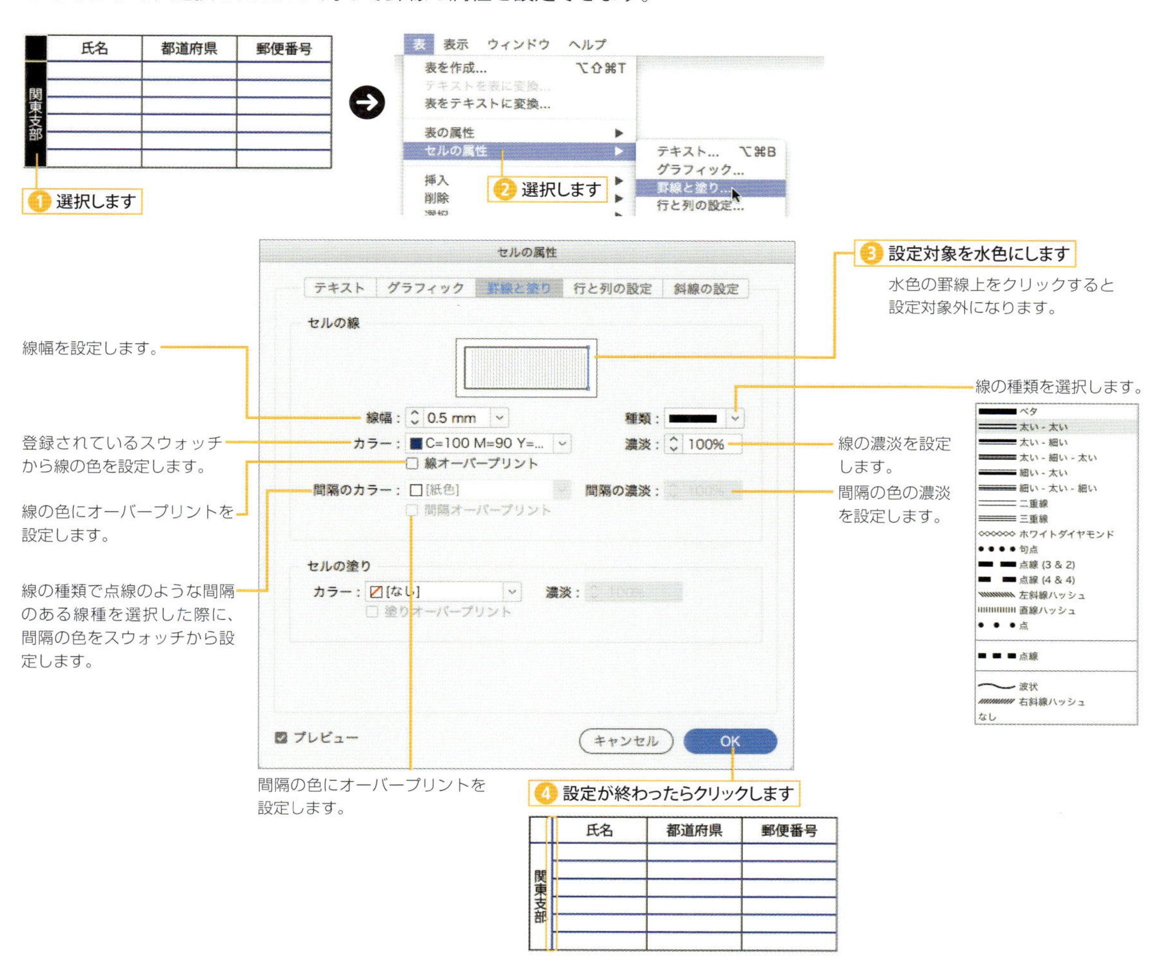

TIPS コントロールパネルを使った罫線の設定

選択したセルに対して、コントロールパネルを使って対象となる罫線や線種、線幅、線色を設定できます。設定の基本は、「セルの設定」ダイアログボックスと同じです。
また、「線」パネルでも、対象となる罫線、線幅や線種、二重線にしたときの間隔のカラーを設定できます。

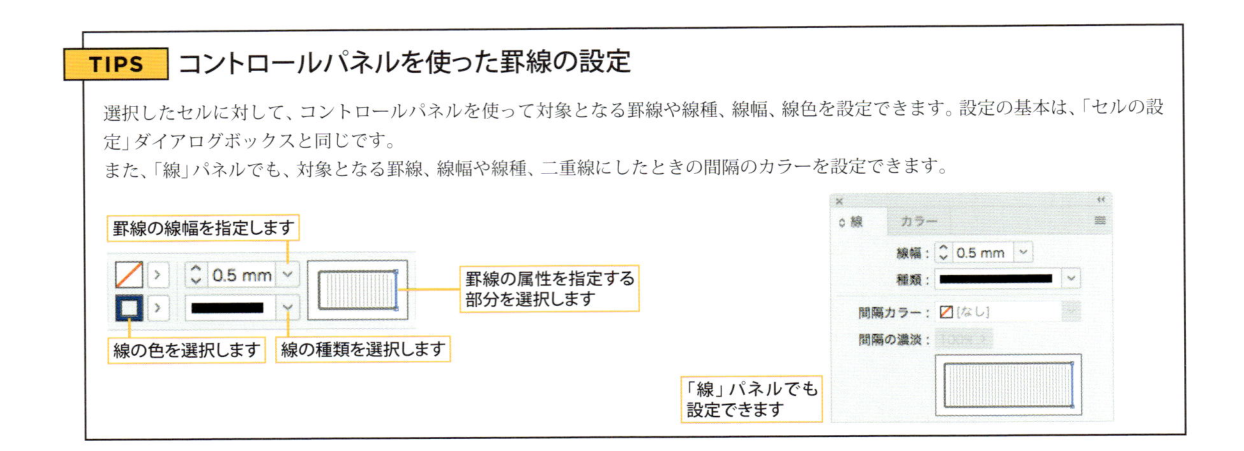

セルに斜線を設定する

「表」メニューまたはコントロールパネルメニューの「セルの属性」から「斜線の設定」を選択すると、選択したセルに斜線を引くことができます。

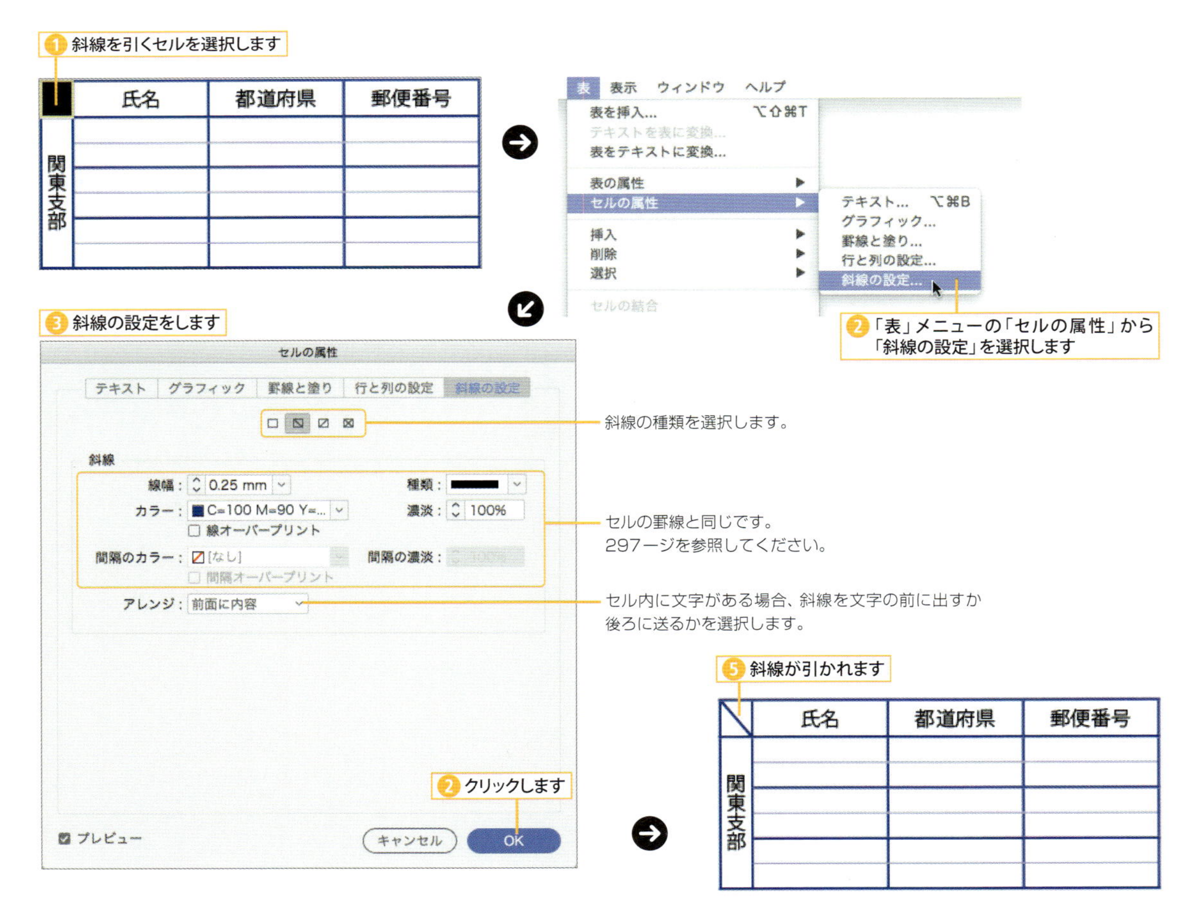

表とセルの塗り

表の塗り

表のセルに色を付けることもできます。「表」メニューまたはコントロールパネルメニューの「表の属性」から「塗りのスタイル」を選択します。

「表の属性」ダイアログボックスの「塗りのスタイル」タブが表示され、1行おきに異なった塗りを順番に繰り返すなどの設定が可能です。

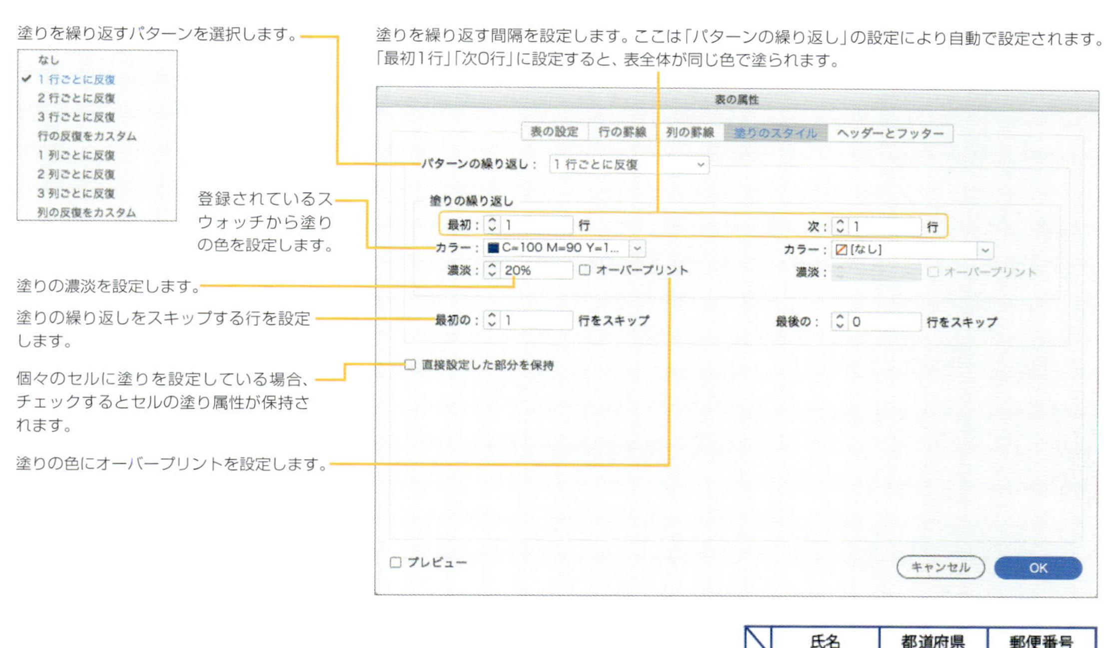

	氏名	都道府県	郵便番号
関東支部			

ダイアログボックスの設定での塗りです。異なる塗りが繰り返されます

特定のセルの塗りを設定する

コントロールパネルメニューや「表」メニューの「セルの属性」から「罫線と塗り」を選択すると、選択した特定のセルに対して塗りを設定できます。

	氏名	都道府県	郵便番号
関東支部			

❶ 選択します

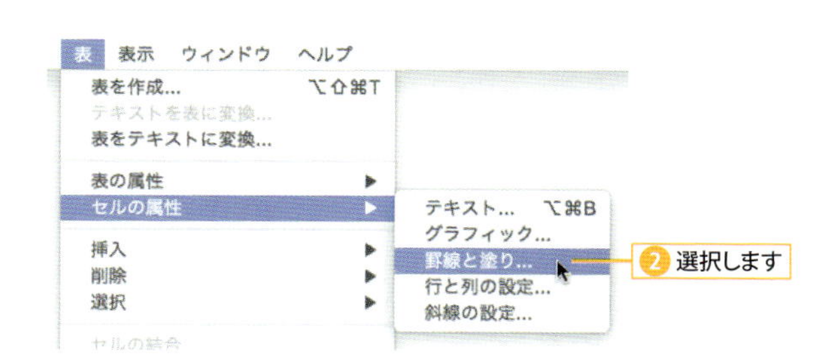

CHAPTER 10 表の作成と編集

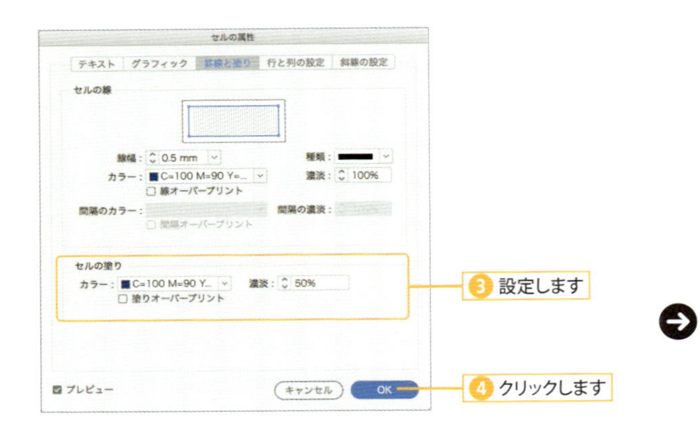

POINT

選択したセルに対しての塗りの色は「スウォッチ」パネルまたは「カラー」パネルで「塗り」を選択して設定することもできます。

塗りの設定が適用されました

	氏名	都道府県	郵便番号
関東支部			

大きな表とヘッダー・フッター

▶連結したテキストフレームの表

表の内容が多いと、1つのテキストフレームに収まらない場合があります。InDesignの表は、テキストフレームが連結している場合や段組になっている場合、複数のテキストフレームや段をまたぐことができます。

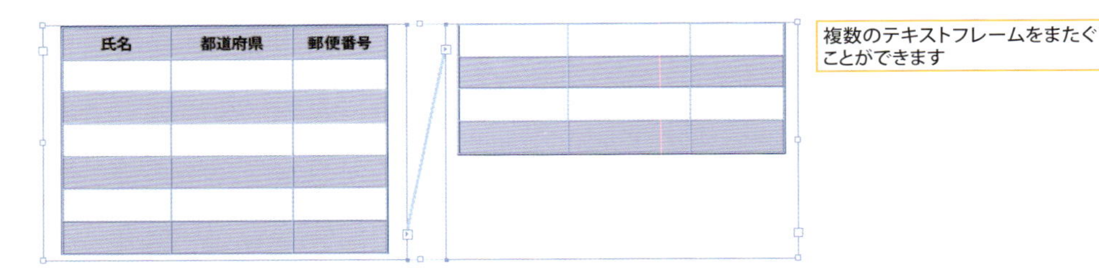

▶ヘッダー・フッター

テキストフレームや段組をまたがった表の場合、ヘッダー行・フッター行を設定することで、表の上部にヘッダー行、下部にフッター行を繰り返して表示できます。

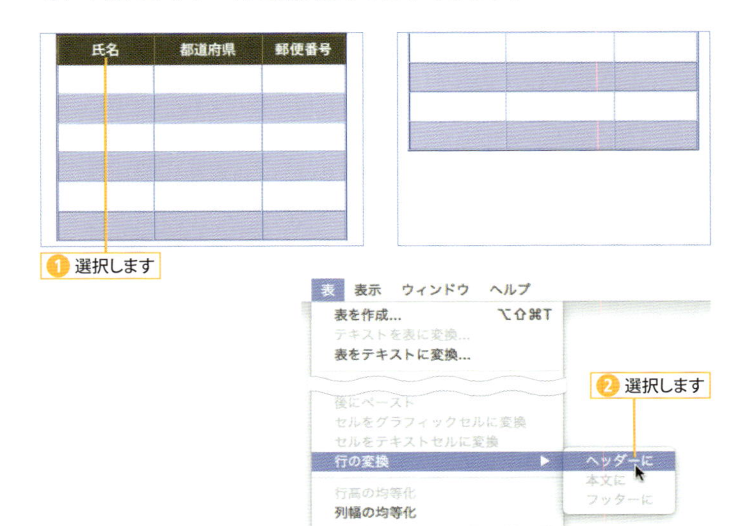

POINT

ヘッダー行を元に戻すには、コントロールパネルメニューの「本文行に変換」を選択するか、「表」メニューの「行の変換」から「本文に」を選択します。

POINT

表を作成するときにヘッダー・フッターも作成できます。

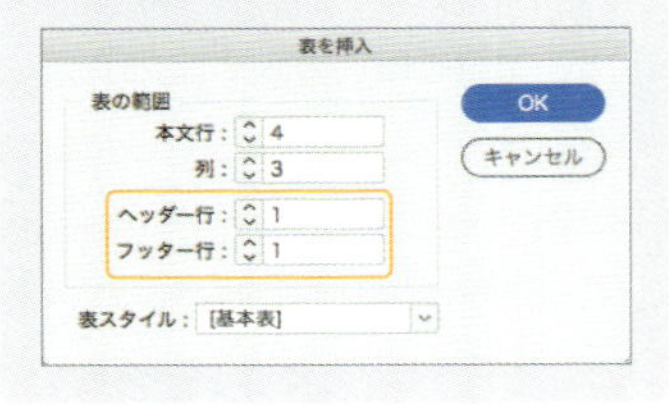

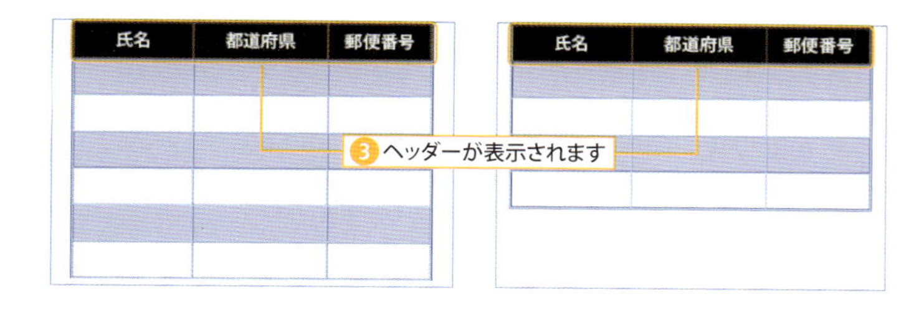

テキストフレーム内の表

表は、テキストフレーム内にインライングラフィックのように挿入されます。そのため、表全体には、表を挿入した段落の「インデント」や「行揃え」が適用されます。

ただし、行送りやベースラインシフトは適用できません。

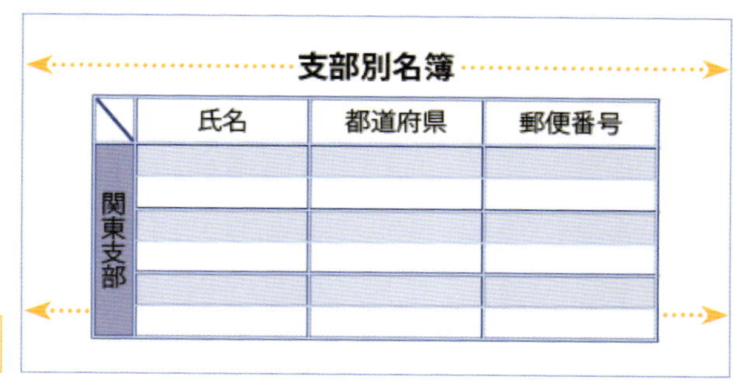

段落の「中央揃え」はテキストだけでなく表にも適用されます

テキストフレーム内での表と段落の間隔は、「表」メニュー（またはコントロールパネルメニュー）の「表の属性」から「表の設定」を選択して「表の属性」ダイアログボックスの「表の設定」タブを表示し、「表と段落のアキ」で設定できます。

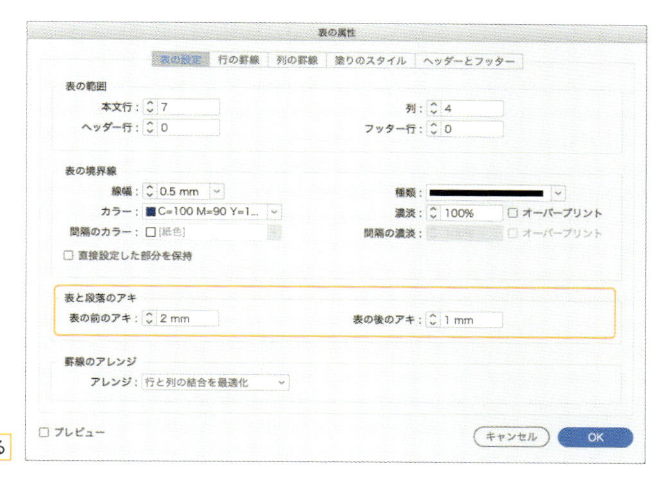

表と段落の間隔を設定する

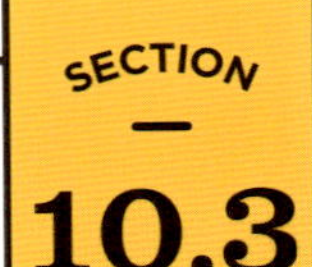

表スタイルとセルスタイル

使用頻度 ★☆☆

表に設定した境界線、罫線や塗りなどの表の属性、セルに設定した罫線や塗りなどのセルの属性をスタイルとして登録しておき、他の表に適用することができます。

表スタイルとセルスタイル

表の罫線や塗りなどの属性は、表全体に対して設定する「表の属性」と、個々のセルに対して設定する「セルの属性」に分けられます。

表スタイルは「表の属性」の設定を登録したスタイルで、セルスタイルは「セルの属性」の設定を登録したスタイルです。

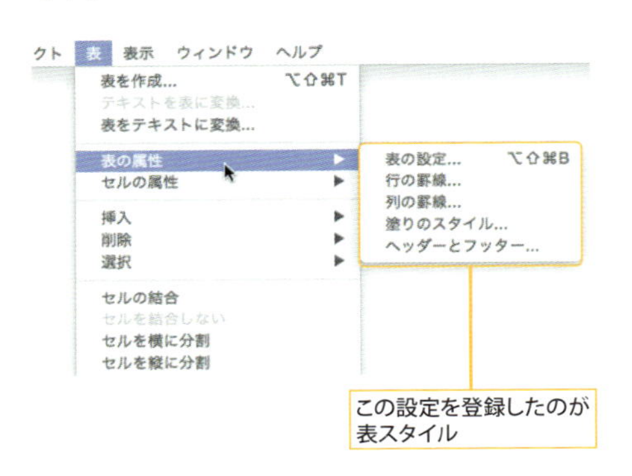

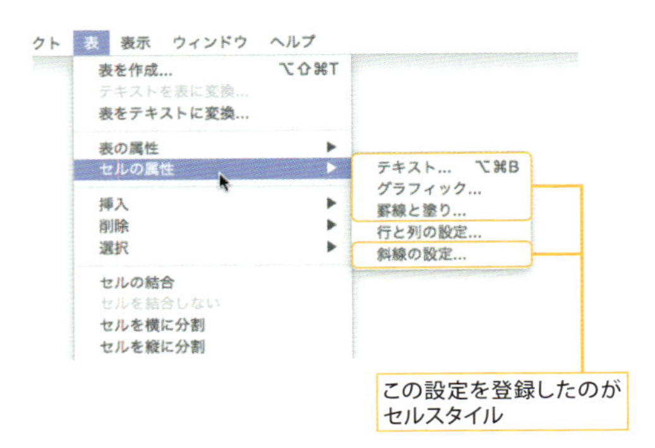

表スタイルを作成する

表スタイルを作成するには、登録する表の中にカーソルを挿入して、「表スタイル」パネルの「新規スタイルを作成」ボタン を option ＋クリックします。「新規表スタイル」ダイアログボックスが開くので、スタイル名称を入力して保存します。

表の境界線（外枠）として2mmの濃紺の実線を設定しています。

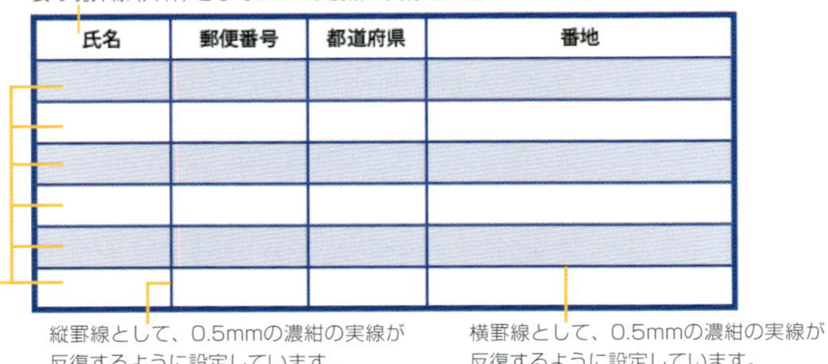

濃度20%の濃紺が1行ごとに塗られる設定にしています。最初の1行はスキップしています。

※上のサンプルは、「表の属性」だけ適用しており、「セルの属性」は適用していません。

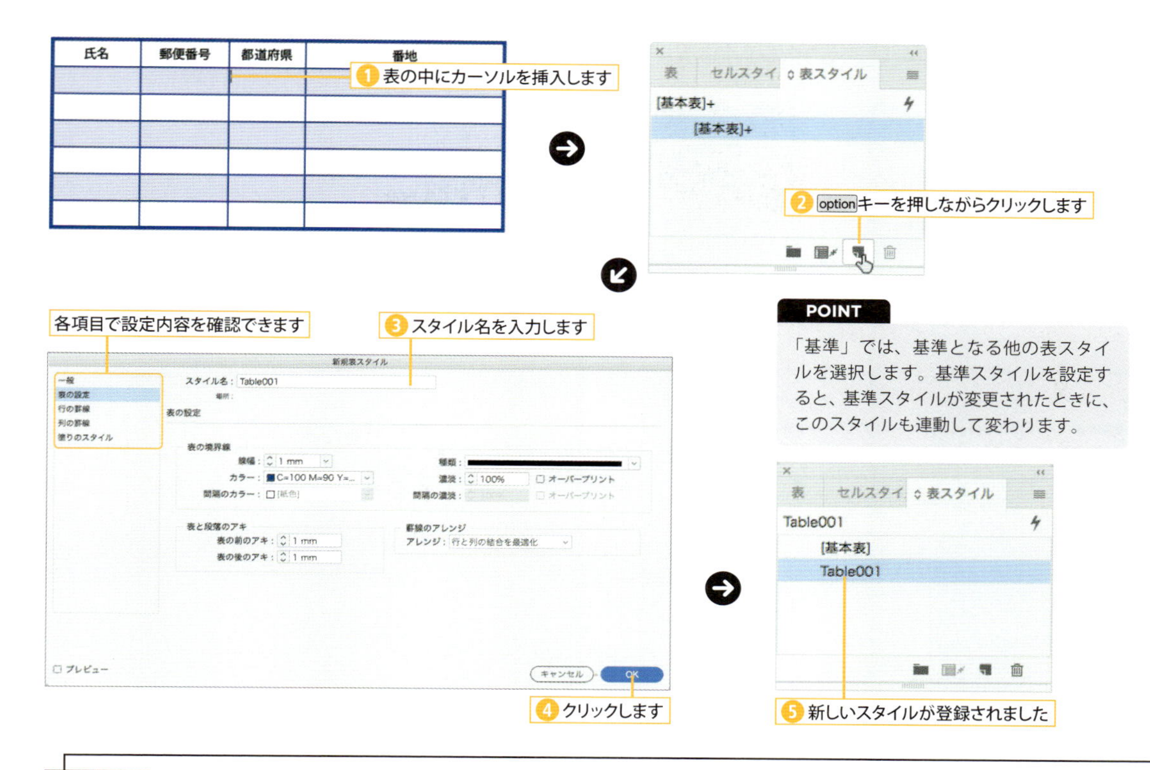

POINT

「基準」では、基準となる他の表スタイルを選択します。基準スタイルを設定すると、基準スタイルが変更されたときに、このスタイルも連動して変わります。

TIPS ダイアログボックスを開かずに表スタイルを定義する

属性を設定した表を選択しないで、新しい表スタイルを登録してもかまいません。その場合、[基本表] スタイルで作成した表を選択して新しい表スタイルを作成し、プレビューを見ながら各種属性を設定するとよいでしょう。

表スタイルを適用する

登録した表スタイルを他の表に適用するには、表にカーソルを置きコントロールパネルや「表スタイル」パネルで表スタイルを選択します。

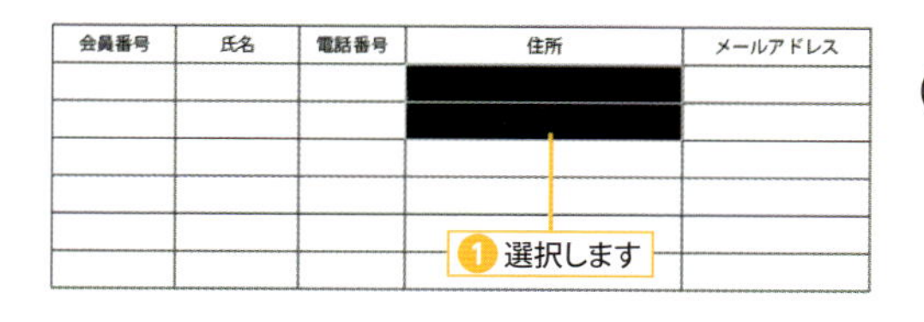

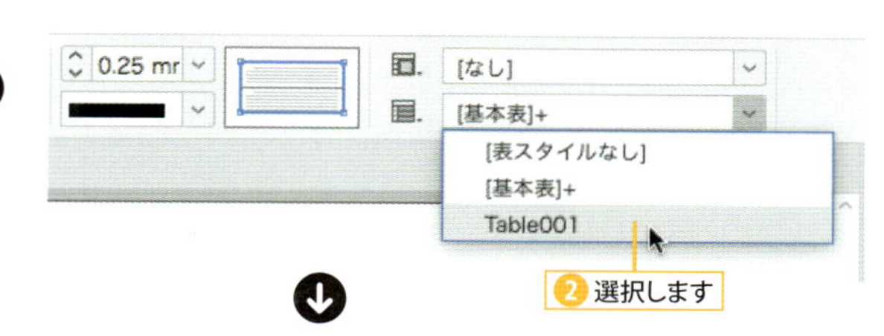

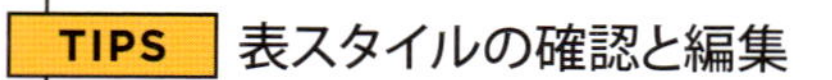

TIPS 表スタイルの確認と編集

「表スタイル」パネルでスタイル名をダブルクリックすると「表スタイルオプション」ダイアログボックスが開き、設定内容の確認と編集が可能です。

セルスタイルで個別にスタイルを設定する

セルスタイルは、表内のセルに個別に設定した塗りや罫線、テキストの配置位置など、セルの属性を設定します。

セル内の文字の組み方向や余白、配置位置などを設定しています。
「セルの塗り」でセル内が70%の濃紺に設定されています。
罫線は、表スタイルの設定によって適用されている設定が表示されています。

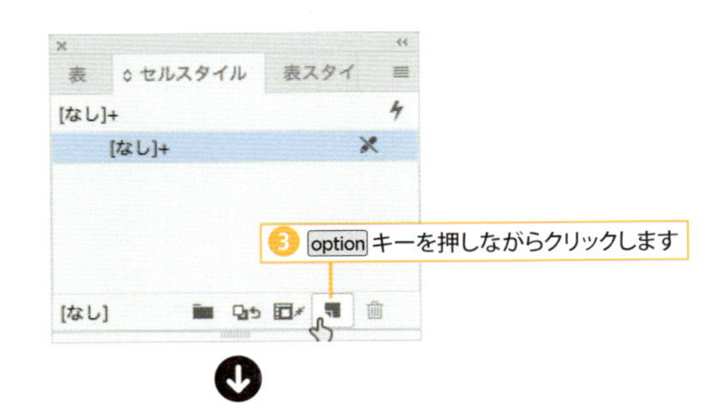

POINT

「基準」では、基準となる他の表スタイルを選択します。基準スタイルを設定すると、基準スタイルが変更されたときに、このスタイルも連動して変わります。

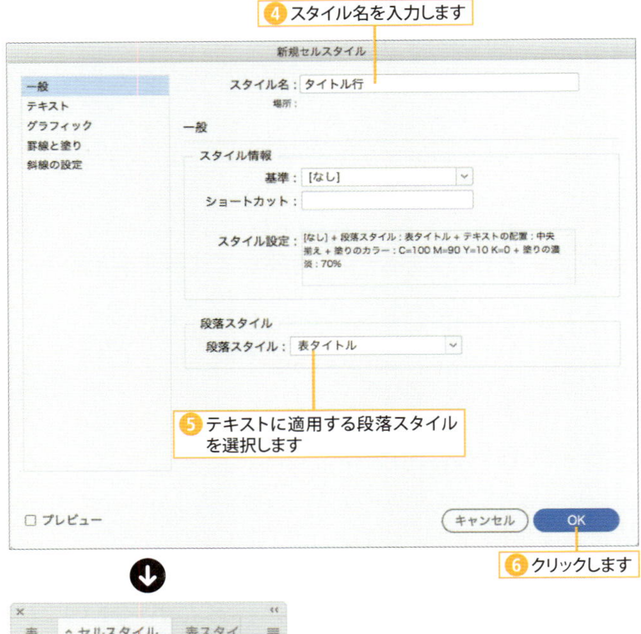

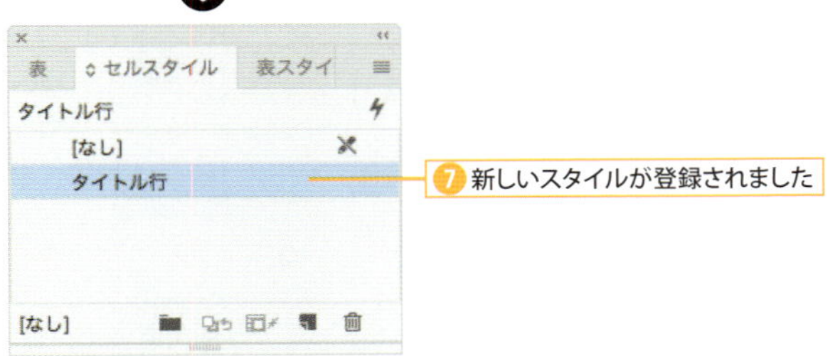

TIPS ダイアログボックスを開かずにセルスタイルを定義する

属性を設定したセルを選択しないで、新しいセルスタイルを登録してもかまいません。その場合、表のセルにカーソルを挿入してからセルスタイルを作成し、プレビューを見ながら各種属性を設定するとよいでしょう。

セルスタイルを適用する

登録したセルスタイルを適用するには、セルを選択して、コントロールパネルや「セルスタイル」パネルでセルスタイルを選択します。

POINT

「セルスタイル」パネルのスタイル名をダブルクリックすると、「セルスタイルオプション」ダイアログボックスが開いて、セルスタイルの設定を確認・編集できます。

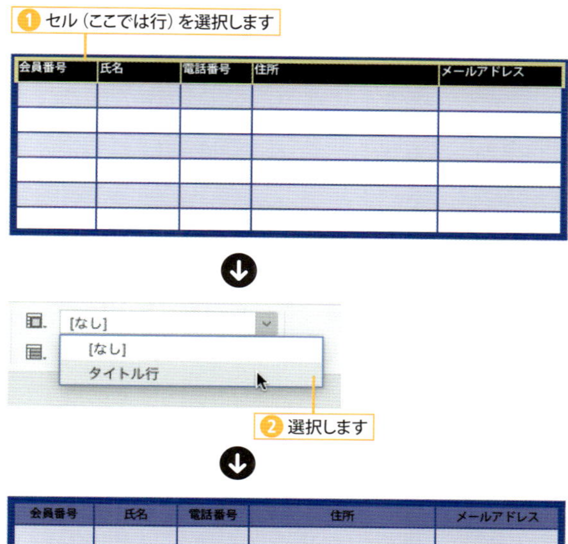

POINT

1つの表に表スタイルとセルスタイルが適用されている場合、セルスタイルの属性が優先されます。

セルスタイルを使った表スタイル

表スタイルには、ヘッダー行やフッター行、本文、左列、右列に対して、セルスタイルを指定できます。

また、セルスタイルを組み合わせて、罫線や塗りなど「表の属性」だけでは表現できないスタイルを登録することが可能です。

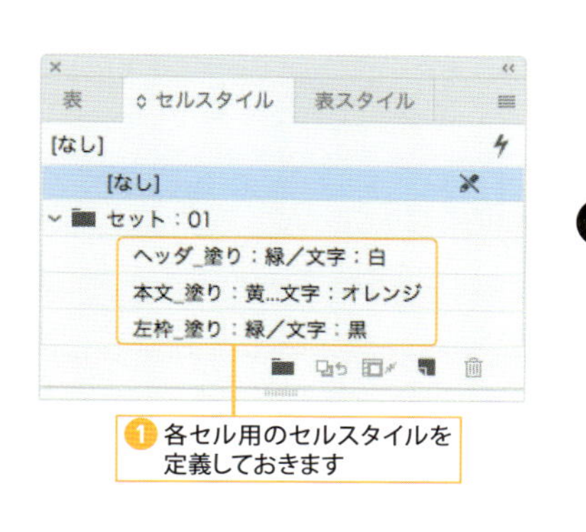

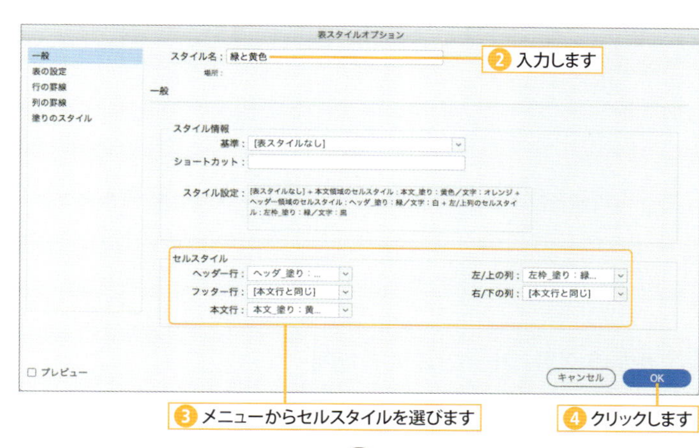

CHAPTER 10 表の作成と編集

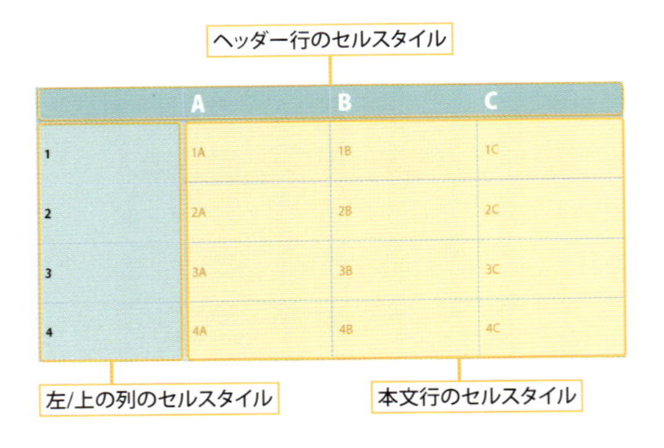

TIPS スタイルのオーバーライドの消去

表スタイルやセルスタイルを適用した表の属性を、後から変更（オーバーライド）した場合、「表スタイル」パネル（または「セルスタイル」パネル）の「スタイル名称+」という形式で表示されます。
パネル下部の をクリックすると、選択したセルや表のオーバーライドを消去できます。
また「セルスタイル」パネルでは、 をクリックするとスタイルで定義されていない属性を消去できます。

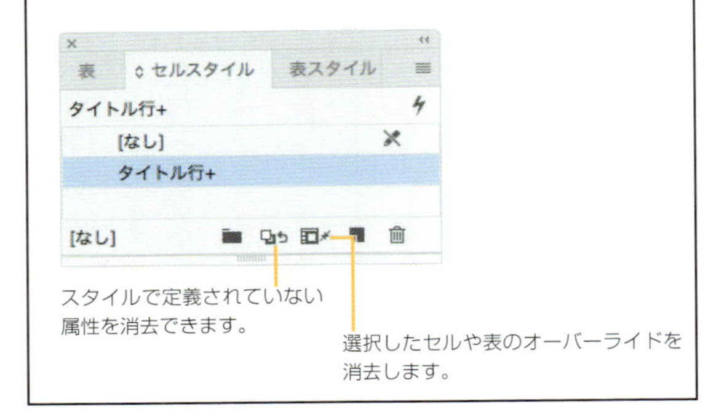

TIPS スタイルの再定義

表スタイルやセルスタイルを適用した表の属性を、後から変更（オーバーライド）した属性に置換したい場合は、スタイルを選択してから「スタイル再定義」を選択します。

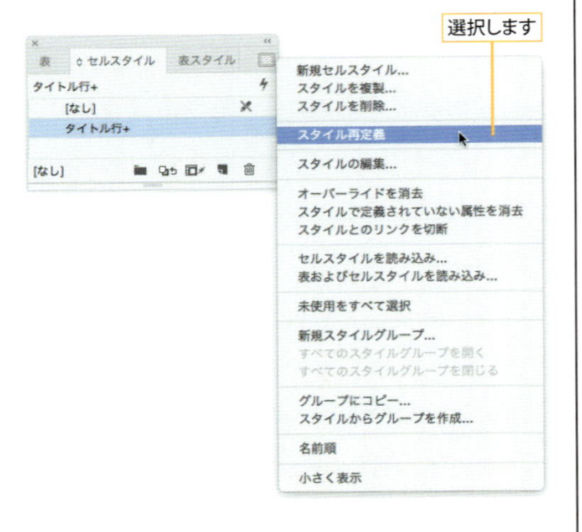

TIPS スタイルとの連動を切る

表スタイル（またはセルスタイル）を適用後に、コントロールパネルメニューや「表スタイル」パネルメニュー（または「セルスタイル」パネルメニュー）から「スタイルとのリンクを切断」を選択すると、外観はそのままですが、表スタイル（またはセルスタイル）とは連動しなくなります。

CHAPTER

11

ブック・目次・索引

ページ数の多い書籍や雑誌の制作は、いくつかのファイルに分割して作成するのが一般的です。ブック機能を使うと、複数のファイルをわかりやすくまとめて管理できます。
また、目次や索引も、内容に設定したスタイルや項目から自動で作成できます。
CHAPTER 11では、これらのブックや目次・索引の作成について説明します。

CS6 | CC | CC14 | CC15 | CC17

SECTION 11.1 ブック機能で複数のファイルをまとめる

使用頻度 ★★☆

ブック機能は、複数のドキュメントを1つにまとめて扱うための機能です。ページ数の多い書籍や雑誌などを制作する際、ページの通し番号の管理などに便利です。また、スタイルやスウォッチ、組み版設定なども共有できます。

ブックの作成とドキュメントの追加

ブックを作成すると、通常のドキュメントのようなページレイアウトを行うための画面は開かず、ブック名称のついた「ブック」パネルが開くので、まとめるドキュメントをパネルに追加します。

POINT

ブックの拡張子は.indbです。InDesignドキュメントファイルと同じ階層か、個々のドキュメントをフォルダーでまとめている場合には、1つ上の階層に保存するとよいでしょう。

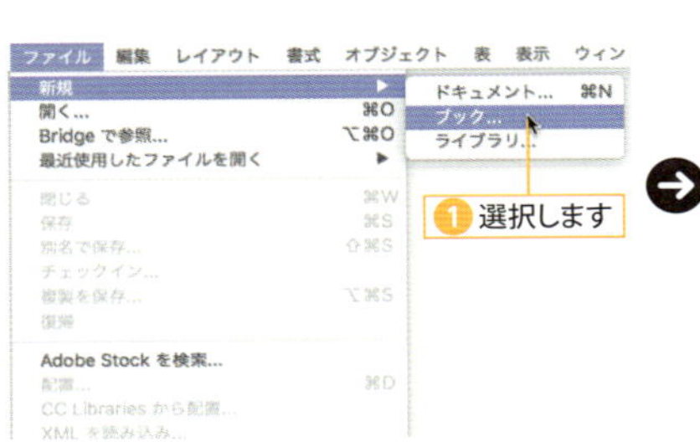

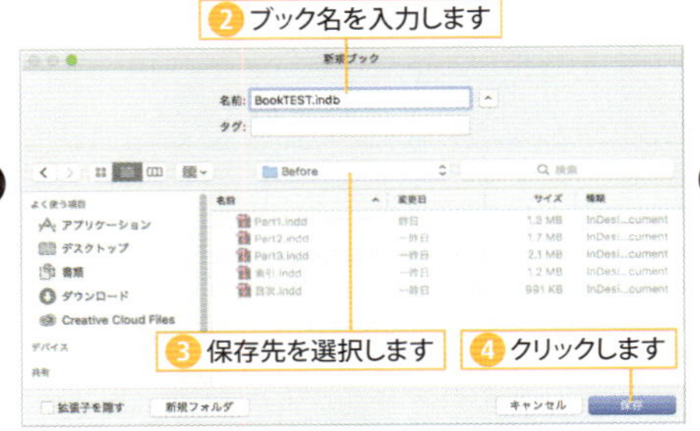

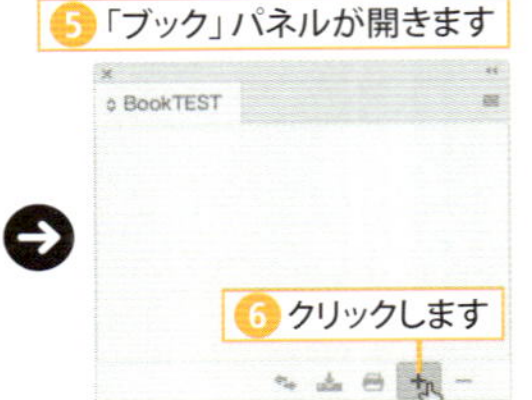

または、パネルメニューから「ドキュメントの追加」を選択します。

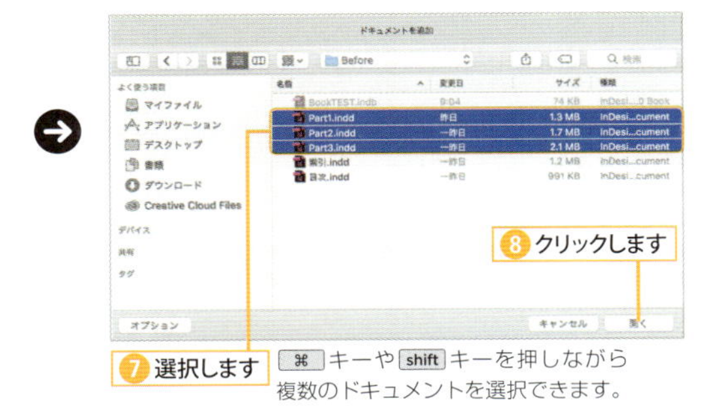

⌘キーやshiftキーを押しながら複数のドキュメントを選択できます。

ページ番号部分をダブルクリックして、「ドキュメントの番号割り当てオプション」ダイアログボックスで開始ページを設定できます。

登録されたドキュメントをダブルクリックすると、ドキュメントファイルが開きます。

POINT

ブックからドキュメントを削除する場合は、ドキュメントを選択して − をクリックしてください。

TIPS ブックでドキュメントの順番を変更する

ブックに追加した後、ドキュメントの順番を変更するには、ドラッグ&ドロップで並び順を変更してください。ページ番号も自動的に再設定されます。

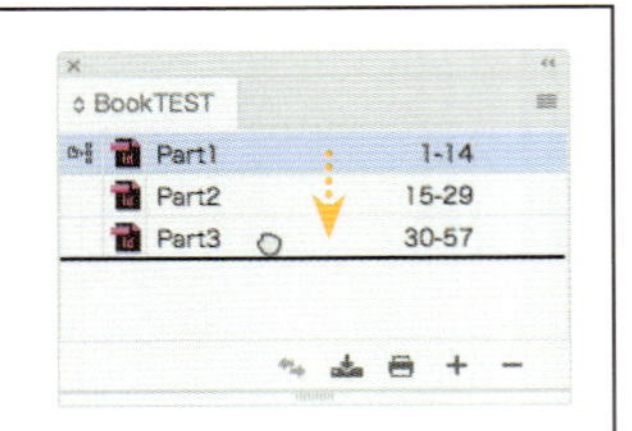

ブックからドキュメントを開く

「ブック」パネルからドキュメントを開くには、「ブック」パネルのドキュメント名をダブルクリックします。

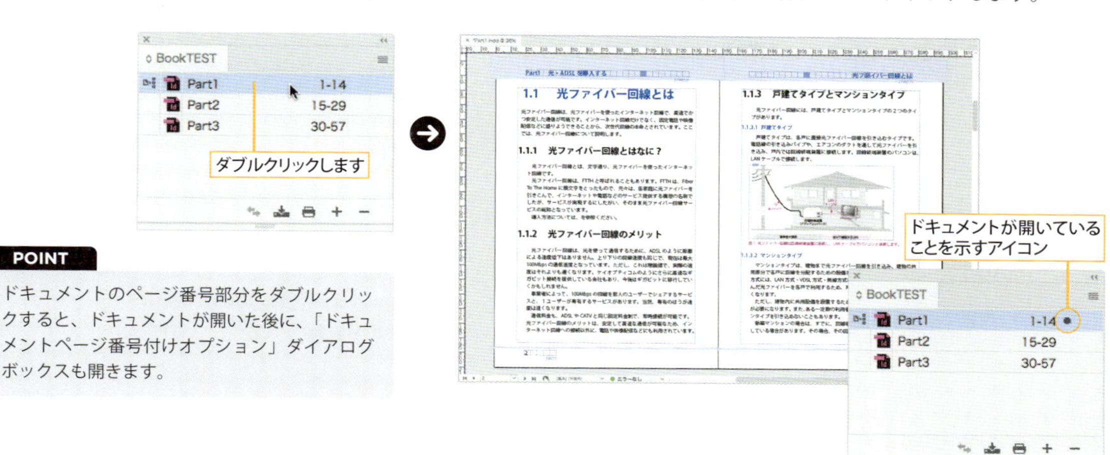

POINT

ドキュメントのページ番号部分をダブルクリックすると、ドキュメントが開いた後に、「ドキュメントページ番号付けオプション」ダイアログボックスも開きます。

ブックからページ番号を設定する

ブックに登録されたドキュメントのページ番号は、ドキュメントの「ページ番号とセクションの設定」（56ページ参照）の設定が適用されます。

ドキュメントに「自動ページ番号」が設定されている場合、ブック内のドキュメントの順番でページ番号が振られます。自動で番号が振られると、ドキュメントによっては先頭ページが奇数ページから偶数ページに変わってしまう場合があります。

▶ドキュメントの先頭ページを常に奇数ページ（または偶数ページ）にする

「ブック」パネルメニューの「ブックのページ番号設定」の設定によって、ブック内のドキュメントの先頭ページを常に奇数ページ（または偶数ページ）にできます。

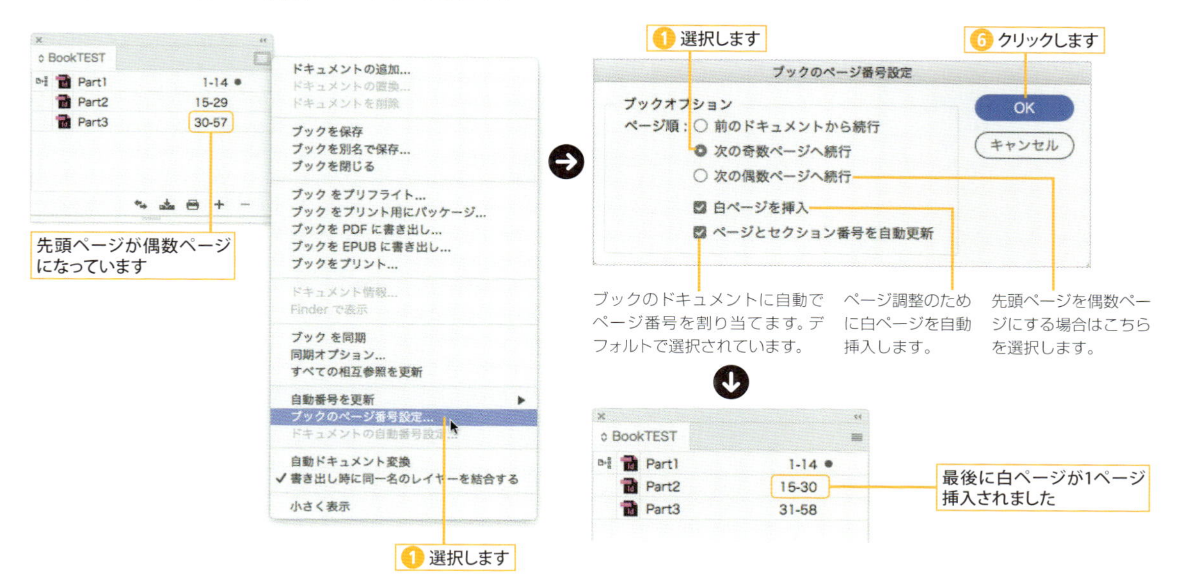

▶ドキュメントページのページ構成が変わった場合

「ブック」パネルが開いた状態では、ドキュメントを編集してページ数が変わると、ブックに反映されます。

「ブック」パネルを閉じた状態でドキュメントを直接開いて編集し、内容やページ数が変わった場合は「ブック」パネルに⚠が表示されます。

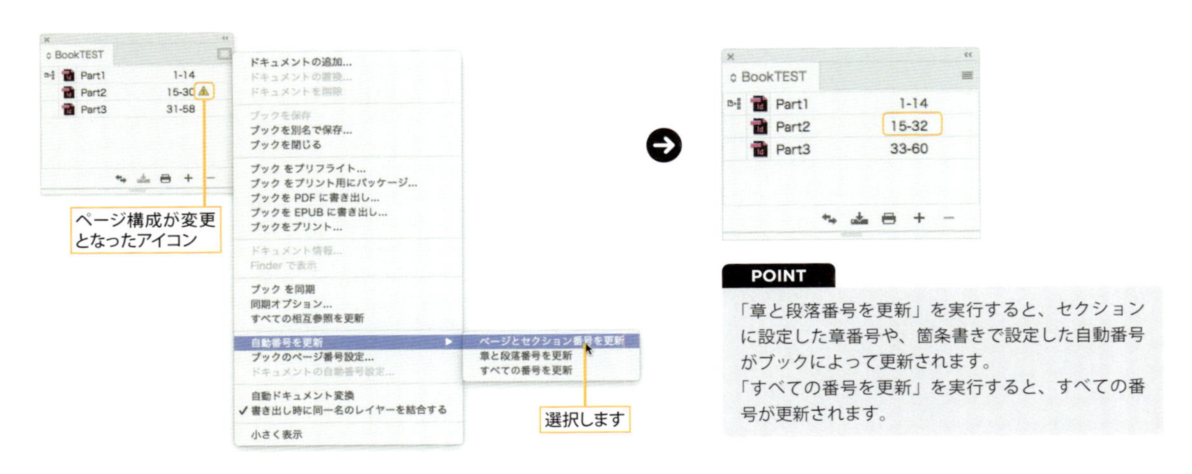

POINT

「章と段落番号を更新」を実行すると、セクションに設定した章番号や、箇条書きで設定した自動番号がブックによって更新されます。
「すべての番号を更新」を実行すると、すべての番号が更新されます。

ドキュメントのスタイルなどの設定を統一する

ブックでは、追加したドキュメントの中で基準となるドキュメントを「スタイルソース」として設定し、他のドキュメントにスタイルやスウォッチなどの設定をコピーできます。

スタイルソースは、「ブック」パネルの左側にが表示されているドキュメントとなります。スタイルソースを変更するには、他のドキュメントの左側の空白欄をクリックしてください。

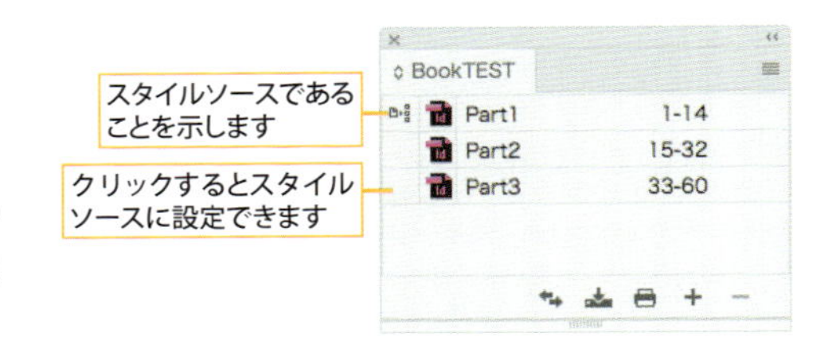

▶スタイル設定のコピー（ブックの同期）

「ブック」パネルのをクリックすると、スタイルソースの設定が他のドキュメントにコピーされます。

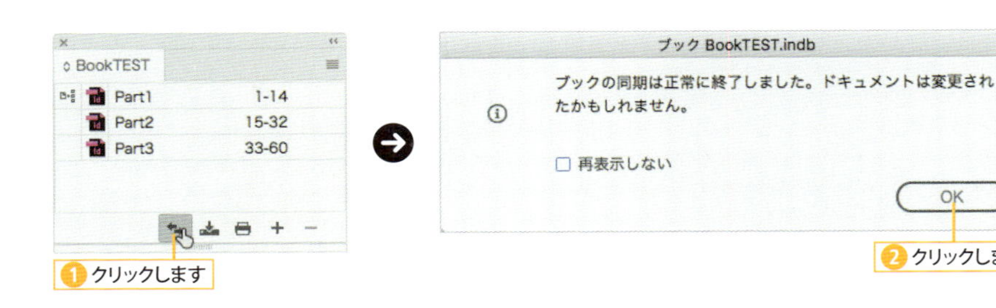

どの項目がコピーされるかは、「ブック」パネルメニューの「同期オプション」を選択し表示される「同期オプション」ダイアログボックスで設定できます。

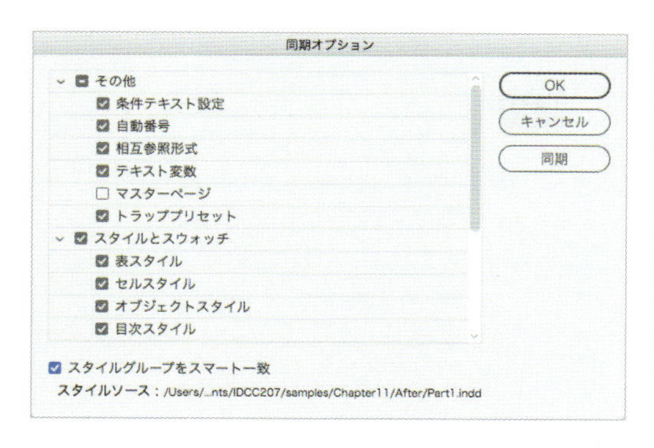

POINT

スタイル設定が変更されたことにより、表示されているドキュメントでテキストのオーバーセットが起こる可能性を警告するダイアログボックスが表示される場合があります。
この場合、同期実行後にドキュメントにオーバーセットが起こっていないかを確認してください。

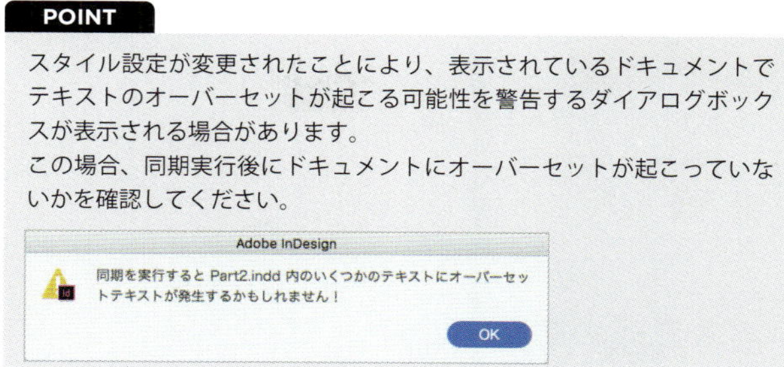

TIPS ブックでの相互参照の更新

「ブック」パネルメニューの「すべての相互参照を更新」でブック内のすべての相互参照を更新できます。
更新の結果、レイアウトが変わる場合もあるので、必ず確認してください。

ブックの保存・印刷・プリフライト・PDF書き出し

ブックの保存

ブックはドキュメントファイルと同様に独立したファイルです。ブックに変更を加えた場合、保存しないと割り当てたページ番号などの情報が保存されません。ブックの構成に変更があった場合は、「ブック」パネルの「ブックの保存」ボタン をクリックして保存してください。

ブックの印刷、プリフライト、PDFの書き出し

「ブック」パネルのドキュメントを選択し、「ブックを印刷」ボタン をクリックするとプリントできます。ドキュメントを選択しない場合は、ブック全体の印刷になります。

印刷と同様に、「ブック」パネルメニューからブック全体のプリフライト、パッケージ、PDF書き出し、EPUB書き出しなどの操作が可能です。

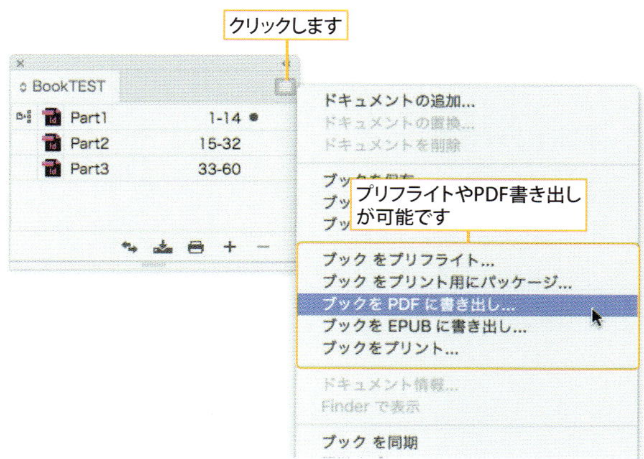

SECTION 11.2 目次を作成する

使用頻度 ★★☆

InDesignには、ドキュメント内の段落スタイルを適用したテキストを抽出して、目次を自動作成する機能があります。ブックと併せて利用すれば、ページ数の多いドキュメントの目次もあっという間に作成できます。

目次作成の準備

目次を自動作成する前に、準備しておきたいことが2点あります。

▶目次用のページを作成する

目次用のページを作成しておきましょう。ブックを使用している場合は、目次用ドキュメントを作成してブックの先頭に登録するとよいでしょう。

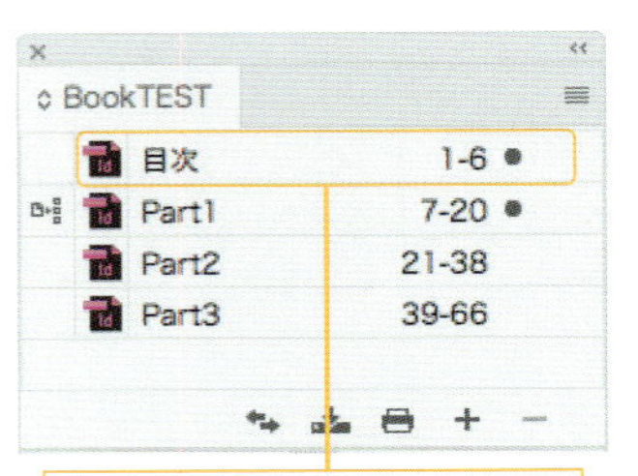

ブックを使用する場合は、目次用のドキュメントを作成して、ブックの先頭に登録しておきます

POINT

ドキュメントに索引を付ける場合は、索引のページも作成してから目次を作成したほうが効率的です。

▶目次の段落スタイルを設定する

本文ページのどのレベルの段落まで目次に含めるかを考え、目次の段落スタイルを設定しましょう。

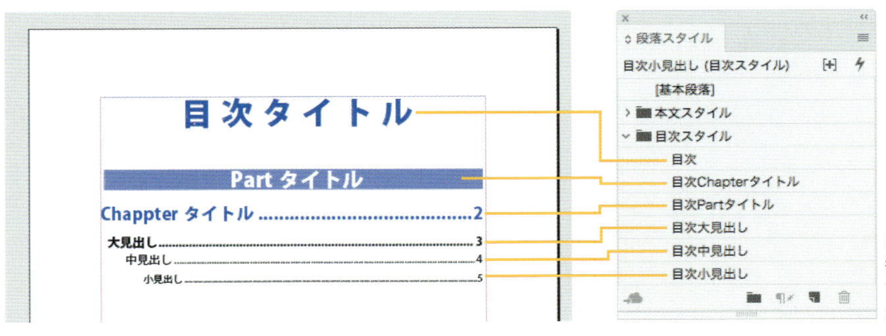

目次用の段落スタイルを登録します。行送りなどは、目次を作成後に微調整するようにして、おおまかなデザインだけでも決めておきましょう。

目次の自動作成

目次を自動作成するには、「レイアウト」メニューの「目次」を選択します。

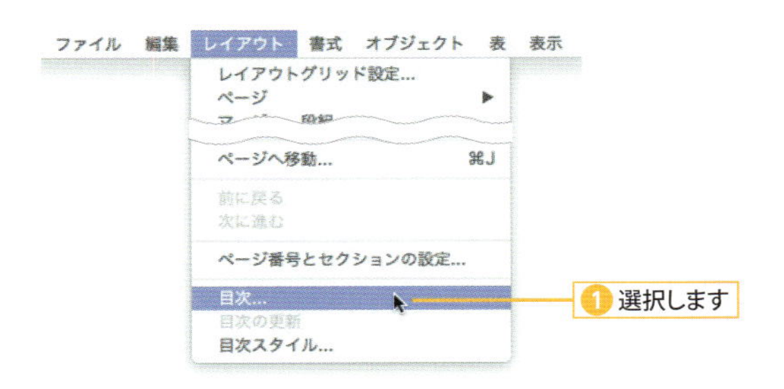

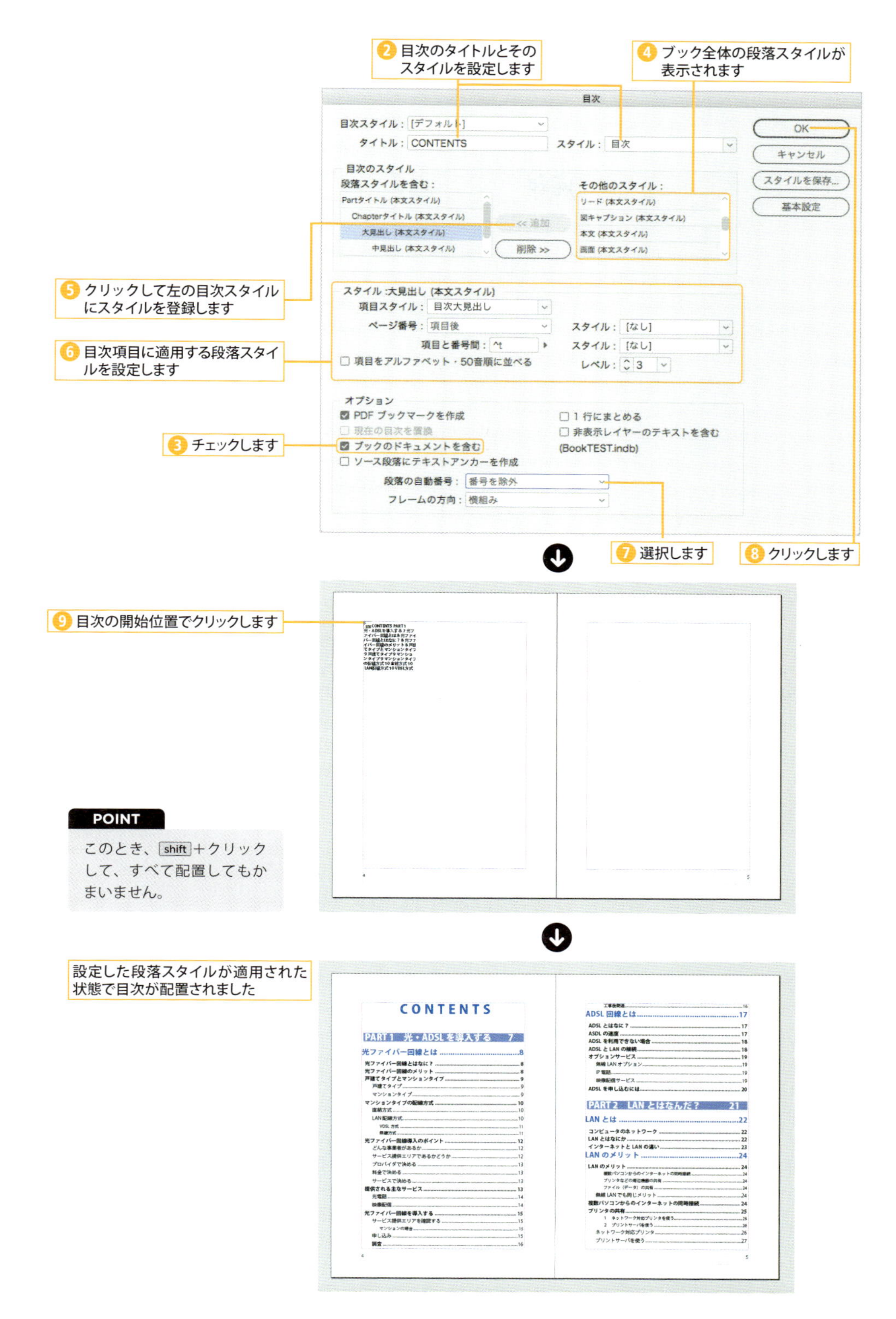

POINT

このとき、shift+クリックして、すべて配置してもかまいません。

▶「目次」ダイアログボックスの設定

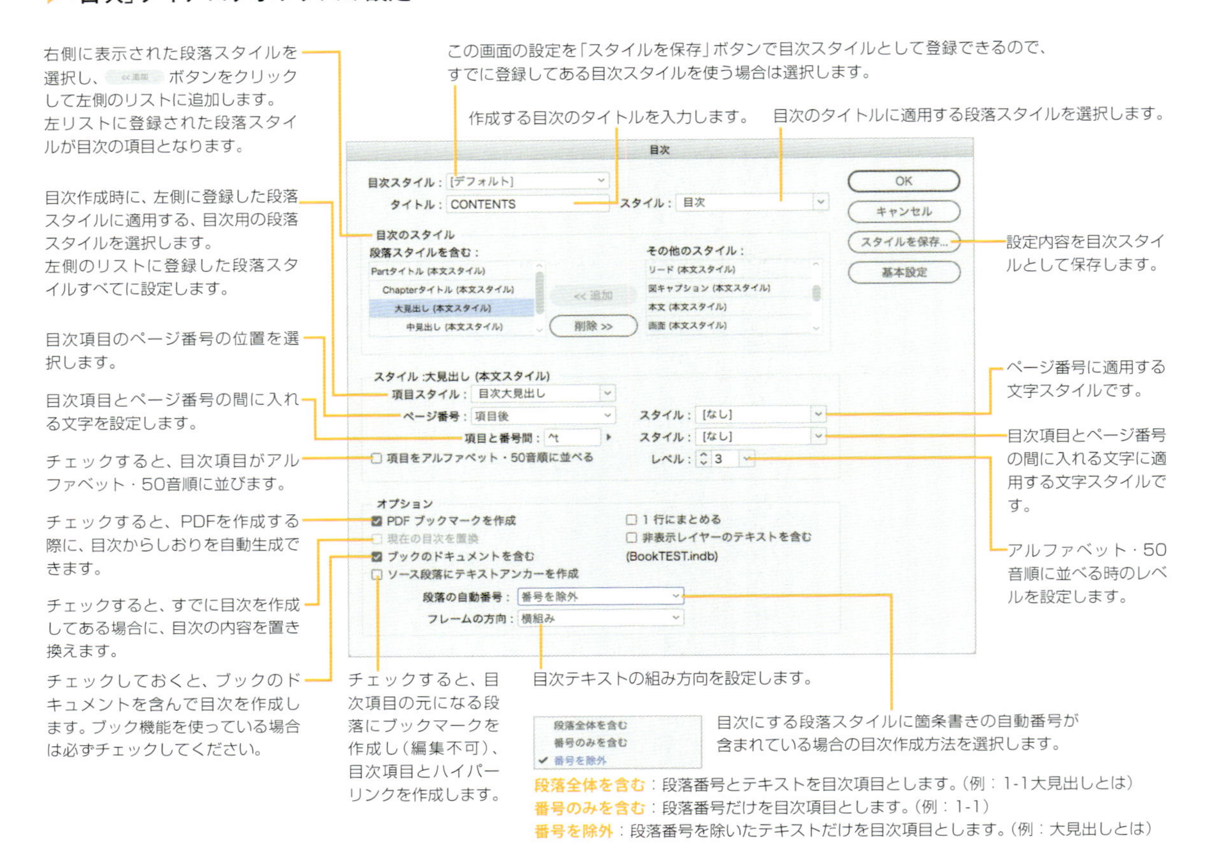
右側に表示された段落スタイルを選択し、<<追加 ボタンをクリックして左側のリストに追加します。左リストに登録された段落スタイルが目次の項目となります。
この画面の設定を「スタイルを保存」ボタンで目次スタイルとして登録できるので、すでに登録してある目次スタイルを使う場合は選択します。
作成する目次のタイトルを入力します。
目次のタイトルに適用する段落スタイルを選択します。
目次作成時に、左側に登録した段落スタイルに適用する、目次用の段落スタイルを選択します。左側のリストに登録した段落スタイルすべてに設定します。
設定内容を目次スタイルとして保存します。
目次項目のページ番号の位置を選択します。
目次項目とページ番号の間に入れる文字を設定します。
チェックすると、目次項目がアルファベット・50音順に並びます。
ページ番号に適用する文字スタイルです。
目次項目とページ番号の間に入れる文字に適用する文字スタイルです。
アルファベット・50音順に並べる時のレベルを設定します。
チェックすると、PDFを作成する際に、目次からしおりを自動生成できます。
チェックすると、すでに目次を作成してある場合に、目次の内容を置き換えます。
チェックしておくと、ブックのドキュメントを含んで目次を作成します。ブック機能を使っている場合は必ずチェックしてください。
チェックすると、目次項目の元になる段落にブックマークを作成し（編集不可）、目次項目とハイパーリンクを作成します。
目次テキストの組み方向を設定します。
目次にする段落スタイルに箇条書きの自動番号が含まれている場合の目次作成方法を選択します。
目次
目次スタイル：[デフォルト]
タイトル：CONTENTS
スタイル：目次
OK
キャンセル
スタイルを保存...
基本設定
目次のスタイル
段落スタイルを含む：
Partタイトル (本文スタイル)
Chapterタイトル (本文スタイル)
大見出し (本文スタイル)
中見出し (本文スタイル)
<< 追加
削除 >>
その他のスタイル：
リード (本文スタイル)
図キャプション (本文スタイル)
本文 (本文スタイル)
画面 (本文スタイル)
スタイル：大見出し (本文スタイル)
項目スタイル：目次大見出し
ページ番号：項目後
スタイル：[なし]
項目と番号間：^t
スタイル：[なし]
項目をアルファベット・50音順に並べる
レベル：3
オプション
PDF ブックマークを作成
現在の目次を置換
ブックのドキュメントを含む
ソース段落にテキストアンカーを作成
1 行にまとめる
非表示レイヤーのテキストを含む
(BookTEST.indb)
段落の自動番号：番号を除外
フレームの方向：横組み
段落全体を含む
番号のみを含む
番号を除外

段落全体を含む：段落番号とテキストを目次項目とします。（例：1-1大見出しとは）
番号のみを含む：段落番号だけを目次項目とします。（例：1-1）
番号を除外：段落番号を除いたテキストだけを目次項目とします。（例：大見出しとは）

目次の更新

本文中のページ構成が変わった場合などは、目次を最新のものに更新する必要があります。
「レイアウト」メニューの「目次の更新」を選択すると、すでに配置した目次が自動更新されます。

SECTION 11.3 索引を作成する

使用頻度 ★★☆

ドキュメント中から索引に含めたい語句を拾い出し、読みがなを入力すれば、索引を自動作成できます。

索引項目の登録

索引を自動作成するには、ドキュメントのテキストから索引の項目を拾い出して、「索引」パネルに索引項目として登録します。

「索引」パネルは、「ウィンドウ」メニューの「書式と表」から「索引」（shift＋F8）を選択して表示します。

▶索引項目を登録する

索引を作成するには、索引に登録する語句とその読みを設定します。

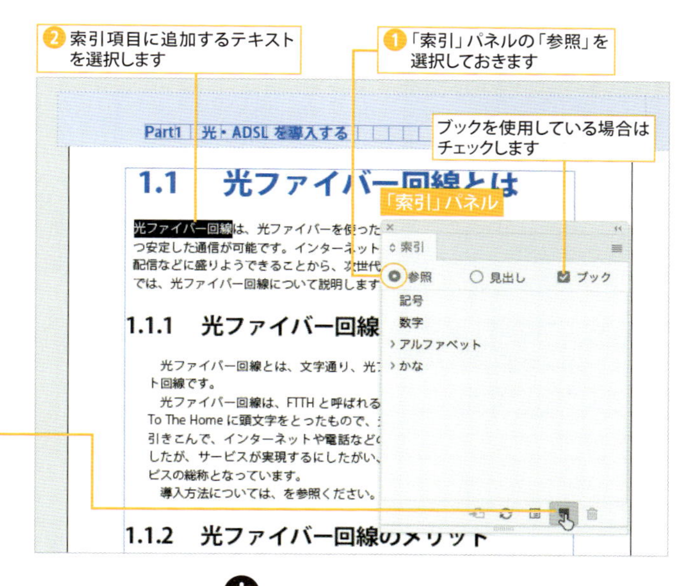

POINT

⌘＋7キーで「新規ページ参照」ダイアログボックスを開くことができます。

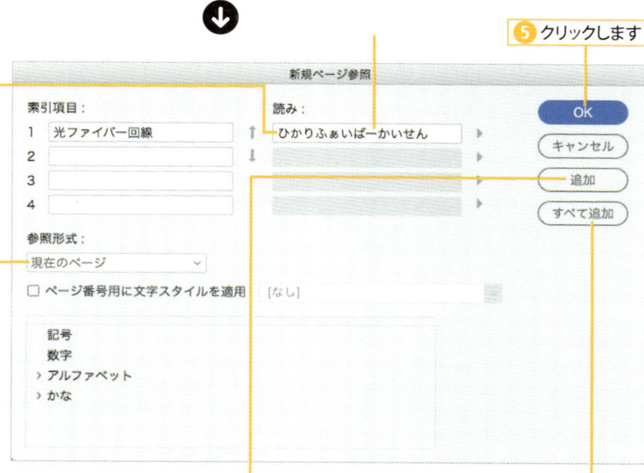

ページ番号でなく他の項目を参照する場合などに利用します。通常は「現在のページ」でかまいません。

選択した語句のあるページをすべて索引項目として検索し、追加します。

索引に追加しますが、ダイアログボックスは閉じません。同じ語句をレベルの異なる他の索引項目として登録する場合に利用してください。

POINT

「すべて追加」ボタンをクリックすると、ドキュメントやブック内の同じ語句を検索して自動的に索引に追加することができます。
ただし、索引に登録したくない場合にも登録されるので後でチェックが必要です。

⑥「索引」パネルに索引項目とページ参照が追加されます

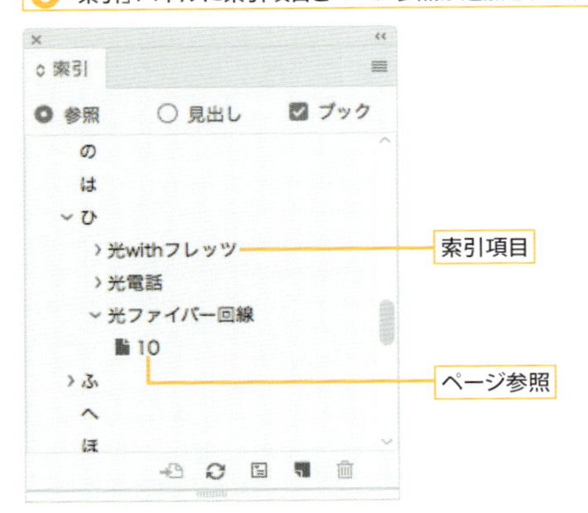

⑦以降、同じ手順で索引の項目となる語句を登録します

TIPS 索引にレベルを設定する

索引項目にレベルを設定できます。たとえば、「ネットワーク」という項目の下位レベルに「インターネット」という項目を追加したい場合は、「新規ページ参照」ダイアログボックスで上位レベルから設定して項目に登録してください。

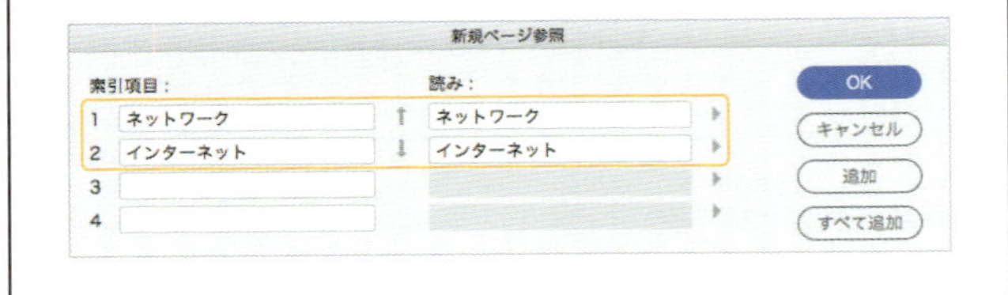

ストーリーエディターを使って索引登録する

索引の追加には、「ストーリーエディター」（121ページ参照）を使うと便利です。ストーリーエディターであれば、ページ描画も速いため、作業の効率が高まります。

ストーリーエディターでは、索引項目に追加した語句の前に ▭ が表示されます。

ストーリーエディターで索引を登録します

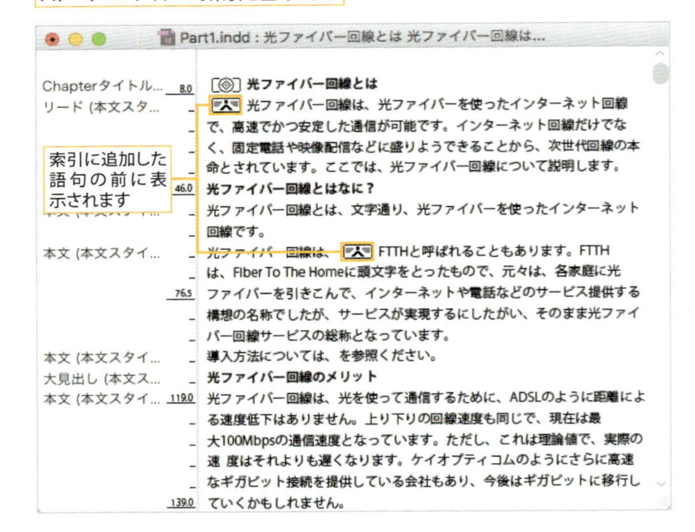

「索引」パネルの編集

「索引」パネルには、登録した索引項目がすべて表示されます。ブックの場合は、開いているドキュメントの項目がすべて表示されます。索引を作成する前に「索引」パネルで索引がどのような状態になっているかをプレビューできるので、登録漏れがないかを確認できます。

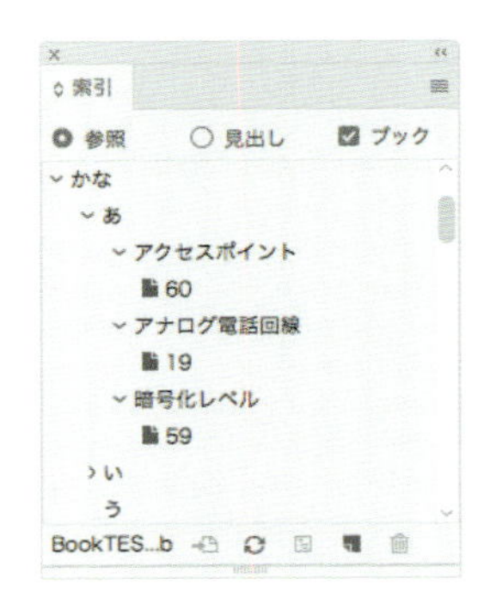

▶索引の編集

読みが異なっていた場合などは、索引項目をダブルクリックして見出しオプション」ダイアログボックスで読みを修正できます。

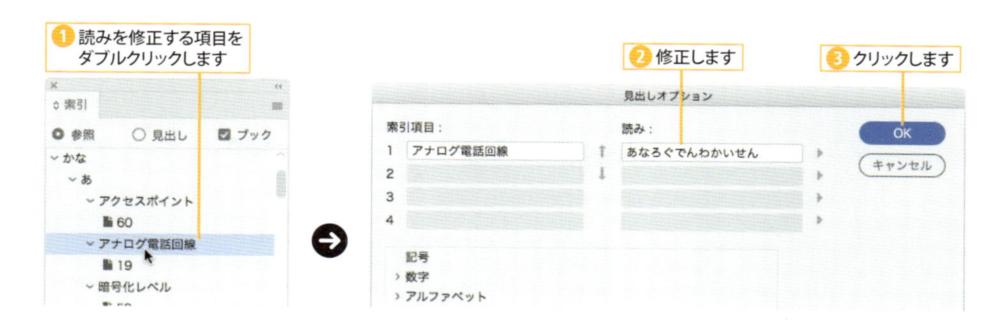

▶索引項目を削除する

索引項目やその項目が参照するページを削除するには、「索引」パネルで削除する項目・ページ番号を選択して「選択した項目を削除」ボタン をクリックします。

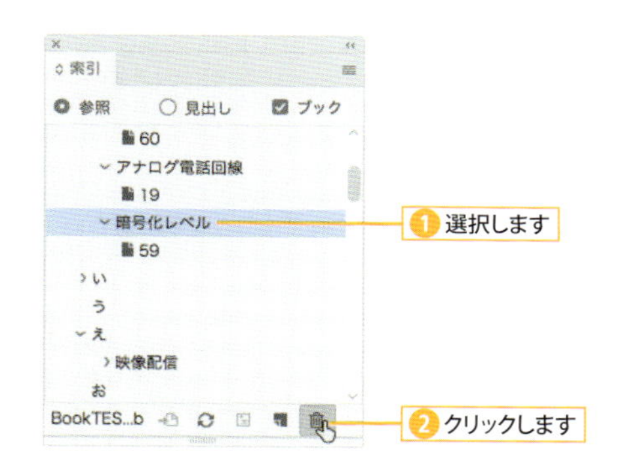

TIPS 参照ページが複数ある項目の削除

項目の追加時に「すべて追加」で登録した場合など、参照ページが複数ある項目を削除する場合は、項目を選択後に「索引」パネルメニューの「見出しを削除」で削除してください。

索引を作成する

索引項目の登録が終了したら、索引を作成してページに割り付けます。ブックの索引を作成する場合は、索引用のドキュメントを作成してブックに追加登録しておくとよいでしょう。

「索引の作成」ダイアログボックスの「タイトル」に索引のタイトルを設定し、「タイトルのスタイル」に索引タイトルの段落スタイルデフォルトでは「索引タイトル」）を選択します。

また、ブックを使用している場合は、「ブックのドキュメントを含む」に必ずチェックしてください。

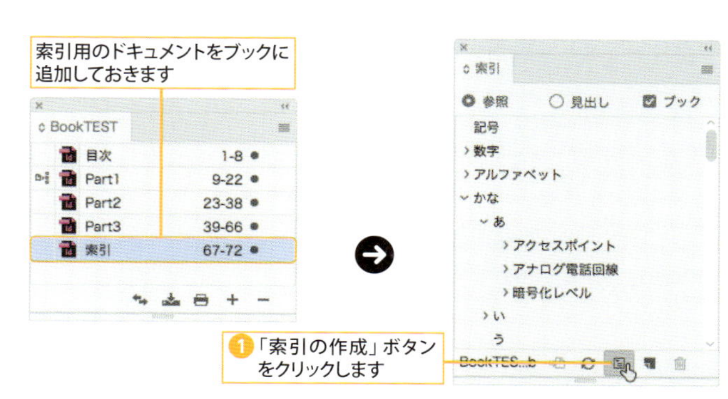

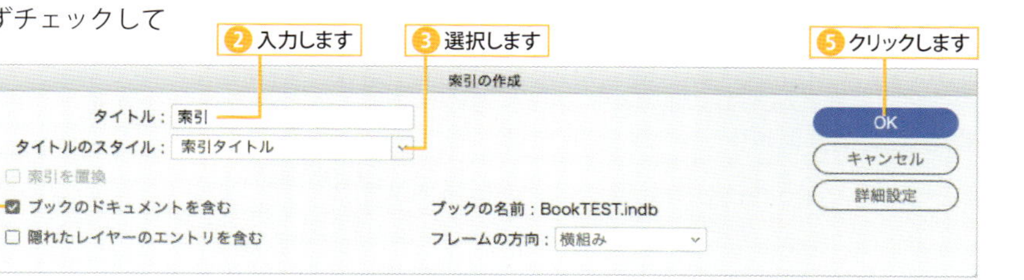

「索引の作成」ダイアログボックスで「OK」ボタンをクリックすると索引用のテキストが配置できる状態になるので、クリックして配置します。

shift ＋クリックですべて配置してもかまいません。

❻ クリックして割り付けます

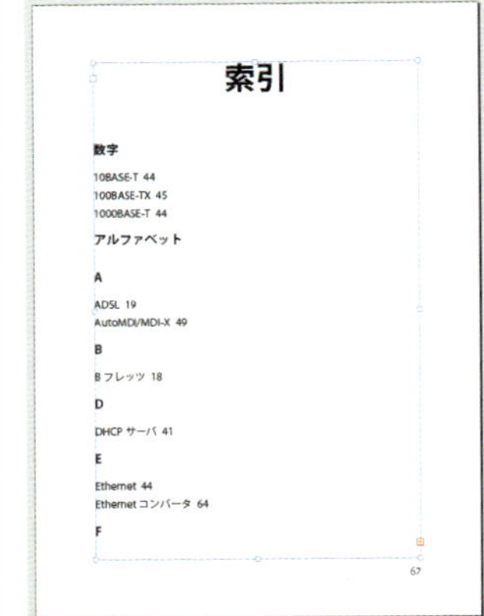

POINT

索引用の新しいドキュメントを作成し、ブックに登録して、そこに作成しておきましょう。

TIPS 配置していないテキストがある場合

ドキュメント内に配置していないテキストがあり、その部分に索引項目の設定がされている場合は、右図のダイアログボックスが表示されます。
オーバーセットテキストを配置するかどうかで判断してください。

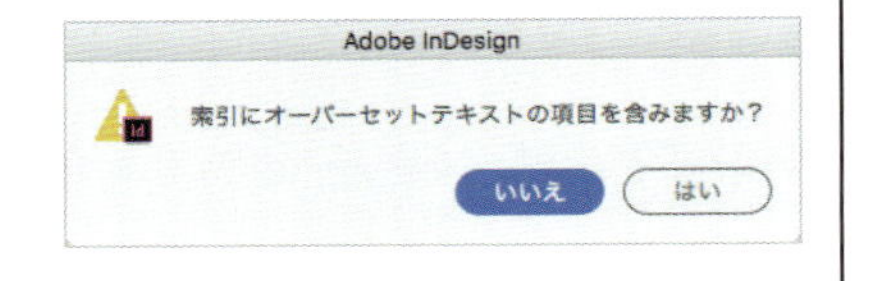

▶ レイアウトを整える

索引を作成すると、タイトルや項目などにすべて自動で索引用の段落スタイルが適用されます。
段落スタイルを編集して、レイアウトを整えてください。

▶ 詳細設定

「索引の作成」ダイアログボックスで「詳細設定」ボタンをクリックすると、レベルスタイルや索引スタイル、項目分離など索引作成時の詳細な設定が可能です。

索引項目の段落スタイルも選択できます。

▶ 索引を更新する

索引の項目内容を変更した場合は、索引を作成し直す必要があります。

再度、同じ手順で「索引の作成」ダイアログボックスを開き、「索引を置換」にチェックを入れて「OK」ボタンをクリックすると、配置した索引が更新されます。

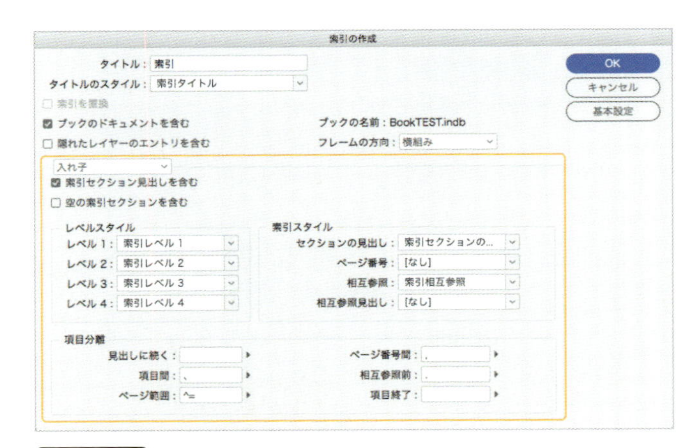

POINT

InDesign CC以降、EPUB出力した際、索引も出力されるようになりました。索引のページ番号とのハイパーリンクが作成されます。

CHAPTER

12

印刷・パッケージ・書き出し

制作物が完成したら、納品前に使用目的に応じたプリフライトを行い、正しいデータであるかをチェックしましょう。
また、パッケージ機能を使って、配置した画像データや使用しているフォントも1つのフォルダにまとめましょう。
CHAPTER 12では、これらのプリフライトやパッケージに加え、プリントアウトや各種データへの書き出し方法について説明します。

CS6 | CC | CC14 | CC15 | CC17

SECTION 12.1 プリントの設定と印刷

使用頻度

InDesignで作成したドキュメントの印刷・出力について説明します。印刷を行う前に、必ずプリントの設定を行います。

プリンターのプロパティの設定

「ファイル」メニューの「プリント」（⌘＋P）を選択すると、「プリント」ダイアログボックスが表示されます。印刷を実行する前にプリンターやプリセット、PPDの選択を行います。

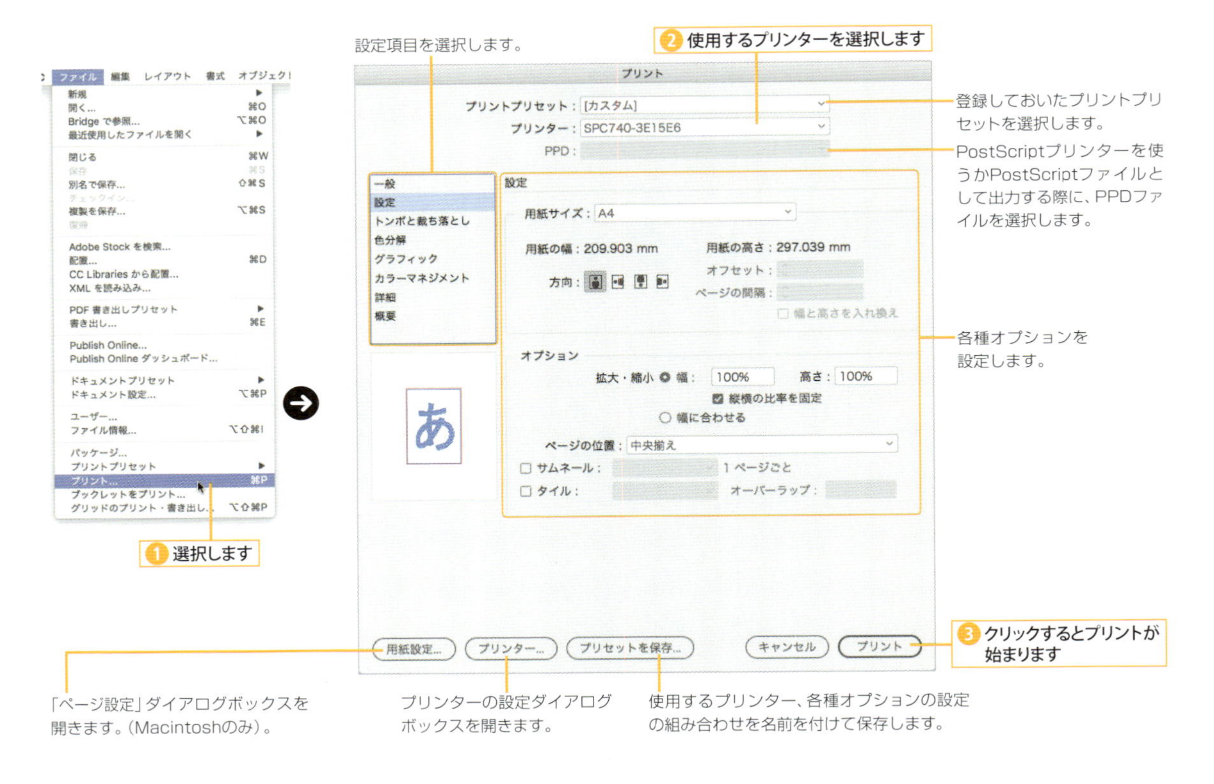

設定項目を選択します。
2 使用するプリンターを選択します
登録しておいたプリントプリセットを選択します。
PostScriptプリンターを使うかPostScriptファイルとして出力する際に、PPDファイルを選択します。
各種オプションを設定します。
1 選択します
3 クリックするとプリントが始まります
「ページ設定」ダイアログボックスを開きます。（Macintoshのみ）。
プリンターの設定ダイアログボックスを開きます。
使用するプリンター、各種オプションの設定の組み合わせを名前を付けて保存します。

POINT

PostScriptプリンター以外のプリンターでも問題なく印刷できます。

TIPS 新規にプリンターを登録する

新規にプリンターを接続した場合、macOSでは「システム環境設定」の「プリントとスキャン」でプリンターを登録しておきます。Windowsでは「コントロールパネル」の「デバイスとプリンター」で接続されたプリンターの登録を行ってください。

「プリント」ダイアログボックス：一般

「一般」では、印刷するページ範囲などを設定します。

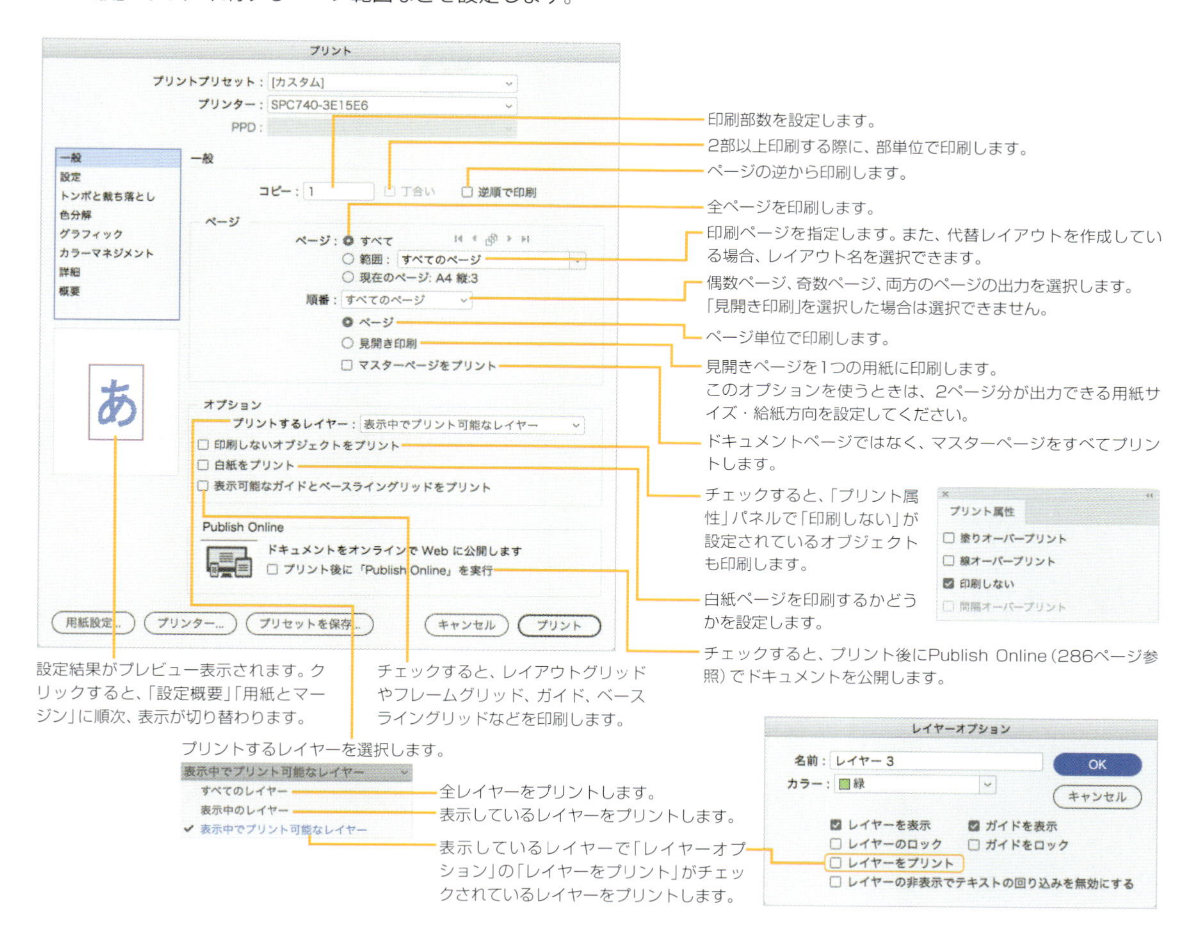

▶ページ指定の方法について

印刷範囲のページ番号は、セクションで指定したページ番号が基本となります。

複数のページを指定するには「**,**」（カンマ）で区切ります。連続するページの場合は「**-**」（ハイフン）で範囲を指定します。たとえば「**1-3,5,7**」と指定すると、**1・2・3・5・7**ページが印刷できます。指定したページ以降をすべて印刷するには、たとえば「**8-**」と指定すると、**8ページ以降**がすべて印刷されます。また「**-8**」と指定すると、**先頭から8ページまで**印刷できます。

ドキュメント内にセクションが設定されている場合は、セクションプレフィックスとページ番号をセットで指定する必要があります。セクションプレフィックス「Sec1:」というセクションの2ページを印刷するには、「**Sec1:2**」、「Sec2:」セクションの2～5ページを印刷するには、「**Sec2:2-Sec2:5**」と指定します。セクション内の全ページを印刷するには、「Sec2:」のようにセクションプレフィックスだけを指定します。

代替レイアウトを使用している場合は、代替レイアウト名を選択するとそのレイアウトの全ページを印刷できます。代替レイアウトの一部を印刷したい場合は、「**代替レイアウト名:3**」のように「代替レイアウト名:」の後にページ番号を指定します。

セクションを設定したドキュメント内で、セクションを指定せずにドキュメント内の先頭からのページ数で指定することもできます。たとえば、先頭から8ページ目を印刷するには、「**+8**」と指定します。この指定方法でも、「,」や「-」を使用できます。

「InDesign」メニュー（Windows版は「編集」メニュー）の「環境設定」の「一般」にある「ページ番号」が「セクションごと」（初期設定）となっている場合に、上記の設定が可能になります。設定を「ページごと」に変更すると、「ページ」パネルでの表示が先頭ページからの通し番号で表示され、印刷時の指定も、このページ番号でないと指定できなくなります。

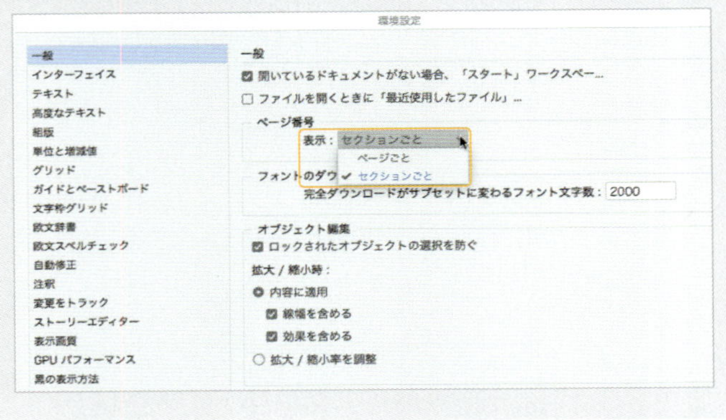

「プリント」ダイアログボックス：設定

「設定」では、用紙サイズや印刷方向などを設定します。

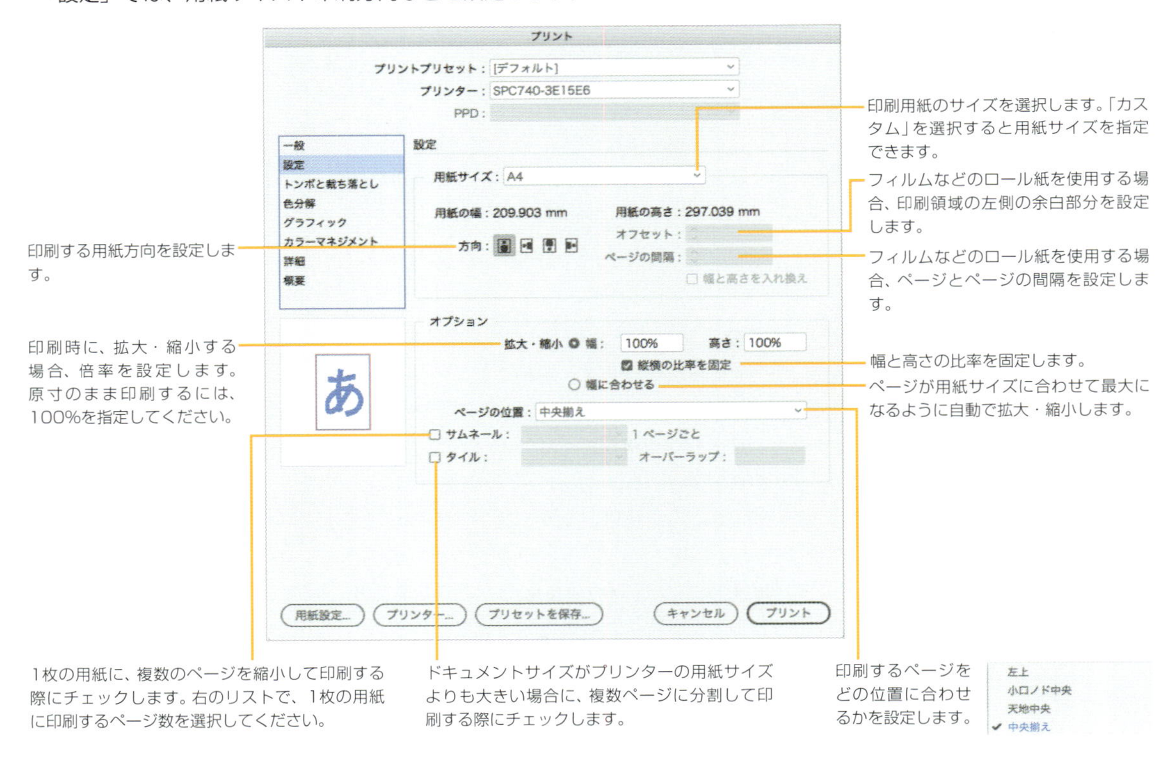

「プリント」ダイアログボックス：トンボと裁ち落とし

トンボや裁ち落とし幅を設定します。

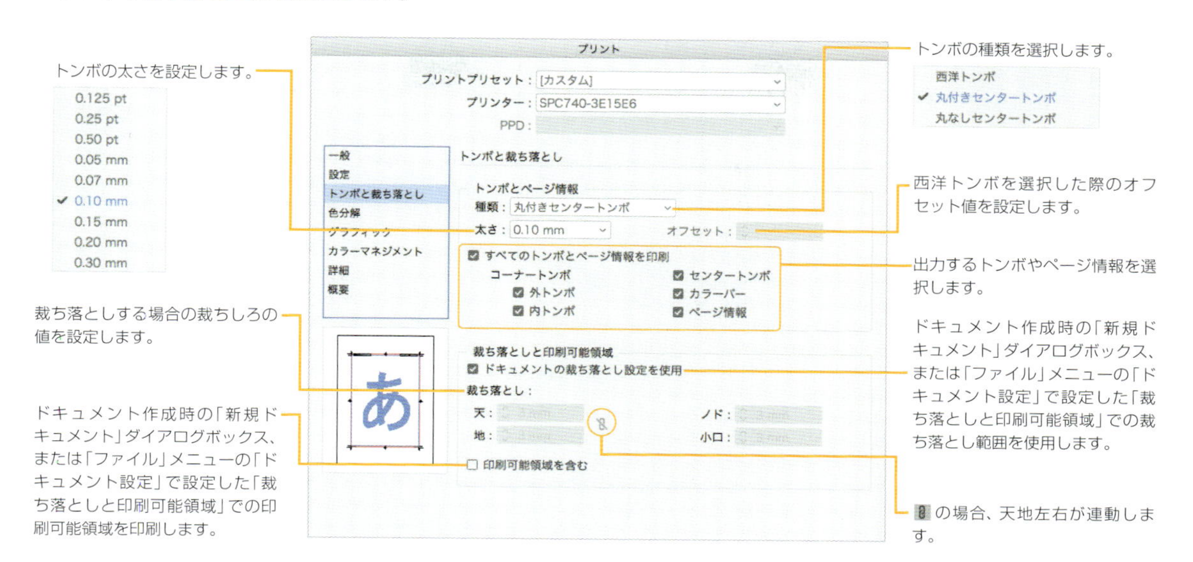

「プリント」ダイアログボックス：色分解

プリント時に分版する際の設定を行います。ここでの設定の多くは、PostScriptプリンターを使用する場合にのみ必要です。

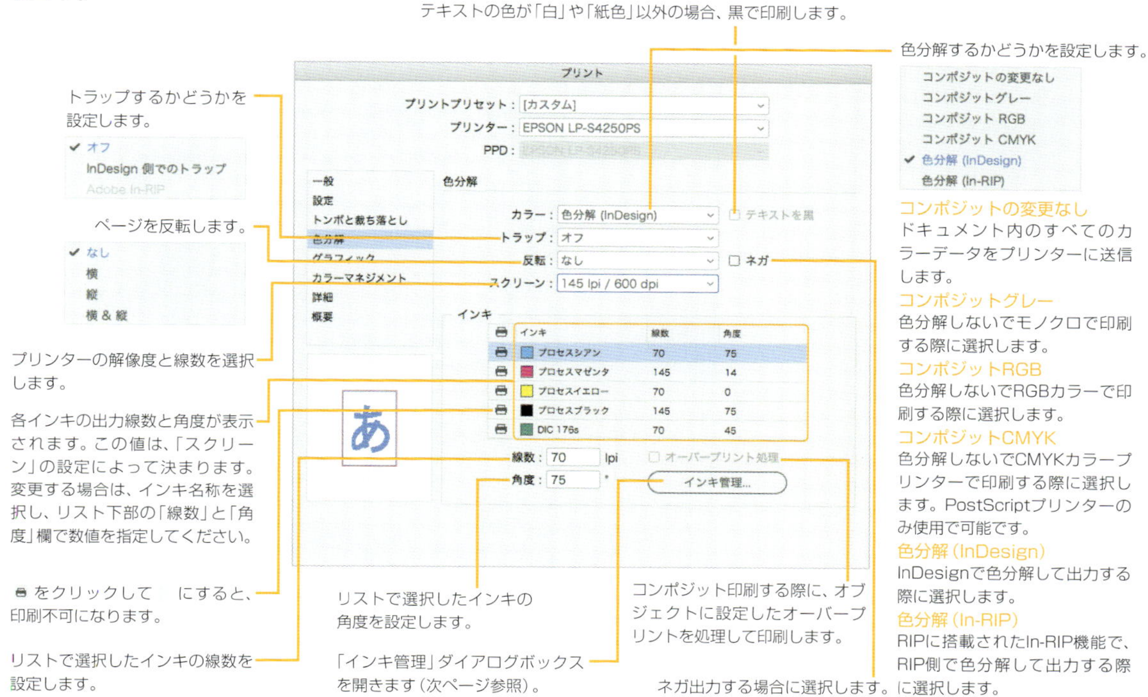

▶ インキ管理

「インキ管理」ボタンをクリックすると「インキ管理」ダイアログボックスが開き、使用するインキを管理できます。

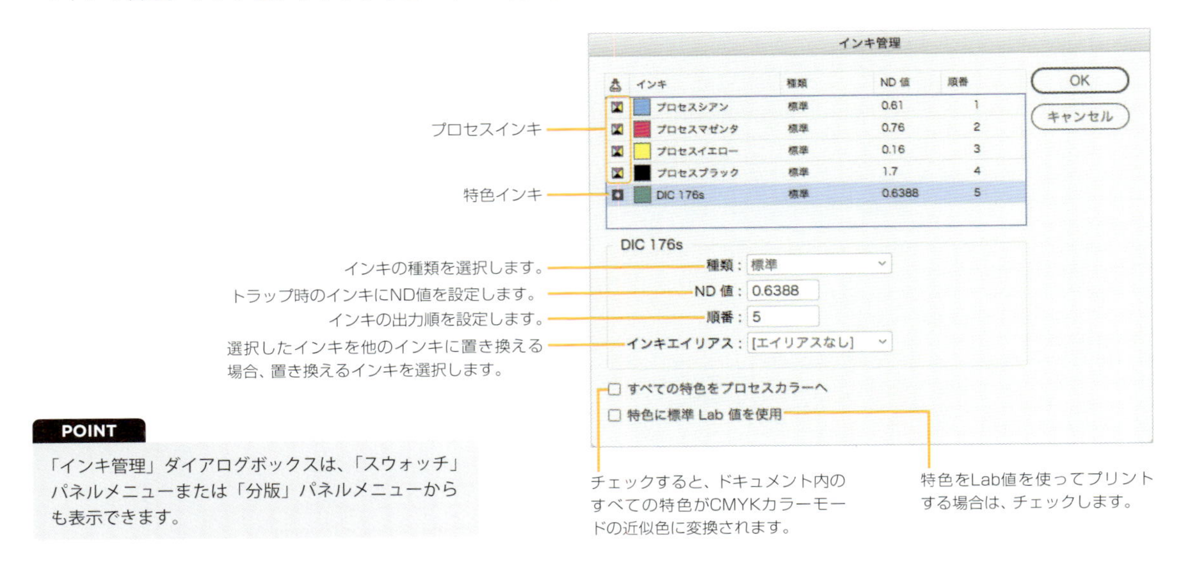

POINT

「インキ管理」ダイアログボックスは、「スウォッチ」パネルメニューまたは「分版」パネルメニューからも表示できます。

▶ 分版プレビュー

「ウィンドウ」メニューの「出力」から「分版」（shift＋F6）を選択して「分版」パネルを開くと、印刷前にモニタで色分解出力やインキ限定、オーバープリントの状態をプレビューできます。

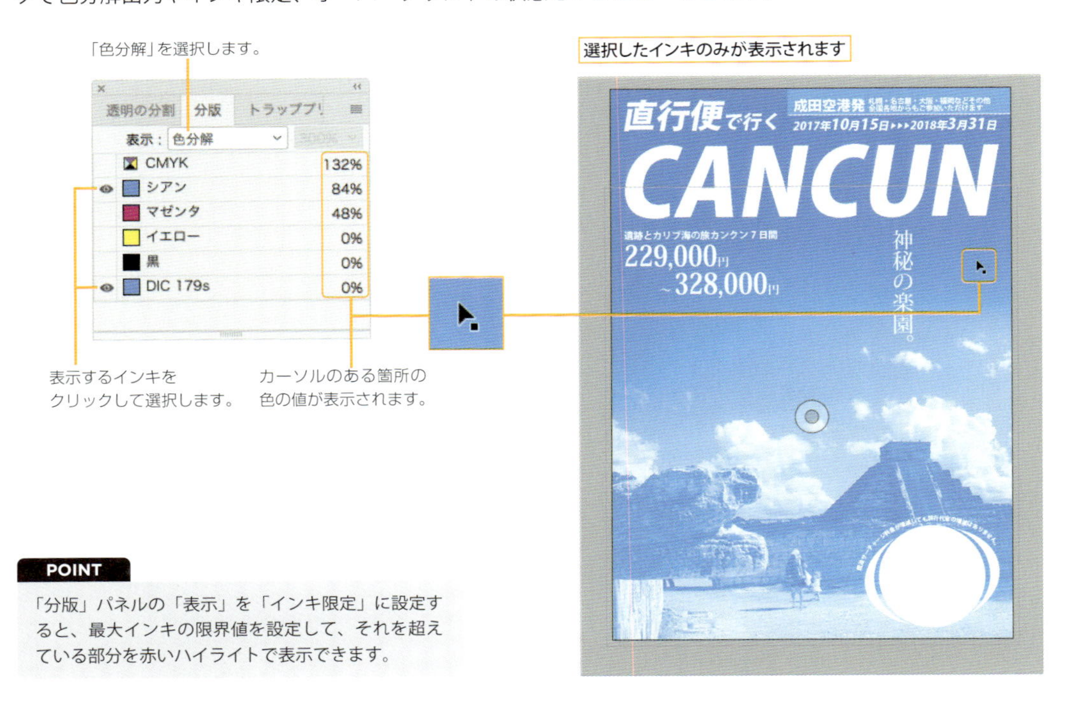

POINT

「分版」パネルの「表示」を「インキ限定」に設定すると、最大インキの限界値を設定して、それを超えている部分を赤いハイライトで表示できます。

「プリント」ダイアログボックス：グラフィック

画像解像度やフォントのダウンロードの有無、PostScriptのレベルなどを設定します。この設定の多くは、PostScriptプリンターを使用する場合だけになります。

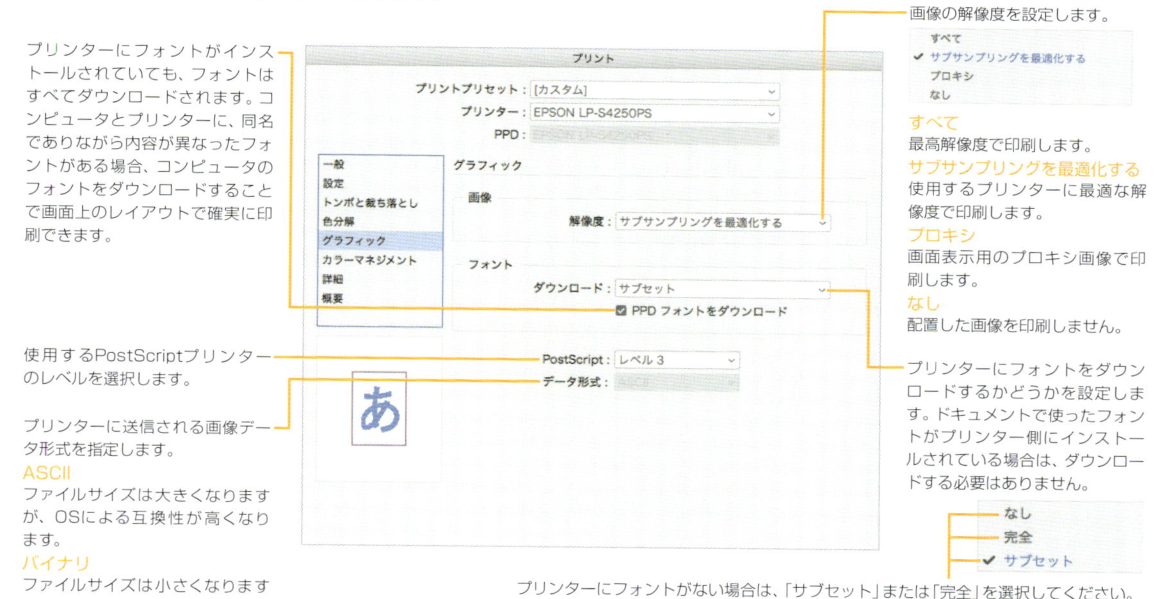

プリンターにフォントがインストールされていても、フォントはすべてダウンロードされます。コンピュータとプリンターに、同名でありながら内容が異なったフォントがある場合、コンピュータのフォントをダウンロードすることで画面上のレイアウトで確実に印刷できます。
使用するPostScriptプリンターのレベルを選択します。
プリンターに送信される画像データ形式を指定します。
ASCII
ファイルサイズは大きくなりますが、OSによる互換性が高くなります。
バイナリ
ファイルサイズは小さくなりますが、互換性は損なわれます。
プリント
プリントプリセット：[カスタム]
プリンター：EPSON LP-S4250PS
PPD：
一般
設定
トンボと裁ち落とし
色分解
グラフィック
カラーマネジメント
詳細
概要
グラフィック
画像
解像度：サブサンプリングを最適化する
フォント
ダウンロード：サブセット
PPD フォントをダウンロード
PostScript：レベル 3
データ形式：
あ
画像の解像度を設定します。
すべて
サブサンプリングを最適化する
プロキシ
なし
すべて
最高解像度で印刷します。
サブサンプリングを最適化する
使用するプリンターに最適な解像度で印刷します。
プロキシ
画面表示用のプロキシ画像で印刷します。
なし
配置した画像を印刷しません。
プリンターにフォントをダウンロードするかどうかを設定します。ドキュメントで使ったフォントがプリンター側にインストールされている場合は、ダウンロードする必要はありません。
なし
完全
サブセット
プリンターにフォントがない場合は、「サブセット」または「完全」を選択してください。「サブセット」ではドキュメント内で使用されている文字だけがダウンロードされます。OpenTypeフォントを使っている場合は、必ずフォントをダウンロードしてください。

「プリント」ダイアログボックス：カラーマネジメント

プリント時のカラーマネジメントの設定を行います。「編集」メニューの「カラー設定」で設定しておく必要があります。

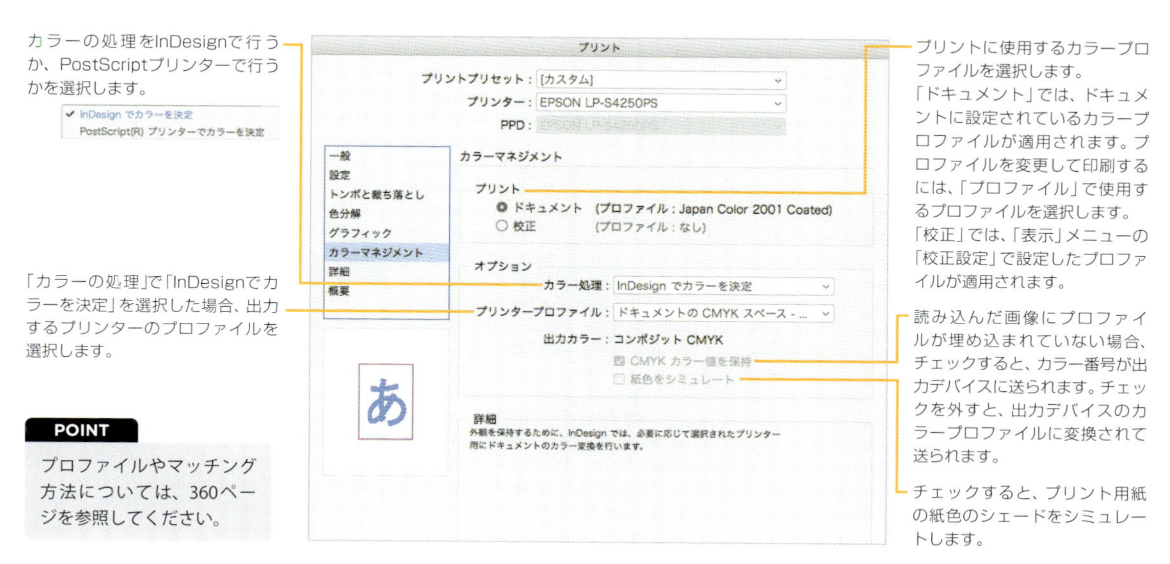

紙色をシミュレート

チェックすると、プリント用紙の紙色のシェードをシミュレートします。

POINT

プロファイルやマッチング方法については、360ページを参照してください。

「プリント」ダイアログボックス：詳細

OPI（出力時の画像の高解像度画像への置換処理）や透明を含んだアートワークのプリント時の詳細な設定を行います。

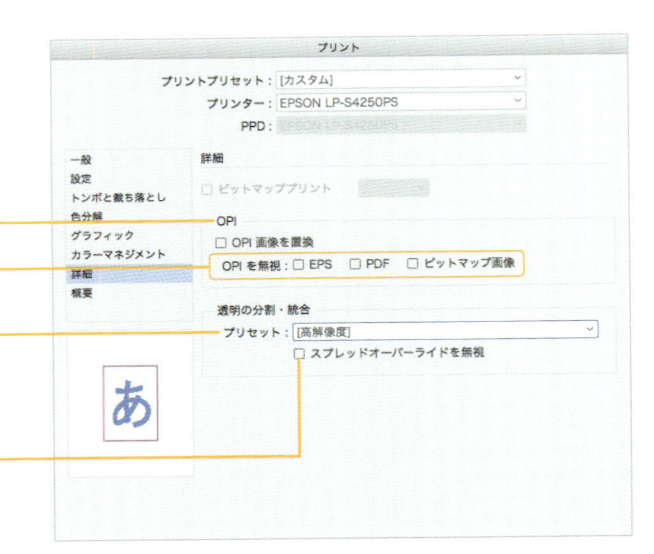

出力時にプロキシ画像をOPIコメントを利用して、高解像度画像に置き換えます。

OPIサーバでの後処理をするためのOPIコメントだけを残して、チェックした種類の画像を印刷時に除外します。

透明部分の出力解像度を選択します。

[低解像度]
[中解像度]
✓ [高解像度]

個々のスプレッドごとに設定された「透明の分割・統合設定」を無視します。

▶ 透明部分の分割・統合

ドキュメントに透明部分がある場合、印刷やEPS・PDFで書き出しをする際に、透明部分が重なった部分の色情報を独立したオブジェクトに分割・統合する処理が行われます。

これは、出力機器や書き出すファイルフォーマットが、InDesignの透明情報を認識できない場合に行われます。

分割・統合処理では、重なったオブジェクトを分割した後に、独立したオブジェクトを分析し、ラスタライズしてイメージ画像にするか、ベクトルデータ（パスで作成されたオブジェクト）のままにするかを決定します。グラデーションなど複雑なオブジェクトの場合、ベクトルデータで表現できない場合はラスタライズされます。

このラスタライズするかベクトルデータで残すかの割合や、ラスタライズする際の解像度などを設定するのが「透明の分割・透明」のプリセットです。

InDesignでは、「低解像度」「中解像度」「高解像度」の３つの解像度がプリセットされています。これらの解像度は、「編集」メニューの「透明の分割・統合プリセット」で管理されており、独自の設定を作成することもできます。

「新規」ボタンをクリックすると、「透明の分割・統合プリセットオプション」ダイアログボックスが開き、独自の設定を作成できます。

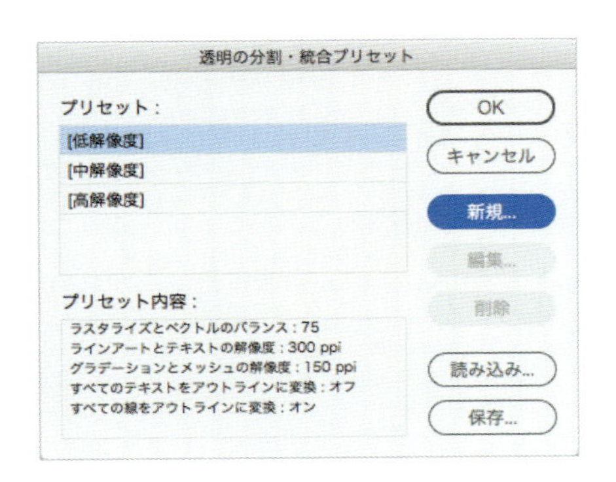

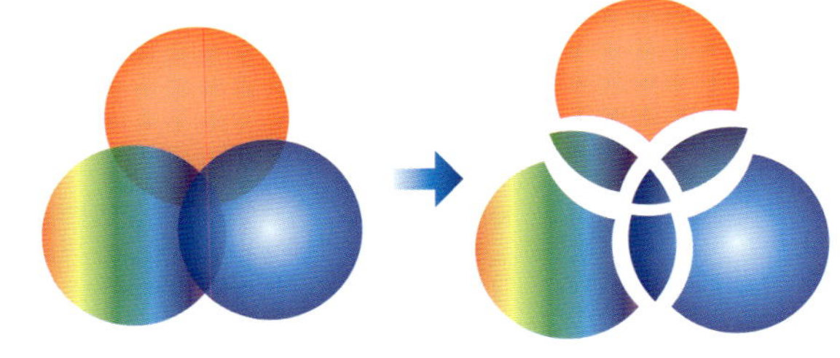

POINT

InDesignでは、Illustratorに配置したネイティブファイルは、分割・統合することなく、そのままの状態を維持します。ただし、印刷する際には、Illustratorの配置ファイルに透明部分が含まれている場合は、InDesignのオブジェクトと同様に分割・統合処理されます。

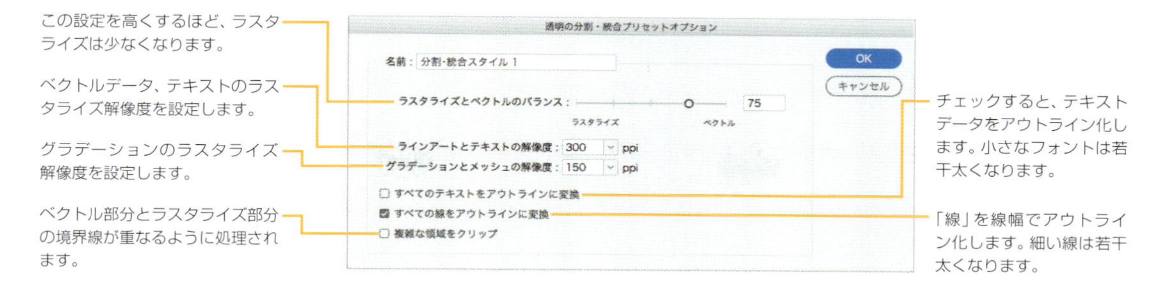

透明の分割・統合のプレビュー

「ウィンドウ」メニューの「出力」から「透明の分割・統合」を選択し、「透明の分割・統合」パネルを使うと、どの部分が分割・統合処理されるかをプレビューできます。

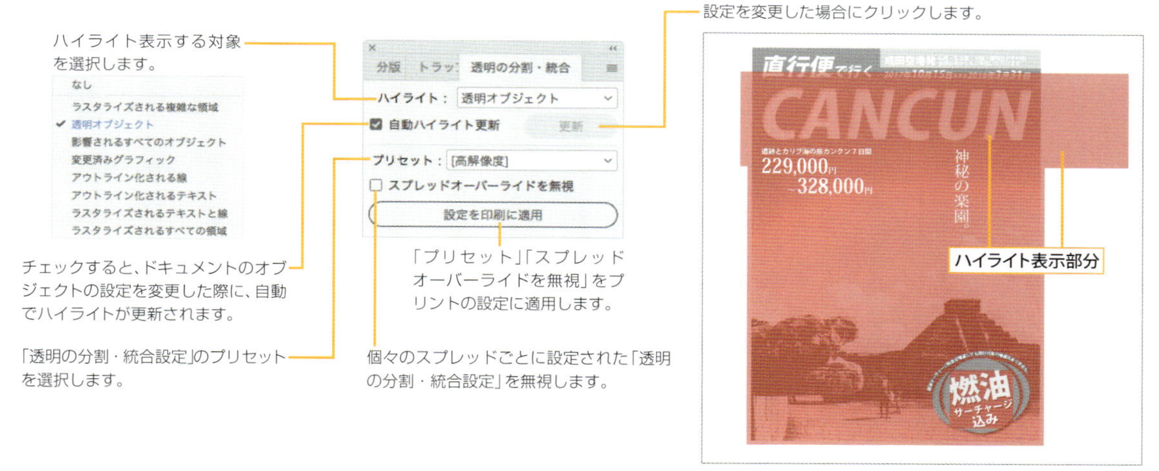

「プリント」ダイアログボックス：概要

「印刷」ダイアログボックスで設定した概要を一覧表示します。「概要を保存」をクリックすると概要をテキストファイルで保存できます。

TIPS グリッドのプリント・書き出し

DTPのワークフローでは、先にレイアウトデザインを作成し、カメラマンやライターに渡す場合があります。この際、グリッドが表示されていると、文字数やレイアウトの確認がしやすくなります。
InDesignでは、レイアウト時に利用したレイアウトグリッドやフレームグリッドを印刷したり、PDFに書き出すことができます。
ただし、「プリント項目」で「レイアウトグリッド」「フレームグリッド」を選択しても、画面に表示されていないグリッドは出力されません。

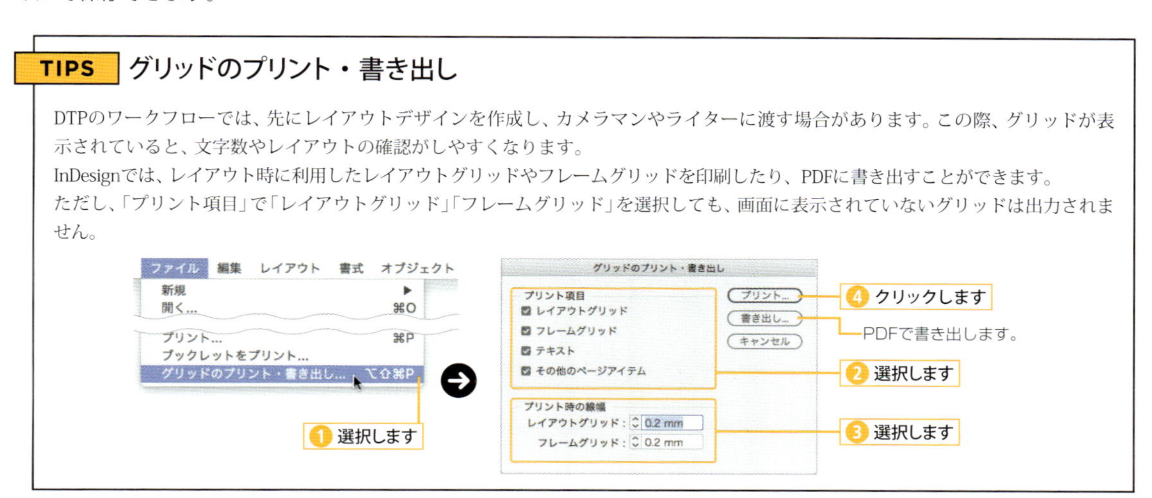

TIPS プリントプリセットを使ったプリント

InDesignでは、「プリント」ダイアログボックスにさまざまな設定をプリントプリセットとして登録できます。プリントプリセットを使うと、印刷時のダイアログボックスでの設定を省略できます。
プリントプリセットは、「ファイル」メニューの「プリントプリセット」から「定義」を選択して登録します。
登録すると、「ファイル」メニューの「プリントプリセット」にプリセットが表示されるので、選択するだけでプリセットした内容を「プリント」ダイアログボックスに設定できます。

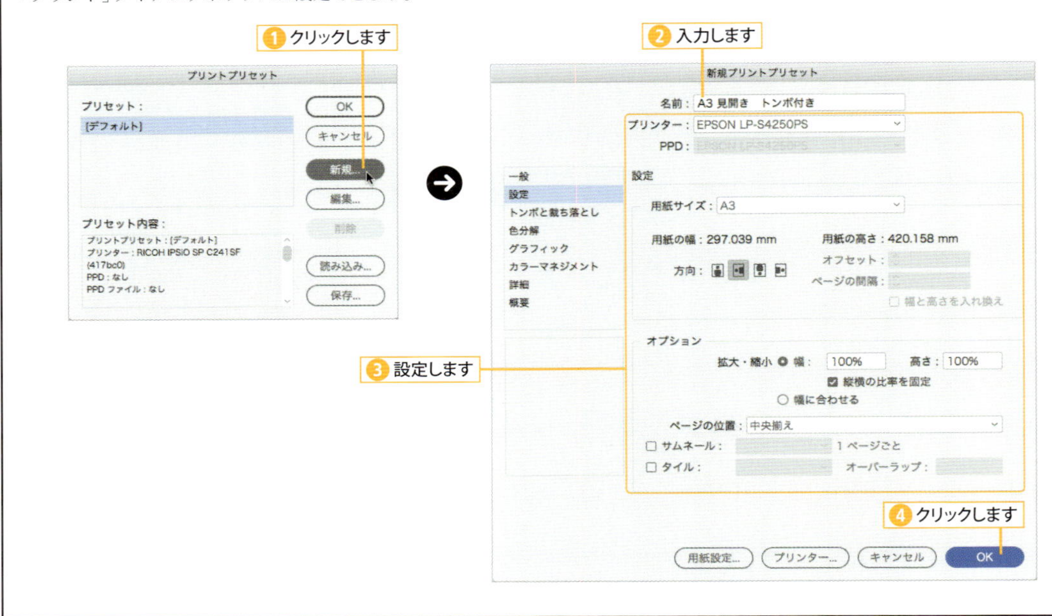

TIPS ブックレットをプリント

InDesignで作成したドキュメントからオフィス用のプリンターを使って、会議用の資料などの小冊子を作る場合があります。
このような場合、1ページずつ両面印刷してホチキス留めしたり、見開きで印刷して折ってからホチキス止めや中綴じするなど、いろいろな製本方法があります。綴じ方によっては、面付けした状態でプリントする必要があります。
「ファイル」メニューの「ブックレットをプリント」を選択すると、小冊子の綴じ方に応じたページの順番で印刷できます。

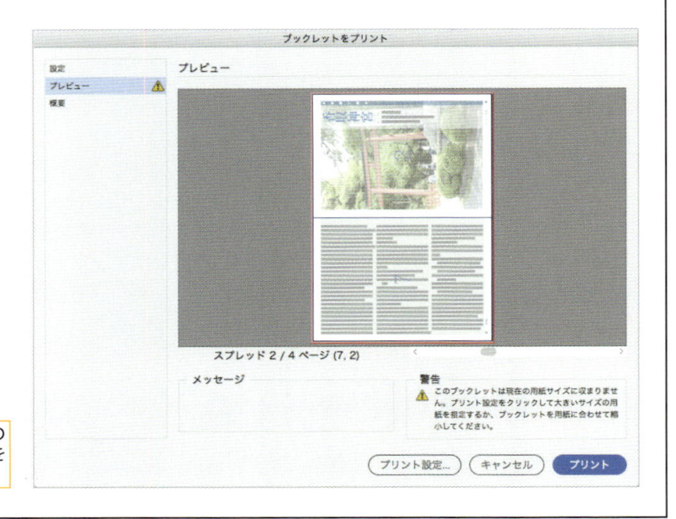

「ブックレットをプリント」ダイアログボックスの「プレビュー」画面では、プリント時の状態をプレビューできます

SECTION 12.2 ライブプリフライト

使用頻度 ★★★

目的に応じたドキュメント制作には、さまざまな決まりごとがあります。画像の解像度であったり、カラーモードなどです。これらのドキュメントの品質をチェックする機能が、ライブプリフライトです。

ライブプリフライトは常時表示される

ライブプリフライトは、画面左下に常時表示されます。エラーがない場合は●が表示され、レイアウト中に問題が発生した場合は●がエラー件数とともに表示されます。

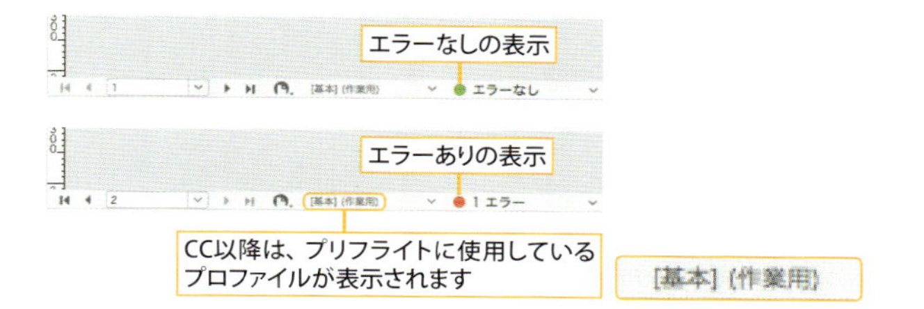

エラーなしの表示
エラーなし
エラーありの表示
1 エラー
CC以降は、プリフライトに使用しているプロファイルが表示されます
[基本] (作業用)

「プリフライト」パネルでのエラー確認と修正

プリフライトの詳細な状況は「プリフライト」パネルに表示され、エラーの箇所や内容をチェックできます。

「プリフライト」パネルは、画面下部のプリフライトメニュー、または「ウィンドウ」メニューの「出力」にある「プリフライト」で表示できます。

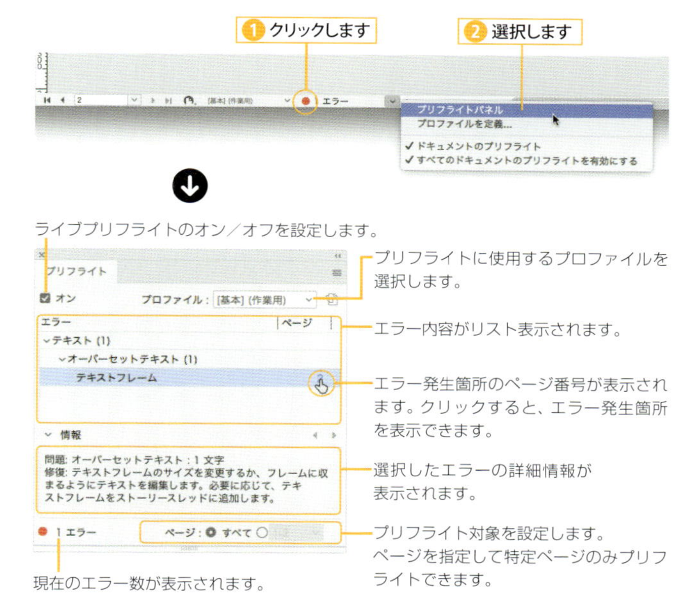

1 クリックします
2 選択します
プリフライトパネル
プロファイルを定義...
ドキュメントのプリフライト
すべてのドキュメントのプリフライトを有効にする
ライブプリフライトのオン／オフを設定します。
プリフライト
オン
プロファイル：[基本] (作業用)
プリフライトに使用するプロファイルを選択します。
エラー
ページ
テキスト (1)
オーバーセットテキスト (1)
テキストフレーム
エラー内容がリスト表示されます。
エラー発生箇所のページ番号が表示されます。クリックすると、エラー発生箇所を表示できます。
情報
問題: オーバーセットテキスト：1 文字
修復: テキストフレームのサイズを変更するか、フレームに収まるようにテキストを編集します。必要に応じて、テキストフレームをストーリースレッドに追加します。
選択したエラーの詳細情報が表示されます。
1 エラー
ページ：すべて
プリフライト対象を設定します。ページを指定して特定ページのみプリフライトできます。
現在のエラー数が表示されます。

プリフライトプロファイル

ライブプリフライトは、チェックする項目を定義したプリフライトプロファイルを元に実行されます。デフォルトのプリフライトプロファイルは、「[基本]（作業用）」プロファイルですが、目的に応じたドキュメントを制作するには、必要なチェック項目を定義したプロファイルを作成して使用する必要があります。

▶ プロファイルの定義

1 「プロファイルを定義」を選択

画面下部のプリフライト表示の をクリックし、メニューから「プロファイルを定義」を選択します。または、「プリフライト」パネルメニューから「プロファイルを定義」を選択します。

①選択します

①選択します

2 プロファイルを作成する

「プリフライトプロファイル」ダイアログボックスが開きます。画面左下の ＋ ボタンをクリックして、新しいプロファイルを作成します。
「プロファイル名」欄にプロファイル名を入力したら、右下のチェック項目でプリフライトとしてチェックする項目を定義していきます。
定義が終了したら、「OK」ボタンをクリックします。
「保存」ボタンをクリックして、連続してプロファイルを作成することもできます。

③名称を入力します

②クリックします

⑤クリックします

連続してプロファイルを作成する際には、現在の設定を保存します。

④プリフライトでチェックする項目にチェックを付けます

▶ プロファイルの選択

プリフライトプロファイルを定義すると、「プリフライト」パネルの「プロファイル」でプロファイルを選択できます。

プロファイルを変更すると、選択したプロファイルでプリフライトが実行され、結果が表示されます。

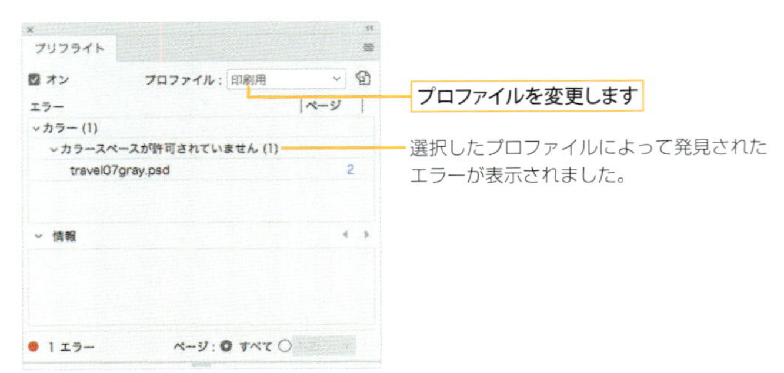

プリフライトプロファイルの埋め込み

「プリフライト」パネルの をクリックすると、選択しているプロファイルをドキュメントに埋め込むことができます。

ドキュメントを共同制作している場合など、プリフライトプロファイルの異なった環境にデータを渡す際に便利です。

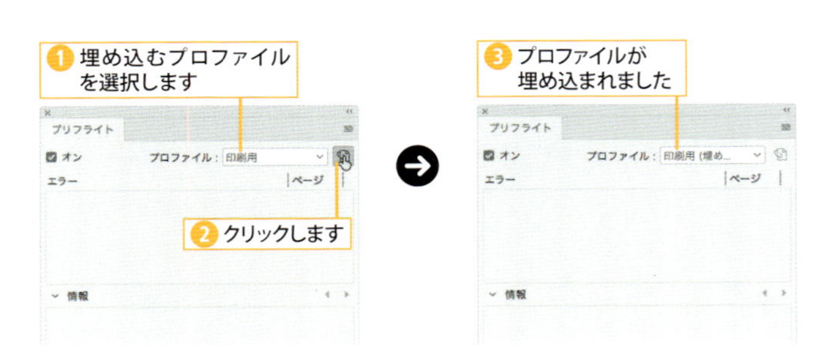

デフォルトプロファイルの変更（プリフライトオプション）

定義したプリフライトプロファイルは、InDesignの作業環境として保存されるので、どのドキュメントにも使用できますが、デフォルトのプロファイルとして設定するには、プリフライトオプションで設定する必要があります。

プリフライトオプションは、「プリフライト」パネルメニューから選択します。

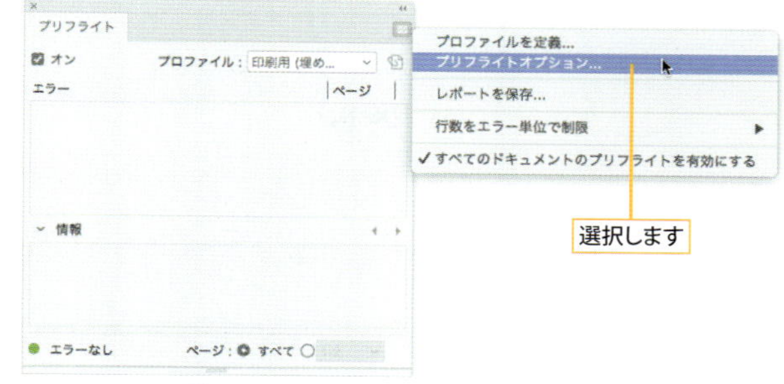

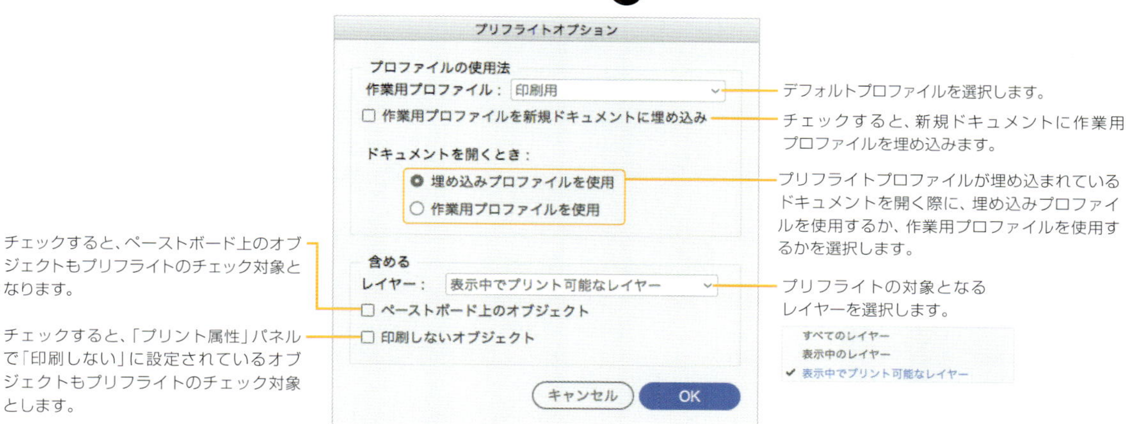

ライブプリフライトをオフにする

ドキュメントのライブプリフライトをオフにするには、画面下部のプリフライト表示のをクリックし、メニューから「ドキュメントのプリフライト」を選択します。

「すべてのドキュメントのプリフライトを無効にする」を選択すると、すべてのドキュメントのプリフライトをオフにできます。

再度オンにするには、同様の手順で有効にしてください。

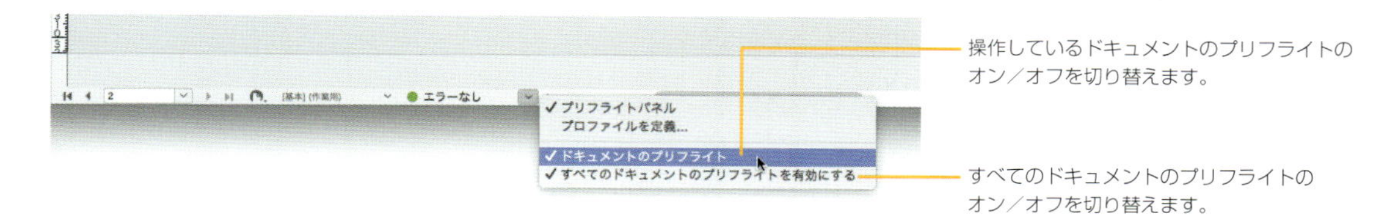

SECTION 12.3 パッケージ

使用頻度 ★★★

商用印刷では、入稿する際にInDesignのドキュメントデータ以外に、リンクした画像ファイルなどがすべて必要になります。パッケージを使うと、入稿に必要なファイルを1つのフォルダーにまとめることができます。また、パッケージ前に、リンクやフォントなどをチェックでき、プリフライトでの不備がないかを確認できます。

パッケージで出力データをまとめる

ドキュメントデータをパッケージするには、「ファイル」メニューの「パッケージ」を選択します。

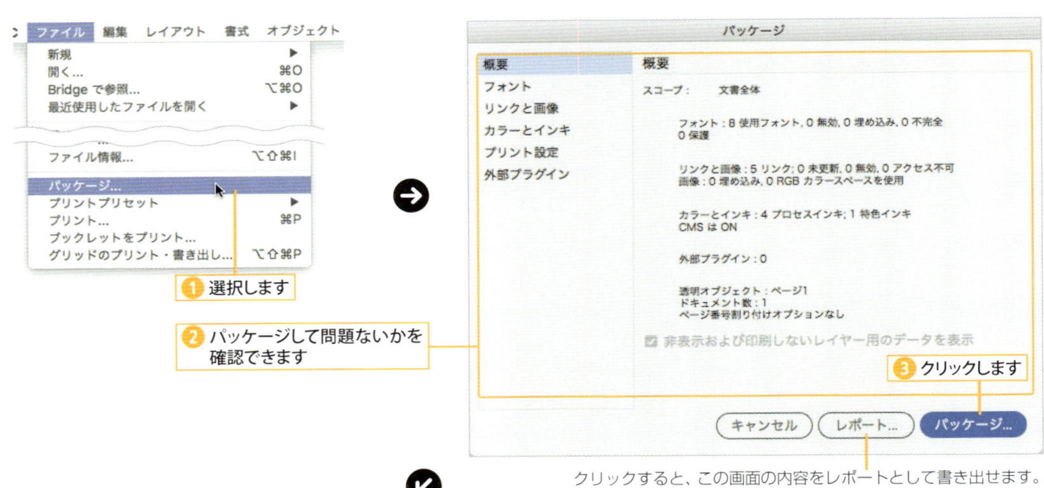

クリックすると、この画面の内容をレポートとして書き出せます。

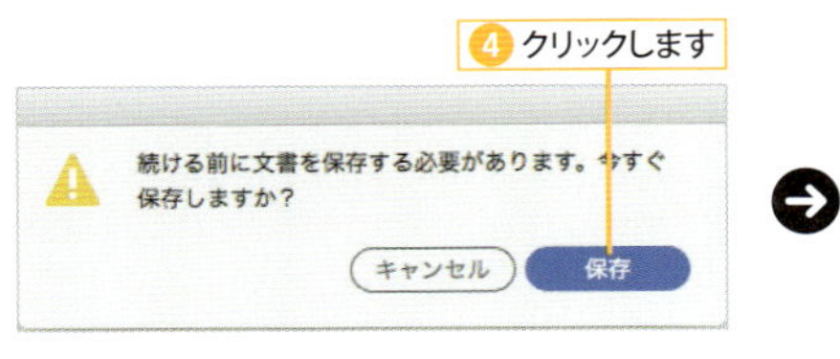

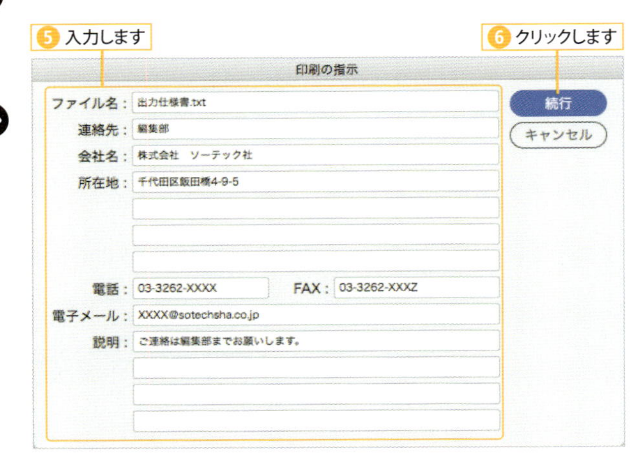

TIPS パッケージはプリフライトで確認してから行う

パッケージは、「ライブプリフライト」でドキュメントに問題がないことを確認してから実行しましょう。

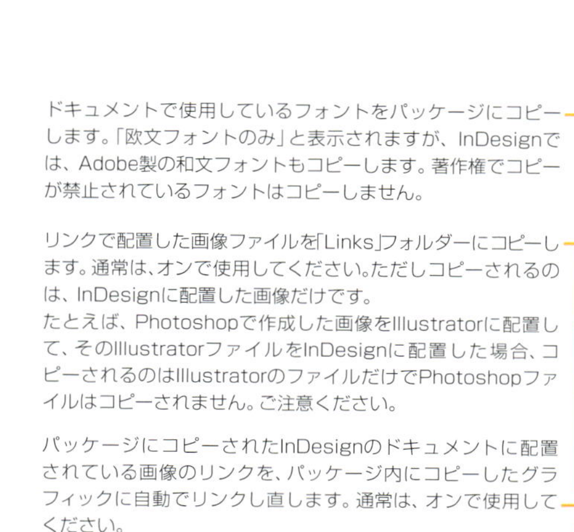

ドキュメントで使用しているフォントをパッケージにコピーします。「欧文フォントのみ」と表示されますが、InDesignでは、Adobe製の和文フォントもコピーします。著作権でコピーが禁止されているフォントはコピーしません。

リンクで配置した画像ファイルを「Links」フォルダーにコピーします。通常は、オンで使用してください。ただしコピーされるのは、InDesignに配置した画像だけです。
たとえば、Photoshopで作成した画像をIllustratorに配置して、そのIllustratorファイルをInDesignに配置した場合、コピーされるのはIllustratorのファイルだけでPhotoshopファイルはコピーされません。ご注意ください。

パッケージにコピーされたInDesignのドキュメントに配置されている画像のリンクを、パッケージ内にコピーしたグラフィックに自動でリンクし直します。通常は、オンで使用してください。

欧文の組版で、ハイフネーションの例外処理を設定します。このオプションをチェックすると、ドキュメントに埋め込まれたハイフネーション例外リストだけを使用します。ドキュメントの作成環境以外でパッケージする場合は、このオプションを使ってください。

非表示レイヤーに含まれているフォントもパッケージにコピーします。通常は、オンで使用してください。

下位バージョンと互換性のあるIDMLファイルも一緒に保存します。

印刷用のPDFも一緒に保存します。

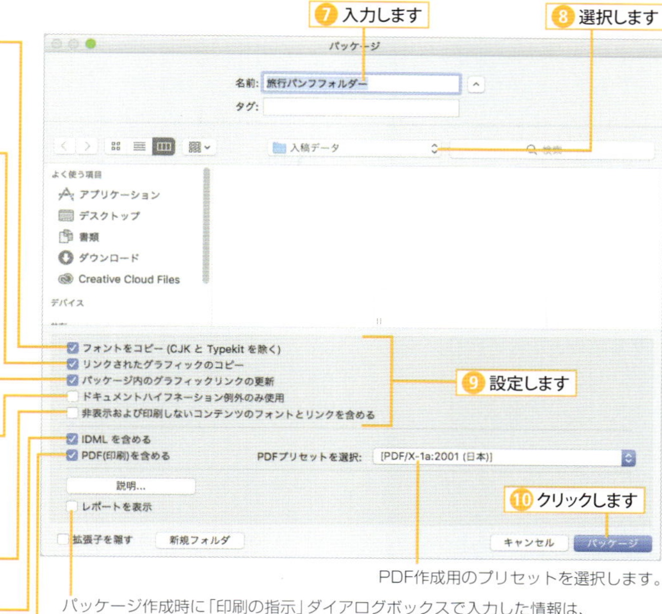

PDF作成用のプリセットを選択します。

パッケージ作成時に「印刷の指示」ダイアログボックスで入力した情報は、パッケージ内に指定したファイル名のテキストファイルとして保存されます。このオプションをチェックすると、パッケージ終了後にファイルが開きます。

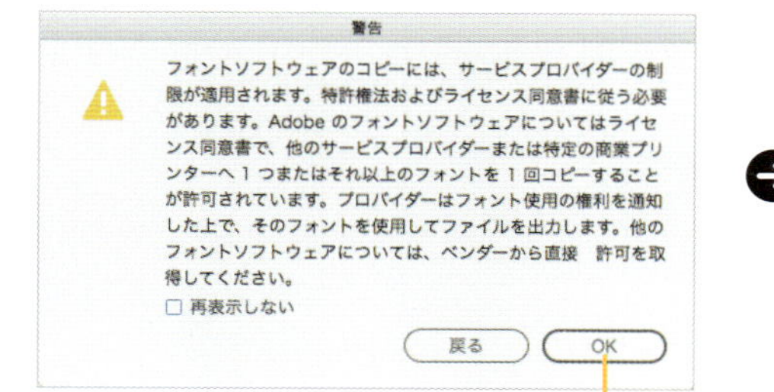

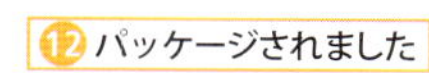

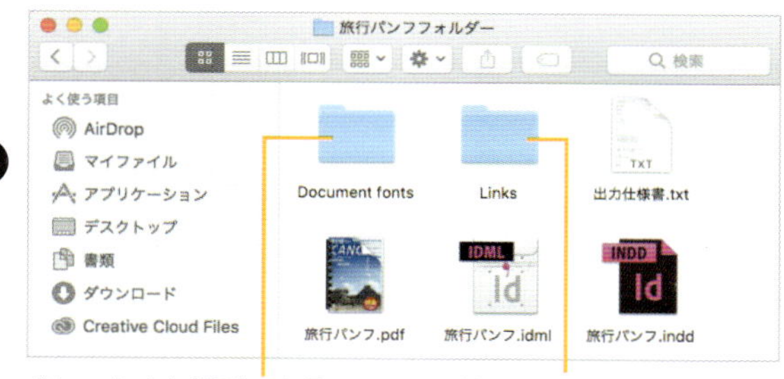

ドキュメントに使用しているフォントが入っています。

ドキュメントに配置してある画像ファイルが入っています。

TIPS フォントのコピー

Adobeの和文フォントもコピーされます。パッケージでコピーされたフォントは、ドキュメントを開く際にアクティブ化され、システムにインストールされているフォントよりも優先的に使用されます。83ページも併せて参照ください。

POINT

「ドキュメントハイフネーション例外のみ使用」は、例外ハイフンを設定した場合にドキュメントに埋め込んだハイフン例外リストのみを使用する場合、オンに設定します。ユーザー外部辞書も使う場合はオフにしますが、ドキュメントを開く環境でユーザー辞書に差がある場合、ハイフネーションが変わる可能性があるので、注意が必要です。

TIPS 同名の画像を配置している場合

同じ名前で内容の違う画像を配置した場合、パッケージを実行すると、InDesignがファイル名の重複がないように画像の名称を変更してパッケージします。その場合、パッケージフォルダーに保存されたInDesignファイルのリンクも、変更された名称の画像へのものとなります。

「パッケージ」ダイアログボックスの詳細

▶フォント

ドキュメントで使用しているフォントがリスト表示されます。配置した画像やIllustratorファイル、PDFファイルなどに含まれたフォントも表示されます。

システムにフォントがある場合は「**OK**」、配置画像にフォントが埋め込まれている場合は「**埋め込み**」と表示されます。この2つが表示されていれば問題ありません。

システムにないフォントがある場合は、「無効」の表示になります。その場合、「フォント検索」ボタンをクリックして「フォント検索」ダイアログボックスを開き、どのフォントがないのかを検索します（114ページ参照）。

フォント名がわかったら、該当フォントをシステムに組み込むか、他のフォントに変更してください。

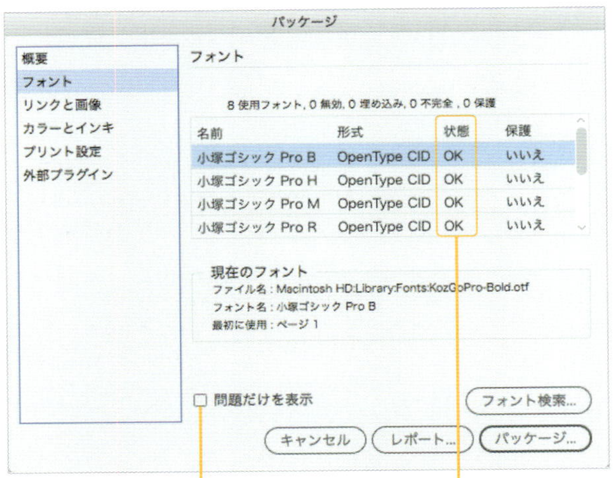

チェックすると、問題のあるフォントだけが表示されます。

「OK」または「埋め込み」と表示されていることを確認してください。

▶リンクと画像

ドキュメントに配置したリンク画像、埋め込み画像、PDFファイル、InDesignファイルがすべてリスト表示されます。

4色分解に適さないRGBカラーの画像がある場合は、⚠が表示されます。RGB画像が含まれている場合は、Photoshopなどのグラフィックソフトで CMYKに変換してください。

リンク元のデータが更新されている場合は「状態」の欄に「未更新」と表示されます。その場合は、リストで画像を選択し、「更新」ボタンをクリックしてください。

また、元画像とのリンクが切れている場合は、「状態」の欄に「無効」と表示されます。その場合は、リストで画像を選択して「再リンク」ボタンをクリックし、再リンクしてください。

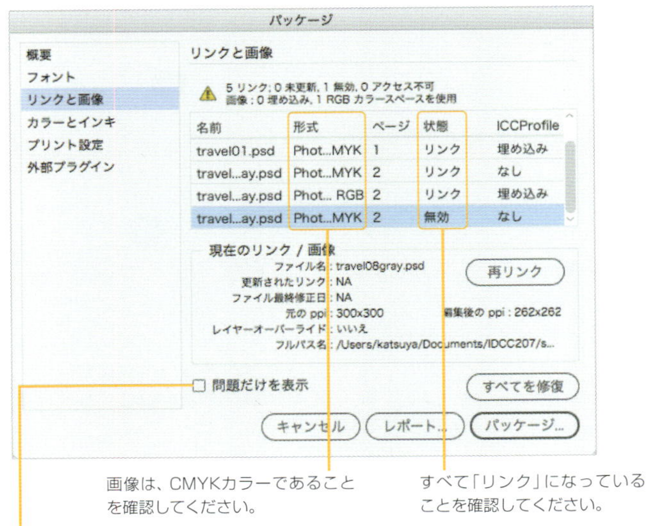

画像は、CMYKカラーであることを確認してください。

すべて「リンク」になっていることを確認してください。

チェックすると、問題のあるフォントだけが表示されます。

POINT

CS6は、「状態」の欄は「ステータス」と表示されます。

TIPS RGBカラーの扱い

InDesignでは、RGBの画像データがある場合は、「プリント」ダイアログボックスの「カラーマネージメント」の設定によってCMYKデータに変換され、出力されます。
ただし、出力時に色が変換されるため、ドキュメントでの見た目と変わってしまいます。
商業印刷を目的とする場合は、CMYKに変換してから配置するようにしてください。

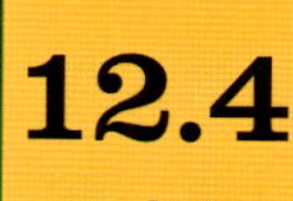

SECTION 12.4 PDFの書き出し

使用頻度

InDesignで作成したドキュメントは、PDFとして書き出すことができます。PDFは、校正用、Webでの配信用だけでなく、印刷のための入稿用データとしても利用できます。

PDFの書き出し

「ファイル」メニューの「PDF書き出しプリセット」から用途に応じたプリセットを選択します。

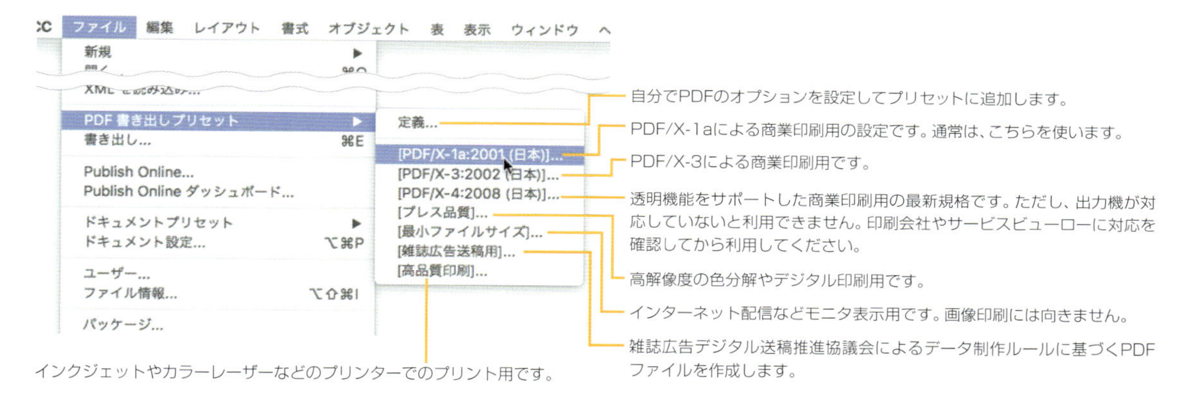

TIPS インタラクティブPDFの場合

プリント用ではなく、ページめくり効果などを設定したインタラクティブPDFを書き出すには、「ファイル」メニューの「書き出し」で「フォーマット」から「Adobe PDF（インタラクティブ）」を選択してください。なお、「フォーマット」に「Adobe PDF（プリント）」を選択した場合は、このSECTIONで説明するダイアログボックスが表示されます。

TIPS PDFのしおりの生成

目次を含んだドキュメントの場合、目次の作成時に「目次」ダイアログボックスの「PDFブックマークを作成」にチェックしておくと、目次項目からしおりを自動生成できます。目次のないドキュメントの場合は、「ブックマーク」パネルを開き、しおりに含めたいテキストを選択して をクリックし、ブックマークに登録してください。
PDF書き出し時に「Adobe PDFを書き出し」ダイアログボックスの「一般」で「ブックマーク」をチェックすると、「ブックマーク」パネルに登録したテキストがPDFのしおりとして書き出されます。

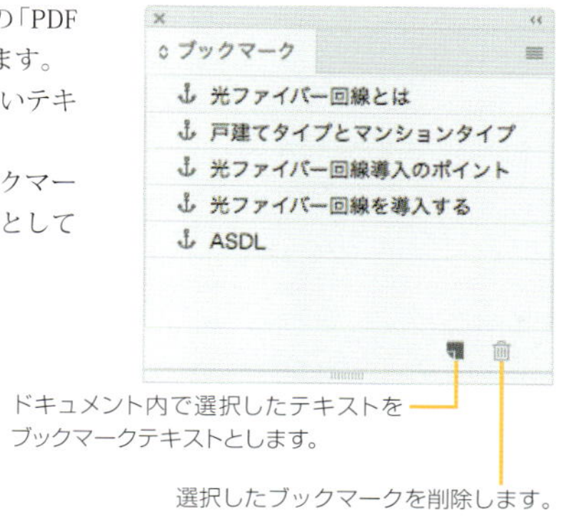

ダウンサンプルしない

ダウンサンプル (バイキュービック法)
画像の解像度を設定した値まで下げます。「ダウンサンプルしない」にすると解像度を下げません。

「Adobe PDFを書き出し」ダイアログボックスの設定

PDFに書き出すページ範囲や、見開きで出力するかなどを設定します。

一般

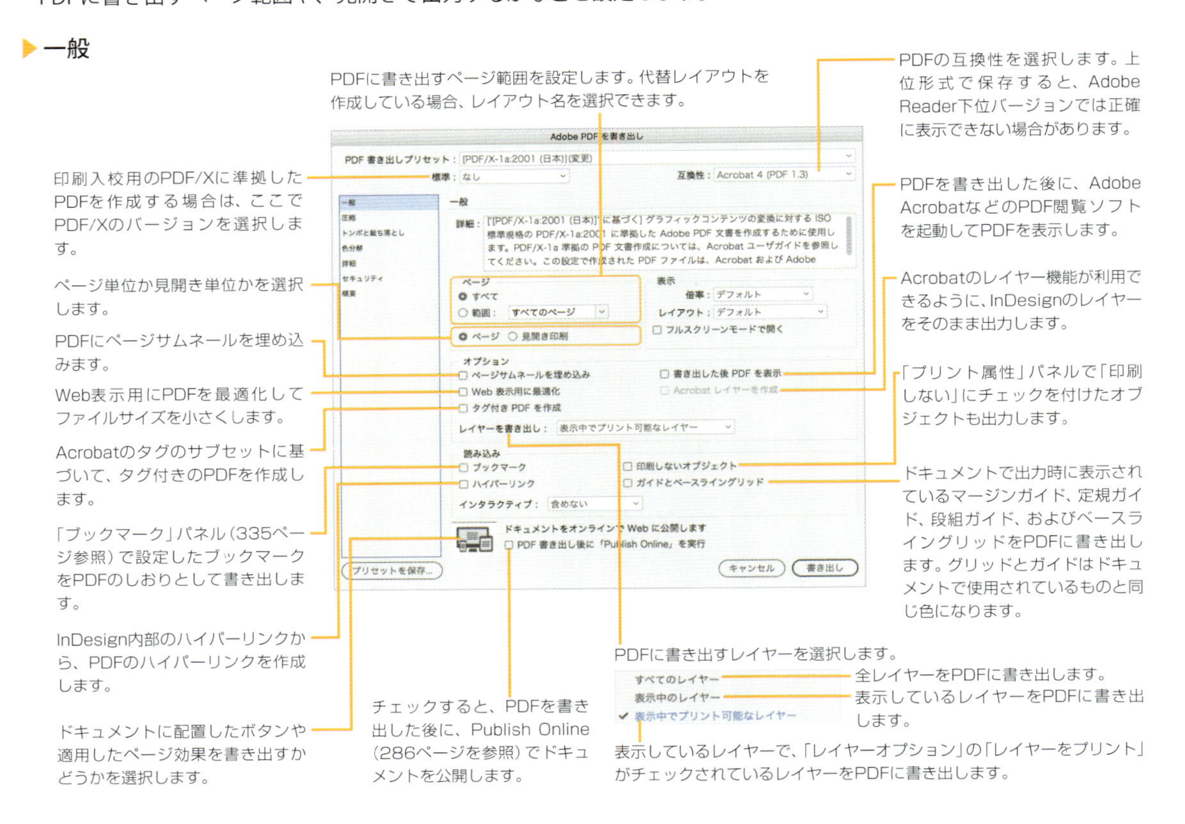

PDFに書き出すページ範囲を設定します。代替レイアウトを作成している場合、レイアウト名を選択できます。
PDFの互換性を選択します。上位形式で保存すると、Adobe Reader下位バージョンでは正確に表示できない場合があります。
印刷入校用のPDF/Xに準拠したPDFを作成する場合は、ここでPDF/Xのバージョンを選択します。
PDFを書き出した後に、Adobe AcrobatなどのPDF閲覧ソフトを起動してPDFを表示します。
ページ単位か見開き単位かを選択します。
Acrobatのレイヤー機能が利用できるように、InDesignのレイヤーをそのまま出力します。
PDFにページサムネールを埋め込みます。
Web表示用にPDFを最適化してファイルサイズを小さくします。
「プリント属性」パネルで「印刷しない」にチェックを付けたオブジェクトも出力します。
Acrobatのタグのサブセットに基づいて、タグ付きのPDFを作成します。
ドキュメントで出力時に表示されているマージンガイド、定規ガイド、段組ガイド、およびベースライングリッドをPDFに書き出します。グリッドとガイドはドキュメントで使用されているものと同じ色になります。
「ブックマーク」パネル（335ページ参照）で設定したブックマークをPDFのしおりとして書き出します。
InDesign内部のハイパーリンクから、PDFのハイパーリンクを作成します。
PDFに書き出すレイヤーを選択します。
すべてのレイヤー
全レイヤーをPDFに書き出します。
表示中のレイヤー
表示しているレイヤーをPDFに書き出します。
表示中でプリント可能なレイヤー
表示しているレイヤーで、「レイヤーオプション」の「レイヤーをプリント」がチェックされているレイヤーをPDFに書き出します。
ドキュメントに配置したボタンや適用したページ効果を書き出すかどうかを選択します。
チェックすると、PDFを書き出した後に、Publish Online（286ページを参照）でドキュメントを公開します。
バイキュービック法は、バイリニア法よりも高品質に解像度を落としますが、処理に時間がかかります。
下で指定した解像度を超える画像が、上の解像度までダウンサンプリングされます。
指定した方式で画像を圧縮します。
Adobe PDF を書き出し
PDF 書き出しプリセット：[PDF/X-1a:2001 (日本)]（変更）
標準：なし
互換性：Acrobat 4 (PDF 1.3)
一般
圧縮
トンボと裁ち落とし
色分解
詳細
セキュリティ
概要
ページ
すべて
範囲：すべてのページ
ページ　見開き印刷
表示
倍率：デフォルト
レイアウト：デフォルト
フルスクリーンモードで開く
オプション
ページサムネールを埋め込み
Web 表示用に最適化
タグ付き PDF を作成
書き出した後 PDF を表示
Acrobat レイヤーを作成
レイヤーを書き出し：表示中でプリント可能なレイヤー
読み込み
ブックマーク
ハイパーリンク
印刷しないオブジェクト
ガイドとベースライングリッド
インタラクティブ：含めない
ドキュメントをオンラインで Web に公開します
PDF 書き出し後に「Publish Online」を実行
プリセットを保存...
キャンセル
書き出し

圧縮

ドキュメント内に配置した画像の圧縮形式を設定します。

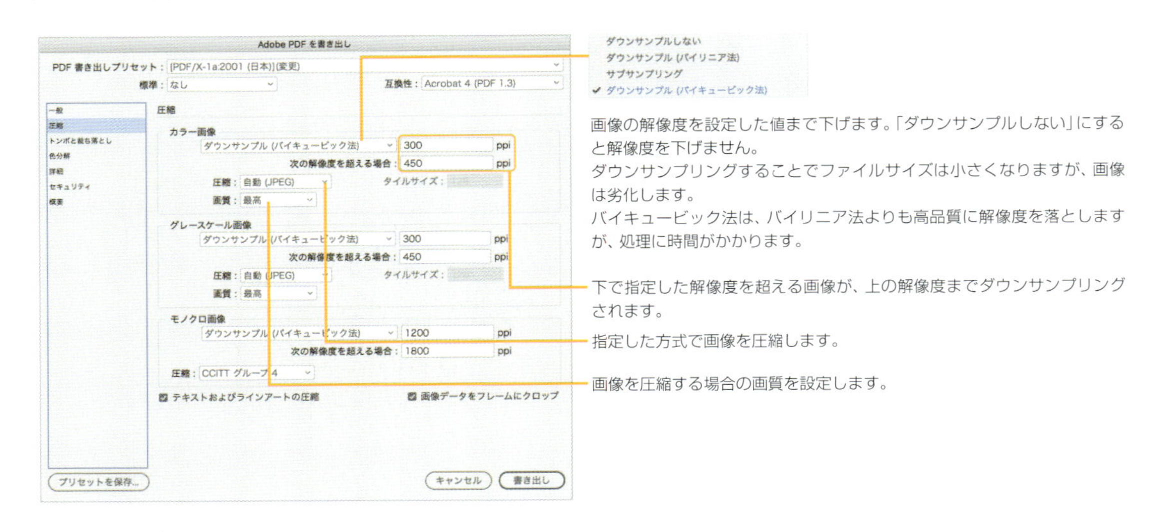

グレースケール画像

▶トンボ裁ち落とし

トンボ付きのPDFを書き出す際には、このパネルで設定します。

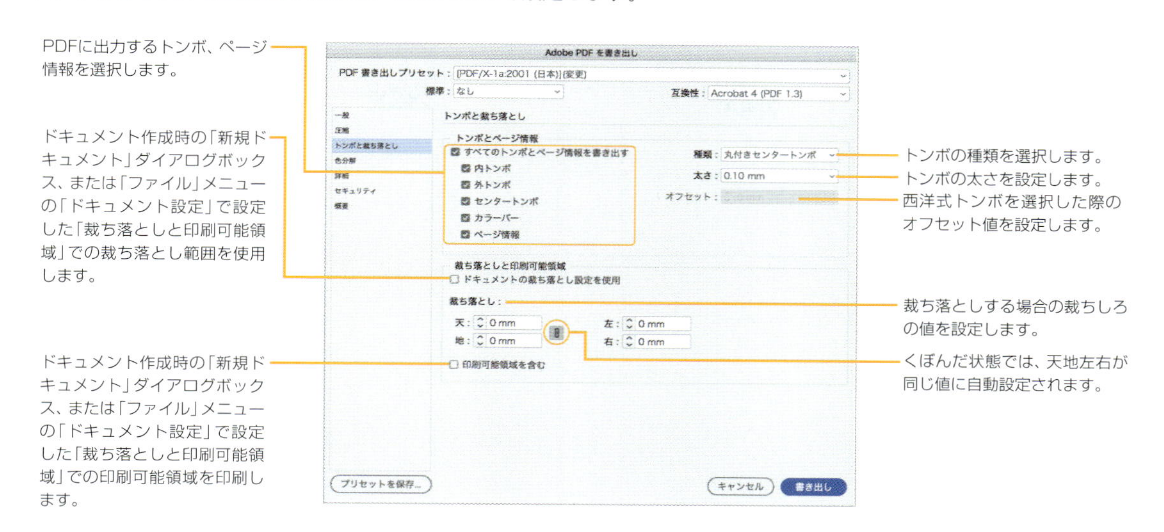

PDFに出力するトンボ、ページ情報を選択します。

ドキュメント作成時の「新規ドキュメント」ダイアログボックス、または「ファイル」メニューの「ドキュメント設定」で設定した「裁ち落としと印刷可能領域」での裁ち落とし範囲を使用します。

ドキュメント作成時の「新規ドキュメント」ダイアログボックス、または「ファイル」メニューの「ドキュメント設定」で設定した「裁ち落としと印刷可能領域」での印刷可能領域を印刷します。

トンボの種類を選択します。

トンボの太さを設定します。

西洋式トンボを選択した際のオフセット値を設定します。

裁ち落としする場合の裁ちしろの値を設定します。

くぼんだ状態では、天地左右が同じ値に自動設定されます。

▶色分解

カラーの処理方法などを設定します。

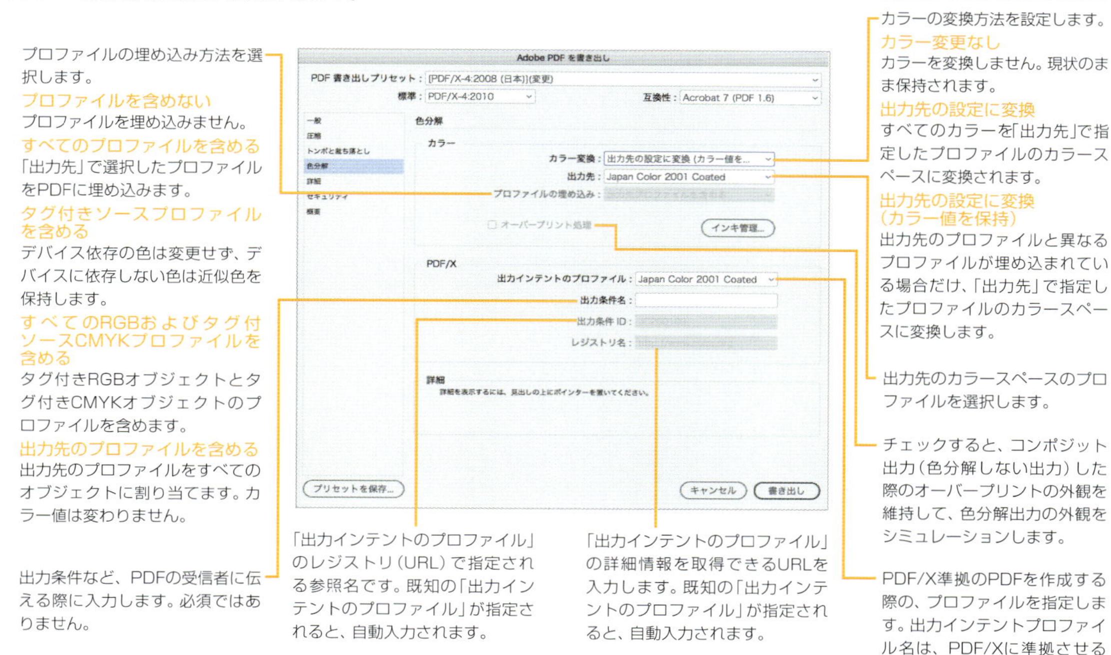

プロファイルの埋め込み方法を選択します。

プロファイルを含めない
プロファイルを埋め込みません。

すべてのプロファイルを含める
「出力先」で選択したプロファイルをPDFに埋め込みます。

タグ付きソースプロファイルを含める
デバイス依存の色は変更せず、デバイスに依存しない色は近似色を保持します。

すべてのRGBおよびタグ付ソースCMYKプロファイルを含める
タグ付きRGBオブジェクトとタグ付きCMYKオブジェクトのプロファイルを含めます。

出力先のプロファイルを含める
出力先のプロファイルをすべてのオブジェクトに割り当てます。カラー値は変わりません。

出力条件など、PDFの受信者に伝える際に入力します。必須ではありません。

「出力インテントのプロファイル」のレジストリ（URL）で指定される参照名です。既知の「出力インテントのプロファイル」が指定されると、自動入力されます。

「出力インテントのプロファイル」の詳細情報を取得できるURLを入力します。既知の「出力インテントのプロファイル」が指定されると、自動入力されます。

カラーの変換方法を設定します。

カラー変更なし
カラーを変換しません。現状のまま保持されます。

出力先の設定に変換
すべてのカラーを「出力先」で指定したプロファイルのカラースペースに変換されます。

出力先の設定に変換（カラー値を保持）
出力先のプロファイルと異なるプロファイルが埋め込まれている場合だけ、「出力先」で指定したプロファイルのカラースペースに変換します。

出力先のカラースペースのプロファイルを選択します。

チェックすると、コンポジット出力（色分解しない出力）した際のオーバープリントの外観を維持して、色分解出力の外観をシミュレーションします。

PDF/X準拠のPDFを作成する際の、プロファイルを指定します。出力インテントプロファイル名は、PDF/Xに準拠させるために必要な印刷条件を文字で記述したものです。

詳細

フォントの埋め込みや透明部分の分割・統合解像度を選択します。

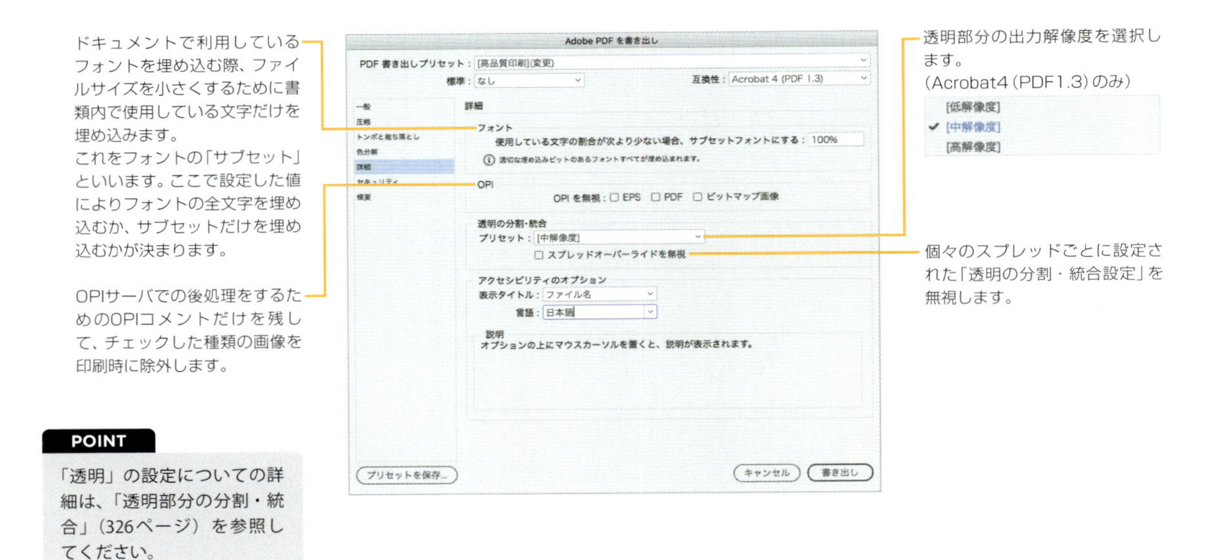

ドキュメントで利用しているフォントを埋め込む際、ファイルサイズを小さくするために書類内で使用している文字だけを埋め込みます。
これをフォントの「サブセット」といいます。ここで設定した値によりフォントの全文字を埋め込むか、サブセットだけを埋め込むかが決まります。

OPIサーバでの後処理をするためのOPIコメントだけを残して、チェックした種類の画像を印刷時に除外します。

透明部分の出力解像度を選択します。
（Acrobat4（PDF1.3）のみ）

個々のスプレッドごとに設定された「透明の分割・統合設定」を無視します。

POINT

「透明」の設定についての詳細は、「透明部分の分割・統合」（326ページ）を参照してください。

セキュリティ

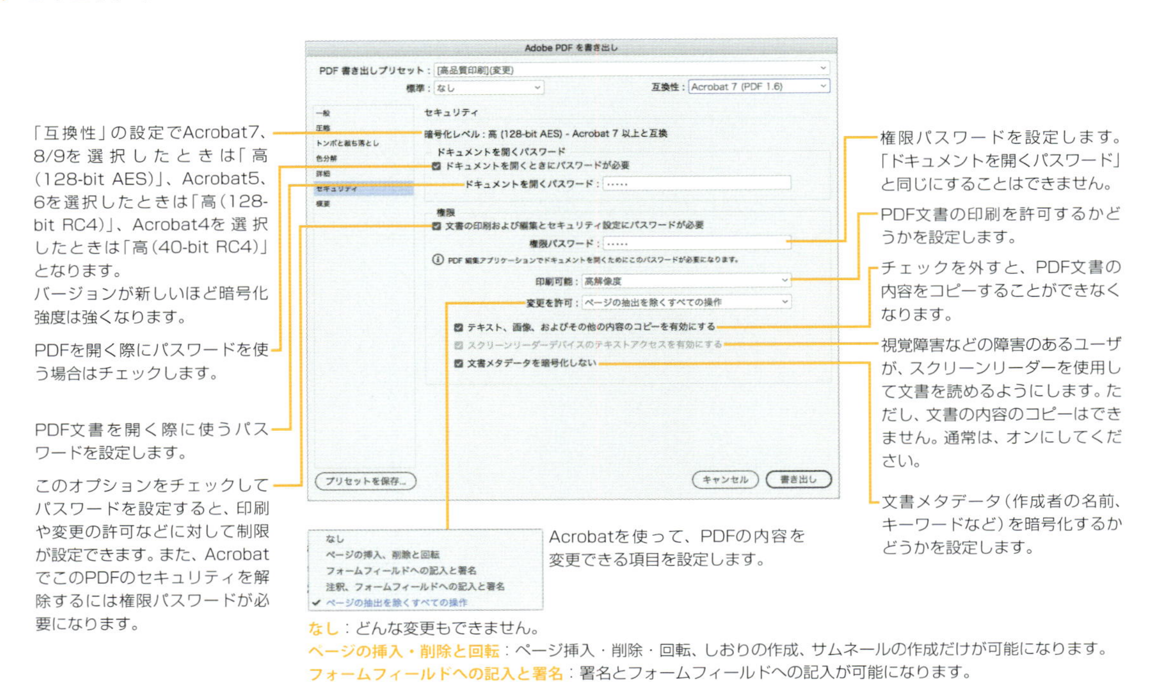

「互換性」の設定でAcrobat7、8/9を選択したときは「高（128-bit AES）」、Acrobat5、6を選択したときは「高（128-bit RC4）」、Acrobat4を選択したときは「高（40-bit RC4）」となります。
バージョンが新しいほど暗号化強度は強くなります。

PDFを開く際にパスワードを使う場合はチェックします。

PDF文書を開く際に使うパスワードを設定します。

このオプションをチェックしてパスワードを設定すると、印刷や変更の許可などに対して制限が設定できます。また、AcrobatでこのPDFのセキュリティを解除するには権限パスワードが必要になります。

権限パスワードを設定します。「ドキュメントを開くパスワード」と同じにすることはできません。

PDF文書の印刷を許可するかどうかを設定します。

チェックを外すと、PDF文書の内容をコピーすることができなくなります。

視覚障害などの障害のあるユーザが、スクリーンリーダーを使用して文書を読めるようにします。ただし、文書の内容のコピーはできません。通常は、オンにしてください。

文書メタデータ（作成者の名前、キーワードなど）を暗号化するかどうかを設定します。

Acrobatを使って、PDFの内容を変更できる項目を設定します。

なし：どんな変更もできません。
ページの挿入・削除と回転：ページ挿入・削除・回転、しおりの作成、サムネールの作成だけが可能になります。
フォームフィールドへの記入と署名：署名とフォームフィールドへの記入が可能になります。
注釈、フォームフィールドへの記入と署名：署名とフォームへの記入、注釈の追加が可能になります。
ページの抽出を除くすべての操作：ページの削除以外の、すべてが変更できます。

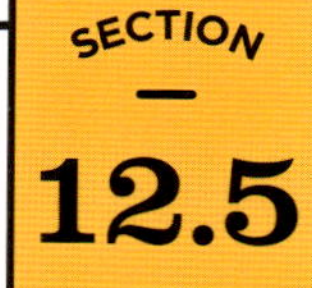

SECTION 12.5 EPUBの書き出し

使用頻度 ★☆☆

InDesignで作成したドキュメントはEPUBで書き出すことができます。EPUBは縦書きにも対応し、ルビや圏点なども書き出すことができます。また、段落スタイルや文字スタイルに対するタグの設定や、オブジェクトごとの書き出し設定も行えます。

EPUB書き出し

「ファイル」メニューの「書き出し」を選択し、「書き出し」ダイアログボックスの「形式」で「EPUB（リフロー可能）」または「EPUB（固定レイアウト）」を選択すると、EPUB形式で書き出せます。

「EPUB（リフロー可能）」ではテキストがリフローするEPUBを、「EPUB（固定レイアウト）」ではInDesignドキュメントのレイアウトを固定したEPUBとなります。

▶「一般」画面

EPUBのバージョンや目次など、全般的な設定を行います。

POINT

「EPUB（リフロー可能）」または「EPUB（固定レイアウト）」が選択できるのは、CC 2014以降です。

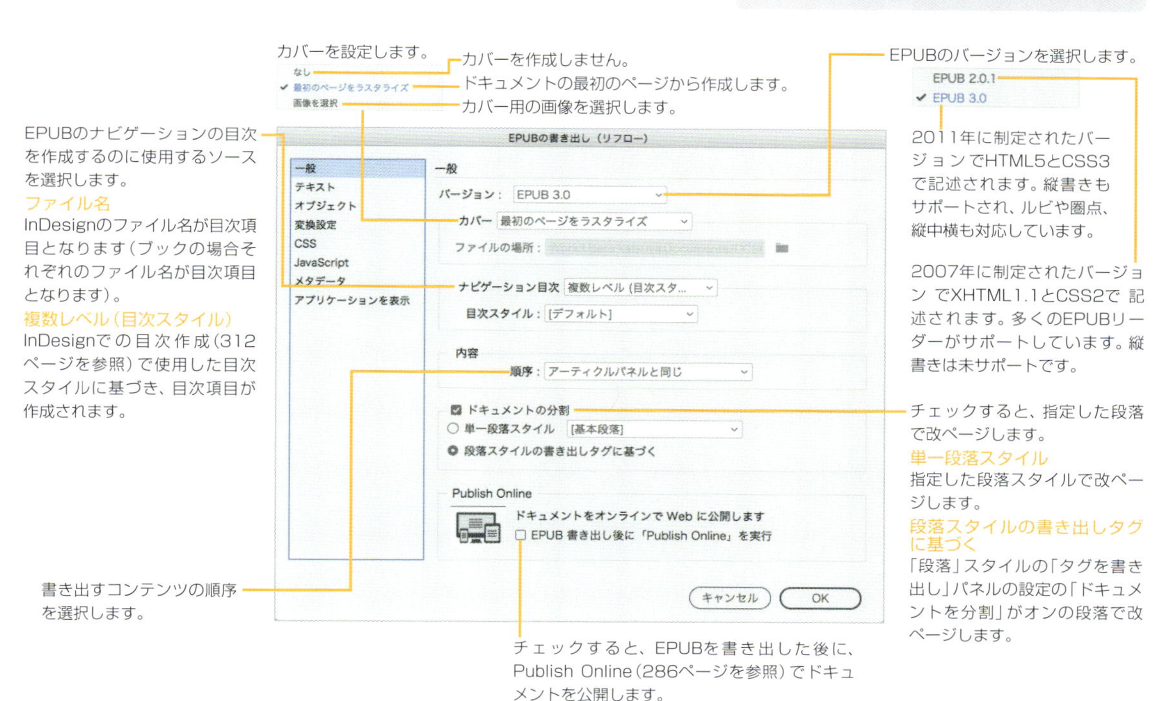

TIPS 「固定レイアウト」の「書き出しオプション」ダイアログボックス

「固定レイアウト」の「書き出しオプション」ダイアログボックスは「一般」画面が異なるだけで、後は「リフロー可能」（前ページ）と同じです。

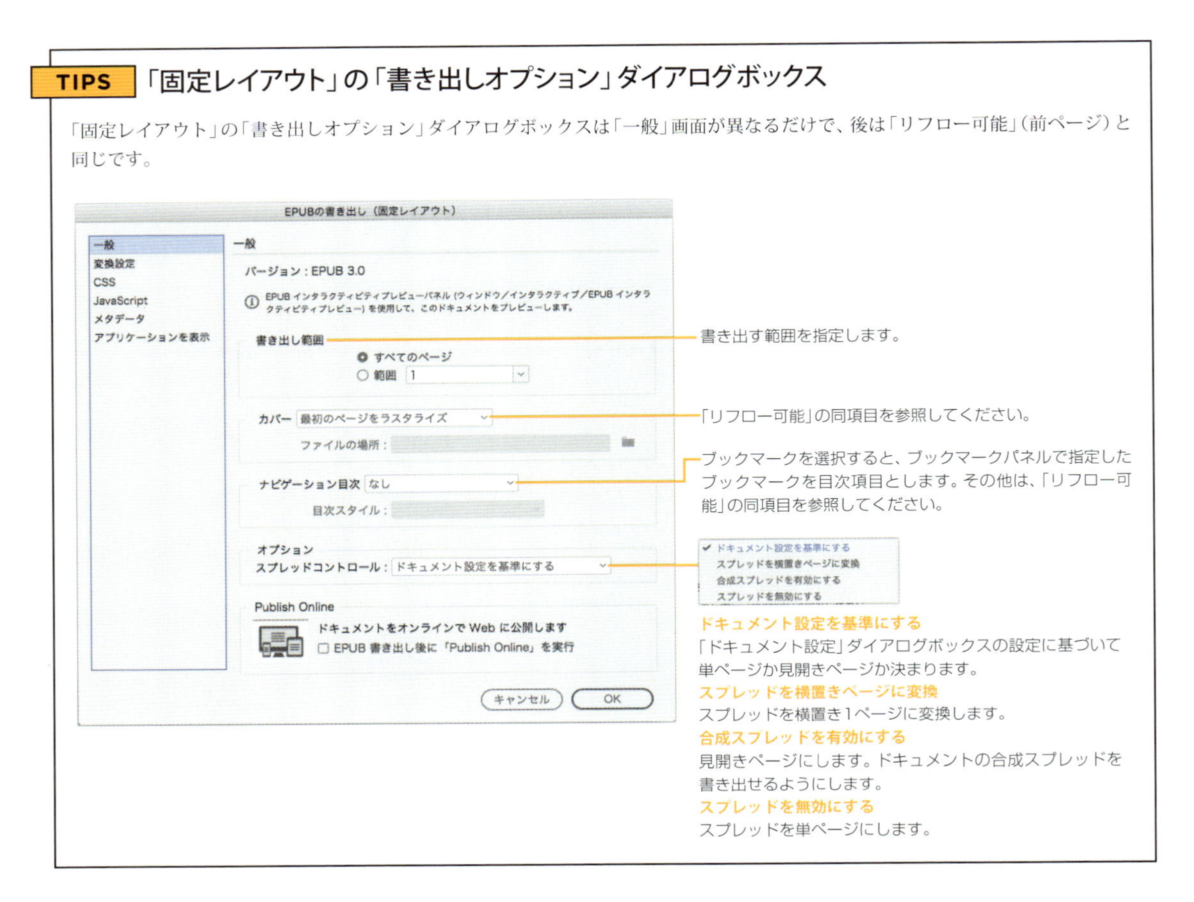

▶「テキスト」画面

テキストについて設定します。

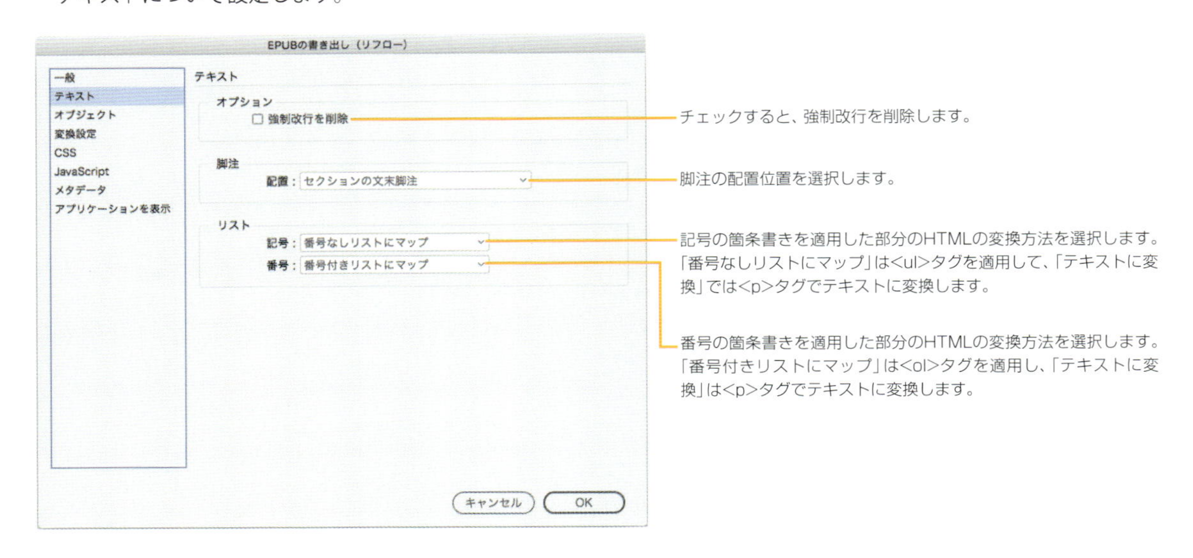

▶「オブジェクト」画面

オブジェクトの書き出し方法を設定します。

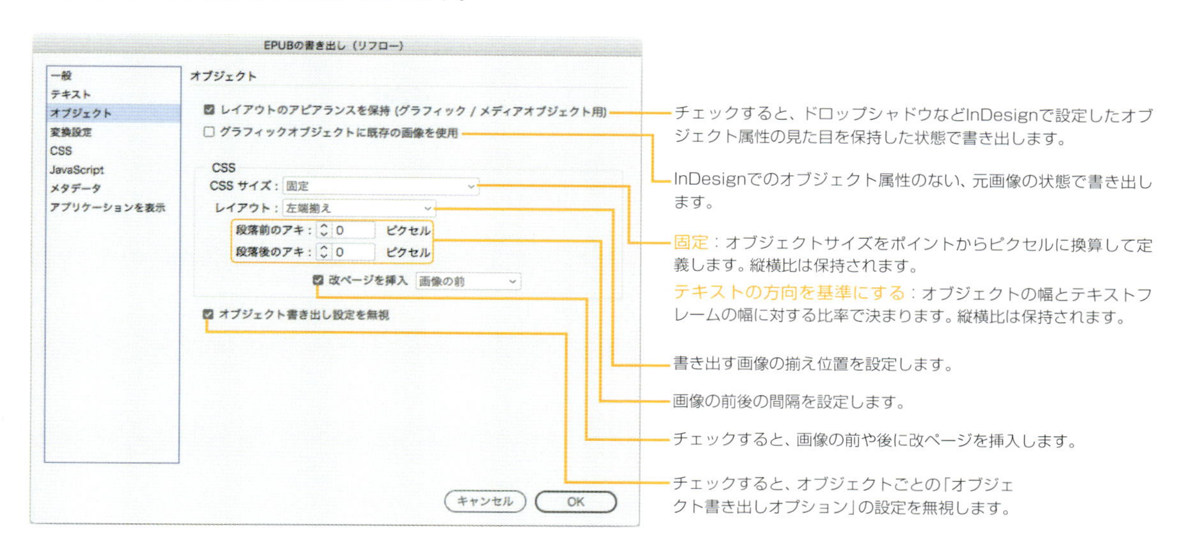

▶「変換設定」画面

画像の書き出し方法を設定します。

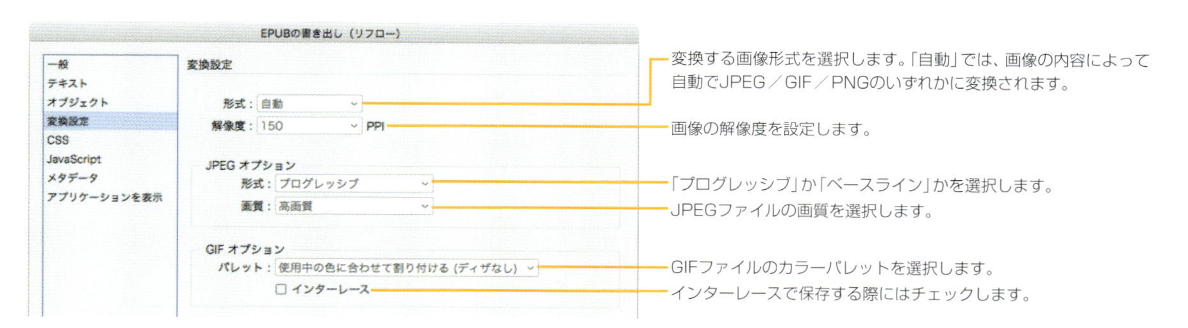

▶「CSS」画面

CSSの詳細な設定を行います。

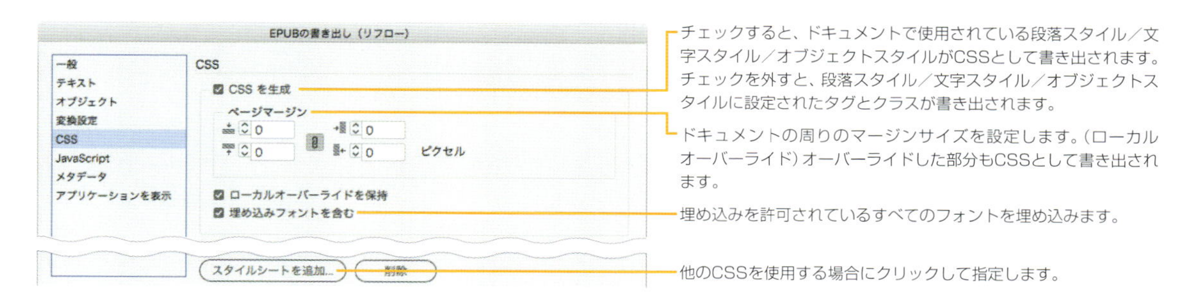

▶「JavaScript」画面

オブジェクトの書き出し方法を設定します。

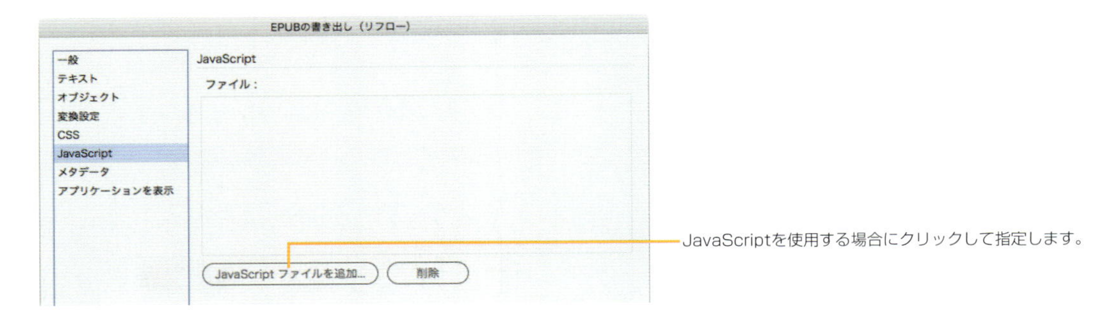

▶「メタデータ」画面

メタデータを登録します。

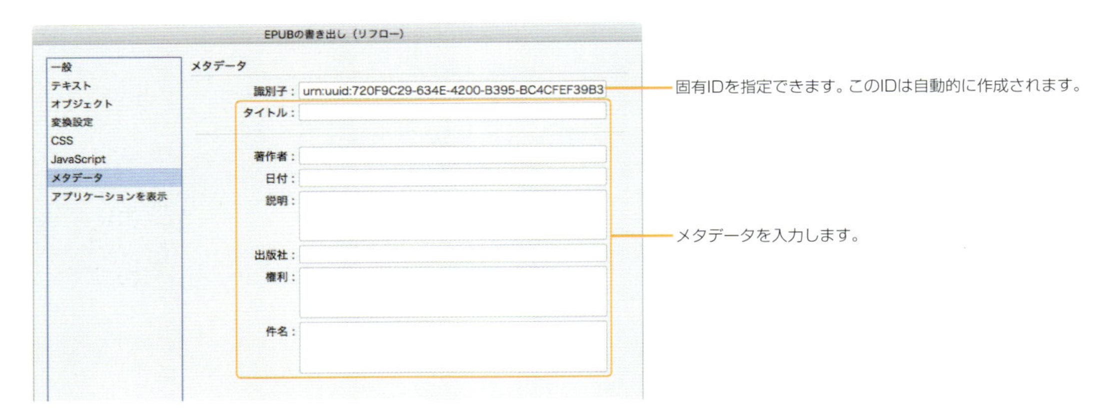

▶「アプリケーションを表示」画面

書き出した後に、EPUBを表示するアプリケーションを選択します。

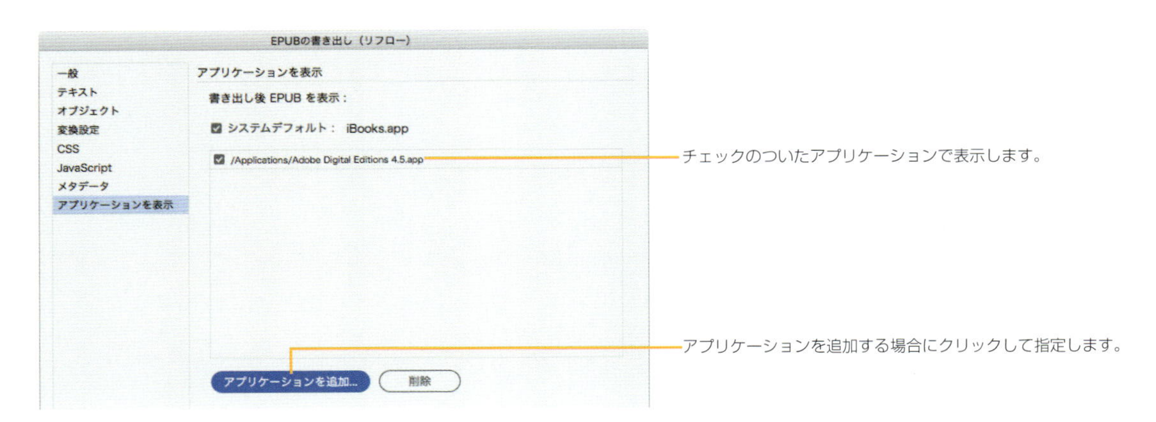

「アーティクル」パネル

複雑なレイアウトのドキュメントからHTMLやEPUBを書き出す際に、内容によっては順番を変更したい場合があります。「アーティクル」パネルを使うと、HTMLやEPUBに書き出す際の順番を設定できます。

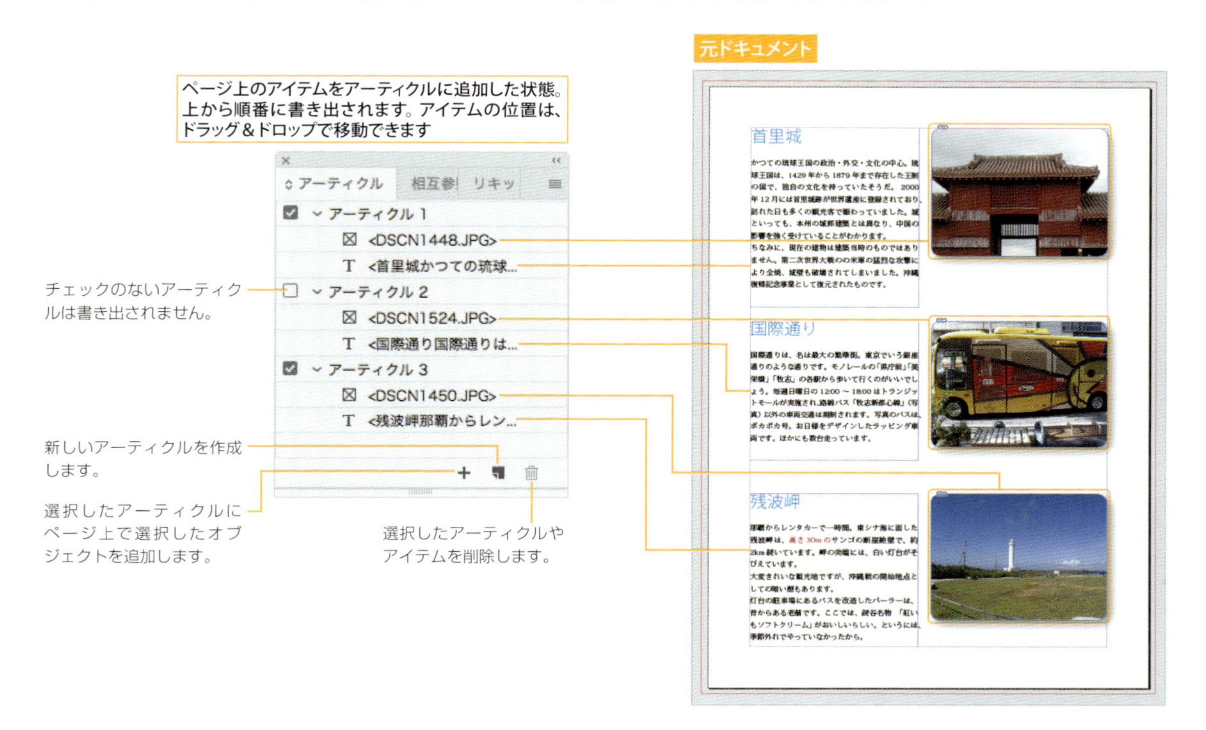

レイアウトを元に書き出したEPUB（リフロー有り）

首里城

かつての琉球王国の政治・外交・文化の中心。琉球王国は、1429年から1879年まで存在した王制の国で、独自の文化を持っていたそうだ。2000年12月には首里城跡が世界遺産に登録されており、訪れた日も多くの観光客で賑わっていました。城といっても、本州の城郭建築とは異なり、中国の影響を強く受けていることがわかります。

ちなみに、現在の建物は建築当時のものではありません。第二次世界大戦のの米軍の猛烈な攻撃により全焼、城壁も破壊されてしまいました。沖縄復帰記念事業として復元されたものです。

国際通り

国際通りは、名は最大の繁華街。東京でいう銀座通りのような通りです。モノレールの「県庁前」「美栄橋」「牧志」の各駅から歩いて行くのがいいでしょう。毎週日曜日の12:00～18:00はトランジットモールが実施され、路線バス「牧志新都心線」（写真）以外の車両交通は規制されます。写真のバスは、ポカポカ号。お日様をデザインしたラッピング車両です。ほかにも数台走って

「アーティクル」パネルを元に書き出したEPUB（リフロー有り）

首里城

かつての琉球王国の政治・外交・文化の中心。琉球王国は、1429年から1879年まで存在した王制の国で、独自の文化を持っていたそうだ。2000年12月には首里城跡が世界遺産に登録されており、訪れた日も多くの観光客で賑わっていました。城といっても、本州の城郭建築とは異なり、中国の影響を強く受けていることがわかります。

ちなみに、現在の建物は建築当時のものではありません。第二次世界大戦のの米軍の猛烈な攻撃により全焼、城壁も破壊されてしまいました。沖縄復帰記念事業として復元されたものです。

▶「アーティクル」パネルへの追加

ページ上のオブジェクトを「アーティクル」パネルにドラッグ＆ドロップするか、ページ上のオブジェクトを選択して ＋ をクリックすると、。選択しているアーティクルに追加されます。

＋ を ⌘ ＋クリックすると、ページ上の全オブジェクトが追加されます。

TIPS 図形オブジェクトも書き出せる

図形オブジェクトを「アーティクル」パネルに追加すると、HTMLやEPUBに書き出すことができます。

段落スタイル／文字スタイル／オブジェクトスタイルのタグ設定

InDesignでは、段落スタイル／文字スタイル／オブジェクトスタイルでEPUB書き出し時のタグやクラスを設定できます。

▶段落スタイル

「段落スタイルの編集」ダイアログボックスの「タグを書き出し」でタグとクラスを設定します。

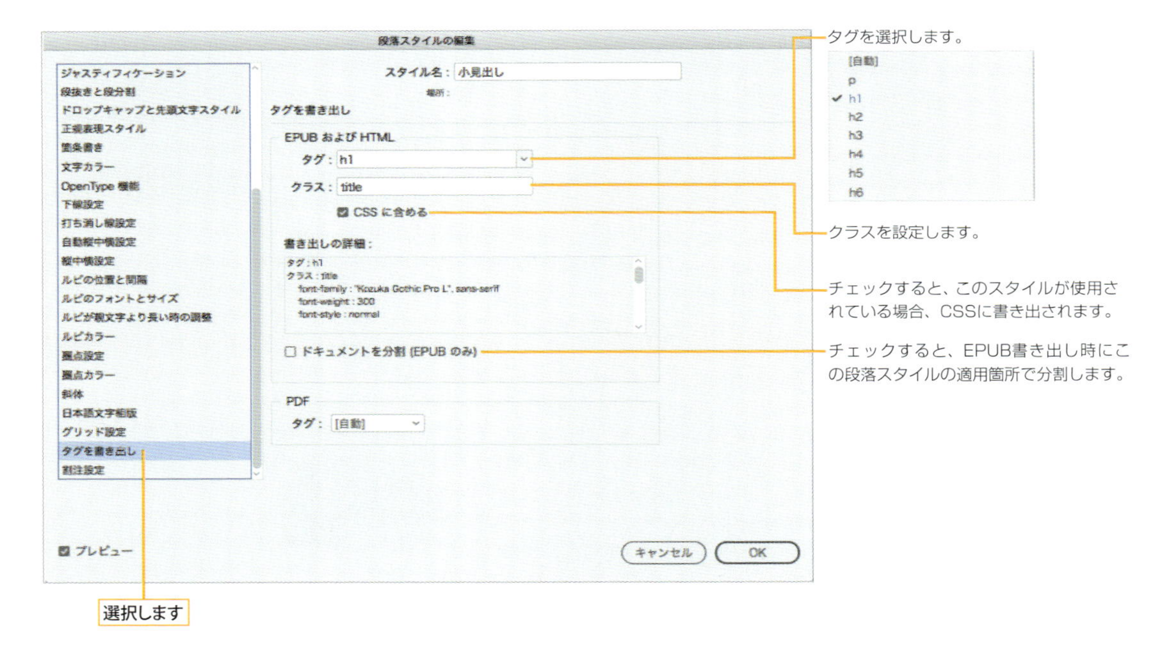

▶文字スタイル

「文字スタイルの編集」ダイアログボックスの「タグを書き出し」でタグとクラスを設定します。

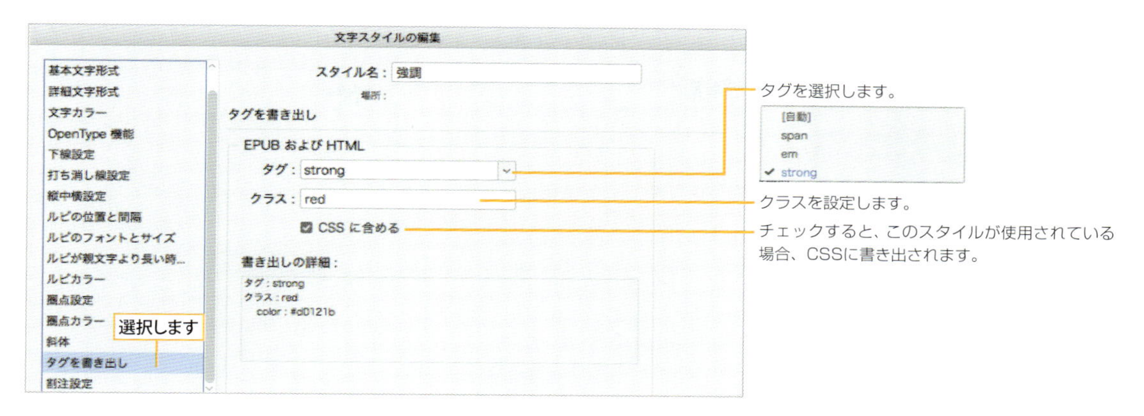

▶オブジェクトスタイル

「オブジェクトスタイルオプション」ダイアログボックスの「タグを書き出し」でタグとクラスを設定します。

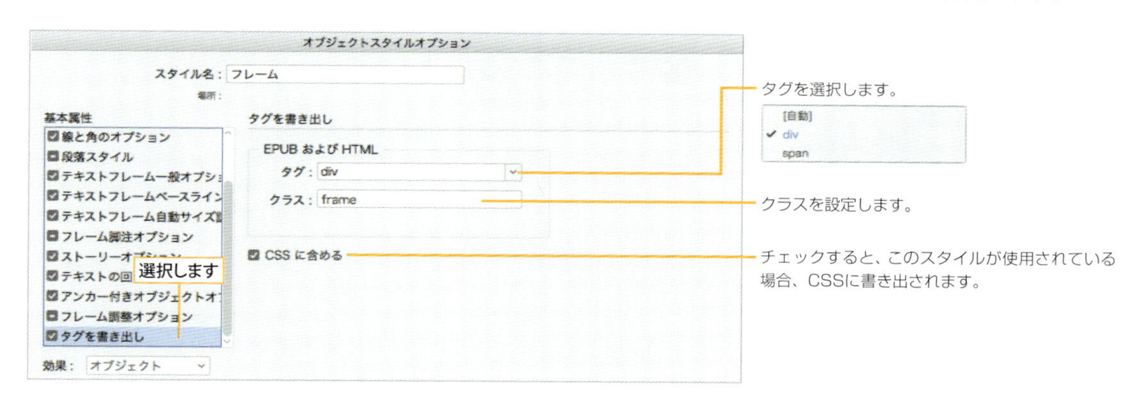

▶すべてのタグの一括編集

「段落スタイル」パネル／「文字スタイル」パネル／「オブジェクトスタイル」パネルのパネルメニューから「すべての書き出しタグを編集」を選択すると、「すべての書き出しタグを編集」ダイアログボックスが開き、ドキュメント内に設定されている段落スタイル／文字スタイル／オブジェクトスタイルのタグとクラス、CSSに含めるか（段落スタイルには「EPUBのドキュメント分割」も含む）を一括して編集できます。

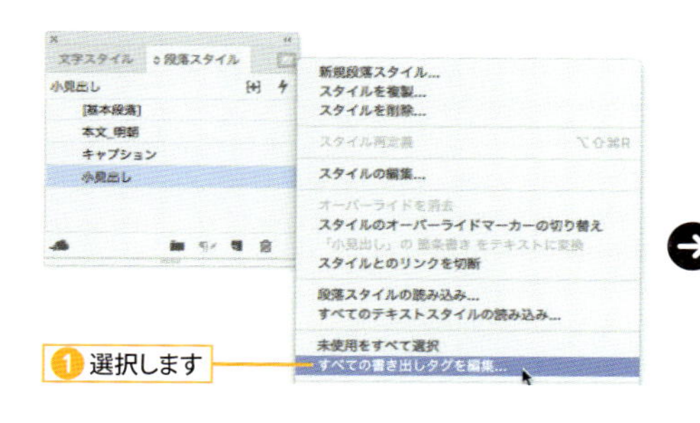

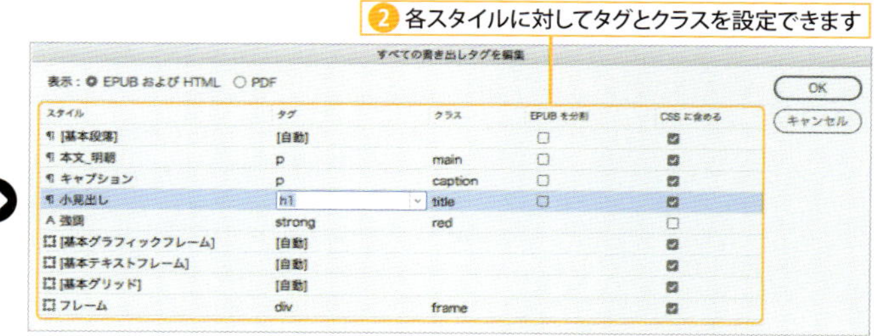

スタイル	タグ	クラス	EPUB を分割	CSS に含める
[基本段落]	[自動]		☐	☑
本文_明朝	p	main	☐	☑
キャプション	p	caption	☐	☑
小見出し	h1	title	☐	☑
強調	strong	red		☐
[基本グラフィックフレーム]	[自動]			☑
[基本テキストフレーム]	[自動]			☑
[基本グリッド]	[自動]			☑
フレーム	div	frame		☑

TIPS PDFのタグ

タグは、視覚障害者などが利用する際のアクセシビリティを向上するために設定します。適切なタグを設定して文書の論理構造が明確にすることにより、スクリーンリーダーなどの読み上げソフトが適切な処理を行えるようになります。

オブジェクトの書き出し設定

画像オブジェクトを書き出す際の解像度やレイアウト位置は、HTMLまたはEPUB書き出し時のダイアログボックスで指定しますが、個別のオブジェクトに対して設定することもできます。

個別のオブジェクトに対しての設定では、フロートの設定も可能です。

POINT

オブジェクトの書き出し設定は、オブジェクトスタイルに登録できます。

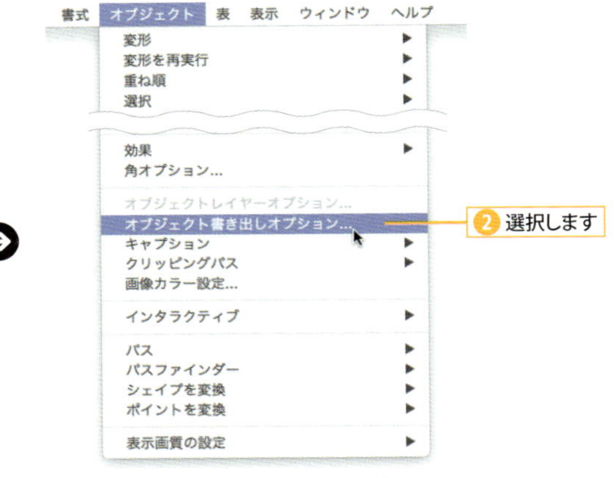

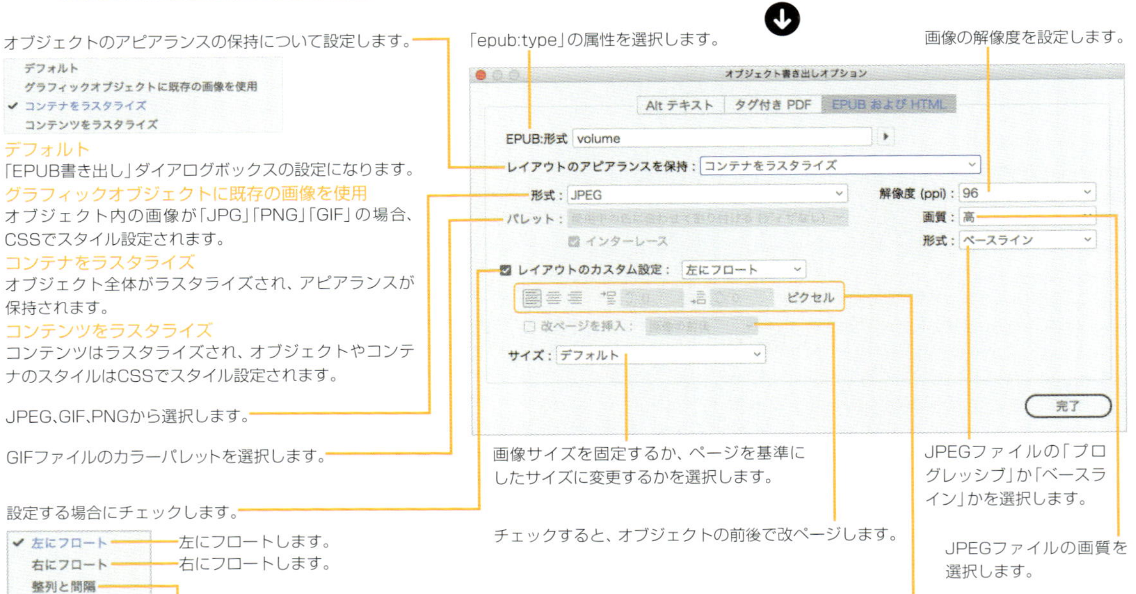

オブジェクトのアピアランスの保持について設定します。

- デフォルト
- グラフィックオブジェクトに既存の画像を使用
- ✔ コンテナをラスタライズ
- コンテンツをラスタライズ

デフォルト
「EPUB書き出し」ダイアログボックスの設定になります。

グラフィックオブジェクトに既存の画像を使用
オブジェクト内の画像が「JPG」「PNG」「GIF」の場合、CSSでスタイル設定されます。

コンテナをラスタライズ
オブジェクト全体がラスタライズされ、アピアランスが保持されます。

コンテンツをラスタライズ
コンテンツはラスタライズされ、オブジェクトやコンテナのスタイルはCSSでスタイル設定されます。

JPEG、GIF、PNGから選択します。

GIFファイルのカラーパレットを選択します。

設定する場合にチェックします。

- ✔ 左にフロート — 左にフロートします。
- 右にフロート — 右にフロートします。
- 整列と間隔 — 下で設定した位置でレイアウトします。

「epub:type」の属性を選択します。

画像の解像度を設定します。

画像サイズを固定するか、ページを基準にしたサイズに変更するかを選択します。

チェックすると、オブジェクトの前後で改ページします。

JPEGファイルの「プログレッシブ」か「ベースライン」かを選択します。

JPEGファイルの画質を選択します。

書き出す画像の揃え位置と前後の間隔を設定します。

12.6 その他の書き出し

使用頻度

「ファイル」メニューの「書き出し」では、JPG 形式の画像ファイルなど、さまざまなデータ形式で書き出せます。ここでは、頻度の高い書き出し形式について説明します。

インタラクティブPDFの書き出し

プリントアウト用ではなくインタラクティブなドキュメントをPDFに書き出す場合は、「ファイル」メニューの「書き出し」を選択して、「フォーマット」に「Adobe PDF(インタラクティブ)」を選択します。

「インタラクティブPDFに書き出し」ダイアログボックスでは、書き出し時の設定を行います。

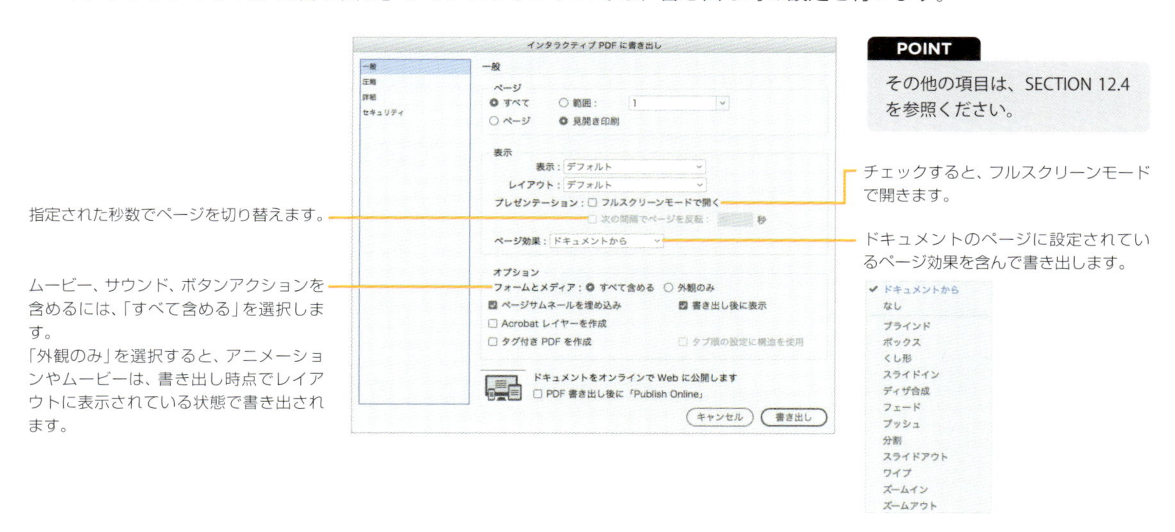

POINT

その他の項目は、SECTION 12.4を参照ください。

旧バージョン用での保存

「書き出し」ダイアログボックスの「形式」で「InDesign Markup(IDML)」を選択してIDML形式で保存すると、旧バージョンで編集できるようになります。ただし、InDesign CC特有の機能は無視されます。

InDesign ドキュメントが破損した場合など、IDML形式で書き出すことで文書内のデータが再構築されるため、データを修復できる場合があります。

POINT

InDesign CCでは、「別名で保存」でもIDML形式で保存できます。

PNGファイルの書き出し

「書き出し」ダイアログボックスの「形式」で「PNG」を選択すると、PNGファイルで書き出せます。

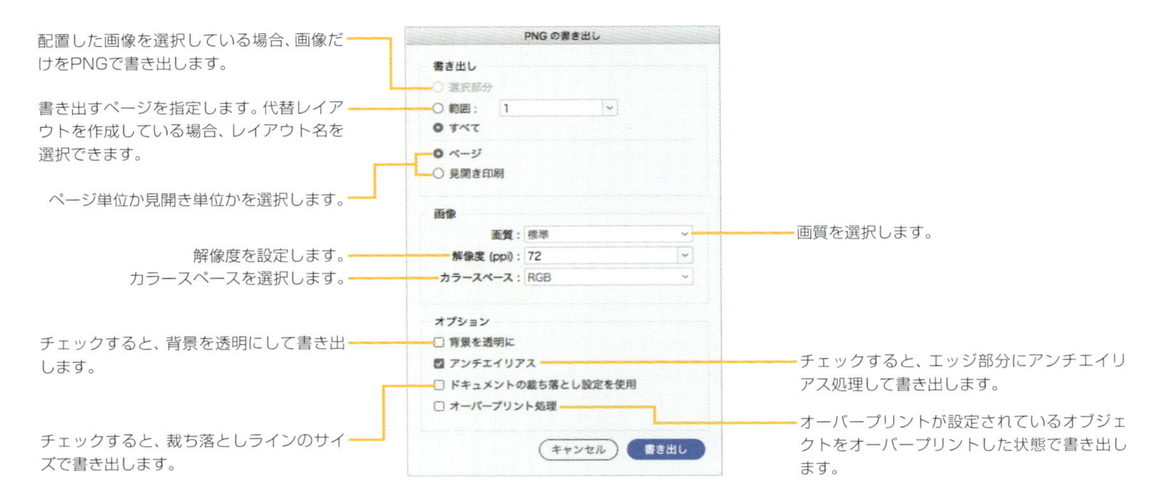
配置した画像を選択している場合、画像だけをPNGで書き出します。
書き出すページを指定します。代替レイアウトを作成している場合、レイアウト名を選択できます。
ページ単位か見開き単位かを選択します。
解像度を設定します。
カラースペースを選択します。
チェックすると、背景を透明にして書き出します。
チェックすると、裁ち落としラインのサイズで書き出します。
画質を選択します。
チェックすると、エッジ部分にアンチエイリアス処理して書き出します。
オーバープリントが設定されているオブジェクトをオーバープリントした状態で書き出します。
PNG の書き出し
書き出し
選択部分
範囲：
すべて
ページ
見開き印刷
画像
画質：
標準
解像度 (ppi)：
72
カラースペース：
RGB
オプション
背景を透明に
アンチエイリアス
ドキュメントの裁ち落とし設定を使用
オーバープリント処理
キャンセル
書き出し

JPEGファイルの書き出し

「書き出し」ダイアログボックスの「形式」で「JPEG」を選択すると、JPEGファイルで書き出せます。

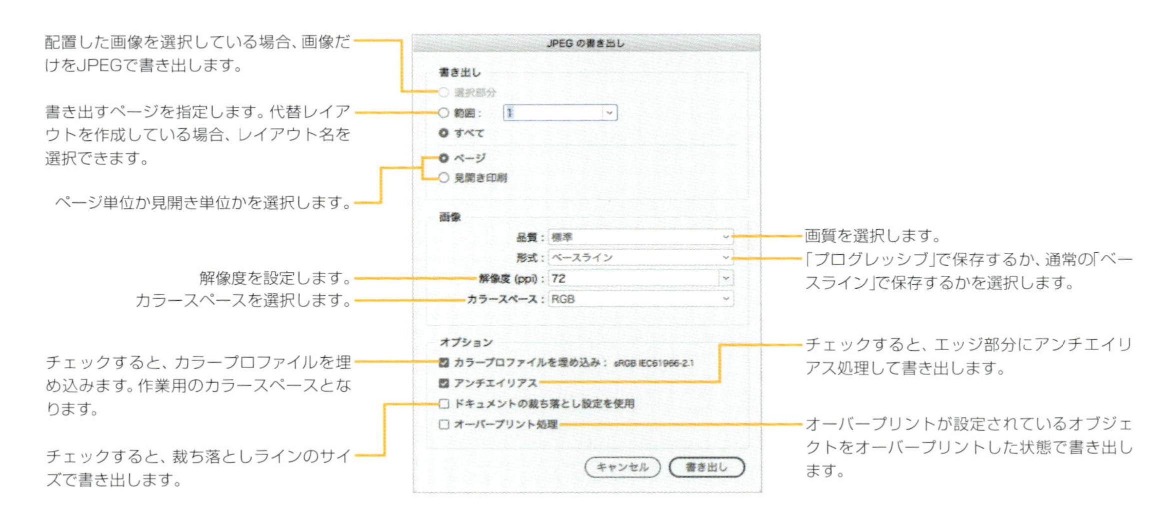
配置した画像を選択している場合、画像だけをJPEGで書き出します。
書き出すページを指定します。代替レイアウトを作成している場合、レイアウト名を選択できます。
ページ単位か見開き単位かを選択します。
解像度を設定します。
カラースペースを選択します。
チェックすると、カラープロファイルを埋め込みます。作業用のカラースペースとなります。
チェックすると、裁ち落としラインのサイズで書き出します。
画質を選択します。
「プログレッシブ」で保存するか、通常の「ベースライン」で保存するかを選択します。
チェックすると、エッジ部分にアンチエイリアス処理して書き出します。
オーバープリントが設定されているオブジェクトをオーバープリントした状態で書き出します。
JPEG の書き出し
書き出し
選択部分
範囲：
すべて
ページ
見開き印刷
画像
品質：
標準
形式：
ベースライン
解像度 (ppi)：
72
カラースペース：
RGB
オプション
カラープロファイルを埋め込み：
sRGB IEC61966-2.1
アンチエイリアス
ドキュメントの裁ち落とし設定を使用
オーバープリント処理
キャンセル
書き出し

テキストを書き出す

ドキュメントに配置したテキストは、選択した部分を各種テキストファイルで書き出すことができます。

「Adobe InDesign タグ付きテキスト」を選択すると、書式を定義したタグ付きのテキストファイルで保存できます。「テキストのみ」は、テキストデータのみをテキストファイルで保存します。「リッチテキスト形式」は、書式情報を含んだリッチテキスト形式で保存します。

CHAPTER

13

環境設定とカスタマイズ

InDesignには、作業しやすい環境を作れるように、さまざまな設定が用意されています。CHAPTER 13では、環境設定をはじめ、メニューやキーボードショートカットのカスタマイズなどの各種設定について説明します。

CHAPTER 13.1 「環境設定」ダイアログボックス

使用頻度 ★★☆

「InDesign」メニュー（Windowsは「編集」メニュー）から「環境設定」（⌘+K）を選択して、InDesignの操作環境全般の設定を行えます。ここで適切な設定を行い、使いやすいInDesignの作業環境を設定してください。「環境設定」ダイアログボックスには22個の設定パネルがあります。

一般

「ページ」パネルのページ番号の表示方法、フォントのダウンロードと埋め込み、拡大・縮小時の表示方法などを設定します。

チェックすると、ドキュメントを開いていないときに「スタート」ワークスペース（11ページ参照）を表示します。

チェックすると、ファイルを開く際に、「最近使用したファイル」ワークスペースを表示します。

ドキュメント内に使用されている文字数がここで設定した文字数よりも多い場合、サブセットではなくすべての文字をダウンロード・埋め込みを行います。

チェックすると、ロックしたオブジェクトは選択できなくなります（初期設定）。
チェックを外すと、オブジェクトの選択はできても移動できない動作になります。

画像オブジェクトをコントロールパネル（または「変形」パネル）で数値指定して拡大・縮小した際、選択ツールで選択した場合のコントロールパネルや「変形」パネルのスケール表示の方法を設定します。

内容に適用
オブジェクトを拡大・縮小しても、スケールは常に100％表示となります。

線幅を含める
チェックすると、線幅も拡大・縮小します。

効果を含める
チェックすると、ドロップシャドウなどの効果も拡大・縮小します。

拡大/縮小率を調整
画像配置時のスケールを100％として、現在の拡大・縮小率が表示されます。線幅は拡大・縮小されますが、「線」パネルまたはコントロールパネルの表示は拡大・縮小前のサイズが表示されます。効果の設定値は拡大・縮小されません。
ただし、コントロールパネルメニュー（または「変形」パネルメニュー）から「スケールを100％に再定義」を実行すると、現在の表示状態が100％となります。
「線幅」は、直前の「線幅を含める」がオンのときはパネルのサイズ表示も拡大・縮小された値になり、オフのときは元のサイズに戻ります。
「効果」は、直前の「効果を含める」がオンのときは設定値が拡大・縮小され、オフのときは設定値は変わりません。

「セクションごと」（これが初期設定）となっている場合に、「ページ」パネルにはセクションごとにページ番号が表示されます。印刷時も、セクションとページの組み合わせで範囲を指定します。「ページごと」に変更すると、「ページ」パネルでの表示が先頭ページからの通し番号で表示され、印刷時の指定もこのページ番号でないと指定できなくなります。

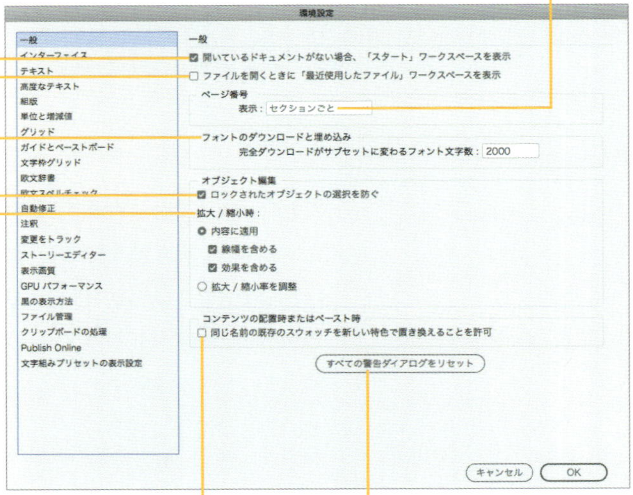

警告ダイアログボックスが表示された際「再表示しない」にチェックを入れても、このボタンをクリックすると再表示されるようになります。

チェックすると、異なる設定で同じ名前のスウォッチをドキュメントに配置またはペーストしたときに、既存のスウォッチの設定を新しい特色に置き換えます。

インターフェイス

パネルやツールヒントの表示方法など
インターフェイスの状態を設定します。

POINT

本書に掲載している画面のインターフェイスは、紙面上での読みやすさを考慮して、「アピアランス」の「カラーテーマ」を「明」に設定して撮影しています。

暗

やや暗め（デフォルト）

やや明るめ

明

ツールバーやパネルの明るさを設定します。数値指定することも可能です。

選択ツールの下にあるオブジェクトをハイライト表示します。

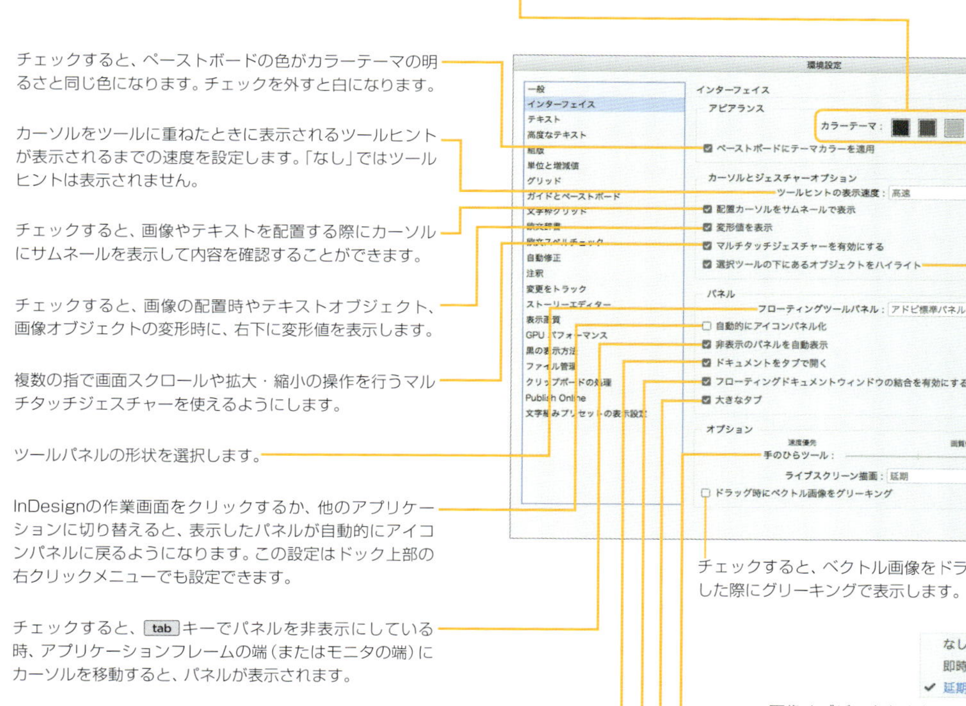

チェックすると、ペーストボードの色がカラーテーマの明るさと同じ色になります。チェックを外すと白になります。

カーソルをツールに重ねたときに表示されるツールヒントが表示されるまでの速度を設定します。「なし」ではツールヒントは表示されません。

チェックすると、画像やテキストを配置する際にカーソルにサムネールを表示して内容を確認することができます。

チェックすると、画像の配置時やテキストオブジェクト、画像オブジェクトの変形時に、右下に変形値を表示します。

複数の指で画面スクロールや拡大・縮小の操作を行うマルチタッチジェスチャーを使えるようにします。

ツールパネルの形状を選択します。

InDesignの作業画面をクリックするか、他のアプリケーションに切り替えると、表示したパネルが自動的にアイコンパネルに戻るようになります。この設定はドック上部の右クリックメニューでも設定できます。

チェックすると、tabキーでパネルを非表示にしている時、アプリケーションフレームの端（またはモニタの端）にカーソルを移動すると、パネルが表示されます。

チェックすると、新しいドキュメントをタブ形式で表示します。チェックを外すと、従来のように各ドキュメントは独立したウィンドウで開きます。

チェックすると、独立しているドキュメントウィンドウを他のウィンドウにドラッグしてタブ形式に結合できます。controlキーを押すと、一時的に無効になります。

チェックすると、パネルやファイルのタブの表示サイズを大きくします。

チェックすると、ベクトル画像をドラッグした際にグリーキングで表示します。

なし
即時
✓ 延期

画像オブジェクトのトリミングやフレームサイズの変更やコンテンツの移動時に、コンテンツ全体を表示するまでの時間を設定します。
初期設定は「即時」で移動時にすぐに表示されます。「延期」を選択すると、旧バージョンと同様にドラッグ開始まで時間をおかないと表示されません。「なし」では画像は表示されなくなります。

手のひらツールでスクロールする際、レイアウト上の文字をグリーキングするかどうかを設定します。左側の方がグリーキングされ、マシンが快適に動作するようになります。

テキスト

テキストを編集するための基本的な操作環境を設定します。

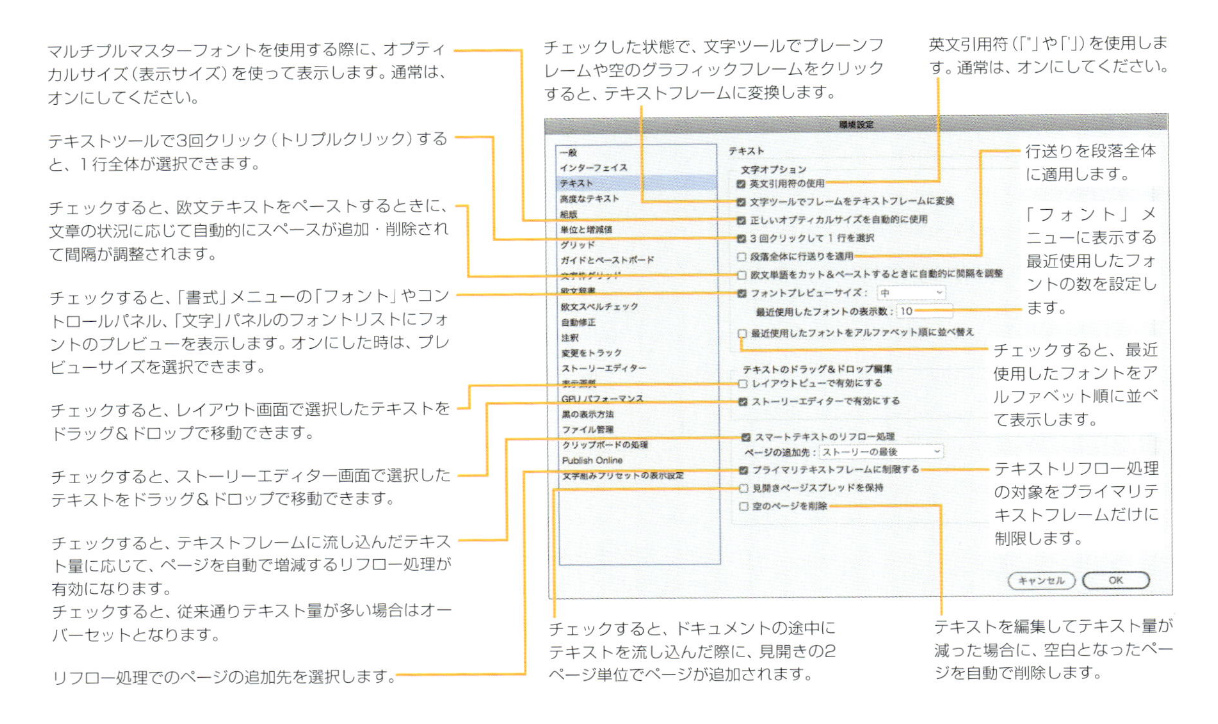

マルチプルマスターフォントを使用する際に、オプティカルサイズ（表示サイズ）を使って表示します。通常は、オンにしてください。
テキストツールで3回クリック（トリプルクリック）すると、1行全体が選択できます。
チェックすると、欧文テキストをペーストするときに、文章の状況に応じて自動的にスペースが追加・削除されて間隔が調整されます。
チェックすると、「書式」メニューの「フォント」やコントロールパネル、「文字」パネルのフォントリストにフォントのプレビューを表示します。オンにした時は、プレビューサイズを選択できます。
チェックすると、レイアウト画面で選択したテキストをドラッグ＆ドロップで移動できます。
チェックすると、ストーリーエディター画面で選択したテキストをドラッグ＆ドロップで移動できます。
チェックすると、テキストフレームに流し込んだテキスト量に応じて、ページを自動で増減するリフロー処理が有効になります。
チェックすると、従来通りテキスト量が多い場合はオーバーセットとなります。
リフロー処理でのページの追加先を選択します。
チェックした状態で、文字ツールでプレーンフレームや空のグラフィックフレームをクリックすると、テキストフレームに変換します。
英文引用符（["]や[']）を使用します。通常は、オンにしてください。
行送りを段落全体に適用します。
「フォント」メニューに表示する最近使用したフォントの数を設定します。
チェックすると、最近使用したフォントをアルファベット順に並べて表示します。
テキストリフロー処理の対象をプライマリテキストフレームだけに制限します。
チェックすると、ドキュメントの途中にテキストを流し込んだ際に、見開きの2ページ単位でページが追加されます。
テキストを編集してテキスト量が減った場合に、空白となったページを自動で削除します。
環境設定
一般
インターフェイス
テキスト
高度なテキスト
組版
単位と増減値
グリッド
ガイドとペーストボード
文字枠グリッド
欧文辞書
欧文スペルチェック
自動修正
注釈
変更をトラック
ストーリーエディター
表示画質
GPU パフォーマンス
黒の表示方法
ファイル管理
クリップボードの処理
Publish Online
文字組みプリセットの表示設定
テキスト
文字オプション
英文引用符の使用
文字ツールでフレームをテキストフレームに変換
正しいオプティカルサイズを自動的に使用
3 回クリックして 1 行を選択
段落全体に行送りを適用
欧文単語をカット＆ペーストするときに自動的に間隔を調整
フォントプレビューサイズ： 中
最近使用したフォントの表示数： 10
最近使用したフォントをアルファベット順に並べ替え
テキストのドラッグ＆ドロップ編集
レイアウトビューで有効にする
ストーリーエディターで有効にする
スマートテキストのリフロー処理
ページの追加先： ストーリーの最後
プライマリテキストフレームに制限する
見開きページスプレッドを保持
空のページを削除
キャンセル
OK

高度なテキスト

上付き文字、下付き文字などの初期サイズなどを設定します。

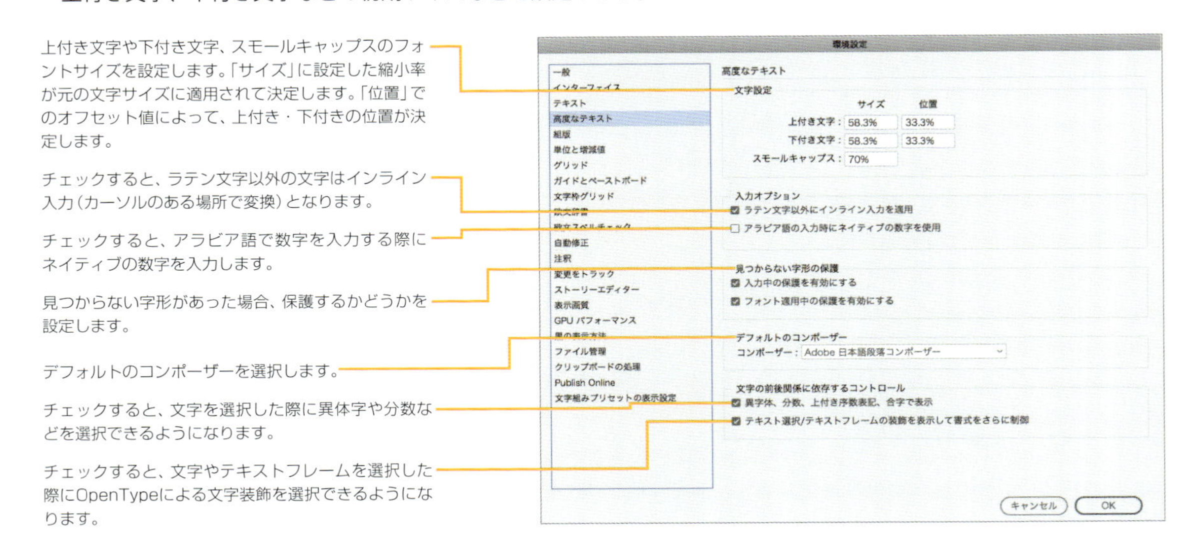

チェックすると、ラテン文字以外の文字はインライン入力（カーソルのある場所で変換）となります。
チェックすると、アラビア語で数字を入力する際にネイティブの数字を入力します。

デフォルトのコンポーザー

組版

組版での強調表示、テキストの回り込みについての操作環境を設定します。

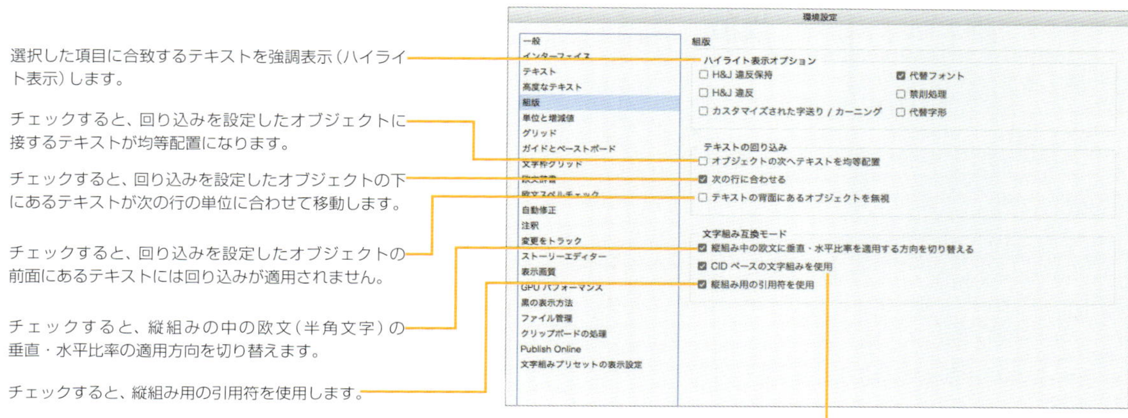
選択した項目に合致するテキストを強調表示（ハイライト表示）します。
チェックすると、回り込みを設定したオブジェクトに接するテキストが均等配置になります。
チェックすると、回り込みを設定したオブジェクトの下にあるテキストが次の行の単位に合わせて移動します。
チェックすると、回り込みを設定したオブジェクトの前面にあるテキストには回り込みが適用されません。
チェックすると、縦組みの中の欧文（半角文字）の垂直・水平比率の適用方向を切り替えます。
チェックすると、縦組み用の引用符を使用します。
環境設定
一般
インターフェイス
テキスト
高度なテキスト
組版
単位と増減値
グリッド
ガイドとペーストボード
文字枠グリッド
欧文辞書
欧文スペルチェック
自動修正
注釈
変更をトラック
ストーリーエディター
表示画質
GPU パフォーマンス
黒の表示方法
ファイル管理
クリップボードの処理
Publish Online
文字組みプリセットの表示設定
組版
ハイライト表示オプション
H&J 違反保持
H&J 違反
カスタマイズされた字送り / カーニング
代替フォント
禁則処理
代替字形
テキストの回り込み
オブジェクトの次へテキストを均等配置
次の行に合わせる
テキストの背面にあるオブジェクトを無視
文字組み互換モード
縦組み中の欧文に垂直・水平比率を適用する方向を切り替える
CID ベースの文字組みを使用
縦組み用の引用符を使用

「文字組み」で使用される文字ごとの文字クラスの決定方法を選択します。
チェックすると、文字の持つCID/GIDをベースにして文字クラスが決まります（オンが初期設定）。文字によっては、文字を選択したときに「情報」パネルで表示される文字種と、実際に文字組みで使用される文字クラスが異なる場合があります。チェックを外すと、CS以前の文字クラスとなります。この場合、文字を選択したときに「情報」パネルで表示される文字種と、実際に文字組みで使用される文字クラスはほぼ同じになります。
この設定は、ドキュメントごとに保存されます。CS以前のバージョンで作成したドキュメントを開くと、文字組みの互換性を保持するためにチェックを外した状態で開きます。設定を変更すると、文字によっては文字クラスが変わるため、「文字組み」で設定されている文字のアキ量が変わって、文字組みが変わることもあります。

単位と増減値

定規などの単位やショートカットキーによる増減値を設定します。

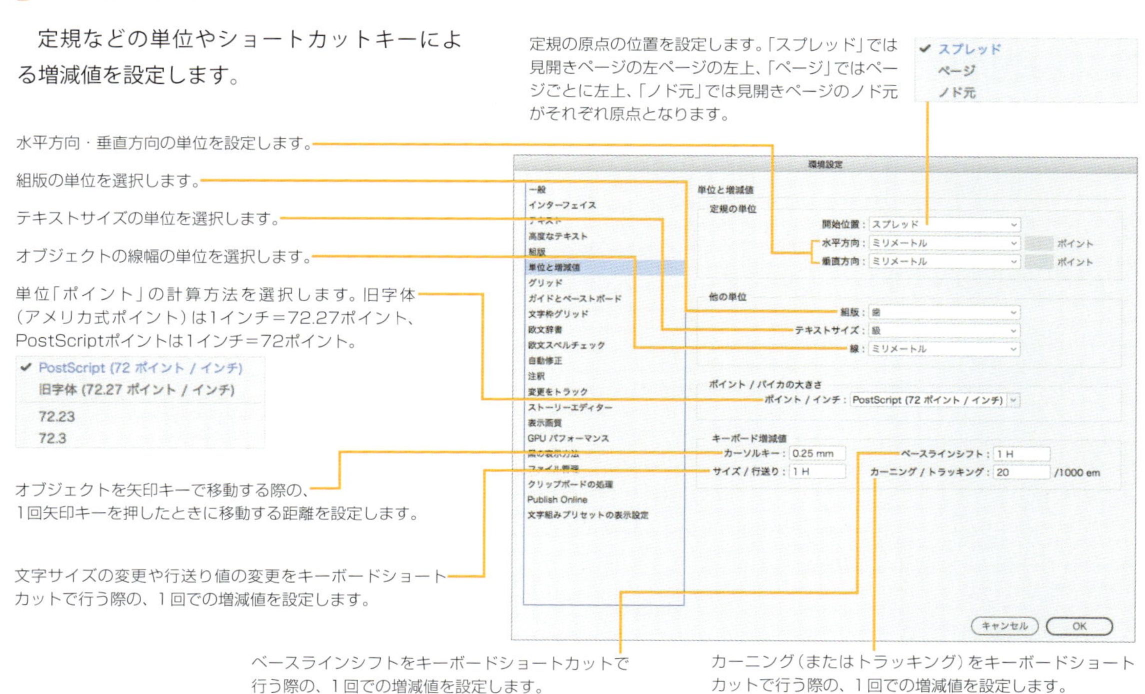
定規の原点の位置を設定します。「スプレッド」では見開きページの左ページの左上、「ページ」ではページごとに左上、「ノド元」では見開きページのノド元がそれぞれ原点となります。
スプレッド
ページ
ノド元
水平方向・垂直方向の単位を設定します。
組版の単位を選択します。
テキストサイズの単位を選択します。
オブジェクトの線幅の単位を選択します。
単位「ポイント」の計算方法を選択します。旧字体（アメリカ式ポイント）は1インチ＝72.27ポイント、PostScriptポイントは1インチ＝72ポイント。
PostScript (72 ポイント / インチ)
旧字体 (72.27 ポイント / インチ)
72.23
72.3
オブジェクトを矢印キーで移動する際の、1回矢印キーを押したときに移動する距離を設定します。
文字サイズの変更や行送り値の変更をキーボードショートカットで行う際の、1回での増減値を設定します。
環境設定
単位と増減値
定規の単位
開始位置：スプレッド
水平方向：ミリメートル
垂直方向：ミリメートル
ポイント
他の単位
組版：歯
テキストサイズ：級
線：ミリメートル
ポイント / パイカの大きさ
ポイント / インチ：PostScript (72 ポイント / インチ)
キーボード増減値
カーソルキー：0.25 mm
サイズ / 行送り：1 H
ベースラインシフト：1 H
カーニング / トラッキング：20
/1000 em
キャンセル
OK
ベースラインシフトをキーボードショートカットで行う際の、1回での増減値を設定します。
カーニング（またはトラッキング）をキーボードショートカットで行う際の、1回での増減値を設定します。

グリッド

ベースライングリッドやドキュメントグリッドの色や間隔などを設定します。

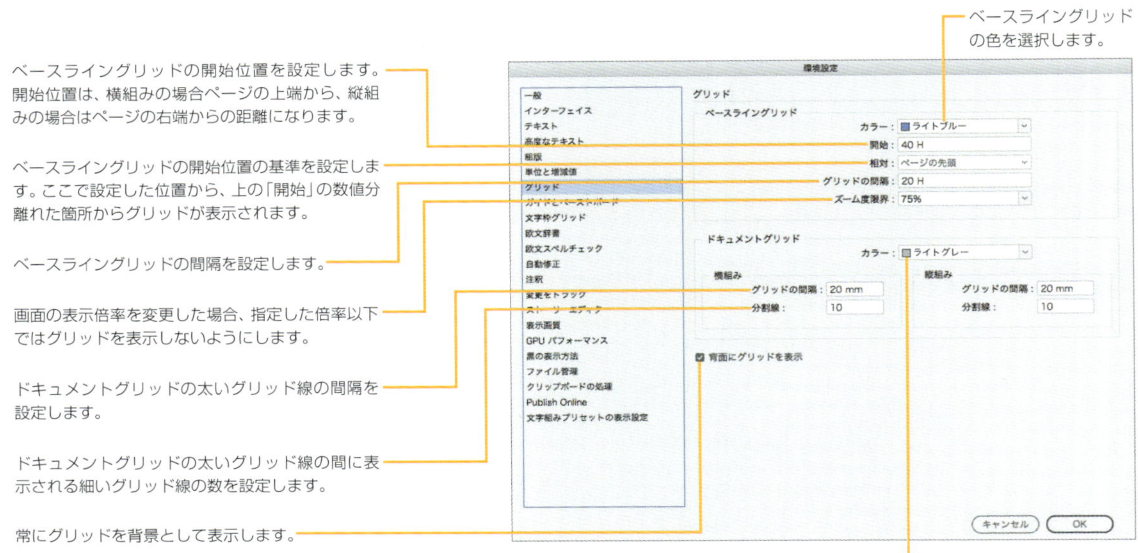

ベースライングリッドの開始位置を設定します。開始位置は、横組みの場合ページの上端から、縦組みの場合はページの右端からの距離になります。

画面の表示倍率を変更した場合、指定した倍率以下ではグリッドを表示しないようにします。

ガイドとペーストボード

マージン、段組のガイドの色やペーストボードの範囲を設定します。

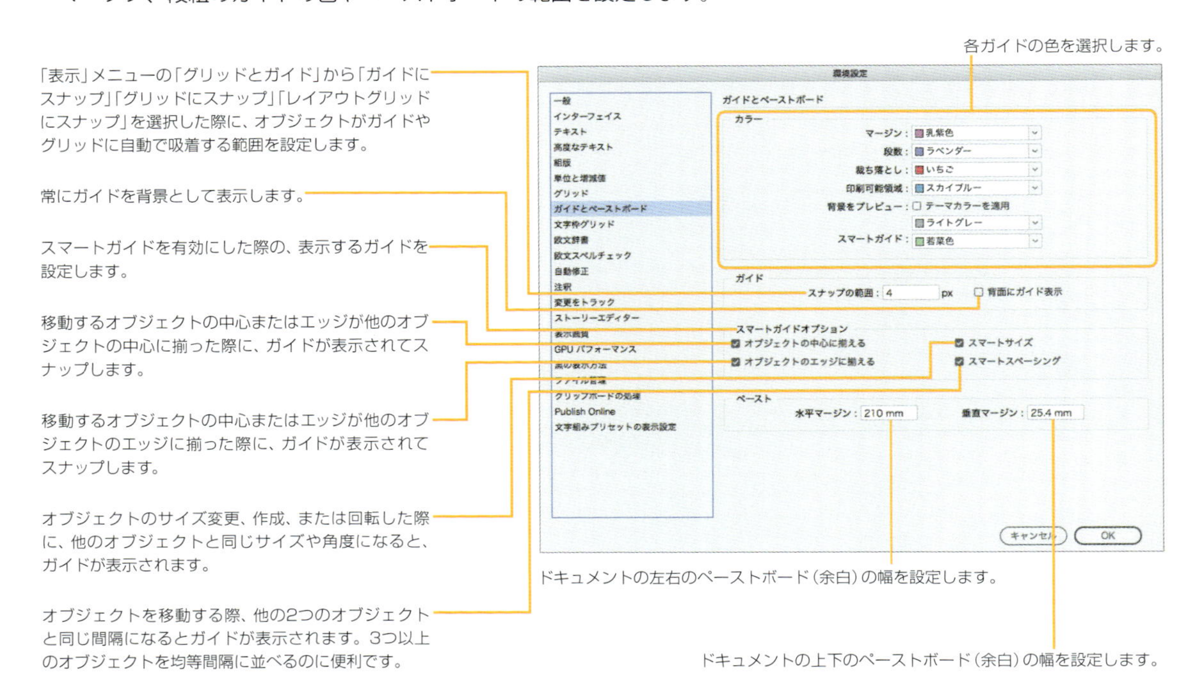

各ガイドの色を選択します。
「表示」メニューの「グリッドとガイド」から「ガイドにスナップ」「グリッドにスナップ」「レイアウトグリッドにスナップ」を選択した際に、オブジェクトがガイドやグリッドに自動で吸着する範囲を設定します。
常にガイドを背景として表示します。
スマートガイドを有効にした際の、表示するガイドを設定します。
移動するオブジェクトの中心またはエッジが他のオブジェクトの中心に揃った際に、ガイドが表示されてスナップします。
移動するオブジェクトの中心またはエッジが他のオブジェクトのエッジに揃った際に、ガイドが表示されてスナップします。
オブジェクトのサイズ変更、作成、または回転した際に、他のオブジェクトと同じサイズや角度になると、ガイドが表示されます。
オブジェクトを移動する際、他の2つのオブジェクトと同じ間隔になるとガイドが表示されます。3つ以上のオブジェクトを均等間隔に並べるのに便利です。
ドキュメントの左右のペーストボード（余白）の幅を設定します。
ドキュメントの上下のペーストボード（余白）の幅を設定します。

文字枠グリッド

フレームグリッドやレイアウトグリッドの表示形式や色を設定します。

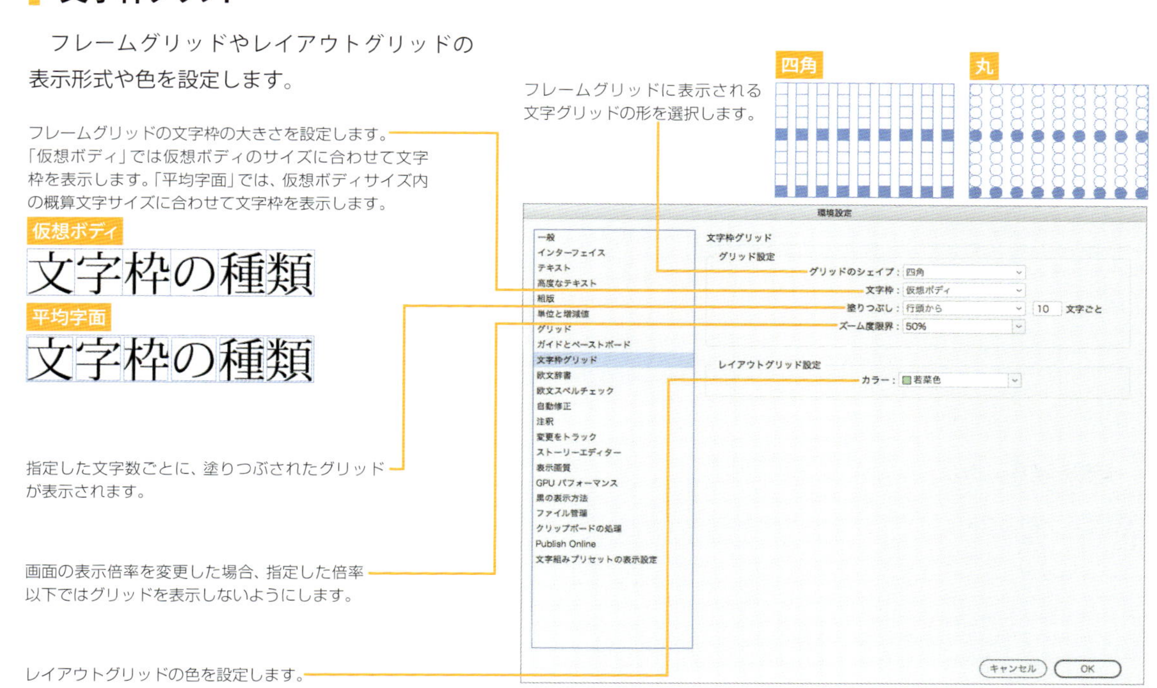

欧文辞書

欧文の辞書に関する設定をします。

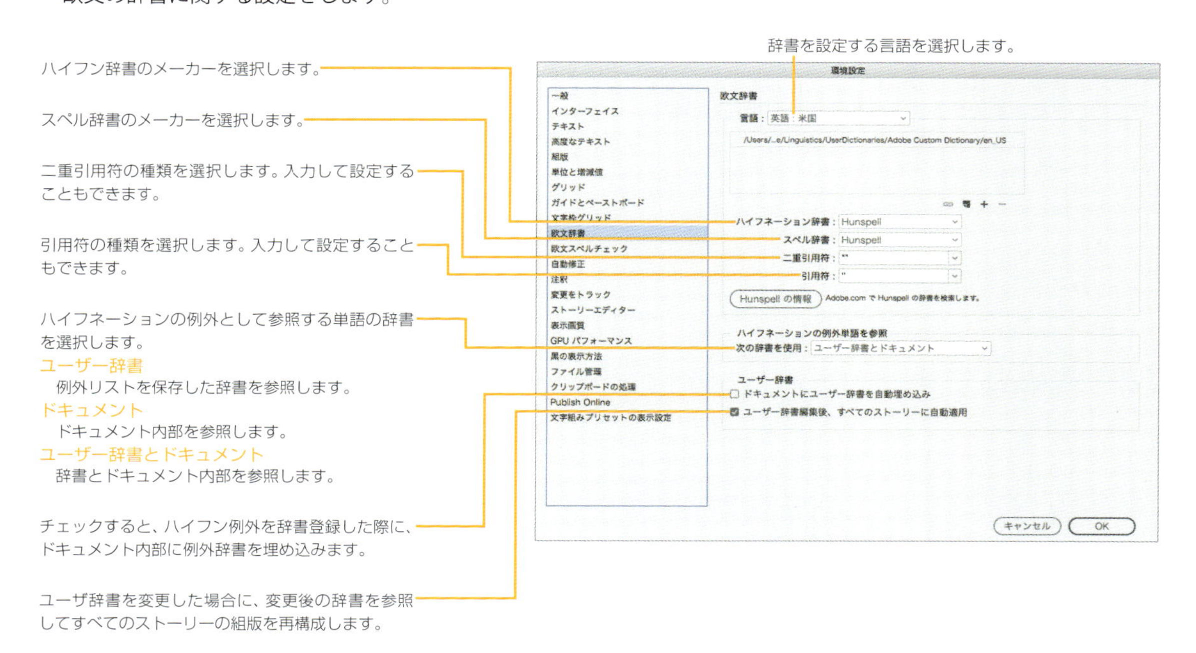

欧文スペルチェック

欧文スペルチェックの対象を選択します。

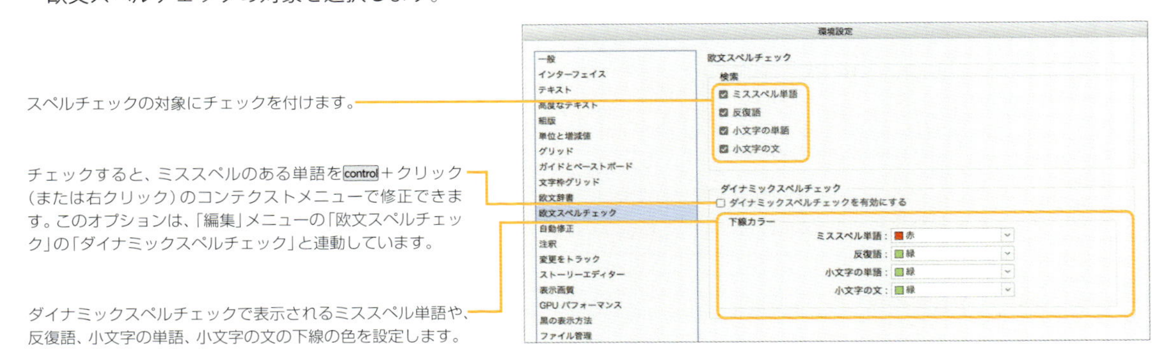

スペルチェックの対象にチェックを付けます。
チェックすると、ミススペルのある単語をcontrol＋クリック（または右クリック）のコンテクストメニューで修正できます。このオプションは、「編集」メニューの「欧文スペルチェック」の「ダイナミックスペルチェック」と連動しています。
ダイナミックスペルチェックで表示されるミススペル単語や、反復語、小文字の単語、小文字の文の下線の色を設定します。
環境設定
欧文スペルチェック
検索
ミススペル単語
反復語
小文字の単語
小文字の文
ダイナミックスペルチェック
ダイナミックスペルチェックを有効にする
下線カラー
ミススペル単語：
反復語：
小文字の単語：
小文字の文：

自動修正

欧文入力時にスペルミスや小文字の誤用などの入力ミスを自動修正する際、スペルミスしやすい単語を登録します。

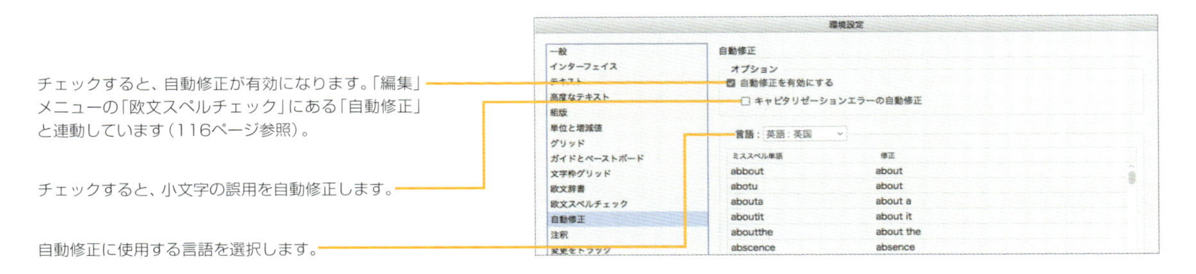

注釈

注釈ツールで注釈を入れた際の色などを設定します。

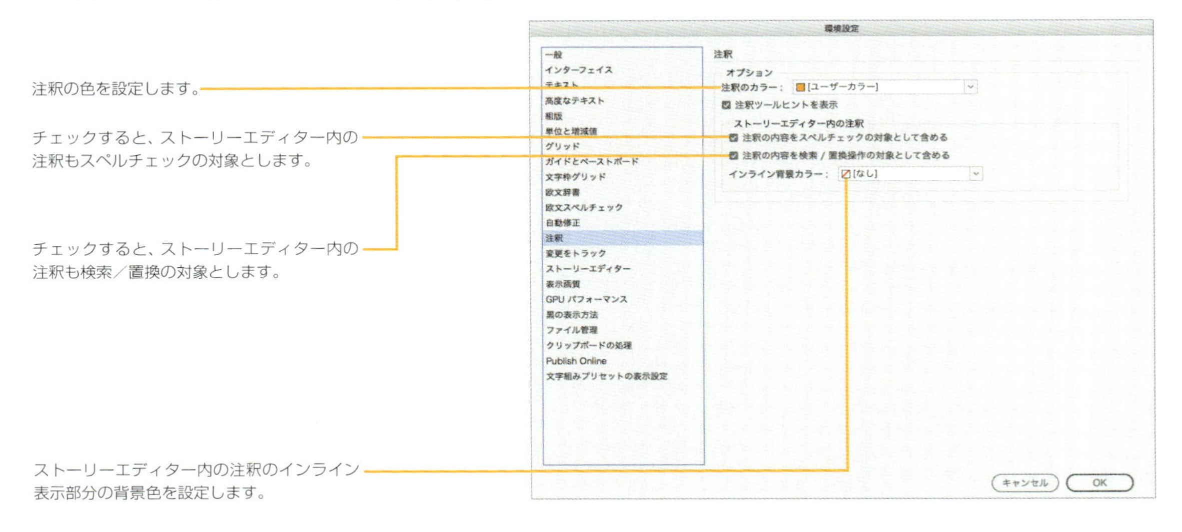

変更をトラック

「変更をトラック」(122ページ参照)を有効にした際の、「ストーリーエディター」ウィンドウでのテキストの表示方法などについて設定します。

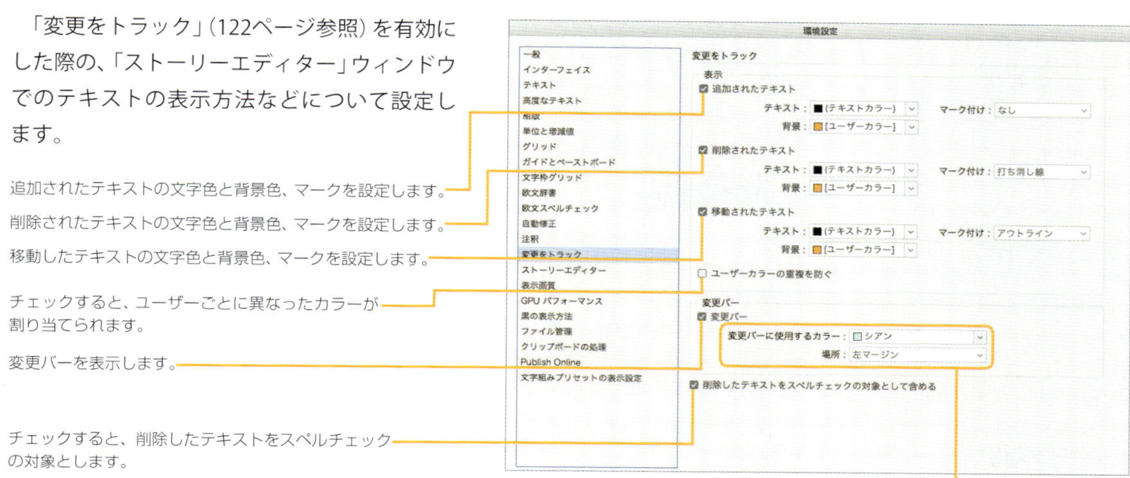

追加されたテキストの文字色と背景色、マークを設定します。
削除されたテキストの文字色と背景色、マークを設定します。
移動したテキストの文字色と背景色、マークを設定します。
チェックすると、ユーザーごとに異なったカラーが割り当てられます。
変更バーを表示します。

変更のあった段落に表示するカラーと場所を選択します。

ストーリーエディター

ストーリーエディターに関する設定をします。

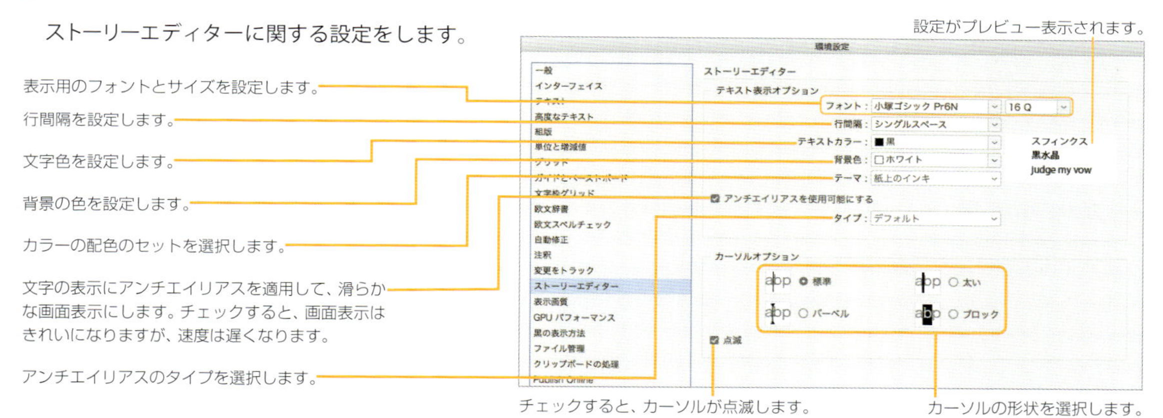

表示画質

表示画質について設定します。

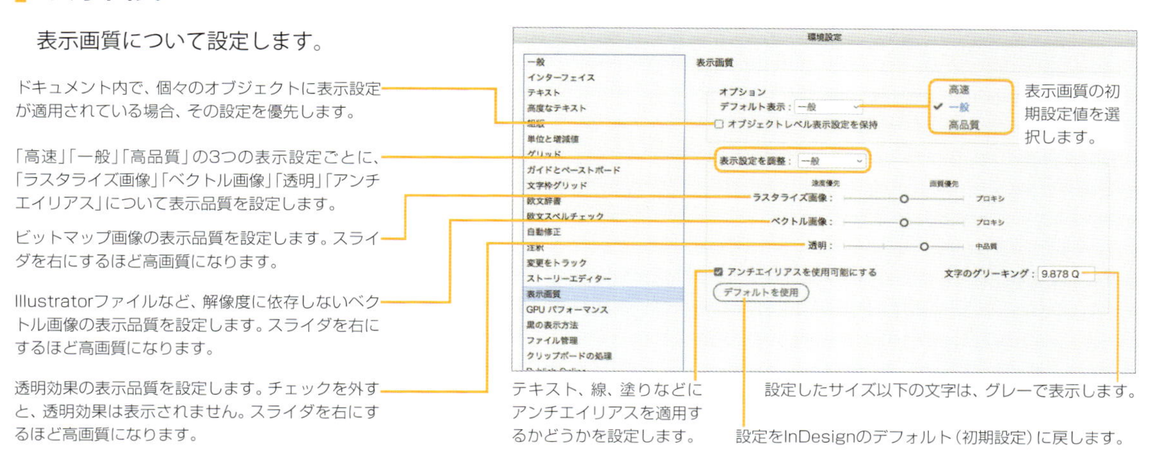

ドキュメント内で、個々のオブジェクトに表示設定が適用されている場合、その設定を優先します。
表示画質の初期設定値を選択します。
「高速」「一般」「高品質」の3つの表示設定ごとに、「ラスタライズ画像」「ベクトル画像」「透明」「アンチエイリアス」について表示品質を設定します。
ビットマップ画像の表示品質を設定します。スライダを右にするほど高画質になります。
Illustratorファイルなど、解像度に依存しないベクトル画像の表示品質を設定します。スライダを右にするほど高画質になります。
透明効果の表示品質を設定します。チェックを外すと、透明効果は表示されません。スライダを右にするほど高画質になります。
テキスト、線、塗りなどにアンチエイリアスを適用するかどうかを設定します。
設定したサイズ以下の文字は、グレーで表示します。
設定をInDesignのデフォルト(初期設定)に戻します。

GPUパフォーマンス

GPUの使用について設定します。

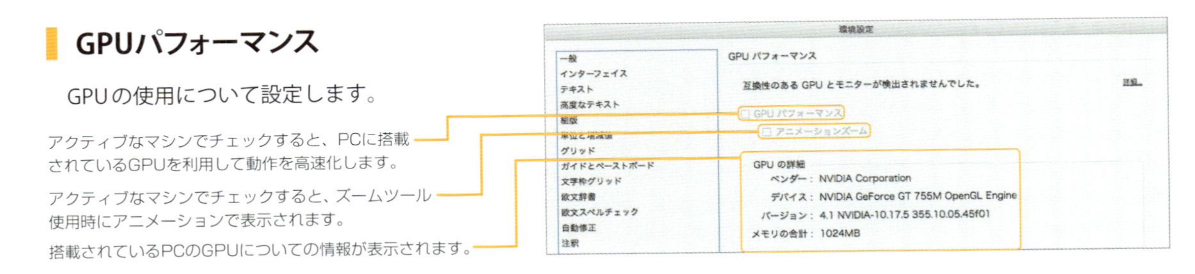

アクティブなマシンでチェックすると、PCに搭載されているGPUを利用して動作を高速化します。

アクティブなマシンでチェックすると、ズームツール使用時にアニメーションで表示されます。

搭載されているPCのGPUについての情報が表示されます。

黒の表示方法

CMYKブラックの表示方法を選択します。

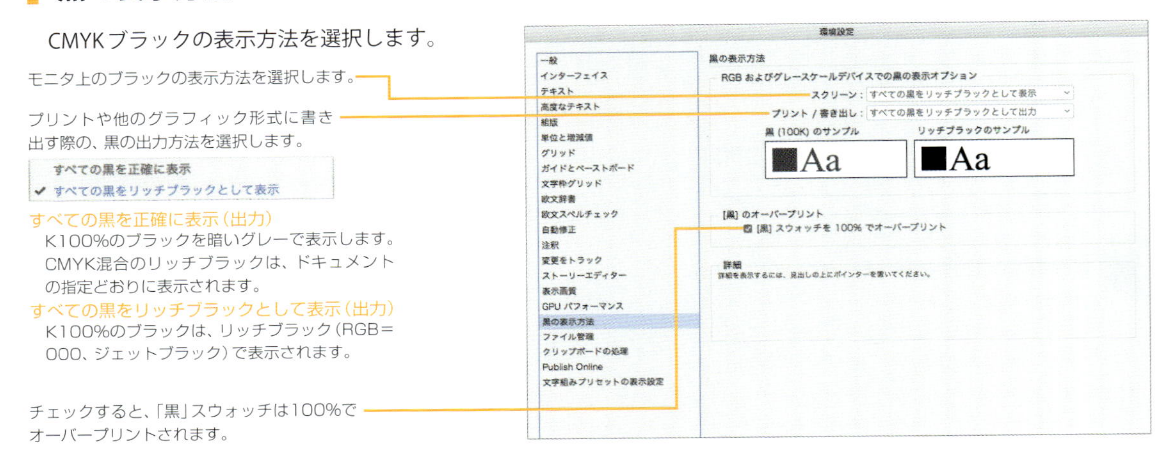

モニタ上のブラックの表示方法を選択します。

プリントや他のグラフィック形式に書き出す際の、黒の出力方法を選択します。

すべての黒を正確に表示（出力）
K100%のブラックを暗いグレーで表示します。CMYK混合のリッチブラックは、ドキュメントの指定どおりに表示されます。

すべての黒をリッチブラックとして表示（出力）
K100%のブラックは、リッチブラック（RGB＝000、ジェットブラック）で表示されます。

チェックすると、「黒」スウォッチは100%でオーバープリントされます。

ファイル管理

ファイル管理に関する設定をします。

InDesignでは異常終了した際に作業中のファイルを復元するためのデータを保存しています。保存場所を変更する場合は、「選択」ボタンをクリックして変更できます。

「ファイル」メニューの「最近使用したファイルを開く」に表示する数を設定します。

チェックすると、ドキュメントにプレビューを含めて保存します。プレビューは、Adobe BridgeやMiniBridgeで表示できます。

スニペットを読み込んだ際の配置場所を設定します。

元の位置
スニペットの元の位置に配置します。

カーソル位置
ドラッグ＆ドロップした位置に配置します。カーソルの位置がスニペットの左上になります。

チェックすると、ドキュメントを開く前に配置画像のリンクをチェックします。

チェックすると、ドキュメントを開く前に無効なリンクを検出します。

チェックすると、テキストファイルやスプレッドシート（Excelファイル）を配置する際に、リンクを作成します。

グラフィックフレームに異なった画像ファイルを再リンクする際の、画像のサイズを設定します。
オンの状態では、再リンクされた画像サイズは元画像と同じサイズとなります。チェックを外すと、再リンクされた画像の原寸サイズで配置されます。

デフォルトの再リンク先のフォルダーを設定します。

チェックすると、配置した画像に新規レイヤーが追加された際、リンク更新または再リンク時に、新規レイヤーを非表示にして更新します。

プレビューサイズを選択します。
プレビューを作成するページを選択します。

クリップボードの処理

クリップボードを使って、他のアプリケーションから画像やテキストなどをペーストする際の処理方法について設定します。

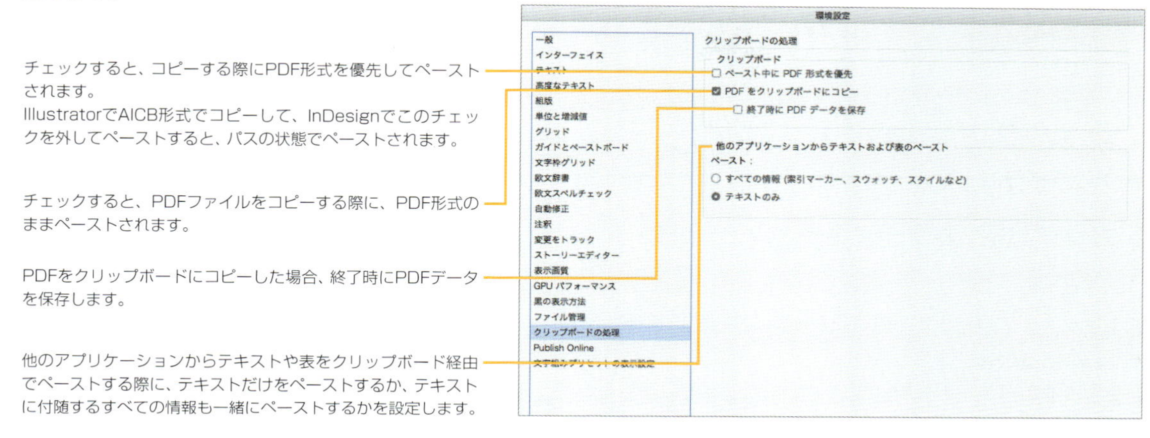

チェックすると、コピーする際にPDF形式を優先してペーストされます。
IllustratorでAICB形式でコピーして、InDesignでこのチェックを外してペーストすると、パスの状態でペーストされます。
チェックすると、PDFファイルをコピーする際に、PDF形式のままペーストされます。
PDFをクリップボードにコピーした場合、終了時にPDFデータを保存します。
他のアプリケーションからテキストや表をクリップボード経由でペーストする際に、テキストだけをペーストするか、テキストに付随するすべての情報も一緒にペーストするかを設定します。
環境設定
クリップボードの処理
クリップボード
ペースト中に PDF 形式を優先
PDF をクリップボードにコピー
終了時に PDF データを保存
他のアプリケーションからテキストおよび表のペースト
ペースト：
すべての情報 (索引マーカー、スウォッチ、スタイルなど)
テキストのみ

Publish Online

印刷ドキュメントをオンラインで公開できる設定を行います。

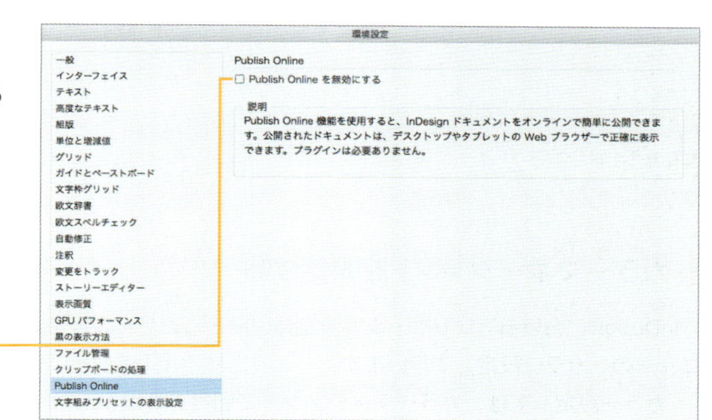

チェックすると、「Publish Online」の機能を無効にします。

文字組みプリセットの表示設定

表示する文字組みプリセットを選択します。

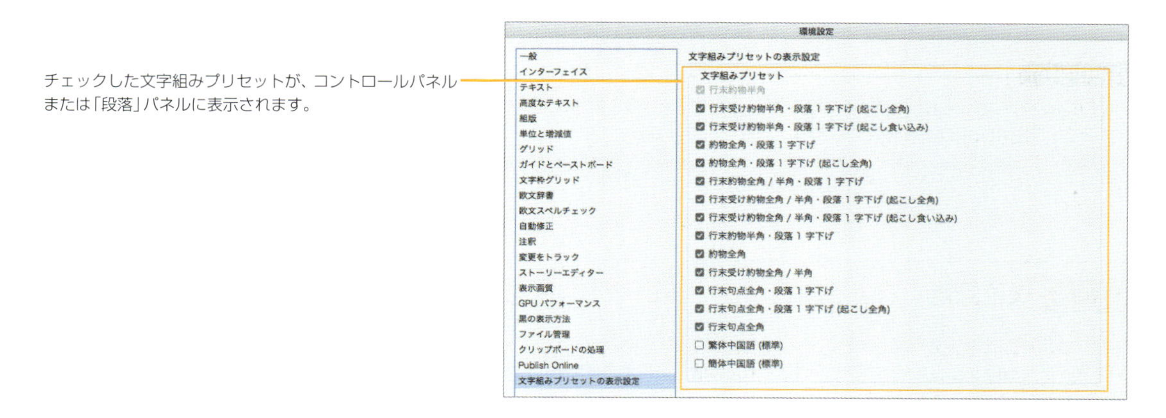

CS6 | CC | CC14 | CC15 | CC17

SECTION 13.2

カラー設定

使用頻度 ★☆☆

InDesignを使い、複数人で分業してドキュメントを作成する時は、カラー設定を利用して異なった環境でも一貫したカラーを表示することが大切です。

カラー設定（カラーマネジメント）とは

パソコンのモニタは、RGB（赤、緑、青）の3色を使って表示しています。それに対して、印刷物はCMYK（シアン・マゼンタ・イエロー・黒）の4色のインクを使って印刷します。このため、画面上に表示されている色をそのままの色で印刷することはできません。

また、ドキュメントを作成する上で、画像を取り込むためのスキャナや、作業に使ったモニタ、校正用のカラープリンターなど、すべての機器によって色の特性が異なっています。このような、機種ごとの色特性の差異を調整するのがカラーマネジメントシステムです。

カラーマネジメントで色を調整するのに利用するモニタやプリンターごとの色の特性を保管したファイルを「**プロファイル**」といいます。

カラー設定とは、InDesignでの作業に使用するCMYKとRGBの各カラーモードにおけるプロファイルを選択して、DTPワークフローでカラーの不一致をなくすことを目的としています。

カラーマネージメントを設定する

InDesignにおけるアプリケーション全体に関するカラーの設定は、「編集」メニューの「カラー設定」で行います。

「カラー設定」では、カラーマネジメントで利用するカラー管理エンジンの選択や、使用しているモニタや色校正用のプリンターなどのプロファイルを設定します。

POINT

IllustratorやPhotoshopなど、他のCreative Cloudアプリケーションで同一のカラー設定を使用する場合は、Adobe Bridgeの「編集」メニューの「カラー設定」（shift＋⌘＋K）で設定してください。Creative Cloudアプリケーションで同じカラー設定が設定されます。

TIPS 校正設定

カラー設定を有効にすると、「表示」メニューの「色の校正」でモニタ上でのカラー校正が可能となります。カラー校正で表示する際のプロファイルは、「表示」メニューの「校正設定」で選択してください。「カスタム」を選択すると、他のプロファイルも選択できます。

RGBカラーの色域のプロファイルを選択します。モニタやプリンターのプロファイルを選択することもできます。家庭用プリンターで出力する場合はsRGBを、商業印刷の場合はAdobeRGBを選択するとよいでしょう。

CMYKカラーの色域のプロファイルを選択します。コート紙の場合は「Japan Color 2001 Coated」を、コート紙輪転印刷では「Japan Web Coated」を選択します。

作業用スペースで指定したプロファイルと、開いたドキュメントや配置した画像ファイルのプロファイルが異なっていた場合の処理方法を選択します。

オフ
プロファイルを破棄します。作業用スペースのプロファイルも割り当てません。カラーマネージメントはなしとなります。

カラー値を保持（リンクされたプロファイルを無視）
開いたファイルのプロファイルを無視しますが、カラーのCMYK値は保持されます。

埋め込まれたプロファイルを保持
開いたドキュメントのプロファイルを保持します。

作業用スペースに変換
開いたファイルのプロファイルを破棄して、作業用スペースで設定したプロファイルを適用します。結果として、カラー値が変わる場合があります。

カラーマネージメントの方式を選択します。

モニタ表示画像の色域をプリンター色域にマッピングする際のマッチング方法を選択します。

知覚的
相対的なカラー値を維持します。カラー間の関係は維持できます。

彩度
相対的な彩度を維持します。色域以外の色が、彩度の同じ色域内の色に変換されます。

相対的な色域を維持
色域内の色を変更しません。色域外の色は、同じ明度の色域内の色に変換されます。

絶対的な色域を維持
色の変換時に、白色点を一致させない場合に選択します。通常は、選択しないでください。

ブラックポイントを変換する際の補正方法を選択します。チェックすると、元の領域全体が変換先の領域にマッピングされます。チェックしないと、元の領域は変換先の領域にシミュレートされます。

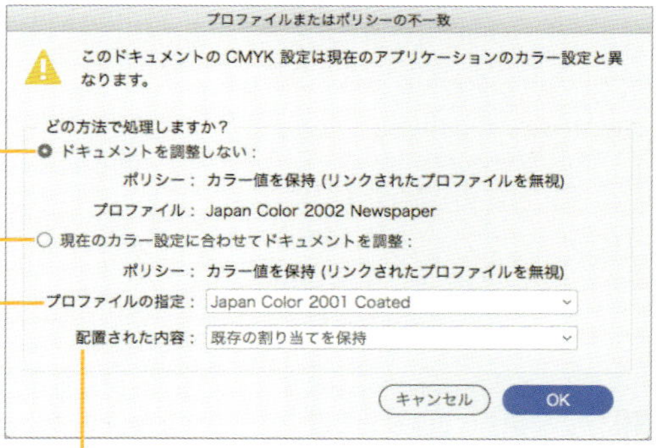

選択すると、開いたファイルのプロファイルとポリシーを優先します。

選択すると、下で選択したプロファイルを割り当てます。また、ドキュメントに配置されているオブジェクトのプロファイルの処理方法も選択できます。

初期状態は、「カラー設定」ダイアログボックスで設定したプロファイルが選択されますが、他のプロファイルを割り当てることもできます。

目的別のカラー設定のプリセットを選択します。プリセットを選択すると、下側の設定項目が目的に最適化されたものに設定されます。
商業印刷を目的とするDTP用途では、「プリプレス用-日本2」を選択しておくのがよいでしょう。

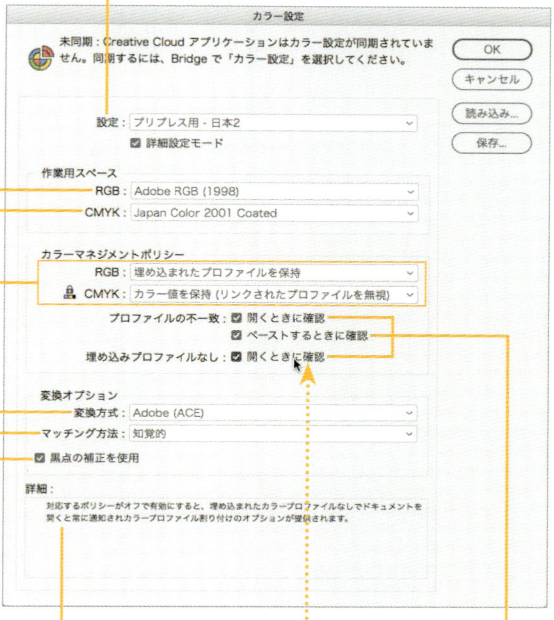

カラー設定
未同期：Creative Cloud アプリケーションはカラー設定が同期されていません。同期するには、Bridge で「カラー設定」を選択してください。
OK
キャンセル
読み込み...
保存...
設定：プリプレス用 - 日本2
詳細設定モード
作業用スペース
RGB：Adobe RGB (1998)
CMYK：Japan Color 2001 Coated
カラーマネジメントポリシー
RGB：埋め込まれたプロファイルを保持
CMYK：カラー値を保持（リンクされたプロファイルを無視）
プロファイルの不一致：開くときに確認
ペーストするときに確認
埋め込みプロファイルなし：開くときに確認
変換オプション
変換方式：Adobe (ACE)
マッチング方法：知覚的
黒点の補正を使用
詳細：
対応するポリシーがオフで有効にすると、埋め込まれたカラープロファイルなしでドキュメントを開くと常に通知されカラープロファイル割り付けのオプションが提供されます。

マウスカーソルを置いた項目の説明が表示されます。

開いたドキュメントやペーストした画像などのオブジェクトのプロファイルが「作業用スペース」で設定したプロファイルと一致しない場合に、下のダイアログボックスを表示して、プロファイルの処理方法を選択するようにします。
このオプションのチェックを外すと、カラーマネージメントポリシーで設定されたポリシーによって、開いたドキュメントやペーストしたオブジェクトのプロファイルは処理されます。

プロファイルまたはポリシーの不一致
このドキュメントの CMYK 設定は現在のアプリケーションのカラー設定と異なります。
どの方法で処理しますか？
ドキュメントを調整しない：
ポリシー：カラー値を保持（リンクされたプロファイルを無視）
プロファイル：Japan Color 2002 Newspaper
現在のカラー設定に合わせてドキュメントを調整：
ポリシー：カラー値を保持（リンクされたプロファイルを無視）
プロファイルの指定：Japan Color 2001 Coated
配置された内容：既存の割り当てを保持
キャンセル
OK

配置されているオブジェクトのプロファイルの処理方法を選択します。

プロファイルを割り当て

異なる出力機を使用する場合など、ドキュメントの持っているプロファイルとは異なるプロファイルを割り当てる必要がある場合は、「編集」メニューの「プロファイルを割り当て」で設定します。

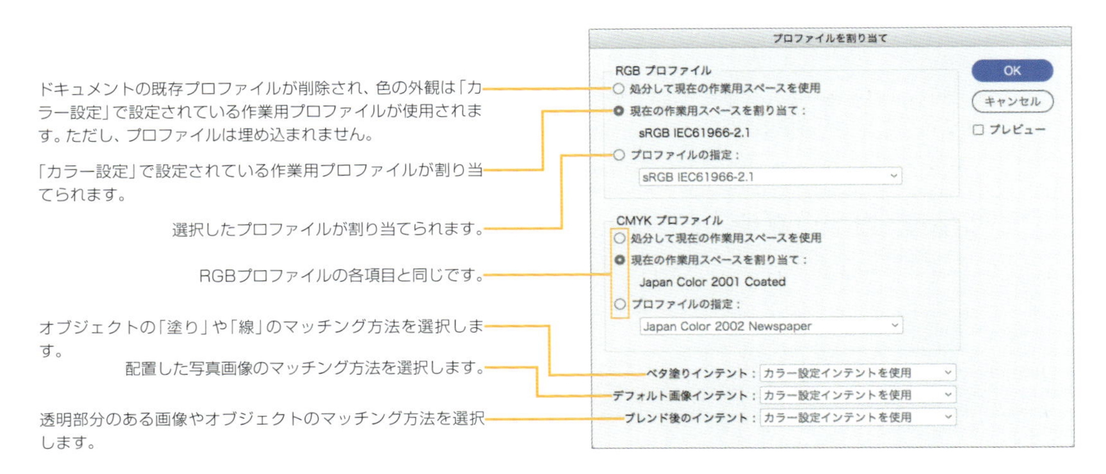

プロファイル変換

「編集」メニューの「プロファイル変換」を使うと、「カラー設定」で設定した作業用のカラープロファイルとは異なったプロファイルに変換できます。

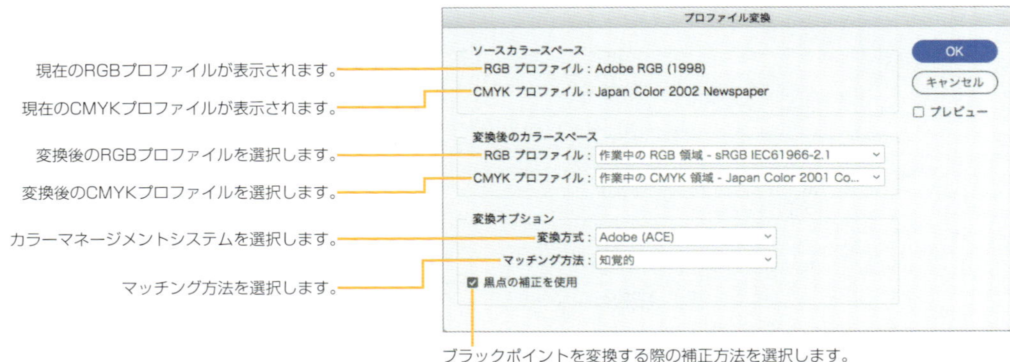

ブラックポイントを変換する際の補正方法を選択します。
チェックすると、元の領域が変換先にマッピングされます。
チェックを外すと、元の領域は変換先の領域にシミュレートされます。

POINT

DTPで商業印刷物を作成する場合、出力環境にマッチした適正なICCプロファイルを設定してドキュメントに埋め込まないと、適正な色で出力されないので注意してください。

TIPS 特定の画像のプロファイルを変更する

ドキュメントに配置した特定の画像だけのプロファイルやマッチング方法を変更することもできます。

13.3 キーボードショートカットの編集

使用頻度 ★☆☆

InDesignでは、キーボードショートカットを使いやすい操作環境に変更できます。キーボードショートカットの編集は、「編集」メニューの「キーボードショートカット」で行います。

「キーボードショートカット」ダイアログボックスで設定する

頻繁に利用するメニューコマンドにショートカットを割り当てられます。

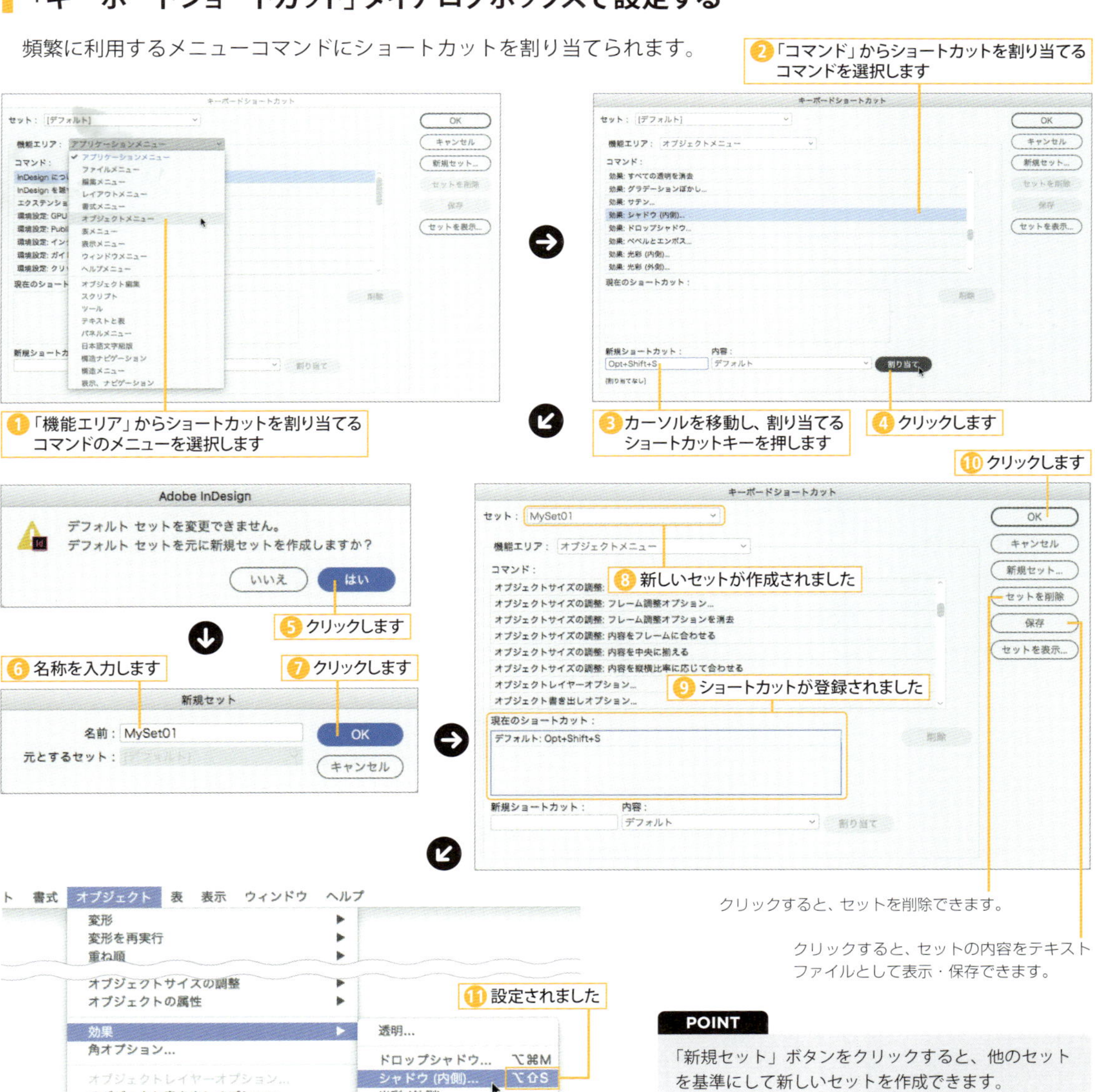

クリックすると、セットを削除できます。

クリックすると、セットの内容をテキストファイルとして表示・保存できます。

POINT

「新規セット」ボタンをクリックすると、他のセットを基準にして新しいセットを作成できます。

メニューのカスタマイズ

使用頻度 ★☆☆

InDesignでは、使用しないメニューを非表示にしたり、頻度の高いメニュー項目に色を付けるなどのメニューのカスタマイズが可能です。メニューのカスタマイズは「編集」メニューの「メニュー」で行います。

「メニューのカスタマイズ」ダイアログボックスで設定する

あまり使用しないメニューを非表示にしたり、頻度の高いメニュー項目に色を付けたりできます。

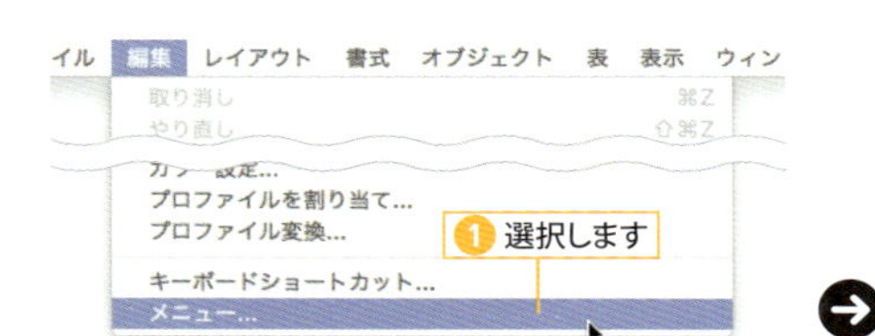

POINT

「別名で保存」で名前を付けて保存した場合は、この「メニューのカスタマイズ」ダイアログボックスのセットのリストから選択して、メニュー表示を切り替えることができます。

名前を付けて保存する場合にクリックします。

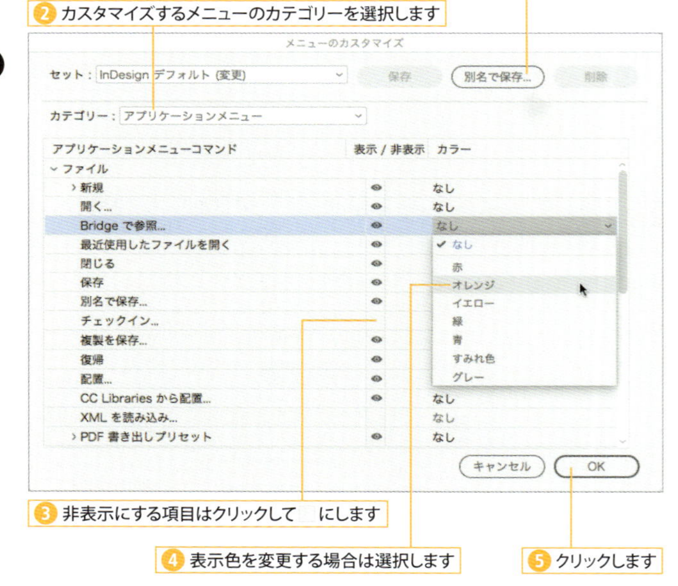

ここを選択すると、非表示にしたメニューが表示されます。

POINT

カスタマイズしたメニューを初期状態に戻すには、「ウィンドウ」メニューの「ワークスペース」から「メニュー項目をすべて表示」を選択します。

TIPS ワークスペースとして保存する

「ウィンドウ」メニューの「ワークスペース」から「新規ワークスペース」を選択すると、パネルの表示状態と、カスタマイズしたメニューをワークスペースとして保存できます。

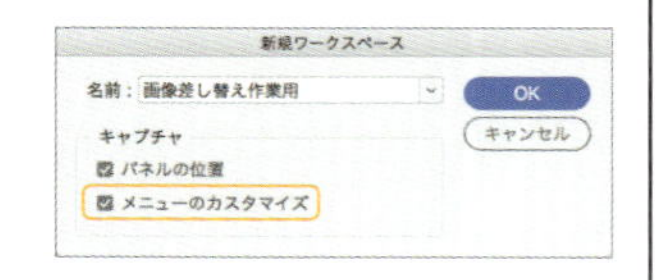

INDEX

数字

アルファベット

あ行

か行

さ行

た行

な行

は行

ま行

や行

ら行

わ行

● 著者紹介

井村克也（いむらかつや）

1966 年生まれ。
1988 年にソフトハウスでマニュアルライティングを覚え、1996 年からフリーランス。
Adobe のグラフィック＆ DTP 関連のソフトを四半世紀以上使い続けるパワーユーザー。
OS やハードウェアにも造詣が深く、パソコン関連の解説書籍の執筆は 100 冊を超える。
E-mail：TY4K-IMR@asahi-net.or.jp

● 主な著書

「Illustrator スーパーリファレンス CC 2017/2015/2014/CC/CS6 対応」
「Photoshop スーパーリファレンス CC 2017/2015/2014/CC/CS6 対応」（共著）
「macOS Sierra パーフェクトマニュアル」
「Windows 10 パソコンお引越しガイド 8/7/Vista/XP 対応」
（以上、ソーテック社）

InDesign スーパーリファレンス
CC 2017/2015/2014/CC/CS6 対応

2017 年 9 月 30 日　初版　第 1 刷発行

著者　井村克也
装幀　広田正康
本文デザイン　植竹裕
発行人　柳澤淳一
編集人　久保田賢二
発行所　株式会社　ソーテック社
〒 102-0072　東京都千代田区飯田橋 4-9-5　スギタビル 4F
電話（注文専用）03-3262-5320　FAX03-3262-5326
印刷所　図書印刷株式会社

Printed in Japan
ISBN978-4-8007-1180-9

レイアウトサンプル提供（50 音順）
坂野公一／堤享子／広田正康

写真提供
竹田良子

写真モデル
コズミック☆倶楽部（加藤成実・友政亜唯・Remi）
chiba cawaii club（ちばかわいいくらぶ）